国家科学技术学术著作出版基金
NFAPST

地表温度与近地表气温
遥感反演

◎覃志豪 范锦龙 徐永明 周 义 王 斐 著

中国农业科学技术出版社

图书在版编目（CIP）数据

地表温度与近地表气温遥感反演 / 覃志豪等著. -- 北京：中国农业科学技术出版社，2023.10
ISBN 978-7-5116-5344-4

Ⅰ.①地… Ⅱ.①覃… Ⅲ.①地面温度—大气遥感—反演算法 Ⅳ.① P423.7

中国版本图书馆 CIP 数据核字 (2021) 第 109152 号

本书地图经北京市测绘设计研究院地图技术审查中心审核，京审字（2023）G 第 1658 号。

责任编辑　于建慧
责任校对　李向荣
责任印制　姜义伟　王思文

出 版 者　中国农业科学技术出版社
　　　　　北京市中关村南大街 12 号　邮编：100081
电　　话　（010）82109708（编辑室）（010）82109702（发行部）
　　　　　（010）82109709（读者服务部）
传　　真　（010）82106650
网　　址　http://castp.caas.cn
经 销 者　各地新华书店
印 刷 者　北京建宏印刷有限公司
开　　本　185mm×260mm　1 /16
印　　张　26.25
字　　数　513 千字
版　　次　2023 年 10 月第 1 版　2023 年 10 月第 1 次印刷
定　　价　198.00 元

前　言

　　地表温度和近地表气温（即通常所说的气温）是最常接触的环境温度指标。地表温度是地表面的表皮温度，直接决定地表冷暖，是地表众多地球物理化学过程的关键参数；而近地表气温，则是指在比较开阔的地方、离地面大约 1.5m 高处的百叶箱中温度计测得的空气温度，代表周围环境的冷暖和凉热程度。一般地，气温是通过接触式的温度计（如水银温度计、数字式热敏温度计）来进行测量，通常用℃来表示，其中 0℃是水的冰点温度，而 100℃则是水的沸点温度。地表温度，即地表面的表皮温度，通常难以通过接触式温度计来进行直接的测量，而是根据物体的辐射定律，采用辐射温度计通过非接触方式测量地表面发射出来的热辐射强度，进而根据热辐射强度与温度之间的关系来确定探测物体表面的表皮温度。根据普朗克（Planck）辐射定律，物体表面的温度越高，其向外发射的热辐射能量就越大，并且只要物体的表面温度在 0K 以上，该物体就能够向外发射其自身的辐射能量（热辐射）。当然，物体向外发射这种热辐射的能力，还受到其热辐射特征的很大影响，物体的热辐射其实就是一种电磁波辐射，物体的热辐射强度不仅与其表面温度成正比，而且与该辐射的电磁波波长也有密切的关系。

　　热红外遥感，已经从早期的热辐射探测技术发展成为一个重要的遥感科学研究领域，就是利用遥感器来探测地表的热辐射强度，进而开展地表温度等关键地表参数遥感反演和分析研究地球表面水热等物质能量时空动态变化。由于地球表面的平均温度是在 27℃左右（相当于 300K），其向外发射的热辐射能量峰值是在波长约 10μm 处。因此，热红外遥感主要是通过探测 8~14μm 光谱区间范围内的地表热辐射来确定地表温度，进而研究地表面的热辐射特征及其对地表水热过程等的影响。但是，地表热辐射在向空间发射并传导到遥感平台（如卫星）的遥感器的过程中，不可避免地受到大气的影响。大气对热红外辐射探测的影响主要包括两个方面：一是大气有效成分的吸收作用，大气的构成物质尤其是大气水汽，对热红外辐射有很强的吸收能力和散射能力，因此大气的吸收和散射能力越强，遥感器探测到地表面发射出来的热辐射信号就越弱。二是大气也同时有一定的温度，因而也具有热辐射能力。大气的向上热辐射，将能够直接进入热红外遥感器中，成为遥感器探测到的热辐射的组成部分。尤其特别需要指出的是，地表的热辐射特征也对其向外发射热辐射能力有很大的作用。因此，要想从遥感器探测到的热辐射能量中反演出地表面真正的温度，不是一件容易的事情，而是一个比较复杂的过程，涉及对大气和地表双重影响的有效消除。只有这样，才能从所探测到的热辐射中求解出真正的地表温度。

实际上，由于遥感器探测地表的热辐射能量，是通过 1 个、2 个或者多个热红外波段来完成的，而大气和地表的影响在各个波段中都明显不同，因此根据这种探测能够建立起来的有效方程组的方程数，永远少于热辐射探测系统中的未知变量数（包括地表温度和各波段的大气透过率与地表比辐射率等参数），并且这些方程组中的方程也不是线性的。这就导致了从热红外遥感探测中能够建立的有效方程组中直接求解地表温度，将产生极大的不确定性。目前，都是通过许多影响因素的逼近估计来进行求解，从而出现了地表温度遥感反演的许多方法。不同的学者根据各自对热红外遥感探测系统中的不同影响因素进行的不同逼近估计方法，研究提出了各自的地表温度遥感反演算法。可以说，地表温度遥感反演，已经成为近二三十年来热红外遥感研究的最核心论题，发展了许多不同的理论方法，包括分裂窗算法、单窗算法、多波段和多角度方法等，其中，分裂窗算法最为成熟。

近地表气温与地表温度是地气相互作用系统的关键参数，主导着地表许多重要的地球物理化学生物过程，尤其是水热过程。虽然气温通常是通过气象观测站进行直接的测量，但要想获得区域范围内的气温分布，则需要相应地增加观测站点数量，而观测站点的增加经常受到经济、技术等因素限制而难以达到所需要的理想数量。通过热红外遥感来反演地表温度，再根据地表温度与近地表气温之间的密切相关性，进行近地表气温遥感反演，是获取区域气温空间分布的最经济有效的技术方法，已经发展成为热红外遥感研究的一个重要方向。

长期以来，热红外遥感都是重点研究领域，已经开展了许多热红外遥感问题的深入研究，包括地表温度和近地表气温遥感反演及其在农业遥感尤其是作物旱情遥感监测中的应用。通过这些问题的深入研究，提出了自己的地表温度遥感反演两因素分裂窗算法和单窗算法，其中，单窗算法是世界上第一个针对单个热红外波段的地表温度遥感反演算法，已经得到了国内外非常广泛的应用，因而也奠定了我们在热红外遥感领域的学术地位。本书是在热红外遥感方面的部分成果汇编，重点介绍在地表温度和近地表气温遥感反演研究中的一些研究成果，同时也介绍和讨论其他学者研究提出的地表温度遥感反演理论方法。

本书分共分为 6 章。第一章是绪论，介绍热红外遥感和地表温度遥感反演涉及的一些基本概念以及地表温度遥感反演原理与方法，讨论地表温度遥感反演研究中的一些问题。第二章是地表温度反演：分裂窗算法，重点介绍我们研究提出的两因素分裂窗算法及其基本参数估计方法，同时也介绍几个影响比较大和应用比较广泛的分裂窗算法。第三章是地表温度反演：单窗算法及其基本参数估计方法。第四章是近地表气温反演：关联算法。第五章是近地表气温反演：物理算法。第六章讨论云对地表温度的影响及云下地表温度反演问题。各章的执笔著写分工如下：第一章由覃志豪和范锦龙执笔，第二章由覃志豪执笔，第三章由覃志豪执笔，第四章由徐永明执笔，第五章由周义执笔，第六章由王斐执笔。全书由覃志豪和范锦龙统稿。

本书部分内容在其研究过程中，尤其是第四章至第六章的研究，得到了许多人的帮助和支持。在此，特别感谢研究小组的多位博士研究生和硕士研究生，特别是涂丽丽、高懋芳、肖辉军、包刚、宋彩英、毛克彪、秦晓敏、丁莉东、闫峰、姜立鹏、唐巍、叶柯、朱玉霞、刘小磊、黄泽林、高磊、卢丽萍、王瑞杰、林绿、裴欢、李文梅、金云翔、杨强、邱敏、陈俣曦、刘梅、张军、王倩倩、万洪秀、杨乐婵、李滋睿、郑盛华、张伟、张文博、叶智威、刘含海、包阿茹汗、黎业、独文惠、李仕峰、Bilawal Abbasi、赵春亮等。同时，感谢南京大学地理与海洋学院的赵书河副教授及其研究组的帮助和支持。本书的许多研究工作是我在南京大学工作和学习时完成的，因此非常感谢南京大学国际地球系统科学研究所的诸位同事和老师，尤其是张万昌教授、田庆久教授、李满春教授、江洪教授和宫鹏教授，感谢多方面帮助和支持。

　　本书的编著出版，得到了中国农业科学院农业资源与农业区划研究所农业遥感研究室许多同事的大力支持和帮助，尤其是农业定量遥感团队首席李召良研究员、首席助理高懋芳副研究员、团队骨干段四波研究员、冷佩副研究员和韩晓助理研究员，草地遥感研究团队徐斌研究员、杨秀春研究员和金云翔副研究员，区域发展研究室的李文娟研究员和尤飞研究员。笔者及其十多年来的研究工作也得到了国内许多遥感界著名专家、学者和朋友的大力支持，尤其是昆明理工大学长江学者唐伯惠教授，中国科学院地理科学与资源研究所唐荣林研究员，北京大学秦其明教授、范闻捷教授和任华忠研究员，中国科学院大学姜小光教授和宋小宁教授等。对于他们的帮助和支持，我们表示衷心感谢。

　　专著的出版得到国家重点研发计划政府间国际科技创新合作重点专项项目"全球农业干旱监测研究"（编号：2019YFE127600）和国家自然科学基金创新群体项目"农业遥感机理与方法"（编号：41921001）与面上项目"农作物旱情遥感监测中像元地表温度可比性校正方法研究"（编号：41771406）的资助，特此致谢。

　　地表温度和近地表气温遥感反演是热红外遥感领域的核心论题，得到了世界范围内非常广泛的关注和深入研究，取得了很多重要进展和研究成果。在这本书里，我们重点介绍自己在这方面的一些研究成果。由于我们的研究有限，掌握的材料也不够齐全，书中的论述可能还存在一些问题，有些研究可能还有待进一步完善。希望有兴趣的读者能够提供宝贵的意见，共同探讨地表温度和近地表气温遥感反演研究问题，发展完善热红外遥感理论方法。

李维光　博士

2021 年 9 月 20 日，于北京

目　录

1

1 基本概念与理论基础

水热变化是地球系统演变的基本推动力，同时也是地球系统变化的直观表现。热红外遥感通过探测地球表面热辐射的变化，研究并揭示地球表面水热时空动态变化规律与内在机理，是地球观测系统的重要组成部分，也是地球系统科学研究的重要技术手段。地表温度和近地表气温，是地球表面两个最直接、最重要的参数。因此，利用热红外遥感数据，开展地表温度和近地表气温遥感反演，具有非常重要的理论价值和现实意义。

1.1 基本概念

为更好地理解地表温度和近地表气温遥感反演，首先需要对热红外遥感过程中所涉及的辐射源、电磁波、大气传输、传感器、温度等相关物理量进行集中梳理和简述，扼要介绍热辐射的基础：黑体和黑体辐射定律。其次是了解对物体热辐射增减有决定性作用的地表辐射平衡方程和对物体净辐射能量如何分配的地表能量平衡方程。在此基础上，进一步介绍地表温度遥感反演的理论基础，展望地表温度遥感反演发展前景。

1.1.1 遥感与热红外遥感

近半个世纪以来，随着空间技术、远程通信与控制技术、数据传输技术、计算机技术等现代信息技术的快速发展，遥感已成为认识地球尤其是全球变化最重要的技术手段。遥感，最初的本意，就是遥远的感知，指不通过直接接触观测对象（主要是地球表面，当然也可包括其他星球表面）而获取其特征信息的过程。因此，遥感的本意定义是一种观测技术。要想不通过直接接触而获得观测对象的特征信息，必须同时具备两个基本要件：一是观测仪器，即遥感器，能够探测到或者接收到来自观测对象（主要指地球表面）的特征信息。二是观测对象的这些特征信息的可传输性，这些特征信息能够反映观测对象的内在特征，并且能够从观测对象传输到不接触该观测对象的遥感器，并被遥感器所接收和记录。就第二个要件而言，这些可传输的信息可包括电磁波、声波、磁场、重力场等，因此，遥感通常包括有广义遥感和狭义遥感两种定义。

1.1.1.1 广义遥感与狭义遥感

广义的遥感，就地球观测而言，包括通过电磁波、声波、磁场、重力场等可传输信息的探测过程。根据这一定义，人眼睛观看周边一切的过程，也是一种广义的遥感。在人眼观看的过程中，眼睛本身就是遥感器，能够接收或观看到来自周边物体反射出来的太阳光中的可见光信息（周边物体反射的可见光电磁波信息）。狭义的遥感，是指通过电磁波（主要包括太阳光、热辐射和微波辐射）来探测地球表面的特征及其时空变化的过程，是目前地学研究的重要技术手段。就地学而言，遥感实际上就是指狭义的遥感定义。而广义遥感中的声波探测，则通常称为声呐，指在海洋或潜艇中通过声波探测来识别其他物体（潜艇或船体）的一门技术，主要用于军事和其他特殊领域，在地学中应用相对较少，因而没有包括在现有遥感研究的范畴里。同理，地震波探测技术主要用于探测地震波的传播，是地震学研究的技术手段，通常也没有包括在目前的遥感技术里。

1.1.1.2 遥感已经从一种观测技术发展成为一门综合性学科

从这个遥感的本意定义来看，遥感实际上是指一种观测技术。早期的遥感，主要是通过空中的遥感器，如照相机，来拍摄地表面的照片。因此，遥感的本意是强调观测过程。这种强调，可能与早期的遥感重点是如何获取信息，还没有深入到获取信息以后的事情。但是，随着遥感在地学研究中的不断拓宽和深入发展，仅仅是强调信息的获取，已经不能包括遥感研究的全部。实际上，尤其是近50年来，遥感研究已经非常深入，遥感已经得到了非常广泛的应用，几乎在地学研究的各个领域中都有应用潜力，成为一种常规的分析技术。可以说，目前遥感应用，已经超越了地学的范围，在国民经济各个部门中都有所涉及和应用。在资源环境监测、天气预报和气象观测、农业监测、灾害监测、全球变化等方面，遥感都有非常广泛的应用。

在应用需求推动下，遥感研究越来越深入，已经由本意的探测或观测技术发展成为一门学科，即遥感科学。遥感科学，不仅包括通过不直接接触观测对象而获得对象信息的过程，即观测技术，而且还包括获得信息之后对信息的处理与应用，包括预处理、信息提取、参数反演、数据产品应用等方面，并且还有向源头拓展的趋势，即根据应用需求的遥感器研发、遥感波段设置、遥感平台研发、信息传输与存储分发等方面。因此，遥感已经发展成为一门跨越技术物理、仪器制造、空间技术、通信与控制、地球系统科学、国民经济各有关部门等多个学科和应用的综合性研究领域。虽然遥感科学涉及多个学科和应用的跨学科研究，但目前，遥感科学仍然是主要集中在地学研究及其在国民经济各部门中的应用研究方面，这些方面的研究重点是遥感信息数据的分析处理与应用。

1.1.1.3 广义遥感科学和狭义遥感科学

从研究的宽度来看，遥感科学也可分为广义遥感科学和狭义遥感科学两个概念。

广义的遥感科学，是指从遥感器和遥感平台制造、研发、发射和安装，到信息获取与传输、存贮与分发，再到信息预处理、信息提取、信息解译、参数反演、空间信息系统研发、数据产品研发与生产，最后到遥感应用的全过程。这一过程涉及多个相关科学，跨越物理、通信、传感器、材料、航天发射、地球科学等学科，是一个综合性跨学科的研究领域。

狭义的遥感科学，仅仅是包括信息获取之后的一系列过程，也就是重点强调遥感信息数据的分析处理与应用过程，包括理论方法、技术与算法、模型与模拟、可视化等，主要有以下几方面过程。

（1）遥感信息数据预处理，尤其是辐射校正、大气校正、几何校正、数据缺失填补、图像增强等；

（2）遥感信息数据分析、处理、解译和特征提取，尤其是专题制图，例如土地利用分类、数据融合、目标识别等；

（3）地表参数反演，包括植被指数反演、地表温度反演、土壤水分反演等；

（4）面向实际应用的遥感数据产品研发和生产，包括植被指数产品、地表温度数据产品、云图产品、地表反射率产品、土地覆盖与土地利用数据产品、地表蒸散发数据产品、地表辐射通量数据产品等；

（5）实际应用监测，主要是指以遥感数据为基础的直接为某个实际应用而进行的模拟分析和监测应用，例如农业干旱监测、天气预报温度场构建、资源环境监测、城乡用地与建设监测、环境灾害监测、生态系统监测、草原植被监测、农作物长势监测与估产、海洋遥感监测、森林遥感监测、生态服务与绿色 GDP 估算等方面。这些已经成为目前遥感科学研究的重点，也不断发展成为遥感应用的重要分支领域。

1.1.1.4　遥感科学的分支领域

目前，遥感科学，通常是指狭义的遥感科学的研究领域，强调以应用为目标的遥感信息数据分析处理、综合建模和实际应用过程。由于遥感科学研究已经越来越深入，如何科学区分不同的遥感分支领域，已经成为遥感科学研究发展的迫切需要。根据不同的分类准则，遥感可以分为不同的分支科学。

由于遥感主要是指通过电磁波探测地表特征及其时空变化，并据此进行深入研究（信息处理与分析应用）的一门学科，属于狭义的遥感科学范围。表 1.1 显示遥感科学一些常用的分支领域及其划分原则。电磁波虽然包括的波长非常宽广，但在大气作用下，可用来进行遥感探测的电磁波光谱波段范围相对有限。根据探测的电磁波光谱区间来划分，遥感可分为可见光—近红外遥感、热红外遥感和微波遥感 3 个主要分支领域（表 1.1）。

表 1.1　遥感科学的分支领域及其划分原则

划分原则	遥感分支领域
遥感高度	地面遥感、低空遥感或航空遥感、空间或卫星遥感
遥感信息源	被动遥感（反射遥感、辐射遥感）、主动遥感
研究重点	遥感器、遥感系统（平台）、遥感物理、遥感数据处理与应用
波段数量	全色（单波段）遥感、多波段遥感、高光谱遥感
光谱区间	光学遥感（可见光遥感、近红外遥感）、热红外遥感、微波遥感
应用方向	环境遥感、地质遥感、大气遥感、农业遥感、林业遥感、草原遥感、生态遥感、全球变化遥感、海洋遥感、军事遥感等

1.1.1.5 光学遥感

可见光—近红外—中红外遥感，是指利用电磁波波长在 0.4~3μm 的光谱进行地球观测并进行信息处理与应用的遥感分支，其中，可见光光谱区间为 0.4~0.72μm、近红外光谱区间为 0.8~3μm。近红外光谱可分为短波近红外光 0.78~1.1μm 和中波近红外 1.1~3μm；而可见光光谱通常又分为蓝光波段 0.4~0.5μm、绿光 0.5~0.56μm、黄光 0.56~0.6μm、红光 0.62~0.78μm。在遥感中，为了便于区分，通常把可见光—近红外—中红外遥感称为光学遥感（Optical Remote Sensing）。由于 0.4~3μm 光谱区间的电磁波辐射主要来源于太阳，因此，光学遥感通常是通过探测地表对太阳电磁波辐射的反射来分析研究地表的内在特征及其时空变化规律，其不言而喻的假定是不同的地表物质对太阳光波的反射是不相同的。实际上，这一前提假定是成立的。不同的地表物质及其构成，确实具有不同的太阳光波反射特征，并且在不同波长具有不同的反射强度。水体在可见光光谱区间的蓝光波段有相对较强的反射能力，而在黄光和红光区间则有相对较弱的反射能力或者说是有较强的吸收特征，因此，清洁的大海总是表现为深蓝色。

1.1.1.6 热红外遥感

与光学遥感探测地表反射太阳光谱信息不同的是热红外遥感。热红外遥感探测的光谱区间范围是波长在 3~16μm 电磁波辐射，虽然这一区间的电磁波辐射也有一部分是来自太阳和其他星球（如月亮），但在这一波长区间范围内，这些地球以外的电磁波辐射非常弱，因此，这一区间范围内的电磁波辐射强度主要来自地球本身，是由于地球本身的热量而产生的一种电磁波辐射现象。因此，这一光谱区间的电磁波辐射又称为热辐射或热红外辐射（Thermal Infrared Radiance）。热红外遥感研究的对象是地球本身的热辐射现象。地球的热辐射直接与地球表面的温度有关，因此，热红外遥感主要是关于地球表面温度遥感，是通过探测地球表面的热辐射为分析研究地球表面热量时空分布规律及其动态变化的遥感分支领域。由于地球表面的热量是驱动地表物质尤其是可流动性很大的空气和水（及水汽）的重要能量，因此，热红外遥感有着非常广泛的应用，尤其是在地球系统科学研究中，在涉及水热变化的应用研究中（如水资源管理、天气预报与气象、农业监测、资源环境监测、灾害监测、生态监测等）已经得到了广泛的应用。

1.1.1.7 微波遥感

微波遥感的光谱范围 1mm 至 1m。由于这一光谱区间的电磁波在自然界非常弱，因此，微波遥感通常是指主动微波遥感，即通过遥感器自身向探测目标（地球表面）发射微波，然后接收目标（地表）反射回来的微波，并根据地表反射回来的微波强度分析研究地表的特征及其时空变化规律。微波遥感通常有 3 个常用的光谱区间：C 波段（5~10mm）、X 波段（35~45mm）和 L 波段（15~35cm）。当然，地球在其本身热量的驱动下，也向外发射微弱的微波辐射，因而也可以用来进行地表热量的微波遥感探测（通常在 C 波段范围内）。由于是探测地表本身发射出来的微波辐射，通常称为被动微波遥感，是关于地表的热量（温度）的微波遥感探测，可用来进行地表温度遥感反演。在被动微波遥感的光谱区间内地球表面发射出来的微波辐射非常弱。要想获取足够强的有效信息来成像，就必须把探测的范围扩大。这就是说，被动微波的像元尺度通常都很大，常达 20km 以上，因此，被动微波的空间分辨率通过较低。与光学遥感和热红外遥感相比，微波遥感有一个明显的优势，那就是微波传输几乎不受大气的影响，微波有穿过云层的能力，并且微波还具有一定程度的穿透地表层的能力。这种不受云影响的能力，使微波遥感在多云地区更加有应用潜力，而云对光学遥感和热红外遥感都是一个致命性的障碍，因为在光学遥感和热红外遥感的光谱范围 0.4~16μm，地表反射或者发射出来的电磁波辐射将 100% 被云层吸收而不能穿过云层被云层之上的遥感器所接收。因此，虽然空间分辨率很低，被动微波遥感也在地表温度遥感反演中得到了许多应用，尤其是在有云地区，对于大范围区域尺度的应用来说，被动微波遥感图像将是一个有效的地表温度数据源。

本书将主要聚焦于热红外遥感范畴内地表温度与近地表气温遥感反演，而不涉及被动微波的地表温度反演。由于云对热红外遥感是一种致命性的障碍。在有云情况下，地表的热辐射将不能穿透云层到达空中的热红外遥感器。因此有云像元的地表温度反演结果是云层顶上的温度，而不是真正意义的地表温度。有云像元的地表温度遥感反演，已经成为热红外遥感研究的一个难题，对于有云像元的地表温度遥感反演，本书也将进行分析研究，尽管还是非常初步的，但反映了笔者及其团队在这一领域的探索。

1.1.1.8 热红外遥感的重点领域

作为遥感的三大重要分支领域之一的热红外遥感，同样也是一个复杂而宽广的研究领域。热红外遥感，同遥感一样，也具有综合性跨多个学科的特征。严格地说，热红外遥感也有地表热红外遥感、航空热红外遥感和卫星热红外遥感之分，它也有热红外遥感器、热红外遥感系统与数据传输等方面的研究，并且同样涉及数据预处理，如几何校正与辐射订正等问题。热红外遥感研究的范围也非常大，因而也有广义和狭义热红外遥感之分。广义的热红外遥感，将包括从遥感器到数据获取—分析处理—实际应用的全过程研究，而狭义的热红外遥感，则主要是指数据获取以后的数据分析处理与应用，包括热红外辐射形成与传输机理、地表与大气影响及其消除、地表温度遥感反演方法和参数确定、地表温度和地表比辐射率数据产品研发，以及热红外遥感在各个领域的应用等方面。实际上，热红外遥感已在许多领域中得到了广泛的应用，例如城市热岛与热环境监测、湖泊水质监测、地表温度场和气温场制图、干旱灾害监测、火灾监测与灾后评估、水热平衡研究、全球变化研究、地表蒸散发、海洋温度变化、环境污染监测等。

1.1.2 电磁波辐射

1.1.2.1 电磁波辐射源

正如上文指出，遥感是通过探测地表反射或发射出来的电磁波来研究地表过程及其特征。因此，对于遥感探测及其应用，需要理解遥感所使用的电磁波辐射源概念。遥感使用到的电磁波辐射源，是指能辐射出任何波长的电磁波者，包括自然辐射源（主要是太阳）

和人工辐射源（各种灯光和微波发射器）。地球表面上的各类物体，都具有能够反射其他辐射源发射到其表面的电磁波辐射的能力，并且也能够发射一定波长范围内的电磁波辐射的能力。遥感，就是利用安装在遥感平台上的遥感器来对地球表面各种物体（辐射源）的辐射信息进行远程探测，并对探测到的辐射信息进行分析处理，为实际应用提供数据服务。各种辐射源发出的辐射有差异，其量值可以数值形式或图像形式记录下来（陈述彭，1990）。

遥感的面辐射源是指向 2π 立体角中发射辐射能，即通过单位面积的面源的法线方向射出能量。面源辐射属于漫射辐射（各向同性）；地球表面和大气中任意平面都是发射红外辐射的面辐射源（李万彪，2010）。

朗伯辐射源是指在各向同性辐射的物体，该物体的辐射亮度 L 大小与方向 θ 无关，因此，无论从哪个方向观测该物体，都得到相同的辐射亮度的辐射源，又称朗伯体，即向所有方向以同一辐射亮度发射辐射的辐射体。在地表温度遥感反演中，朗伯体是一个重要的概念。地表的热辐射传输方程的构建，常常是陆地表面看作是一个朗伯体，具有各向相同的发射热辐射的能力（李万彪，2010）。在这一假定的基础上，地表的热辐射传输方程才能够建立起来并进行相应的推导，最终求解出地表温度反演算法。实际上，地表并不完全服从于各向相同的朗伯体假设，但在热红外光谱区间范围，它还是比较接近于各向相同的。如果假定各向不相同，那么，地表热辐射传输方程的构建将复杂得多，因而将极难求解出地表温度遥感反演算法。因此，在热红外遥感中，通常假定地表是一个朗伯体地表，具有各向相同的向外发射热辐射的能力。

1.1.2.2　电磁波辐射

电磁波辐射是遥感探测的基础。电磁波用电磁两种波的垂直交互向前传播，速度为光速，可用波长、频率和强度来描述。电磁波的波长是指两波峰间的长度（μm）。电磁波的频率，即每秒通过的波峰数（Hertz=1 峰·s^{-1}）。电磁波的强度表示单位面积单位波长的能量（$W \cdot m^{-2} \cdot \mu m^{-1}$）。实际上，太阳光就是电磁波辐射。电磁波辐射通过空间或媒质（如空气）传递能量，但电磁波在通过媒质的传输过程中将受到媒质特性的巨大影响。空气是由多种气态物质组成，如空气中的水汽、CO_2、O_3、O_2、N_2 等，当电磁波通过时，空气中的这些物质将对电磁波传输产生不同的作用，包括吸收或散射的衰减作用，以及发射增强作用，并且这两种作用在热辐射传输过程中是同时并存的。正确地理解并考虑这两个作用的影响，是建立并推导地表温度遥感反演算法的基础。

电磁波辐射的另一重要概念是电磁波光谱。电磁波光谱是指电磁辐射用波长或频率来表示的区间范围，包括从最长的无线电波到最短的 γ 射线，如图 1.1 所示。正如上面指出，虽然电磁波光谱范围很宽广，但由于受到大气的影响，遥感探测能使用的电磁波光谱范围相对不是很大，一般从可见光到微波范围内，并且在这一范围内，还因大气在某些光谱区间内的强吸收而不能用于地球遥感探测。

1.1.2.3　辐射能量

电磁波辐射能量 Q 指电磁波辐射源（电磁振源）以电波和磁波相互垂直的形式向外

传送的能量，常用单位为焦（J），也可用尔格（erg）和卡（cal）单位度量。1erg=10^{-7} J，1cal=4.186 8J。从理论上讲，任何物体都可以是辐射源，它既能自身向外发射其辐射能量（即热辐射），又能吸收和反射外部辐射源投射到其表面的辐射能量（即反射发射）。电磁波传输的过程即是能量传递的过程，物体向外发射其辐射，将会减少其能量，而吸收外部投射到其表面的辐射，将会增加其能量。遥感实际上是利用不接触物体的手段探测物体（主要指地表）的辐射能量（热辐射或反射的辐射），并据此分析研究该物体的特征及其变化（赵英时等，2003）。

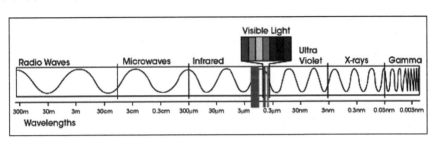

图 1.1 按波长划分的电磁波光谱区间

注：图片来源 http://earthobservatory.nasa.gov/。

1.1.2.4 辐射通量

电磁波辐射通量 Φ 指单位时间内穿过某一表面的辐射能量，单位为 W 或 $J \cdot s^{-1}$，表示为

$$\Phi = \frac{\mathrm{d}Q}{\mathrm{d}t} \tag{1.1}$$

辐射通量又称辐射功率，它是一个反映辐射源强弱程度的客观物理量。

1.1.2.5 辐射出射度

辐射出射度 M 指面辐射源在单位时间内，从单位面积上辐射出的辐射能量，即物体单位面积上发出的辐射通量，单位为 $W \cdot m^{-2}$，表示为

$$M = \frac{\mathrm{d}\Phi}{\mathrm{d}A} \tag{1.2}$$

1.1.2.6 辐射亮度

辐射亮度 L 指面辐射源在单位立体角、单位时间内，在某一垂直于辐射方向单位面积（法向面积）上辐射出的辐射能量，即辐射源在单位投影面积上、单位立体角内的辐射通量，单位为 $W \cdot m^{-2} \cdot sr^{-1}$。在遥感研究中，辐射亮度 L 通常指光谱辐射亮度，它定义为单位面积 A、单位波长 λ、单位立体角 Ω 内的辐射通量 Φ，表示为

$$L(\theta, \varphi, \lambda) = \frac{\partial \Phi}{(\partial A \cdot \partial \lambda \cdot \partial \Omega)} \tag{1.3}$$

辐射亮度的单位为 $W \cdot m^{-2} \cdot sr^{-1} \cdot \mu m^{-1}$ 或 $W \cdot m^{-2} \cdot sr^{-1} \cdot cm$。值得指出的是，针对朗伯体（辐射亮度各向同性）面辐射源，辐射出射度是辐射亮度的 π 倍。

习惯上，常用 μm 来表示太阳辐射的波长，而用波速 v 来描述红外辐射的特征。波速 v 定义为波长 λ 的倒数，单位为 cm^{-1}，表示为

$$v = \frac{v}{c} \tag{1.4}$$

式中，c 代表真空中的光速（$2.997\ 93 \times 10^{8}\ m \cdot s^{-1}$），$v$ 代表电磁波频率（Hz）。由于将波数单位 $W \cdot m^{-2} \cdot sr^{-1} cm^{-1}$ 表示的辐射亮度转化为以微米单位 $W \cdot m^{-2} \cdot sr^{-1} \cdot \mu m^{-1}$ 表示的辐射亮度，需要将前者乘上转换系数 10^{-4}。

1.1.2.7 立体角

分析辐射场常需要考虑单位立体角内的辐射能量（Liou et al., 2014）。立体角 Ω 定义为锥体所拦截的球面积 A 与半径 r 的平方之比，如图 1.2 所示，可表示为

$$\Omega = \frac{A}{r^2} \tag{1.5}$$

立体角的单位为 sr。对表面积为 $4\pi r^2$ 的球，它的立体角为 4π。在极坐标系中，常用天顶角 θ 和方位角 Φ 组合来代替立体角。如图 1.3 所示，立体角微分可以表示为球面积微分除以半径平方，即

$$d\Omega = \frac{dA}{r^2} = \frac{(rd\theta)(r\sin\theta d\Phi)}{r^2} = \sin\theta d\theta d\Phi \tag{1.6}$$

式中，天顶角 θ 的取值范围为 $[0, \pi]$，其中，$[0, \pi/2]$ 代表向上半球，$[\pi/2, \pi]$ 代表向下半球；方位角的取值范围为 $[0, 2\pi]$。

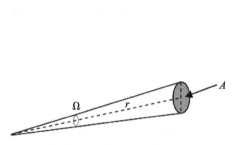

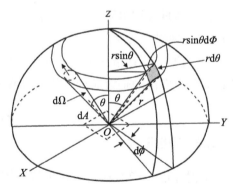

图 1.2　立体角 Ω 的定义
（Liou et al., 2004）

图 1.3　微分立体角元及其在极坐标中的表示
（唐伯惠, 2007）

1.1.3　大气效应

1.1.3.1　大气对热红外遥感的影响

大气对遥感的影响很大，这种影响通常称作大气效应。大气对热红外遥感和地表温度

反演的影响主要包括大气散射作用、大气吸收作用和大气辐射作用。由于大气是由多种不同气态物质组成，大气物质并不是均匀地在大气中分布，而且在地球重力的作用下，表现出明显的非均质性，并且这种非均质性还随着大气流动而不停地发生变化。地表发射出来的热辐射在其通过大气传输到空中的遥感器过程中，将受到大气的这三大作用的重要影响。通常认为，大气的散射作用和吸收作用将对地表热辐射的传输产生衰弱，强度减小，而大气的辐射作用，将有效地增加地表的辐射，起到干扰有效信号或增加噪声信号的作用。大气对热辐射传输的影响，将通过大气校正等方法来进行消除。另一消减大气影响的方法是，直接把这些影响考虑进地表热辐射传输方程的构建里，通过近似估计来简化推导，最终建立地表温度反演算法。

1.1.3.2 大气吸收与大气窗口

大气中不同的成分对不同波段的电磁波辐射具有不同的吸收能力。因此，大气吸收作用主要是由于大气中各有效成分对电磁波辐射的吸收强度不同，导致某些光谱范围内大气的吸收作用相对较弱，而在另一些光谱范围内大气则表现出很强的吸收减弱能力。这就造成地表的电磁波辐射尤其是热红外辐射，在大气中传输时发生不同程度的衰减效应。大气对地表辐射的衰减作用，可以用大气透过率来表示。大气窗口是指地球大气对电磁波传输不产生强烈吸收作用的一些特定的电磁波段，即大气吸收作用相对弱的光谱区间。遥感器只有把探测的波段设置在这些大气窗口范围内，才能有效地探测到来自地表的辐射，进而根据探测到的这些电磁波辐射，通过数据处理和信息提取等技术手段，分析研究地表的特征。常用的遥感大气窗口为光学遥感 $0.4\sim2.6\mu m$，热红外遥感 $3\sim5\mu m$ 和 $8\sim14\mu m$，微波遥感 $1.4mm$、$3.5mm$ 和 $8mm$ 附近，以及波长在 $1cm$ 以上的光谱区间。图 1.4 为大气吸收与大气窗口示意图。

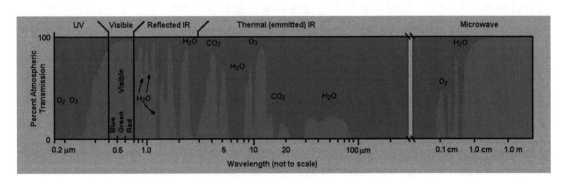

图 1.4 大气吸收与大气窗口

注：图片来源 http：//www.oneonta.edu。

1.1.3.3 大气辐射

大气辐射是大气中各种成分的电磁辐射的总称。任何温度高于绝对零度（0K）的物体，均以电磁波的形式向外辐射能量，同时吸收外来电磁辐射。由于大气自身温度不高，所以大气辐射能集中在红外谱段。利用红外窗口遥感地面时，不仅需要考虑大气衰减作用，还需要考虑大气自身的向上辐射及大气向下辐射经地面反射而达遥感器的辐射能量。

1.1.3.4 大气衰减

大气衰减指电磁波在大气中传播时受到的削弱作用。吸收和散射是引起大气衰减的两个基本物理过程。大气衰减的数值取决于大气状况及电磁波的波长。对可见光波段，在大气窗口内的大气衰减主要是散射；而对更长的波段，大气的主要影响是吸收；至于热红外波段，还需考虑大气自身的发射。大气衰减使遥感影像的对比度降低，因此对大气衰减效应的校正是辐射校正的主要问题。对定量遥感的辐射校正是必不可少的。

1.1.3.5 大气透过率

大气透过率指电磁波在大气中传播时经大气衰减后的电磁辐射通量与入射时电磁辐射通量的比值。大气透过率是表示大气对电磁波穿越其间所发生衰减作用的一种定量度量，一般用 τ 表示。虽然大气成分复杂，各成分都有其独特的辐射吸收与传输特征，但大部分大气成分在某个特定地区来说，应该是变化相对较小的。在晴空条件下，与大气中水汽含量相比，大气其他组成成分的可变性相对较弱。

1.1.4 传感器物理量

辐射亮度值转换是遥感图像数据处理的基本问题。这种数据处理，需要认识为什么需要进行这种转换，然后掌握最基本的辐射定标过程及其精度评估。这就需要首先了解遥感的基本物理量。

1.1.4.1 DN 值

遥感器接收到的电磁波辐射信号，通常是以电信号（电流或电压）的形式表示。为了进行数据传输和记录，遥感器通常是把接收的电信息转换成 DN（Digital Number）值，以便更加有效地进行远程数字通信传输和随后的数据存储与分发应用。因此，DN 值指由遥感器原始电信号经模数变换（Analog to Digital，A/D）处理后得到的正整数值。遥感影像记录的是像元的灰度 DN 值。DN 值越大，表示遥感器探测到的辐射信号越强。不同的遥感器，具有不同的辐射记录设定范围。当然，遥感器的传感元件对电磁波辐射的响应程度，也是决定遥感器辐射记录设定范围的重要考虑因素。一般的遥感器通常是把这个范围设定为 8bits，其对应的 DN 值最大为 256，也就是说，遥感器将把探测到的电信号转换成 0~256 的 DN 值，并进行记录。Landsat 遥感数据就是采用这种记录方式。

1.1.4.2 辐射定标

由于遥感图像数据是以 DN 值进行记录，因此，在随后的数据处理过程中，需要把 DN 值转换成电磁波辐射强度值。这个转换过程，就是遥感数据的辐射定标。辐射定标是指根据遥感传感器的数字量化输出值 DN 与其所对应视场中辐射亮度值之间的数量关系，把 DN 值换算遥感视场的电磁波辐射亮度值的过程（孙家炳，2003）。对于大多数遥感数据而言，把 DN 值换算成辐射亮度值，基本上都是采用如下公式

$$L = \text{gain} \times \text{DN} + \text{bais}$$

（1.7）

　　式中，gain 和 bais 为传感器的增益和偏移量。一般来说，遥感图像数据的头文件里，都包含辐射定标的关键参数 gain 和 bais。因此，通过查找遥感图像数据的头文件，可把 DN 值换算成遥感器接收到的辐射亮度值 L。对于卫星遥感而言，这个辐射亮度值 L，就是大气顶的辐射亮度，它包含有地表的辐射信号，同时也包括有大气效应信息。

　　所谓遥感反演，就是根据遥感器对地表电磁波辐射的探测信号进行考虑并消除后，从遥感器探测到的电磁波辐射亮度中估算出地表的实际电磁波辐射亮度的过程。由于遥感器在探测过程中，不可避免地受到大气的影响，并且根据遥感观测的波段可建立的联立方程数通常都小于方程的未知变量数，因此，遥感建模反演，也被学界称为是一种病态反演，存在许多不确定性。只有通过一些先验假定和近似估计，才能求解出想要求解的参数值，尤其是地表温度遥感反演和近地表气温反演。

1.1.4.3　光谱响应函数

　　波谱响应函数指探测系统对单位入射的单色辐射亮度所产生的响应大小（洪烨，1990），可表示为

$$f(\lambda) = \frac{P(\lambda)}{L(\lambda)} \qquad (1.8)$$

　　式中，$f(\lambda)$ 为光谱响应函数（无量纲量）；$L(\lambda)$ 为探测器接收的单色辐射亮度（$\mathrm{W \cdot m^{-2} \cdot sr^{-1} \cdot \mu m^{-1}}$）；$P(\lambda)$ 为探测器在对应单色辐射下的反应量（$\mathrm{W \cdot m^{-2} \cdot sr^{-1} \cdot \mu m^{-1}}$）。

　　一般来讲，光谱响应函数是针对某一特定通道而言的，一个特定通道的光谱响应函数依赖于波长探测和滤波响应的综合反映，不同通道有其对应的光谱响应函数（唐伯惠，2007；刘三超等，2007）。因此，在计算某通道的辐射亮度时，常取其平均值。假定 $L_i(\lambda)$ 为某传感器通道 i 接收的光谱辐射亮度，则该通道的平均辐射亮度 L_i 则可用下式计算

$$L_i = \frac{\int f_i(\lambda) L_i(\lambda) \mathrm{d}\lambda}{\int f_i(\lambda) \mathrm{d}\lambda} \qquad (1.9)$$

　　式中，$f_i(\lambda)$ 为传感器通道 i 的光谱响应函数。值得指出的是，式中省去了对积分区间的书写，积分上下限分别对应通道 i 的最大波长和最小波长值。

1.1.5　常用的温度概念

　　温度是物体热量状态的重要指示器（Indicator）。遥感上常用的温度有热力学温度（Kinetic Temperature）、辐射温度（Radiant Temperature）、亮度温度（Brightness Temperature）、地表温度（Land Surface Temperature）、海表温度（Oceanic Temperature）、空气温度（Air Temperature）、近地表气温（Air Temperature at Near Surface）和土壤温度（Soil Temperature）等。

1.1.5.1　热力学温度与辐射温度

　　热力学温度是物体的真正温度，表示物体内通过分子运动而形成的热能状态。在通常情况下，热红外遥感上用的热力学温度主要是用来衡量地球表面组成物质的分子运动

平均状态，表示观测物体内部分子运动的平均热能，是组成物体的分子平均传递能量的"内部"表现形式，又称真实温度。热力学温度的常用单位是 K，其与摄氏度（℃）之间的对应关系是，0K=−273.15℃。在这一绝对温度下，物体将不能够发射其辐射能量，在自然界里这一温度是极难存在的，因此，可以认为，只要物体的温度在 0K 以上或者高于 −273.15℃，该物体将会向外发射其辐射能量。如果该物体是一个完全的黑体，它将能够 100% 地向外发射与其温度相对应的辐射能量。但黑体只是一个理想的物体，自然界中几乎不存在，自然界里，尤其是地表，只能算是一个灰体，其发射的辐射能量将小于同等温度下黑体发射出来的辐射能量。因此，一般物体发射出来的辐射能量相对应于黑体而言的温度，就是物体的辐射温度。

物体的辐射温度指发射出来的与观测物体相等的辐射出射度相对应的黑体温度，有时也称物体的表征温度。辐射温度与物体真正的温度（热力学温度）有一定的差距，主要是由于物体并不是真正的黑体，而是灰体。灰体只能发射其真正温度的一定比例辐射能量。因此，要想从辐射温度求算物体的真正温度，需要进行辐射温度校正。而校正方法，主要是根据物体的辐射能量来进行计算，通常有 Planck 方法和 Stafen-Boltzman 方法。

由于辐射温度是通过探测物体发射的辐射能量来进行确定，而辐射温度仪对于辐射能量的响应相当快速。因此，对于快速测量温度而言，这是一个非常重要的优势。热红外遥感器也是根据这一辐射观测原理进行地表热辐射能量的探测，进而转换成相应的辐射温度，以便通过相关的算法（如分裂窗算法和单窗算法），反演出真正的地表温度。

卫星遥感的热红外波段，是通过探测地表在该波段范围内的热辐射来确定地表的温度。热红外探测的热辐射相对应的温度，通常比地表实际温度要低。但这种探测具有一个明显的优势，就是它能够极快地在 0.1s 的时间内观测到物体的热辐射能量强度。通过这种快速的探测，可以有效实现大区域尺度范围内的几乎同步全面观测，为监测分析大区域范围内的地表水热时空动态特征及其变化提供有效技术手段。但是，在探测到辐射温度之后，还需要进行校正，才能得到真正的地表温度，即热力学温度。

亮度温度指辐射出与观测物体相等的辐射亮度时的黑体温度。亮度温度通常是指卫星高度上探测到的辐射能量相对应的温度，因此，一般称为星上亮度温度，简称星上亮温。亮度温度具有温度的量纲，但不具有温度的物理意义，它是物体辐射亮度的代名词。但是，必须指出，亮度温度与辐射温度（表征温度）是一致的（黑体的辐射出射度与辐射亮度成 π 倍关系）。由于地表并不是黑体，而是灰体，其比辐射率小于单位 1，所以，物体的亮度温度总是小于它的真实温度，亮度温度 T_b（K）、辐射温度 T_{rad}（K）和真实温度 T_{kin}（K）三者间存在如下关系

$$T_b = T_{rad} = \varepsilon^{1/4} T_{kin} \quad (0 \leqslant \varepsilon \leqslant 1) \tag{1.10}$$

式中，ε 是物体表面的比辐射率。

1.1.5.2 地表温度与近地表气温

地表温度指陆地表面的温度，又称地面的表皮温度。由于地球表面实际情况千差万

别，地表温度在不同的地表情况下将有不同的实际含义。在没有植被的裸地情况下，地表温度就是地面的表皮温度，即地表面的温度。在水体情况下，地表温度则是水表面的水温。在茂密植被情况下，地表温度通常是指植被叶冠层的平均表面温度。在植被不是很茂密、植被与间隙不规则分布状态下，地表温度主要是指植物叶冠面温度与植被间隙气温、底部地面表皮温度的混合平均值，这一平均值将直接取决于间隙密度和间隙下面的地表物质状况。在海洋或者湖泊等宽大水体情况下，地表温度就是海表温度，或者称为水体表面温度。

空气温度表示空气的热量状态。由于空气质量由低空到高空呈现出逐渐稀薄的变化趋势，越靠近地表，其空气温度一般情况下相对较高。而海拔越高的地方，空气温度也相应地降低。通常是海拔每升高 100m，空气温度降低 0.6℃。近地表气温，是指靠近地表面的空气温度，即通常所说的气温，在气象学上定义为在距地表 1.5m 处百叶箱中的空气温度。气温的观测，通常是使用接触式温度计来测量。这种温度计，是通过分子传热，使热量直接传到热敏探头上，使热敏探头的温度上升或者下降，因此，接触式温度计的测量需要一定的过程，通常需要 3~5min，才能使热敏探头温度达到百叶箱相对应的温度。在这种情况下，温度的测量将需要相对较长的时间。

土壤温度是指土壤表面以下不同深度的土壤温度。由于土壤温度受到地表热量平衡的直接制约，尤其是离地表较近的表层土壤。一般情况下，地表的热量通过各种不同方式向下传递到不同深度的土壤层里，加热这些土层的温度，同时在表面温度相对较低情况下，土壤层的热量也会向上层或者向下层传递，形成土壤温度的变化，这种变化有日循环和年循环两种特征。在通常情况下，土壤层的温度昼夜变化，可达到 0.8m 左右，取决于土壤含水量和物理特征。为了简便起见，有时候是用离地表面 20cm 处土壤层平均温度来代表土壤温度，以便开展地表水热平衡模拟，分析地表水热时空动态变化。

值得指出的是，一般是利用遥感器观测的亮度温度来反演推算地表温度、气温和土壤温度等，因为这些参数对陆面过程和区域气候变化研究有更重要的现实意义。

1.1.6 黑体、灰体及黑体辐射定律

1.1.6.1 黑体

黑体被定义为辐射的完全吸收体和发射体。这就意味着，黑体能够完全地吸收其他物体发射出来并到达其表面的辐射能量。为了保持热量平衡，黑体也将它所吸收的辐射能量，通过增加其温度，重新向外发射出它接收的所有能量。黑体表面没有辐射的反射。这就是说，黑体的反照率为 0，其比辐射率为单位 1，其吸收率等于比辐射率（又称发射率），为单位 1。因此，在绝对温度 0K 以上的情况下，对各种波长的电磁辐射能量的吸收系数恒等于 1 的物体称为黑体。

实际上，自然界并不存在黑体，自然界所有物体都能反射少量的入射能，而不是完全的吸收体。只是由于热辐射能随着构成物体的物质和条件的不同而变化，需引入黑体这一

概念作为热辐射定量研究的基准。尽管黑体是一个物理学上的理想体，但它的行为表现能够被实验室设备所模拟，它在描述和计算一般物体的热行为、研究物体温度与发射辐射能的关系时是非常有用的。遥感热红外扫描仪系统中，装有高温黑体与低温黑体，作为探测地物热辐射的参照体。同时，地表温度遥感反演中，也是通过黑体的辐射定律进行推导，建立地表温度反演算法。

1.1.6.2　灰体

灰体被定义为不能全部吸收到达其表面的辐射能量的物体。因此，灰体具有一定的反射能力，它能够反射一部分到达其表面的辐射能量发射率与波长无关的物体。灰体的发射率小于 1。自然界大多数物体为接近于黑体的灰体，即发射率近于 1 的灰体。地球表面通常情况下，也是接近于黑体的灰体。因此，地表面的比辐射率或者发射率，通常是接近于单位 1，一般都在 0.96 以上。不同的地表，其灰体特征也将有很大的差别。不同的地表类型，其比辐射率也将不相同。一般来说水体表面的吸收能力很强，水体表面呈现出非常接近于单位 1 的比辐射率，在清澈的水体情况下，水体表面的比辐射率通常在 0.995 以上，而植被的比辐射率则大多在 0.985 左右，裸地的比辐射率通常 0.965~0.975。地表越湿润，其比辐射率越接近于水体。

自然界的真实物体并非黑体，其辐射出射度总小于黑体的辐射出射度，但两者之间可用发射率来关联。发射率一般定义为，物体在温度 T、波长 λ 处的辐射出射度 $M_S(\lambda, T)$ 与同温度、同波长下的黑体辐射出射度 $M_B(\lambda, T)$ 的比值，即

$$\varepsilon(\lambda, T) = \frac{M_S(\lambda, T)}{M_B(\lambda, T)} \tag{1.11}$$

式中，$\varepsilon(\lambda, T)$ 表示波长为 λ 和温度为 T 的发射率，因此，物体的发射率将随着波长和温度而变化。通常认为，地球表面的发射率在地表面温度变动范围内的变化相对较弱。因此，地表的发射率主要取决于波长，式 1.11 可简化为

$$\varepsilon(\lambda) = \frac{物体的辐射出射度}{同温下黑体的辐射出射度} \tag{1.12}$$

发射率 ε，又称比辐射率，为一无量纲量，取值范围为 0~1。

1.1.6.3　黑体辐射定律

黑体辐射定律，又称普朗克（Planck）方程或函数，是热红外遥感的基础，也是地表温度遥感反演算法推导与构建的基础。黑体的光谱辐射特征对地表温度和近地表气温遥感反演有非常重要的意义。黑体的光谱辐射将随着其表面温度的升高而增加，随着波长的增加而降低。Planck 是最早深入研究并揭示这一黑体光谱辐射变化规律的物理学家。因此，这一规律被称为 Planck 辐射定律。Planck 的全名为 Max Karl Ernst Ludwig Planck（1858—1947），是德国著名的物理学家，1874 年进入慕尼黑大学攻读数学专业，后改读物理学专业；1877 年转入柏林大学继续攻读物理学专业，1879 年获得博士学位。因在黑体辐射变化方面的杰出研究成果，Planck 获得 1918 年的诺贝尔物理学奖。黑体的 Planck 辐射定律

通常表示为如下公式

$$M_\lambda(T)=\frac{2\pi c^2 h}{\lambda^5(e^{ch/k\lambda T}-1)}=\frac{\pi c_1}{\lambda^5(e^{c_2/\lambda T}-1)}\qquad(1.13)$$

式中，c_1 和 c_2 分别是第 1 和第 2 光谱常量，分别取值为：$c_1=2c^2h=1.191\ 043\ 56\times 10^{-16}$ $W\cdot m^{-2}$，$c_2=ch/k=1.438\ 768\ 5\times 10^4\mu m\cdot K$；$\lambda$ 为波长（μm）；T 为温度（K）；$M_\lambda(T)$ 为温度 T、波长 λ 时的辐射出射度（$W\cdot m^{-2}\cdot \mu m^{-1}$）；$c$ 为光速，其值为 $c=2.997\ 924\ 6\times 10^8 m\cdot s^{-1}$；$h$ 为 Planck 常量，其值为 $h=6.626\ 075\ 5\times 10^{-34}\ J\cdot s$（$1J\cdot s=W\cdot s^2$）；$k$ 为 Boltzmann 常数，其值为 $1.380\ 658\times 10^{-23}\ J\cdot K^{-1}$。

1.1.6.4 Stefan–Boltzmann 定律

Stefan–Boltzmann 定律表明，任意物体辐射能量的大小都是物体表面温度的函数。对于黑体，其总辐射出射度与温度的定量关系表示为

$$M(T)=\sigma T^4\qquad(1.14)$$

式中，$M(T)$ 为黑体表面发射的总能量，即总辐射出射度（$W\cdot m^{-2}$）；σ 为 Stenfan-Boltzmann 常量，其值为 $\sigma=5.669\ 7\times 10^{-8}\ W\cdot m^{-2}\cdot K^{-4}$；$T$ 为温度（K）。当计算发射率不为 1 的灰体总辐射出射度时，需将 Stefan-Boltzmann 定律修正为

$$M(T)=\varepsilon\sigma T^4\qquad(1.15)$$

式中，ε 为灰体的比辐射率。

1.1.6.5 Wien 位移定律

Wien 位移定律描述黑体辐射的峰值波长与温度间的定量关系，其关系式为

$$\lambda_{max}=\frac{A}{T}\qquad(1.16)$$

式中，λ_{max} 为辐射强度最大时的波长（μm）；A 为常数，值为 $2\ 897.8\mu m\cdot K$；T 为温度。公式表明，黑体最大辐射强度所对应的波长 λ_{max} 与黑体的绝对温度 T 成反比。例如对于 6 000K 黑体（如太阳），λ_{max} 为 $0.483\mu m$（蓝色光）；对于 300K 黑体（如地表），λ_{max} 为 $0.966\mu m$（热红外）。

1.1.6.6 Kirchhoff 定律

Kirchhoff 定律指出，任何物体的辐射出射度 $M_S(\lambda,T)$ 和其吸收率 $A_S(\lambda,T)$ 之比都等于同一温度下的黑体辐射出射度 $M_B(\lambda,T)$，即

$$\frac{M_S(\lambda,T)}{A_S(\lambda,T)}=M_B(\lambda,T)\qquad(1.17)$$

将物体的辐射出射度与相同温度下黑体的辐射出射度的比值定义为物体的比辐射率，即

$$\varepsilon(\lambda,T)=\frac{M_S(\lambda,T)}{M_B(\lambda,T)}\qquad(1.18)$$

很显然，$\varepsilon(\lambda,T)=A_S(\lambda,T)$，即物体的比辐射率等于物体的吸收率。因此，物体的比辐射率不仅是物体辐射能力的量度，也是物体吸收能力的量度。由于地球表面也是由各

种物质组成，地表的物理特征也服从上面几个重要定律。这些定律，是研究地表热辐射形成及其传输的基础，也是热红外遥感研究的基础，对于地表温度遥感反演算法的推导和构建，具有非常重要的意义。

1.1.7 地表净辐射与地表能量平衡

地表温度（LST）是地表能量平衡的重要参数之一，同时也是一个基本的气候因素。一方面，地表温度决定着地表向大气的长波能量辐射能力，另一方面，它也取决于地表面许多参数的状态，如地表反照率、地表湿度、植被覆盖，以及植被长势。因此，掌握地表温度的空间分布状况及其时间变化态势，对于准确地模拟地表与大气之间的能量交换是非常重要的。

1.1.7.1 地表净辐射

地表净辐射是指地表接收的入射辐射能量与其发射出来的辐射能量之间的差值（图 1.5），可表示为

$$R_n = R_{S\downarrow} - R_{S\uparrow} + R_{L\downarrow} - R_{L\uparrow} \qquad (1.19)$$

$$R_n = (1 - \alpha_S) R_{S\downarrow} + \varepsilon_a \sigma T_0^4 - \varepsilon_S \sigma T_S^4 - (1 - \varepsilon_S) \varepsilon_a \sigma T_0^4 \qquad (1.20)$$

式中，R_n 为地表净辐射（$W \cdot m^{-2}$），$R_{S\uparrow}$ 和 $R_{S\downarrow}$ 分别为地表的上行短波辐射和下行短波辐射（$W \cdot m^{-2}$）；$R_{L\uparrow}$ 和 $R_{L\downarrow}$ 分别为地表的上行长波辐射和下行长波辐射（$W \cdot m^{-2}$），α_s 为地表反照率（无量纲量）；ε_S（等同于图 1.5 中 ε_0）和 ε_a 分为地表和空气的比辐射率（无量纲量），T_S 和 T_0 分别为地表温度和近地表气温（K），σ 为 Stenfan-Boltzmann 常量。地表净辐射 R_n 是地表所获取的净辐射能量，是低层大气流动和其他天气现象的驱动力，在无其他方式的热交换时，地表净辐射将直接决定了地表的升温或降温过程（于贵瑞等，2006）。

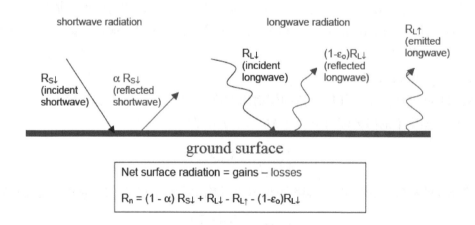

图 1.5　地表辐射接收与支出示意图
注：图片来源 SEBAL manual，2002。

1.1.7.2 地表能量平衡

依据能量守恒定律，地表接收的能量将以不同方式转换为其他的形式，使能量保持平衡。这一能量交换过程可用地表能量平衡方程（Surface Energy Balance，SEB）来表示，即

$$R_n=G+H+L_vE+P \tag{1.21}$$

式中，R_n 是地表净辐射；P 是地表植被层的光合作用能量和热储存量。参数 G、H 和 L_vE 分别表示为

$$G=k_g\frac{\partial T}{\partial Z}=k_g\frac{(T_S-T_d)}{\Delta Z} \tag{1.22}$$

$$H=\frac{\rho_a c_a(T_S-T_a)}{r_a} \tag{1.23}$$

$$L_vE=0.622L_v\frac{(e_s-e_a)}{P_a(r_a+r_s)} \tag{1.24}$$

式中，R_n 为净辐射（$\text{W}\cdot\text{m}^{-2}$），$H$ 为显热通量（$\text{W}\cdot\text{m}^{-2}$），$L_vE$ 为潜热通量（$\text{W}\cdot\text{m}^{-2}$），$G$ 为土壤热通量（Soil Heat Flux，$\text{W}\cdot\text{m}^{-2}$）；$k_g$ 为土壤分子导热率（$\text{W}\cdot\text{m}^{-1}\cdot\text{K}^{-1}$），$T_s$ 为地表温度（K），T_d 为厚度 ΔZ 处的土壤温度（K），ΔZ 为土壤层厚度（m）；ρ_a 为空气密度（$\text{kg}\cdot\text{m}^{-3}$），$c_a$ 为空气定压比热（$\text{J}\cdot\text{kg}^{-1}\cdot\text{K}^{-1}$），$T_a$ 为空气温度（一般为近地表气温，K），r_a 为空气动力学阻抗（$\text{s}\cdot\text{m}^{-1}$）；$L_v$ 为汽化潜热（$2.543\times10^6\text{J}\cdot\text{kg}^{-1}$），$e_s$ 和 e_a（与 T_a 同高度）分别为地表和空气水汽压（kPa），P_a 为大气压（101.325kPa），r_s 为表面阻抗（$\text{s}\cdot\text{m}^{-1}$）。值得指出的是，在理论上，式 1.21 右边的参数 P 是指用于植被光合作用的能量和地表到植被冠层的热储存量，但通常这两部分的能量都很小，一般可以忽略（于贵瑞等，2006）。

净辐射与土壤热通量的差值称为有效能量（Available Energy），显热通量和潜热通量又统称为湍流通量（Turbulent Fluxes）。有效能量在显热通量和潜热通量之间的分配主要取决于地表湿润状况。显热通量是由于地表温度和空气温度的差异导致的热量流通量，而潜热通量是由于水分发生汽化相变引起的能量变化，二者都依赖大气湍流现象来完成在地面和大气间的传送。地表能量平衡反映了地表得到的能量（地表净辐射）如何分配，图1.6 为地表能量平衡示意图。

上述介绍的这些相关物理量和基本概念，尤其是黑体和黑体辐射定律、地表净辐射和地表能量平衡，是热红外遥感研究的基础，因而也是地表温度和近地表气温遥感反演的基础。了解和掌握这些相关物理量和基本概念，是深入研究地表温度和近地表气温遥感反演的需要。虽然地表物体并非真正的黑体，而是灰体，但通常是根据黑体辐射定律来研究其辐射传输过程，因而成为地表温度遥感反演研究的基本知识。地表净辐射反映地表的辐射转换过程，是地表许多生物物理化学过程的主要驱动力，决定着地表温度和近地表气温的升降变化。地表能量平衡方程反映了地表净辐射能量如何在各个参数和要素之间分配与转换，对研究并揭示地表温度和近地表气温时空变化有重要的意义。

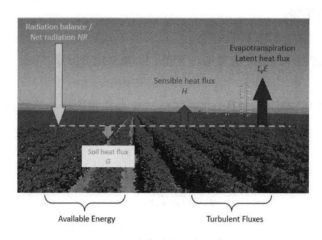

图 1.6　地表能量平衡示意图
注：图片来源 www.iac.ethz.ch。

1.2　地表温度遥感反演原理与方法

1.2.1　地表温度遥感反演意义

温度在日常生活中具有重要的意义，它直接反映环境的冷暖程度，并且温度还与其他一系列相关的要素紧密相关，例如温度与风的关系、温度对植物生长的影响等。地表温度和近地表气温是两个非常重要的温度指标，同时，它们之间也有紧密联系。开展地表温度遥感反演和近地表气温遥感反演，具有重要的理论价值和现实意义。

地球表面崎岖起伏，地表的这种非平坦性和起伏变化特征，使地表温度遥感反演面临很大的困难。地表的崎岖不平，意味着地表面的粗糙度很大。在很短的距离内，地表面就表现出强烈的非同质性，其生物物理特征差异显著，地表温度在空间上和时间上也表现出强烈的变化特征。因此，准确获得地表温度空间分布及其时间演进状态，就需要进行详细的时空测量，包括空间布点密度和时间测量频度。卫星遥感代表这种时空测量密度和频度的重要工具，因为它不仅能快速地对较大区域范围内的温度变化进行观测，而且这种观测还可以有序地重复进行，从而获得不同时相的地表温度变化信息。当然，这种观测是在无云遮挡的情况下才有可能。通过对整个地区的全面观测，卫星遥感技术能够快速地提供无云地区的地表温度分布状况。

20 世纪 70 年代初以来，热红外遥感已经获得了高度的重视。从 70 年代起，已经有大量的研究致力于如何从卫星遥感观测数据中反演地球表面的真正温度，尤其是从美国气象卫星 NOAA-AVHRR 和 MODIS 数据中反演地表温度。NOAA-AVHRR 数据是一个常用的卫星遥感数据，它有 3 个热红外波段，其中，波段 4 和波段 5 位于 8~13 μm 波长区间里，能准确测量地球表面发射出来的能量强度，因而非常适合于用来进行地球表面温度空间分布的反演。MODIS 具有 36 个波段，其中，有 16 个热红外波段。MODIS 的第 31 和第 32 波段的光谱范围非常接近于 AVHRR 的波段 4 和波段 5，因此，非常适合于用来进行地表温度遥感反演。实际上，经过 20 多年来的不断探索，MODIS 数据的地表温度遥感反演已经得到广泛研究。随着计算机计算速度的快速提升，MODIS 数据产品也已经得到了较全面的开发和应用。AVHRR 和 MODIS 数据的空间分辨率在热红外波段为 1 000m，因此，属于宽幅扫描，具有全球覆盖特征，AVHRR 每天可获得相同地区白天和晚上至少 2 景遥感数据，而 MODIS 因有 2 个卫星平台（分别为 Terra 和 Aqua），每天至少有相同地区的 4 景遥感影像，对于研究全球变化有十分重要的意义。

本章将论述热红外遥感和地表温度遥感反演的基本物理过程和原理。在随后的几章里，分别介绍地表温度遥感反演的分裂窗算法、单窗算法以及近地表气温的遥感反演方法。地表温度遥感反演，只有在晴空条件下才有可能。在有云的情况下，地表的热辐射完全被云层吸收，而不能穿透云层被卫星遥感器探测到。因此，云是当前热红外遥感中地表温度反演的重要障碍。根据云对地表温度时空变化的影响，能够有效解决有云像元地表温度值缺失的问题。所以，本书最后一章，将分析云对地表温度的影响，探讨云下地表温度遥感反演问题。

1.2.2 热红外遥感探测与地表温度

卫星遥感器是用不同波段来测量地面目标（大气）所反射回来或发射出来的电磁波能量的辐射强度 L（$W \cdot m^{-2} \cdot sr^{-1}$）。因此，遥感的基本问题是，如何把所观测到的辐射强度转换成需要的有效信息。对于热红外遥感而言，所需要的有效信息就是地表温度。根据地表温度与近地表气温之间的相互关系，也非常需要从热红外遥感探测的辐射强度中求解出近地表气温的有效信息。

在光谱的热红外区间范围内，主要是关注地球表面和大气所发射出来的辐射量，通常称为热辐射。为了描述和理解地球—大气相互作用系统中的辐射特征，需要引入黑体的概念。正如上面指出，黑体（Blackbody）被定义为是这样一种物体，即它能完全吸收到达其表面的辐射能量，同时它也能发射其全部能量。因此，黑体在整个光谱范围内有恒定的单位光谱比辐射率。这就意味着，它将吸收全部照射到它表面上的能量，而它所发射的辐射量在任何方向上都完全取决于其温度，这一辐射量可以用 Planck 辐射定律来描述。

在热红外光谱范围内，不同温度的黑体所辐射的能量将随波长而变化。由于大气对热辐射具有很强的影响，大气在热红外波长区间的透射特征，对热红外遥感探测有决定性作用。在热红外波长区间，只有某些光谱区间能够用来进行地球表面的遥感，因为大气在这些光谱区间内的辐射透射程度很高，而在某些波段范围内则似乎被大气吸收。热辐射能够比较自由地在这些区间内自由传输。因此，这些区间就是所谓的大气窗口。在其他波长区间，大气的吸收作用非常强，辐射极难透过，因而可以说，大气在这些波长区间内是很不透明的。大部分大气窗口位于 3.4~4.2μm、4.5~5μm 和 8~14μm 范围内。虽然在这些大气窗口内辐射的穿透程度较高，但并不是说大气没有任何影响。实际上，无论大气的透过程度多高，它也不是 100% 的透明。剩下的这一点点不透明也对所测量到的信号有重要影响，从而也就需要进行大气影响的校正。AVHRR 遥感器用两个大气窗口来观测地面的发射能量，其中，通道 3 的中心波长为 3.7μm，通道 4 和通道 5 的中心波长分别为 10.8μm 和 11.9μm。MODIS 有 16 个热红外波段，其中，31 波段和 32 波段的中心波长最接近 AVHRR 的波段 4 和波段 5，因而也是常用于地表温度遥感反演的最佳数据。我国新一代地球观测卫星遥感器 FY-3D MERSI Ⅱ 有 25 个波段，其中，第 24 波段和 25 波段星下空间分辨率为 250m，远优于 AVHRR 和 MODIS 的星下空间分辨率 1 000m，并且最近才投入数据服务，因此，也是未来非常适合用来进行地表温度遥感反演的中分辨率遥感数据。由于 MODIS 已经在轨运行的 20 余年，远超设计寿命，未来可能随时有损坏，失去对地探测能力而中断数据服务。因此，研究我国自主卫星数据 FY-3D MERSI Ⅱ 数据的地表温度遥感反演及其数据产品研发和实际应用，具有非常重要的现实意义。

当然，黑体只是一个理论概念，地球自然表面并不完全具有黑体的特征。地球表面所发射出来的辐射量与相同温度下黑体所发射出来的辐射量之间的比率称为比辐射率。比辐射率将随波长（λ）和观测方向（θ）而变化，它表明一个表面或物体发射其辐射能量的效率

$$\varepsilon_{\lambda,\theta} = \frac{M_{\lambda,\theta}(T)}{B_{\lambda,\theta}(T)} \tag{1.25}$$

式中，$\varepsilon_{\lambda,\theta}$ 为物体的光谱比辐射率，$0 < \varepsilon_{\lambda,\theta} < 1$；$M_{\lambda,\theta}(T)$ 为物体的辐射量（$\mathrm{W \cdot m^{-2} \cdot \mu m^{-1} \cdot sr^{-1}}$）；$B_{\lambda,\theta}(T)$ 为黑体的光谱辐射量（$\mathrm{W \cdot m^{-2} \cdot \mu m^{-1} \cdot sr^{-1}}$）。

所有自然表面的热辐射特征是其比辐射率小于 1。比辐射率的绝对值大小不仅取决于自然表面的物质构成，而且还取决于波长和观测方向。因此，不同的地表面有不同的比辐射率，同一表面在不同的波长区间有不同的比辐射率，不同的观测方向也将获得不同的比辐射率。在 8~14μm 波长范围内，地表面的比辐射率一般在 0.9 以上，干燥沙土的比辐射率为 0.91，而茂密植被地区的比辐射率为 0.986，水的热辐射特征接近于黑体，其比辐射率高达 0.99 以上。大多数自然表面的比辐射率值为 0.94~0.98。

光谱比辐射率（$\varepsilon_{\lambda,\theta}$）与光谱反射率（$\rho_{\lambda,\theta}$）之间存在如下关系

$$\varepsilon_{\lambda,\theta} = 1 - \rho_{\lambda,\theta} \tag{1.26}$$

任何物体或表面如果其比辐射率不等于 1，则反射出一部分辐射到它表面上的能量。因此，如果不考虑大气的影响，则卫星遥感器所观测到的辐射信息将是地球表面所发射出来的辐射量与它所反射出来的辐射量的混合物

$$L_s = \int_{\lambda_1}^{\lambda_2} \phi_\lambda \varepsilon_\lambda B_\lambda(T_{surface}) \mathrm{d}\lambda + \int_{\lambda_1}^{\lambda_2} \phi_\lambda (1-\varepsilon_\lambda) \frac{1}{\pi} B_\lambda(T_{sun}) \mathrm{d}\lambda \tag{1.27}$$

式中，L_s 为遥感器所接收到的辐射量（$W \cdot m^{-2} \cdot \mu m^{-1} \cdot sr^{-1}$）；$\Phi_\lambda$ 为标准化的遥感器响应函数（无单位）；ε_λ 为光谱比辐射率（无单位）；$B_\lambda(T)$ 为温度为 T 的黑体的光谱辐射量（$W \cdot m^{-2} \cdot \mu m^{-1} \cdot sr^{-1}$）。

在 8~14μm 波长范围内，地表面的反射部分很小，一般可忽略不计，但在 3.7μm 的大气窗口，遥感器所接收到的辐射量有近 50% 是来自地球表面的反射量。

1.2.3　地表温度遥感原理

在上面的讨论中，一直省略了大气对辐射传播的影响。实际上，大气对辐射传播有很大的干扰作用。图 1.7 显示地表温度的遥感原理。空中的卫星遥感器通过探测地表热辐射来确定地表温度。但地表热辐射的电磁能量从地球表面传递到空中卫星平台上的遥感器的过程中，将受到大气的吸收和散射作用，各种不同的大气气体和烟尘都对电磁能量的传播产生干扰影响。因此，卫星遥感器探测到的热辐射不仅有来自地表的热辐射（这部分与地表温度有关，是有效信息），同时，还有地表反射回来的大气向下热辐射以及大气向上热辐射。因此，如何从卫星遥感器探测到的热辐射中，求解地表的热辐射并进而反演地表真正的热力学温度，是热红外遥感的重要研究内容。

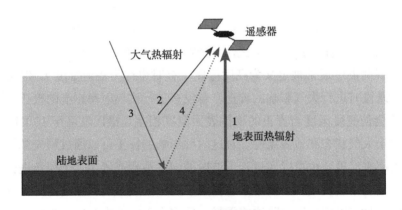

图 1.7　地表温度遥感原理

大气对热红外遥感的影响远不止其直接的热辐射，而且还表现在其对地表热辐射在其中传导产生障碍并吸收减弱作用。在热红外波段，虽然臭氧、二氧化碳和烟尘对热红外辐射也有很大作用，但大气水分将是大气影响的主要因素。同时，大气也是由物质组成的，它有自己的温度剖面，因而大气也发射出一部分辐射能量。大气的辐射能量可直接到达遥感器（向上发射的部分），或者被地球表面反射（向下发射的部分）回来之后达到遥感器。在这两种情况下，大气的热辐射量将对遥感器所接收到的辐射量有贡献作用。因此，式1.27 可重新改写成如下形式

$$L_s = \int_{\lambda_1}^{\lambda_2} \phi_\lambda \varepsilon_\lambda B_\lambda (T_{\text{surface}}) \tau_\lambda (z_0) \mathrm{d}\lambda + \int_{\lambda_1}^{\lambda_2} \phi_\lambda (1 - \varepsilon_\lambda) \frac{1}{\pi} (A_\lambda + B_\lambda T_{\text{sun}}) \tau_\lambda (z_0) \mathrm{d}\lambda$$

$$+ \int_{\lambda_1}^{\lambda_2} \int_{z_0}^{z_{\text{sat}}} \phi_\lambda \varepsilon_\lambda B_\lambda [T_{\text{air}}(z)] \frac{\partial \tau_\lambda}{\partial z} \mathrm{d}z \mathrm{d}\lambda \qquad (1.28)$$

式中，z 是高度，z_0 表示地表面，z_{sat} 表示卫星高度；τ_λ 是大气的总光谱透过率；A_λ 是大气的向下光谱辐射量。式 1.28 右边第 1 项表示地表面的光谱辐射量，第 2 项是地表面反射回来的太阳和大气辐射量，第 3 项是大气的向上辐射对卫星遥感器所接收到的辐射信号的贡献。由于大气质量的分层性，大气对遥感器信号的贡献主要来自大气低层，即接近地球表面的低层大气的作用明显大于大气上层的作用。

在 8~14μm 的大气窗口范围内，地表面反射回来的辐射量相对比较小，因而可以忽略。这样，当分析遥感器所接收到的这个波段范围内的辐射量时，就可以把式 1.28 进行简化省去右边的第 2 项。就 AVHRR 而言，这就意味着，当用通道 4 和通道 5 来进行温度反演时，地表反射部分可以忽略不计。对于通道 3，由于其波段区间为 3.4~4.2μm，在这一区间范围内，反射部分所占比重较大，因此，在白天情况下，反射部分的贡献不宜忽略，这种近似分析只适合于夜间图像的温度反演，因为夜间的反射贡献相对较小。

式 1.28 强调了地表面比辐射率的影响和大气对遥感器所接收到的辐射信号的影响。实际上，大气的影响主要是表现为两个：大气的吸收作用和大气的辐射作用。

通过 Planck 辐射定律的反解，根据所观测到的辐射量中求解出相当于黑体温度的观测温度。这一观测温度通常被定义为亮度温度（有时也称为辐射温度）。但是，必须认识到，亮度温度既没有进行大气影响的校正，也没有进行比辐射率影响的校正，而这两种因素的影响可能会使亮度温度与真正的物体表面温度相差几摄氏度甚至 10℃ 以上，这种差距的大小取决于大气状态和地表条件。对这两种影响的校正可以通过预先掌握大气状态和地表面比辐射率来实现，也可以通过若干波段的同步观测或者用几个视角进行同步观测来实现。如果是用若干波段或几个视角来进行同步观测，就可以从中估计出大气对所观测到的辐射信号的贡献，进而可以消除这些贡献，反演真正的地表温度。当然，这种大气贡献的估计，是假定已经准确知道地表面的比辐射率在各有关波段范围内的数值大小。如果不知道各波段的地表比辐射率，通过大气校正也难以求解出地表的真实温度。所以，地表比辐射率是从多波段遥感数据中反演地表温度的基本参数。

1.2.4　地表面温度反演方法

通过空间遥感观测到反演地表面温度的理论基础是在 20 世纪 70 年代初期发展而来的。到目前为止，学者们已经提出了各种方法来校正热红外波段范围内的大气影响，即大气对遥感器所接收到的辐射信号的消弱与增强作用。这些方法可以归结为五大类：大气校正法、单通道方法（单窗算法）、分裂窗算法、多角度方法和多通道方法（Becker and Li

1990a）。

大气校正法，是最早用来进行地表温度估计的遥感方法，它利用大气模拟程序如 LOWTRAN 或 MODTRAN 来模拟卫星飞过当地天空时的大气状态参数，尤其是大气向下热辐射能量和向上热辐射能量，然后把卫星遥感器探测到的热辐射能量扣除大气的热辐射影响，即大气下行热辐射和上行热辐射，从而得到地表真实的热辐射，并进而用来开展地表温度遥感反演。大气校正法需要进行大气影响的估计，这种估计通常是用辐射传输模拟程序如 LOWTRAN、MODTRAN 和 6S 来计算，并且需要大气水分和大气温度剖面数据作为输入数据。很显然，这种反演方法的缺点需要很多通常难以获得的大气剖面数据才能进行地表温度的反演。即使能获得这些大气剖面数据，通常也只有 1~2 个地点的观测数据，难以满足所需要的空间分布密度要求，并且往往不是实时数据，即卫星遥感器飞过天空时的同步观测数据。

单通道方法是以卫星遥感器的只有一个波段的热辐射观测值为基础进行地表温度的反演。它需要从遥感器所接收到的辐射量中消除掉大气吸收和辐射作用的影响来反演地表温度。因此，通过建立地表热辐射的大气传导方程，并根据一系列逼近，推导出地表遥感反演单窗算法（Qin et al., 2001）。该算法有 3 个基本参数，即大气平均作用温度、大气透过率和地表比辐射率。这些参数都可以通过其他方法来估计，进而可以用来进行地表温度遥感反演。

分裂窗算法是最成熟的地表温度遥感反演方法。最早是在 20 世纪 70 年代中期建立，用于海洋表面温度的遥感反演。分裂窗算法通过两个相邻热红外波段的探测数据来建立辐射传导方程，进而可以有效消除大气对热红外辐射探测的影响，反演出真正的地表温度。80 年代中期 Price（1984）把这种方法应用于陆地表面温度估计，提出了第一个陆表温度反演算法。在随后的 10 多年里，地表温度分裂窗算法得到快速发展，许多学者通过不同的逼近估计方法分别推导和建立了各自的地表温度反演分裂窗算法，如 Becker 和 Li（1990）、Sobrino 等（1991）、Prata（1993）等。

多角度方法是以两个以上视角的遥感观测值为基础进行地表温度的反演。对同一地表物体的遥感观测视角不同，辐射传输的大气路径长度也不相同，从而形成不同的大气吸收作用。利用这种大气吸收作用的差异，就可以建立方程，从数值上消除大气的影响，进而反演地表温度。然而，这种同一地表物体的多视角遥感观测数据并不是很多。直到 1991 年 ESR-1 卫星发射后，才真正地有这种多视角遥感卫星数据可供实际应用。ESR-1 卫星上的遥感器是沿轨道扫描辐射仪（Along Track Scanning Radiometer, ATSR）。这种反演方法的问题是，遥感视角的差异是否大到能形成明显的大气吸收作用的差异，以便获得同一地表物体的不同视角的遥感观测值也不相同，即使是在晴朗的天空下也能形成明显不同的大气吸收作用。Prata（1993）对这种方法作了较深入的讨论，并与分裂窗方法进行比较。

1.2.5 分裂窗方法及其应用

分裂窗方法是到目前为止应用最广泛的地表面温度反演方法，尤其是用来分析NOAA-AVHRR、MODIS、ASTER、FY-3C VIRR、FY-3DMERSI Ⅱ 等具有 2 个热红外以上波段的遥感数据。1981 年 NOAA-7 卫星发射以后，通过 8~14μm 范围内的两个狭窄的热红外波段来对上行辐射进行常规观测。分裂窗方法的理念可追溯到 Anding（1970）的研究，它是以 11~12μm 附近的两个相邻的热红外波段的不同大气透过特征为基础进行地表面温度的反演。由于它的理论是以同一大气窗口劈裂为两个相邻的热红外波段来观测，所以称为分裂窗方法。这种方法充分利用了热红外遥感中两个相邻波段的同步观测的优势来进行地表面温度的反演。由于 NOAA 系列卫星上都安装有这两个通道的遥感器，并且至少有两个 NOAA 卫星同时在轨道上运行，所以每天至少能获得 4 次覆盖全球的遥感观测数据，从而使 NOAA-AVHRR 数据获得非常广泛的应用。近 20 年来，MODIS 数据波段数量更多，并且数据质量很好，同时也是免费获取。MODIS 有两个卫星，分别是 Terra 和 Aqua，每天可获得全球至少 4 次的全覆盖数据，并且 MODIS 波段数达到 36 个，更加有利于各种应用。目前，世界范围内各种大区域尺度的遥感应用都是基于 MODIS 数据。

根据两个相邻热红外波段的观测，就可以建立诸如公式 1.28 所示的分裂窗方程组。但是，由于地表面的比辐射率和大气影响（大气吸收和辐射作用）均是未知，所以，这个分裂窗方程组也没有唯一的解。实际上，即使有多个波段的观测，所能建立的方程组的方程数都永远小于未知数（每个波段的比辐射率和大气影响），从而使方程组没有确切的唯一解。为了从多波段遥感观测所建立的方程组中求解出地表温度，必须对地表温度的求解问题进行限定，这种限定就需要一些额外的信息或需要做一些假定。就 AVHRR、MODIS、ASTER、VIRR、MERSI Ⅱ 等具有两个以上热红外波段数据而言，这些假定可以包括如下内容。

（1）Planck 函数的线性化，这一假定要求用两个非常邻近的波段来进行观测，即一个波段的观测值可以表达为另一个波段的线性函数。

（2）所有相关温度（亮度温度、大气温度和地表温度）的相同量级。在大多数大气条件下，这一假定是正确的，从而能消除掉大气的上行辐射影响。

（3）地表面的比辐射率的差异性。

（4）大气水分的吸收作用较弱，从而可以进行近似估计。这一假定需求大气的总水分含量不要太大。大气水分含量的吸收作用与两个波段间的亮度温度差异之间存在线性关系，只有在这些条件下，才能通过这种线性关系来进行近似估计。在潮湿的热带大气条件并且观测视角较大的情况下，这个假定可以打破。

很多分裂窗算法最初是根据海洋表面的情况提出来的。与陆地表面相比，海洋表面代表一种简化的情形，因为水在空间上和时间上都有极高的同质性，更重要的是因为水的比辐射率已为人们所熟知，并且它在空间上和时间上都较稳定。

　　研究表明（Prabhakara et al., 1974；McMillin, 1975；Deschamps and Phulpin, 1980；McClain et al., 1983），通过建立两个相邻热红外波段的观测值的线性组合来反演海洋表面温度，可使反演精度达 1K 以内。在陆地表面温度反演中，通过精细地确定分裂窗算法的基本参数，也能获得 1.5K 以内的反演精度。对于 AVHRR 来说，分裂窗算法的地表温度反演方程有如下两个一般形式：

$$T_s=A_0+A_1T_4+A_2T_5 \tag{1.29}$$

$$T_s=A_0T_4+A_1（T_4-T_5）+A_2 \tag{1.30}$$

　　式中，T_s 为估计得到的表面温度，T_4 和 T_5 为 AVHRR 遥感器的通道 4 和 5 所观测到的亮度温度。如果是 MODIS 的 31 和 32 波段，下标则相应地进行修改为对应的波段。系数 A_0、A_1 和 A_2 是分裂窗算法的参数，可以通过不同的方法来确定。在早期海洋表面温度监测中，这些分裂窗算法的参数值，是通过卫星观测值与浮标或测量船的观测值之间的回归分析来确定，也可以通过不同条件下的大气透过率模拟来确定。对于 1980 年中期以后的陆表温度来说，这些分裂窗算法的参数值，在不同的算法中将有不同的估计方法。McMillin（1984）、Schlussel（1987）、Fedichev（1993）和 Prata（1993）详细地讨论了地表温度反演分裂窗算法的物理原理与基本理论。

　　由于陆地表面的物质构成千差万别，并且在植被生长作用下，陆地表面的时空变异性非常大。把分裂窗算法应用到陆地表面上来进行地表温度反演，面临问题更加多，难度也相应地增加好多倍。下面几个因素影响着陆地表面温度反演的精度。

　　（a）陆地的比辐射率在空间上和时间上都可能有很大的变化。在 8~14μm 窗口范围内，其绝对值可从 0.92 变化到 0.985。地表面类型、土壤水分含量，以及植被物候阶段和真实植被覆盖结构的不同都可能有显著的影响。

　　（b）陆地的比辐射率可能有明显的光谱依赖性。尽管陆地的比辐射率在相邻两个热红外波段之间的差异通常 <0.01，但这些微波差异对 LST 反演也有显著影响（Becker 1987，Coll et al., 1994a；Coll et al., 1994b）。

　　（c）有效比辐射率（Effective Emissivity），即遥感器从某个视角实际观测物体时所获得的比辐射率，取决于视角和地表面的各向异性（Gossmann, 1987；Choudhury, 1989；Wan and Dozier, 1989；Casselles and Sobrino, 1989；Labed and Stoll, 1991）。

　　（d）陆面温度可能大大高于海面温度。因此，针对海表面建立的 Planck 方程的线性化，可能不适用于陆面温度的变化范围。此外，AVHRR 遥感器在 320K（47℃）达到饱和，在观测一些很热环境的 LST 时，这可能会引起一些问题。

　　（e）在一个 AVHRR 像元范围内，地表温度（LST）可能会有较大的变化。这就会引起所观测到的温度值的确切含义问题，因为这种温度观测是在至少 1.2km² 的面积范围内进行取值。类似地，"表面"在植被地区可能更加难以确切地定义。

　　（f）LST 有强烈的昼夜起伏变化。这就会使观测时间成为一个重要问题。

　　（g）在陆地上，气温可能与表面温度有很大的差异。这一点与海洋有本质的不同。在海洋情况下，海水表面的温度与近海面气温相差很小。

（h）由于地形起伏和高程变化，大气的路径长度可能有很大差别。根据某个高度来建立的大气影响与亮度温度之间的线性回归可能不适合于其他高程的地面。

在所有上述影响反演精度的因素中，与光谱比辐射率有关的问题已经被认为是最重要的问题。事实上，目前还没有看到对这个问题的满意解决方法，因为比辐射率不仅在空间上有明显差异，而且还随时间而变化。有关自然表面的比辐射率数据极少。例如 Buettner 和 Ker（1965），Vincent 等（1975），Taylor（1979），Sutherland（1986），Schmugge 和 Becker（1989），Labed 和 Stoll（1991）曾对比辐射率进行了不同的测量。但是，也应该注意到，很多测量是针对宽大的光谱区间（如 8~15μm）来进行积分求解。这种宽波段积解将会使所观测到的比辐射率值相对较低，因为这一宽波长区间内包含有某些明显的低值区。因此，这种观测值将不能代表正确的比辐射率，以便用来分析卫星探测数据。此外，这些测量是在很少的样本上进行的，通常是在实验室里进行，因此，对于如何用这些测量值来合理地确定遥感器的瞬时视场（Instananeous Field of View，IFOV）所看到的地表面的比辐射率，也有很大难度。

为了找到一个有效的解决方案，学者们提出了一些可行的办法，用来校正大气的影响。这些方法包括，大气校正可用无线电空探数据（Radiosonde Data）输入到一个简化的大气透射模型里（Price 1983），或者用卫星的同步探测数据来模拟大气影响。安装在 NOAA 卫星上的 TOVS（TIROS Operational Vertical Sounder），可用来反演大气温度和水分剖面数据（Olesen and Reutter，1989）。但这些方法也面临着一些难题，如无线电空探数据的点状特征而不具有空间代表性，TOVS 卫星同步观测的不准确性，以及 TOVS 和 AVHRR 观测尺度差异。分裂窗方法仍然是目前为止对陆地表面温度反演的可用方法，因为它极为简单。如果地表比辐射率值能够比较准确地获得的话，它将能得到比较准确的反演结果。

1.2.6　常用的分裂窗算法

本节将介绍一些已经得到较广泛应用的分裂窗算法。这些算法都是专门针对 AVHRR 数据的 LST 反演而提出来的。但是，通过基本参数的重新订正，这些方法同样也可用于其他具有两个热红外波段的数据。实际上，现有专门针对其他热红外遥感数据的分裂窗算法，基本上都是源自 AVHRR 数据而提出的分裂窗算法。Becker 和 Li（1991）的局地分裂窗算法已经在后来美国 NASA 的 MODIS 数据中得到了应用，用来生产 MODIS 的地表温度数据产品。

1.2.6.1　Price 的分裂窗算法

Price（1984）是把分裂窗技术应用于陆地表面温度反演的先驱之一，通过分析农田地区的地表温度时空差异及其大气校正方法，Price（1984）建立并发表了他自己的 LST 分裂窗算法。该算法专门有一项是用来校正地表比辐射的影响。基于美国中部地区的农用地地

表温度反演实例应用研究，反演的精度估计在 ±3K 左右。Price 分裂窗算法的计算公式如下

$$T_s = T_4 + 3.33(T_4 - T_5) \times \frac{5.5 - \varepsilon_4}{4.5} + 0.75 T_4(\varepsilon_4 - \varepsilon_5) \qquad (1.31)$$

式中，T_s 为地表温度（K）；T_4 和 T_5 分别为 AVHRR 通道 4 和通道 5 的亮度温度（K）；ε_4 和 ε_5 分别为通道 4 和通道 5 的比辐射率（无单位）。

因此，在表面温度为 300K 左右时，如果 ε_4 的估计有 0.01 的误差，那么地表温度估计将有 0.65K 左右的误差；如果 ε_4 和 ε_5 之间的差异有 0.01 的误差，地表温度估计的误差则可能会达到 2.25K。假定 ε_4 的估计误差达到最大值 0.02，比辐射率之差的估计误差达到 0.01，那么地表温度反演的可能误差将达到 3.55K。

这个算法已经得到了广泛的引用。由于它强调通道 4 和通道 5 间的亮度温度差，因此，它能对大气水分影响进行非常重要的校正。即使仅有比辐射率的粗略估计，这一算法也能得到比较合理的反演结果，特别是在空气湿度较大的热带环境情况下。

1.2.6.2　地表比辐射率对地表温度反演的影响

为了定量地确定比辐射率对表面温度估计的影响，Becker（1987）从理论上对这一问题进行了深入研究，并提出了一个误差估计公式，把比辐射率对地表温度反演的影响（δT）表示为是 AVHRR 通道 4 和 5 比辐射率之差的估计误差 $\delta(\varepsilon_4 - \varepsilon_5)$，平均比辐射率估计值与实际值之间的偏差（$\delta\varepsilon$）的函数，即

$$\delta T = 50 \frac{\delta\varepsilon}{\varepsilon^2} + 300 \frac{\delta(\varepsilon_4 - \varepsilon_5)}{\varepsilon^2} \qquad (1.32)$$

式中，ε 为平均比辐射率，$\varepsilon = (\varepsilon_4 - \varepsilon_5)/2$。如果比辐射率的实际值为 0.96，平均比辐射率的估计误差为 0.02，通道间比辐射率之差的估计误差为 0.01，那么，按照这个公式，地表温度的估计误差分别为 1.09K 和 3.25K。Becker 总结说，平均比辐射率和光谱比辐射率差的估计误差，将会使地表温度估计误差分别达到 2K 和 7K。但是，这些理论误差值只是一些极端的情况下才会出现。在自然环境中，考虑到 AVHRR 像元范围内的地表差异，实际的温度反演误差将会大大减少。

HAPEX 水文大气先期试验是国际卫星陆地表面气候学项目（International Satellite Land Surface Climatology Project，ISLSCP）的重要组成部分，于 1986 年在法国南部实施。该项目的主要目的是通过试验来收集相关信息，以便改进大气循环模型中有关陆地表面热辐射通量估计的参数确定。

根据 HAPEX 试验的观测结果，Schmugge 和 Becker（1989）认为，式 1.32 中最后一项，即温度反演误差取决于通道 4 和通道 5 的比辐射率之差，在他们的研究地区可以忽略不计，因为这个比辐射率之差并不是很显著。这个结论很重要，因为这个误差公式表明，这两个通道的比辐射率之差是地表温度反演误差的关键影响因素。从 Vincent（1975）所做的比辐射率观测值中，也能得到类似的结论，观测结果表明，11~12μm 波段范围内

的比辐射率相对稳定，变化不大。这些结论指出，对于比较茂密的植被叶冠表面来说，有一个平均比辐射率值，就可以获得比较精确的地表温度反演结果。另外，Schmugge 等（1991）指出，比较茂密的植被叶冠面的比辐射率观测值接近于单位 1，这就说明，在这种表面上，通过分裂窗算法来进行温度校正，将能获得非常接近实际温度的反演结果。但是，对于植被稀少的地区或裸土表面，温度反演的误差可能相当大。茂密植被叶冠上所观测到的高比辐射率值，部分地是植被复杂结构对辐射的截留作用。茂密的植被表面有无数的叶片小间隙，这些小间隙能起到一种陷阱的作用，有效截留到达叶冠表面的有效辐射，从而增强了叶冠的总体吸收率，进而导致其比辐射率增大，最终使茂密植被叶冠的比辐射率相对比单个叶片上所观测到的比辐射率要高很多。粗糙的表面也有类似的效果。

Grassl（1989）提出了另一个有些特别的 LST 反演方法。他建议用水体上所观测到的误差来推导大气的影响，进而通过插值方法把这种误差应用到整幅图像上，因此进行大气校正。于是，AVHRR 的这两个通道所推算出来的亮度温度的高值将用选作地表面温度，因为较高的亮度温度将受比辐射率偏离单位 1 所产生的影响最小。这种反演方法的关键问题是，所研究的图像上必须要有较大面积的水体存在，以便在图像上找到一些纯水体像元，并且，这些水体还应该相对较均匀地分布在整个图像上。另外，这一方法仍然存在比辐射率的校正问题，也就是说，由于实际比辐射率偏离单位 1 而产生的估计误差问题。

1.2.6.3 局地分裂窗算法

Becker 和 Li（1990）和 Li 和 Becker（1991）提出了他们自己的局地分裂窗算法，并确定了其参数值。该算法把地表温度表示为 AVHRR 通道 4 和通道 5 的局地地表比辐射率的函数。他们指出，从理论上讲，通过精确地估计比辐射率，以及适当地选择参数值，海洋表面温度反演的分裂窗算法中所用的大气透过率的线性化展开，同样也适用于陆地表面。但是，如何能够获得这两个通道的比辐射率估计值，仍是一个难题。局地分裂窗算法为

$$T_s = A_0 + P\left(\frac{T_4 + T_5}{2}\right) + M\left(\frac{T_4 - T_5}{2}\right) \tag{1.33}$$

式中，T_s 是地表温度，T_4 和 T_5 是 AVHRR 通道 4 和通道 5 的亮度温度，其他参数确定如下

$$A_0 = 1.274$$
$$P = 1.00 + 0.15616(1-\varepsilon)/\varepsilon^2 - 0.482\Delta\varepsilon/\varepsilon^2$$
$$M = 6.26 + 3.9800(1-\varepsilon)/\varepsilon + 38.33\Delta\varepsilon/\varepsilon^2$$
$$\varepsilon = (\varepsilon_4 + \varepsilon_5)/2, \quad \Delta\varepsilon = \varepsilon_4 - \varepsilon_5$$

严格地说，上述参数值只能适用于 NOAA9 号卫星的数据，因为这些参数值是根据该卫星上的 AVHRR 遥感器的辐射响应函数来推导确定，他们的结果得到了 Wan 和 Dozier（1989）的支持。Wan 和 Dozier（1989）从理论上论证了用分裂窗算法来反演地表温度的可行性。通过线性近似估计，完全可以用分裂窗算法来反演不同陆地覆盖类型的表面温度。

1.2.6.4 Prata 的分裂窗算法

Prata（1993）详细地讨论了分裂窗算法技术在陆地地表上应用的物理原理，并推导出他自己的理论分裂窗算法

$$T_s = bT_4 + cT_5 + d \tag{1.34}$$

式中，有关参数确定如下

$$b = \frac{1+\gamma}{\varepsilon_4}\left(\frac{1}{1+\gamma\tau_5\Delta\varepsilon/\varepsilon_5}\right) \tag{1.35}$$

$$c = \frac{-\gamma}{\varepsilon_5}\left(\frac{1}{1+(1+\gamma)\tau_4\Delta\varepsilon/\varepsilon_5}\right) \tag{1.36}$$

$$d = -d^*\Delta I^\downarrow\left(\frac{\partial B_4}{\partial T}\right)_T^{-1} + [1-(a+b)]\left[T - B_4[T]\left(\frac{\partial B_4}{\partial T}\right)_T^{-1}\right] \tag{1.37}$$

$$d^* = \frac{1-\varepsilon_4-\gamma\tau_5\Delta\varepsilon}{\varepsilon_4+\gamma\tau_5\Delta\varepsilon} \tag{1.38}$$

$$\gamma = \frac{1-\tau_4}{\tau_4-\tau_5} \tag{1.39}$$

$$\Delta\varepsilon = \varepsilon_4 - \varepsilon_5 \tag{1.40}$$

式中，τ_i 为通道 i 的大气总透过率；$\Delta I^\downarrow$ 为大气辐射常量，表示通道 4 和通道 5 的大气下行辐射差值；T 为用泰勒（Taylor）展开式对 Planck 函数（T_4、T_5 或 T_a）进行展开所需要的平均温度。对于澳大利亚大陆，Prata（1994）通过计算认为，$\Delta I^\downarrow = 3.6\text{mW} \cdot \text{m}^{-2} \cdot \text{sr}^{-1} \cdot \text{cm}^{-2}$，这是一个比较适宜的均值。对于 Taylor 展开式中的平均温度 T，可以用 T_4、T_5 或大气平均温度 T_a 来代表，就看哪一个温度在数值上更加接近于这个平均值。

这一算法强调了地表温度的反演取决于这两个通道的光谱比辐射率（ε_i）和大气总透过率（τ_i），因此，要想获得精确的地表温度反演结果，就需要对地表面的热特征和大气条件有足够的了解，以便能准确地估计地表比辐射率和大气透过率这两个参数。

通过长期的观测实验，Prata 和他的同事获得了澳大利亚西部地区的大量地表温度观测数据和大气剖面资料。对这些数据分析研究之后，他们认为局地分裂窗算法完全适用于陆地地表温度的反演，并能获得非常好的反演精度（Prata，1994）。他们在一个大型小麦田上进行了表面温度的周密观测，并获得了该小麦田表面温度的空间分布和时间变化。同时，把所观测到的实际数据与从 AVHRR 数据中反演出来的地表温度进行比较，进一步讨论了植被覆盖度、遥感器视角和 LST 空间差异对卫星数据反演结果的影响，并把反演结果与已经发表的分裂窗算法进行比较。考虑了所有误差影响之后，Prata 认为，用分裂窗算法来反演陆地表面温度，精度最好可达 ±1.5K。

1.2.6.5 Coll 等的分裂窗算法

Coll 等（1994a）认为大气和比辐射率的影响可以分开，提出了其分裂窗算法，有

$$T_s=T_4+A(T_4-T_5)+B \tag{1.41}$$

式中，A、B 的参数确定如下

$$A=1+0.58(T_4-T_5) \tag{1.42}$$

$$B=0.51+40(1-\varepsilon)-\beta\Delta\varepsilon \tag{1.43}$$

$$\varepsilon=(\varepsilon_4+\varepsilon_5)/2, \quad \Delta\varepsilon=\varepsilon_4-\varepsilon_5 \tag{1.44}$$

值得注意的是，参数 A 被确定为是通道 4 和 5 的亮度温度差（T_4-T_5）的函数。因此，该参数的数值大小取决于通道 4 和 5 的大气总透过率（$\tau_i\theta$），而大气总透过率又是大气水分含量和遥感器视角的函数。结果，参数 A 的数值将随着大气水分含量和遥感视角的增加而增加。Coll 等（1994a）指出，参数 A 的这种确定方法比给它一个恒定值得到更好的反演结果。它假定大气水分含量与大气对辐射的消弱程度之间存在线性关系。参数 B 是 10.5~12.5μm 波段范围内的平均地表比辐射率（ε）、通道 4 和 5 的地表比辐射率之差（$\Delta\varepsilon$）和系数 β 的函数，但系数 β 的数值将随着大气水分含量的增加而减少。系数 β 的值可以根据大气的平均气候状态来确定。对于热带大气，可取 β=50K；对于中纬度夏季大气，β=75K；对于中纬度冬季大气，β=150K。系数 β 的这种确定表明，地表比辐射率对 LST 反演影响的相对重要性将随着大气湿度的增加而减少。由于了解研究地区的地表平均比辐射率及其光谱差异，对于准确地反演地表湿度非常重要，特别是在反演植被稀少地区和裸地地区的地表温度，已经提出了一些直接从卫星观测值来估计这些参数的方法。例如 Becker 和 Li（1990，1993）发表了一个用来进行 LST 估计的方法论和从 AVHRR 数据中准确地估计地表光谱比辐射率的方法。该方法需要通道 3 的观测数据，并需要晚上的遥感图像来作为补充，晚上遥感图主要是用来估计通道 3 反射出来的辐射量。除能否取得白天和晚上图像的相关信息问题及其准确的几何校正问题之外，这一方法的主要的问题与通道 3 的反射各向异质性有密切联系。

Casseles 等（1993）提出了一个可用来估计各像元的平均比辐射率的方法。他们在其研究的地区里选择一些典型的土壤和植被，对这些典型土壤和植被的比辐射率进行实地测量。每个像元实际上可以看作是混合像元，即由不同比例的土壤和植被覆盖构成。因此，各像元的平均比辐射率可以由典型土壤和植被的比辐射率的加权平均值来估计，而权重的确定是通过 NDVI 来实现。这一方法把像元的土壤和植被的权重视作是研究地区的最小 NDVI 和最大 NDVI 以及像元的实际 NDVI 的函数（Casselels et al.，1993）。这种权重确定方法隐含的假设是，NDVI 与遥感器所看到的植被比例成线性关系（Kerr et al.，1992）。

随后，Coll 等（1994b）提出了一个可用来反演通道 4 和通道 5 的比辐射率差值（$\varepsilon_4-\varepsilon_5$）的方法，它是把这个差值看作是通道 4 和 5 的亮度温度的函数。但是，这一方法需要对大气状态有较详细的数据，以便能够评估大气水分吸收作用在这两个通道之间的差异。同时，如果通过实际观测，能够掌握大气状态的准确剖面资料，这一方法也可以用来确定

某些时期的比辐射率差值的大小。这种方法的主要优点是，它将得到一个估计值来代表各像元的平均比辐射率差。

用 AVHRR 数据来反演 LST 所产生的其他可能误差是由于遥感器的观测视角较大引起。很多学者指出，从遥感平台上所观测到的亮度温度的差异，与遥感器的观测视角大小有关。亮度温度的变化，主要是遥感器所看到的地面覆盖比率的函数，但同时也是地面辐射的各向异质性的函数。因此，遥感器所看到的地表面的平均比辐射率将随着遥感视角的变化而变化。Choudhury（1989）进一步分析了 Hatfield（1979）的研究结果之后指出，实际观测所得到的亮度温度在天顶视角下与在 45° 观测视角下的差异可能高达 2K，这种差异主要取决于遥感器所看到的地面覆盖比率的大小。很显然，地面覆盖比率越大，这一误差问题就越大。但是，在表面相对均质的地区，如裸土和茂密植被覆盖地区，这一误差将大大减小。Kimes 和 Kirchner（1983）对一些行状农田作物的实际观测也得到了类似的结果，他所观测到的农田亮度温度在视角为 0° 和视角为 50° 的差别高达 6K。Dozier 和 Warren（1982）报道了雪面上的亮度温度观测差异。Wan 和 Dozier（1989）讨论了遥感器视角和地面坡度对"局地"视角的影响，以及这种局地视角对地表温度观测的影响。Prata 和 Platt（1991）也做了类似的讨论，进一步分析了地表温度反演精度如何随着遥感视角增加而降低的问题。

遥感视角也决定着从遥感器到地面目标的大气路径长度。对于一个平衡的层状介质，这种路径增长可以通过视角的余弦来确定相关的参数。但是，在 AVHRR 情况下，地球的球面曲度将明显地增长 25° 视角以上的路径长度，使遥感器到地面目标的大气路径快速增长。这种影响将会导致分裂窗算法对较大遥感视角的线性近似估计的偏差。

1.2.7　地表温度遥感反演问题

用 AVHRR 观测数据来反演 LST，将受到许多不确定因素的影响，例如遥感器本身的一些不足之处，以及缺乏十分准确的大气状态数据和地表面比辐射率数据。以上简要地评述并从理论讨论了这些问题及其可能导致的地表温度反演误差。但是，从实际应用的角度来看，还应进一步考虑如下一些问题，才能正确地评估分裂窗算法的可用性。

◎ 什么是可接受的反演误差？显然，这将取决于所研究的目的。例如对于地表能量平衡或区域蒸散发比率的估计，较高精度的温度估计将是十分重要的（Price，1982；Seguin and Itier，1983；Carlson and Buffum，1989）。但是，对于其他应用，如温度场的空间类型分析，温度反演的绝对精度可能不是非常重要，邻近像元之间的相对精度反而更加重要（Vogt，1992）。

◎ 其他数据源可能难以像 AVHRR 那样能够提供在空间上相一致的 LST 观测数据，而这种空间一致性的 LST 数据又是很多研究所必需的。例如在地球—大气相互作用的模拟中，通过研究 LST 参数的空间变化特征，可能得到一些重要的认识。

◎ 从区域乃至全球尺度来看，通过局地点状观测来进行空间内插所获得的 LST 空间分布情况，在精度上远远低于从卫星的同步观测中所得到的结果。

◎ 即使是仅仅有较粗糙的地表比辐射率估计，也能大大地减少 LST 反演中的可能误差。

因此，对于卫星反演得来的 LST 数据集，其应用性和适用性，将根据实际应用情况而定。上述这几点是分析评价遥感反演而得的 LST 数据集之可用性应该考虑的基本因素，同时还应考虑具体实际应用中的特殊要求及其对陆表温度数据反演精度的需求。总之，关于陆地表面温度遥感反演应该注意如下几个问题。

（1）由于陆地表面的比辐射率存在时空易变性。在没有准确的局地比辐射率及其光谱和方向特征信息的情况下，用分裂窗算法从卫星数据中反演而得的地表温度将可能有较大的不确定性。

（2）视角对比辐射率的影响，主要是由于遥感器所看到的土壤和植被的比例不同，同时也是由于比辐射率本身的各向异质性，可能很大。因此，如果没有对这种视角影响所产生的可能反演误差有准确的分析和校正，应尽量避免使用那些视角超过 25° 的图像，以减少视角所带来的反演误差。

（3）例如 Price（1984），Becker 和 Li（1990）、Coll 等（1994a）的分裂窗算法，在没有准确的地表比辐射率数据情况下，也能得到相对较合理的地表温度反演结果。对于地表比辐射率，可以通过各种植被指数与植被覆盖比例之间的经验关系来进行适当的估计。其他可能的估计方法包括通过 GIS 的数据层提取不同的地表覆盖类型，然后对这些地表类型的比辐射率进行时序演进模拟，以获得所需要的地表比辐射率的空间分布状况。

（4）在现有的条件下，地表温度遥感反演所取得的最终绝对精度，很大程度上将取决于地表覆盖的情况。对于茂密的植被叶冠，反演精度将高达 1.5K 以内，而对于裸地，地表温度反演结果的不确定性将大大增加。

（5）邻近像元的观测相对精度将高于单个观测的绝对精度。这一假设的基础是，第一，地表温度通常被低估，因此，一部分绝对误差将在温度差值的观测中相互抵消，从而提高了观测的相对精度；第二，在几千米的距离范围内，考虑到较大的像元尺度之后，可以看到，观测地区的植被覆盖的期望差异，通常远小于裸土和茂密植被覆盖这两种极端情况下的差异。

1.2.8　正确地理解地表温度反演结果

要想准确解释从 NOAA-AVHRR、MODIS、FY-3C VIRR、FY-3D MERSI II 等热红外遥感数据中反演而得的地表温度定量信息，还需要进一步了解这些卫星平台的轨道运行及其遥感器几何视角的一些特殊问题。

第一个问题是时间偏移问题，即卫星飞过当地上空的时间随卫星发射时间而发生偏移。以奇数编号 NOAA 卫星（以及 NOAA-14 卫星）是发射到一个太阳同步轨道上，当它飞过天空时，星下点的当地太阳时间约为 13 : 30。MODIS 和 FY-3C 等其他中分辨率也一样。但是，由于轨道特征的影响，卫星飞过天空的时间发生向下午方向偏移的特征，偏移量大体上是每年 30min（Price，1991）。假定卫星的平均设计寿命是 4 年，那么，到最后卫星寿命行将终结时，卫星轨道已经总体向后偏离了大约 2h。

此外，还应该看到，AVHRR 的景幅宽达 2399 km，MODIS、FY-3C VIRR 和 FY-3D MERSI Ⅱ 的扫描幅宽分别为 2330 km、2900km 和 2900km。在此景幅内，各像元点的当地实际太阳时间将有很大的差异。假定景幅宽为 2400km，在欧洲大陆的纬度上，东边像元与西边像元的当地太阳时间相差就达 1.5h。例如当地太阳时间为 14 时，那么图像西边边缘像元的当地太阳时间将是 15：15，东边边缘像元的当地太阳时间将是 14：45，尤其是在卫星设计寿命行将终结时，卫星飞过天空的星下当地太阳时间为下午接近傍晚，这种时间东西边缘太阳时间差将对地表温度有非常明显的影响。

要想从极轨卫星观测中得到每日的覆盖图层，只能通过宽幅扫描来获得。因此，任何地方在随后的几天里将被从好多个视角来观测。结果，这种观测的当地太阳时间将大大不同。对于 NOAA 卫星，轨道的重复需要 9d 才能完成。这就是说，卫星飞过天空的当地太阳时间将存在一个 9d 循环类型。MODIS 和 FY 卫星每天的当地轨道也存在一定的偏移量，也需要 8~12d 才能重复到上一次的轨道时间。因此，这些卫星数据的当地太阳时间的重复是遥感视角以及因卫星轨道偏移而产生的普通时间趋势的函数。

各像元的大小将随着它在扫描行上的位置而变化。AVHRR 遥感器的瞬时视场（IFOV）在星下点约为 1.1km×1.1km，但像元的大小在图像边缘地区将增大到约 2.4km×6.9km。MODIS 和 FY 的边缘像元与星下像元相比，也是大了近 5 倍。由于各个瞬时视场 IFOV 所对应的地面面积大小有很大的差异，同一扫描行上不同位置的像元温度实际上并不完全具有可比性。同时，以星下为中心，东西两边的像元太阳时差比较大，对于西半幅，离星下点越远，其与东半幅的像元太阳时差较大，最西边缘像元与最东边缘像元之间的太阳时差常大 1.5h 以上。这就造成了其地表温度不可比性，尤其是对于以地表温度大小来判断识别地表参数变化的应用来说，例如农业干旱遥感监测，这种太阳时差所造成的地表温度在各像元之间的不可比性，将会导致以地表温度为输入的监测结果出现一定程度的偏差，农业干旱监测的偏差有时可达到 1 个干旱等级的程度。因此，开展地表温度可比性分析与校正十分必要。

尽管有这些问题存在，AVHRR、MODIS 等中分辨率热红外遥感数据确实能提供其他数据源所不能提供的很有价值的信息，应该谨慎地使用这些数据。例如最简单的办法是只使用靠近扫描行中间部分的数据，如 ±25° 视角范围内的图像。这种使用方式将最大限度地减少上面所提到的这些问题的影响，因为在这个视角范围内，大气路径长度和像元大小将相对比较稳定。同时，这种使用原则，也将减少因遥感器所看到的土壤比例不同而产生的地表比辐射率变化的可能影响。

当然，这种限制原则也将明显减少每个地方的图像获取数量。但是，在欧洲纬度上，由于轨道趋于收敛，时间分辨率的损失并不是很大，而这种损失又可通过数据噪声干扰的减少而得到弥补。

以上详细地讨论了地表温度遥感反演问题。从理论的角度来讲，地表温度遥感反演问题已经得到很好的解决，对各关键因素也有了深入的了解。但是，由于遥感器杂音信号的不可避免性，对于大气状态也缺乏足够数据，地表面比辐射率估计也不能十分准确，这些都将直接影响地表温度遥感反演精度。就目前来说，地表温度遥感反演还有较大的不确定性，在晴空条件下，陆地表面温度的反演误差通常在 1K 以上。

从目前来看，要想进一步提高卫星遥感数据的地表温度反演精度，只能通过更加详细的地表面比辐射率数据库来实现。如果有更加可靠的地表比辐射率数据，尤其是这一参数的时空变化和方向差异，就可以更好地评估它的估计误差所导致的地表温度反演误差。对于所研究的地区，如果有足够密度的地表比辐射率数据，还可以提高地表温度反演精度，减少误差。同时，这一提高地表温度反演精度的方法，也指出了把遥感与地理信息系统结合起来的必要性。通过地理信息系统，可以获得遥感反演所需要的辅助数据，尤其是这些辅助数据的空间分布状况。这些辅助数据的获得是提高遥感反演精度的保证。因此，遥感与 GIS 的有机结合，对于正确地判读和应用地表温度非常重要。众所周知，地表温度在地表能量平衡中有着十分重要的作用。地表温度与很多大气参数和地表参数，如土壤湿度，也有十分密切的联系。正确地判读地表温度，是正确地应用地表温度的基础。

同时，应注意到，从卫星遥感数据中反演而得的地表温度产品在区域和全球尺度上都有相当大的应用潜力。不仅需要了解大区域范围内的地表面温度空间差异情况，而且区域和全球尺度的环流模型也需要比较详尽的地表温度空间分布作为其空间分辨率要素来进行时空动态模拟。这些区域性或全球性问题将涉及实地观测与模型模拟之间的尺度缩放问题。对不同空间分辨率的卫星遥感反演的地表温度进行分析，将能对全球生态环境领域的研究有较大贡献。

1.3　地表温度遥感反演问题研究

1.3.1　现有主要卫星热红外遥感数据

近 20 年来，随着航天技术的快速发展，国内外卫星遥感也得到了快速的发展。目前，已经有多个卫星遥感平台搭载有热红外遥感传感器。表 1.2 列出了现有的卫星遥感系统搭载热红外传感器情况。表 1.3 是目前应用最广泛的美国 MODIS 遥感器波段情况。表 1.4 是我国气象卫星 FY-3D 搭载的我国新一代地球观测遥感器 MERSI Ⅱ 波段情况。FY-3D MERSI Ⅱ 传感器有 25 个波段，其中，第 24 和第 25 波段是热红外波段，最适合于用来进行地表温度遥感反演（表 1.4），并且这两个波段的空间分辨率为 250m，远高于 MODIS 的 1 000m，适于农业遥感监测、全球农业干旱监测等需要较高分辨率的遥感应用。

表 1.2　现有主要卫星热红外遥感数据

国内外	传感器	卫星	波段	波长 / 光谱范围（μm）	辐射分辨率（bits）	空间分辨率（km）
国外	AATSR	Envisat	5	3.55~3.93	12	1
			6	10.40~11.30		
			7	11.50~12.50		
			https：//earth.esa.int/instruments/aatsr/			
	VISSR	GMS-4	红外	10.50~12.50	8	5
			https：//directory.eoportal.org/web/eoportal/satellite-missions/g/gms			
	VISSR	GMS-5	红外 1	10.50~11.50	8	5
			红外 2	11.50~12.50		
			https：//directory.eoportal.org/web/eoportal/satellite-missions/g/gms			
	GOES imager	GOES network	2	3.80~4.00	10	4
			4	10.20~11.20		
			5	11.50~12.50		
			http：//noaasis.noaa.gov/NOAASIS/ml/imager.html			
	TM	Landsat5	6	10.40~12.50	8	120
			https：//lta.cr.usgs.gov/TM			
	ETM+	Landsat7	6	10.40~12.50	8	0.060
			http：//landsat.gsfc.nasa.gov/?p=3225			
	TIRS	Landsat8	10	10.60~11.19	12	0.100
			11	11.50~12.51		
			http：//landsat.gsfc.nasa.gov/?p=5474			
	AVHRR	MetOp	3	3.55~3.93	10	1.1
			4	10.50~11.30		
			5	11.50~12.50		
			http：//www.esa.int/Our_Activities/Observing_the_Earth/The_Living_Planet_Programme/Meteorological_missions/MetOp/About_AVHRR_3			
	IASI	MetOp	8461	3.62~15.5	12	12
			http：//smsc.cnes.fr/IASI/			
	SEVIRI	MSG	4	3.48~4.36	10	3
			7	8.30~9.10		
			8	9.38~9.94		
			9	9.80~11.80		
			10	11.00~13.00		
			11	12.40~14.40		
			http：//www.esa.int/ESA			

（续表）

国内外	传感器	卫星	波段	波长/光谱范围（μm）	辐射分辨率（bits）	空间分辨率（km）
国外	AVHRR	NOAA	3	3.55~3.93	10	1.1
			4	10.50~11.30		
			5	11.50~12.50		
			http://noaasis.noaa.gov/NOAASIS/ml/avhrr.html			
	ASTER	Terra	10	8.125~8.475	12	0.090
			11	8.475~8.825		
			12	8.925~9.275		
			13	10.25~10.95		
			14	10.95~11.65		
			http://asterweb.jpl.nasa.gov/			
	MODIS	Terra/Aqua	20	3.660~3.840	12	1
			22	3.929~3.989		
			23	4.020~4.080		
			29	8.400~8.700		
			31	10.780~11.280		
			32	11.770~12.270		
			33	13.185~13.485		
			http://modis.gsfc.nasa.gov/			
国内	IRMSS	CBERS01/02	9	10.40~12.50	8	0.156
			http://www.cresda.com/n16/index.html			
	AVHRR	FY-1A/1B	5	10.50~12.50	10	1.1
			http://fy3.satellite.cma.gov.cn/PortalSite/Default.aspx			
	AVHRR	FY-1C/1D	3	3.55~3.93	10	1.1
			4	10.30~11.30		
			5	11.50~12.50		
			http://fy3.satellite.cma.gov.cn/PortalSite/Default.aspx			
	S-VISSR	FY-2A/2B	红外	11.50~12.50	8	5
			http://fy3.satellite.cma.gov.cn/PortalSite/Default.aspx			
	S-VISSR	FY-2C/2D/2E/2F	红外1	10.30~11.30	10	5
			红外2	11.50~12.50		
			红外4	3.50~4.00		
			http://fy3.satellite.cma.gov.cn/PortalSite/Default.aspx			
	VIRR	FY-3A/3B/3C	3	3.55~3.93	10	1.1
			4	10.30~11.30		
			5	11.50~12.50		
	MERSI		5	11.50~12.50	10	0.250
			http://fy3.satellite.cma.gov.cn/PortalSite/Default.aspx			
	IRS	HJ-1B	3	3.50~3.90	10	0.150
			4	10.50~12.50		0.300
			http://www.cresda.com/n16/index.html			

表 1.3　MODIS 遥感器波段及其主要用途

波段序号	光谱范围（nm）	空间分辨率（m）	主要用途	波段序号	光谱范围（μm）	空间分辨率（m）	主要用途
1	620~670	250	L	19	915~965	1 000	A
2	841~876	250	A, L	20	3.660~3.840	1 000	O, L
3	459~479	500	L	21	3.929~3.989	1 000	fire, volcano
4	545~565	500	L	22	3.929~3.989	1 000	A, L
5	1230~1250	500	L	23	4.020~4.080	1 000	A, L
6	1628~1652	500	A, L	24	4.433~4.498	1 000	A
7	2105~2135	500	A, L	25	4.482~4.549	1 000	A
8	405~420	1 000	O	26	1.360~1.390	1 000	cirrus
9	438~448	1 000	O	27	6.535~6.895	1 000	A
10	483~493	1 000	O	28	7.175~7.475	1 000	A
11	526~536	1 000	O	29	8.400~8.700	1 000	L
12	546~556	1 000	O	30	9.580~9.880	1 000	ozone
13	662~672	1 000	O	31	10.780~11.280	1 000	A, L
14	673~683	1 000	O	32	11.770~12.270	1 000	A, L
15	743~753	1 000	A	33	13.185~13.485	1 000	A, L
16	862~877	1 000	A	34	13.485~13.785	1 000	A
17	890~920	1 000	A	35	13.785~14.085	1 000	A
18	931~941	1 000	A	36	14.085~14.385	1 000	A

注：A，大气研究；L，陆地研究；O，海洋研究。

表 1.4　FY-3D MERSI Ⅱ遥感器波段及其主要用途

通道编号	中心波长（mm）	通道带宽（nm）	空间分辨率（m）	主要用途
1	0.470	50	250	真彩色（蓝）、气溶胶
2	0.550	50	250	真彩色（绿）、气溶胶
3	0.650	50	250	真彩色（红）、植被
4	0.865	50	250	植被、陆地、云
5	1.380	20	1 000	卷云
6	1.640	50	1 000	积雪
7	2.130	50	1 000	气溶胶、陆地
8	0.412	20	1 000	
9	0.443	20	1 000	
10	0.490	20	1 000	海洋水色、浮游生物、生物地球化学遥感
11	0.555	20	1 000	
12	0.670	20	1 000	
13	0.709	20	1 000	
14	0.746	20	1 000	
15	0.865	20	1 000	

（续表）

通道编号	中心波长（mm）	通道带宽（nm）	空间分辨率（m）	主要用途
16	0.905	20	1 000	
17	0.936	20	1 000	大气水汽
18	0.940	50	1 000	
19	1.030	20	1 000	陆地与云特征
20	3.800	180	1 000	LST、SST、云参数
21	4.050	155	1 000	火灾
22	7.200	500	1 000	大气水汽
23	8.550	300	1 000	卷云、云辐射
24	10.800	1000	250	LST、SST、云参数
25	12.000	1000	250	LST、SST、云参数

1.3.2 FY 卫星数据的地表温度反演问题

地表温度（LST）是一个重要的地表过程参数，在农业干旱监测、全球变化、气象预报、水循环等诸多方面都有重要的应用。很多卫星遥感应用包括农业干旱遥感监测都是使用美国 NASA 的 MODIS 全球晴空区 LST 数据。许多大范围资源环境遥感应用和全球干旱监测都需要高精度的 LST 数据产品为支撑。经过多年的发展，目前，已有许多以 MODIS LST 为基本参数输入的农业干旱监测方法和业务化运行系统，但是，MODIS 的 LST 数据产品也只有晴空区数据，而没有云覆盖区的任何信息。同时，MODIS 的 terra 和 aqua 两颗卫星已经在轨运行二十余年，业务化运行远超过设计寿命，在不远的将来可能会停止使用，中断其 LST 数据服务，从而使目前大量以 MODIS LST 为输入的业务化应用面临困境。因此，非常有必要寻找可靠的能够替代 MODIS 的 LST 数据源，以确保农业干旱监测等诸多环境应用能够有连续可用的 LST 数据，开展连续业务。

风云 3（FY-3）是我国第 2 代极轨气象遥感卫星，具有全球全覆盖对地观测能力，其热红外波段可以用来生产全球 LST 数据产品。FY-3D 于 2018 年 11 月 30 日开始提供全球观测数据服务，目前我国共有 3 颗 FY-3 系列气象遥感卫星（FY-3B、3C 和 3D）在轨运行，每天可提供 3 次全球白昼区全覆盖遥感观测（夜晚区也同样有 3 次全覆盖观测）。FY-3B 和 3C 上装载的可见光红外辐射仪（VIRR）共有 10 个遥感波段，其中，波段 4（10.3~11.3m）和波段 5（11.5~12.5m）是热红外波段，星下点空间分辨率为 1000m，用来进行 LST 反演。FY-3D 上装载的中分辨率光谱成像仪（MERSI Ⅱ），是我国新一代气象卫星遥感器，共有 25 个波段，其中，第 24 波段（10.3~11.3m）和第 25 波段（11.5~12.5m）为热红外波段，用于反演 LST，星下点空间分辨率为 250m，是 FY-3B 和 3C 上 VIRR 的 4 倍，对 LST 空间差异的探测能力更加强大，在农业干旱监测等方面的应用潜力更加广泛。

目前，我国风云卫星 FY-3B 和 3C 也生产有 LST 数据产品，同 MODIS LST 数据产品一样，也只是晴空区的 LST 反演结果及其合成，有云覆盖区也同样缺乏有效的 LST 数值。因此，如果不远将来，MODIS 一旦停止运行，不能提供其全球 LST 数据产品，那么，我国 FY-3B、3C 和 3D 的 VIRR+MERSI Ⅱ无疑将成为替代 MODIS 来提供全球 LST 数据产品的最佳选择。

我国的 FY-3B 和 3C 的 VIRR LST 反演精度还不能与 MODIS LST 相媲美，主要是由于其 LST 反演的关键参数（大气透过率和地表比辐射率）估计，在可能的因素影响方面还有很大的改进空间，因此，通过全面精细地进行这些关键参数的确定，FY-3 数据的 LST 反演精度还将能进一步提升，以满足农业干旱监测等诸多应用对高精度 FY-3 LST 数据产品的需要。同时，对于新近投入应用的 FY-3D 的 MERSI Ⅱ数据，其 LST 遥感反演也需要开展深入的研究。

1.3.3　地表温度遥感反演的农业应用问题

热红外遥感，是根据遥感探测到的地表热辐射进行建模反演，属于遥感三大研究领域之一（遥感按波长可分为 VNIR、TIR 和微波遥感三大研究领域），在地表水热过程、气候变化、资源环境、农情遥感、灾害遥感等诸多方面均有重要的应用。热红外遥感建模反演的基础是地表的热辐射传导方程。目前，地表热辐射传导方程的构建，主要是建立在把地表面看作是二维表面（即地—气相互作用界面）这样一个基本假设之上，空中的遥感器探测到的地表热辐射来自这个二维表面，地表热辐射强度取决于表面的温度（地表温度）及其对外热辐射能力（比辐射率），大气对地表的热辐射传输有显著影响（吸收衰减作用和大气热辐射作用）；根据 Planck 辐射原理，构建地表热红外辐射传导方程，进而通过一系列数理推导、简化替代和参数估计进行求解，建立地表温度遥感反演方法。因此，通常认为，热红外遥感反演得到的地表温度是反映地—气相互作用界面水热平衡状态的物理量，有明确的物理定义，表示这一界面的表皮薄层温度，又称为地表面的表皮温度。

实际上，地表很多时候并不是一个二维表面，而是一个三维立体植被层，其中，农田地表又比自然地表更为复杂。随着作物种植、生长和收获，农田地表过程经历着一个由二维到三维再回归到二维的巨大复杂变化过程。在作物种植前，农田地表可以看作是一个二维裸地表面。在作物生长的前期，农田地表则是一个由稀疏的作物植株与植株间裸地组成的混合体。在作物生长中后期，作物植株高大，叶冠比较茂密，农田地表实际上是一个由作物植株叶茎及其间隙组成的三维作物冠层（下面简称作物层）。在作物成熟收获并耕作后，农田地表又回归到裸地表面，完成了一次轮回变化过程。

对于农田作物层，热红外遥感反演得到的地表温度可以认为是作物冠层的表面温度，因为在农田作物层的情况下，遥感探测到的农田热辐射是来自这个作物层的热辐射总量，而不仅仅是来自作物植株叶茎表面的热辐射量，还包括植株叶茎之间的间隙空气及冠层内部各植株部位的热辐射及其多次反射与吸收过程之后的向外热辐射量，以及底部土壤表面热辐射透过这个作物层后的向外热辐射量。

因此，在农田作物层内，客观上存在着错综复杂的热辐射—传输过程，即农田土壤表面和农田作物植株不同高度的叶茎及间隙空气客观上存在着向外发射其热红外电磁波（下称热辐射），同时也吸收和反射周边叶茎和间隙空气发出并到达其表面的热红外电磁波，并由下向上传输，贯穿作物层，到达冠层表面，成为遥感探测到的农田表面热辐射。

这个复杂的农田作物层热辐射传输过程直接决定着农田作物层向空中发出的热辐射强度，因而是农田地表温度遥感反演的基础。目前，对于农田作物层的热辐射传输机理研究，主要集中在热辐射遥感探测的方向性问题上，研究提出了不同的热辐射方向性建模反演方法，但对于作物层内由下而上的温湿度梯度变化，以及这种变化对作物层不同植株高度的热辐射形成与传输过程的影响，研究还比较少。深入研究这个三维作物层内热辐射传输过程及其对热红外遥感探测的影响，揭示农田作物三维热辐射传输机理，阐明关键因子及其作用途径，是创新发展热红外遥感反演理论方法的迫切需要。

并且，由于作物冠层表面只是一个假定的物理表面，由热红外遥感建模反演得到的作物冠层表面温度在物理意义上相对比较笼统。实际上，作物冠层叶面温度、作物不同高度的植株叶茎表面温度和植株间隙空气温度/湿度、农田土壤表面温度、各土壤层水分和温度、作物冠层上方近地表空气温/湿度等主要物理参量，对农田水热过程和作物生长过程的影响和作用更直接。因此，在探明三维农田作物层热辐射传输机理的基础上，根据这些主要物理参量与农田热辐射之间的互联互动关系，研究提出这些主要物理参量的遥感估算方法，是探索定量遥感建模新理论和新方法的迫切需要。

地表温度是农田水热过程和作物生长过程的重要参数，因此，热红外遥感在农情遥感监测中广泛应用。在机理研究的基础上，进一步根据农情遥感监测的需要，把作物层热辐射传输过程、地表温度遥感反演、作物层主要物理参量遥感估算与农情遥感监测有机地结合起来，研究建立农情遥感监测耦合建模新方法，是发展完善农情遥感理论方法的需要。

目前，我国农情遥感监测业务化运行，主要是基于地表温度遥感反演的数据产品，尤其是 MODIS 的地表温度数据产品，并且基本上都是分别针对农作物生产过程中的各个方面单独建模评价，例如作物长势监测与作物旱情监测模型基本上没有联系，作物旱情监测与作物估产也基本上有各自的模型，相互之间缺乏有机联系。实际上，农作物生产过程是个有机整体，农田水热和作物生长过程之间相互作用，互为因果关系。因此，在阐明农田作物层热辐射传输机理并进行作物层主要物理参量遥感反演的基础上，应进一步从农田水热与作物生长过程关联互动的角度出发，深入研究农情遥感监测多目标耦合建模方法，创新发展热红外遥感建模理论方法。

1.3.4 地表温度可比性校正问题

地表温度（LST）是农作物旱情遥感监测的重要参数。作物旱情遥感监测方法虽然较多，但基本上都是以作物在干旱胁迫下的叶冠温度相对较高为原理：在没有干旱胁迫（土壤供水充足）条件下，作物叶面的光合作用和蒸腾作用强烈，叶冠温度相对较低；在干旱胁迫（土壤供水不能满足作物需要）条件下，作物蒸腾减弱，叶冠温度升高。因此，作物旱情遥感监测中包含的基本假定前提是，相同的叶冠温度表示相同的干旱胁迫程度（旱情），反之亦然，相同的旱情，将有相同的叶冠温度。

然而，现有旱情遥感监测基本上都是直接利用 LST 遥感反演结果来进行旱情指数估计，并进而根据旱情指数值来判断确定各像元的旱情等级。实际上，直接利用 LST 遥感反演结果来进行旱情指数估计并不能完全满足旱情监测的这个基本假定前提：LST 与叶冠温度有较大差异，并且引发 LST 变化的因素不仅仅是旱情，而且还有其他因素，如大气辐射和海拔高度，从而导致作物旱情遥感监测结果的不确定性大，相同的监测方法在有些地区结果较好，而在另一些地区则较差，在某些时期较好而在另一时段则较差。造成这种状况的原因虽然较多，但遥感反演的 LST 在各像元间不具有可比性，则是旱情监测结果不确定性大的一个重要影响因素。

首先，现有的作物旱情遥感监测，通常是用扫描幅宽较大的中低分辨率遥感数据（如 MODIS 和 FY）来进行 LST 反演。MODIS 数据的幅宽达 2330km，这就意味着图像中各像元的太阳高度角不相同（图 1.8），图像获取时各像元在当天受到的太阳辐照时间和辐射强度也不相同。在地表特征（植被种类及 LAI、土壤类型及水分等）和大气状态相同情况下，太阳辐射时间及辐射强度直接决定 LST 的变化。卫星遥感器扫描幅宽较大时，图像中心像元与两侧边缘分像元的太阳高度角可能有较大差异，在 MODIS 情况下，形成的太阳时差近 1h。这样，相同扫描行左右两侧像元因接收到的太阳辐射和照射相差很大，客观上造成了各像元之间的 LST 差异。这种差异是由于遥感探测时太阳高度角不同而引起，

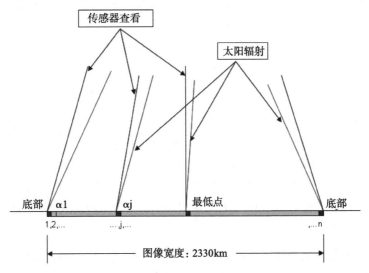

图 1.8 中分辨率 MODIS 图像中因各像元的太阳高度角不同而产生的 LST 不可比性
在相同地表条件和大气状态下，左边缘的像元将明显比中心和右边缘像元的 LST 低

而不是由于地表特征如旱情而引起，即在同一扫描行各像元 LST 存在不可比性。因此，直接使用遥感反演得到的 LST 来进行作物旱情监测，就会形成内在的旱情监测偏差。

其次，由于我国东西和南北跨度都很大，在 MODIS 和 FY 情况下，通常需要至少 3 个扫描带的图像才能把全国覆盖。这样各扫描条带的图像在成像时间上也存在差异，即各景之间因成像时间不同而使 LST 反演结果不具有可比性，直接利用遥感反演得到的 LST 来拼接合成的全国 LST 空间分布图在东西之间也会存在经度差异。在纬度上，由于南北跨度大，太阳辐射强度将随着纬度而变化，高纬度地区的像元单位面积内接收到的太阳辐射将明显小于低纬度地区，在相同地表特征和大气状态下，到达地表的太阳辐射差异将导致 LST 差异，形成不可比性。这就意味着，如果旱情相同和大气状态相同，农田 LST 在华北和东北地区将明显低于长江中下游和华南地区，直接利用遥感反演得到的 LST 来进行旱情监测，将因纬度差异而产生可能的偏差，同时高程也会造成像元接收到的太阳辐射产生差异，导致 LST 在相同情况下产生差异。因此，在监测范围较大时，利用中低分辨率遥感图像数据反演得到的 LST 将因太阳高度角、成像时间、纬度和高程不同而造成各像元之间的 LST 存在差异，具有不可比性，从而不能直接满足作物旱情遥感监测对各像元 LST 具有可比性的基本要求。

LST 遥感反演结果在各像元之间的可比性，不仅是作物旱情遥感监测的基本要求，而且是地表水热过程、环境监测、气候变化等研究的要求。因此，如何消除 LST 遥感反演的这种不可比性，也是进一步发展和完善热红外遥感理论方法的迫切需要。

1.3.5 农田近地表气温遥感反演问题

农田近地表气温，简称农田气温，是农田水热过程重要参数，对作物生长发育、病虫害、气象灾害等有重要影响。及时准确地获取农田气温时空变化，是作物估产、农田蒸散发估计、作物病虫害监测、农业干旱监测等农业遥感应用的迫切需要。目前我国农业遥感监测应用主要是依赖于 MODIS 数据，而 MODIS 的两颗卫星 Terra 和 Aqua 已经在轨运行近 20 年，远超过的设计寿命，在不远将来可能会终止其数据服务。

FY-3D MERSI Ⅱ是我国新一代气象卫星遥感数据，拥有全球覆盖能力，并且其时空分辨率与 MODIS 基本相同，热红外波段的空间分辨率为 250m，优于 MODIS 的 1 000m，因而是未来替代 MODIS 用于农业遥感监测的最好选择。

如何利用 FY-3D MERSI Ⅱ数据来替代 MODIS 开展农业遥感监测应用，是当前我国农业遥感研究迫切需要解决的重要问题。通过数理推导、农田试验和参数精确估计等途径，研究建立 FY-3D MERSI Ⅱ数据的农田气温遥感反演方法，可为农业遥感监测应用提供本项目拟通过农田试验，更加坚实的技术支撑。

虽然近地表气温对地表热辐射的形成及其在大气中的传导有重要影响，但热红外遥感观测到的地表热辐射主要取决于地表温度，近地表气温对地表热辐射形成的贡献通常都不超过 10%。因此，近地表气温只能通过热红外观测到的地表热辐射来进行间接反演，即通过近地表气温与地表温度之间的关联互动关系来建立反演方法。

在农田情况下，近地表气温（农田气温）与地表温度（作物叶冠温度）之间的关系比较复杂。这种复杂性表现在，农田作物在不同生长期的叶冠覆盖度不同，造成农田由作物苗期的两维地表向中后期的三维作物层变化，相应地，农田气温和农田地表温度也表现出不同的物理含义：农田气温由近地表气温变成叶冠上空附近气温和叶冠层内气温，农田地表温度则表现为由苗期的土壤表面温度到作物生长中后期的叶冠温度。在这种情况下，如何利用多波段遥感数据，来开展农田气温遥感反演，仍然是农业遥感研究的前沿学术难题。

目前，近地表气温遥感反演研究，从总体上来看仍处于探索发展阶段。基于遥感数据反演近地表气温的方法主要有：回归模型法、地表温度—植被指数法（TVX）、地表能量平衡法和大气廓线外推方法等。回归模型法是基于热红外通道亮温或者反演得到的地表温度，建立亮温或地表温度（LST）与对应观测站点气温之间的回归方程，进而应用到其他像元中来进行推算。多因子回归法是在此基础上加入海拔、纬度、天顶角等多种影响因子来建立近地表气温的反演算法。Kawashima 等考虑到 NDVI 对 LST 的影响建立了基于 NDVI 和 LST 的近地表气温估算模型；韩秀珍等利用全国 2430 个站点 1999—2007 年的逐旬平均最高气温数据和 AVHRR 旬最高地表温度数据，考虑了 NDVI、土地覆盖类型、季节等影响因子，建立了近地表气温估算模型。Marzban 使用 ANN 神经网络以 MODIS 地表温度和高程、纬度、风速等气象数据为训练数据集建立了 MODIS 的近地表气温反演方法。

因此，现有的近地表气温遥感反演，基本上都是以热红外遥感反演的地表温度为基础，通过建立近地表气温与地表温度之间的关系来进行反演，并且在建立这种关系时，通常是利用气象观测站点的气温观测数据，由于气象站点的观测与遥感观测客观上存在时间差，从而导致反演误差相对较大。专门针对农田作物的农田气温遥感反演还没有看到报道。

针对我国新一代气象卫星 FY-3D MERSI Ⅱ数据，以冬小麦和夏玉米这两种典型农作物为对象，通过农田观测试验，连续同步观测农田气温与农田地表温度等多个农田水热过程重要参数的时序变化，分析揭示农田气温与农田地表温度（叶冠温度）之间的关联互动规律，研究建立这两种典型作物在不同生长阶段不同条件下农田气温遥感反演方法，为利用 FY-3D MERSI Ⅱ数据来替代 MODIS 进行农业遥感监测应用提供技术支撑。

1.3.6 云对地表温度反演的影响问题

农业旱情监测等农业遥感应用中需要全面掌握监测区域范围内的地表温度空间变化。但云经常是监测区域范围内地表温度遥感反演的重要障碍。在有云情况下，地表热辐射几乎全部被云层吸收，而不能穿透云层达到空中的热辐射遥感器。这时，空中的热红外遥感器所探测到的只能是来自云冠层的热辐射，而不是云下面的地表热辐射。因此，在有云的情况下，地表温度就不能直接从热红外遥感图像中反演出来，从热红外遥感图像中反演得到的只能是云冠层的温度。现有许多卫星遥感数据（如 MODIS）的地表温度产品都只是把有云像元检测出来，标出该像元为有云像元，而没有估算出有云像元的地表温度，从而形成有云像元的地表温度值缺失。然而，全面掌握一个区域范围内的地表温度空间分布，包括有云像元的地表温度，是农业旱情遥感监测、农作物长势监测和农业估产等农业遥感应用的必需。

虽然微波可以穿透云层而让微波遥感可以不受云遮挡的影响，但微波遥感（主动微波遥感）主要是通过向地表发射微波信号，并根据地表反射的微波来进行地表探测，地表反射的微波主要受地表粗糙度、地表物质和地表湿度等因素影响。虽然有研究表明，地表也能自己发射出微弱的微波（称为地表微波辐射）探测地表微波辐射的被动微波遥感也可以用来进行地表温度反演，但因数据获取、空间分辨率极低（>5km）和反演精度等问题，用被动微波遥感反演地表温度基本上还停留在理论探讨阶段，在实际中应用极少。目前，农业遥感等遥感应用，主要还是根据热红外遥感数据来进行地表温度反演。因此，如何估算热红外遥感图像中有云像元的地表温度，就构成了热红外遥感理论方法和农业遥感等遥感应用的前沿研究难题。

云对地表温度的影响是一个复杂的过程。在遥感图像中，有云像元可以分为两大类：云遮挡和云覆盖。云遮挡是由于遥感观测视角与太阳高度角不一致而产生，而云覆盖则可以定义为不仅遮挡，而且还阻挡了太阳对地表面的直接辐射（图 1.9）。因此，在云遮挡情况下，地表面实际上是受到太阳的直接辐射，只不过由于观测视角，在遥感图像上地表面因云遮挡而成为不可视。在此情况下，云遮挡像元的地表温度应该不受云的影响，而与其他可视性像元相似。一般情况下，这是小块云导致的。通常在像元尺度较小、空间分辨率较高的遥感图像中（例如 Lansat TM/ETM、ASTER 等）较常见。考虑到温度空间变化的连续性和过渡性，对于小块云遮挡的像元，其地表温度可以简单地用空间插值方法和植被

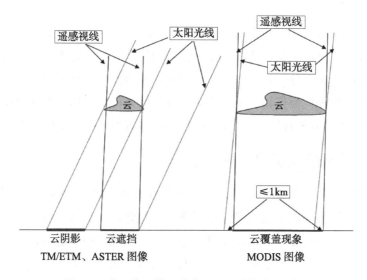

图 1.9　有云像元的两种类型：云遮挡和云覆盖

指数—地表温度关系法进行快速估算。空间插值法和植被指数—地表温度关系法在云遮挡像元地表温度估算中已有一些应用，并且空间插值方法本身已经较成熟，植被指数—地表温度关系法也只是一个回归统计技术问题，比较简单，因此将不是地表温度遥感反演的研究重点。

云覆盖现象通常见于空间分辨率的遥感图像中，如 MODIS，虽然边缘部分也可能存在一些云遮挡和阴影现象，但云遮挡和阴影部分相对于像元的尺度来说都较小（<1km 即1个像元），在图像上无法识别，因而通称为云覆盖现象。

在云覆盖情况下，云不仅遮挡了遥感观测的地表面，而且还阻挡了太阳对地表面的直接辐射，从而使云覆盖区域的地表温度往往略低于比周边无云地区相同地表类型的地表温度，形成所谓的"洼地效应"。云覆盖对地表温度变化的影响，主要表现为减少了到达地表面的大气辐射能量，但云覆盖像元的地表温度变化，还因地表类型、云覆盖类型、云覆盖大小、云覆盖时间、云覆盖厚薄、地理纬度等不同而变得复杂。深入研究云覆盖对地表温度变化的影响规律，模拟分析这些影响因素的不同作用，建立一套切实可行的云覆盖像元地表温度估算方法，是热红外遥感理论方法发展的需要。

MODIS 是中分辨率遥感数据，共有 36 个波段，其中，有 8 个热红外波段可用于地表温度遥感反演。每天可方便、快速地获得多景 MODIS 遥感图像，能够覆盖全国范围。因此，是我国农业遥感监测等遥感应用的常用数据。FY-3D MERSI Ⅱ 是我国新一代气象卫星遥感器，拥有 25 个地球探测波段，其中，6 个波段为热红外遥感波段。以 MODIS 和 FY-3D MERSI Ⅱ 数据为重点，深入开展云覆盖像元地表温度估算的深入研究，解决热红外遥感数据地表温度反演中许多像元因云覆盖而不能反演出地表温度值的难题，将能实现每天都能够获得全国地表温度空间分布的实时遥感监测数据，为农业监测等遥感应用提供坚实的技术支撑。

2 地表温度遥感反演：分裂窗算法

2.1 引言

温度是地球资源监测和地表生态环境系统研究的重要指标。由于温度指标的重要性，热红外遥感已成为遥感研究的重要领域。美国国家海洋与大气局（NOAA）的气象卫星上装载有 AVHRR（Advanced Very High Resolution Radiometer）遥感器，用来监测全球气象变化。NOAA-AVHRR 有两个热红外通道，即通道 4 和通道 5，其波长区间分别为10.5~11.3μm 和 11.5~12.5μm（Cracknell，1997）。虽然 AVHRR 数据的地面分辨率较粗（天顶视角下为 1.1km×1.1km），但 AVHRR 具有回访率高（同一区域一天内可有两幅以上图像）和数据免费接收等优点，从而使其成为监测地球资源环境的重要遥感数据（Qin and Karnieli，1999；Vogt，1996）。可以说，AVHRR 数据是目前应用最广泛的遥感数据之一。从 NOAA-AVHRR 热红外通道数据中演算地表温度主要是通过所谓的分裂窗算法（Sobrino et al.，2001；Wan and Dozier，1996；Franca and Cracknell，1994）。

热红外遥感的基础是遥感器所接收到的地表热辐射强度敏感地随温度而变化。由于 AVHRR 遥感器是装载在 NOAA 卫星平台上，因此，地表热辐射在传导到遥感器的过程中不可避免地要受到大气和其他因素（如视角）的影响。在热红外区间，大气通常对地表热辐射产生 3 方面的影响：吸收作用、大气向上辐射，以及大气向下辐射的地表反射（Franca and Cracknell，1994）。因此，抵达遥感器的热辐射强度，不仅含有地表的热辐射及其通过大气时所受到的减弱作用，而且还包括大气的直接热辐射和地表所反射回来的一部分大气向下热辐射（图 2.1）。同时，地表物体的热辐射特征对地表辐射能力也有较大影响。遥感器的不同视角也影响所观测到的热辐射强度（Wan and Dozier，1996）。正是由于这些因素的存在，根据遥感器所接收到的热辐射强度直接换算而得的亮度温度（Brightness Temperature）并不是真正的地表温度（Kinetic Temperature）。两者之间的差距通常较大（Cooper and Asrar，1989）。在天空晴朗干燥情况下这个差距有 6~10℃；在空气湿度较大情况下，差距则有可能达到 10~15℃。因此，要想从 AVHRR 热红外数据中得到真正的地表温度，必须对亮度温度进行大气和地面校正。目前，最普遍使用的地表温度校正方法，就是分裂窗算法（Split Window Algorithm）。

分裂窗算法在地表温度演算中的应用是在 20 世纪 70 年代中后期提出的，其基本思想可以追溯到 McMillin（1975）和 Prabhakara 等（1974）的研究。分裂窗算法最早是在海洋表面温度的演算中应用。Price（1983，1984）可能是最早使用分裂窗算法来演算陆地表面温度的少数先驱之一。自 80 年代中期以来，已有很多学者对 Price（1984）的算法提出了改进。Coll 和 Caselles（1994）的算法除大气透射率（Transmittance）和地表发射率（Emissivity）之外，还需要另外两个大气参数来估计地表温度：通道 i 的大气平均作用温度 T_{ai} 和参数 γ_i。Sobrino 等（1991）的算法需要地表发射率、大气透射率和另外两个大气参数（大气剖面水分含量和表示大气吸收作用的另一个参数）来进行地表温度的演算。除大气透射率和地表发射率之外，Franca 和 Cracknell（1994）的算法也含有另外两个参数。上述这几种分裂窗算法都具有如下一般形式

$$T_s = T_4 + A（T_4 - T_5）+ B \qquad\qquad （2.1）$$

式中，T_s 为地表温度，T_4 和 T_5 分别为 AVHRR 通道 4 和通道 5 的亮度温度，A 和 B 是参数。Ottlé and Vidal-Madjar（1992）和 Prata（1993）等的分裂窗算法则有如下另一常用的一般形式

$$T_s = A_0 + A_1 T_4 + A_2 T_5 \qquad （2.2）$$

式中，A_0、A_1 和 A_2 为参数。分裂窗算法的参数由一系列大气影响因素、地表热辐射特征、遥感器性能和卫星观测角度所决定。不同的算法之所以不同，主要是表现在其参数的具体计算上。这些参数的计算公式在 Coll 和 Caselles（1994）、Sobrino 等（1991）、Prata（1993）和 Franca（1994）的算法中很复杂。本章将重点介绍在地表温度遥感反演研究中的两因素分裂窗算法及其基本参数估计方法，同时也介绍应用较广泛的分裂窗算法。

2.2 两因素分裂窗算法

虽然近 20 年来已经有 10 多个分裂窗算法提出，但这些算法或过于简化而使精度和通用性较差，或过于繁杂，含有一个或多个在一般情况下较难估计的大气参数，因而不易于实际应用（Vázquez et al., 1997, Qin et al., 2001a, 覃志豪等, 2001b）。本节将根据地表温度遥感探测的基本原理，构建地表热辐射传导方程。在此基础上，进一步推导出自己的两因素分裂窗算法。该算法将既考虑到地表及大气的双重影响，又不需要较复杂的参数，并且保持较高的演算精度。由于该算法仅需要两个基本参数（地表比辐射率和大气透过率）来进行地表温度遥感反演，因此，称为两因素分裂窗算法。

2.2.1 地表热辐射传导方程

分裂窗算法的推导建立在地表热辐射及其在大气中传导过程的基础上。由于遥感器是装载在空中的遥感平台上，同时，地表也不是具有完全辐射能力的黑体，因此，地表和大气均对遥感器所接收到的热辐射强度产生不同程度的影响（图 2.1）。首先，作为非黑体，地表的发射率（Emissivity）低于 1。在求算地表的热辐射强度时必须考虑到地表的发射率

问题。如果地表温度为 T_s，地表发射率为 ε（$\varepsilon < 1$），则对于遥感通道 i，地表的热辐射强度可以表示为 $\varepsilon_i B_i(T_s)$。在这里，$B_i(T_s)$ 表示温度为 T_s 的 Planck 辐射函数。

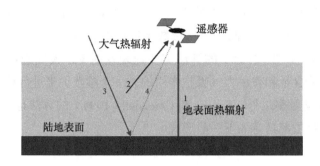

1.地面热辐射；2.大气向上热辐射；3.大气向下热辐射；4.地表反射回来的大气向下热辐射

图2.1　地表和大气对遥感器所接收到的热辐射的影响

其次，大气对热辐射具有吸收作用，使地表的热辐射强度在大气中的传导发生减弱。大气的吸收能力可以用其透射率 τ 来表示，τ 值在 0~1。透射率越高，大气的吸收能力越弱。因此，考虑了大气的吸收作用之后，地表热辐射抵达遥感器时的强度可以表示为 $\tau_i \varepsilon_i B_i(T_s)$。研究表明，大气的透射率有较强的方向性（Prata，1993；Coll et al.，1994）。对于遥感视角为 θ，大气透射率可表示为 $\tau_i(\theta)$。因此，地表辐射抵达遥感器时的强度实际上可表达为 $\tau_i(\theta) \varepsilon_i B_i(T_s)$。

再次，由于物体的发射率等于其吸收率，因此，对于通道 i，地表的热辐射反射能力为 $(1-\varepsilon_i)$，从而使地表反射回来的大气向下辐射强度为 $(1-\varepsilon_i) I_i^\downarrow$。这一辐射强度与地表辐射强度一起，需要穿过大气，才能抵达空中的遥感器。这就意味着，它也要受到大气的吸收作用而减弱，抵达遥感器时，其强度减弱为 $\tau_i(\theta)(1-\varepsilon_i) I_i^\downarrow$。

最后，大气本身也有一定的辐射能力。大气的向上辐射直接抵达遥感器。把这些影响因素都考虑之后，可以建立如下地表温度遥感的热辐射传导方程，用以表示 AVHRR 遥感器水平所接收到的热辐射强度的构成：

$$B_i(T_i) = \tau_i(\theta) \varepsilon_i B_i(T_s) + (1-\varepsilon_i) I_i^\downarrow] + I_i^\uparrow \tag{2.3}$$

式中，T_s 为地表温度，T_i 为 AVHRR 通道 i 的亮度温度，$\tau_i(\theta)$ 为通道 i 在视角为 θ 情况下的大气透射率，ε_i 为地表发射率。$B_i(T_i)$ 为遥感器所接收到的热辐射强度，$B_i(T_s)$ 为地表的热辐射强度，$I_i^\uparrow$ 和 $I_i^\downarrow$ 分别是大气的向上和向下热辐射强度。

大气的向上热辐射强度 $I_i^\uparrow$ 通常可以表示为如下公式（Franca and Cracknell，1994；Cracknell，1997）

$$I_i^\uparrow = \int_0^z B_i(T_z) \frac{\partial \tau_i(\theta, z, Z)}{\partial z} \, \mathrm{d}z \tag{2.4}$$

式中，T_z 为高度为 z 处的气温，Z 为遥感器的高度，$\tau_i(\theta, z, Z)$ 表示从高度 z 到遥感

器高度 Z 之间的大气向上透射率。根据平均值定理（Mean Value Theorem）可把大气的向上辐射表示为（Prata, 1993）：

$$B_i(T_a) = \frac{1}{1-\tau_i(\theta)}\int_0^z B_i(T_z)\frac{\partial\tau_i(\theta,z,Z)}{\partial z}dz \qquad (2.5)$$

式中，T_a 为大气向上平均作用温度，$B_i(T_a)$ 为对应于 T_a 的通道 i 的大气平均辐射强度。因此，有

$$I_i^{\uparrow}=[1-\tau_i(\theta)]B_i(T_a) \qquad (2.6)$$

大气的向下辐射一般可视作是来身半球方向，因而可以用如下公式计算（Franca and Cracknell, 1994; Cracknell, 1997）：

$$I_i^{\downarrow}=2\int_0^{\pi/2}\int_{\phi}^0 B_i(T_z)\frac{\partial\tau'_i(\theta',z,0)}{\partial z}\cos\theta'\sin\theta'dz\,d\theta' \qquad (2.7)$$

式中，θ' 为大气的向下辐射方向，$\tau'_i(\theta',z,0)$ 为从高度 z 到地表之间的大气向下透射率，ϕ 为大气顶层高度。因此，式 2.7 表示从大气顶层到地面的各薄层大气热辐射之积分。Franca 和 Cracknell（1994）认为，若把整个大气分成若干个薄层（如每个薄层 $\leq 1km$），则对于各个薄层而言，可以合理假定 $\partial\tau'_i(\theta',z,0)\approx\partial\tau_i(\theta,z,Z)$，也就是说，大气向上透射率在该薄层内的差异约等于大气向下透射率在该薄层的差异。这一假定不会引起地表温度反演结果的很大误差，因为大气的向下热辐射仅有（$1-\varepsilon_i$）被地表反射回来，而反射回来的这部分热辐射还要被大气吸收一些，因此到达遥感器的大气下向热辐射通常小于 0.7%。因这一假定所产生的热辐射误差通常小于 0.1%，而这一辐射误差所引起的地表温度反演误差小于 0.07K。根据这一合理假设，把平均值定理应用于式 2.7，可得

$$I_i^{\downarrow}=2\int_0^{\pi/2}\left[1-\tau_i(\theta)\right]B_i(T_a^{\downarrow})\cos\theta'\sin\theta'd\theta' \qquad (2.8)$$

该式的积分项可以求解为

$$2\int_0^{\pi/2}\cos\theta'\sin\theta'd\theta'=(\sin\theta')^2\big|_0^{\pi/2}=1 \qquad (2.9)$$

把这一结果代入式 2.8，得到

$$I_i^{\downarrow}=\left[1-\tau_i(\theta)\right]B_i(T_a^{\downarrow}) \qquad (2.10)$$

因此，地表热辐射传导方程式 2.3 可以重写为

$$B_i(T_i)=\varepsilon_i\tau_i(\theta)B_i(T_s)+\left[1-\tau_i(\theta)\right](1-\varepsilon_i)\,\tau_i(\theta)\,B_i(T_a^{\downarrow})+\left[1-\tau_i(\theta)\right]B_i(T_a) \qquad (2.11)$$

用于 AVHRR 两个热通道数据的分裂窗算法根据这一方程进行一系列简化假定之后推导而得。

2.2.2　关于大气平均作用温度的分析

式 2.11 含有较多的未知变量，需要简化才能从中求解地表温度。不同的简化方法产生了不同的分裂窗算法。为了推导分裂窗算法，首先分析大气向上平均作用温度 T_a 和向

下平均作用温度 $T_a^\downarrow$ 的差异对用 AVHRR 数据演算 T_s 精度的可能影响。由于大气垂直差异的客观存在，大气质量在各层之间有明显不同，因此，大气热辐射受观测方向的影响。一般来说，在卫星高度所观测到的大气向上辐射强度大于在地表所观测到的大气向下辐射强度。对于式 2.11 来说，这就会导致 $B_i(T_a)$ 大于 $B_i(T_a^\downarrow)$，或者 $T_a > T_a^\downarrow$。在天空晴朗情况下，T_a 与 $T_a^\downarrow$ 之间的差异一般不会太大。因此，可以合理地假定 $|T_a - T_a^\downarrow| < 5℃$。

表 2.1　用 $B_4(T_a)$ 来替代 $B_4(T_a^\downarrow)$ 所产生的对地表温度 T_s 的低估　　　（单位：℃）

$\|T_a^\downarrow - T_a\|$	For $\varepsilon_4=0.96$ and $\tau_4=0.6$			For $\varepsilon_4=0.98$ and $\tau_4=0.8$		
	At $T_s=10℃$	At $T_s=30℃$	At $T_s=50℃$	At $T_s=10℃$	At $T_s=30℃$	At $T_s=50℃$
通道 2℃	0.011 9	0.009 9	0.008 6	0.005 4	0.004 5	0.003 9
通道 3℃	0.017 8	0.014 9	0.012 8	0.008 1	0.006 8	0.005 8
通道 5℃	0.029 7	0.024 9	0.021 4	0.013 5	0.011 3	0.009 7

表 2.2　用 $B_5(T_a)$ 来替代 $B_5(T_a^\downarrow)$ 所产生的对地表温度 T_s 的低估　　　（单位：℃）

$\|T_a^\downarrow - T_a\|$	For $\varepsilon_5=0.964$ and $\tau_5=0.57$			For $\varepsilon_5=0.984$ and $\tau_5=0.77$		
	At $T_s=10℃$	At $T_s=30℃$	At $T_s=50℃$	At $T_s=10℃$	At $T_s=30℃$	At $T_s=50℃$
通道 2	0.010 1	0.015 6	0.026 2	0.004 5	0.006 9	0.011 6
通道 3	0.008 7	0.013 4	0.022 5	0.003 8	0.005 9	0.009 9
通道 5	0.007 6	0.011 8	0.019 8	0.003 4	0.005 2	0.008 7

为了简便起见，分析仅考虑天顶视角下的情况，并设 $D_i' = (1-\tau_i)(1-\varepsilon_i)\tau_i$。对于绝大多数自然地表来说，地表发射率 ε_i 的值一般在 0.95~0.99。所以，D_i' 值一般很小，并且 D_i' 值主要取决于值 τ_i。假定 $\tau_i=0.7$ 和 $\varepsilon_i=0.96$，有 $D_i'=0.0084$。这个较小的 D_i' 值使合理地用 $B_i(T_a)$ 来替代式 2.11 中的 $B_i(T_a^\downarrow)$，而不会产生较大的 T_s 演算误差。为分析这一替代所可能产生的误差，进行了几种情况下的模拟。由于 $B_i(T_a) > B_i(T_a^\downarrow)$，对于一个固定的 $B_i(T_i)$ 而言，用 $B_i(T_a)$ 来替代 $B_i(T_a^\downarrow)$ 将会导致式 2.9 中 $B_i(T_s)$ 和 $B_i(T_a)$ 值的低估。接着，$B_i(T_s)$ 的低估又将会产生 T_s 的低估。在数量上，$B_i(T_s)$ 和 $B_i(T_a)$ 的低估直接取决于其在式 2.11 中的系数大小，即对 $B_i(T_s)$ 的低估取决于 $\varepsilon_i\tau_i$，而对 $B_i(T_a)$ 的低估则取决于 $(1-\tau_i)[1+\tau_i(1-\varepsilon_i)]$。根据 3 种 $|T_a-T_a^\downarrow|$ 情况，以及 2 种 ε_i 和 τ_i 的情况，对 AVHRR 两个热通道进行模拟所得结果分别如表 2.1 和表 2.2 所示。可以看到，这一替代对 T_s 的低估在各种情况下都较小。就 $|T_a-T_a^\downarrow|=5℃$、$\varepsilon_4=0.96$ 和 $\tau_4=0.6$ 而言，当 $T_s=10℃$ 时，用 $B_4(T_a)$ 来替代 $B_4(T_a^\downarrow)$ 仅低估了 T_s 的 0.0297℃；在 $T_s=50℃$ 时，对 T_s 的低估为 0.0214℃。对于 $\varepsilon_4=0.98$ 和 $\tau_4=0.8$，这一替代所产生的对 T_s 的低估还更小（表 2.1）。从表 2.2 也可看到类似的情况。因此，可以认为，用 $B_i(T_a)$ 来替代 $B_i(T_a^\downarrow)$ 将不会产生较大的地表温度演算误差。根据这一替代，NOAA-AVHRR 遥感器所接收到的热辐射强度可以近似表示为

$$B_i(T_i) = \varepsilon_i\tau_i(\theta)B_i(T_s) + [1-\tau_i(\theta)][1+(1-\varepsilon_i)\tau_i(\theta)]B_i(T_a) \qquad (2.12)$$

把式 2.12 应用到 AVHRR 的通道 4 和通道 5 数据上，得到

$$B_4(T_4)=\varepsilon_4\tau_4(\theta)B_4(T_s)+\left[1-\tau_4(\theta)\right]\left[1+(1-\varepsilon_4)\tau4(\theta)\right]B_4(T_a) \quad (2.13)$$

$$B_5(T_5)=\varepsilon_5\tau_5(\theta)B_5(T_s)+\left[1-\tau_5(\theta)\right]\left[1+(1-\varepsilon_5)\tau5(\theta)\right]B_5(T_a) \quad (2.14)$$

根据这个联立方程，通过 Planck 函数的线性展开，将推导出一个分裂窗算法，以便用于从 AVHRR 数据中演算出真正的地表温度。

2.2.3　Planck 辐射函数线性展开

为了从式 2.3 和式 2.14 中推导到一个分裂窗算法，需要把相应通道的温度与热辐射强度直接关联起来，而不是通过函数的方式来表示，因此，需要首先对 Planck 辐射函数进行线性展开。这是分裂窗算法推导过程中的关键一步。

复杂函数的展开，通常是用 Taylor 展开式来进行。首先，将用这个方法来展开 Planck 辐射函数。如图 2.2a 所示，在 AVHRR 的两个热通道中，Planck 辐射函数与温度之间的关系很接近线性。在这种线性比较明显的情况下，只要取 Taylor 展开式的前两项，就可达到较高的展开精度。因此，用 Taylor 展开式的前两项来表示 Planck 辐射函数的近似值，是推导分裂窗算法的通用做法（Price, 1983; Franca and Cracknell, 1994; Coll et al., 1994）。运用这一方法来开展 Planck 辐射函数，有

$$B_i(T_j)=B_i(T)+(T_j-T)\partial B_i(T)/\partial T=(L_i+T_j-T)\partial B_i(T)/\partial T \quad (2.15)$$

式中，i 表示通道 4 或 5。T_j 表示温度；若 j=4 或 5，则表示通道 4 或通道 5 的亮度温度；若 j=s，则表示所要求解的地表温度；若 j=a，则表示大气温度。参数 L_i 是中间变量，由下式给出

$$L_i=B_i(T)/\left[\partial B_i(T)/\partial T\right] \quad (2.16)$$

因此，L_i 实际上是一个温度变量，单位为 K。在这里，Taylor 展开式的实际物理含义可以用图 2.2a 所示：它是把的辐射强度表示为对应于一个固定温度 T 的 Planck 辐射函数 $B_i(T_j)$。这个固定温度通常被定义为 T_4（Franca and Cracknell, 1994, PraTa, 1993），这是因为 T_4 通常更靠近于 T_s、T_a、T_4 和 T_5 中的中值。对于温度差距 $|T-T_j|\leqslant10K$，用 T_4 来代表 T 对 Planck 辐射函数进行 Taylor 展开，在温度区间为 270~320K 和波长区间为 10~13μm 范围内，其精度通常能高于 90%（Prata, 1993）。因此，对于通道 5，在亮度温度为 T_5 的情况下，Planck 辐射函数的 Taylor 展开式可表示为

$$B_5(T_5)=B_5(T_4)+(T_5-T_4)\partial B_5(T_4)/\partial T=(L5+T_5-T_4)\partial B_5(T_4)/\partial T \quad (2.17)$$

类似地，对于通道 4 和通道 5 所对应的各个温度，有

$$B_4(T_4)=(L_4+T_4-T_4)\partial B_4(T_4)/\partial T=L4\partial B_4(T_4)/\partial T \quad (2.18)$$

$$B_4(T_s)=(L_4+T_s-T_4)\partial B_4(T_4)/\partial T \quad (2.19)$$

$$B_4(T_a)=(L_4+T_a-T_4)\partial B_4(T_4)/\partial T \quad (2.20)$$

$$B_5(T_s)=(L_5+T_s-T_4)\partial B_5(T_4)/\partial T \quad (2.21)$$

$$B_5(T_a)=(L_5+T_a-T_4)\partial B_5(T_4)/\partial T \quad (2.22)$$

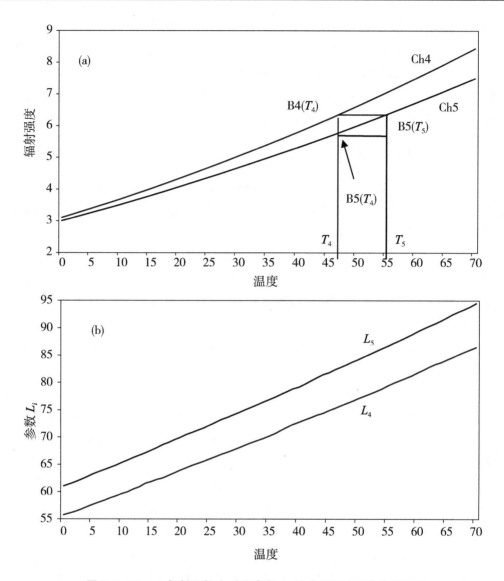

图2.2 Planck 辐射函数（a）和参数 L_i（b）随温度而变化的状况

从图 2.2b 可以看到，参数 L_i 与温度 T_i 之间也呈明显接近线性的关系。因此，对它们进行回归分析，得到

$$L_4=-62.239\,281+0.430\,589T_4 \qquad R^2=0.999\,1 \qquad SEE=0.189\,3 \qquad （2.23）$$

$$L_5=-66.540\,666+0.465\,845T_5 \qquad R^2=0.999\,3 \qquad SEE=0.186\,0 \qquad （2.24）$$

这两个回归方程的 R^2 值都极高，并且其统计显著性水平均高达 99%，这表明用温度的线性函数来近似地表示参数 L_i 是非常成功的。这两个方程的较小标准估计误差（SEE）也表明其估计精度较高。如果知道温度变化范围而用表 2.3 所示的方程来求算 L_i，则还可得到更高的估计精度。

表 2.3　分别对不同温度区间进行参数 L_i 的估计

T_i Ranges（℃）	Equations for T_i, K	R^2	SEE
0~30	$L_4=-58.156\,179+0.416\,385T_4$	0.999 67	0.099 37
	$L_5=-62.425\,258+0.454\,559T_5$	0.999 28	0.112 35
0~40	$L_4=-60.222\,601+0.423\,580T_4$	0.998 99	0.163 28
	$L_5=-64.409\,228+0.458\,456T_5$	0.999 59	0.112 12
10~40	$L_4=-61.666\,695+0.428\,371T_4$	0.999 05	0.122 30
	$L_5=-65.887\,933+0.463\,334T_5$	0.999 85	0.052 13
20~50	$L_4=-66.209\,596+0.443\,386T_4$	0.999 11	0.122 20
	$L_5=-70.610\,099+0.478\,971T_5$	0.999 53	0.096 12

所以，为了推导分裂窗算法，可以用如下近似式来表示参数 L_i，

$$L_i=a_i+b_iT_i \tag{2.25}$$

一般地讲，该式中的系数 a_i 和 b_i 可以用式 2.24 中的回归系数来表示：

对于通道 4，$a_4=-62.239\,28$，$b_4=0.430\,59$

对于通道 5，$a_5=-66.540\,67$，$b_5=0.465\,85$

因此，通过 Taylor 开展之后，可以用式 2.24 和式 2.25 来推导一个新的分裂窗算法。详细推导过程在下节论述。

2.2.4　分裂窗算法推导

分裂窗算法的推导是建立在热辐射传导联立方程式 2.15 的基础之上。为了简化起见，定义

$$C_i=\varepsilon_i\tau_i(\theta) \tag{2.26}$$

$$D_i=[1-\tau_i(\theta)][1+(1-\varepsilon_i)\tau_i(\theta)] \tag{2.27}$$

因此，式 2.13 和式 2.14 可重写成如下形式

$$B_4(T_4)=C_4B_4(T_s)+D_4B_4(T_a) \tag{2.28}$$

$$B_5(T_5)=C_5B_5(T_s)+D_5B_5(T_a) \tag{2.29}$$

把 Planck 函数的开展式 2.18 至式 2.22 代入上式，得到

$$L_4\partial B_4(T_4)/\partial T=C_4(L_4+T_s-T_4)\partial B_4(T_4)/\partial T+D_4(L_4+T_a-T_4)\partial B_4(T_4)/\partial T \tag{2.30}$$

$$(L_5+T_5-T_4)\partial B_5(T_4)/\partial T=C_5(L_5+T_s-T_4)\partial B_5(T_4)/\partial T+D_5(L_5+T_a-T_4)\partial B_5(T_4)/\partial T \tag{2.31}$$

消去式 2.30 中的 $\partial B_4(T_4)/\partial T$ 和式 2.31 中的 $\partial B_5(T_4)/\partial T$ 得到

$$L_4=C_4(L_4+T_s-T_4)+D_4(L_4+T_a-T_4) \tag{2.32}$$

$$L_5+T_5-T_4=C_5(L_5+T_s-T_4)+D_5(L_5+T_a-T_4) \tag{2.33}$$

从联立方程式 2.32 和式 2.33 中消去 T_a，得

$$D_5L_4-D_4(L_5+T_5-T_4)=D_5C_4(L_4+T_s-T_4)-D_4C_5(L_5+T_s-T_4)+D_5D_4(L_4-T_4)-D_4D_5(L_5-T_4) \tag{2.34}$$

对式 2.34 求解 T_s，得到一个分裂窗算法，其公式与分裂窗算法的一般形式相同

$$T_s=T_4+A(T_4-T_5)+B \qquad (2.35)$$

式中的参数分别定义如下

$$A=D_4/E_0 \qquad (2.36)$$
$$B=E_1L_4-E_2\,2L_5 \qquad (2.37)$$
$$E_1=D_5(1-C_4-D_4)/E_0 \qquad (2.38)$$
$$E_2=D_4(1-C_5-D_5)/E_0 \qquad (2.39)$$
$$E_0=D_5C_4-D_4C_5 \qquad (2.40)$$

由于参数 L_i 是一个温度函数，还可进一步推导，以便得到一个更简化的演算地表温度的算法。在上式中用式 2.25 替代参数 L_i，得到

$$B=E_1(a_4+b_4T_4)-E_2(a_5+b_5T_5) \qquad (2.41)$$

重新组织式 2.41，得到

$$B=E_1b_4T_4-E_2b_5T_5+E_1a_4-E_2a_5 \qquad (2.42)$$

代入式 2.35 中并合并同类项，得到该分裂窗算法的另一表达形式

$$T_s=A_0+A_1T_4-A_2T_5 \qquad (2.43)$$

式中，系数 A_0，A_1 和 A_2 分别定义为

$$A_0=E_1a_4-E_2a_5 \qquad (2.44)$$
$$A_1=1+A+E_1B_4 \qquad (2.45)$$
$$A_2=A+E_2b_5 \qquad (2.46)$$

式 2.43 所示的分裂窗算法把其 3 个重要系数 A_0，A_1 和 A_2 的确定直接与大气透射率、地表发射率和遥感器视角联系起来。对于某个特定的图像而言，遥感器的视角是已知的。因此，这一分裂窗算法实际上只有两个基本的参数，即地表发射率和大气透射率，因此，称为两因素分裂窗算法。

地表发射率是分裂窗算法的基本参数，其确定比较复杂，但已有众多研究提出不同的方法，如 Sobrino 等（2001）和 Li（1993）。由于地表一般可以表示为由不同比例的植被或裸土构成，而植被和裸土的发射率相对较稳定，因此，在没有详细资料的情况下，可以用同一图幅的可见光波段来推算各像元的地表植被和裸土构成比例，并根据这一构成比例来确定各像元的地表发射率（覃志豪等，2004）。

分裂窗算法的大气透射率一般是根据大气剖面中的水分总含量来进行估计。地表发射率和大气透射率的具体估计过程较为复杂。以下将进行较详细的介绍。由于大气剖面水分含量随时间不断变化，并且各地地表发射率也有较大差异，两因素分裂窗算法能够将基本参数的确定与各地区的具体情况直接联系起来，从而能提供一个更加适合于不同地区应用的动态地表温度演算方法。目前，已经成功地把这一演算方法应用到以色列南部干旱地区生态系统的地表温度和热量差异的研究，并取得了很好的演算结果（Qin et al.，2001b，2002a）。

2.3 Price 分裂窗算法

分裂窗技术最早是用来进行海洋表面温度的遥感估计。John Price 是陆地表面温度遥感反演的先驱学者，于 20 世纪 80 年代中期就把已经在海面温度估计中得到广泛应用的分裂窗技术应用到陆地表面上来，提出了他自己的地表温度估计方法。根据 Deschamps（1980）和 McClain 等（1983）有关海洋温度遥感反演的研究，Price（1984）进一步讨论了陆地表面的温度遥感反演问题，发展了他自己的地表温度反演算法，于 1984 年发表在 *Journal of Geophysical Research: Atmosphere*。Price（1984）的研究已经得到广泛引用。可以说，这篇研究已经成为地表温度遥感研究方面的经典著作，为了让读者更加详细地了解这个分裂窗算法的来龙去脉及其参数确定过程，以下详细介绍 Price（1984）的分裂窗算法建立与推导过程。

2.3.1 研究背景与目标

由于陆地表面比海洋表面更为复杂，NOAA-AVHRR 的热红外遥感波段数据在陆地表面温度估计中的应用将面临完全不同的情况。首先，AVHRR 数据的星下轨道像元尺度为 1.1km，遥感视场将不足以分辨很多地表特征。这种尺度的空间分辨率比较粗，不能像 Landsat TM 的可见光和近红外数据那样清楚地区分地表面的局部差异。其次，裸露地表的温度在 10m 距离内可能有好几摄氏度的差异（Vauclin et al., 1982）。有作物的农田与无作物的休耕地之间的温度差异可能更大。在农业地区，几乎没有可行的办法可以用来获得准确的地面实测数据，以便验证 AVHRR 的地表温度反演结果，而地表温度在这些农业地区又极为有用，尤其是在监测农田供水和作物需水方面。最后，从物理上来理解地表温度也是极其复杂的，不仅是因为陆地温度每天都有起伏相当大的循环变化，从而使地表温度随时间而变化的程度相当大，而且陆地表面的物理定义也相当不容易，尤其是在植被不太茂密的地区。地表温度的昼夜起伏变化，主要是对应于太阳辐射的变化和晚上辐射能量损失的过程。陆地表面温度遥感的难度还表现在地表物质的非同质性，以及大气剖面状态的易变性等方面。所以这些都毫无疑问地增加了陆地表面温度遥感反演的困难性和复杂性。

同时，也应当看到，有很多应用并不需要很高精度的地表温度（Rosema et al., 1978；Price，1982）。例如大区域乃至全球尺度的地表能量平衡分析。这就指出了 NOAA-AVHRR 数据的应用前景。AVHRR 有 1 个可见光通道（波段 1，光谱区间为 $0.6 \sim 0.7 \mu m$）、1 个近红外通道（波段 2，光谱区间为 $0.8 \sim 11 \mu m$）和 3 个热红外通道（波段 3、4 和 5，中心波长分别为 $3.7 \mu m$、$10.8 \mu m$ 和 $11.9 \mu m$）。每天同一地区可以获得至少昼夜两景 AVHRR 图像数据。20 世纪 80 年代，NOAA-AVHRR 数据是一个非常难得的且应用价值很高的遥感信息源。这将进一步提高对地球资源环境的监测能力，尤其是对陆地区域的植被和湿度条件的监测和认识。本研究将通过更加精确的地表温度估计来延伸这种能力。

与海洋相比，陆地遥感也有许多有利之处。海洋表面温度的观测包含着一个内在的统计误差，因为广阔的海洋上几乎没有特征。这就意味着海洋遥感图像很难做到精确地定位，即使有经纬度存在，也很难使海洋上的浮标观测点与遥感图像上的观测点实现一一对应（McClain，1983）。另外，根据遥感数据推算出来的海洋表面温度所对应的热辐射，也不能直接等同于海面上的浮标观测值，因为海面的浮标观测是把探头放在海平面以下1~2m处来观测海水的温度。相反，对于陆地表面，可分别出的特征很多，从而能至少在原理上准确定位卫星遥感所观测到的地表温度，并把它们与局地条件关联起来，分析他们之间的相互关系。此外，地表类型在几十到几百千米范围内的变化很大。这就意味着地表温度空间差异的分析，即使遥感反演的精度不是很高，例如在 ±1℃范围内，也是非常有用的。

Price（1984）在 Deschamps（1980）和 McClain 等（1983）关于海洋表面温度遥感研究的基础上，进一步讨论了地表温度反演问题，并提出了自己的分裂窗算法，用于分析农业地区的地表水热动态变化，为农业遥感监测提供基础。建立了地表温度遥感反演的分裂窗算法之后，Price（1984）用美国中南部地区的卫星遥感数据来进行其算法大气参数的确定，并把这一参数确定的结果与无线电空探数据的参数确定结果相比较，分析地表温度反演的可能误差源。最后，他并且讨论了地表温度遥感反演的意义和地表比辐射率变化对地表温度遥感反演的影响。

2.3.2 Price 分裂窗算法的推导

Price（1984）是在 Dechamps 和 Phulpin（1980）的基础上，建立其地表热辐射传导方程，推导其大气校正方法，提出了他配的地表温度遥感反演分裂窗算法，确定其算法的形式与参数值大小。根据 Chandrasekhar（1960），Price（1984）把地表热辐射在大气中的传导方程表示为

$$\frac{\mathrm{d}I_\lambda}{\mathrm{d}s} = -k_\lambda U(I_\lambda + B_\lambda) \qquad (2.47)$$

式中，I_λ 为辐射强度；λ 为波长 μm；U 为辐射透过的介质或吸收体（即大气水汽）密度（kg/m³）；k_λ 为该介质的吸收系数（m²/kg）；s 为辐射在该介质中传播的路径长度（m）；B_λ 表示黑体的辐射强度，由 Planck 函数给出。根据各变量从距离 s 到光学深度 τ_λ 的变化，例如：

$$\mathrm{d}\tau_\lambda = k_\lambda U \mathrm{d}s \qquad (2.48)$$

对式 2.48 进行形式积分，得到卫星遥感器在大气顶层所观测到的热辐射强度 $I(T_{BB\lambda})$，表示为

$$I_\lambda(T_{BB\lambda}) = B_\lambda(T_0) - \int_0^{\tau_\lambda} \mathrm{d}\tau'_\lambda e^{-\tau'_\lambda} \{B_\lambda(T_0) - B_\lambda[T(\tau_\lambda - \tau'_\lambda)]\} \qquad (2.49)$$

式中，$T_{BB\lambda}$ 为遥感器观测到的亮度温度，T_0 为地表温度，$T(\tau_\lambda - \tau'_\lambda)$ 表示光学深度为 $\tau_\lambda -$

τ_λ' 情况下的大气温度。在这里，地表面的比辐射率和卫星遥感器观测到的热辐射量均假定为等同于黑体的热特征，即地表比辐射率假定为等于单位 1。因此，$B_\lambda(T_0)$ 表示地表热辐射量，$B_\lambda[T(\tau_\lambda-\tau_\lambda')]$ 表示大气热辐射量。地表比辐射率（比辐射率不等于单位 1）的影响将在下面讨论。为简便起见，Price（1984）用 T_0 来展开 Planck 函数，并仅保留展开式中的常量项和线性项。对于接近于地表辐射温度 T_0 的其他温度，如大气温度，也可用这一方法来展开其 Planck 函数。之所以能如此展开，是因为热辐射的大气吸收体（水汽）主要是集中在低层大气里，而低层大气的温度通常是在地表面温度的 10~20℃ 范围内。利用 Planck 函数的这种展开式近似估计方法，式 2.49 可以改写成

$$T_{BB\lambda}=T_0-\int_0^{\tau_\lambda}d\tau_\lambda' e^{-\tau_\lambda'}[T_0-T(\tau_\lambda-\tau_\lambda')] \tag{2.50}$$

式中，右边第 2 项表示大气的影响。式 2.50 清楚地表明，光学深度 τ_λ 越小，卫星遥感器所观测到的温度将越接近于地表面的辐射温度。

除非大气气溶胶和烟尘含量很高，否则在 10~13μm 的热红外大气窗口范围内，气溶胶和烟尘的散射作用可以忽略不计（McClatchey et al.，1971）。当然，在有云的情况下，这种处理就不适用了。大气对地表热辐射传导的主要影响来源于大气水分对热辐射的吸收和再发射作用。对于很弱的吸收作用 $\tau_\lambda\ll1$，式 2.50 可以对 τ_λ 展开，仅保留一次项：

$$T_{BB\lambda}=T_0(1-\tau_\lambda)-\int_0^{\tau_\lambda}d\tau_\lambda'[T(\tau_\lambda-\tau_\lambda')] \tag{2.51a}$$

或者

$$T_{BB\lambda}=T_0(1-\tau_\lambda)-\int_0^{\tau_\lambda}d[Uk_\lambda T(U)] \tag{2.51b}$$

式中，$d\tau_\lambda=k_\lambda dU$。这一公式与 Deschamps 和 Phulpin（1980）中的公式很相似。因此，温度的校正是一个吸收体加权（dU）平均值，通过对地表面温度与吸收体局地温度之间的差值进行加权平均来确定。应该指出，上面的假定 $\tau_\lambda\ll1$ 有时很难满足。这就意味着式 2.51b 需要保留二次项校正值。

在这一点上，可以说明为什么在 10~13μm 的热红外大气窗口范围内需要用两个遥感波段来进行辐射观测。如果 k_λ 可以表示为一个与波长有关的换算系数 $C(\lambda)$ 和某个大气条件的函数 $f(U,T,p)$ 的乘积，例如

$$k_1=C(\lambda_1)f \tag{2.52a}$$
$$k_2=C(\lambda_2)f \tag{2.52b}$$

那么，通过 $T_{BB\lambda1}$ 和 $T_{BB\lambda2}$ 来求解 T_0，就非常容易了。这一基本的假设已被广泛地用来简化这一光谱区间内的实验数据，以便得到大气透射系数的估计（Kneizys et al.，1980）。通过确定

$$U_T=\int dUf(U,T,p)[T_0-T(U)] \tag{2.53}$$

Price（1984）把式 2.52 分别对 AVHRR 的两个热红外波段写成如下形式

$$T_{BB\lambda1}=T_0-C(\lambda_1)U_T$$

$$T_{BB\lambda2}=T_0-C(\lambda_2)U_T$$

对这一方程组求解地表面的辐射温度 T_0，得到

$$T_0=T_{BB\lambda1}+\frac{1}{[C(\lambda_2)/C(\lambda_1)-1]}(T_{BB\lambda1}-T_{BB\lambda2}) \tag{2.54}$$

因此，通过 U_T 消去大气条件的外在因变量之后，地表温度的求解将取决于

$$R=C(\lambda_2)/C(\lambda_1) \tag{2.55}$$

而不是分别取决于大气的吸收系数 k_1 或 k_2。

虽然大气水汽在 $10\sim13\mu m$ 窗口范围内的吸收系数已经得到了相当广泛的研究，但大气吸收的不确定性及其与波长之间的关系，仍然不是十分清楚。Imbault（1979）回顾了相关的文献，并总结了许多经验结论之后，认为大气水汽的吸收系数通常可以表示为如下形式

$$k_\lambda=K_{1\lambda}p+K_{2\lambda}e \tag{2.56}$$

式中，p 为大气压力，e 为大气中的水汽压。水汽压项的作用主要表现在低层大气中。显然，上述分析需要假定比率 K_2/K_1 与波长无关。实验证明，K_2 和 K_1 的变化比较明显。k_λ 的数值大小及其与波长之间的关系，还没有得到很好的确定。由于 k_λ 的数值是辐射传输方程计算的基础，那么，这就需要进一步的实验证据来确定。为此，Price（1984）专门讨论了 $C(\lambda_2)/C(\lambda_1)$ 的估计方法（详见第 3.3 节），并把估计结果与 NOAA 的海洋表面温度算法和 Kneizys 等（1980）的估计方法进行比较，Kneizys 等用如下表达式来估计 k_λ

$$k_\lambda=[4.18+5578\exp(-78.7/\lambda)]\{\exp[1800(1/T-1/296)]\}(p+0.002e) \tag{2.57}$$

这一假定与式 2.57 的推导是一致的，因为 K_2/K_1 与波长无关。

2.3.3 Price 分裂窗算法的参数确定

为了确定其分裂窗算法的关键参数，Price（1984）选择了 1981 年 7 月 20 日美国中部的一组 AVHRR 图像数据来进行分析。同时获取了 7 月 20 日 12 时和 7 月 21 日 0 时两个观测时间的当地无线电空探数据，以便用来进行大气热辐射传输的估计。虽然这个观测时间错过了下午的低层大气加热高峰，但其数据也能合理地估计大气对卫星观测到的热红外数据的影响。表 2.4 列出了近地表的气温和 AVHRR 两个观测波段（分别在 $10.8\mu m$ 和 $11.9\mu m$）的大气校正值。近地表气温是与无线电空探同步观测所得。大气校正值是假定地表温度比所观测到的近地气温高 10℃ 的情况下用辐射传导理论计算所得。关于地表温度的这个假定，因为大气校正值是地表面温度和大气状态的函数（Price，1983）。表 2.4 中第 6 列的 $R=C(\lambda_2)/C(\lambda_1)$ 变化说明，用来推导出式 2.54 的假定并没有严格地得到满足。

对于 7 月 20 日的卫星图像数据，地表温度的估计是用表 2.4 中 R 的平均值 $R=1.36$

和假定比辐射率 $\varepsilon=0.96$（Taylor，1979）来反演。所得到的地表温度在 30~50℃变化，完全是在所期望的变化范围内。考虑到当日的成像时间、地表条件（如比辐射率）的变化、地表面蒸发等因素之后，Price（1984）认为这一反演结果是可接受的。值得指出的是，在西部地区，卫星所观测到的地表温度远高于午后的气温，这表明这些地区地表比较干燥，地表的蒸散发率很低。在这种情况下，地表面的温度可能超过 70℃。这就说明，通过气温来比较地表温度并不是一个很好的做法。

表 2.4　根据辐射传导理论估计而得的 R 值

地点	日期	2m 高的气温（K）	T_s-T_4（K）	T_s-T_5（K）	R
Brownsvill, TX	July 20	297.5	5.5	7.4	1.31
	July 21	305.9	8.6	11.6	1.34
Monett, MO	July 20	297.0	4.4	6.0	1.34
	July 21	305.6	5.8	8.1	1.37
Amarillo, TX	July 20	294.8	2.0	2.9	1.40
	July 21	308.9	7.4	10.4	1.39
Topeka, KA	July 20	297.0	3.5	4.9	1.37
	July 21	304.8	5.6	7.8	1.38

由于比率 R 在地表温度估计和一些实验数据处理中都有重要的作用，所以 Price（1984）讨论了 R 值的估计方法。为了确定 R 值大小，他选择了该地区一景晴空条件很好的 AVHRR 图像数据。该图像覆盖的下垫面是一个地表面相对一致性较高的农田地区，但图像表明，该地区在当时的大气条件差异比较明显。因此，选取了一个条带状薄云间隙结构周围的一小块区域进行深入分析。在这一小块区域里，浓厚的可见云团还未形成，但大气的影响却有不同的变化。又提取了 AVHRR 数据通道 4 和 5（中心波长分别为 $10.8\mu m$ 和 $11.9\mu m$）的亮度温度，并比较分析了其在条状薄云间隙之间的剖面变化状况。提取了 10 条相邻数据行并计算这两个通道的亮度温度平均值。由于这一小块地区的地表特征在 AVHRR 空间尺度上相对一致，合理假定这一小块区域里的地表温度没有差异。这可以从可见光波段和近红外波段（AVHRR 通道 1 和 2）的数据中得到验证。根据这一假定，所观测到的亮度温度差异，主要是由于大气条件的不一致性所导致。这样，就可以根据亮度温度的差异来推算比率 R 的值。为此，Price（1984）设

$$T_1(x)=T_0+C(\lambda_1)\,U_T(x) \tag{2.58}$$

$$T_2(x)=T_0+C(\lambda_2)\,U_T(x) \tag{2.59}$$

并用如下公式来计算这些大气因子影响的空间均值

$$<\psi>=\frac{1}{L}\int_0^L \mathrm{d}\,\psi(x) \tag{2.60}$$

$$<T_1>=<T_0>+C(\lambda_1)<U_T> \tag{2.61}$$

$$<T_2>=<T_0>+C(\lambda_2)<U_T> \tag{2.62}$$

这些均值的变化可以确定为

$$\delta\psi=\psi(x)-<\psi> \tag{2.63}$$

$$\delta T_1=-C(\lambda_1)<U_T> \tag{2.64}$$

$$\delta T_2=-C(\lambda_2)<U_T> \tag{2.65}$$

这样，就可以得到

$$R=C(\lambda_2)/C(\lambda_1)=\delta T_2/\delta T_1 \tag{2.66}$$

这一比率对遥感器的噪声信号和地表亮度温度的非一致性比较敏感。为了避免这种敏感性影响，Price（1984）用均值来进行计算，把这一比率估计为

$$R=<T_1\delta T_2>/<\delta T_1^2> \tag{2.67}$$

根据所选取的这一相对一致性较高的小块农田区域数据，Price(1984)得到 R 值的计算结果为 $R=1.3$，从而建立了他的著名分裂窗算法如下：

$$T_s=T_4+3.33(T_4-T_5) \tag{2.68}$$

式中，T_s 为地表温度，T_4 和 T_5 分别为 AVHRR 通道 4 和通道 5（中心波长分别为 $10.8\mu m$ 和 $11.9\mu m$）的亮度温度。由于这个 R 值是根据温度的平均值而不是绝对值来推导，所以它对卫星定标误差、AVHRR 两个通道间的地表面比辐射率差和地表面温度实际数值都不是很敏感。这一分裂窗算法的推导，是假定有一个背景一致的地表面，由于这个地表面上叠加有大气变化的影响，所观测到的地表亮度温度才发生变化，因此，根据这种变化，Price（1984）才能够估计出代表大气影响的 R 值。虽然这个 R 值比根据辐射传导理论推导而得的数值 1.36 略小一些，但由于它是从实际图像中估计出来的，因此更能接近真实的 R 值。

2.3.4 与 NOAA-AVHRR 海表温度算法的比较

为了验证其分裂窗算法的精度，Price（1984）从 NOAA 的国家环境卫星数据与信息服务中心（NESDIS）获取一些 AVHRR 数据，并利用 NEDIS 提供的海洋表面温度估计方程反演这些 AVHRR 数据的海洋表面温度。海表面温度的反演，是以辐射传输为基础，通过卫星观测与海面浮标实地观测数据之间的统计拟合来建立估计方程。海面温度实际观测值通过海上浮标获得，根据这些浮标观测值与相对应的卫星波段数据进行统计拟合，就可以建立起海面温度的估计方程（McClain et al.，1983）。NEDiS 分别对白天与晚上的数据建立不同的估计方程，主要是由于海面浮标温度与卫星观测到的表面温度之间的差异在白天与夜晚有较大的变化，因此需要分别建立不同的估计方程。Price（1984）用来进行海洋表面温度反演的估计方程有如下形式

$$T_{SST}=1.035T_4+3.046(T_4-T_5)-283.93（白天） \tag{2.69a}$$

$$T_{SST}=1.076T_4+3.168(T_4-T_5)-296.23（晚上） \tag{2.69b}$$

式中，T_{SST} 是海面温度，℃；T_4 和 T_5 是卫星观测到的辐射温度即亮度温度，K。为了

方便起见，Price（1984）把这两个方程都转换成以℃来表示温度变量的形式

$$T_s=T_4+3.046(T_4-T_5)+0.035(T_4-34.9) \qquad (2.70a)$$

$$T_s=T_4+3.168(T_4-T_5)+0.076(T_4-30.5) \qquad (2.70b)$$

在 20~40℃的温度范围内，式 2.70a 和式 2.70b 右边最后一项的数值很小，从而可以通过忽略这一项来估计 R 值，即

$$R_{day}=1+1/3.046=1.33 \qquad (2.71a)$$

$$R_{night}=1+1/3.168=1.32 \qquad (2.71b)$$

这两个 R 值与根据辐射传输理论推导而得的 $R=1.36$ 和根据第 2.3.1 节所述的方法推导而得的 $R=1.30$，都有非常好的吻合。

显然，这些计算结果对卫星数据定标中的可能误差比较敏感。这些定标误差的影响可以根据式 2.72 来评估。对于很小的定标误差，有

$$\frac{dT_s}{dT_4}=1+\frac{1}{R-1}\approx 4 \qquad (2.72a)$$

$$\frac{dT_s}{dT_4}=\frac{-1}{R-1}\approx -3 \qquad (2.72b)$$

因此，这些定标误差在地表面温度估计中将被彻底放大，从而对地表温度的估计精度有很大的影响。

2.3.5　对地表比辐射率影响的考虑

以上的分析指出，Price（1984）所推导的大气吸收强度 $k_5/k_4=1.30$ 与辐射传导理论推导的结果（1.36）有非常好的吻合。因此，Price（1984）认为，就农业应用而言，地表温度反演有 2~3℃的不确定性对于生长季节的田间观测并不是十分重要，因为 7 月 20 日的 AVHRR 图像数据指出，农田地区的地表温度的变化幅度可达到 20℃以上，对应于近地表空气湿度和地表面蒸发强度都有较大的变化幅度。AVHRR 数据的一个更加严重缺点是，该热红外通道的最大容许值大约在辐射温度为 320K 时达到饱和。Price（1984）发现，在其 AVHRR 数据集中，确实存在这种温度饱和情况，有些地区的温度超过这个温度峰值，在温度达到饱和情况下，将不能区分出这些地区的地表热特征空间差异。

对于陆地表面温度遥感反演来说，另一个潜在的复杂问题是地表比辐射率变化的可能影响。陆地自然地表面在 10.8μm 和 11.9μm 通道之间的比辐射率变化较大，从而对地表温度反演产生较大的影响（Vincent et al., 1975）。虽然这方面的实验数据还相当有限，但对于农田地区来说，作物叶冠表面在这个波段区间内的热特性可以看作比较接近于黑体，Taylor（1979）估计其比辐射率为 $\varepsilon=0.97$。因此，Price（1984）合理地假定植被的比辐射率为 0.96，从而可以把地表比辐射率的影响考虑进地表温度的反演中。Price（1984）认为，这种考虑的理论基础是

$$I_\lambda \approx \varepsilon_\lambda T^{n_\lambda} \tag{2.73}$$

式中，$n_4 \approx 4.5$ 和 $n_5 \approx 4.3$（Slater 1980）。因此，在 $\varepsilon \approx 1$ 的情况下，地表温度 T_s 与辐射温度 T_λ 之间的关系可以表述为：

$$T_s = \frac{T_\lambda}{\varepsilon_\lambda^{1/n_\lambda}} \approx T_\lambda \left(\frac{n_\lambda + \varepsilon_\lambda - 1}{n_\lambda} \right) \tag{2.74}$$

这样，Price（1984）改进了其 AVHRR 数据的地表温度遥感反演分裂窗算法，把它改变成如下公式，从而成为一个比辐射率模型：

$$T_s = \left[T_4 + 3.33(T_4 - T_5) \right] \left(\frac{3.5 + \varepsilon_4}{4.5} \right) + 0.75 T_5(\varepsilon_4 - \varepsilon_5) \tag{2.75}$$

式中，所有温度变量的单位均是 K。因此，如果这两个通道之间的比辐射率相差 0.001，那么，在 300K 时，地表温度的估计值将有 2K 左右的变化。

用 AVHRR 数据来反演地表温度时，经常需要评估可能的误差。这种误差主要有 3 个来源：遥感器的定标误差、R 值的估计误差和因没有地表比辐射率而产生的误差。

（1）辐射器定标误差　通过比较 NOAA 卫星的海面温度与同步地面观测的海面温度，Price（1984）认为，辐射器的定标精度在 1℃ 以内。AVHRR 的仪器噪声信号很低，在 0.1℃ 以内。所以，主要的影响是通道 4 和 5 之间的温度差。这些随机因素的变化所导致的误差通常在 1℃ 以内。

（2）R 值的估计误差　实际上，R 值不是真正的常量，而是与大气状态呈弱相关。Price（1984）用不同方法所得到的 R 值有 4 个：1.30、1.32、1.33 和 1.36。虽然 R 值比较接近于 $R=1.33$，但其变化幅度也有 0.03。因此，用一个固定的 R 值来进行温度反演，将会导致一些误差。R 值的估计误差可能导致的温度误差 δT_E 为：

$$\delta T_E \approx \frac{\delta R}{(R-1)^2} (T_4 - T_5) \tag{2.76}$$

假定通道 4 和通道 5 之间的温度差为 5℃，那么，从上式可知 $\delta T_E \approx 2℃$。

（3）地表比辐射率估计误差　根据 Taylor（1979）的数据，Price（1984）假定地表比辐射率为 $\varepsilon=0.96$，变化幅度为 ± 0.01。这一假定将导致 1℃ 的地表温度估计误差。虽然还没有数据显示植被和土壤的比辐射率如何随波长而变化，但有理由相信，这一变化的幅度将比较显著。如果 $\delta\varepsilon \approx 0.005$，那么，$\delta T_E \approx 1℃$。这两个误差值在沙漠地区和山区可能更加大，因为在这些地区裸露的岩石将有更加明显的光谱特征，从而使其比辐射率更有可能偏离正常值，进而使温度估计的误差增大。

因此，AVHRR 数据的地表温度反演从总体上来讲将有 2~3℃ 的估计误差。与卫星遥感器所观测到的地表温度变化幅度相比，这一误差范围还是相当小的。但是，对于某些应用来说这一误差还是比较大的。例如作物水分强迫通常是通过作物叶冠温度与气温之间的差异来估计。这种估计需要较精确的叶冠温度。如果叶冠温度的估计误差较大，那么作物水分强迫的估计结果就有较大的误差（O' Toole and Tatfield，1983）。AVHRR 的视场很大，因此，用 AVHRR 数据来反演地表温度，至少好于地面观测或者飞机测量所能达到的水平。

2.4　Becker 和 Li 分裂窗算法

随着 NOAA-9 AVHRR 数据在海表温度监测的成功应用，20 世纪 80 年代地表温度遥感反演逐渐得到了重视。继 Price(1984) 把分裂窗算法应用到农田中并提出了其地表温度遥感反演算法以来，地表温度遥感反演发展成了一个崭新的热红外遥感研究方向。F. Becker 和 Z.L.Li 是世界上较早开展地表温度遥感反演研究的学者之一，在 1987 年发表了其重要研究成果光谱比辐射率对地表温度遥感探测的影响，1990 年提出著名的地表温度遥感反演局地分裂窗算法（Local Split Window Algorithm），1993 年又进一步改进了其算法系数的确定（Becker，1987；Becker and Li，1990；1995）。该算法得到世界范围内的广泛应用，被用于 MODIS 等许多 LST 数据产品的研制。本节将详细介绍这一局地分裂窗算法。

2.4.1　问题的提出

地球表面的温度是很多环境监测应用的重要参数。为了从卫星遥感探测数据中反演地表温度，必须同时考虑地表比辐射率和大气对地表热辐射传输的影响。地表温度与海表温度遥感反演有很大的不同。在海表情况下，海表的比辐射率非常接近于单位 1，而在地表情况下，这个比辐射率则有非常大的不确定性，不仅空间差异大，而且在不同的地表类型下也有很大的不同。对于海表温度的反演，已经有大量研究深入探讨了大气对海表温度遥感反演的影响。总体上看，海表温度（SST）遥感反演方法，大体上可分为如下 4 大类。

（1）单通道法　此方法适用于只有一个热红外遥感通道，该通道通常选择在大气窗口范围内，利用大气状态，即大气气压、温度和相对湿度等廓线，通过辐射传输模型，模拟估计大气的影响，进而从卫星探测的热辐射中消除大气的影响。辐射传输模型的模拟，需要有卫星同步探测的大气廓线数据。如果没有卫星同步探测的大气廓线数据，也可以用气候数据或者地表探空数据来替代，但精度将受到较大影响。Li 和 McDonnel（1988）用近地表的气压、气温和相对湿度进行模拟，分析评价了单个热红外通道的 SST 反演精度，发现反演的 SST 与实际观测到的海表温度非常接近，均方根误差 RMSE 在 1℃以内。

（2）分裂窗方法　这种方法最早是由 McMillin（1977）提出，主要是通过 2 个相邻热红外通道（中心波长分别为 $10.5\mu m$ 和 $11.5\mu m$）的不同大气吸收来建立方程进行反演。研究表明，SST 可以估计为这两个相邻通道的亮度温度的线性方程，通常有如下形式

$$SST=A_0+A_1T_1+A_2T_2 \tag{2.77}$$

式中，T_1 和 T_2 分别是这两个相邻通道的亮度温度，A_0、A_1 和 A_2 是方程系数。已经

提出了不同的方法来进行海表温度方程系数的确定。McClain 等 (1985) 利用分裂窗方法来研制 NOAA 卫星的 SST 数据产品，并指出其精度为 ±0.65K。

（3）多角度方法　这种方法的基础是，相同的地球表面，从两个不同的角度进行观测，因观测的热辐射在大气中的传输路径不同，形成不同的大气吸收。根据这种大气吸收的差异，就可以建立类似于分裂窗算法的回归方程来进行 SST 反演。Chedin 等（1982）利用两颗卫星（1 个静止卫星和 1 个极轨卫星）在某些区域的几乎同步探测数据来建立自己的多角度 SST 反演方程。

（4）多角度分裂窗方法　是分裂窗方法和多角度方法的耦合。ERS1 卫星上的沿轨扫描辐射仪（ATSR）具有前后同步扫描探测，因而具有两个不同的探测角度，并且拥有 2 个相邻的热红外通道，因此，可以用来有效地建立多角度分裂窗方法。

尽管 SST 遥感反演已经取得显著进步，但在地表情况下，由于地表的复杂性远远高于海表，因此，地表温度遥感反演研究还面临许多困难。虽然 AVHRR 已经获取了大量地表热辐射数据，理论上可以用来进行 LST 反演，但从卫星探测数据中精准在反演出 LST，仍然有很大难度，主要由于地表比辐射率是未知的，并且地表比辐射率远非单位 1，而且空间差异性极大（Nerry et al., 1988），因此，对 LST 遥感反演有重要影响。通常认为，地表比辐射率取决于地表粗糙度和地表的其他物理参数，尤其是土壤水分含量。Becker（1987）指出，如果这两个相邻通道的比辐射率假定为接近于单位 1，那么，用分裂窗方法来反演 LST，其误差 ΔT 将较大，可用下式来表示：

$$\Delta T = 50 \frac{1-\varepsilon_1}{\varepsilon} - 300 \frac{(1-\varepsilon_2)}{\varepsilon} \tag{2.78}$$

式中，$\varepsilon = (\varepsilon_1 + \varepsilon_2)/2$。同时，地表通常也不是均质的，在单个卫星探测的像元内，LST 的变化可能都很大。这就为如何更加科学合理地定义有效地表温度和地表比辐射率带来困难。同时，地表之上的气温与地表温度通常也有很大差异，从而有可能不同程度地削弱分裂窗方法构建的前提条件。既然分裂窗方法已经证明能够非常好地用于海表温度的遥感反演，并且拥有简单性优势，那么，自然推断可以应用于地表温度的遥感反演。但是，这种应用只有在辐射传输方程能有效线性化的情况下才有可能。为此，首先需要验证这种线性化在实际数据中是正确合理的，然后分析地表比辐射率的影响。根据 Becker（1987），利用分裂窗方法来进行 LST 反演，将取决于地表比辐射率和大气对地表热辐射探测的影响。只有在搞清楚地表比辐射率和大气是如何影响地表热辐射探测的情况下才能科学合理地构建一个可用于 LST 反演的局地分裂窗算法，并且其系数的确定，也需要根据大气和地表的影响来建立。

2.4.2　地表热辐射传输方程及大气影响分析

在热红外光谱区间内，由于大气不是完全透明的真空体，因此即使是一个很小的大气吸收作用，地球表面向外射出的光谱辐射，将不仅受到地球表面的影响，还受到大气成分和大气层热量分布结构的作用。一个完整的大气传输模型将需要同时考虑大气的吸收作用和热辐射作用。因此，在卫星高度上，遥感器接收到的热红外辐射通量，将可以表示为三大部分之和：地表热辐射的贡献、大气上行热辐射的贡献和大气下行热辐射的贡献。因此，对于一个晴空无云大气，在当地大气热力均衡情况下，卫星遥感器通道 i 在天顶观测角度 θ 情况下探测到的热辐射信号可以表示为

$$R_i(\theta, \phi) = \int f_i(\lambda)\varepsilon_\lambda(\theta, \phi)B_\lambda(T_s)\tau_\lambda(\theta, \phi)\mathrm{d}\lambda + \iint f_i(\lambda)B_\lambda(T_p)\frac{\partial\tau_\lambda(\theta, \phi, p)}{\partial p}\mathrm{d}p\,\mathrm{d}\lambda$$

$$+ \int f_i(\lambda)\iint \rho_{b\lambda}(\theta, \theta', \phi)L_{s\lambda}(\theta')\tau_\lambda(\theta, \phi)\cos\theta\sin\theta'\mathrm{d}\theta'\mathrm{d}\phi'\mathrm{d}\lambda \qquad （2.79）$$

式中，R_i 是卫星遥感器观测到的总热辐射，$B_\lambda(T)$ 是温度为 T 的黑体光谱热辐射，$L_{s\lambda}$ 是波长为 λ 的大气下行热辐射，ε_λ 是地表的光谱比辐射率，τ_λ 是大气的总光谱透过率，$\rho_{b\lambda}$ 是地表的光谱两向反射率，$f_i(\lambda)$ 是遥感器通道 i 的光谱响应函数。式 2.79 中第一项表示卫星遥感器接收到的来自地表热辐射的贡献量，第二项表示大气向上热辐射的贡献量，第三项是大气向下热辐射被地表反射回来的贡献量。大气下行热辐射可以表示为：

$$L_{s\lambda}(\theta') = \int B_\lambda(T_p)\frac{\partial\tau'_\lambda(\theta, p)}{\partial p}\mathrm{d}p \qquad （2.80）$$

卫星遥感器接收到的热辐射信号可以表示为通道亮度温度 T_i，即：

$$R_i(\theta, \phi) = \int f_i(\lambda)B_\lambda(T_i)\mathrm{d}\lambda \qquad （2.81）$$

假定大气温度与地表温度相差不大，并且大气吸收相对较弱，那么，式 2.79 可以线性化，以便进行地表温度反演。在 Becker（1987）的模型中，地表温度 T_s 可以表示为通道 i 的亮度温度 T_i 的如下形式：

$$T_s = T_i + \frac{1-\varepsilon_i}{\varepsilon_i}L(T_i) - \frac{A_iW(T_a-\tau_i)}{\varepsilon_i\cos\theta(1-A_iW/\cos\theta)} - 2A_iW\frac{1-\varepsilon_i}{\varepsilon_i}(T_a-T_i+L(T_i)) \qquad （2.82）$$

式中，A_i 是通道 i 的加权大气吸收因子，W 是大气柱的加权水汽含量，T_a 是等效气温；$L(T_i)$ 是 Planck 函数的导数，分别可表示为

$$A_i = \frac{\int f_i(\lambda)\alpha(\lambda)\left[\partial B_\lambda(T_i)/\partial\mathrm{T}\right]\mathrm{d}\lambda}{\int f_i(\lambda)(\partial B_\lambda/\partial\mathrm{T})\mathrm{d}\lambda} \qquad （2.83）$$

$$W = \int F\{p(z), T(z)\}\,e(z)\mathrm{d}z \qquad （2.84）$$

$$T_a = \left[\int T(z)F\{p(z), T(z)\}\,e(z)\mathrm{d}z\right]/\mathrm{W} \qquad （2.85）$$

$$L(T_i) = B_\lambda(T_i)/\left[\partial B_\lambda(T_i)/\partial\mathrm{T}\right] \qquad （2.86）$$

式中，$e(z)$、$T(z)$ 和 $p(z)$ 是大气层中海拔 z 处的大气水汽含量、大气温度和大气压，F 表示海拔 z 处的权重，是大气压和大气温度的函数。根据 Price（1984），$L(T_i)$ 可以估计为

$$L(T_i) = T_i/n_i \qquad （2.87）$$

对于通道 i，大气透过率 $\tau_i(\theta)$ 可以表示为

$$\tau_i(\theta)=1-A_iW/\cos\theta \qquad (2.88)$$

并且海拔 z 处的大气水汽光谱吸收系数 $K(\lambda, z)$ 可以估计为

$$K(\lambda, z)=\alpha(\lambda)F\{p(z), T(z)\} \qquad (2.89)$$

为了分析大气对卫星遥感器接收到的热辐射的影响，有必要确定大气透过率、大气向上热辐射和大气向下热辐射在不同大气条件下的变化。为此，需要利用大气模拟模型 LOWTRAN 来进行大气透过率和大气程辐射模拟。Becker 和 Li（1990）利用 LOWTRAN 给出的 6 种标准大气模式和 1986 年 6 月 16 日 HAPEX-MOBIHLY 项目区大气空探廓线，针对 NOAA-9 AVHRR 的两个热红外通道，模拟大气透过率与大气水汽含量之间的变化，发现两者在大气水汽含量小于 $3.5\,\mathrm{g\cdot cm^{-2}}$ 的情况下呈现较好的线性关系，进行回归，得到如下方程：

$$\tau_4=-0.141W+1.014, \ R^2=0.99 \qquad (2.90)$$

$$\tau_5=-0.184W+1.021, \ R^2=0.997 \qquad (2.91)$$

但是，随着大气水汽含量的增加，线性关系逐渐减弱，变成非线性关系。同时，Becker 和 Li（1990）还分别针对不同的天顶视角（$\theta \leqslant 50°$）进行模拟，分析大气透过率与天顶视角之间的关系，并用下式分别进行回归

$$(1-\tau_4)\cos\theta= A_4 W \qquad (2.92)$$

$$(1-\tau_5)\cos\theta= A_5 W \qquad (2.93)$$

得到式 2.88 中参数 A 的值分别为 $A_4=0.134$ 和 $A_5=0.171$，回归的相关系数平方均为 $R^2=0.99$。为了与 Price（1984）的分裂窗算法系数比较，把这 A_5 除以 A_4，根据式 2.90 和 2.91，得到 $C= A_5/A_4=1.3$，而根据式 2.92 和 2.93，得到 $C=1.28$，这个结果与 Price（1984）的 $C=1.33$ 非常接近。

利用 LOWTRAN 程序，Becker 和 Li（1990）进一步分析下行大气热辐射的变化，并用下式分析大气下行热辐射与天顶视角、大气水汽含量和大气温度之间的关系：

$$L_{si}(\theta)=a_i(W, Ta)/\cos\theta+b_i(W, Ta) \qquad (2.94)$$

式中，$L_{si}(\theta)$ 是卫星遥感器接收到的大气下行热辐射，$a_i(W, Ta)$ 和 $b_i(W, Ta)$ 分别是回归系数，结果发现，式 2.94 的回归系数取决于不同的大气模式，具体如表 2.5 所示。对大气上行热辐射进行模拟分析，Becker 和 Li（1990）也得到了相似的结果。

表 2.5　不同大气模式下式 2.94 的回归系数

大气模式	a_4	b_4	a_5	b_5
热带大气	2.552	2.284	2.862	4.199
中纬度夏季大气	1.975	1.006	2.548	2.119
中纬度冬季大气	0.394	0.128	0.585	0.249
亚北极夏季大气	1.262	0.481	1.788	1.006
亚北极冬季大气	0.162	0.070	0.221	0.104
美国 1976 年大气	0.785	0.250	1.157	0.512
1986 年 6 月 16 日空探廓线	1.756	0.737	2.388	1.513

2.4.3　地表比辐射率影响分析

地表的比辐射率通常小于单位 1，并且随着光谱而变化。如前所述，Becker（1987）证明了比辐射率的一个小误差，可能会导致地表温度反演的较大误差。如果分裂窗方法里没有考虑地表比辐射率的光谱影响，那么地表温度反演精度肯定不会高。为了建立一个在大多数情况下比较适用的分裂窗算法，需要进一步分析并明确地表比辐射率对 LST 反演的影响。同样，这种分析评价也是通过 LOWTRAN 模拟来进行。对于 AVHRR，通道比辐射率 ε_i 可定义为

$$\varepsilon_i = \frac{\int f_i(\lambda)\varepsilon_\lambda B_\lambda(T_s)\mathrm{d}\lambda}{\int f_i(\lambda)B_\lambda(T_s)\mathrm{d}\lambda} \tag{2.95}$$

式中，$f_i(\lambda)$ 是遥感器通道 i 的光谱响应函数，ε_λ 是地表的光谱比辐射率。虽然式 2.95 中地表比辐射率 ε_i 在理论上取决于地表温度 T_s 的变化，但模拟发现，从数值上来说，ε_i 随温度而变化的程度非常小（$\Delta\varepsilon_i = 10^{-4}$），甚至可以忽略不计。因此，对于 AVHRR 的两个热红外通道 4 和通道 5，其比辐射率（ε_4 和 ε_5）可以用下式来估计

$$\varepsilon_i = \frac{\int f_i(\lambda)\varepsilon_\lambda \mathrm{d}\lambda}{\int f_i(\lambda)\mathrm{d}\lambda} \tag{2.96}$$

用 Nerry 等（1988）提供的 8 个地表样本的光谱比辐射率和 Masuda 等（1988）提供的纯净水和海水表面光谱比辐射率进行模拟计算，得到如 2.6 所示的 AVHRR 两个热红外通道的比辐射率 ε_4 和 ε_5 估计结果。表 2.6 指出，AVHRR 的 ε_4 和 ε_5 远小于单位 1，相互之间也有较大差异，相差可达 0.28，并且与气象卫星 Meteosat 的比辐射率也有很大不同（表 2.6）。

表 2.6　地表比辐射率的模拟估计结果

地表样本	εM_2	ε_4	ε_5	$(\varepsilon_4+\varepsilon_5)/2$	$\varepsilon_4-\varepsilon_5$
LEHM 土	0.980	0.972	0.983	0.978	−0.011
含碳酸盐的黄土	0.956	0.958	0.954	0.956	0.004
黑砂	0.961	0.962	0.965	0.964	−0.003
红砂（法国 Castelnau）	0.947	0.946	0.947	0.947	−0.001
高岭土（纯的粉末）	0.981	0.984	0.978	0.981	0.006
蒙脱石（纯的小颗粒）	0.890	0.894	0.887	0.891	0.007
石英砂	0.828	0.818	0.846	0.832	−0.028
纯水	0.991	0.992	0.989	0.991	0.003
海水表面	0.991	0.992	0.989	0.991	0.003

注：εM_2 是 Meteosat 的比辐射率，ε_4 和 ε_5 分别是 AVHRR 通道 4 和通道 5 的比辐射率。

对于给定的地表温度 T_s，可通过分析比辐射率的影响，建立通道亮度温度 T_i 与比辐射率之间的函数关系。为了方便，通常假定地表是一个朗伯体，各向热辐射相同，并设通

道 i 的地表反射率 ρ_i 为

$$\rho_i=(1-\varepsilon)/\pi \tag{2.97}$$

对于给定的地表温度 T_s，可利用式 2.79 和 2.81 来模拟计算 AVHRR 的亮度温度 T_i 如何随比辐射率 ε_i 而变化。实际上，用式 2.96 代入式 2.79 可重写成

$$\int f_i(\lambda)B_\lambda(T_i)\mathrm{d}\lambda =E_i\int f_i(\lambda)B_\lambda(T_s)\tau_\lambda(\theta,\varphi)\mathrm{d}\lambda+\iint f_i(\lambda)B_\lambda(T_\rho)\frac{\partial\tau_\lambda(\theta,\varphi,p)}{\partial p}\mathrm{d}p\,\mathrm{d}\lambda$$
$$+(1-E_i)\int f_i(\lambda)\int L_{s\lambda}(\theta')\tau_\lambda(\theta,\varphi)\sin 2\theta'\,\mathrm{d}\theta'\,\mathrm{d}\lambda \tag{2.98}$$

式中，

$$E_i=\frac{\int f_i(\lambda)\varepsilon_\lambda B_\lambda(T_s)\mathrm{d}\lambda}{\int f_i(\lambda)B_\lambda(T_s)\tau_\lambda\mathrm{d}\lambda}\approx\varepsilon_i \tag{2.99}$$

在这里，ε_i 由式 2.96 计算，相差大体上为 0.0002。式 2.98 中最后一项可估计为 $(1-\varepsilon_i)(2a_i+b_i)\tau_i$，而 $L_{s\lambda}(\theta)$ 可用式 2.94 进行估计。因此，对于某个特定的大气模式，在地表温度 T_s 已知情况下，完全可以确定 NOAA-9 AVHRR 通道亮度温度 T_4 和 T_5 与地表比辐射率之间的关系。Becker 和 Li（1990）把地表温度给定为 T_s=300K，利用 LOWTRAN 进行了这个确定，并用下式进行回归

$$T_i=g_i\varepsilon_i+h_i \tag{2.100}$$

式中，系数 g_i 和 h_i 取决于大气条件和地表温度，可根据式 2.82 进行估计。为此，式 2.82 可重新表示为通道 i 的亮度温度 T_i，有

$$T_i=\left[A-C(A+B)\right]\varepsilon_i+B+(A+B)C \tag{2.101}$$

式中，

$$A=(1-A_i\,W/\cos\theta)(T_s-2A_i\,WT_a) \tag{2.102}$$
$$B=(A_i\,W/\cos\theta+2A_i\,W(1-A_i\,W/\cos\theta))T_a \tag{2.103}$$
$$C=(1-1/n_i)(1-2A_i\,W)(1-A_i\,W/\cos\theta) \tag{2.104}$$

因此，有

$$g=A-C(A+B) \tag{2.105}$$
$$h=B+(A+B)C \tag{2.106}$$

用式 2.100 来估计 T_i 的误差可以表示为

$$\Delta T_i=-\Delta g_i(1-\varepsilon_i)+\Delta(g_i+h_i) \tag{2.107}$$

根据模拟结果，有：$\Delta T_4=-0.1(1-\varepsilon_4)-0.1$，$\Delta T_5=-3.0(1-\varepsilon_5)$。由于比辐射率 $\varepsilon\approx1$，这两个亮度温度的估计误差都很小。因此，可以说，如果这两个通道的比辐射率接近 1，那么，式 2.101 对亮度温度近似估计将非常好。这两个通道的亮度温度差 (T_4-T_5) 主要取决于其比辐射率差值 $(\varepsilon_4-\varepsilon_5)$ 与均值 ε 之差。例如如果这个比辐射率差有 0.02，那么将会导致 1.5K 的通道亮度温度估计误差。这一误差比较大，将会严重影响到最后的地表温度反演精度。

由于卫星遥感器探测到的通道亮度温度受到地表比辐射率的重要影响，那么，根据探测到的亮度温度进行地表温度反演，也必然受到地表比辐射率的严重影响。比辐射率的

这种影响可以根据式 2.82 来进行评价。实际上，如果通道比辐射率 ε_i 接近于 1，并且设 $1/\varepsilon_i=2-\varepsilon_i$，那么，式 2.82 可重写成

$$T_s = T_i+L(T_i)-2\,A_i\,W\,(T_a-T_i+L(T_i))-2\,A_i\,W\,\frac{1}{\varepsilon_i\cos\theta(1-A_iW/\cos\theta)}(T_a-T_i)$$

$$-\left[\,L(T_i)-2\,A_i\,W(T_a-T_i+L(T_i))-2\,A_i\,W\,\frac{1}{\varepsilon_i\cos\theta(1-A_iW/\cos\theta)}\,(T_a-T_i)\,\right]\varepsilon_i \qquad (2.108)$$

这清楚地说明，地表温度可以表示为地表比辐射率的线性函数，为进一步建立地表温度的遥感反演算法提供了坚实的基础。

2.4.4 局地分裂窗算法的构建

各种不同的线性化对于建立一个局地分裂窗算法可行并保持有较好的精度。虽然在海表温度反演中，比辐射率的影响很小，但在地表情况下，地表比辐射率空间变化很大，从而导致地表温度反演严重地受到地表比辐射率的影响，因此地表温度的分裂窗算法系数只能根据局部地区进行不同的确定。根据 Becker（1987），可以得到

$$T_s = \frac{T_{S4}+T_{S5}}{2} + \frac{T_{S4}-T_{S5}}{2}\left[\frac{C+1+X(C-1)\beta\cos\theta}{C-1+X(C+1)\beta\cos\theta}\right] \qquad (2.109)$$

$$T_{si} = T_i + \frac{1-\varepsilon_i}{\varepsilon_i}\,L(T_i)\,(i=4,5) \qquad (2.110)$$

$$X = \Delta\varepsilon/2\varepsilon\gamma \qquad (2.111)$$

式中，$\varepsilon=(\varepsilon_4+\varepsilon_5)/2$，$\Delta\varepsilon=\Delta\varepsilon_4-\Delta\varepsilon_5$，$\beta=2+1/\cos\theta$，$\gamma=2(1-\Delta\varepsilon)\cos\theta+1$。只有在 $(1-\varepsilon_i)\beta\,A_i$ $W\leqslant\varepsilon_4$ 且 $\Delta\varepsilon\leqslant\varepsilon$ 的情况下，式 2.109 才能成立。从式 2.109 显然可以看到，地表温度 T_s 仅取决于地表比辐射率 ε_4 和 ε_5 及观测角度 θ，与大气状态无关。因此，为了从卫星遥感器观测数据中反演地表温度，可以把式 2.109 重新写成如下线性形式：

$$T_s=A_0+A_1T_4+A_2T_5 \qquad (2.112)$$

式中，A_0、A_1 和 A_2 分别是局地分裂窗算法的系数，这些系数将仅取决于当地的比辐射率，而与大气状态无关。根据式 2.109，理论上可以把这 3 个系数确定为 $A_0=0$ 和

$$A_1=(1+F_i-H_i)(1+R)/2 \qquad (2.113)$$

$$A_2=(1+F_i+H_i)(1-R)/2 \qquad (2.114)$$

$$F_i=\frac{1-\varepsilon}{n_i\varepsilon} \qquad (2.115)$$

$$H_i=\frac{\Delta\varepsilon}{2n_i\varepsilon^2} \qquad (2.116)$$

$$R=\left[\,C+1+X(C-1)\beta\cos\theta\,\right]/\left[\,C-1+X(C-1)\beta\cos\theta\,\right] \qquad (2.117)$$

为了对每个地表类型确定上述分裂窗算法的系数，必须要有不同大气条件下同步获取的一组地表温度及其亮度温度数据。实际上，这组数据极难获得，因为要想获得这种数

据，就需要在 AVHRR 卫星过境时同步观测地表温度。由于卫星过境速度极快，并且实地观测通常是点状，与卫星观测的像元存在非常大的尺度差异，因此，这种同步观测极难进行。为了确定这些系数，比较可行的办法是利用大气模型模拟进行大气透过率、大气热辐射和地表热辐射的估计，再据此进行这些系数的确定。

为了提出一个新的分裂窗算法，Becker 和 Li（1990）把式 2.112 的分裂窗算法一般表达式改写成如下形式：

$$T_s = A_0 + P(T_4 + T_5)/2 + M(T_4 - T_5)/2 \tag{2.118}$$

式中，A_0、P 和 M 分别是分裂窗算法的系数，分别估计为 $A_0 = 0$，$P = A_1 + A_2$ 和 $M = A_1 - A_2$。为了更加合理地确定这个分裂窗算法的系数，Becker 和 Li（1990）利用 LOWTRAN 进行模拟，并根据模拟结果估计其分裂窗算法的系数。为了强调地表比辐射率的影响，他们把系数 A_0 确定为常量，P 和 M 分别确定为

$$P = 1 + \alpha(1-\varepsilon)/\varepsilon + \beta \Delta\varepsilon/\varepsilon^2 \tag{2.119}$$

$$M = \gamma' + \alpha'(1-\varepsilon)/\varepsilon + \beta' \Delta\varepsilon/\varepsilon^2 \tag{2.120}$$

利用最小平方回归拟合法对 2180 种组合的 LOWTRAN 模拟结果（4 种大气模式、12 种地表温度、5 种比辐射率均值 ε 和 9 种比辐射率差值 $\Delta\varepsilon$），得到 $A_0 = 1.274$，$\alpha = 0.15616$，$\beta = -0.482$，$\gamma' = 6.26$，$\alpha' = 3.93$ 和 $\beta' = 38.33$，从而得到了他们的局地分裂窗算法系数：

$$A_0 = 1.274 \tag{2.121}$$

$$p = 1 + 0.15616 \frac{1-\varepsilon}{\varepsilon} - 0.482 \frac{\Delta\varepsilon}{\varepsilon^2} \tag{2.122}$$

$$M = 6.26 + 3.98 \frac{1-\varepsilon}{\varepsilon} + 38.33 \frac{\Delta\varepsilon}{\varepsilon^2} \tag{2.123}$$

这些系数是根据 NOAA-9 AVHRR 的通道响应函数进行模拟估计的，因此，只适合于 NOAA-9 AVHRR 数据。为了分析这一分裂窗算法的 LST 反演精度，Becker 和 Li（1990）利用现有数据进行了不同情况下的比较。对于海表温度，假定海表比辐射率为 $\varepsilon_4 = 0.992$ 和 $\varepsilon_5 = 0.989$，那么利用辐射传输模型直接计算，得 SST=290.6K，利用其局地分裂窗算法（式 2.118 及其系数）得 SST=290.9K，而利用 McClain 等（1985）的算法得 SST=290.2K。显然，局地分裂窗算法的结果更加接近辐射传输模型的结果，表明这一算法同样适用于海表温度的反演。利用 Nerry 等（1988）在法国 Castelnau 的野外观测数据 $\varepsilon_4 = 0.946$ 和 $\varepsilon_5 = 0.947$，辐射传输模型计算结果为 LST=288.6K，局地分裂窗算法的反演结果为 LST=290.8K，差值为 2.3K，虽然差值略有增加，但仍在可接受的范围内，并且指出，局地分裂窗算法的精度主要取决于地表比辐射率的估计精度。为此，可根据式 2.118 进行地表温度反演误差分析，得到

$$\delta T = \delta P(T_4 + T_5)/2 + \delta M(T_4 - T_5)/2 \tag{2.124}$$

把系数代入，得到

$$\delta T = \{0.15616(T_4 + T_5)/2 + 3.98(T_4 - T_5)/2\}(1-\varepsilon)/\varepsilon$$
$$+ \{-0.482(T_4 + T_5)/2 + 38.33(T_4 - T_5)/2\}\Delta\varepsilon/\varepsilon^2 \tag{2.125}$$

因此，式 2.118 中的 $(1-\varepsilon)$ 和 $\Delta\varepsilon$ 变化，将取决于亮度温度差值的符号。利用一般情况下亮度温度值进行分析，可以看到，$(1-\varepsilon)/\varepsilon$ 的变化为 40~55，而 $\Delta\varepsilon/\varepsilon^2$ 的变化则为 -230~-80。同时还发现，在 $\Delta\varepsilon>0$ 情况下，ε 和 $\Delta\varepsilon$ 之间的影响将有一部分相互抵消，从而有效提高反演精度。因此，可以认为，如果比辐射率 ε_4 和 ε_5 的估计足够准确，那么，用这一局地分裂窗算法来进行地表温度遥感反演，将能够得到很好的反演精度。

2.4.5　局地分裂窗算法的改进

不仅地表比辐射率对地表温度遥感探测和反演有重要影响，而且大气条件也有较大影响。为了考虑大气对 LST 反演精度的影响，Becker 和 Li（1995）改进了其分裂窗算法，主要是把分裂窗算法系数估计加进了大气水汽含量因素。他们利用 LOWTRAN 重新模拟了不同大气条件下 AVHRR 的两个热红外通道亮度温度的变化，并据此改进了其分裂窗算法的系数确定。针对世界范围内不同的地区，模拟中设计了 44100 余种不同的模拟组合，包括 60 个世界各地的大气廓线数据，地表温度变化范围 250~320K，大气水汽含量变化范围 0.15~6.71 $g\cdot cm^{-2}$，3 种不同探测视角，5 种近地表气温变化（从 $-5℃$~$20℃$），49 种地表比辐射率（变化范围 0.9~1），以及 5 种比辐射率通道间差值（变化范围 -0.02~0.02）。根据这一模拟结果，Becker 和 Li（1995）重新建立了其分裂窗算法

$$T_s=A_0+P(T_4+T_5)/2+M(T_4-T_5)/2 \tag{2.126}$$

算法系数 A_0、P 和 M 分别确定为

$$A_0=-7.49-0.407\,W \tag{2.127}$$

$$P=1.029+(0.2106-0.0307\cos\theta\,W)(1-\varepsilon_4)-(0.3696-0.0737\,W)(\varepsilon_4-\varepsilon_5) \tag{2.128}$$

$$M=4.25+0.56\,W+(3.41+1.59\,W)(1-\varepsilon_4)-(23.85-3.89\,W)(\varepsilon_4-\varepsilon_5) \tag{2.129}$$

式中，W 是大气水汽含量 $g\cdot cm^{-2}$，θ 是观测天顶视角。模拟数据的统计结果表明，这一算法的 LST 反演精度为

$$\text{RMSE}(\Delta T_s)=0.32\text{K} \tag{2.130}$$

Becker 和 Li（1995）指出，大气水汽含量 W 实际上可以直接利用 AVHRR 的探测数据进行估计。根据 Jedlove（1990）和 Sobrino 等（1994）的研究，大气水汽含量可由下式从 AVHRR 的两个通道亮度温度 T_4 和 T_5 中估计

$$W=0.259/\cos\theta-11.352\ln(\sigma_{45}/\sigma_{44})-11.649\cos\theta\left[\ln(\sigma_{45}/\sigma_{44})\right]^2 \tag{2.131}$$

式中，分别是 AVHRR 通道 4 和通道 5 的亮度温度 (T_4 和 T_5) 协方差和方差。

虽然这种估计有一定的不确定性，但仪器噪声 (NEΔT) 对地表温度反演精度的影响比大气水汽估计误差的影响大。计算表明，当 NEΔT=0.1K 和 0.2K 时，如果大气水汽估计误差 $\Delta W/W$ 为 0% 时，LST 的估计误差 RMSE(ΔT_s) 分别为 0.34K 和 0.41K；当 NEΔT=0.1K 和 $\Delta W/W$ 为 20% 时，RMSE(ΔT_s)=0.50K；当 NEΔT=0.1K 和 $\Delta W/W$ 为 -20% 时，RMSE(ΔT_s)=0.48K；当 NEΔT=0.2K 和 $\Delta W/W$ 为 20% 时，RMSE(ΔT_s)=0.57K；当 NEΔT=0.1K 和 $\Delta W/W$ 为 -20% 时，RMSE(ΔT_s)=0.52K。因此，可以认为，如果大气水汽

含量估计误差在 20% 以内，并且仪器噪声不超过 0.1K 的情况下，这一分裂窗算法的地表温度反演精度将保持在 0.5K 左右，从而能够满足大多数实际应用的需要。

2.5 Sobrino 分裂窗算法

西班牙瓦伦西亚大学的 Sobrino 教授是世界著名的热红外遥感科学家。他于 1991 年提出的地表温度遥感反演分裂窗算法（Sobrino et al., 1991），已经得到了非常广泛的引用。通过 Planck 函数和大气透过率的线性化，Sobrino 推导并建立了一个分裂窗算法，该算法把地表温度的反演取决于大气水汽含量、遥感视角和通道比辐射率。以下将详细地介绍 Sobrino 地表温度遥感反演方法，尤其是算法的推导过程和参数所模拟分析。

2.5.1 研究背景与意义

地面温度测量是遥感在红外光谱范围内最重要的目标之一。尽管这种测量是在大气窗口（大气吸收最小的波长区间）范围内进行，但大气吸收和辐射的作用不可忽视。大气水汽是大气影响的主导因素，其含量具有易变性特征，不同季节和不同纬度的大气湿度都有明显的不同，就是同一天不同时候大气水汽含量也有很大变化。从全球角度来看，大气影响的结果是，卫星观测到的表面温度远低于真正的地球表面温度。这两种温度之间的差异，就是大气校正所要解决的问题。在热带大气情况下，$10.5 \sim 12.5 \mu m$ 波段范围内的卫星温度与真正的表面温度之间的差异可高达 7K 以上。在较干燥的大气情况下，温度差异可大大减少。Maul 和 Sidran（1973）以海面的一个简单实例为基础，对不同大气条件对温度的影响进行了全面研究。

在 20 世纪 80 年代，用遥感观测到的海面温度进行大气校正的最常用方法是双辐射测量法，因为通过两个辐射测量的不同大气吸收特征，比利用两个不同的通道或两个不同的观测角度来进行测量更有优势。这种方法的本质是，大气吸收所导致的辐射减弱与这两个同时观测在不同大气条件下所获得的辐射差异成正比关系（McMilLin，1975）。

根据这一原理，学者们在 20 世纪 80 年代针对美国 NOAA-AVHRR 卫星遥感观测数据，开展了大量研究（Prabakhara et al., 1974; Deschamps and Phulpin, 1980; Barton, 1983; McClain et al., 1985; Ho et al., 1980），以便根据 AVHRR 数据生产出精确的海面温度（SST）数据。然而，对陆地表面温度（LST）的研究还比较少。对于 SST 和 LST，它们之间的差异是非常显著的，因为海面的比辐射率可以认为是接近于单位 1，而陆地表面的比辐射率则有很大变化，不仅远小于单位 1，而且还取决于遥感通道。此外，LST 通常在像元内部有明显的不同性质，而像元内的同质性则是海面的基本特征。比辐射率对 LST 观测的影响在 Price（1984）、Becker（1987）和 Bekcer 和 Li（1990）的研究中已经有较深入的探讨。

随着空间卫星遥感技术的发展，美国在 20 世纪 60 年代后期就开展了海洋表面温度的遥感估算研究。从历史上来看，企图对 SST 的遥感观测进行大气影响的去除最早可以追溯到 Anding 和 Kauth（1970）的研究。Anding 和 Kauth（1970）提出了用两个热红外通道来估计海面温度的方程，把第一个通道的热辐射与第二个通道的热辐射进行线性联系，以第一个通道的辐射温度确定方程的常量值，而把第二个通道的辐射温度进行校正值。然而，Maul 和 Sidran（1972）指出，遥感通道的选择对于海洋表面温度的精确估计非常重要，遥感观测可以通过大气吸收模型来进行模拟，用于海洋表面温度的精确估计。Saunders（1976）和 McMillin（1975）提出，可以用同一个遥感通道的观测来进行温度反演，必须有两个角度的观测值。根据现有的这些研究，Sobrino 等（1991）认为，陆地表面温度的遥感反演，应定位在多通道方法上，特别是利用 $10.5 \sim 12.5 \mu m$ 大气窗口范围内的两个热红外通道观测来进行温度反演，即所谓分裂窗算法。

Prabakhara 等（1974）和 Deschamps 和 Phulpin（1980）从辐射传输方程出发，通过一系列简化假设，例如大气水汽透过率和 Planck 函数的线性化，从理论上证明了分裂窗技术在 SST 反演中的适用性。然而，他们提出的这些假设只有在大气吸收比较小（如在大气窗口范围内）的情况下才可用。根据这些假设，可以推导出分裂窗算法的传统表达式

$$T_s = T_1 + A(T_1 - T_2) + B \tag{2.132}$$

式中，T_s 为真正的地表面温度，T_1 和 T_2 分别为这两个通道的亮度温度。A 为常量，取决于这两个通道的大气水汽吸收系数；B 也是一个常量，把诸如地表反射（海面比辐射率不是真正等于单位 1）和 CO_2 辐射等项的影响近似地确定为常量。

在 Deschamps 和 Phulpin（1980）中，一个最有趣的问题是，常量 A 在理论上并没有确定为是大气状态的函数，所以其值并不具有普遍通用性。然而，这些研究给出了这两个分裂窗系数的不同数值。因此，这些算法在实际应用中仍有一个问题有待解决，因为在实际中很难知道，什么时候用和为什么用哪一个系数值更好。

为了解决这个问题，Sobrino 等（1991）从陆地表面的辐射传输方程出发，考虑陆地表面的比辐射率远非等于单位 1，分析地表比辐射率对地表辐射和大气下向辐射之地表反射的影响，以便深入研究陆地表面上的一般大气校正方法。把比辐射率设定为小于单位 1，他们认为，基于 NOAA-AVHRR 数据的 SST 估算可以看作是这种一般大气校正方法的一个特殊情况。通过深入研究真正的地表温度和星上亮度温度之间在一个热辐射通道内的关系，Sobrino 等推导出他们的分裂窗算法，并用 LOWTRAN7 程序来模拟 NOAA-AVHRR 通道 4 和通道 5 对陆地表面温度的卫星观测，以便评估大气条件、卫星观测角度、地表比辐射率对其分裂窗算法两个基本系数 A 和 B 的数值大小变化影响。

2.5.2 地表温度反演模型

地表温度反演模型，实际上就是专门用来进行热红外遥感数据的大气校正方法。大家知道，热红外遥感的基本条件是晴空无云。在这种大气条件下，大气的垂直和纵向扰动相对较小，局地热力平衡占据主导作用。因此，可以建立地表的热辐射传输方程，进而推导

出大气校正方法，用于从卫星遥感观测数据中反演出真正的地表温度。

2.5.2.1 地表的热辐射传输方程

卫星遥感器第 i 通道以天顶视角对地球表面进行观测所接收到的热红外信号 $S_i(\theta)$ 等于 3 个分量之和：地表面的辐射经过大气的减弱作用后抵达遥感器；大气的上行辐射直接抵达遥感器；大气的下行辐射被地表面反射回来后穿过大气到达遥感器。假定地表面是一个 Lambertian 反射体，Sobrino 等（1991）把卫星遥感器所接收到的热红外信号强度表示成如下形式：

$$S_i(\theta) = \int \mathrm{d}\lambda f_i(\lambda) \varepsilon_\lambda B_\lambda(T_0) \tau_\lambda(\theta) + \int \mathrm{d}\lambda f_i(\lambda) R_\lambda^\uparrow(\theta) + \int \mathrm{d}\lambda f_i(\lambda) \frac{(1-\varepsilon_\lambda)}{\pi} \tau_\lambda(\theta) R_{\lambda \mathrm{hem}}^\downarrow \quad （2.133）$$

式中，$f_i(\lambda)$ 为遥感辐射仪第 i 通道的归一化光谱响应函数，ε_λ 为地表面的光谱比辐射率，B_λ 是黑体的光谱辐射强度，T_0 是真正的地表面温度，$\tau_\lambda(\theta)$ 为大气的光谱透过率，其中，θ 是遥感辐射仪的天顶视角。$R_\lambda^\uparrow(\theta)$ 表示大气的上行光谱辐射强度，由下式给出：

$$R_\lambda^\uparrow(\theta) = \int_0^h B_\lambda(T_z) \frac{\partial \tau_\lambda(\theta, h, z)}{\partial z} \mathrm{d}z \quad （2.134）$$

式中，$\tau_\lambda(\theta, h, z)$ 是遥感器高度 h 和大气层高度 z 之间的大气光谱透过率，T_z 是大气层高度 z 外的气温。同理，对于天顶视角 θ，大气发射的大气下行辐射强度可以写成：

$$R_\lambda^\downarrow(\theta') = \int_h^0 B_\lambda(T_z) \frac{\partial \tau_\lambda'(\theta', 0, z)}{\partial z} \mathrm{d}z \quad （2.135）$$

式中，$\tau_\lambda'(\theta', 0, z)$ 是地表面和大气层高度 z 之间的大气光谱透过率。$R_{\lambda hem}^\downarrow$ 表示半球方向的大气下行总辐射量。假定没有方位角影响，有

$$R_{\lambda hem}^\downarrow = \pi \int_0^{\pi/2} R_\lambda^\downarrow(\theta') \sin(2\theta') \mathrm{d}\theta' \quad （2.136）$$

遥感器所记录的热红外信号可以根据通道亮度温度 T_i 来表达为

$$S_i(\theta) = \int f_i(\lambda) B_\lambda(T_i) \mathrm{d}\lambda \quad （2.137）$$

因此，要想把地表温度 T_0 与卫星遥感器给出的温度 T_i 联系起来，必须对式 2.133 进行地表温度求解。要想从式 2.133 中求解出地表温度 T_0，Sobrino 等（1991）认为，还必须遵循下面所述的过程。

2.5.2.2 通道参数确定

地表温度与自然表面的比辐射率在光谱上密切相关（SaLisbury and Milton, 1988; Nerry et al., 1988）。因此，为了反演地表温度，就非常有必要确定通道比辐射率 ε_i。比辐射率 ε_i 与辐射仪的光谱响应函数有如下关系

$$\varepsilon_i = \frac{\int f_i(\lambda) \varepsilon_\lambda B_\lambda(T_0) \mathrm{d}\lambda}{\int f_i(\lambda) B_\lambda(T_0) \mathrm{d}\lambda} \quad （2.138）$$

这一方程不适用于地表温度反演方法的构建，但它从数值上验证了如下近似估计式是能够成立的

$$\varepsilon_i \approx \frac{\int f_i(\lambda)\tau_\lambda \varepsilon_\lambda B_\lambda(T_0)\mathrm{d}\lambda}{\int f_i(\lambda)\tau_\lambda B_\lambda(T_0)\mathrm{d}\lambda} \tag{2.139}$$

因为用这一近似式估计可能使比辐射率的估计误差小于 2×10^{-4}。此外，正如式 2.138 和式 2.139 所示，比辐射率 ε_i 与温度的依赖作用也是不可忽视的。类似地，通道 i 的大气透过率 τ_i 也是光谱透过率 τ_λ 的函数，由下式定义

$$\tau_i = \frac{\int f_i(\lambda)\tau_\lambda B_\lambda(T_0)\mathrm{d}\lambda}{\int f_i(\lambda)B_\lambda(T_0)\mathrm{d}\lambda} \tag{2.140}$$

并且，对于 260~310K 的温度范围，大气透过率与温度的依赖关系也可以忽略不计，因为这一关系仅有 1×10^{-3} 的估计误差。最后，对于通道 i，温度 T 的 Planck 函数加权平均值可以定义为

$$T_i(T) = \int f_i(\lambda)B_\lambda(T)\mathrm{d}\lambda \tag{2.141}$$

考虑了上述关系之后，Sobrino 等（1991）把地表的热辐射传输式 2.133 改写成如下形式

$$B_i(T) = \varepsilon_\lambda \tau_\lambda(\theta)\int f_i(\lambda)B_\lambda(T_0)\mathrm{d}\lambda + \int f_i(\lambda)R_\lambda^\uparrow(\theta)\mathrm{d}\lambda + \frac{(1-\varepsilon_\lambda)}{\pi}\tau_\lambda(\theta)\int f_i(\lambda)R_{\lambda hem}^\downarrow \mathrm{d}\lambda \tag{2.142}$$

2.5.2.3 Planck 函数的线性化

Planck 函数的线性化，是地表温度反演算法推导的重要环节。Sobrino 等（1991）认为，可以把 Planck 函数的加权平均值对 T_i 进行如下线性化

$$B_i(T) \approx \frac{\partial B_i(T)}{\partial T}\left[T - T_i + L_i(T_i)\right] \tag{2.143}$$

式中，$\partial B_i(\mathrm{T})/\partial \mathrm{T}$ 是 $B_i(\mathrm{T})$ 在温度 T 处的导数。$L_i(T_i)$ 是一个温度参数，定义为

$$L_i(T_i) \approx \frac{\partial B_i(T_i)}{(\partial B_i(T_i)/\partial T)_{Ti}} \tag{2.144}$$

对于 $L_i(T_i)$，已经提出了几个近似估计法。Price（1984）和 Becker（1987）提出了如下近似法：

$$L_i = T_i/n_i \tag{2.145}$$

对于某个光谱通道而言，n_i 是一个常量值。之所以能够对 Planck 函数进行线性化估计，是因为大气辐射对热红外辐射遥感的贡献主要是来自低层大气。而在低层大气里，T_z

非常近似于 T_i。在这种情况下，T_0 与 T_i 之差通常不超过 10K。

2.5.2.4 大气透过率的评估

地表温度反演算法的建立需要估计大气的热辐射影响。大气透过率对大气热辐射有很大的影响。为了计算大气的下行和上行热辐射，十分有必要先评估大气透过率的影响。大气水汽被认为是最重要的吸收气体，因为在 8~14μm 的大气窗口范围内，水汽对热红外辐射传输的影响最大。当然，其他大气气体也有作用，但是，这些气体（特别是 CO_2）相对比较稳定，因此可以把它们的作用考虑为常量（Deschamps and Phulpin, 1980）。因此，有必要对这些气体的作用进行详细分析。

由于大气水汽在大气窗口范围内的吸收作用比较小，所以，Sobrino 等（1991）认为，可以合理地假定，大气顶层到高度 z 的透过率 $\tau_i(\theta, h, z)$ 取决于这两个高度之间的垂直柱面水汽含量 $W(h, z)$，两者之间呈线性关系。为了评估这种关系，Sobrino 等（1991）用大气透过率模型 LOWTRAN 7 软件（Kneizys et al., 1988）来进行模拟。LOWTRAN 7 提供了若干个标准大气，含有各大气层的温度和水汽含量剖面数据。每个标准大气都被分成若干个层，每层都有各自边界的温度值和水汽含量密度值 $(g \cdot cm^{-2} \cdot km^{-1})$。各层边界之间的温度变化假定为线性，而水汽含量的变化假定为幂次方函数。各大气层的厚度设定为随高度而增加，以便使每层的大气水汽含量相接近。把标准大气 10km 以上部分截掉，因为 10km 以上部分大气质量稀薄，水汽含量极低，大气对热红外辐射的吸收微乎其微，大气透过率约为100%。

通过设计几个不同的观测视角 $(\theta \leqslant 50°)$，Sobrino 等（1991）计算了从大气顶层到某个大气层的透过率。通过这一计算，深入分析了这两个热红外波段的大气吸收，表示为 $1-\tau_i(\theta, h, z)$ 与大气水汽含量之间在不同观测视角条件下的变化关系，并根据这一关系，把大气透过率表示为如下关系式：

$$\tau_i(\theta, h, z)=1-k_i W(h, z)/\cos\theta \qquad (2.146)$$

式中，k_i 为线性回归的坡度，可看作是整个大气的吸收系数。k_i 值的大小取决于大气类型、遥感器通道和观测视角。但是，观测视角对 k_i 值的影响很小，因此，可以取某个大气和通道取其平均值来估计 k_i。在下面实例应用一节里，Sobrino 等（1991）进一步给出不同大气和卫星通道的 k_i 值。

与大气的下行透过率相比，地表面到大气层高度 z 之间的大气透过率 $\tau'_i(\theta, h, z)$ 则有不同的表现。根据这种关系，Sobrino 等（1991）认为，把 $\tau'_i(\theta, h, z)$ 与地表面到大气高度 z 的垂直柱面水汽含量 $W(0, z)$ 之间的关系确定为二次方程更为合适。因此，有

$$\tau'_i(\theta, h, z)=1-[f_i W(0, z)+g_i W^2(0, z)]/\cos\theta \qquad (2.147)$$

式中，参数 f_i 和 g_i 取决于光谱区间和大气类型。

通过式 2.143 和式 2.146，Sobrino 等（1991）把式 2.134 中的大气上行热辐射估计为

$$R_i^{\uparrow}(\theta)=B_i(T_a)k_i W/\cos\theta \qquad (2.148)$$

式中，W 是大气的水汽总含量 $(g \cdot cm^{-2})$，T_a 是考虑大气水分影响之后的大气有效温

度，定义为

$$T_a = \frac{1}{W} \int_0^W T_z \mathrm{d}W(h,z) \qquad (2.149)$$

因此，T_a 可以看作是大气的有效辐射温度，而其有效方向比辐射率将由 $k_i W / \cos\theta$ 给出。

为了估计式 2.135 中的大气下行热辐射值 $L_i^{\downarrow}(\theta)$，Sobrino 等（1991）认为，可以使用式 2.143 和式 2.147，但必须进行如下两个考虑：首先是偏积分问题。显然，可以证明

$$\int_0^W T_z W(0,z) \mathrm{d}W(0,z) = \frac{1}{2} W^2 T_a \qquad (2.150)$$

其次是式 2.145 中的 $[f_i W(0,z) + g_i W(0,z)]$ 一项可以用 $k_i W$ 来替代，因为如果考虑整个大气，则有 τ_i 等于 τ_i'。所以，系数 f_i 和 g_i 将不出现在最后的表达式里，式 2.147 中 τ' 的二次方多项式估计也将无关。

结果，$R_i^{\downarrow}(\theta)$ 的估计与式 2.148 相同，即

$$R_i^{\downarrow}(\theta) = B_i(T_a) k_i W / \cos\theta \qquad (2.151)$$

由于大气中的水汽主要是集中在低层大气里，大气的下行辐射将略大于其上行辐射。显然，把它们看作相同，分别用式 2.148 和式 2.151 来估计，将会带来一定的估计误差。这些估计误差，将在下面的实例应用一节里进行讨论。

到此，可以把式 2.142 写成

$$B_i(T_i) = \varepsilon_i \tau_i B_i(T_0) + B_i(T_a) k_i W / \cos\theta + 2(1-\varepsilon_i) \tau_i B_i(T_a) k_i W \qquad (2.152)$$

把 Planck 函数对温度 T_i 进行线性化，得

$$T_0 - T_i = \frac{1-\varepsilon_i}{\varepsilon_i} L_i + \frac{k_i W (T_i - T_a)}{\varepsilon_i \tau_i \cos\theta} - 2 \frac{1-\varepsilon_i}{\varepsilon_i} k_i W (T_a + L_i - T_i) \qquad (2.153)$$

式 2.153 构成了地表温度反演的物理模型，它把 T_0 与 T_i 联系起来，以便从卫星遥感观测数据中求解出真正的地表温度。因此，它本身也构成了热红外遥感的单通道校正方法。该模型由 3 部分组成：右边第 1 项是没有大气影响 ($k_i = 0$) 下遥感器所观测到的温度，第 2 项表示大气的减弱作用（大气的吸收和热辐射），第 3 项表示地表面的反射影响。3 项中均含有比辐射率。由于 $\varepsilon_i \neq 0$，第 1 项和第 3 项分别表示了两个符号相反的主要作用，地表面比辐射率对 T_i 的作用是负的，而大气辐射的反射对 T_i 的作用则是正的。

虽然式 2.153 与 Becker（1987）给出的方程很类似，但实际上它们之间有 2 个非常明显的不同：通道系数 k_i 取决于大气状态，因此，必须对每个大气类型进行线性回归估计。有效大气温度 T_a 和大气水汽含量 W 可以直接从大气剖面中获得，而在 Becker（1987）的研究中，这些参数的估计包括有一个大气的权重函数。

2.5.2.5 分裂窗算法的构建

虽然式 2.153 可以用来估计真正的地表面温度 T_0，但如果有两个相邻的热红外通道观测值 T_i，例如 NOAA-11 的 AVHRR 第 4 和第 5 通道数据，则可以避免许多因采用上述近似估计方法而带来的非线性误差。根据分裂窗原理，可以从式中推导到一个分裂窗方程，分别对这两个相邻通道 ($i=1$ 和 $i=2$) 的遥感观测值建立联立方程，并消去 WT_a 项，Sobrino 等（1991）得到了他们的如下分裂窗算法

$$T_0 = T_1 + A(T_1 - T_2) + B \tag{2.154}$$

式中，T_1 和 T_2 分别是热红外通道 1 和通道 2 的星上辐射温度，A 和 B 是方程的系数，取决于地表面比辐射率、大气吸收系数和大气水汽总含量，分别由下式计算

$$A = (\alpha_1 \beta_2 + \beta_1 \beta_2 W)/Q \tag{2.155}$$

$$B = [(1-\varepsilon_1)\alpha_1\beta_2(1-2k_1 W)L_1/(\varepsilon_1 Q)] - [(1-\varepsilon_2)\alpha_2\beta_1(1-2k_2 W)L_2/(\varepsilon_2 Q) \tag{2.156}$$

$$\alpha_i = \varepsilon_i \tau_i \cos\theta \tag{2.157}$$

$$\beta_i = k_i[1 + 2\tau_i(1-\varepsilon_i)\cos\theta] \tag{2.158}$$

$$Q = \alpha_1 \beta_2 - \alpha_2 \beta_1 \tag{2.159}$$

系数 B 考虑了比辐射率的双重影响。同样，通过式 2.155 右边第 2 项，系数 A 也取决于 ε_i 值，但系数 B 没有考虑大气 CO_2 的辐射影响。

2.5.3 卫星遥感观测值对地表温度反演的影响

2.5.3.1 遥感器响应的影响

卫星遥感器对热辐射的响应程度对地表温度反演有重要影响。为了分析这一影响，Sobrino 等（1991）利用 NOAA-11 AVHRR 第 4 和 5 通道的归一化滤波函数进行模拟。对于这两个通道，Planck 函数的加权估计值可以用下式近拟估计

$$B_i(T) \approx C_i T^{n_i} \tag{2.160}$$

式中，C_i 和 n_i 通道常量；对于温度 T 在 260~320K，这两个常量可分别取 $n_4=4.673$ 和 $n_5=4.260$。在 260~320K 的温度范围内，用式 2.160 来估计 T，产生的标准差约为 0.5K。应该说，这一标准差还是比较大的，这主要是因为温度范围比较宽。此外，必须指出，n_i 值取决于温度的取值范围，n_i 将随温度取值范围的增加而减少。

但是，式 2.160 可以用来作为参数 L 的近似估计式。因此，对于式 2.145 给出的参数 L 为 $L=T/n$。但是，如果参数 L 是用其定义式来计算，式 2.145 的估计将有较大的误差。然而，对于分析遥感器响应的影响来说，式 2.145 的估计精度已经足够了，因为该项在大气校正模型中的影响在比辐射率大于 0.95 的情况下是很小的。通过一个没有任何大气吸收的简单例子，可以很容易地看到，式 2.145 在地表温度反演方面的表现很好。于是，地表面温度 T_0 可以用下式来近似估计

$$T_0 = T_i\left(1 + \frac{1-\varepsilon_i}{n_i \varepsilon_i}\right) \tag{2.161}$$

模拟结果表明，由式 2.161 计算出来的温度 T_0 与真正的地表面温度 T_0 之间的相差 ΔT_0 很小。T_0 的估计误差将随着 T_0 与 T_i 之间的差值增加而减少。如果考虑到大气的实际吸收情况，ΔT_0 有可能比这个近似估计的差值大很多。因此，在实际情况下，地表温度反演必须考虑大气吸收作用的影响。

2.5.3.2　大气水汽的影响

大气水汽的影响可以通过大气模拟程序 LOWTRAN 7 来进行模拟（Keizys et al., 1988）。根据某个给定的大气路径几何和某个给定的标准大气或大气空探剖面数据，LOWTRAN 7 可以模拟计算大气的透过率和大气的上行辐射。所以，通过设定地表温度 T_0、地表比辐射率 ε_i 和观测角度 θ，LOWTRAN7 可以计算式 2.133 的前两项。式 2.133 中的第三项即地表反射影响，可以单独计算。因此，利用这个程序，可以分别对不同的天顶视角 θ'（从 0 到 90°，步长为 5°）计算大气的下行辐射。然后，用 Simpson 的准则来估计式 2.135 中的半球积分项。通过这些计算，可以获得卫星遥感器高度所观测到的热辐射信号 $B_i(T_i)$，并依此计算出星上亮度温度 T_i。在模拟过程中，还需要设定地表温度 T_0、比辐射率 ε_i 和观测视角 θ。因此，对于某个给定的大气，模拟得到的 $B_i(T_i)$ 和 T_i 显然是用于模拟的 T_0、ε_i 和 θ 的函数。

为了分析不同大气的影响，用 4 种标准大气来进行模拟：热带大气、中纬度夏季大气、美国 1976 年标准大气和中纬度冬季大气。这些标准大气可以代表世界上绝大多数地区的大气变化。表 2.7 显示这些大气的基本状态：大气总水汽含量 W 和大气平均作用温度 T_a。这些都是用 LOWTRAN7 所给定的温度垂直剖面变化和水汽密度来进行计算。表中还列出了 NOAA–11AVHRR 第 4 和 5 通道的大气吸收系数 k_4 和 k_5。这两个吸收系数是用最小平方法来对 0~50° 的 6 个不同观测视角拟合 $[1-\tau_i(\theta, h, z)]$ 与 $W(h, z)$ 之间的线性回归所得到的 6 个回归系数的平均值来计算。对于通道 4，这些平均值的标准误差不超过 4%；通道 5 不超过 6%。显然，大气越湿润，k_i 的变化越大。这就说明，大气的水汽具有连续吸收特征。这种连续吸收特征在热红外通道区间占据主导地位，并且主要取决于大气水汽含量（Varanasi, 1988）。因此，不同的大气水汽廓线将有不同的 k_i 值（表 2.7）。

表 2.7　不同标准大气的水汽总含量、平均作用温度和吸收系数

大气	W （$g \cdot cm^{-2}$）	T_a （K）	k_4 （$cm^2 \cdot g^{-1}$）	k_5 （$cm^2 \cdot g^{-1}$）
热带大气	3.32	290.6	0.122	0.171
中纬度夏季大气	2.36	286.4	0.113	0.166
美国标准大气	1.13	277.1	0.092	0.146
中纬度冬季大气	0.69	265.8	0.088	0.144

通过比较式 2.152 的近似估计值与 LOWTRAN-7 模拟得到的真正 $B_i(T_i)$ 值，可以验证

不同估计方法，即式 2.146 和式 2.147，对大气透过率的适用性。Sobrino 等（1991）通过亮度温度来进行这一比较。为此，他们分别用式 2.146 和式 2.147 计算上述 4 个标准大气的和 2 个 AVHRR 通道的 T_i 值，计算中考虑了 3 个不同的地表比辐射率（0.96、0.98 和 1）和 6 个观测角度（0°、10°、20°、20°、30°、40° 和 50°）。对于每个大气，他们把 T_0 看作第一层大气的温度。

表 2.8 列出了比较的结果。对于所给定的大气和比辐射率，ΔT_i^{max} 表示由式 2.152 获得的 T_i 估计值与真正的 T_i 值之间的最大差异。正如所希望的那样，最大误差一般出现在 $\theta=50°$ 时，因为大气吸收被高估了。另一方面，ΔT_i^{max} 表示这 6 个观测角度的平方根均差（root mean square deviation）。计算得的均差值非常小，说明式 2.152 的估计精度很高。对于较干燥的大气，这一误差几乎可以忽略不计。对于非常湿润的大气，如热带大气，用式 2.152 的二项式进行估计，可能结果会略有改进（Ho et al., 1986）。同时也注意到，第 5 通道的误差通常大于第 4 通道的误差，因为大气在通道 5 的波长范围内的吸收作用较大，所以，用来推导式 2.152 的近拟法对通道 5 的适用性就略比对通道 4 的适用性差一些。

表 2.8　式 2.152 在不同大气和比辐射率情况下的典型精度值

大气	ε	$\Delta T_{4rms}(K)$	$\Delta T_{4max}(K)$	$\Delta T_{5rms}(K)$	$\Delta T_{5max}(K)$
热带大气	0.96	0.23	−0.36	0.54	0.73
	0.98	0.22	−0.49	0.43	0.57
	1.00	0.30	−0.64	0.35	−0.69
中纬度夏季大气	0.96	0.11	−0.24	0.28	0.39
	0.98	0.15	−0.32	0.21	−0.33
	1.00	0.25	−0.43	0.23	−0.44
美国标准大气	0.96	0.04	−0.06	0.14	0.17
	0.98	0.04	−0.09	0.14	0.23
	1.00	0.06	−0.14	0.13	−0.17
中纬度冬季大气	0.96	0.08	−0.14	0.10	−0.18
	0.98	0.09	−0.15	0.13	−0.21
	1.00	0.10	−0.15	0.15	−0.25

注：ΔT_{irms} 是亮度温度反演值及其相对应的 LOWTRAN-7 计算所得到的真正 T_i 值对 6 种观测角度（0°、10°、20°、20°、30°、40° 和 50°）的平方根误差。ΔT_{imax} 是相应的最大差值。

2.5.4　分裂窗算法系数的分析

为了分析分裂窗算法系数在不同条件下的变化及其对地表温度反演的影响，Sobrino 等（1991）利用上面提到的 4 个标准大气，即热带大气、中纬度夏季大气、中纬度冬季大气和美国标准大气，通过 LOWTRAN-7 来模拟热红外通道（AVHRR 通道 4 和 5）的卫星遥感观测值。模拟中，还考虑了不同的地表面比辐射率、大气状态和卫星观测角度。

2.5.4.1 系数 A 的变化及其影响

要想评估系数 A 的变化及其影响，必须分析式 2.155 中的地表面比辐射率对这一系数的影响。当然这就要求大气剖面（通过参数 k_i 和 W 来表示）和卫星观测角度为已知情况下才能做得到。在模拟中，Sobrino 等（1991）考虑了自然地表面的比辐射率在 NOAA-11AVHRR 第 4 和 5 通道的大多数常用值，通过参考 Nerry 等（1988）、SaLisbury 和 Milton（1988）、Sobrino 和 Caselles（1990a）等的研究，他们采用了 55 种组合来进行模拟，即通道 4 的 11 种比辐射率（0.94~0.99）和 5 个通道 4 与 5 的比辐射率差（−0.01~0.01）。

正如 Becker 和 Li（1990）指出，光谱比辐射率差对地表温度的卫星观测有较大影响。由于比辐射率的很小变化（以千分位表示）可能不会导致式 2.155 计算结果的较大变化，对系数 A 及其影响，可以通过拟合系数 A 与比辐射率差之间的关系来进行评价。这样，对于某个大气和某个观测角度，可以由下式来进行这种拟合

$$A(\theta, \varepsilon_4, \Delta\varepsilon) = a_{1k}'(\theta, W, \varepsilon_4) + a_{2k}'(\theta, W, \varepsilon_4)\Delta\varepsilon \qquad (2.162)$$

式中，k 为 1~11，$a_{1k}'(\theta, W, \varepsilon_4)$ 和 $a_{2k}'(\theta, W, \varepsilon_4)$ 分别为第 k 个线性回归的截距和斜坡。应该指出，虽然 $a_{2k}'(\theta, W, \varepsilon_4)$ 随 ε_4 变化很弱，但 ε_4 值可得到唯一的斜坡值，以便计算所有回归斜坡的平均值。这些平均值的标准误不超过 4%。并且，对于 $a_{1k}'(\theta, W, \varepsilon_4)$，情况并非如此，因为它强烈地取决于 ε_4。因此，为了解决这个问题，用最小平均法来对截距与 $(1-\varepsilon_4)$ 进行拟合，对于 ε_4 的 11 个值，系数 A 可以估计为如下形式

$$A(\theta, W, \varepsilon_4, \Delta\varepsilon) = a_0'(\theta, W) + a_1'(\theta, W)(1-\varepsilon_4) + a_2'(\theta, W)\Delta\varepsilon \qquad (2.163)$$

式中，$a_0'(\theta, W)$、$a_1'(\theta, W)$ 和 $a_2'(\theta, W)$ 是 3 个系数，仅仅取决于大气类型和观测角度。

为了避免式 2.162 中的角度决定问题，Sobrino 等（1991）把 $a_0'(\theta, W)$、$a_1'(W)$ 和 $a_2'(W)$ 这 3 个系数分别确定为对所考虑的 6 个观测角度（0°、10°、20°、30°、40° 和 50°）的平均值。于是，对于某个大气，系数 A 可以写成

$$A(\theta, W, \varepsilon_4, \Delta\varepsilon) = a_0'(W) + a_1'(W)(1-\varepsilon_4) + a_2'(W)\Delta\varepsilon \qquad (2.164)$$

这些平均值的标准误指出，$a_0'(W)$ 实际上相当稳定（0.05%），而 $a_1'(W)$ 和 $a_2'(W)$ 则相对变化较大；对于热带大气，它们的最大变化可以分别达到 6% 和 27%。然而，这些变化对于地表温度反演来说并不是非常重要，因为 $a_1'(W)$ 和 $a_2'(W)$ 这两个系数分别要受到 $(1-\varepsilon_4)$ 和 $\Delta\varepsilon$ 的加权，之后还要受到通道 4 和通道 5 的亮度温度差的加权，最终对地表温度反演结果的影响较弱，见式 2.154。这些误差，在热带大气和中纬度夏季大气情况下，最多只能引起 0.2℃ 的地表温度反演误差。对于中纬度冬季大气和美国标准大气，这些误差所引起的地表温度反演误差还更小（<0.1℃）（表 2.9）。

表 2.9　$a_0'(W)$、$a_1'(W)$ 和 $a_2'(W)$ 在相同大气情况下的数值

大气类型	$a_0'(W)$	$a_1'(W)$	$a_2'(W)$
热带大气	2.49	4.33	−5.16
中纬度夏季大气	2.13	3.18	−7.49

（续表）

大气类型	$a_0'(W)$	$a_1'(W)$	$a_2'(W)$
美国标准大气	1.71	1.30	-9.10
中纬度冬季大气	1.57	0.76	-8.08

根据上述模拟结果，表2.9给出了a_0、a_1和a_2在不同大气情况下的数值，这些系数值在各大气之间差异较大，从而说明系数A强烈地取决于大气廓线状态。因此，如果在全球范围内仅用一个固定的A值来进行地表温度反演，可能会产生较大的误差。为了提高地表温度反演精度，必须知道大气状态。

2.5.4.2 系数B及其影响

为了评价系数B的变化及其对地表温度反演的影响，把式2.156改写成如下形式

$$B = \frac{1-\varepsilon_4}{\varepsilon_4} B_4 T_4 - \frac{1-\varepsilon_5}{\varepsilon_5} B_5 T_5 \tag{2.165}$$

对于NOAA-11AVHRR通道4和通道5，式2.156中$L_i(T_i)$已经由T_i/n_i来替代。式2.165中的系数B_4和B_5分别由下式给出

$$B_4 = (1-2k_4 W)\alpha_4\beta_4/Qn_4 \tag{2.166}$$

$$B_5 = (1-2k_5 W)\alpha_5\beta_5/Qn_5 \tag{2.167}$$

按照上节的推理，可以合理地对每个通道把式2.162写成如下表达式

$$B_i(\theta, W, \varepsilon_4, \Delta\varepsilon) = b_{1k}'(\theta, W, \varepsilon_4) + b_{2k}'(\theta, W, \varepsilon_4)\Delta\varepsilon \tag{2.168}$$

式中，$b_{1k}'(\theta, W, \varepsilon_4)$和$b_{2k}'(\theta, W, \varepsilon_4)$分别是通道$i$第$k$个线性回归的截距和斜坡。由于共有11个回归，因此，k取1~11。

在这里，应该指出，式2.168的表现与式2.162有明显区别，因为在这种情况下，斜坡和截距的变化仅仅与通道4的比辐射率变化有微弱关系。因此，没有必要再对这些截距进行新的相关处理。于是，有

$$B_i(\theta, W, \varepsilon_4, \Delta\varepsilon) = b_{0i}'(\theta, W) + b_{1i}'(\theta, W)\Delta\varepsilon \tag{2.169}$$

式中，$b_{0i}'(\theta, W)$和$b_{1i}'(\theta, W)$是两个取决于大气状态、观测角度和光谱通道的系数，可计算为$b_{0ik}'(\theta, W)$和$b_{1ik}'(\theta, W)$的平均值。

同样，对6个观测角度（0°、10°、20°、30°、40°和50°），把$b_{0i}'(W)$和$b_{1i}'(W)$这两个系数分别计算为$b_{0i}'(\theta, W)$和$b_{1i}'(\theta, W)$的平均值。

$$B_i(\theta, W, \varepsilon_4, \Delta\varepsilon) = b_{0i}'(W) + b_{1i}'(\theta, W)\Delta\varepsilon \tag{2.170}$$

进一步分析指出，这种平均仅得到较小的温度估计误差，因为$b_{0i}'(W)$和$b_{1i}'(W)\Delta$分别由$(1-\varepsilon_i)/\varepsilon_i$和$[\Delta\varepsilon(1-\varepsilon_i)/\varepsilon_i]$这两个很小的项来加权。因此，最大的地表温度估计误差小于0.2℃。表2.10给出了b_{04}、b_{14}、b_{05}和b_{15}对于NOAA-11AVHRR通道4和通道5在不同大气状态下的取值。表2.10指出，这些参数在不同大气条件下的取值有较大的变化，从而

说明其取值大小与大气状态有密切的关系。

表2.10 $b_{04}'(W)$、$b_{14}'(W)$、$b_{05}'(W)$ 和 $b_{15}'(W)$ 在不同大气情况下的取值

大气类型	$b_{04}'(W)$	$b_{14}'(W)$	$b_{05}'(W)$	$b_{15}'(W)$
热带大气	0.075	−0.114	0.027	−0.089
中纬度夏季大气	0.217	−0.513	0.059	−0.260
美国标准大气	0.407	−1.338	0.219	−1.252
中纬度冬季大气	0.452	−1.586	0.263	−1.586

2.5.4.3 光谱比辐射率及其影响

地表比辐射率对分裂窗算法系数 A 和 B 有明显的决定作用，因此，非常有必要对不同的大气来评价局地地表比辐射率的变化及其对地表温度反演的影响。为了进行这种评价，构建立了一些极端组合，把分裂窗算法系数 A 和 B 在极端大气剖面（热带大气和中纬度冬季大气）情况下的取值确定为植被叶冠表面上的大多数常用比辐射率值 $\varepsilon4$ 和 $\Delta\varepsilon$ 的函数，以便可以用一个比式2.168 更加有用的表达式来评价系数 B。因此，考虑到 $T_4-T_5=D$，可以消去 DB_5 一项，因为这样会使温度估计误差小于 0.01℃，于是得出

$$B=T_4\Delta B \qquad (2.171)$$

式中，参数 ΔB 由下式给出

$$\Delta B=\frac{1-\varepsilon_4}{\varepsilon_4}B_4-\frac{1-\varepsilon_5}{\varepsilon_5}B_5 \qquad (2.172)$$

分别取 $T_4=300K$ 和 $T_4=280K$ 作为热带大气和中纬度大气的亮度温度来进行计算。结果表明，比辐射率主要是影响系数 B，并且这一影响在这两个大气之间有明显的区别。对于中纬度大气，这两个 ε_4 和 $\Delta\varepsilon$ 将会产生较大幅度的地表温度估计误差（每变化 0.01，地表温度估计误差就分别有 0.8℃和 0.6℃）。这一比辐射率变化对热带大气情况下的地表温度估计误差就小得多（大约分别为 0.15℃和 0.1℃）。还应该注意到，系数 B 的平均值之间的差异在这两个大气之间也有明显的差异。对于热带大气，系数 B 的值很小，因为地表面比辐射率的影响被下行的大气辐射率的地表反射大大地弥补了。

最后，应该指出，对于中纬度冬季大气，光谱比辐射率差异的估计精度必须达到0.005，才能保证地表温度估计误差小于 0.4K 以下。而对于热带大气，光谱比辐射率差异的精确估计则不是非常重要，因为它对地表温度估计误差的影响不大。

2.5.5 实例应用分析

为了验证分裂窗算法在实际应用中的地表温度反演精度，Sobrino 等（1991）把他们的分裂窗算法应用于海表温度反演和农田作物地表温度反演。

2.5.5.1 海表温度反演应用

在海表温度反演中，Sobrino 等（1991）假定 $\varepsilon_4 = \varepsilon_5 = 1$，因此，有 $A = a_0(W)$ 和 $B = 0$。虽然这一假定并不十分准确（Masuda et al., 1988），但通过这一假定，可以把反演的结果与那些专门用于海洋表面温度反演的分裂窗算法进行比较（McClain et al., 1983；Imbault et al., 1981；Price 1984）。因此，对于海洋表面温度反演，分裂窗算法式 2.99 可以重写成：

$$T_{sea} = T_4 + 1.76(T_4 - T_5) \tag{2.173}$$

式中，T_4 和 T_5 分别是 AVHRR 通道 4 和 5 的亮度温度，T_{sea} 是海洋表面温度（SST），1.76 是 $a_0(W)$ 的值，通过取大气水汽含量为 $W = 1.3 g \cdot cm^{-2}$ 所得到的线性回归截距。这一大气水汽含量是 Sobrino 等（1991）根据 Son Bonet（Mallorca）无线电空探站 1986 年 5 月 12 日 12：00GMT 的空探数据估计而得。

利用 1986 年 5 月 12 日的 AVHRR 数据，Sobrino 等（1991）反演了 Catalano-Balear 海域的海洋表面温度。表 2.11 列出了这一海洋表面温度反演应用的结果。根据 Lópex-García（1989）的研究，Sobrino 等（1991）得到了海洋实验船当天在 Catalano-Balear 海洋进行科学观测时得到的 14:12GMT 海洋表面温度观测值 T_{exp}。把对应于该海洋实验观测时间的 NOAA-9 AVHRR 通道 4 和 5 的卫星温度观测值代入式 2.173，Sobrino 等（1991）得到了该地区的海洋表面温度估计值 T_{sea}。表 2.11 比较了用式 2.173 反演得到的该地区海洋表面温度值 T_{sea} 与海洋实验船观测得的海洋表面温度观测值 T_{exp} 之间的差异。从表 2.11 中可以看到，该分裂窗算法的海洋表面温度遥感反演，平均差值为 0.4℃，估计标准误为 0.5℃。这进一步说明，该分裂窗算法的海洋表面温度反演精度很高。

表 2.11　海面情况下分裂窗算法的验证结果　　　　　　（单位：℃）

序号	$T_4 - T_5$	T_{exp}	T_{sea}
1	0.6	18.46	18.26
2	0.4	17.90	18.60
3	0.5	18.38	18.42
4	0.5	18.58	18.10
5	0.6	19.16	18.52
6	0.6	19.06	18.73
7	0.5	18.68	18.69
8	0.5	18.68	17.75
平均差值	0.4		
估计标准误	0.5		

2.5.5.2 农田作物温度遥感反演应用

为了把分裂窗算法用来估计农田作物温度，Sobrino 等（1991）假定农田作物是一个植被表面，并把这一植被表面看作是一个异质的、有粗糙度的介质，由裸土表面、作物植株顶部和侧部组成。这样，就可以用 Sobrino 和 Caselles（1990a）提出的方法，从卫星热红外数据中确定作物叶冠顶部的温度。这一方法是基于如下关系：

$$T_v = T - T_r \quad (2.174)$$

式中，T_v 是作物温度，T 是已进行过大气和比辐射率影响校正后的星上亮度温度，T_r 是考虑农田作物粗糙度影响后的温度，可以认为是卫星所观测到的裸土表面比例 P_g 和裸土表面温度与植被温度差 $\Delta T = T_g - T_v$ 的函数（Sobrino and Caselles，1990），用下式表示

$$T_r = P_g \Delta T \quad (2.175)$$

把式 2.175 代入式 2.174 中，可以得到一个与分裂窗方程相似的表达式，用来从 NOAA-11 AVHRR 通道 4 和 5 的温度观测值中确定农田作物的温度：

$$T_v = T + A(T_4 - T_5) + C \quad (2.176)$$

式中，A 是方程的系数，与式 2.155 给出的分裂窗算法系数 A 相同；C 是经过粗糙度影响校正后的分裂窗算法系数 B，由如下公式给出：

$$C = B - P_g \Delta T_g \quad (2.177)$$

表 2.12 列出了不同情况下的 C 值，所考虑的情况主要包括不同的通道 4 比辐射率值、不同的裸土表面比例 P_g，以及两种大气剖面（热带和中纬度冬季大气）。对于这两种大气，假定 $\Delta T_g = 5℃$（Sobrino and Caselles，1990a）和 $\Delta\varepsilon = 0$。在这里，可以认为，上述系数 B 分析中所看到的比辐射率影响同样也发生在这个系数 C 中，因为系数 B 是系数 C 的一个特例，即当 $P_g = 0$ 时的 C 值。类似地，系数 C 值也是随着作物比例的减少而减少，当作物比例减少 0.1 时，C 值减少约 0.5℃。

表 2.12　热带和中纬度冬季大气情况下农田作物粗糙度对系数 C 的影响

ε_4	P_g	C_T（℃）	C_{WM}（℃）
0.96	0.2	−0.40	1.20
	0.4	−1.40	0.20
	0.6	−2.40	−0.80
	0.8	−3.40	1.80
0.97	0.2	−0.55	0.64
	0.4	−1.55	−0.36
	0.6	−2.55	−1.36
	0.8	−3.55	−2.36
0.98	0.2	−0.70	0.08
	0.4	−1.70	−0.92
	0.6	−2.70	−1.92
	0.8	−3.70	−2.92
0.99	0.2	−0.85	0.47
	0.4	−1.85	−1.47
0.99	0.6	−2.85	−2.47
	0.8	−3.85	−3.47

注：C_T 是热带大气情况下的 C 值，C_{WM} 是中纬度冬季大气情况下的 C 值。

2.5.6 小结

基于大气对地表温度辐射测量值的影响，Sobrino 等（1991）提出了地表温度反演的大气校正方法，把大气校正确定为是取决于大气状态（湿度）、地表面比辐射率和遥感视角。为了确定地表温度 T_0 与卫星亮度温度 T_i 之间的关系，他们研究了大气透过率对大气水汽含量的依赖关系。结果表明，这两者之间可以用线性方程来表示，并且这一线性关系的斜坡是大气状态的函数。通过 Planck 函数的线性展开，他们建立了大气校正方程（2.98），并在此基础上，进一步推导出地表温度反演的分裂窗算法，把地表温度反演确定为比辐射率和大气状态的函数。为了分析该分裂窗算法的地表温度反演精度，他们把系数 A 和 B 对比辐射率的依赖性进行线性化。在分析中他们取 ε_4 值为 0.94~0.99，$\Delta\varepsilon$ 取值范围为 0.01~0.01。结果显示，系数 A 受比辐射率的影响比 B 小，并且系数 A 和 B 对观测角度的依赖性很小，可以不加以考虑，但是，它们对大气湿度的依赖性比较明显。虽然大气水汽对系数 A 和 B 都有作用，但分析指出，它们的作用在不同大气条件下差异较大。对于较湿润的大气，其作用将较小。这主要是因为对于湿润、温暖的大气，陆地表面不是像黑体那样发射其能量，因而地表所反射的辐射将可以部分地弥补非黑体所的辐射减弱。结果，在湿润大气情况下，就可以不需要精确的通道间比辐射率差，但对于较干燥的大气，这一比辐射率差的估计精度至少应达 0.005，才能获得较高精度的地表温度反演。

2.6　Prata 分裂窗算法

Prata（1994）探讨了热红外卫星遥感数据的地表面温度（LST）精确反演问题，通过 Planck 函数的温度和波数线性化，求解陆地辐射传输方程，提出了他的 LST 遥感反演分裂窗算法。在算法推导过程中，Prata（1994）充分考虑了大气的影响和地表面比辐射率的影响，通过一些合理假定，Prata（1994）首先建立一个近似分裂窗算法，深入分析了大气水汽吸收作用和地表面比辐射率如何影响 LST 反演精度的问题。在此基础上，Prata（1994）建立了他自己的分裂窗算法，以便可以用来从 NOAA-AVHRR 数据中反演出地表面温度。该算法具有一般分裂窗算法的形式，但其系数均由当地条件所决定。

2.6.1　研究背景与意义

经过 20 世纪 70 年代和 80 年代的发展，用分裂窗方法来反演海洋表面温度 SST 已经取得很好的发展，SST 反演的精度可以获得 0.6~1℃（McClain et al., 1985；Pearce et al., 1989）。分裂窗算法利用热红外波段范围内两个相邻光谱区间的同步观测来进行地球表面温度的反演。地表的热辐射在通过一个湿润大气路径后被遥感器探测到，因而大气在某个波长范围内存在一个透过性问题。大气这个的透过率，与相同路径下另一相邻波段的大气透过性密切相关。AVHRR 在 $10\sim13\,\mu m$ 大气窗口范围内有两个热红外通道，可以用来分析这两个相邻波段间不同大气吸收对陆地表面的热辐射在大气中传输的影响，进而反演出真正的陆地表面温度，即地表温度（LST）。虽然分裂窗技术已经对 SST 进行了验证分析，并且已经证明，在大多数大气条件下是相当可靠的，但这一技术在陆地表面情况下还需要开展深入的验证。

为什么我们需要精确的 LST 理由很多。LST 是陆地表面净辐射估计的一个基本参数。地表温度对于监测作物长势和生长状态（如热强迫和霜冻危险）也是十分重要的。地表温度也是很多中尺度气候模型的初始数据输入，在研究阵雨、雷暴雨发展和晚冻等各种天气现象中能够发挥有效的作用。对 LST 精度的要求取决于其应用目的。例如地球表面的长波辐射可能通过 Stefan-Boltzmann 法则来估计。如果表面温度的估计精度达到 $\pm1.5\,^{\circ}\mathrm{C}$，地表比辐射率的估计精度达到 0.02，那么，在地表温度为 $30\,^{\circ}\mathrm{C}$ 和地表比辐射率为 0.97 的通常情况下，地表面长波辐射的估计精度就可以达到 2‰。

LST 的卫星测量有一个特别优势，那就是区域范围内的同步观测。卫星飞行速度快，观测范围很大，可以在非常短时间内完成较大范围区域内的地表热辐射强度测量。这一观测特征在陆地上比在海洋上更加显得重要，因为陆地上的自然表面有非常大的异质性。卫星辐射仪如 AVHRR 测量来自地表面和大气的热辐射量，其对表面辐射的测量精度取决于大气状态的了解程度，特别是大气水汽垂直分布和数量，以及地表面特征。地表面的自然差异性对卫星所观测到的温度主要有两个影响：一是由于阴影影响、地表面热传导差异，以及地形影响，陆地表面的温度在几米范围内可能就有高达 $10\,^{\circ}\mathrm{C}$ 的差异。二是由于地表的非黑体行为，地表面特征（如裸地、植被或两者混合）会引起地表面所发射的热辐射差别很大，同样，由于地表面的短波反照率有较大不同，这种地表特征也会引起地表所吸收的太阳辐射有很大差异。

在 $8\sim14\,\mu m$ 大气窗口范围内，陆地表面（包括大多数土壤和植被表面）的比辐射率差异很大。在有些情况下（如沙漠），地表的比辐射率可低到只有 0.9 左右，而在另一些情况下（如潮湿的林地），则高到 0.99 以上（Buettner and Kern, 1965; Fuchs and Tanner, 1968; Griggs, 1968; Taylor, 1979; Sutherland, 1986; Nerry et al., 1988）。地表比辐射率每变化 0.01，在典型地球表面条件下，可能会引起陆地表面温度约 2K 的变化（如 260K<320K；$0.9<\varepsilon_4<1$）。这些问题对如何从卫星遥感观测中反演出精确的 LST 成为主要难题。企图通过分裂窗技术来解决 LST 的精确反演问题，还必须面对这样一个事实，即相对于未知数而言，卫星遥感的观测数通常太少，使求解非常困难。因此，需要额外的信息（更多的测量或者更多的假设），才能从卫星观测中求解出真正的地表面温度。这些约束可以有很多形式，例如 Planck 函数的线性化，大气水汽吸收的弱吸收近似估计或者地表面比辐射率的光谱恒定性。在这里将详细介绍 Prata（1994）对这些约束条件及其分裂窗算法的推导与分析。

为提出一个专门用于卫星热红外数据（如 AVHRR 和 ATSR）的地表面温度精确反演

算法，并指出在推导这一反演算法时所使用的条件，Prata（1994）首先回顾了相关研究进展，然后再在现有研究的基础上，建立并推导地表温度遥感反演物理模型，模型的建立主要是以辐射传输方程的线性化为基础。最后，Prata 讨论卫星观测中的主要影响因素，分析天顶视角对卫星观测的作用，并提出一个适用于双视角观测的地表温度反演算法，以便可以用来从 ATSR 的双视角观测数据中直接反演出真正的地表温度。

2.6.2　地表面温度遥感反演研究的回顾

对卫星观测中反演 LST 的研究兴趣，可以追溯到早期美国的 TiROS-2 辐射仪上。该辐射仪采用一个宽红外通道（8~14μm）来进行辐射观测。学者们注意到，该辐射仪的观测中反演出的地表面温度在沙漠地区明显地不同于地表面观测到的温度值。Buettner 和 Kern（1965）讨论了这种不一致性的原因，他们通过实验研究表明，沙漠中沙子的比辐射率在 8~14μm 波段范围内明显地小于单位 1。Nimbus 4 上的 IRIS 的观测证实了沙质地形在波长为 9μm 附近的显著非黑体行为（Prabhakara and Dalu,1976）。Marlatt（1967）可能是第一个对地表非黑体行为进行系统野外调查的学者，他把温度传感仪（辐射温度仪）置于不同的自然地表上进行温度测量，包括裸地、植被、树木和裸岩。所测的温度有极大的差异（$>3℃ \cdot cm^{-1}$）。Marlatt（1967）认识到，当实地数据与辐射观测值进行比较时，比辐射率有很大的影响。

Price（1984）用 AVHRR 观测数据来推演农用地上的 LST，并建立了他的分裂窗算法，这个算法能以是世界上第一个真正的陆地地表温度遥感反演算法。通过仔细地分析有关的误差源之后，Price（1984）认为，分裂窗方法可以获得 ±3℃ 的 LST 反演精度。Becker（1987）分析了光谱比辐射率对 AVHRR 4 和 5 的决定性作用，并提出了一个误差分析模型，用来阐述热动力平衡状态下地表面真实温度与热红外辐射仪观测到的表面温度之间的差异。该模型有一项取决于这两个波长间的平均比辐射率及其比辐射率差。Wan 和 Dozier（1989）把 LST 反演问题看作是一个地球物理逆向求解问题，并用数值模拟方法来估计 LST 反演精度和最佳波段。Becker 和 Li（1990a）通过数值模拟方法来求解 LST 问题，他们是用 LOWTRAN6（Kneizys et al., 1983）的大气辐射和透过率模型来进行数值模拟。模拟结果表明，在系数计算过程中考虑了比辐射率的影响，那么分裂窗算法也适用于陆地的情形（Becker and Li, 1990a）。Gillespies 等（1986, 1987）针对航空热红外辐射观测讨论了把比辐射率影响从温度影响中分离出来的问题。Becker 和 Li（1990b）提出了一种方法，用来同时求解 AVHRR 热红外波段 3.7μm、10.8μm 和 11.9μm 的比辐射率和温度。

空间异质性是大多数自然地形的常见特征，从而使表面温度的观测成为极为复杂的问题。Casselles 和 Sobrino（1989）和 Sobrino 和 Casselles（1990a, b）通过一个果园橙树叶冠温度的实地测量深入地讨论了这一复杂问题，研究表明在反演橙树行顶温度时考虑几何因素是非常重要的。

Cooper 和 Asrar（1989）比较了实时地面温度观测值（热红外辐射仪的观测值）与

AVHRR 同步观测值之间的差异；经过大气和比辐射率校正之后，他们得到大约 ±3℃ 的观测精度。Vidal（1991）也比较了地面观测到的地表温度与 AVHRR 观测值，结果发现平均误差为 ±2℃。PraTa 等（1990）进行了一个野外观测，把许多温度传感器埋设在一块均匀平坦的大田上进行实时温度测量，这块大田最初是裸地，后来种植了小麦作物。把地面观测的均值与 AVHRR 通道 4 和 5 的观测值进行回归，无论是在裸地还是在植被表面情况下，PraTa 等（1990）都得到非常高的估计精度（±1.5℃），相关系数也很高（R^2=0.99）。

基于 Planck 函数的线性化，Prata（1991）提出了一个理论算法，把地表温度的反演明确地表示为是取决于大气的影响和比辐射率的影响。他还试图利用 TOVS 的大气温度和湿度剖面来进一步估计大气的影响。因此，在已知地表比辐射率情况下，该算法可以应用于全球其他地区。Sobrino 等（1991）提出了一个专门用于 NOAA-11 AVHRR 数据的 LST 反演方法。该方法也是建立在 Planck 函数的线性化基础上，采用大气水汽吸收的弱吸收近似估计来进行方法的确立。

Ottlé 和 Vidal-Madjar（1992）通过数值模拟分析，建立了许多 LST 反演算法，用于从 AVHRR 数据中反演 LST。在进行数值模拟时，他们采用一个逐行透过率模型，分别计算了一大批典型无线电空探剖面廓线和地表比辐射率的若干组合对地表热辐射传输所产生的影响，以便从这些影响中建立不同的 LST 反演算法。Prata（1994）通过 Planck 函数的线性化提出了 LST 的确定方法。

2.6.3 热辐射传输与地表温度反演

由于云层的高度吸收作用，地表的热辐射不能穿透云层到达空中的遥感器，因此，热红外遥感的基本前提是天空晴朗无云，大气处于非散射状态，并且地形相对较均匀平坦。这种平坦地形的特征导致表面比辐射率 $\varepsilon_v(s)$ 和地表反射率 $\rho_v(s,s')$ 的单方向性。在这样一个基本前提条件下，卫星平台上窄波段辐射仪所观测到的热红外辐射可以表示为如下形式

$$I_v(s)=\int vR_v[\tau_v(s)\,I_v^{surface}(s)+I_v^{atmos}(s)]\mathrm{d}v \qquad (2.178)$$

式中，s 为上行方向向量；v 为波数；R_v 为 AVHRR 的滤波响应函数；$\tau_v(s)$ 为大气透过率；$I_v^{surface}(s)$ 为地表面的上行辐射量；$I_v^{atmos}(s)$ 为大气的上行辐射量；$I_v(s)$ 为卫星遥感辐射仪所接收到的热辐射通量。

为了进行其分裂窗算法推导，Prata（1993）假定辐射仪的波段滤波响应函数（R_v）可以用一些单色变量来替代。如果温度范围较小（如 270~320K），并且单色波数得到合适的选择，那么，这一假定是相当好的。式 2.178 中的地表热辐射可以表示为

$$I_v^{surface}(s)=\varepsilon_v(s)B_v(T_S+\frac{1}{\pi}\int_\Omega ns'\rho_v(s,\,s')\,I_v^{sky}(s)\mathrm{d}\Omega(s) \qquad (2.179)$$

式中，s' 为下行方向向量；$\varepsilon_v(s)$ 为地表比辐射率；B_v 为 Planck 函数；$\rho(s,s')$ 为地表反射率；n 为地面单位向量；T_s 为地表温度。这一积分是对下行半球方向（Ω）进行积分，并且

$$\mathrm{d}\Omega(s)=\sin\theta\mathrm{d}\theta\mathrm{d}\Phi$$

式中，θ 和 Φ 分别是天顶角和方位角。这里所表示的地表温度 T_s 属于辐射温度，是由遥感辐射仪的视场上进行平均而得的辐射温度。假定地表面和大气均是处于热力平衡状态中，那么，式 2.179 可以通过如下要求来进行约束，天空的辐射强度在地表上保存于地表上。用 Kirchoff 定律，式 2.178 的约束意味着

$$\int_{\Omega_+} ns\varepsilon_v(s)\mathrm{d}\Omega = \int_{\Omega}[1 - \frac{1}{\pi}\int_{\Omega} ns\rho_v(s,s')\mathrm{d}\Omega']\mathrm{d}\Omega \qquad (2.180)$$

目前，还没有足够的出版文献说明参数 $\varepsilon_v(s)$ 和 $\rho_v(s,s')$ 是角度的函数。因此，一个数学上可行的假设是，这些参数与方位角没有任何关系，并且

$$\varepsilon_v(s) = 1 - \rho_v(s,s') \qquad (2.181)$$

大气下行辐射能量可以写成

$$F_v^{sky} = \int_0^{\pi/2}\int_0^{2\pi} I_v^{sky}(\theta,\phi)\cos\theta\sin\theta\,\mathrm{d}\theta\mathrm{d}\Phi \qquad (2.182)$$

式中，$I_v^{sky}(\theta,\Phi)$ 为大气在天顶角 θ 和方位角 Φ 情况下的下行辐射。假定大气辐射是各向相同，那么，这一辐射能量有

$$F_v^{sky}(\theta,\phi) = \pi I_v^{\downarrow} \qquad (2.183)$$

式中，$I_v^{\downarrow}$ 是大气的垂直下行辐射。根据这些假定，地表面的上行辐射变成

$$I_v^{surface}(\theta) = \varepsilon_v(\theta)B_v(T_s) + [1 - \varepsilon_v(\theta)]I_v^{\downarrow} \qquad (2.184)$$

注意，天顶角的依赖作用保留了下来。根据 McMillin（1975）和 Crosby（1984），中值定理可用来表达大气的上行辐射：

$$I_v^{atmos}(\theta) = \frac{1}{1-\tau_v}\int_0^{\infty} B_v(T_z)\frac{\partial\tau(z,\infty,\theta)}{\partial z}\mathrm{d}z \qquad (2.185)$$

式中，T_z 为大气温度剖面，z 为高度，∞ 为大气顶层高度。大气透过率为

$$\tau_v(z,\infty,\theta) = \exp\{-\int_z^{\infty} k_v(z')u(z')\sec\theta\,\mathrm{d}z\} \qquad (2.186)$$

式中，u 为大气水汽密度剖面，k_v 为大气的吸收系数，包括所有大气气态吸收体在波段范围内贡献的作用。把这些假定都应用到 AVHRR 第 4 和 5 通道中去，Prata（1993）得到卫星遥感器所接收到的辐射量可以表述成如下方式：

$$I_4 = [\varepsilon_4 B_4(T_s) + (1-\varepsilon_4)I_4^{\downarrow}]\tau_4 + (1-\tau_4)I_4^a \qquad (2.187)$$

$$I_5 = [\varepsilon_5 B_5(T_s) + (1-\varepsilon_5)I_5^{\downarrow}]\tau_5 + (1-\tau_5)I_5^a \qquad (2.188)$$

为了标注方便，忽略了天顶角的显性作用。因此，ε_4 和 ε_5 分别是通道 4 和 5 的地表比辐射率；τ_4 和 τ_5 分别为通道 4 和 5 的大气透过率。由于 AVHRR 第 4 和 5 通道的中心波数相差不是很大，因此，可以用 Taylor 展开式来进行 Planck 函数的展开，并保持第 1 次

方项，也就是说，把 Planck 函数进行如下展开：

$$B_v(T) = B_{v4}(T) + (v - v_4)(\frac{\partial B}{\partial v})v_4 \tag{2.189}$$

把这个近似式应用到式 2.188 中，得到

$$I_4' = \varepsilon_5 \tau_5 B_4(T_s) + (1 - \tau_5) B_4(\overline{T}_a) + (1 - \varepsilon_5) I_5^{\downarrow} \tau_5$$
$$+ \varepsilon_5 \tau_5 \Delta v (\frac{\partial B_4(T_s)}{\partial v} - \frac{1}{\varepsilon_5} \frac{\partial B_4(\overline{T}_a)}{\partial v}) + \Delta v (\frac{\partial B_4(\overline{T}_a)}{\partial v} - \frac{\partial B_4(T_5)}{\partial v}) \tag{2.190}$$

式中，$\Delta v = v_5 - v_4$，T_a 是大气平均温度，相当于是用式 2.185 所给出的辐射来反解 Planck 函数所得到的亮度温度。如果 T_4、T_5、T_a 和 T_s 在数值上相差不大，那么，Planck 函数的导数项中的数值相差也就很小。在大多数情况下，如果把这些导数项忽略掉，那么得到辐射误差小于 2%。引进如下定义

$$I_4 = B_4(T_4) \tag{2.191}$$

$$I_4' = B_4(T_5) \tag{2.192}$$

忽略掉 Planck 函数的导数项，并从式 2.188 和式 2.190 中消掉 $B_4(T_a)$，将得到地表的上行辐射求解如下

$$B_4(T_s) = \frac{1 + \gamma}{\varepsilon_4} \left[\frac{1}{1 + \gamma \tau_5 \Delta \varepsilon / \varepsilon_4} \right] I_4 - \frac{\gamma}{\varepsilon_5} \left[\frac{1}{1 + \gamma \tau_4 \Delta \varepsilon / \varepsilon_5} \right] I_4' + \alpha \tag{2.193}$$

式中的参数定义如下

$$\gamma = \frac{1 - \tau_4}{\tau_4 - \tau_5} \tag{2.194}$$

$$\Delta \varepsilon = \varepsilon_4 - \varepsilon_5 \tag{2.195}$$

$$\alpha = \frac{(1 - \tau_4) \tau_5 (1 - \varepsilon_5) I_5^{\downarrow} - (1 - \tau_5) \tau_4 (1 - \varepsilon_4) I_4^{\downarrow}}{\varepsilon_5 \tau_5 (1 - \tau_4) - \varepsilon_4 \tau_5 (1 - \varepsilon_5)} \tag{2.196}$$

式 2.193 明确地表示了大气和地表（通过比辐射率）如何影响地表温度的卫星观测。如果大气影响可以确定，以及地表影响可以在辐射观测的视场尺度（≈1×1km）上进行估计，那么，方程就提供了一个确定地表温度 LST 的算法。大气影响可以通过空探气温和水汽剖面廓线数据或者用气候剖面廓线数据来进行估计。Becker（1987）对陆地表面上的辐射传输问题进行了类似分析，但他更加注重于分析光谱比辐射率的影响。以下将进一步讨论大气和比辐射率的影响问题。

2.6.4 大气影响和比辐射率影响

在陆地上，大气对卫星观测到的热辐射的影响表现为 4 个方面：一是当地大气透过率的变化直接影响到卫星遥感器所观测到的来自地表的热辐射强度。大气透过率主要由大气水汽的垂直分布结构和含量所决定。二是地表反射回来的大气向下辐射到达卫星遥感器的数量也受到大气透过率和地表比辐射率的影响。三是大气向下辐射的各向异质性将影响到地表反射回来的下行大气辐射的变化。通常情况下，大气向下辐射的强度取决于大气辐射的角度分布。四是大气辐射的角度分布主要是取决于气温、水汽、二氧化碳和云的垂直分布。在干燥、无云情况下，大气辐射接近于各向同质。大气气体构成和气溶胶对热红外辐射的发射、吸收和散射作用，直接影响着抵达卫星遥感器的热辐射强上述度及其光谱特性。

这些影响将通过参数 γ 和截距 α 而融合进 Prata（1993）所提出的分裂窗算法里。Prata（1993）针对 3 种表面类型深入讨论了这些影响。

2.6.4.1 黑体

如果把陆地表面视作一个完美的辐射体，则式 2.193 可以重新写作：

$$B_4(T_s) = I_4 + \gamma(I_4 - I'_4) \tag{2.197}$$

式中，I'_4 为 AVHRR 通道 5 的辐射在相同亮度下用通道 4 的波长来评估所得到的辐射量。这就是 Prabhakara 等（1974）和 McMillin（1975）为海面温度（SST）反演所建立的分裂窗方程。在这种方式下，大气将仅是通过改变大气总透过率来影响地表的上行辐射量。这一大气影响在不同的波长是不相同的。对于大气的弱吸收作用，某个波长的大气总透过率与第二个波长的大气总透过率呈线性变化，而这一线性变化的比例关系就表示为常量 γ。

2.6.4.2 灰体

现假定地表是一个非黑体，并且比辐射率不随光谱而变化。这就是说，地表是一个灰体辐射源。在这种情况下，可以用一个代表值 ε 来代替比辐射率，并且设 Δε=0。那么，式 2.193 将变成

$$B_4(T_s) = \frac{1+\gamma}{\varepsilon} I_4 - \frac{\gamma}{\varepsilon} I'_4 + \frac{1-\varepsilon}{\varepsilon} \left[\gamma \tau_5 I_5^{\downarrow} - (1+\gamma)\tau_4 I_4^{\downarrow} \right] \tag{2.198}$$

这是一个可以应用于陆面表面的新方程，它假定地表比辐射率在光谱范围 10~13μm 没有光谱依赖性，例如在有灌溉的大田作物情况下。前面提到的大气影响中有 3 个在这一方程里得到了体现。第 1 个和第 4 个影响是通过参数 γ 来实现，第 2 个影响体现在截距项上。大气的第 3 个影响没有在这个方程里体现出来，因为它的推导假定大气辐射具有各向相同性。截距项中的大气参数包括 γ、各通道的大气透过率和各通道的大气下行辐射。这一截距项是

$$\alpha = \frac{1-\varepsilon}{\varepsilon} \left[\gamma \tau_5 I_5^{\downarrow} - (1+\gamma)\tau_4 I_4^{\downarrow} \right] \tag{2.199}$$

如果地表比辐射率接近于单位 1，并且大气下行辐射也很小（如在晴朗天空情况下），那么这一截距项的数值就非常小。由于 $\tau_4 \geqslant \tau_5$ 并且 $I_4^\downarrow \geqslant I_4^\downarrow$，所以，$\alpha$ 值也很小。这些因素总是趋于消除大气总水汽含量的非代表性所带来的变化。表 2.13 列出利用澳大利亚 23 个气象观测站的数据估计得到的大气参数 $\Delta I\downarrow$ 的数值变化，是用 LOWTRAN7 和这些气象观测站的 18 年气温和水汽空探气候数据集计算而得（Maher and Lee，1977）。

表 2.13　澳大利亚 23 个站点的大气参数 $\Delta I\downarrow$ 的数值变化　　（单位：$mW \cdot m^{-2} \cdot sr^{-1} \cdot cm^{-1}$）

| 站点 | | $\Delta I^\downarrow$ 的数值变化 | | | | | | | | | | | |
纬度（°S）	经度（°E）	1 月	2 月	3 月	4 月	5 月	6 月	7 月	8 月	9 月	10 月	11 月	12 月
34.95	138.53	5.5	5.6	5.1	5.3	5.1	5.5	5.4	5.5	5.8	5.4	5.3	5.7
34.95	117.80	4.7			5.0			5.1		5.5			4.8
23.82	133.83	3.5			5.0			6.4		6.2			4.8
19.95	122.25	−10.6			1.6			5.8		5.0			−4.6
24.88	113.65	3.4	1.7	3.3	4.2	5.1	5.5	5.6	5.9	6.0	6.0	5.5	4.3
26.42	146.28	0.6			4.8			6.4		5.7			2.4
20.67	140.50	−3.8			4.2			7.1		6.3			0.5
31.53	145.82	3.8			4.8			5.5		6.1			5.2
12.43	130.87	17.5			−6.4			3.9		0.6			−15.1
27.43	153.08	−1.0			2.9			6.0		5.0			0.2
30.85	128.10	4.4	4.2	3.9	4.6	5.5	5.4	5.6	6.0	5.4	5.7	5.1	4.8
25.03	128.30	4.2			5.6			6.9		6.4			3.7
31.93	115.97	4.5			4.7			5.0		5.2			5.0
30.77	121.45	4.4			4.7			5.6		5.4			4.6
37.83	144.75	4.6	4.4	4.6	5.1	5.1	5.1	5.1	5.2	5.1	4.9	5.1	4.5
30.50	149.83	1.0			4.6			5.8		5.4			2.6
37.82	140.77	5.3			4.9			5.1		5.3			4.7
34.95	150.53	3.1	2.7	3.7	4.3	5.2	5.1	5.5	5.6	5.2	4.6	4.7	4.0
20.32	118.40	−4.1			3.6			6.8		6.1			1.1
19.25	146.77	−10.1			−0.8			4.7		3.5			−6.0
35.10	147.50	3.7			4.7			5.3		5.2			4.9
32.82	151.83	1.8			4.1			5.3		5.2			2.0
31.15	136.80	5.1	4.3	4.6	5.5	5.4	5.4	5.5	5.7	5.7	6.0	5.3	5.5

注：表中 $\Delta I^\downarrow = \gamma \tau_5 I_5^\downarrow - (1+\gamma)\tau_4 I_4^\downarrow$。

表 2.13 中显示了 $\Delta I^\downarrow = \gamma \tau_5 I_5^\downarrow - (1+\gamma)\tau_4 I_4^\downarrow$ 的每月平均值。该大气参数值的变化范围是在 −18~+7 $mW \cdot (m^2 \cdot sr \cdot cm^{-1})$。所有月份和所有站点的总平均值是 +3.6 $mW \cdot (m^2 \cdot sr \cdot cm^{-1})$ 这个总变差仅对截距项 α 的数值有一点影响，因此，对该算法所反演而得的最终陆地表

面温度影响甚微。考虑到这个影响之后，可以提出如下近似式来估计该截距项：

$$\alpha \approx \frac{1-\varepsilon}{\varepsilon}\Delta\bar{I}^{\downarrow} \tag{2.200}$$

式中，$\Delta\bar{I}^{\downarrow}$ 表示大气的下行辐射差，可以考虑为与大气无关，因而确定为常量。值得指出的是，随着地表比辐射率减少，该截距项也逐渐增大，因此该比例性系数值也将变得增大。对于比辐射率较小的地表，可能有必要根据适当的无线电空探数据来重新计算这些大气参数的数值，以便确定该截距项。

上述算法中还没有考虑大气辐射的各向差异性影响。在一般情况下，这一影响较难以进行参数化确定，因为大气在热红外波段的下行辐射随视角而变化的分布，目前了解得还较少。况且，这个角度分布很可能受到云团出现的严重影响，同时也受到大气水汽垂直分布的很大影响，而这两个影响都不能用这些观测来进行精确的推算。大气下行辐射量直接与地表温度 LST 估计有关。用式 2.197 来进行初步计算，就可得到合理的精度。最后，从表 2.13 中我们看到，大气的下行辐射仅影响到截距项，而这一截距项在比辐射率较高时非常小，因而对地表温度的反演精度没有太大影响。

为了用式 2.193 或式 2.198 来进行地表温度反演，必须知道这些大气参数和地表比辐射率。现在假定已经知道了地表比辐射率，在这种情况下，这些大气参数项主要是包括在参数 γ 和大气下行辐射差 $\Delta I^{\downarrow}$ 中。已经有许多研究通过考虑大气的影响来建立海面温度的反演方法。这些研究发现，无论大气透过率如何变化，参数 γ 在不同大气条件下具有相当高的稳定性（McMilLin，1975）。因此，提出一个仅依赖参数 γ 的算法可能有更好的稳定性，因而也更加简洁。

表 2.14 列出了根据 LOWTRAN7 的 6 个标准大气进行计算所得到的 γ 参数值。计算中考虑了 NOAA11-AVHRR 在两个热红外波段的辐射响应函数，并且仅考虑了垂直视角影响而没有考虑多重散射作用。

表 2.14　不同标准大气条件下的大气水汽含量、γ 参数值和大气透过率

大气	水汽含量（$g \cdot cm^{-2}$）	γ 参数值	τ_4	τ_5
US 标准大气	1.13	2.692	0.855 2	0.801 4
热带大气	3.32	3.128	0.557 4	0.415 9
中纬度夏季大气	2.36	2.733	0.691 5	0.578 6
中纬度冬季大气	0.69	2.902	0.899 3	0.864 6
亚北极夏季大气	1.65	2.575	0.784 7	0.701 1
亚北极冬季大气	0.33	3.513	0.933 6	0.914 7

γ 参数值也是根据 Victoria 西北部一个野外站点的 14 个无线电空探剖面廓线数据来计算，并于 1990 年在这一站点进行了实时地面观测。可以发现，γ 参数的均值为 2.43，标

准差为 0.03。这些空探剖面廓线数据的大气水分含量在 0.8~1.2 g·cm^{-2} 变化。这些空探剖面廓线数据大多是在晴朗的冬季晚上观测而得，而这个地区的冬季大气相对较干燥，可以看到晚上有强烈的辐射降温现象。这个野外站点的数据不能代表澳大利亚大陆的典型大气条件，但可以看作是寒冷晴空夜晚地区的大气类型的典型代表。表 2.14 的结果和该站点的数据指出，γ 参数值变化不是很大，因而，可以把它确定为一个常量，以便应用于其他地区。但是，同时也可以对不同气团条件（或者不同纬度地区）和不同季节来预先估计这一参数值，以便用于提出的 LST 算法，进行地表温度的反演。典型的大气下行辐射量也可以根据不同气团和不同季节来进行预告估计。

有了不同情况下的 γ 参数值和辐射差 $\Delta I^{\downarrow}$，可以得到一个普适性的简便 LST 反演算法。通过选取合适的大气参数，即可以用这个算法来进行本地区的地表温度反演。该算法的这种本地适用性显然不同于 Becker 和 Li（1990）提出的局地分裂窗算法，但更类似于 Llewellyn-Jones 等（1985）所建立的海面温度算法。

2.6.4.3 光谱比辐射率的影响

建立的算法是通过假定地表比辐射率没有任何光谱依赖性，并且假定已知地表比辐射率。从目前来看，在 10~13 波长范围内，一些地表类型的比辐射率有着明显差异。正如 Sutherland（1986）指出，通常情况下并不了解实际的地表比辐射率。

陆地表面的比辐射率对卫星的辐射观测至少有 3 个方面的显著影响：一是地表比辐射率越小，地表反射回来的上行大气辐射量在数值上就越小。二是地表面的非黑体行为导致了陆地表面所反射回来的大气辐射的增加。三是地表的反射率和比辐射率的各向异质性，将减少或增加卫星所接收到的总辐射量。Wan 和 Dozier（1989）讨论了与地表比辐射率影响有关的其他因素，如"混合"像元影响和因地形而引起的天顶视角影响。虽然这些影响都很重要，但在这里将不加以考虑，因为已经合理地假定地表面在相当于卫星视场的尺度上是同质的和平坦的。

式 2.193 包括了上面提到的 3 个比辐射率影响。如果假定大气的下行辐射差可以用一个常量值来表示，那么式 2.193 可以写成

$$B_4(T_s) = \frac{1+\gamma}{\varepsilon_4}\left[\frac{1}{1+\gamma\tau_5\Delta\varepsilon/\varepsilon_4}\right]I_4 - \frac{\gamma}{\varepsilon_5}\left[\frac{1}{1+\gamma\tau_4\Delta\varepsilon/\varepsilon_5}\right]I_4' + \left[\frac{1-\varepsilon_4-\gamma\tau_5\Delta\varepsilon}{\varepsilon_4+\gamma\tau_5\Delta\varepsilon}\right]\Delta\bar{I}^{\downarrow} \qquad (2.201)$$

对于某个大气状态，式 2.201 表示，如果比辐射率没有随光谱变化，那么，比例系数的值将随着比辐射率的减少而增加。在比辐射率随光谱而变化的情况下，该比例系数有可能增加或者减少，主要取决于 $\Delta\varepsilon$ 的值是负的还是正的。对于某个 ε_4 值，方程的截距项将随着 $\Delta\varepsilon$ 的减少而增加。

式 2.201 中，光谱比辐射率影响出现在 4 个参数项中，并且他们都具有相同的形式。这些参数项通常较小，因为比辐射率差的绝对值极少超过 0.02（Nerry et al., 1988）。

2.6.5　近似分裂窗算法

式 2.198 提供了在陆地表面上验证分裂窗方法的正确性的基本框架。但是，通常来说，用温度来验证比用辐射更方便，因为温度更易于验证，并且不需要涉及波长或者波段，就可以进行比较。要想获得一个关于温度的算法，还必须进行另一个近似估计。这一近似估计就用 Taylor 展开式来对 Planck 进行函数线性开展。这是对某一平均温度T进行展开，并且仅保留 Taylor 展开式的前两项，即：

$$B_v(T) = B_v(\bar{T}) + (T - \bar{T})(\frac{\partial B}{\partial T})_{\bar{T}} \quad （2.202）$$

对于中等的温度差异$|T - \bar{T}| \leqslant 10K$，在$10\mu m \leqslant \lambda \leqslant 13\mu m$的波长范围内和$270K \leqslant \bar{T} \leqslant 320K$的温度范围内，式 2.199 可以获得好于 1% 的估计精度。把这一近似估计式代入式 2.201，可以得到

$$(T_s - \bar{T})\frac{\partial B_4}{\partial T} + B_4(\bar{T}) = a[(T_4 - \bar{T})\frac{\partial B_4}{\partial T} + B_4(\bar{T})] + b[(T_5 - \bar{T})\frac{\partial B_4}{\partial T} + B_4(\bar{T})] + c\Delta \bar{I}^{\downarrow} \quad （2.203）$$

式中，参数a、b和c分别由下式给出

$$a = \frac{1 + \gamma}{\varepsilon_4}\left[\frac{1}{1 + \gamma\tau_5\Delta\varepsilon/\varepsilon_4}\right] \quad （2.204）$$

$$b = -\frac{\gamma}{\varepsilon_5}\left[\frac{1}{1 + \gamma\tau_4\Delta\varepsilon/\varepsilon_5}\right] \quad （2.205）$$

$$c = \frac{1 - \varepsilon_4 - \gamma\tau_5\Delta\varepsilon}{\varepsilon_4 + \gamma\tau_5\Delta\varepsilon} \quad （2.206）$$

因此，式 2.203 可以重新写成如下分裂窗形式

$$T_s = aT_4 + bT_5 + d \quad （2.207）$$

式中，参数d由下式给出

$$d = c\Delta\bar{I}^{\downarrow}\left(\frac{\partial B_4}{\partial T}\right)_{\bar{T}}^{-1} + [1 - (a + b)]\left[\bar{T} - B_4(\bar{T})\left(\frac{\partial B_4}{\partial T}\right)_{\bar{T}}^{-1}\right] \quad （2.208）$$

由于在大多数大气情况下，T_s、T_4和T_5通常仅有几个摄氏度之差，所以，可以合理地取$\bar{T} = T_s$或者$\bar{T} = T_4$或$\bar{T} = T_5$。若取$\bar{T} = T_4$，则

$$T_s = a'T_4 + b'T_5 + d' \quad （2.209）$$

式中的系数由下式确定

$$a' = 1 - b \quad （2.210）$$

$$b' = b \quad （2.211）$$

$$d=[c\Delta\bar{I}^{\downarrow}-[1-(a+b)]B_4(\bar{T})]\left(\frac{\partial B_4}{\partial T}\right)_{\bar{T}}^{-1} \tag{2.212}$$

该算法有如下特征

$$a'+b'=1 \tag{2.213}$$

注意，当 $\varepsilon_4=1$ 和 $\Delta\varepsilon=0$ 时，$a+b=1$。式 2.207 中的截距项 d 现在是随着 T_4 而变化，因此，这一参数项至少可以部分地通过卫星的观测值来评估。

式 2.207 中的截距项将随着温度和比辐射率而变化。图 2.3 通过一个实例来显示参数 d 如何随温度和比辐射率而变化。这是根据美国标准大气来计算而得，其中，γ=2.692，τ_4=0.855 2，τ_5=0.801 4，$\Delta\bar{I}^{\downarrow}$=3.6mW·m⁻²·sr⁻¹·cm⁻¹。图中显示了 4 种情况：一是 $\Delta\varepsilon$=0 和 ε_4=0.98 ；二是 $\Delta\varepsilon$=−0.01 和 ε_4=0.98 ；三是 $\Delta\varepsilon$=−0.01 和 ε_4=0.96。四是 $\Delta\varepsilon$=+0.01 和 ε_4=0.96。比辐射率影响引起参数 d 的变化比温度所引起的变化大。对于一个固定的比辐射率，在 −5℃ ~55℃ 的温度范围内，参数 d 的最大变化为 1.5℃，而对于一个固定的温度，比辐射率影响所引起的 d 值变化最大可以达到 3℃。

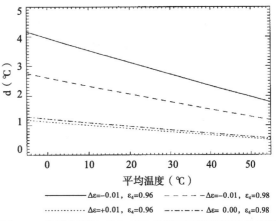

图 2.3 分裂窗算法式 2.207 的截距项随温度和比辐射率而变化的情况（Prata，1993）

如果两个相邻波长的温度观测是在相同天顶视角下进行的，那么，以上所讨论的分裂窗算法适用于任何天顶视角。随着 ESR-1 ATSR 的发射成功，多角度热红外遥感数据已经可供用来反演地表温度 LST。下面在第 5.6 节将讨论从不同天顶视角来观测地表温度时所受到的影响。

2.6.6 天顶视角的影响

对于精确的 LST 估计来说，确定大气影响和地表影响对天顶视角的依赖关系，是非常重要的。有必要深入讨论遥感探测的视角对地表温度反演的影响问题，首先是分析大气影响对视角的依赖关系。

2.6.6.1 天顶视角对大气透过率的影响

式 2.198 可以用来作为讨论天顶视角影响的起点。为此，可以做如下改变：（1）用 $I_{\theta 1}$ 来替代 I_4，其中 $I_{\theta 1}$ 表示在天顶视角为 θ_1 下所观测到的辐射值；（2）用 $I_{\theta 2}$ 来替代 I'_4，其中 $I_{\theta 2}$ 表示在天顶视角为 θ_2 下所观测到的辐射值；（3）ε_4 和 ε_5 分别由两个天顶视角下的比辐射率 $\varepsilon_{\theta 1}$ 和 $\varepsilon_{\theta 2}$ 来替代；（4）大气透过率 τ_4 和 τ_5 分别由 $\tau_{\theta 1}$ 和 $\tau_{\theta 2}$ 来替代。通过这一改变，可以把两个不同波段的地表温度反演问题变成了两个不同视角的地表温度反演问题。随着天顶视角的增大，热辐射在大气中的传输路径也增长，从而引导更大的大气吸收作用，使地表热辐射在到达卫星遥感器的过程中衰减更多；另一方面，大气自己的上行热辐射也相应增大。因此，所观测到的不同大气吸收作用将是天顶视角的函数。根据这种关系，就可以建立一个基于多角度遥感观测值的地表温度反演方法。

大气的总透过率可以通过式 2.186 的积分来获得，这一积分是从地表面到大气顶层的传输路径来进行。因此，有

$$\tau_v(\theta)=\exp\{-k_v w \sec\theta\} \tag{2.214}$$

式中，k_v 是为大气水汽吸收系数，假定为与高程无关，并且

$$w=\int_0^\infty u(z)\mathrm{d}z \tag{2.215}$$

式中，w 为大气总水汽含量。根据 Becker 和 Li（1990）和 Sobrino 等（1991），可以用弱吸收近似估计，将不会失去多少精度。根据这一近似估计，有大气透过率

$$\tau_{\theta i}=1-k_i w \sec\theta i \tag{2.216}$$

通过这些改进，可以推导出如下双视角地表温度算法，用来从两个视角的一个波数（或波段）遥感观测值中反演地表温度

$$B_v(T_s)=\left[\frac{1+\gamma_\theta}{\varepsilon_{\theta 1}+\gamma_\theta[1-k_v w \sec\theta_2]\Delta\varepsilon}\right]I_{\theta 1}-\left[\frac{\gamma_\theta}{\varepsilon_{\theta 2}+(1+\gamma_\theta)[1-k_v w \sec\theta_1]\Delta\varepsilon}\right]I_{\theta 2} \tag{2.217}$$

式中，参数 γ_θ 由下式给出

$$\gamma_\theta=\frac{1}{\cos\theta_1 / \cos\theta_2 - 1} \tag{2.218}$$

γ_θ 是一个视角决定参数，类似于前面用过的大气参数。

$$\Delta\varepsilon_\theta=\varepsilon_{\theta 1}-\varepsilon_{\theta 2} \tag{2.219}$$

这一算法基本上与式 2.198 所示的算法相同，但它不需要进行波数开展，因为两个视角的观测都是用同一波段来进行，并且大气的下行辐射对这两个不同视角的观测来说都是相同的。

如果考虑这样一种情形，即 $\theta_1=0°$ 和 $\theta_2=55°$，那么，就可以进一步把式 2.210 简化成如下形式

$$\gamma_\theta=1.345$$

$$B_v(T_s)=\left[\frac{2.345}{\varepsilon_0+1.345[1-2k_v w]\Delta\varepsilon}\right]I_0-\left[\frac{1.345}{\varepsilon_{55}+2.345[1-k_v w]\Delta\varepsilon}\right]I_{55} \tag{2.220}$$

这一算法适合于 ATSR 的遥感数据。ATSR 用不同的天顶视角对同一地表面进行两次扫描。扫描角度随着运行轨道上的扫描位置而变化。对于 ATSR 星下轨道的像元而言，扫描角度分别是 0° 和 55°。

视角对海面温度反演的影响已经在 Becker（1982）和 Chédin 等（1982）的研究中得到详细讨论。Chédin 等用静止卫星 METEOSAT 的热红外观测值和极轨卫星 TIROS-N 上 HIRS/2 通道数据来获取海洋表面的双视角遥感观测。显然，这种方法所取得的两个观测将有明显的视角差。通过研究，他们认为，双视角遥感技术非常有前途。正因如此，ATSR 就是为了改进海面温度 SST 估计精度而专门设计来开发海洋表面的双视角遥感观测技术。

2.6.6.2 天顶视角影响与地表比辐射率

对土壤和植被的比辐射率的视角影响，目前了解得还很少。海洋表面的比辐射率表现出一定程度地随视角而变化（Masuda et al., 1988），特别是在天顶视角超过 60° 的情况下。对石英粉末和 Sahara 尘土的比辐射率进行理论计算得到的结果（Conel, 1969; Takashima and Masuda, 1987）表明，当天顶视角超过 60° 时，比辐射率表现出随视角而变化很强。如果天顶视角 ≤60° 时，陆地表面的比辐射率对视角的依赖性可以忽略不计。这样，就可以从式 2.212 中推导出一个非常简单的算法

$$B_v(T_s) = \frac{2.345}{\varepsilon_0} I_0 - \frac{1.345}{\varepsilon_0} I_{55} \tag{2.221}$$

用温度的形式来表示，有

$$T_s = \frac{2.345}{\varepsilon_0} T_0 - \frac{1.345}{\varepsilon_0} T_{55} + \Delta T \tag{2.222}$$

式中，参数 ΔT 由下式给出

$$\Delta T = \frac{1 - \varepsilon_0}{\varepsilon_0} \left[B_4(\bar{T}) \left(\frac{\partial B_4}{\partial T} \right)_{\bar{T}}^{-1} - \bar{T} \right] \tag{2.223}$$

把式 2.212 对 T_0 进行线性展开，就可得到一个更加实用的双视角地表温度算法，因为其截距项的温度影响完全是由观测数据来确定。这一算法有如下形式

$$T_s = \frac{T_{\theta 1}}{\varepsilon} + \frac{\gamma_\theta}{\varepsilon} (T_{\theta 1} - T_{\theta 2}) + \frac{1 - \varepsilon}{\varepsilon} \left[B_v(T_{\theta 1}) \left(\frac{\partial B_4}{\partial T} \right)_{T_{\theta 1}}^{-1} - \bar{T} \right] \tag{2.224}$$

式中，参数 γ_θ 由式 2.218 确定，ε 是根据 ATSR 响应函数进行加权平均的比辐射率，并且假定与视角无关。对于 ATSR，参数 γ_θ 的数值在星下轨道时是 1.345，而在扫描线边缘时为 2.556。

实际上，假定 0° 视角和 55° 视角情况下比辐射率相等，并不尽合理。Prata and Platt（1991）发现，在叶冠不同时完全闭合的小麦地里进行观测时，AVHRR 通道的地表比辐射率明显随视角而变化。通过比较估计的地表温度与所观测到的地表温度，他们发现温度差异明显地取决于天顶视角的大小。该数据指出，作物的表观比辐射率为

$$\varepsilon_i(\theta) = \varepsilon_i(0) \cos(\theta/2) \tag{2.225}$$

式中，$\varepsilon_i(0)$ 表示 AVHRR 通道 i 在天顶视角 $\theta=0°$ 情况下的外在比辐射率。这种比辐射率的变化在很多时候被认为是由于作物结构而不是实际的比辐射率，因为对于作物的斜角观测，向上的辐射来自作物顶部，而对于天底垂直观测，有一部分辐射是来自作物下面的较暖地面，从而增大了根据观测值所推导而得的温度。这种影响在裸地情况下是不明显的。不管如何，对石英粉末和 Sahara 尘土进行理论计算结果表明，比辐射率表现出随天顶视角的弱变化，并且这种变化取决于粉末大小。

Barton 和 Takashima（1986）用热红外辐射计进行了沙质表面的比辐射率测量，他们是把比辐射率作为角度的函数来测量的。他们的结果表明，在天顶视角为 30° 情况下，平均比辐射率约为 0.97。当视角增大到 30° 时，平均比辐射率也随着减少到大约 0.95。他们所用的辐射计的波段区间为 10~12μm。

2.6.7 小结

在这一节里，Prata（1993）从理论角度深入研究并推导提出了他们自己的 AVHRR 和 ATSR 遥感数据的地表温度反演分裂窗算法。在算法的推导过程中他们采用了许多简化。算法的推导有一定的前提条件。对于算法的应用而言，知道这些条件是非常重要的。这些条件包括：①平坦地形；②在 1km 尺度范围内地表构成均匀；③朗伯体（Lambertian）地表面；④大气水分含量小于 $2g\cdot cm^{-2}$；⑤天空晴朗无云，并且气溶胶含量较低。

这些相当严格的前提条件是用来进行地表温度反演算法推导的主要物理假定。事实上，对于非朗伯体和非均匀地表面即真正的由混合物质构成的地表面，这些算法也能获得足够的反演精度。这些限制条件的主要作用在于它可指定一个有物理意义的地表比辐射率。一个由树林和茂密植被混合构成的表面可能有一个高度均匀的没有随光谱而变化的比辐射率。如果真是这样，那么，这些算法将能在这种情况下得到良好的反演结果。另一方面，一个均匀的由崎岖地形构成的裸露表面可能完全不同于朗伯体表面所具有的热特征，并且其比辐射率也可能明显地随光谱而变化。在这种情况下，使用这些算法来进行地表温度反演，应该更加注意比辐射率的精确确定问题。

如果大气水分含量很低，那么，这些算法将能够获得很好的地表温度反演结果。在较湿润的条件下，如热带地区，已经证明 SST 算法不能得到较好的反演结果。由于用来推导 LST 算法的基本假定非常类似于那些用来推导 SST 算法的假设，因此，可以合理地认为，LST 算法在湿润条件下也将难以工作得很好。

这里特别强调了这些算法的通用形式。如果大气条件能够确定，主要是通过参数 γ，并且地表比辐射率能够估计，那么，这些算法可以用来进行当地的地表温度反演。虽然在通常情况下难以获得与卫星观测同步的地面和大气数据，但可以采取一种事先预估的方式来进行参数确定，即预先根据当地不同季节的气候剖面资料计算大气参数值。比辐射率的估计问题，可以通过研究地区里的主要土壤和主要植被类型的实地观测来解决。Becker 和 Li（1990）和 Sobrino 等（1990b）已经讨论了采取这种比辐射率估计方法的实例研究。

Prata（1993）认为，他们所建立的双视角算法比分裂窗算法有一些更加明显的优势。双视角算法的推导不需要这么多的近似估计，并且比辐射率随视角而变化的程度非常小（在视角小于 60° 情况下），因此，这比波数变化更加有利于参数率定。同时，其他大气吸收体和气溶胶的影响在双视角算法中将被自动地加以考虑。在通常情况下，这些影响在陆地表面上更大。双视角算法的劣势主要是，某个观测必须比另一个观测有更加长的大气路径，否则，这两个观测就会太靠近而产生密切的相关性，进而使双视角算法在微小的观测误差情况下显得相当不稳定。对于那些较长的大气路径，大气的总吸收可能更加大。如果大气吸收很强，那么，大气透过率的计算精度就可能有很大的不稳定性。

2.7 分裂窗算法比较

2.7.1 分裂窗算法比较的方法

为了比较上述各算法在地表温度演算中的精度，一般有两种方法可以应用：大气模拟数据和地面测量数据。大气模拟数据法是用大气模型如 LOWTRAN 等对一定地表温度下的热辐射传导进行模拟，首先求算卫星高度观测到的热辐射，其中包括大气影响和辐射面的影响，然后用上述各算法反演地表温度，比较两者之间的差距可知各算法的误差。因模拟过程中各有关参数均已知，这一误差代表各算法的绝对精度。但是，现实情况非常复杂，绝非大气模型所能全部描述，所以，最佳方法是应用地面测量数据，即实地测量卫星飞过天空时的实际地表温度和相应大气条件，然后用上述各算法根据卫星数据推算地表温度，两者相比较可知其误差。这一方法虽然可行，但实际操作并非易事。AVHRR 像元面积达 1.1km²，如何在卫星飞过的瞬间测量到与卫星像元相匹配的地表温度，难度相当大。当然，还有影像校正等许多问题需要考虑。由于存在这些困难，目前尚没有一个完好的地表温度数据集可以直接应用。Prata（1994）克服了这其中的许多困难，提供了一个有关澳大利亚两个地点的地表温度数据集，采集于 1990—1992 年，包含有 300 多个样点数据，虽然缺乏精确的实时大气数据，但仍是目前最好的地面温度数据集之一。为了分析大气的影响，Prata（1994）也进行了为时一周的实时大气条件测量，可惜这一期间多为阴天，只有 3 个晚上的图像可用。

为验证算法的实际可用性，用模拟数据集和实地测量数据集两种方法把它与现有的 16 种分裂窗算法进行比较。模拟数据法，主要是根据一些已假定知道的地表热特征和大气剖面数据（气温气压等），用大气模拟程序如 LOWTRAN、MODTRAN 和 6S 等来模拟空中遥感器所接收到的热辐射强度。转换成亮度温度之后，再用各个分裂窗算法反演地表温度，与大气模拟所需的已知地面温度相比较，可知各算法的演算精度。由于大气剖面数据和地表热特征已假定知道，因此，可以认为，这一演算精度是代表各分裂窗算法所需参数的估计没有误差的情况下的绝对精度。本研究将用 MODTRAN 来进行 AVHRR 热红外遥感实况模拟。该模拟需要考虑不同的条件，考虑了 6 种地面温度（0℃，10℃，20℃，30℃，40℃和50℃）及相应的地面附近气温、5 种大气水分含量（$1g\cdot cm^{-2}$，$2g\cdot cm^{-2}$，$2.5g\cdot cm^{-2}$，$3.5g\cdot cm^{-2}$ 和 $4g\cdot cm^{-2}$）和 6 种地面发射率（0.95，0.96，0.965，0.97，0.975 和 0.98）在 6 种大气中的不同组合。

由于分裂窗算法所需参数的估计一般都有一定程度的误差，因此，不仅需比较各算法在参数估计没有误差情况下的演算精度，还要比较他们在参数估计有一定程度误差情况下的演算误差。对于后者，首先用已知参数模拟卫星高度所观测到的热辐射及其对应的亮度温度，然后用有一定误差的参数进行地表温度的演算，与模拟所使用的已知地表温度进行比较，可知各算法的演算精度。用平均开方误差（Root Mean Squared Errors）来表示各算法的演算精度，计算公式如下

$$RMSE=\left[\ \sum\ (T_s'-T_s)^2\right]^{\ 1/2} \tag{2.226}$$

式中，RMSE 为平均开方误差，T_s' 为各算法演算的地表温度，T_s 为模拟所使用的已知地表温度。

由于 AVHRR 像元尺度达 $1km^2$ 以上，卫星飞过某个地区时间短，以及地表温度在很小尺度范围内具有很大差异，要想获得一个与 AVHRR 图像相配匹的地面观测样本，是极其困难的。Prata（1994）克服了很多困难，经过两年多的努力，提供了可用来验证分裂窗算法的实地观测数据集，虽然他是根据很多假定来把他的地面观测温度与 AVHRR 数据样本联系起来，但这是目前较完整的地面观测数据集。因此，在这里借用来验证所提出的两因素分裂窗算法（Qin et al.，2001）并与现有的 16 个算法相比较。Prata 的数据集是1990—1992 年间在澳大利亚墨尔本附近的两个地方进行一系列连续观测而得。该地面观测数据集分成两个子集：一是没有准确大气剖面水分含量数据的样点，这些样点只有附近气象观测站的月平均大气水分含量；另一个是他特别进行精确观测的样点，包括有精确的实时大气水分含量数据。Caselles 等（1997）也提供了一个 Sahel 的地面数据集。同样，该数据集没有精确的实时大气水分含量数据，只有当日的平均水分含量数据。尽管如此，在这里也一并用来进行比较分析。

2.7.2　主要分裂窗算法

用来演算地表温度的分窗算法是以 AVHRR 所观测到的热辐射为基础。AVHRR 的两个热频道（即频道 4 和频道 5）数据可根据 Planck 热辐射函数转化为相应的亮度温度（Brightness Temperature）。分裂窗算法就是根据这两个亮度温度来演算地表温度，它来源于对地表热传导方程的求解。由于大气层的影响和地表结构的复杂性，对该传导方程的不同求解方法于是产生了不同的分裂窗算法。根据各算法在实际应用中所需要的参数，可以把现有的 17 种有关地表温度的分裂窗算法分为简单模型、比辐射率模型、两要素模型和复杂模型四大类。

2.7.2.1　简单模型

简单算法把大气及辐射面对热传导的影响视作常量，因而仅把所求算的地表温度的变化看成是与卫星观测到的亮度温度成正比例关系，而不受当地大气及地面条件的实际变化的影响。通常情况下，这些常量是直接根据当地大气条件的平均状态估算。因而，这些算法的表现好坏直接取决于所研究地区的当地大气的稳定性和地表条件的均质性程度。关于这一类算法，最典型的是 Price（1984）的原模型。但后来 Price 又把一个比辐射率修正项加进其模型中，从而使之成为地表比辐射率模型。属于这一类型的其他算法包括 Kerr 等（1992）和 Ottlé & Vidal Madjar（1992）的算法。Kerr 等（1992）的算法用如下关系推算地表温度

$$T_s=P_vT_v+(1-P_v)T_b \tag{2.227}$$

式中，T_v 和 T_b 分别为植被和裸土的表面温度，P_v 为像元内的植被覆盖率，可以用下式计算

$$P_v=(\text{NDVI}-\text{NDVI}_{bs})/(\text{NDVI}_v-\text{NDVI}_{bs}) \tag{2.228}$$

其中，NDVI 是归一化植被指数差（Normalized Difference of Vegetation Index），NDVI_v 和 NDVI_{bs} 是植被和裸土的 NDVI。在式 2.227 中，植被和裸土的表面温度分别用下式计算

$$T_v=T_4+2.6(T_4-T_5)-2.4 \tag{2.229}$$

$$T_{bs}=T_4+2.1(T_4-T_5)-3.1 \tag{2.230}$$

式中，T_4 和 T_5 分别是 AVHRR 热频道 4 和 5 的亮度温度。式 2.229 和式 2.230 的常量参数是根据法国南部的一个经验数据集推导而得。由于 Kerr 等（1992）没有给出其他条件和区域的参数，因此，上述参数值是经常被直接引用。

Ottlé 和 Vidal Madjar（1992）以模拟数据为基础，运用回归方法，把亮度温度与地表温度关联起来，提出了他们自己的分窗算法。其算法如式 2.2 所示，但参数 A_0、A_1 和 A_2 则分别被计算成常量。他们根据表面辐射率和遥感视角的几种不同组合状况分别估计了其参数值，并用表格给出了这些参数的数值。例如当平均辐射率为 0.98 时，并且视角为天顶垂直角度时，$A_0=0.403$，$A_1=3.219$ 和 $A_2=-2.211$；对于辐射率为 0.96 时，$A_0=1.687$，$A_1=3.213$ 和 $A_2=-2.917$。这些参数值是以中纬度大气状态为基础进行推算。

2.7.2.2　比辐射率模型

分裂窗算法最初是为推算海洋表面温度而提出。海平面的相对均质性使假定海洋表面对热辐射的均一性影响较为合理。然而，陆地表面的巨大差异性特征使这一假定很难成立。因此，分窗算法在用来演算地表温度时必须考虑地表辐射面对热辐射的非均一性影响。

辐射率模型把大气的影响视作常量，而把重点放在辐射面的非均一性影响上。因此，辐射率模型所求得的地表温度不随大气条件而变化，而仅仅是受地表比辐射率的不同而影响。尽管 Price（1984）的原模型是一个简单算法，但他的最终模型增进了一个比辐射率校正项，从而使之成为比辐射率模型，而归入这一大类之中。因此，他的算法一般被后人引为

$$T_s=\left[T_4+3.33(T_4-T_5)\right](5.5-\varepsilon_4)/4.5+0.75T_5\Delta\varepsilon \tag{2.231}$$

式中，ε_4 为 AVHRR 频道 4 的地表比辐射率，$\Delta\varepsilon=\varepsilon_4-\varepsilon_5$，其中，$\varepsilon_5$ 是 AVHRR 频道 5 的地表比辐射率。

其他辐射率模型包括 Becker 和 Li（1990）、Vidal（1991）、Prata 和 Platt（1991）和 Ulivieri 等（1992）的算法。这些算法包括有地表比辐射率（频道 4、5 或其均值或其差值），作为决定地表温度变化的重要参数。Becker 和 Li 根据热辐射传导的地方性特征提出的著名算法已得到了广泛引用，并被改造成 MODIS 地表温度数据产品的算法，用于生产 MODIS 地表温度数据产品，因此影响巨大。这一算法有如下形式：

$$T_s=1.274+P(T_4-T_5)/2+M(T_4+T_5)/2 \tag{2.232}$$

式中，P 和 M 是用下式求算：

$$P=1+0.156\,16(1-\varepsilon)/\varepsilon+0.482\Delta\varepsilon/\varepsilon^2 \tag{2.233}$$

$$M=6.26+3.98(1-\varepsilon)/\varepsilon+38.33\Delta\varepsilon/\varepsilon^2 \tag{2.234}$$

其中，ε 是 AVHRR 两热频道的平均辐射率，即 $\varepsilon=(\varepsilon_4+\varepsilon_5)/2$。他们是用 LOWTRAN 6.0 模型来模拟地表热辐射并根据这一模拟结果计算其常数。Vidal（1991）的算法是

$$T_s=T_4+2.78(T_4-T_5)+50(\varepsilon_4-\varepsilon_5)/\varepsilon-300\Delta\varepsilon/\varepsilon \tag{2.235}$$

式中的常数是根据一个半经验数据集进行计算。这一数据集共有 10 个样点，是在 Moroco 的甘蔗田中采集。

Prata 和 Platt（1991）的算法是个半经验算法，他们以热辐射传导理论为依据，用当地气候数据来简单估计大气的向下热辐射，从而推导出他们的算法（Caselles et al., 1997）。该算法的原式是以"℃"来表示温度。为了保持本文温度单位的统一性（K），可进行温度单位的转换，加进一个常量值，即

$$T_s=[T_4+2.46(T_4-T_5)+40(1-\varepsilon)-273.16]/\varepsilon \tag{2.236}$$

式中，常量 2.46 是根据澳大利亚的一个大气探测数据集进行推算而得。Ulivieri 等（1992）也提出了一个理论分裂窗算法，他们首先模拟卫星高度所观测到的地表热辐射，然后依此计算其算法的参数值。他们的算法有如下形式

$$T_s=T_4-1.8(T_4-T_5)+48(1-\varepsilon)+75\Delta\varepsilon \tag{2.237}$$

式中的大气常量是根据水蒸气含量 w 小于 $3\,g\cdot cm^{-2}$ 的大气条件的模拟结果进行推算。

尽管 Coll 等（1994）的算法可以归入比辐射率模型这一大类中，但它又与这一大类的上述各算法略有不同。Coll 等（1994）的算法把地表温度与亮度温度之间的关系表示为非线性关系，有如下形式

$$T_s=T_4+[1+0.58(T_4-T_5)](T_4-T_5)+0.51+40(1-\varepsilon)+\beta\Delta\varepsilon \tag{2.238}$$

式中，β 是一个大气参数，在热带大气条件下，$\beta=50K$；对于中纬度夏季和冬季大气，这一参数分别为 $\beta=100K$ 和 $\beta=150K$。Caselles 等（1997）把参数 β 精确地确定为亮度温度 T_4 和大气水蒸气 $w(g\cdot cm^{-2})$ 的函数，该函数如下

$$\beta=(0.1w+1.118)T_4-68w-163 \tag{2.239}$$

由于 $\Delta\varepsilon$ 很小（通常 $\Delta\varepsilon<0.008$），精确地确定 β 值，并没有使这一算法的地表温度估计

结果有显著的差异；实际上，这一算法的地表温度估计结果主要是取决于辐射率。这就是为何该算法仍可以继续称为比辐射率模型的根本原因。这一算法的一个显著特征是它把地表温度和亮度温度之间的关系表示为一个二次方程式，而不是一个线性关系。

2.7.2.3　两因素模型和复杂模型

大气对热辐射传导有重要影响，而大气本身又具有很大的可变性，因此，忽视大气的可变性，而把大气影响假定为常量，有时并非很好，在大气水蒸气含量有较大变化的区域，这种假定尤其不好。对于 AVHRR 数据，为了把大气影响作为一个变量而直接包含在地表温度的演算中，目前已经提出了好几个算法（Votg, 1996；Qin and Karnieli, 1999）。两因素和复杂模型是指那些同时考虑大气和辐射面的影响作为变量而直接引入地表温度演算的算法。这两大类算法的主要区别在于对大气影响的考虑方面。两因素模型仅需要两个因素来进行地表温度的演算：大气透射率和地表比辐射率，而复杂模型则不仅需要这两个因素，而且还包括一个或多个其他变量（其中大多数为大气参数）。Qin 等（2001）的算法是一个典型的两因素模型，Prata（1993）的算法也可以归入这一大类之中，但 Sobrino 等（1991）和 Franca（1994）的算法则是复杂模型。

通过对大气向下热辐射的近似解和对 Planck 辐射函数的线性化，Qin 等（2001）推导了他们的分窗算法，该算法仅需要两个因素来进行地表温度的演算。这一算法有如公式（2.2）所示的一般形式，但其参数则分别由下式确定

$$A_0=\left[66.540\,67D_4(1-C_5-D_5)-62.239\,28D_5(1-C_4-D_4)\right]/(D_5C_4-D_4C_5) \tag{2.240}$$

$$A_1=1+\left[0.430\,59D_5(1-C_4-D_4)+D_4\right]/(D_5C_4-D_4C_5) \tag{2.241}$$

$$A_2=-\left[0.465\,85D_4(1-C_5-D_5)+D_4\right]/(D_5C_4-D_4C_5) \tag{2.242}$$

$$C_i=\varepsilon_i\tau_i(\theta) \tag{2.243}$$

$$D_i=\left[1-\tau_i(\theta)\right]\left[1+(1-\varepsilon_i)\tau_i(\theta)\right] \tag{2.244}$$

式中，ε_i 为 AVHRR 频道 i 的比辐射率，$\tau_i(\theta)$ 为天顶视角为 θ 下的大气透射率。大气透射率一般是根据大气水蒸气含量来推算，因这一推算较复杂而需另文论述。

Prata（1993）对分窗算法技术在陆地表面的应用原理进行了较透彻的剖析。在分析了大气及辐射地表对热辐射传导的影响之后，Prata（1993）推导出一个理论分窗算法，该算法有如公式 2.2 所示的一般形式，但其参数则分别由下列各式分别给出

$$A_0=(1/c-1)\Delta I^{\downarrow}/\partial B+(1-A_1-A_2)\left[T-B_4(T)/\partial B\right] \tag{2.245}$$

$$A_1=(1+\gamma)/c \tag{2.246}$$

$$A_2=-\gamma/\left[\varepsilon_5+(1+\gamma)\tau_4(\theta)\Delta\varepsilon\right] \tag{2.247}$$

$$c=\varepsilon_5+\gamma\tau_5(\theta)\Delta\varepsilon \tag{2.248}$$

$$\gamma=\left[1-\tau_4(\theta)\right]/\left[\tau_4(\theta)-\tau_5(\theta)\right] \tag{2.249}$$

$$\partial B=\left[\partial B_4(T)/\partial T\right]_T \tag{2.250}$$

式中，$\Delta I^{\downarrow}$ 为大气参数，表示大气向下辐射在 AVHRR 频道 4 和 5 之间的差异，这一差异主要取决于大气条件；式 2.245 中（$1/c-1$）的数值通常较小（<0.05），精确地估计 $\Delta I^{\downarrow}$

的数值，对于 A_0 值的变化没有实质意义。事实上，$\Delta I^{\downarrow}$ 值的误差达 0.05 时，A_0 或 T_s 的误差小于 0.015℃，对于提高地面温度演算的精度没有多大影响。因此，在一般情况下，为简化起见，可假定 $\Delta I^{\downarrow}$ 为常量，数值上取 $\Delta I^{\downarrow}=0.36\text{W}\cdot\text{m}^2$。

在 Prata（1993）的算法中，T 可以为 T_s、T_4 或 T_5，主要看它们的相对数值大小，由于 $T_s>T_4>T_5$，通常可合理地取 $T=T_4$；$\partial B=(\partial B_4(\text{T})/\partial\text{T})T$，是 AVHRR 通道 4 的 Planck 辐射函数对温度 T 的导数。Prata（1993）没有论述 ∂B 值及其对 T_s 的影响。用 Planck 辐射函数进行计算得到的结果表示，∂B 是一个温度函数。当 T=273K（0℃）时，∂B=0.111 4；当 T=303K（30℃）时，∂B=0.147 9；当 T=338K（55℃）时，∂B=0.1776。但 ∂B 与 T 之间的关系近似于线性。对 ∂B 和 T 在温度区间 268~338K 的数值进行回归，得到方程 ∂B=−0.196 69+0.001 137 3T，方程的相关系数平方 R^2=0.984 85，估计标准误 SEE=0.002 52，F 检验值为 3 838.15。用北半球亚热带 30°和中纬度 45°大气条件进行验证，发现 ∂B 的误差对 T_s 没有显著影响。当 ∂B 的误差从 0.05 增加到 0.08 时，T_s 的误差仅从 0.036℃增加到 0.044℃。这一误差相当小，因此，为了简化计算，可以把这个参数假定为一个常数 ∂B=0.15。

Sobrino 等（1991）提出的分窗算法有如式 2.1 所示的一般形式，但其参数 A 和 B 则分别由下式给出

$$A=(C_5D_4+D_4D_5w)/(D_5C_4-D_4C_5) \tag{2.251}$$

$$B=[(1-1/\varepsilon_5)(1-2k_5w)C_5D_4L_5-(1-1/\varepsilon_4)(1-2k_4w)C_4D_5L_4]/(D_5C_4-D_4C_5) \tag{2.252}$$

$$C_i=\varepsilon_i\tau_i\cos\theta \tag{2.253}$$

$$D_i=k_i[1+2\tau_i(1-\varepsilon_i)\cos\theta] \tag{2.254}$$

$$L_i=T_i/n_i \tag{2.255}$$

式中，w 是大气水蒸气含量（$\text{g}\cdot\text{cm}^{-2}$），$k_i$ 是一个大气吸收系数，取决于大气水蒸气含量，n_i 是常量，Sobrino 等（1991）定义为 n_4=4.673 和 n_5=4.260，这是他们用 $B_i(T)=C_iT^{ni}$ 来计算 Planck 辐射函数在 260~320K 的近似值并由此推导出这个常量值；实际上，这个参数并非常量，是依温度而变化。根据计算，例如对于 n_4 而言，当 T=263K(−10℃)时，n_4=5.018；当 T=273K(0℃)时，n_4=898；在 20℃时为 4.588，在 35℃时为 4.4.145，在 55℃时为 4.131。n_5 也表现出类似的依 T 而变化。然而，n_i 与 T 之间的关系非常接近于线性。对 263~328K 的温度区间进行回归，得到如下方程

n_4=8.647 2−0.013 82T_4 R^2=0.996 8 SEE=0.015 1 F=20 169.2

n_5=737 642−0.012 17T_5 R^2=0.995 6 SEE=0.015 6 F=14 586.3

以亚热带大气条件来进行验证，可发现 n_i 的误差对该算法演算的 T_s 有一定影响。当 n_i 的误差分别为 0.2 和 0.5 时，对于温度区间 20~50℃，T_s 的误差约为 0.1℃和 0.22℃。因此，对于要求较精确的地表温度演算，定义 n_i 为常量并非很好。对于参数 k_i，Sobrino 等（1991）根据如下有关 k_i，$\tau_i(\theta)$，w 和 θ 之间的关系进行确定

$$\tau_i(\theta)=1-k_i w/\cos\theta \tag{2.256}$$

从这一关系可以很容易地推导出用于计算 k_i 的公式。

根据他们自己的热传导方程表示方法及其对大气影响的简化计算，Franca 和 Cracknell（1994）提出了一个用于求算地表温度的分裂窗算法。这一算法保持式 2.1 所示的一般形式，但其中的两个系数则用下式给出

$$A=(C_5D_4+D_4D_5)/(D_5C_4-D_4C_5) \tag{2.257}$$
$$B=[(1-1/\varepsilon_5)(1-2W_5)C_5D_4L_5-(1-1/\varepsilon_4)(1-2W_4)C_4D_5L_4]/(D_5C_4-D_4C_5) \tag{2.258}$$

式中，L_i 的计算由式 2.255 给出，但所用的 ni 值不同；另两个参数 C_i 和 D_i 分别由下式计算

$$C_i=\varepsilon_i\tau_i\cos\theta \tag{2.259}$$
$$D_i=W_i[1+2\tau_i(1-\varepsilon_i)\cos\theta] \tag{2.260}$$

式中，W_i 是一个有关大气吸收能力的参数，定义为大气蒸气含量的抛物线函数，即 $W_i=a_1w+a_2w^2$。为实际应用起见，Franca 和 Cracknell（1994）把这个抛物线函数与 $\tau_i(\theta)$ 和 θ 联系起来，得到

$$\tau_i(\theta)=1-(a_0+a_1w+a_2w^2)/\cos\theta \tag{2.261}$$

其中，a_0、a_1 和 a_2 是一定大气状态及遥感视角下的大气参数，可以用回归方法对大气模拟结果进行确定，而大气模拟则通常是用遥感界广泛应用的 LOWTRAN 等大气模拟软件来进行。Franca 和 Cracknell（1994）没有给出 a_0、a_1 和 a_2 的实际数值。考虑一个天底视角，用 LOWTRAN 7.0 对大气水蒸气含量 w 为 $0.5\sim5g\cdot cm^{-2}$ 条件下的大气透射率进行模拟，然后计算大气吸收率（$1-\tau_i$），并把这一吸收率与大气蒸气含量进行回归分析，得到如下两个 AVHRR 热频道 4 和 5 的抛物线方程

$(1-\tau_4)=0.020\ 11+0.053\ 59w+0.008\ 636w^2$ $\qquad R^2=0.999\ 4$ $\qquad SEE=0.003\ 6$
$(1-\tau_5)=0.022\ 41+0.102\ 21w+0.005\ 111w^2$ $\qquad R^2=0.999\ 0$ $\qquad SEE=0.006\ 2$

两个方程的 F 检验值分别为 18 090.65 和 10 500.72，表明它们的统计可信度极高。因此，其回归系数可分别用作这个算法的参数 a_1 和 a_2。Franca 和 Cracknell（1994）用于计算参数 L_i 的 n_i 值分别为 $n_4=4.519\ 21$ 和 $n_5=4.126\ 36$。由于 n_i 是一个温度函数，这两个数值显然是对应于 25℃时的 n_i 值。值得指出的是，Franca 和 Cracknell（1994）的算法与 Sobrino 等（1991）非常类似，两者的差别仅表现在大气吸收参数 W_i 和 k_i 的计算上以及在系数 A 的计算上。Sobrino 等（1991）的算法把大气水蒸汽含量 w 直接包括在其系数 A 的计算中，而 Franca 和 Cracknell（1994）的算法则没有这样做。

2.7.3　地表温度反演精度的比较

表 2.15 和表 2.16 分别是利用大气模型模拟数据进行各分裂窗算法反演地表温度的 RMSE。从表 2.15 可以看到，就绝对误差来看，Qin 等（2001）和 Sobrino 等（1991）的算法演算精度最高，平均误差低于 0.25℃；Franca 和 Cracknell（1994），Prata（1993）和 ULiverir 等（1992）的算法演算精度也较高，平均误差为 0.42~0.57℃。这表明，在没有参数估计误差的情况下，这几个算法将能获得十分精确的地表温度演算结果。表 2.16 指出，

在参数估计有中等误差（大气透射率误差 $\delta\tau$ 为 0.03 和地面发射率误差 $\delta\varepsilon$ 为 0.005）和较大误差（$\delta\tau$=0.05 和 $\delta\varepsilon$= 0.01）情况下，笔者的算法和 Sobrino 等（1991）的算法仍具有最高的演算精度，平均误差为 0.36~0.67℃。

表 2.15 不同大气条件下各分裂窗算法在没有参数估计误差情况下的地表温度演算精度比较

分裂窗算法	不同大气的平均开方误差（℃）						平均误差（℃）
	热带大气	亚热带大气		中纬度大气		美国1976平均大气	
		夏季	冬季	夏季	冬季		
1. Kerr et al.（1992）	0.734	0.710	0.751	0.685	0.767	0.948	0.766
2. Ottlé and Vidal-Madjar（1992）	1.186	1.162	1.202	1.138	1.219	1.390	1.216
3. Price（1984）	1.742	1.706	1.766	1.673	1.791	2.080	1.793
4. Becker and Li（1990）	2.211	2.174	2.235	2.137	2.260	2.516	2.256
5. Prata and Platt（1991）	1.406	1.370	1.429	1.335	1.452	1.696	1.448
6. Vidal（1991）	1.988	1.943	2.018	1.898	2.048	2.358	2.042
7. ULiverir et al.（1992）	0.549	0.538	0.556	0.528	0.564	0.654	0.565
8. Coll et al.（1994）	1.060	1.052	1.148	1.105	1.349	1.512	1.204
9. Sobrino et al.（1991）	0.243	0.249	0.239	0.254	0.235	0.193	0.235
10. Prata（1993）	0.540	0.537	0.542	0.533	0.544	0.573	0.545
11. Franca and Cracknell（1994）	0.422	0.423	0.422	0.424	0.421	0.413	0.421
12. Qin et al.（2001）	0.104	0.099	0.107	0.094	0.111	0.150	0.111
13. Sobrino and Raissouni（2000）	0.988	0.958	1.009	0.931	1.032	1.317	1.039
14. François and Ottlé（1996）/Q	1.288	1.230	1.329	1.175	1.368	1.842	1.372
15. François and Ottlé（1996）/W	0.866	0.843	0.881	0.822	0.896	1.064	0.895
16. Becker and Li（1995）	1.302	1.278	1.318	1.255	1.334	1.513	1.333
17. Sobrino et al.（1994）	1.195	1.159	1.218	1.124	1.242	1.490	1.238

表 2.16 各分裂窗算法在有一定参数估计误差情况下的地表温度演算精度　　　　（单位：℃）

分裂窗算法	$\delta\varepsilon$=0.005 $\delta\tau$=0.03	$\delta\varepsilon$=0.01 $\delta\tau$=0.03	$\delta\varepsilon$=0.005 $\delta\tau$=0.05	$\delta\varepsilon$=0.01 $\delta\tau$=0.05
1. Kerr et al.（1992）	1.005	1.088	1.005	1.088
2. Ottlé and Vidal-Madjar（1992）	1.263	1.300	1.263	1.300
3. Price（1984）	1.883	1.883	1.883	1.883
4. Becker and Li（1990）	2.428	2.436	2.428	2.436
5. Prata and Platt（1991）	1.427	1.521	1.427	1.521
6. Vidal（1991）	2.211	2.223	2.211	2.223
7. ULiverir et al.（1992）	0.835	0.964	0.835	0.964
8. Coll et al.（1994）	1.068	1.127	1.068	1.127
9. Sobrino et al.（1991）	0.381	0.590	0.506	0.662
10. Prata（1993）	0.546	0.711	0.682	0.823

（续表）

分裂窗算法	$\delta\varepsilon=0.005$ $\delta\tau=0.03$	$\delta\varepsilon=0.01$ $\delta\tau=0.03$	$\delta\varepsilon=0.005$ $\delta\tau=0.05$	$\delta\varepsilon=0.01$ $\delta\tau=0.05$
11. Franca and Cracknell（1994）	0.483	0.683	0.576	0.759
12. Qin et al.（2001）	0.355	0.611	0.505	0.670
13. Sobrino and Raissouni（2000）	1.123	1.155	1.125	1.157
14. François and Ottlé（1996）/Q	1.662	1.678	1.662	1.678
15. François and Ottlé（1996）/W	0.915	1.028	0.930	1.040
16. Becker and Li（1995）	1.343	1.423	1.355	1.433
17. Sobrino et al.（1994）	1.309	1.335	1.308	1.335

注：表中 $\delta\varepsilon$ 表示地面发射率误差，$\delta\tau$ 大气透射率误差。

表 2.17　用澳大利亚和 Sahel 地面数据集来比较各分裂窗算法的地表温度演算精度

分裂窗算法	澳大利亚地面数据集		Sahel 地面 数据集
	无准确大气 水分含量数据	有准确大气 水分含量数据	
1. Kerr et al.（1992）	3.152	2.643	2.541
2. Ottlé and Vidal-Madjar（1992）	1.864	1.452	3.827
3. Price（1984）	3.635	2.578	1.390
4. Becker and Li（1990）	2.014	1.334	3.539
5. Prata and Platt（1991）	5.226	3.227	4.196
6. Vidal（1991）	2.017	1.060	1.779
7. ULiverir et al.（1992）	2.030	0.293	6.974
8. Coll et al.（1994）	1.881	0.360	1.850
9. Sobrino et al.（1991）	1.857	0.247	0.791
10. Prata（1993）	1.748	0.335	0.845
11. Franca and Cracknell（1994）	1.918	0.200	1.330
12. Qin et al.（2001）	1.868	0.238	0.703
13. Sobrino and Raissouni（2000）	1.640	1.033	2.309
14. François and Ottlé（1996）/Q	2.098	1.033	5.684
15. François and Ottlé（1996）/W	2.607	0.758	3.437
16. Becker and Li（1995）	1.857	0.366	4.635
17. Sobrino et al.（1994）	1.759	1.780	6.719

　　表 2.17 表明，有与没有精确的大气水分含量数据，对地表温度的演算精度有很大影响。在没有精确大气剖面水分含量数据的情况下，地表温度的演算误差将较大，达 1.5℃以上。但是，如果有精确的水分数据，这一演算精度将大大提高，演算误差可望降低到 0.5℃以下。根据澳大利亚的地面数据集，在没有精确水分数据来估计大气透射率的情况

下，Qin 等（2001）的算法仍具有较高的演算精度，平均误差为 1.87℃，比最好的 Sobrino
和 Raissouni（2000）的误差高 0.13℃。但是，在具有精确大气水分含量数据的情况下，
Qin 等（2000）的算法的平均误差大为降价降低，只有 0.24℃。对于有日平均水分含量
数据的 Sahel 地面数据集，Qin 等（2001）的算法的演算精度仍属于较高的少数算法（表
2.15）。综合地说，根据这 3 个地面数据集，Qin 等（2001）和 Sobrino 等的算法精度最好。
由于 Qin 等 的算法仅需要地表发射率和大气透射率 2 个基本参数；Sobrino 等（1991）的算
法则还需要其他 2 个参数。因此，Qin 等（2001）的算法可以替代现有的分裂窗算法，用
来进行 AVHRR 数据的地表温度演算，并将能获得较高的演算精度。图 2.4 是比较它对没
有精确水分的含量数据集的地表温度演算结果和地表温度的实际观测结果；两者非常接
近，表明了 Qin 等（2001）算法的实际可行性。

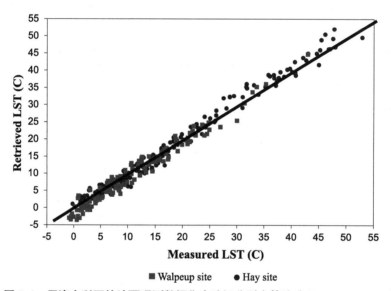

图 2.4　用澳大利亚的地面观测数据集来验证分裂窗算法（Qin et al., 2001）
注：这一数据集没有精确的大气水分含量数据来估计实时大气透射率。图中的对角线表示演算没有误差。

　　地面温度是监测地球资源环境动态变化的重要指标之一，利用卫星数据演算地表温
度、探讨卫星热频道数据的理论方法及其实际应用，已经成为遥感科学的一个重要研究
领域，即热遥感。对于 AVHRR 数据，目前已经提出了十多个算法；就演算精度而言，Qin
等（2001）的算法是比较好的一个，这一算法需要两个因素（大气透射率和地面辐射率）
作为演算的参数。由于大气透射率随大气状态（主要是水蒸气含量）不断变化，因此，要
想精确地从 AVHRR 数据中演算地表温度，除需要分析研究区域内的地表辐射率（取决于
地表结构），还需要同时监测卫星飞过天空时的实时大气条件（主要是水蒸气含量）。这
两方面都是难度较大的领域，并且在各区域之间有很大的差异性，因而还需要投入更多的
研究。

2.8 MODIS 地表温度反演

2.8.1 MODIS 数据简介

中等分辨率成像光谱辐射仪（Moderate Resolution Imaging Spectrora Diometer，MODIS）是美国 NASA 地球观测系统 EOS 计划中重要的卫星遥感器，已搭载在两颗卫星上（Terra 和 Aqua），Terra 于 1999 年 12 月 18 日发射成功，从 2000 年上半年开始进行数据服务，Aqua 于 2002 年 5 月 4 日发射功能，从 2002 年下半年开始提供数据服务。虽然 Terra 和 Aqua 都是太阳同步卫星，但 Terra 是白天从北极向南极飞行，而 Aqua 则是白天由南极向北极飞行。近 20 年来，MODIS 数据在全球范围内已经得到了非常广泛的应用，产生巨大的效益。与 NOAA-AVHRR 相比，MODIS 数据具有更高的空间分辨率、更多的波段、更高的光谱分辨率和更好的数据质量等方面的优势。MODIS 拥有覆盖 $0.405 \sim 14.385 \mu m$ 电磁波谱范围内的 36 个波段，其中，有 2 个波段（波段 1 和 2）空间分辨率为 250m，有 5 个波段（波段 3~7）空间分辨率为 500m，有 29 个波段（波段 8~36）空间分辨率为 1km，其中热红外波段有 16 个之多，光谱范围在 $3.66 \sim 14.385 \mu m$，于用地表热辐射探测。MODIS 数据是免费接收，每天可获得同一地区的白天和夜间的重复观测资料（低纬地区为 2 天），双星可达到每天 4 次的遥感数据；每 8 天可以获得扫描角小于 20° 的全球覆盖。因此，在农业、林业、环境、减灾等诸多领域中有着非常重要的应用价值。

我国地域辽阔，地区差异显著，多波段中分辨率遥感数据非常适合于我国大区域的资源环境动态监测需要。目前 MODIS 卫星遥感数据已经成为我国非常重要的民用卫星遥感数据源。为了推动 MODIS 数据在农业遥感监测中的应用，根据对 MODIS 地表温度反演的研究成果，通过适当的改进，形成适合于农业遥感时空动态监测应用的 MODIS 数据地面温度遥感反演方法，包括基本算法和参数确定。由于地表温度遥感反演分裂窗算法是根据 NOAA-AVHRR 的两个相邻波段建立，因此，对于 MODIS 的地表温度反演，通常是利用其热红外波段 31 和 32 来进行地表温度反演，主要是因为两个波段的光谱区间（分别为 $10.78 \sim 11.28 \mu m$ 和 $11.77 \sim 12.27 \mu m$）最接近于 AVHRR 的热红外波段 4 和波段 5（光谱区间分别为 $10.5 \sim 11.3 \mu m$ 和 $11.5 \sim 12.5 \mu m$）。

2.8.2 MODIS 地表温度反演的两因素分裂窗算法

分裂窗算法是目前发展最成熟的地表温度遥感反演方法。如上节指出，目前已经有 10 多种分裂算法提出。这些算法可以归结为四大类：简单模型、地表比辐射率模型、两因素模型和复杂模型。简单模型是把大气影响和地表影响估计成常量，因此计算十分简单。大气和地表因素的影响通常是动态的。把它们估计成常量的做法虽然可以部分地校正了大气和地表的影响，但反演结果往往较差。地表比辐射率模型把大气影响估计成常量，而仅考虑地表温度反演随地表比辐射率的变化，因而反演精度相对于简单模型改进了许多，但由于大气影响的多变性，其精度仍然不是很理想。两因素模型和复杂模型把大气影响和地表影响都设计成变量，因此，反演精度通常较高，但计算也相对复杂一些。两者的区别主要在于两因素模型仅需要大气透过率和地表比辐射率两个基本参数，而复杂模型不仅需要这两个基本参数，而且还需要另外一个或两个大气参数才能进行地表温度反演。

Qin 等（2001）提出的两因素分裂窗算法是一个两因素地表温度反演模型，地表温度反演精度比较高，因此，从农业遥感监测所需要的地表温度快速反演角度来看，Qin 等（2001）提出的两因素模型比较适合。更加重要的是，这一方法的基本参数都可以从 MODIS 的其他波段数据中反演出来，不需要其他额外的信息就可以进行地表温度的反演。这一算法的计算公式如下

$$T_s = A_0 + A_1 T_{31} - A_2 T_{32} \tag{2.262}$$

式中，T_s 是地表温度（K），T_{31} 和 T_{32} 分别是 MODIS 第 31 和 32 波段的亮度温度，根据这两个波段的图像 DN 值来计算，计算公式详见下面第 2.8.3.2 节；A_0、A_1 和 A_2 是劈窗算法的参数，分别定义如下

$$A_0 = E_1 a_{31} - E_2 a_{32} \tag{2.263}$$

$$A_1 = 1 + A + E_1 b_{31} \tag{2.264}$$

$$A_2 = A + E_2 b_{32} \tag{2.265}$$

在这里，a_{31}、b_{31}、a_{31} 和 b_{32} 是常量，在地表温度 0~50℃范围内分别可取 $a_{31} = -64.603\ 63$，$b_{31} = 0.440\ 817$，$a_{32} = -68.725\ 75$，$b_{32} = 0.473\ 453$。常量的精确估计详见表 2.18。其他中间参数分别计算如下

$$A = D_{31} / E_0 \tag{2.266}$$

$$E_1 = D_{32}(1 - C_{31} - D_{31}) / E_0 \tag{2.267}$$

$$E_2 = D31(1 - C_{32} - D_{32}) / E_0 \tag{2.268}$$

$$E_0 = D_{32} C_{31} - D_{31} C_{32} \tag{2.269}$$

$$C_i = \varepsilon_i \tau_i(\theta) \tag{2.270}$$

$$D_i = [1 - \tau_i(\theta)][1 + (1 - \varepsilon_i)\tau_i(\theta)] \tag{2.271}$$

式中，i 是指 MODIS 的第 31 和第 32 波段，分别为 $i=31$ 或 32；$\tau_i(\theta)$ 是视角为 θ 的大气透过率；ε_i 是波段 i 的地表比辐射率。因此，该算法要求卫星遥感器的波段数据来计算地星上亮度温度，同时还要求已知大气透过率和地表比辐射率，才能进行地表温度的反演。

表 2.18　MODIS 数据的两因素分裂窗算法常量精确估计

温度范围（℃）	a_{31}	b_{31}	a_{32}	b_{32}
<−40	−40.699 436 6	0.354 741 36	−44.476 770 3	0.387 529 07
−40~−30	−43.383 973 8	0.366 216 8	−47.410 466 1	0.400 069 57

（续表）

温度范围（℃）	a_{31}	b_{31}	a_{32}	b_{32}
−30~−20	−47.104 462 5	0.381 517 37	−51.476 262 4	0.416 790 23
−20~−10	−50.977 957 5	0.396 817 96	−55.709 265 6	0.433 510 89
−10~0	−43.230 803 3	0.367 805 06	−43.920 627 3	0.389 301 28
0~10	−54.091 179 8	0.405 365 72	−56.540 617 0	0.432 714 85
10~20	−63.662 156	0.439 230 95	−68.897 919 8	0.476 273 24
20~30	−58.213 314 1	0.420 567 51	−68.491 425 6	0.474 513 79
30~40	−75.447 832 5	0.477 069 39	−65.998 166 6	0.466 333 33
40~50	−67.368 337 2	0.451 081 31	−73.409 458 4	0.490 298 39
50~60	−78.635 893 4	0.485 730 61	−78.429 716 5	0.505 933 66
>60	−76.455 720 0	0.479 137 87	−82.848 372 9	0.519 394 52
−40~−20	−45.204 691 6	0.373 867 08	−49.400 169 2	0.408 429 9
−20~0	−47.349 538 5	0.382 858 46	−53.410 132 3	0.424 670 52
0~20	−59.154 573 0	0.423 605 61	−62.133 072 8	0.452 829 06
20~40	−64.403 487 0	0.441 289 31	−67.554 911 9	0.471 371 45
40~60	−67.368 337 2	0.451 081 31	−76.630 680 8	0.500 432 96
<−30	−42.469 152 3	0.362 391 65	−46.410 737 7	0.395 889 4
−30~0	−48.323 994 4	0.386 522 86	−53.552 038 4	0.425 196 66
0~30	−59.519 041 2	0.424 906 52	−63.694 738 1	0.458 370 84
30~60	−70.679 647 3	0.461 520 25	−74.282 048 5	0.493 200 00

2.8.3 分裂窗算法常量估计与星上亮度温度计算

2.8.3.1 常量估计

MODIS 数据的分裂窗算法是以 Planck 函数的线性化来进行推导的，在线性化过程中，有一个中间参数 L_i，定义如下

$$L_i = B_i(T) / \left[\partial B_i(T)/\partial T \right] \tag{2.272}$$

式中，i 为指 MODIS 的第 31 和 32 波段，T 为温度，$B_i(T)$ 为第 i 波段温度为 T 的 Planck 函数，$\partial B_i(T)/\partial T$ 为 Planck 函数 $B_i(T)$ 的导数。参数 L_i 显然是温度的函数，由于很接近于线性而可以用如下线性回归方程估计

$$L_i = a_i + B_i T \tag{2.273}$$

式中，a_i 和 B_i 是波段 i 的回归系数，对于 MODIS 的第 31 和第 32 波段展开后就是式 2.264 至式 2.266 中的 a_{31}、b_{31}、a_{31} 和 b_{32}，这些常量的确定需要进行模拟计算。在地表温度 0~50℃范围内，这些常量分别可取 $a_{31}=-64.603\ 63$，$b_{31}=0.440\ 817$，$a_{32}=-68.725\ 75$，$b_{32}=0.473\ 453$。在很多情况下，研究地区的温度变化并没有如此大的跨度，因此，为了提高分裂窗算法的地表温度反演精度，需要对上述公式中的常量进行更加精确的估计。表 2.18 列出了按照不同的可能温度区间精确估计得到的这 4 个常量的数值。在实际应用中，可以根据研究地区的可能温度变化范围进行相应的选择。

2.8.3.2 星上亮度温度计算

MODIS 图像是用 DN 值来表示，因此，要计算星上亮温，必须先把 DN 值转换成相应的辐射强度值，然后再用 Planck 函数求解星上亮温，即式 2.262 中的 T_{31} 和 T_{32}。卫星遥感器所探测到的地表热辐射强度的计算公式如下

$$I_i = RD_i(DN_i - RDOS_i) \tag{2.274}$$

式中，I_i 为 MODIS 第 $i(i=31,32)$ 波段的热辐射强度（$W \cdot m^{-2} \cdot sr^{-1} \cdot \mu m^{-1}$），$DN_i$ 为第 i 波段图像的 DN 值（DN=0~255），RD_i 和 $RDOS_i$ 是分别是第 i 波段的辐射常量，分别从 MODIS 图像的头文件中查出。

计算得图像的热辐射强度之后，便可用 Planck 函数求解出星上亮度温度

$$T_i = \frac{C_2}{\lambda_i \ln(1 + \frac{C_1}{\lambda_i^5 I_i})} \tag{2.275}$$

式中，T_i 为 MODIS 第 i（$i=31$，32）波段的亮度温度，即式 2.262 中的 T_{31} 和 T_{32}；I_i 为 MODIS 第 i（$i=31$，32）波段的热辐射强度，由式 2.274 给出；λ_i 为第 i（$i=31$，32）波段的有效中心波长；由于第 31 和 32 波段的波长区间分别为 10.78~11.28μm 和 11.77~12.27μm，所以 λ_i 可分别取 $\lambda_{31}=11.03\mu m$ 和 $\lambda_{31}=12.02\mu m$；C_1 和 C_2 分别为第 1 和第 2 光谱常量，分别取 $C_1=1.191\ 043\ 56 \times 10^{-16}\ W \cdot m^2$ 和 $C_2=1.438\ 768\ 5 \times 10^4\ \mu m \cdot K$。值得指出的是，在计算中应特别注意 C_1、I_i 和 λ_i 之间的单位转换问题。为了便于计算把式 2.273 进行简化，设 $K_{i2}=C_2/\lambda_i$ 和 $K_{i1}=C_1/\lambda_i^5$，则有亮度温度

$$T_i = K_{i2}/\ln(1 + K_{i1}/I_i) \tag{2.276}$$

式中，K_{i1} 和 K_{i2} 为常量，对于第 $i=31$ 波段，分别为 $K_{31,1}=729.541\ 636\ W \cdot m^{-2} \cdot sr^{-1} \cdot \mu m^{-1}$，$K_{31,2}=1\ 304.413\ 871\ K$；对于第 $i=32$ 波段，为 $K_{32,1}=474.684\ 780\ W \cdot m^{-2} \cdot sr^{-1} \cdot \mu m^{-1}$，$K_{31,2}=1\ 196.978\ 785\ K$。

2.8.4 基本参数估算：大气透过率

大气透过率 $\tau_i(\theta)$ 和地表比辐射率 ε_i（$i=31$ 和 $i=32$）是 MODIS 数据地表温度遥感反演的基本参数。只有在两个基本参数为已知的情况下，才能用分裂窗算法从 MODIS 热红外波段 31 和 32 数据中反演地表温度。这就是说，需要首先估计 MODIS 图像中每个像元的

大气透过率和地表比辐射率，然后才能进行地表温度反演。

2.8.4.1 大气透过率估计

大气透过率表示大气对热红外辐射在大气中传输的影响，因而是地表温度遥感反演的基本参数。大气透过率受多种因素影响，不仅受到遥感波段（波长）、观测角度等遥感因素有关，而且还受到大气因素的直接影响。大气密度、大气成分尤其是水汽含量、CO_2、O_3 等大气因素都对大气透过率产生不同程度的影响。实际上，就某个地区而言，大气中由于大气密度、CO_2 等因素相对较稳定，而大气水汽含量则变化较快。因此，通常认为大气水汽含量变化是引起大气透过率变化的直接因素。这样，就可以根据大气透过率与大气水汽含量变化之间的关系，进行大气透过率的估算。一般是先选择一个合适的大气模式（各影响因素的大气廓线，包括大气水汽含量），然后利用大气辐射传输模拟软件，进行大气辐射传输模拟，而大气透过率是这种模拟的一个基本输出。最后，把大气率与模拟所选择的大气水汽含量进行关联，建立它们之间的关系，进而根据大气水汽含量来进行大气透过率的遥感估计。

图 2.5 是根据中纬度标准大气进行大气透过率与大气水汽含量的模拟结果。图中分别列出了中纬度夏季和冬季标准大气的透过率随大气水汽含量的变化。显然，由于大气其他因素的影响，夏季和冬季大气透过率随大气水汽含量的变化程度是不相同的。这就需要根据研究区的实际情况，选择适当的大气模式来建立大气水汽含量与大气透过率之间的关系。由于我国地处亚洲大陆东部，濒临太平洋，季风气候明显，夏季大气水汽含量相对较高，而秋冬季节大气相对干燥，因此，分别选择中纬度夏季和冬季标准大气模式进行模拟，建立大气透过率与大气水汽含量之间的关系，将比较适合于确定大气透过率，以便进行地表温度遥感反演。当然，由于大气透过率估计方程的建立，与大气模拟有密切的关系，因此，估计方程建立的关系与实际之间的差距，将会直接影响地表温度遥感反演的精度。

根据图 2.5 的大气模拟结果，分别针对 MODIS 第 31 和 32 波段的波长区间，计算其星下的大气透过率与大气水分含量之间有的关系，得到如图 2.6 所示的结果，表 2.19 显示这一关系的详细数据。在这一模拟是假定天顶视角为 10°，模拟的标准大气是中纬度夏季和冬季大气剖面数据，因此，只代表中纬度典型大气的情况。图 2.6 指出，大气透过率与大气水分含量之间的关系并不是线性。因此，为了方便建立方程进行大气透过率估算，进一步对表 2.19 所示的关系进行分段回归拟合，得到如表 2.20 所示的结果。对于其他地区，也可以通过这一方法来估算大气透过率。这一估算的关键是具有像元尺度上的大气水汽含量。具有像元尺度上的大气水汽含量后，才能按照表 2.20 所示的方程估计第 31 和第 32 波段星下视角为 10° 的大气透过率，即 $\tau_{31}(10)$ 和 $\tau_{31}(10)$。

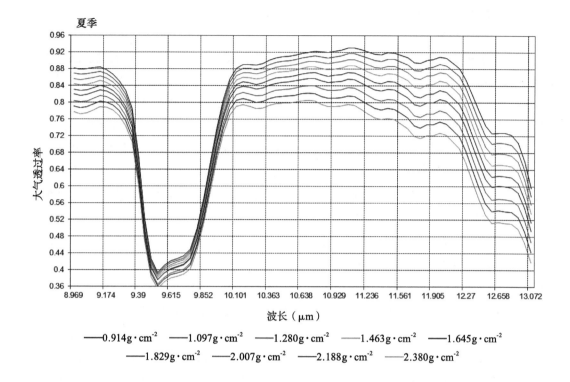

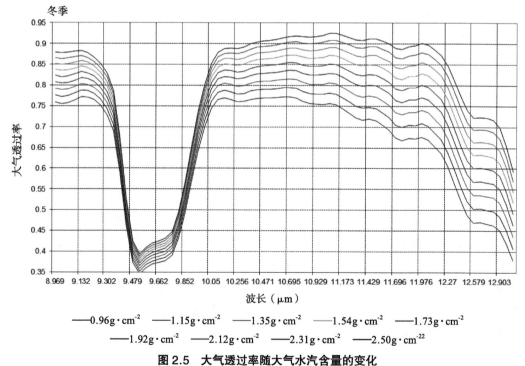

图 2.5 大气透过率随大气水汽含量的变化

注：根据中纬度夏季和冬季标准大气模式，利用大气模拟程序 MODTRAN 进行模拟而得。

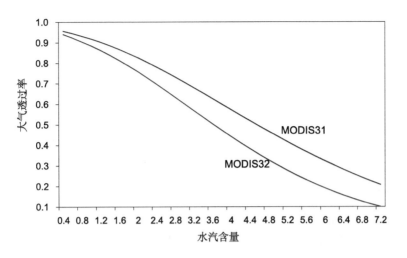

图 2.6 MODIS 第 31 和 32 波段的大气透过率随大气水分含量的变化

注：根据在中纬度夏季标准大气和冬季标准大气的模拟结果进行确定，模拟的星下天顶视角为 10°。

表 2.19 星下天顶视角为 10°情况下 MODIS 第 31 和 32 波段的大气透过率随大气水分的变化

水分含量 ($g \cdot cm^{-2}$)	大气透过率		水分含量 ($g \cdot cm^{-2}$)	大气透过率	
	MODIS31	MODIS32		MODIS31	MODIS32
0.4	0.956 63	0.940 51	3.4	0.654 15	0.536 99
0.6	0.945 15	0.923 75	3.6	0.627 38	0.505 01
0.8	0.931 81	0.904 50	3.8	0.600 33	0.473 31
1.0	0.918 36	0.885 25	4.0	0.573 45	0.442 49
1.2	0.902 83	0.863 19	4.2	0.546 33	0.412 11
1.4	0.885 83	0.839 32	4.4	0.519 68	0.382 96
1.6	0.867 42	0.813 69	4.6	0.493 01	0.354 48
1.8	0.847 66	0.786 54	4.8	0.467 06	0.327 45
2.0	0.827 60	0.759 22	5.0	0.441 55	0.301 59
2.2	0.804 53	0.728 23	5.2	0.416 29	0.276 66
2.4	0.781 28	0.697 49	5.4	0.391 94	0.253 29
2.6	0.757 26	0.666 09	5.6	0.368 00	0.230 98
2.8	0.732 18	0.633 85	5.8	0.345 08	0.210 25
3.0	0.706 80	0.601 78	6.0	0.322 90	0.190 83
3.2	0.680 62	0.569 28	6.2	0.301 39	0.172 55

表 2.20 MODIS 第 31 和 32 波段的大气透过率估计方程

水分含量 ($g \cdot cm^{-2}$)	大气透过率估计方程	SEE	R^2	F
0.4~2.0	$\tau_{31}(10)=0.995\,13-0.080\,82w$	0.004 4	0.991 4	804.4
	$\tau_{32}(10)=0.993\,77-0.113\,70w$	0.005 5	0.993 2	1 028.7

（续表）

水分含量（g·cm⁻²）	大气透过率估计方程	SEE	R^2	F
2.0~4.0	$\tau_{31}(10)=1.086\,92-0.127\,59w$	0.002 5	0.999 2	11 553.0
	$\tau_{32}(10)=1.079\,00-0.159\,25w$	0.000 8	0.999 9	173 498.3
4.0~6.0	$\tau_{31}(10)=1.072\,68-0.125\,71w$	0.002 6	0.999 1	9 921.6
	$\tau_{32}(10)=0.938\,21-0.126\,13w$	0.005 9	0.995 5	1 992.4

2.8.4.2　大气水汽含量估计

MODIS 是一个多波段遥感数据，其波段 19 的波长区间为 $0.915{\sim}0.965\,\mu m$，正好处于大气水汽吸收窗口范围内，因而是一个大气水汽波段。利用这一波段可以进行像元尺度的大气水汽含量估算。根据 Kaufman and Gao（1992），MODIS 像元尺度上的大气水汽含量，可以通过第 19 波段（水汽吸收波段）与非水汽吸收波段（第 2 波段）之间的关系来进行反演。因此，对于 MODIS 图像中的任何一个像元，其可能的大气水分含量可用下式估计（Kaufman and Gao，1992，Gao and Goetz，1990）

$$w=\left(\frac{\alpha-\ln(\dfrac{\rho_{19}}{\rho_2})}{\beta}\right)^2 \tag{2.277}$$

式中，w 为大气水分含量（$g\cdot cm^{-2}$）；α 和 β 为常量，分别取 $\alpha=0.02$ 和 $\beta=0.651$；ρ_{19} 和 ρ_2 分别为 MODIS 第 19 和第 2 波段的地面反射率

$$\rho_i=\mathrm{RL}_i(\mathrm{DN}_i-\mathrm{RLOS}_i) \tag{2.278}$$

式中，ρ_i 为 MODIS 第 i（$i=19$ 和 2）波段的地面反射率；DN_i 为第 i 波段的 DN 值；RL_i 和 RLOS_i 为第 i 波段的反射率常量，由 MODIS 图像的头文件中查出。求得大气水汽含量后，就可以通过表 2.20 的方程进行像元尺度上的大气透过率估算。

2.8.4.3　大气透过率的温度校正和视角校正

虽然大气透过率的变化主要是由于大气中水汽含量变化所决定，但大气温度对大气透过率存在一定的影响。一般认为，大气透过率将随温度升高而升高，利用不同近地表气温进行模拟，也看到大气透过率随着近地表气温有一定的变化。虽然这一变化不是很大，但为了提高地表温度遥感反演的精度，还是尽量消除各种可能引起反演误差的因素的影响。为此，提出了大气透过率的温度校正。表 2.21 是大气透过率的温度校正函数。由于表 2.19 所示的大气透过率与大气水分含量之间的关系是根据近地表气温为 25℃进行模拟的结果，所以，当近地气温高于此温度时，大气透过率应增高一些，而低于此则相应减低。

表 2.21　大气透过率的温度校正函数

波段	温度校正函数	温度区间（K）
MODIS　31	$\delta\tau_{31}(T)=0.08$	$T>318$
	$\delta\tau_{31}(T)=-0.05+0.003\,25(T_{31}-278)$	$278<T<318$
	$\delta\tau_{31}(T)=-0.05$	$T<278$
MODIS　32	$\delta\tau_{32}(T)=0.095$	$T>318$
	$\delta\tau_{32}(T)=-0.065+0.004(T_{32}-278)$	$278<T<318$
	$\delta\tau_{32}(T)=-0.065$	$T<278$

注：T_{31} 和 T_{32} 是第 31 和 32 波段的亮度温度。

大气透过率还受遥感器视角的影响，因此，大气透过率的估计需要进行视角校正（Wan and Dozier，1996；Sobrino et al., 1991）。图 2.7 显示 MODIS 数据的扫描带宽度及各个像元的角度。MODIS 卫星平台飞行高度为 705km，星下点像元尺度为 100 0m，每个扫描带宽度为 233 0km。因此，卫星的瞬时视场宽度为 0.081 27°。最边缘的像元遥感视角将达到 55.02°。这么大的视角，对大气透过率将产生较大的影响，因此，进行视角校正是有必要的。图 2.8 显示中纬度夏季标准大气条件下 MODIS 第 31 和第 32 波段大气透过率随遥感视角的变化。从图 2.8 中可以看到，大气透过率将随着遥感视角的增大而有所降低，大气透过率降低程度与遥感视角增大之间显现出二次方关系式。据此，建立大气透过率的视角校正函数如下

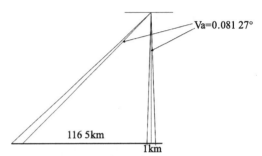

图 2.7　MODIS 数据的扫描带宽度及各像元的遥感视角

注：根据 MODIS 卫星高度为 705km 和星下像元尺度为 1km 计算得 Va=0.081 270 6°。根据 MODIS 最大扫描宽为 233 0 列计算，最边像元的视角可达 55.02°，由此可引起大气透过率降低近 0.09。

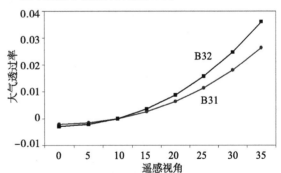

图 2.8　中纬度夏季标准大气条件下 MODIS 第 31 和 32 波段大气透过率随遥感视角的变化

$$\delta\tau_{31}(\theta)=-0.002\,47+(2.365\,2\times10^{-5})\theta^2 \qquad (2.279)$$

$$\delta\tau_{32}(\theta)=-0.003\,22+(3.096\,7\times10^{-5})\theta^2 \qquad (2.280)$$

式中，θ 为 MODIS 遥感器的天顶视角（°）。由于 MODIS 的像元大小约为 1km，因此，对于地表温度反演，各像元的天顶视角可用下式简单估计

$$\theta=V_a\times|D_0-D_i| \qquad (2.281)$$

式中，V_a 为 MODIS 卫星高度的星下像元视角，根据 MODIS 卫星高度为 705km 和星下像元尺度为 1km 计算得 $V_a=0.081\,270\,6°$；D_0 是星下像元所在的列号；D_i 是像元 i 所在

的列号。根据 MODIS 最大扫描宽为 1354 列计算，最边像元的视角可达 55.02°，由此可引起大气透过率降低近 0.09。

因此，利用 MODIS 数据来进行地表温度遥感反演所需第 31 和 32 波段的大气透过率的估计方法如下（Qin et al., 2001）

$$\delta\tau_{31}(\theta)=\tau_{31}(10)+\delta\tau_{31}(T)-\delta\tau_{31}(\theta) \tag{2.282}$$

$$\delta\tau_{32}(\theta)=\tau_{32}(10)+\delta\tau_{32}(T)-\delta\tau_{32}(\theta) \tag{2.283}$$

式中，$\tau_{31}(\theta)$ 和 $\tau_{32}(\theta)$ 分别为 MODIS 图像第 31 和 32 波段的大气透过率；$\tau_{31}(10)$ 和 $\tau_{32}(10)$ 为星下大气透过率，由表 2.20 给出的方程估计；$\delta\tau_{31}(T)$ 和 $\delta\tau_{32}(T)$ 为温度校正函数，由表 2.21 给出的方程估计；$\delta\tau_{31}(\theta)$ 和 $\delta\tau_{32}(\theta)$ 是遥感器视角校正函数，由式 2.279 和式 2.280 给出。

2.8.4.4　大气透过率估算技术流程

根据上述大气透过度的估算过程，MODIS 数据第 31 和 32 波段的大气透过率的估计过程归结如下。

（1）用第 2 和 19 波段估计像元的大气水分含量 w；

（2）根据大气水分含量，用表 2.20 给出的方程估计星下大气透过率 $\tau_{31}(10)$ 和 $\tau_{32}(10)$；

（3）根据第 31 和 32 波段的亮度温度，用表 2.21 给出的方程估计温度校正函数 $\delta\tau_{31}(T)$ 和 $\delta\tau_{32}(T)$；

（4）从第 31 和 32 波段图像确定星下轨迹所对应的像元的列号 D_0，并根据公式（7.20）计算整景图像各像元的遥感器天顶视角 θ，相应地形成一个视角空间分布图层；

（5）根据式 2.279 和式 2.280 估计视角校正函数 $\delta\tau_{31}(\theta)$ 和 $\delta\tau_{32}(\theta)$；

（6）用式 2.282 和式 2.283 估计图像的大气透过率 $\tau_{31}(\theta)$ 和 $\tau_{32}(\theta)$，并形成一个大气透过率空间分布图层。

上述有关大气透过率的估计过程如图 2.9 所示。

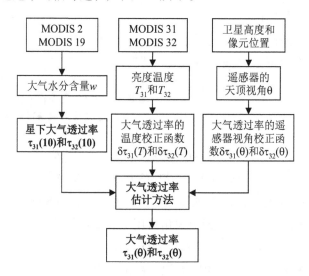

图 2.9　MODIS 数据第 31 和 32 波段的大气透过率估计方法

2.8.5 基本参数估算：地表比辐射率

地表比辐射率表示地表物质的热特征，是地表温度遥感反演的基本参数，主要取决于地表的物质结构。地球表面不同区域的地表结构虽然很复杂，但从 MODIS 像元的尺度来看，可以大体视作由 3 种类型构成：水面、城镇和自然表面。城镇包括城市和村庄，主要是由道路、各种建筑和房屋所组成，其间也混杂一定比例的绿化植被和裸土。城镇像元在多数图像中所占比例不大。自然表面主要是指各种天然陆地表面、林地和农田等。对于地表温度反演来说，自然表面通常占图像比例最大，因而也是考虑的重点所在。实际上，这一类型的像元可以简单地看作是由不同比例的植被叶冠和裸土所组成，即混合像元。混合像元的热辐射总量可以用地表构成比例来进行各分量的汇总估计，而各分量热辐射又是温度及其比辐射率的函数。研究表明，地表类型的地表比辐射率通过相对比较稳定。因此，通过这种分量汇总，可以建立混合像元的地表比辐射率估计方法，进而可以用来反演农业遥感监测中所需要的地表温度空间变化。

2.8.5.1 地表比辐射率估算方程

在大多数情况下，遥感像元都可视为由植被和不同份额的背景土壤所构成。因此，可以按照像元的构成，把像元的热辐射估计如下

$$I=P_vI_v+(1-P_v)I_s+\mathrm{d}I \tag{2.284}$$

式中，I 为像元的热辐射通量，I_v 为像元中植被部分的热辐射能量，I_s 为像元背景土壤的热辐射能量，P_v 为植被在该像元中所占份额，$\mathrm{d}I$ 为像元中植被与背景土壤之间的热辐射相互作用并被遥感探测到的分量。根据朗克辐射原理，考虑到遥感波段区间以及地表的比辐射率，上式对于温度像元的热辐射能量，可以写成如下形式

$$\varepsilon_iB_i(T_s)=P_v\varepsilon_{iv}B_i(T_v)+(1-P_v)\varepsilon_{is}B_i(T_{sb})+\mathrm{d}I \tag{2.285}$$

式中，ε_i 为像元在第 i 波段的平均比辐射率，$B_i(T_s)$ 为像元在第 i 波段的热辐射强度，其中 T_s 为像元的地表温度，ε_{iv} 和 ε_{is} 分别为植被和土壤的比辐射率，$B_i(T_v)$ 和 $B_i(T_{sb})$ 分别为像元的植被和土壤在第 i 波段的热辐射强度，其中，T_v 和 T_{sb} 分别是植被叶冠温度和土壤表面温度。

根据式 2.285，可以把 MODIS 图像的地表比辐射率估计为

$$\varepsilon_i=P_vR_v\varepsilon_{iv}+(1-P_v)R_s\varepsilon_{is}+\mathrm{d}\varepsilon \tag{2.286}$$

式中，ε_i 为 MODIS 图像第 i（$i=31$，32）波段的地表比辐射率；ε_{iv} 和 ε_{is} 分别为植被和裸土在第 i 波段的地表比辐射率，分别取 $\varepsilon_{31v}=0.986\,72$，$\varepsilon_{32v}=0.989\,9$，$\varepsilon_{31s}=0.967\,67$，$\varepsilon_{32s}=0.977\,9$；$P_v$ 为像元的植被覆盖率，通过植被指数估计；$\mathrm{d}\varepsilon$ 为热辐射相互作用校正，由植被和裸土之间的热辐射相互作用产生；R_v 和 R_s 分别为植被和裸土的辐射比率，定义

$$R_v=B_v(T_v)/B(T) \tag{2.287}$$

$$R_s=B_s(T_s)/B(T) \tag{2.288}$$

式中，$B_v(T_v)$ 和 $B_s(T_s)$ 分别为混合像元内植被和裸土的热辐射强度，$B(T)$ 为混合像元

的热辐射强度。

对于城市像元，由于其地表主要是各种建筑物和周边的绿地（植被），因此，可以视为是由建筑物和植被混合构成。这样，城市像元比辐射率可以估计为

$$\varepsilon_i = P_v R_v \varepsilon_{iv} + (1 - P_v) R_m \varepsilon_{im} + \mathrm{d}\varepsilon \tag{2.289}$$

式中，ε_{im} 为城市建筑物地表在第 i 波段的比辐射率，对于 MODIS 第 31 和 32 波段，可以取 $\varepsilon_{31m} = 0.971\,75$，$\varepsilon_{32m} = 0.979\,2$。同理，定义建筑物的辐射比率为

$$R_m = B_m(T_m)/B(T) \tag{2.290}$$

式中，$B_m(T_m)$ 分别为混合像元内建筑物的热辐射强度，T_m 为建筑物表面温度。

2.8.5.2 辐射比率估计

根据 Planck 函数，辐射比率 R_v、R_s 和 R_m 分别由下式确定

$$R_v = \frac{\exp\left(\dfrac{C_2}{\lambda T}\right) - 1}{\exp\left(\dfrac{C_2}{\lambda T_v}\right) - 1} \tag{2.291}$$

$$R_s = \frac{\exp\left(\dfrac{C_2}{\lambda T}\right) - 1}{\exp\left(\dfrac{C_2}{\lambda T_s}\right) - 1} \tag{2.292}$$

$$R_m = \frac{\exp\left(\dfrac{C_2}{\lambda T}\right) - 1}{\exp\left(\dfrac{C_2}{\lambda T_m}\right) - 1} \tag{2.293}$$

式中，C_2 为 Planck 光谱常量，λ 为中心波长，T 为温度。模拟计算表明，R_v、R_s 和 R_m 不仅取于温度变化，而且取决于植被覆盖度，并且后者的影响更大。因此，可以建立它们与植被覆盖度之间的关系来进行估计

$$R_v = 0.927\,62 + 0.0703\,3 P_v \tag{2.294}$$

$$R_s = 0.997\,82 + 0.0836\,2 P_v \tag{2.295}$$

$$R_m = 0.988\,6 + 0.128\,70 P_v \tag{2.296}$$

植被覆盖度 P_v 主要是通过植被指数来估计：

$$p_v = \frac{\mathrm{NDVI} - \mathrm{NDVI}_s}{\mathrm{NDVI}_v - \mathrm{NDVI}_s} \tag{2.297}$$

式中，NDVI 是植被指数，NDVI_v 和 NDVI_s 分别为茂密植被覆盖和完全裸土像元的 NDVI 值，通常取 $\mathrm{NDVI}_v = 0.85$，$\mathrm{NDVI}_s = 0.15$。因此，当 $\mathrm{NDVI} > \mathrm{NDVI}_v = 0.85$ 时，$P_v = 1$，表示该像元是一个茂密植被覆盖的地区，看不见裸露的土壤表面；否则，当 $\mathrm{NDVI} < \mathrm{NDVI}_v = 0.15$ 时，$P_v = 0$，表示该像元是一个完全裸露的地区，没有任何植被覆盖；对于 MODIS 图像而言，NDVI 是用第 1 和 2 波段来计算

$$NDVI= \frac{B_2 - B_1}{B_2 + B_1} \tag{2.298}$$

式中，B_1 和 B_2 分别为 MODIS 图像第 1 和 2 波段的反射率，由下式计算：

$$B_i = RL_i(DN_i - OS_i) \tag{2.299}$$

式中，DN_i（i=1，2）为 MODIS 图像第 1 和 2 波段的灰度值，RL_i 和 OS_i 分别为第 i 波段的反射率定标值，由图像的头文件查出。

2.8.5.3 相互作用量估计

在混合像元情况下，由于像元中含有不同的组分（自然像元中的植被和裸地），各组分之间由于表面温度不同，其热辐射强度也不尽相同，因而存在着一定程度上的相互作用，即各组分之间的热辐射客观上存在着受到其他组分热辐射的影响。这种相互作用同样也表现在比辐射率上。一般来说，这种相互作用都比较弱，但是，把这种相互作用考虑进去，将能有效地提升地表比辐射率的估计精度，提高地表温度遥感反演的科学合理性。

根据地表比辐射率估计式 2.286，还需要估计相互作用校正项 $d\varepsilon$，才能确定像元尺度上的地表比辐射率，为地表温度遥感反演提供基础。可以合理地假定，混合像元的地表各组分的热辐射相互作用在植被与裸土组分各点一半时达到最大，所以提出如下经验公式来估计 $d\varepsilon$

当 $P_v=0$ 或者 $P_v=1$ 时，$d\varepsilon$ 最小 $d\varepsilon=0.0$

当 $0<P_v<0.5$ 时 $d\varepsilon=0.003\ 796 P_v$

当 $1>P_v>0.5$ 时 $d\varepsilon=0.003\ 796（1-P_v）$ （2.300）

当 $P_v=0.5$ 时 $d\varepsilon$ 最大 $d\varepsilon=0.001\ 898$

值得指出的是，用式 2.286 计算出的地表比辐射率 ε_i 若大于 ε_{iv}，则取 $\varepsilon_i=\varepsilon_{iv}$。$\varepsilon_i$ 若小于 ε_{is}，则取 $\varepsilon_i=\varepsilon_{is}$。同样，若根据式 2.289 计算得到的 ε_i 若小于 ε_{im}，则取 $\varepsilon_i=\varepsilon_{im}$。

2.8.5.4 地表比辐射率估计流程

根据上面对于地表比辐射率的估计方法，可把地表比辐射率的估计过程列示为如下几个步骤。

（1）用 MODIS 图像的第 1 和 2 波段计算 NDVI 值式 2.298。

（2）用式 2.296 计算该像元的植被覆盖率 P_v。

（3）根据图像的第 1 和 2 波段进行分类，确定水体像元和陆地像元。

（4）对于水体像元，直接取水体的地表比辐射率作为该像元的地表比辐射率：$\varepsilon_{31}=\varepsilon_{31w}=0.996\ 83$，$\varepsilon_{32}=\varepsilon_{32w}=0.992\ 54$。

（5）对于陆地像元，根据植被覆盖率，用式 2.292 估计该陆地像元的相互作用校正项 $d\varepsilon$，并进而用式 2.282 估计地表比辐射率 ε_{31} 和 ε_{32}。

上述有关地表比辐射率的估计过程如图 2.10 所示。

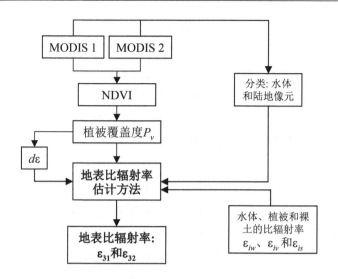

图 2.10 地表比辐射率估计方法

2.8.6 MODIS 地表温度反演与应用

2.8.6.1 MODIS 地表温度反演过程

求得星上亮温和基本参数之后，就可以用式 2.262 来反演各像元的地表温度。根据上面的论述，可以用图 2.11 来表示农业遥感监测中所需要的地表温度反演过程。虽然上文已详细地论述了 MODIS 地表温度反演中的基本参数估计方法，但反演过程中不可避免地需要涉及比较复杂的计算过程。为了方便，可把 MODIS 数据的地表温度反演过程分解成如下几个步骤。

（1）用第 1 和 2 波段计算 NDVI，并进而估计植被覆盖率 P_v。

（2）根据第 1 和 2 波段进行分类：区分出水体和陆地像元。

（3）根据分类结果和植被覆盖率估计像元的地表比辐射率 ε_{31} 和 ε_{32}。

（4）用第 2 和 19 波段计算大气水分含量，并进而估计星下大气透过率 $\tau_{31}(10)$ 和 $\tau_{32}(10)$。

（5）估计各像元的天顶视角，并进而估计大气透过率的视角校正函数 $\delta\tau_{31}(\theta)$ 和 $\delta\tau_{32}(\theta)$。

（6）分别计算第 31 和 32 波段的辐射值，并进而计算星上亮度温度 T_{31} 和 T_{32}。

（7）估计大气透过率的温度校正函数 $\delta\tau_{31}(T)$ 和 $\delta\tau_{32}(T)$。

（8）考虑视角校正和温度校正，估计大气透过率 $\tau_{31}(\theta)$ 和 $\tau_{32}(\theta)$。

（9）运用分裂窗算法公式 2.262，通过 ε_{31} 和 ε_{32}、τ_{31} 和 τ_{32}，以及 T_{31} 和 T_{32}，计算地表温度 T_s。

（10）进行时间校正，得到当日相同太阳时间（一般是 14 时）的地表温度空间分布

（11）进行几何校正，形成本景图像的地表温度反演结果。

通过重复上述步骤，可以分别获得全国东中西各景图像的地表温度反演结果。对各景地表温度图像实行拼接，并叠加上行政界线，便获得全国 MODIS 地表温度空间分布，为农业遥感监测等应用提供基础。

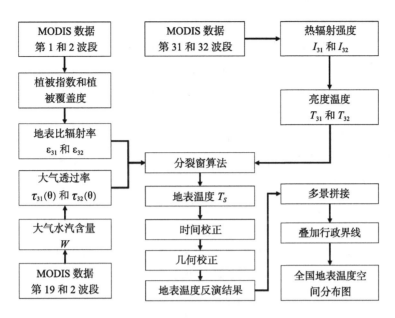

图 2.11　MODIS 数据的全国地表温度空间分布图生成技术流程

2.8.6.2　MODIS 数据地表温度反演软件 LST-MODIS

MODIS 数据的地表温度反演比较复杂，计算过程中需要进行许多判断和运算，通过遥感图像处理的内置模块很难满足农业遥感监测等实际应用对海量 MODIS 数据的快速处理分析需要，因为农业遥感监测经常需要进行每天多景数据的地表温度反演，而一个月就有 100 多景的数据量。为了满足海量 MODIS 数据处理分析的需要，根据上述地表温度反演方法，编写了基于 IDL（Integrated Development Language）语言的 MODIS 数据水面温度反演软件 LST-MODIS。LST-MODIS 软件是一个在 IDL 环境下单独运行的程序，它能够同时处理多景 MODIS 数据的地表温度反演，因此是一个批量处理程序。由于 IDL 是遥感图像处理软件 ENVI 的开发环境，因此，只要安装有 ENVI 软件的电脑，均可直接运行 LST-MODIS 来对多景 MODIS 数据进行批量地表温度反演。这一软件是以 MODIS 数据的标准 hdf 文件格式为数据输入和计算结果输出，因此，能够方便地与广泛使用的遥感图像处理软件 ENVI 和其他可打开 hdf 文件格式的专业遥感图像处理软件（如 ERDAS IMAGINE）实现接口，从而使其应用具有广泛适用性。

该软件的计算速度非常快，一般每景仅需要 20 s 左右。这样，即使处理一个月的全部 120~150 景 MODIS 数据，也就需要 1 h 左右的计算机时。这一软件的使用操作非常简单，它不需要对每景数据进行参数输入，只需要选择 MODIS 数据的输入文件夹和地表温度反演结果的输出文件夹，就能让计算机自己完成所有的计算工作。因此，该软件具有操作简单和方便易用的特征，能够满足快速地进行海量 MODIS 数据的地表温度处理任务。

这一 MODIS 数据的地表温度反演软件的一些基本特征可以总结如下。

◎ 运行环境：IDL 环境，适宜于在安装有 ENVI 软件的机子上直接运行。

◎ 文件输入 / 输出格式：以 hdf 格式为源文件输入和结果输出。因此，能够与现有的多种遥感图像处理软件直接对接，适用性较强。

◎ 处理能力：不仅能够处理单景而且能够批量地处理多景 MODIS 数据，处理每景数据仅需要 1 分钟左右。

◎ 应用简便程度：无论是单景处理还是多景批量处理，仅需要选择输入和输出的文件夹名，而不需要输入各景数据的文件名和结果输出的文件名，也不需要输入其他计算参数。因此，软件的应用操作十分简便易用。

◎ 输出文件命名：输出文件是以输入文件名前面加上 LST 为统一命名，放在输出文件夹里，方便于与输入文件相对应，十分明了。

◎ 结果输出：输出的 hdf 文件里将包括 NDVI、LST、Latitude 和 Longitude 的反演结果。其中，NDVI 是归一化植被指数，LST 是地表温度，Latitude 和 Longitude 是经纬度坐标，用于图像的几何校正。因此，LST-MODIS 软件的结果输出，不仅有地表温度反演结果，而且还包括有相关的植被指数和几何校正信息等项数据，以满足多种资源环境监测用途需要。

2.8.6.3　实际应用分析

我国地域辽阔，地表类型复杂，南北跨度 5 500km，从海南的热带、亚热带到中部的暖温带、中温带一直到黑龙江北部的寒温带，湿润区的地带性植被也从热带雨林逐渐变为常绿阔叶林、落叶阔叶林以及针叶林，同一时间不同纬度的温度可能相差十几度到二十几度。东西跨 5 200km，气候类型从东部典型的湿润性季风气候逐渐过渡为半湿润、半干旱、直到干旱的大陆性气候，还有荒漠性气候区及青藏高原的高寒气候区；由东到西的植被分异也非常明显，从森林逐渐转化为疏林草原、草原、干草原、荒漠草原等。同一纬度上的温度也会因不同的植被状况而有很大差异，因此，要实现全国范围内的地表温度反演，必须研究复杂地表状况下地表温度反演方法的适用性。为此，分别选取东部、中部、西部三景影像进行实例应用分析，如图 2.12 所示。

图 2.12 显示我国东中西 3 景 MODIS 数据的地表温度反演结果，成像时间分别为 2004 年 4 月 4 日上午 10：46（图 2.12a），2004 年 4 月 17 日 11：54（图 2.12b），2004 年 8 月 31 日 12：42（图 2.12c）。图上影像区域中白色的是云。由于被厚云覆盖的地区得到的是云端的温度，对地表温度来说没有意义，所以只讨论没有云覆盖或有薄云的区域。

图 2.12a 中有两个温度相对较高的区域，一个是华南高温区，另一个是黄土高原高温区。华南地区纬度比较低，4 月正是春末夏初温度开始普遍升高的时期，地表温度在 25~35℃范围内，与周围相对较低的温度相比，表现出高温集中的热力场异常区。同时，在黄土高原地区也出现了局部地区的高温现象，突出表现在河北西部、山西大部分

地区以及陕西省北部。这些区域此时干燥少雨，正属于典型的春旱时期，地表温度相对较高，最高温可达 35.49℃，是这一时期我国境内出现的另一热力场异常区。华中大部分地区的地表温度在 10~17℃，处于较湿冷的时期，形成了南北两个热力场之间的低温控制区。

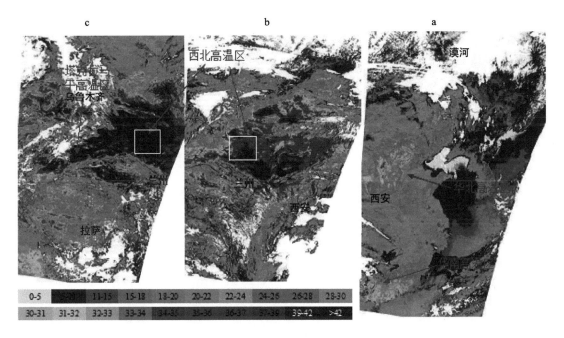

图 2.12　我国东中西三景 MODIS 数据的地表温度反演结果

图 2.12b 中最明显的是西北高温区，尽管是在 4 月，内蒙古西部及甘肃北部的巴丹吉林沙漠、腾格里沙漠温度最高可达 45℃，形成了大面积的热力高温异常区域。自河西走廊往南温度明显降低，到青藏高原上低于 0℃，其中横断山脉两侧的温度差异非常明显，西侧为高原区温度较低，图上呈现为白色，虽然是由于云层遮挡的缘故，但白色云层之间的零星淡蓝色表明其地表温度相对较低，而东侧为四川盆地，温度相对较高，图上表现为淡绿色，两侧 10km 内温差可达 20℃ 左右，同时，云区边缘整齐，表明这是两大空气团的交会处。

图 2.12c 的成像时间是 8 月末，西北高温区与塔克拉玛干沙漠高温区连成一片，形成了西部地区的一个热力场高温源。由于部分地区受云的影响，塔克拉玛干沙漠西北部地表温度并没有完全表现出来，真正的高温区可能比图上显示的还要大。这个特点也可以从同一时期的其他图像上看出来。图 2-12c 和图 2-12b 的相比发现，在同一地区，8 月（图 2-12c）的地表温度明显比 4 月（图 2-12b）要高，分别在两幅图上的同一区域选取感兴趣区（如图 2-12 所示的方框）进行统计，结果表明，感兴趣区内 8 月的平均温度为 46.98℃，比 4 月的平均温度（35.95℃）高出 11℃。显然，这是西北沙漠地区夏季高温少

雨，地表异常干燥，在白天太阳暴晒下容易增温的结果。从感兴趣区内的地表温度标准差来看，这两个月份比较接近，8 月为 3.98℃，而 4 月为 3.86℃，说明该区域内地表温度空间差异呈现出随季节同步变化的趋势，同时也指出了地表温度反演结果的可靠性。用 MODIS 数据反演地表温度有利于区域性的地表水热状况和近地表温度场的认识，正是全国农业遥感监测的需要。

3 地表温度遥感反演：单窗算法

3.1 引言

由于地面分辨率很高，陆地卫星（Landsat）的 TM 遥感图像数据已经得到了非常广泛的应用。该数据有一个热波段（TM6）可用来分析地球表面的热辐射和温度区域差异。该波段的波长区间为 $10.45 \sim 12.5\mu m$，天顶视角下的象元地面分辨率为 $120m \times 120m$。这一地面分辨率远比气象卫星 NOAA-AVHRR 遥感数据的地面分辨率（天顶视角下为 $1.1km \times 1.1km$）高，因此，对于要求精确的区域分析来说，TM 数据是比较好的选择。但是，相对于其可见光波段和近红外波段的广泛应用而言，TM 图像的热波段（TM6）数据则应用得很少，并且大多数应用是直接使用其灰度值或者是转化为象元亮度温度，而没有计算真正意义上的地表温度。由于地表热辐射在其传导过程中受到大气和辐射面的多重影响，TM 遥感器所观测到的热辐射强度（已转化为相对应的灰度值）已不再是单纯的地表热辐射强度，因而也不能直观地表示地表的热辐射和温度变化，从而使直接使用 TM6 的原数值（灰度值或亮度温度）来进行区域分析所得到的结论存在很大程度上的偏差。偏差的大小直接取决于大气和地表影响的强弱。

为了从 TM6 数据中求算真正的地表温度，传统上一般是使用所谓的大气校正法。这一方法需要使用大气模型（如 LOWTRAN 或 MODTRAN 或 6S）来模拟大气对地表热辐射的影响，包括估计大气对热辐射传导的吸收作用以及大气自己所放射的向上和向下热辐射强度。然后把这部分大气影响从卫星遥感器所观测到的热辐射总量（按灰度值计算）减去，得到地表的热辐射强度，最后把这一热辐射强度转化成相对应的地表温度。这一方法虽然可行，在实际应用起来却非常困难。除计算过程复杂之外，大气模拟需要精确的实时（卫星飞过天空时）大气剖面数据，包括不同高度的气温、气压、水蒸汽含量、气溶胶含量、CO_2 含量、O_3 含量等。对于所研究的区域而言，这些实时大气剖面数据一般是没有的。因此，大气模拟通常是使用标准大气剖面数据来代替实时数据，或者是用非实时的大气空探数据来代替。由于大气剖面数据的非真实性或非实时性，根据大气模拟结果所得到的大气对地表热辐射的影响的估计通常存在较大的误差，从而使大气校正法的地表温度演精度较差（一般 >3℃）。

截至目前，尚未见到较简单可行的可用于从仅有一个热波段的 TM 数据中反演地表温度的算法诞生。Hurtado 等（1996）根据地表能量平衡方程和标准气候参数，提出了一种新的大气校正法，用以从 TM 数据中演算地表温度。可以说，这一方法已经接近于提出一种地表温度的反演方法，但计算过程的复杂和许多参数的不确定性，使这一方法仍难以称之为一个算法。本章将根据地表热传导方程，推导出一个简单可行并且保持较高精度的地表温度反演方法。

在遥感地学分析中，陆地卫星 Landsat TM/ETM 是最常用的高分辨率卫星图像数据。但是，最经常应用的是 TM/ETM 的可见光波段和近红外波段数据。实际上，该卫星图像数据还有一个热波段（TM6/ETM6）数据，其像元地面分辨率为 120m（TM6）/60m（ETM6），很适于地表温度和地表水热空间差异的精确分析。目前，共有 3 种方法可以用来从 TM6/ETM6 数据中反演出真正的地表温度（Kinetic Temperature），即大气校正法、单窗算法和单通道算法。大气校正法是传统的算法，它需要进行较为复杂的大气模拟，以便确定大气的辐射分量影响，然后从遥感器所观测到的总热辐射量中减去大气的影响而得到地面上应有的热红外辐射强度，最后再根据大气透过率和地表比辐射率反演出真正的地表温度。大气校正法操作较复杂，并且需要实时大气剖面数据才能进行精确的大气模拟，但大多数情况下没有研究区域的实时大气剖面数据。因此，覃志豪等（2001）提出了一个较简易可行的单窗算法，用来从 TM6 数据中反演地表温度。这一单窗算法需要地表比辐射率、大气透射率和大气平均作用温度 3 个基本参数。Jiménez-Muñoz 和 Sobrino（2003）提出的普适性单通道算法也可用来从 TM6 数据是反演地表温度。地表比辐射率也是该单通道方法的关键参数。虽然国内外对热红外遥感已经有较多研究（Becker and Li，1995；Sobrino，2001；张仁华，1999；郑兰芬等，1998），但所提出的地表比辐射率定测方法大多过于繁杂，不易于实际应用。单独针对 TM6 波段而提出的地表比辐射率估计方法尚未见有发表。为了便于从 TM6/ETM6 热红外数据中提取地表温度信息，本章着重对单窗算法和单通道算法及其所需基本参数即大气参数和地表比辐射率的估计方法进行深入探讨，最后通过两个实例应用，展示这些这些估计方法在实际中的可用性。

3.2 单窗算法

对于只有一个热红外遥感波段的数据而言，要想从热红外遥感器所观测到的地表热辐射通量中反演出真正的地表温度，需要把地表和大气对遥感观测过程的影响进行考虑。根据不同的考虑，可以推导出不同的地表温度反演算法。Qin 等（2001）根据分裂窗算法原理，针对 Landsat TM 数据，通过一系列近似估计，最后推导出了一个适用于 TM 数据的单窗算法。随后，Jiménez-Muñoz 和 Sobrino（2003）也提出了他们的单通道算法。本节将详细介绍 Qin 等（2001）的单窗算法推导过程。

3.2.1 从 TM6 数据中求算亮度温度

利用单窗算法进行地表温度反演，需要建立在星上亮度温度的基础上。因此，首先应从 Landsat TM 遥感器观测到的热红外波段数据（TM6）求算星上亮度温度。

亮度温度是遥感器在卫星高度所观测到的热辐射强度相对应的温度。这一温度包含有大气和地表对热辐射传导的影响，因而不是真正意义上的地表温度。但地表温度是根据这一亮度温度来演算而得，因此，有必要先探讨如何从 TM6 数据中求算亮度温度的问题。

一般而言，TM 数据是以灰度值（即 DN 值）来表示，其 DN（Digital Number）值为 0~255，数值越大，亮度越大。对于 TM6，亮度越大，表示地表热辐射强度越大，温度越高，反之亦然。从 TM6 数据中求算亮度温度的过程包括把 DN 值转化为相应的热辐射强度值，然后根据热辐射强度推算所对应的亮度温度。

陆地卫星是美国国家航空航天部（NASA）发射管理的地球资源监测卫星，其遥感器 TM 在设计制造时已考虑到把所接收到的辐射强度转化为相对应的 DN 值问题。因此，对于 TM 数据，所接收到的辐射强度与其 DN 值有如下关系（Markham and Baker，1986）：

$$L_{(\lambda)}=L_{\min(\lambda)}+(L_{\max(\lambda)}-L_{\min(\lambda)})Q_{dn}/Q_{\max} \tag{3.1}$$

式中，$L_{(\lambda)}$ 为 TM 遥感器所接收到的辐射强度（$mW \cdot cm^{-2} \cdot sr^{-1} \cdot \mu m^{-1}$），$Q_{\max}$ 是最大的 DN 值，即 $Q_{\max}=255$，Q_{dn} 是 TM 数据的像元灰度值，$L_{\max(\lambda)}$ 和 $L_{\min(\lambda)}$ 是 TM 遥感器所接收到的最大和最小辐射强度，即相对应于 $Q_{dn}=255$ 和 $Q_{dn}=0$ 时的最大和最小辐射强度。对于陆地卫星 5 号，TM 遥感器的热波段 TM6 的中心波长为 $11.475 \mu m$。发射前已预设 TM6 的常量为，当 $L_{\min(\lambda)}=0.1238 mW \cdot cm^{-2} \cdot sr^{-1} \cdot \mu m^{-1}$ 时 $Q_{dn}=0$；当 $L_{\max(\lambda)}=1.56 mW \cdot cm^{-2} \cdot sr^{-1} \cdot \mu m^{-1}$ 时，$Q_{dn}=255$（Schneider and Mauser，1996）。因此，上式的热辐射与灰度值之间的关系可进一步简化为

$$L_{(\lambda)}=0.1238+0.005632156Q_{dn} \tag{3.2}$$

在 TM6 数据中，灰度值 Q_{dn} 已知，因此用上式可很容易地求算出相应的热辐射强度 $L_{(\lambda)}$。一旦 $L_{(\lambda)}$ 已求得，所对应的像元亮度温度可直接用 Planck 辐射函数计算（Sospedra et al.，1998），或者是用如下近似式求算（Schott and Volchok，1985；Wukelic et al.，1989；Goetz et al.，1995）：

$$T_6=K_2/\ln(1+K_1/L_{(\lambda)}) \tag{3.3}$$

式中，T_6 是 TM6 的像元亮度温度 (K)，K_1 和 K_2 为发射前预设的常量，对于 Landsat 5 的 TM 数据，$K_1=60.776 mW \cdot cm^{-2} \cdot sr^{-1} \cdot \mu m^{-1}$，$K_2=1260.56K$（Schneider and Mauser，1996）。

Landsat TM 是在飞行高度约为 750km 的太空中观测地表的热辐射。当地表的热辐射穿过大气层到达 TM 遥感器时，它已受到大气的吸收作用而衰减；另一方面，大气自己也放射出一定强度的热辐射。大气的向上热辐射直接到达 TM 遥感器，而向下热辐射也有被地表反射回一部分。此外，地表也不是一个黑体，其比辐射率小于 1。因此，热遥感是一个复杂的过程。要想从卫星遥感器所观测到的热辐射强度中演算地表温度，必须全面考虑热辐射传导过程中的所有这些影响，而这些影响则因不同地区和不同时间而不停地变化，

从而使得地表温度的演算变得复杂。传统的做法是运用大气模型估计大气吸收作用和大气热辐射强度，然后从卫星遥感器所观测到的热辐射中减去这部分大气影响，使之变成地表的热辐射，最后考虑地表的非黑体（比辐射率 <1）影响而推算地表温度。大气模型的模拟需要使用实时的大气剖面的多方面数据，如不同高度的大气温度、气压、水分含量、CO_2 含量、O_3 含量、气溶胶含量等等，而这些实时数据常常缺乏，从而使大气校正法的实际应用存在很大困难，多数是用标准大气数据或非实时气探数据来进行模拟估计，因此，温度演算的误差通常也较大（一般 >3℃）。这就提出了根据地表热辐射传导方程探讨其他可能方法的必要性。

3.2.2 TM6 的热传导方程

就遥感数据而言，任何关于地表温度的反演，都是以地表热辐射传导方程为基础。这一传导方程阐明卫星遥感所观测到的热辐射总强度，不仅有来自地表的热辐射成分，而且还有来自大气的向上和向下热辐射成分。这些热辐射成分在穿过大气层到达遥感器的过程中，还受到大气层的吸收作用的影响而减弱。同时，地表和大气的热辐射特征也在这一过程中产生不可忽略的影响。因此，地表温度的演算实际上是一个复杂的求解问题。

为了定量地确定各构成要素在地表温度反演过程中的相对作用，有必要先引用物体的辐射理论，明确热辐射与相应温度的关系。对于一个黑体（它所吸收的能量等于它所辐射的能量，因此辐射率为 1），其辐射强度与温度和波长有直接关系，可用 Planck 辐射函数来表达：

$$B_\lambda(T) = \frac{C_1}{\lambda^5(e^{c_2/\lambda T}-1)}$$

（3.4）

式中，$B_\lambda(T)$ 是该黑体的辐射强度（$W \cdot m^{-2} \cdot sr^{-1} \cdot \mu m^{-1}$）；$\lambda$ 是波长（$1m=10^6 \mu m$）；C_1 和 C_2 是辐射常数，$C_1 = 1.19104356 \times 10^{-6} \ W \cdot m^{-2}$ 和 $C_2 = 1.4387685 \times 10^4 \ \mu m \cdot K$；$T$ 是温度 (K)。对于 TM6，Planck 函数的辐射强度与温度之间的变化如图 3.1 所示。

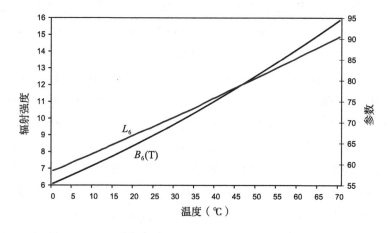

图 3.1 TM6 的辐射强度 B_6（T_6）和参数 L_6 随温度的变化

实际上，黑体仅是一个理论概念，绝大多数自然地面并非黑体。因此，量度物体辐射特征的比辐射率（黑体为 1，其他小于 1）必须考虑在热辐射传导方程的构筑中。在充分考虑了大气和地表的多重影响之后，卫星高度 TM 遥感器所接收到的热辐射强度可以表述为

$$B_6(T_6)=\tau_6[\varepsilon_6 B_6(T_s)+(1-\varepsilon_6)I_6^\downarrow]+I_6^\uparrow \tag{3.5}$$

式中，T_s 为地表温度；T_6 为 TM6 的亮度温度，其计算已在上节中论述；τ_6 为大气透射率，ε_6 为地表比辐射率。$B_6(T_6)$ 为 TM6 遥感器所接收到的热辐射强度，$B_6(T_s)$ 为地表在 TM6 波段区间内的实际热辐射强度，直接取决于地表温度，$I_6^\uparrow$ 和 $I_6^\downarrow$ 分别是大气在 TM6 波段区间内的向上和向下热辐射强度。

大气的向上热辐射强度通常可用如下积分计算（Franca and Cracknell, 1994）：

$$I_6^\uparrow = \int_0^z B_6(T_z)\frac{\partial \tau_6(z,Z)}{\partial z}\mathrm{d}z \tag{3.6}$$

式中，T_z 是高程为 z 的气温，Z 为遥感器的高程，$\tau_6(z, Z)$ 为从高程 z 到遥感器高程 Z 之间的大气向上透射率。根据 McMillin（1975）、Prata（1993）和 Coll 等（1994）的研究结果，大气的向上热辐射公式可用中值定理（The mean value theorem）近似求解

$$B_6(T_a) = \frac{1}{1-\tau_6}\int_0^z B_6(T_z)\frac{\partial \tau_6(z,Z)}{\partial z}\mathrm{d}z \tag{3.7}$$

式中，T_a 为大气的向上平均作用温度（又称大气平均作用温度），$B_6(T_a)$ 代表大气向上平均作用温度为 T_a 时的大气热辐射强度。因此，有近似解为

$$I_6^\uparrow=(1-\tau_6)B_6(T_a) \tag{3.8}$$

热辐射传导式 3.5 中的大气向下热辐射总强度一般可视作是来自一个半球状方向的大气热辐射之积分，因此，通常可用如下公式表示（Franca and Cracknell, 1994）：

$$I_6^\downarrow = 2\int_0^{\pi/2}\int_\infty^0 B_6(T_z)\frac{\partial \tau'_6(\theta',z,0)}{\partial z}\cos\theta'\sin\theta'\mathrm{d}z\ \mathrm{d}\theta' \tag{3.9}$$

式中，θ' 为大气向下辐射的方向角，∞ 为地球大气顶端高程，$\tau'_6(\theta', z, 0)$ 代表从高程为 z 到地表的大气向下透射率。根据 Franca 和 Cracknell（1994）研究，当天空晴朗时，对于整个大气的每一个薄层（如 1 km）而言，一般可合理地假定 $\partial \tau_6(z, Z) \approx \partial \tau'_6(\theta', z, 0)$，即每个大气薄层的向上和向下透射率相等。以这个假定为依据，把中值定理应用到式 3.9 中，得

$$I_6^\downarrow=2\int_0^{\pi/2}(1-\tau_6)B_6(T_a^\downarrow)\cos\theta'\sin\theta'\ \mathrm{d}\theta \tag{3.10}$$

式中，$T_a^\downarrow$ 为大气的向下平均作用温度。对该方程的积分项进行求解，得

$$2\int_0^{\pi/2}\cos\theta'\sin\theta'\ \mathrm{d}\theta\ |_0^{\pi/2}=1 \tag{3.11}$$

因此，大气的向下热辐射强度可以近似地表示为

$$I_6^\downarrow=(1-\tau_6)B_6(T_a^\downarrow) \tag{3.12}$$

将 $I_6^\uparrow$ 和 $I_6^\downarrow$ 代入地表的热辐射传导方程 3.5 中，可得

$$B_6(T_6)=\tau_6[\varepsilon_6B_6(T_s)+(1-\varepsilon_6)(1-\tau_6)B_6(T_a^{\downarrow})]+(1-\tau_6)B_6(T_a) \qquad (3.13)$$

根据这一传导方程，可以推演地表温度，但由于方程的未知数不止地表温度一个，所以，求解该方程并非易事。在传统上，大气校正法是根据大气影响的估计值（主要是$I_6^{\uparrow}$、$I_6^{\downarrow}$和τ_6），先从$B_6(T_6)$中求得$\varepsilon_6B_6(T_s)$，然后，再运用Planck辐射函数进行求解T_s。正如上面指出，实际上用大气模型估计$I_6^{\uparrow}$和$I_6^{\downarrow}$存在很多困难。大气剖面数据的非实时性和非真实性，通常使$I_6^{\uparrow}$和$I_6^{\downarrow}$的估计产生较大误差，从而使大气校正法的地表温度反演精度较低。以下将首先对地表热辐射传导方程进行剖析，寻找大气辐射强度的近似表达式，从该方程中直接求解地表温度，而不必进行大气影响的估计。

3.2.3 大气平均作用温度的替代性分析

要想推导一个简便的地表温度反演，必须尽量减少变量的个数。分析式3.13可知，有两个变量表达大气的平均温度，即T_a和$T_a^{\downarrow}$。由于它们的含义很接近，可以考虑合二为一的可能性。为此，必须分析$B_6(T_a^{\downarrow})$在$B_6(T_6)$中所起的作用及其对地表温度演算精度的影响。由于大气的垂直差异，大气的向上辐射强度通常大于大气的向下热辐射强度，因此，通常有$B_6(T_a)>B_6(T_a^{\downarrow})$，或$T_a>T_a^{\downarrow}$。在天空晴朗的情况下，一般可合理地假定$T_a$和$T_a^{\downarrow}$之间的差异在5℃以内，即$|T_a-T_a^{\downarrow}|\leqslant5$℃。

为了分析方便，设$D'=\tau_6(1-\varepsilon_6)(1-\tau_6)$。对于绝大多数自然地面，地表比辐射率$\varepsilon_6$一般在0.96~0.98。由此可知，$D'$值很小，并且主要是取决于大气透射率$\tau_6$。对于$\tau_6=0.7$和$\varepsilon_6=0.96$，有$D'=0.0084$。由于$D'$值很小，所以，可以合理地用$B_6(T_a)$来作为$B_6(T_a^{\downarrow})$的近似值。这一替代对于从式3.13中求解地表温度将没有产生实质性的误差。

这一合理假定是推导一个简易算法的关键，因此，在进一步推导之前有必要对这一问题进行定量分析，以确定由此而带来的地表温度演算误差。由于$B_6(T_a)>B_6(T_a^{\downarrow})$，对于一个固定的$B_6(T_6)$值，用$B_6(T_a)$代替$B_6(T_a^{\downarrow})$，将导致式3.13中$B_6(T_s)$和$B_6(T_a)$两项的数值相对降低。接着，$T_s$的数值也将因此而被低估。$B_6(T_s)$和$B_6(T_a)$数值的低估幅度直接取决于它们在该方程中的系数大小，即$B_6(T_s)$的系数为$\tau_6\varepsilon_6$，$B_6(T_a)$的系数为$(1-\tau_6)[1+\tau_6(1-\varepsilon_6)]$。为了分析起见，考虑3种$|T_a-T_a^{\downarrow}|$情况和两种$\tau_6$与$\varepsilon_6$情况的作用。分析结果指出，在各种组合情况下，这一替代所产生的T_s低估都很小。对于$|T_a-T_a^{\downarrow}|=5$℃和$\tau_6=0.8$，用$B_6(T_a)$代替$B_6(T_a^{\downarrow})$，在$T_s=20$℃时，仅导致T_s的低估0.0255℃，在$T_s=50$℃时T_s的低估值为0.0205℃。对于$\tau_6=0.7$，T_s的低估值还更小。因此，可以认为，用$B_6(T_a)$代替$B_6(T_a^{\downarrow})$对于求解地表温度没有实质性的差别。根据这一结论，TM6所观测到的热辐射强度可简化为

$$B_6(T_6)=\tau_6\varepsilon_6B_6(T_s)+(1-\tau_6)[1+\tau_6(1-\varepsilon_6)]B_6(T_a) \qquad (3.14)$$

这一简化表达式，为单窗算法的推导提供了可能性。

3.2.4 单窗算法的推导

从式3.14中求解地表温度，需要对Planck函数进行线性化展开。从图3.1可知，Planck

函数随温度的变化接近于线性。对于某个特定的波长区间如 TM6，在较窄的温度区间（如 <15℃）内，这种线性特征更为明显。因此，运用 Taylor 展开式对 Planck 函数进行线性展开较合适。由于线性特征较显著，保留 Taylor 展开式的前两项一般即可保证足够的精度。因此，有

$$B_6(T_j)= B_6(T)+(T_j-T)\partial B_6(T)/\partial T$$
$$=(L_6+ T_j-T)\partial B_6(T)/\partial T \qquad (3.15)$$

式中，T_j 可为亮度温度（当 $j=6$ 时）、地表温度（当 $j=s$ 时）和大气平均作用温度（当 $j=a$ 时）。参数 L_6 定义为

$$L_6= B_6(T)/[\partial B_6(T)/\partial T] \qquad (3.16)$$

其中，L_6 是一个温度参数（K）。在这里，对 Planck 函数进行线性化的实质意义是，把 $B_6(T_j)$ 所代表的热辐射强度与有一个固定温度 T 的 $B_6(T)$ 关联起来，而这一固定温度 T 则是进一步推导的关键。考虑到在大多数情况下，通常有 $T_s>T_6>T_a$。因此，可以定义这一固定温度 T 为 T_6。这样，对于 TM6 的波段区间而言，T_s、T_6 和 T_a 所对应的 Planck 函数可进一步展开为

$$B_6(T_s)=(L_6+ T_s-T_6)\partial B_6(T_6)/\partial T \qquad (3.17)$$
$$B_6(T_a)=(L_6+ T_a-T_6)\partial B_6(T_6)/\partial T \qquad (3.18)$$
$$B_6(T_6)=(L_6+ T_6-T_6)\partial B_6(T_6)/\partial T=L_6\partial B_6(T_6)/\partial T \qquad (3.19)$$

把这些开展式代入式 3.14 中，并消除方程两边的 $\partial B_6(T_6)/\partial T$ 项，得到

$$L_6=C_6(L_6+T_s-T_6)+D_6(L_6+T_a-T_6) \qquad (3.20)$$

式中，参数 C_6 和 D_6 分别定义为

$$C_6=\tau_6\varepsilon_6 \qquad (3.21)$$
$$D_6=(1-\tau_6)[1+\tau_6(1-\varepsilon_6)] \qquad (3.22)$$

对于 TM6，可以发现参数 L_6 的数值与温度有密切的关系（图 3.1）。根据这一特性，L_6 可以用如下回归方程来估计

$$L_6=a_6+b_6T_6 \qquad (3.23)$$

式中，a_6 和 b_6 是回归系数。回归分析表明，在温度变化范围 0~70℃（273~343K）内，式 3.23 的回归系数分别为 $a_6=-67.35535$ 和 $b_6=0.458608$，L_6 的估计误差 REE=0.32%，相关系数平方 $R^2=0.994$。如果 TM6 图像的温度变化范围较窄，还可提高估计误差。例如对于 0~30℃，取 $a_6=-60.3263$ 和 $b_6=0.43436$，可使 L_6 的估计误差降低到 REE=0.08%；对于 20~50℃，有 $a_6=-67.9542$ 和 $b_6=0.45987$，REE=0.12%。

把式 3.23 代入式 3.21 中，可得

$$a_6+b_6T_6=C_6(a_6+b_6T_6+T_s-T_6)+D_6(a_6+b_6T_6+T_a-T_6) \qquad (3.24)$$

对该式求解 T_s，得到

$$T_s=[a_6(1-C_6-D_6)+ b_6(1-C_6-D_6)+ C_6+ D_6]T_6+D_6T_a]/C_6 \qquad (3.25)$$

这就是适用于 TM6 数据的地表温度演算公式。当然，这一算法假定其 3 个基本参数

ε_6、τ_6 和 T_a 已知，才能进行地表温度的反演。在一般情况下，这 3 个基本参数都可以较容易地确定。地表辐射率直接与地表构成有关，已有较多文献讨论地面辐射率的确定问题（Humes et al.，1994）。大气透射率和大气平均作用温度可以根据地面附近（高程为 2m 左右）的大气水分含量或湿度和平均气温来估计。在大多数情况下，各地方气象观测站均有对应于卫星飞过天空时的这两个观测指标的实时数据。

由于这一演算方法适用于从仅有一个热波段遥感数据中推演地表温度，称之为单窗算法，以区别于分窗算法。分窗算法是用于从两个热波段遥感数据（主要是 NOAA-AVHRR）中演算地表温度的方法。

3.3　大气参数估计

大气对地表温度遥感反演有重要的影响。在分裂窗算法中，可以通过两个相邻波段进行一定程度上的大气影响消除，但大气透过率仍然是分裂窗算法的关键参数。对于单窗算法来说，由于只有一个热红外波段，大气影响将有两个关键参数：大气平均作用温度和大气透过度。本节将介绍这两个参数的估计方法。

3.3.1　大气平均作用温度 T_a 的估计

大气平均作用温度主要取决于大气剖面气温分布和大气状态。由于陆地卫星飞过研究地区上空的时间很短，在一般情况下很难实施实时大气剖面数据和大气状态的直接观测（如天空气球探测）。况且，大多数应用研究都是采用过去的 TM 图像。虽然很难取得实时大气剖面数据来进行大气平均作用温度的推算，但现有的研究已经提出了一些可行的替代方法。因此，将根据 Sobrino 等（1991）的研究提出一个简便可行的方法，用以进行这一估计，Sobrino 等（1991）把大气平均作用温度与大气剖面的温度和水分分布联系起来，近似地表示为

$$T_a = \frac{1}{w}\int_0^w T_z \mathrm{d}w(z,Z) \tag{3.26}$$

式中，w 为从地面到遥感器高度 Z 之间的大气水分总含量，T_z 是高程为 Z 处的大气温度，$w(z,Z)$ 为从高程 z 到遥感器高度 Z 之间的大气水分含量。

因此，确定 T_a 需要大气剖面各层的实时气温和水分含量。对于很多研究而言，这些实时数据一般是没有的。但是，一些大气模拟软件如 LOWTRAN、MODTRAN 和 6S 等都提供有一些标准大气的详细剖面资料，这些标准大气通常包括有很多大气质量的标准分布，如气温、气压、H_2O、CO_2、CO 等。这些标准大气数据代表相应地区的一般大气状态，如晴朗天气，没有较大的涡流作用等。当实时大气状态数据没有办法取得时，这些标准大气经常被用来进行近似的大气模拟，以便估计遥感分析所需的大气参数。下文将论证这些标准大气数据也可以用来结合当地的实时地面气象资料进行 T_a 的估计。

为了确定 T_a，首先分析这些标准大气的水分含量和气温随高度而变化的分布状况。图 3.2 展示大气各层水分含量及其占大气总水分含量的比率 R_w 随高程的分布。综合分析 4 个标准大气的状况：USA1976 平均大气、热带、中纬度夏季和中纬度冬季的标准大气。如图 3.2 所示，绝大多数大气水分含量集中分布在低层大气里，尤其是从地面到 3km 高度之间（图 3.2a）。尽管这 4 种标准大气的水分总含量有很大差别（USA1976 平均大气的水分总含量为 $1.44g \cdot cm^{-2}$，热带标准大气的水分含量为 $4.33g \cdot cm^{-2}$），但它们的 R_w 分布则非常相似（图 3.2b）。对于 USA1976 平均大气，第 1 层（0~1km）的水分含量占整个大气剖面水分总含量的 40.206%，这一比率在中纬度标准大气中是 43.356%。表 3.1 给出了这 4 个标准大气的这一比率随高度而变化的详细情况。利用这些标准大气的 R_w 分布特点，可以建立一个简单的方法，反推大气剖面各层的大气水分含量，计算公式如下

$$w(z)=wR_w(z) \tag{3.27}$$

式中，$w(z)$ 是高度为 z 处的大气水分含量，$R_w(z)$ 为该处高度大气水分含量占大气总水分含量的比率，由表 3.1 给出。由于上层大气（>10km）的水分含量非常低，并且陆地卫星的飞行高度达 725km，因此，可以合理地假定 $w(Z)=0$。

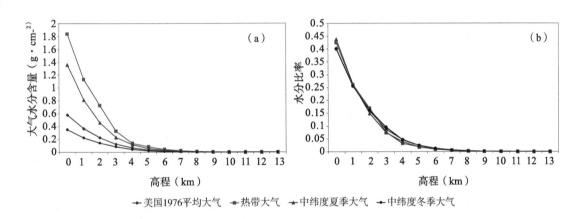

图 3.2　几个标准大气剖面各层水分含量分布（a）及其占总水分含量的比率随高度而变化状况（b）

表 3.1　几个标准大气剖面各层水分含量占其总水分含量的比率随高度而变化的状况

高程 （km）	美国 1976 平均大气	热带大气	中纬度 夏季大气	中纬度 冬季大气	平均 $R_w(z)$
0	0.402 058	0.425 043	0.438 446	0.400 124	0.416 418
1	0.256 234	0.261 032	0.262 100	0.254 210	0.258 394
2	0.158 323	0.168 400	0.148 943	0.161 873	0.159 385
3	0.087 495	0.075 999	0.074 471	0.095 528	0.083 373
4	0.047 497	0.031 878	0.038 364	0.046 510	0.041 062
5	0.024 512	0.019 381	0.017 925	0.023 711	0.021 382
6	0.012 846	0.009 771	0.009 736	0.011 514	0.010 967

（续表）

高程（km）	美国 1976 平均大气	热带大气	中纬度夏季大气	中纬度冬季大气	平均 $R_w(z)$
7	0.006 250	0.004 782	0.005 223	0.004 092	0.005 087
8	0.003 132	0.002 257	0.002 611	0.001 471	0.002 368
9	0.001 049	0.000 954	0.001 315	0.000 587	0.000 976
10	0.000 358	0.000 349	0.000 616	0.000 238	0.000 390
11	0.000 142	0.000 104	0.000 185	0.000 060	0.000 123
12	0.000 055	0.000 032	0.000 044	0.000 026	0.000 039
13	0.000 023	0.000 008	0.000 009	0.000 016	0.000 014
14	0.000 009	0.000 004	0.000 004	0.000 011	0.000 007
15	0.000 006	0.000 002	0.000 002	0.000 008	0.000 004

对于式 3.26，其微分项可以用该高度处的水分含量近似地表示，即 $dw(z, Z)=w(z)$。通过这一近似表示，式 3.27 可改写成

$$T_a = \frac{1}{w}\sum_{z=0}^{m}T_z w(z) \tag{3.28}$$

式中，m 为所考虑的大气剖面的层数。由于大气上层的水分含量相当小，因此，大气平均作用温度主要由低层大气的气温 T_z 决定。因此，根据公式，要估计 T_a，先要确定 T_z 的分布。众所周知，在大气低层，即对流层，气温一般是随高度而降低。图 3.2 很好地描绘了这一情况。尽管所分析的 4 个标准大气的地面附近气温有较大差别，但在高度大约为 13km 处，各标准大气的气温很接近（图 3.2a）。对于 USA1976 平均大气而言，这一高度的气温为 216.7K。热带标准大气为 217K，而中纬度冬季标准大气则为 218.2K；这 4 个标准大气平均为 217K。根据这一特征，可以计算这些标准大气的各层气温降低率 $R_t(z)$

$$R_t(z)=(T_0-T_z)/(T_0-217) \tag{3.29}$$

式中，T_0 是地面附近（一般为 2m 处）的气温。图 3.3b 展示 $R_t(z)$ 随高度的变化分布。

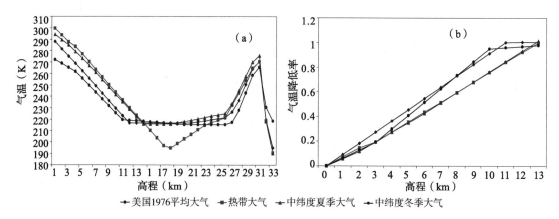

图 3.3　几个标准大气剖面各层气温分布（a）及其降低率（b）

表3.2　几个标准大气剖面各层气温随高程而降低的比率

高程 （km）	美国1976 平均大气	热带大气	中纬度 夏季大气	中纬度 冬季大气	平均 $R_t(z)$
0	0	0	0	0	0
1	0.091 292 1	0.072 551 4	0.058 290 2	0.063 405 8	0.071 384 9
2	0.182 584 3	0.145 102 8	0.116 580 3	0.126 811 6	0.142 769 7
3	0.273 876 4	0.193 470 4	0.194 300 5	0.190 217 4	0.212 966 2
4	0.365 168 5	0.274 486 1	0.272 020 7	0.298 913 0	0.302 647 1
5	0.456 460 7	0.355 501 8	0.349 740 9	0.407 608 7	0.392 328 0
6	0.547 752 8	0.436 517 5	0.427 461 1	0.516 304 3	0.482 009 0
7	0.639 044 9	0.516 324 1	0.511 658 0	0.625 000 0	0.573 006 8
8	0.730 337 1	0.597 339 8	0.595 854 9	0.733 695 7	0.664 306 9
9	0.821 629 2	0.678 355 5	0.680 051 8	0.842 391 3	0.755 607 0
10	0.911 516 9	0.758 162 0	0.762 953 4	0.951 087 0	0.845 929 8
11	1.002 809 0	0.841 596 1	0.847 150 3	0.960 144 9	0.912 925 1
12	1.004 213 5	0.920 193 5	0.931 347 2	0.969 202 9	0.956 239 3
13	1.004 213 5	1	1.015 544 0	0.978 260 9	0.999 504 6
14	1.004 213 5	1.081 015 7	1.016 839 4	0.987 318 8	1.022 346 9
15	1.004 213 5	1.160 822 2	1.016 839 4	0.996 376 8	1.044 563 0

因此，如果知道地面附近的气温 T_0，就可以反推大气剖面各层的气温分布（Qin et al.，2001）

$$T_z = T_0 - R_t(z)(T_0 - 217) \tag{3.30}$$

当实时大气剖面资料缺乏时，用表3.2所给出的标准大气的气温随高程的降低率来替代。至此，已经解决了估计大气平均作用温度所必需的大气剖面各层的气温和水分含量分布的近似估计。一般来说，大气平均作用温度的估计过程如下。

（1）根据研究地区的现有大气剖面数据，如空测资料，推算大气水分含量和大气温度在大气剖面各层的比率分布 $R_w(z)$ 和 $R_t(z)$，然后用这些比率来代表该研究地区的大气分布状态。如果没有大气剖面数据，则可以用表3.3和表3.4所给出的标准大气来替代。当然，选择标准大气时，需要根据研究地区所在的区域与标准大气的相似程度来决定。

（2）用式3.31和实时大气总水分含量 w，推算大气剖面各层的水分含量。如果没有实时大气总水分含量的数据，可求算近似值

$$w = w(0)/R_w(0) \tag{3.31}$$

式中，$w(0)$ 为地面附近（约2m高度）的空气水分含量。一般当地气象资料中都是这个空气水分含量值。$R_w(0)$ 是地面附近的空气水分含量占大气水分总含量的比率。在没有当地空探资料计算这一比率时，可用表3.1所给出的标准大气的比率来替代。

（3）用式 3.30 和已知的地面附近的当地气温数据，推算大气剖面各层的气温分布。

（4）用式 3.29 求算大气平均作用温度 T_a。

如果是用标准大气来求算平均作用温度，这就意味着这一利用必须满足一些不言而喻的假设，这就是天空比较晴朗，以及没有明显的大气垂直涡旋作用。这一假设是十分重要的，因为这种垂直涡旋作用将破坏大气的一般状态，改变大气剖面水分和气温的垂直分布，最终使大气平均作用温度的推算有较大偏差。

实际上，如果是运用表 3.1 和表 3.2 所给出的标准大气各层大气水分含量和温度随高程的变化规律来进行计算，还可以简化上述关于大气平均作用温度的计算过程，推导出一种更为简单可行的公式来求算 T_a 的近似值，即得到

$$T_a=\sum T_z w(z)/w=\sum T_z R_w(z) \tag{3.32}$$

这表明 T_a 主要取决于大气各层中的水分含量降低率和气温。把式 3.30 代入此式中的 T_z，得到

$$T_a= \sum \left[T_0-R_t(z)(T_0-217) \right] R_w(z)$$
$$=T_0 \left[\sum R_w(z)-R_t(z)R_w(z) \right] -\sum 217 R_t(z)R_w(z) \tag{3.33}$$

由于 $R_w(z)$ 和 $R_t(z)$ 已分别由表 3.3 和表 3.4 给出，因此，T_a 和 T_0 有简单的线性关系。可计算出如下线性关系：

对于 USA1976 平均大气　　$T_a=25.9396+0.88045T_0$

对于热带平均大气　　　　　$T_a=17.9769+0.91715T_0$

对于中纬度夏季平均大气　　$T_a=16.011+0.92621T_0$

对于中纬度冬季平均大气　　$T_a=19.2704+0.91118T_0$

式中，T_a 和 T_0 的单位均为 K。这些关系式表明，在标准大气状态下（天空晴朗、没有涡旋作用），大气平均作用温度是地面附近气温的线性函数。因此，在没有实时大气空探资料的情况下，也可以用这些关系式近似地推算 T_a，以便用来从 TM6 数据中推算地表温度。

3.3.2　大气透射率估计

大气透射率对地表热辐射在大气中的传导有非常重要的影响，因而是地表温度遥感的基本参数。不论是单窗算法还是分裂窗算法，都需要较精确的大气透射率估计（Qin et al., 2001）。大气透射率受许多大气因素影响。气压、气温、气溶胶含量、大气水分含量、O_3、CO_2、CO、NH_4 等对热辐射传导均有不同程度的作用，从而使地表的热辐射在大气中的传导产生衰减。因此，准确的大气透射率的求算比较复杂，需要较详细的大气剖面数据。一般来说，准确地求算大气透射率需要进行大气模拟。目前较普遍使用的大气模拟程序有 LOWTRAN、MODTRAN 和 6S 等。然而，这种大气模拟需要很详细的大气剖面数据。正如上面指出，在大多数情况下，实时大气剖面数据并不具备，从而使大气模拟法难以实施，虽然也可以使用这些程序提供的标准大气来替代，但模拟过程较为复杂，很难在实际

研究中普遍使用。

在大气各影响因素中，大气水分含量的变化较快。研究表明，大气透射率的变化主要取决于大气水分含量的动态变化，其他因素因其动态变化不大而对大气透射率的变化没有显著影响，并且大气水分对热辐射的吸收作用较大。因此，它就成为大气透射率估计的主要考虑因素。

根据这一特征，运用大气模拟程度 LOWTRAN 7 来模拟大气水分含量变化与大气透射率变化之间的关系，然后建立相关方程，以便用来进行大气透射率的近似估计。在这一模拟中，考虑了大气水分在 $0.4\sim6.4g\cdot cm^{-2}$ 范围内变动，这一区间基本上代表了天空晴朗条件下的大气水分含量变化幅度。对于沙漠地区干燥的气候，大气水分含量一般较低，只有 $0.5\sim1.5g\cdot cm^{-2}$，而在较为湿润的地区，大气水分含量一般较高，可达 $2\sim3.5g\cdot cm^{-2}$。大气模拟还需要假定一个地面附近的气温所对应的大气剖面温度分布。为此，考虑两种情形：夏季和冬季。对于夏季，假定地面附近的气温为 35℃，而冬季则为 18℃。由于 Landsat 图像幅宽为 185km，图像边缘的像元与中心扫描线之间可能有一定的视角差异，估计为 3° 左右。因此，在大气模拟中考虑了 3° 的天顶视角，其他大气状态如 CO_2 等使用中纬度夏季平均大气的剖面数据。

大气模拟结果（图 3.4 和表 3.3）表明，TM6 的大气透射率随大气总水分含量的增加而降低。当大气水分含量少于 $0.8g\cdot cm^{-2}$ 时，TM6 的大气透射率高达 0.9 以上。当这一水分含量增加到 $2g\cdot cm^{-2}$ 时，大气透射率降低到 0.8 左右。在水分含量达 $2.5g\cdot cm^{-2}$ 时，这一透射率进一步降低到 0.7 左右。如果大气水分含量达 $4g\cdot cm^{-2}$ 以上，则大气透射率将低于 0.5。这一模拟结果还指出，夏季和冬季大气剖面的透射率有一定差异。当水分含量较低时，这一差异较小。但其增长幅度将随着水分含量而增加。夏季（高温度）剖面的大气透射率比冬季（低温度）剖面的透射率高。当水分含量为 $1g\cdot cm^{-2}$ 时，大气透射率在夏季剖面和冬季剖面之间的差异约为 0.007。在水分含量为 $3g\cdot cm^{-2}$ 和 $4g\cdot cm^{-2}$ 时，这一差异分别为 0.0558 和 0.0799。在 $0.4\sim4g\cdot cm^{-2}$ 的水分含量变动区间内，大气透射率并非随水分含量增加而呈线性降低。但在较小水分含量区间内，其变化关系可视为接近于线性。根据这一特征，可以建立一些简单的方程，用来进行 TM6 的大气透射率估计。对于水分含量在 $0.4\sim3g\cdot cm^{-2}$ 有如表 3.4 所示的估计方程。

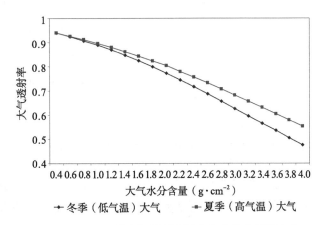

图 3.4 TM6 的大气透射率随大气水分含量而变化

表 3.3   Landsat TM6 的大气透射率与大气水分含量之间的关系

水分含量 w （g·cm^{-2}）	大气的透射率		水分含量 w （g·cm^{-2}）	大气的透射率	
	高气温	低气温		高气温	低气温
0.4	0.939 491	0.939 709	3.4	0.605 167	0.535 203
0.6	0.926 097	0.924 591	3.6	0.578 948	0.504 933
0.8	0.911 882	0.906 406	3.8	0.552 982	0.475 358
1	0.896 564	0.889 594	4	0.526 845	0.446 024
1.2	0.880 03	0.869 436	4.2	0.501 252	0.417 727
1.4	0.862 233	0.847 545	4.4	0.475 691	0.389 918
1.6	0.843 212	0.823 988	4.6	0.450 861	0.363 345
1.8	0.823 021	0.798 936	4.8	0.426 512	0.337 748
2	0.803 912	0.772 545	5	0.402 442	0.312 879
2.2	0.779 473	0.744 973	5.2	0.379 27	0.289 4
2.4	0.756 2	0.716 394	5.4	0.356 521	0.266 812
2.6	0.732 397	0.687 1	5.6	0.334 77	0.245 621
2.8	0.707 745	0.656 797	5.8	0.313 752	0.225 555
3	0.682 655	0.626 809	6	0.293 376	0.206 515
3.2	0.657 018	0.596 164	6.2	0.273 955	0.188 77
3.4	0.631 188	0.565 615	6.4	0.605 167	0.535 203

表 3.4   Landsat TM6 的大气透射率估计方程

大气剖面	水分含量 w （g·cm^{-2}）	大气透射率估计方程	相关系数 R^2	标准误差 SEE
高气温	0.4~1.6	$\tau_6 = 0.974\,290 - 0.080\,07w$	0.996 11	0.002 368
	1.6~3.0	$\tau_6 = 1.031\,412 - 0.115\,36w$	0.998 27	0.002 539
低气温	0.4~1.6	$\tau_6 = 0.982\,007 - 0.096\,11w$	0.994 63	0.003 340
	1.6~3.0	$\tau_6 = 1.053\,710 - 0.141\,42w$	0.998 99	0.002 375

3.3.3   大气参数估计误差对地表温度反演精度的影响

参数估计难免存在一定程度的误差。对于单窗算法的应用者来说，了解可能的大气参数估计误差对地表温度反演精度的影响，是非常重要的。对于反演精度问题，可用如下公式来表示

$$\delta T_s = \left| T_s(x+\delta x) - T_s(x) \right| \tag{3.34}$$

式中，δT_s 为地表温度反演误差，δx 为参数 x 的估计误差，$T_s(x+\delta x)$ 和 $T_s(x)$ 分别为用参数 $(x+\delta x)$ 和 x 进行反演所得到的地表温度。在这里，参数 x 表示大气透射率和大气平均

作用温度。显然，这一分析是通过对单窗算法进行模拟演算来进行。

分析表明，大气透射率的估计误差 $\delta\tau_6$ 对 TM6 数据的地表温度演算精度影响很大。当 $\delta\tau_6$=0.02 时，在 T_s=30℃时，δT_s=0.577℃；并且这一误差是随着地表温度增加而迅速增大。温度越高，误差越大。当温度达 45℃ 时，$\delta\tau_6$=0.02 则可能引起超过 1℃（1.058℃）的演算误差。一般来说，大气水分含量的测量精度可达 $\leqslant 0.2\text{g} \cdot \text{cm}^2$。这一精度所产生的大气透射率估计误差约为 0.016~0.028。这样，大气透射率的估计误差可能会产生 0.7~0.8℃ 的地表温度演算误差。

大气平均作用温度的估计误差 δT_a 对地表温度反演精度也有较大影响，但这种影响直接取决于大气透射率的大小。一般来说，用遥感反演单窗算法进行估计所得到的 T_a 的误差 δT_a 不会超过 3℃。分析表明，当 δT_a=2℃ 时，在透射率较高（τ_6=0.8）时，地表温度反演误差为 δT_s=0.58℃。当大气透射率降低到 0.7 时，δT_s 增加到 0.77℃。

综合分析表明，当上述两个大气参数均含有中等程度的估计误差时，TM6 数据的地表温度反演误差大约为 1.2℃。这一精度对于很多应用来说，还是可接受的。当然，单窗算法本身还有 0.2~0.3℃ 的绝对误差。所以，可以认为，当大气参数估计误差不是很大时，用单窗算法反演地表温度的精度可达 <1.5℃。

3.3.4 地面温度反演精度与误差分析

检证单窗算法的最好办法可能是比较从 TM6 数据中反演而得的地表温度与该卫星飞过天空时的实时地面测量温度之间的差异。然而，要获得一个实时地面测量温度的数据集极为困难。这种困难首先表现在卫星飞过天空的时间极短，几乎不可能在这样短的时间内用一种简便的办法获得与 TM 图像像元面积相配匹的地面温度数据集，以及相关的大气数据。截至目前，还未见到有关 TM 热红外波段的地面温度数据集发表。一个主要原因可能是这种数据集的获得非常昂贵，而其用处又不大。既然实时数据无法获得，另一代替方法是模拟数据，即根据一定地面条件和大气状态，用大气模型模拟卫星高度所观测到的热辐射强度，并由此推算地表温度，与模拟所使用的地表温度相比较，可知其误差大小。

在这里，使用这种模拟方法进行检证。结果如表 3.5 所示。对 5 种标准大气状态进行检证的结果表明，单窗算法的地表温度反演精度很高，平均误差小于 0.4℃。由于模拟过程中大气参数已知，所以，这是该算法的绝对误差，代表在其基本参数没有估计误差情况下的地表温度反演精度。然而，实际应用中参数的估计不可能准确无误。因此，又对该算法进行灵敏度分析，确定参数估计误差对地表温度反演精度的影响。结果表明，在地面辐射率误差高达 0.01 时，单窗算法的地表温度反演平均误差 δT 为 0.2℃。大气透射率的估计误差 $\delta\tau_6$ 对地表温度反演精度影响较大，当 $\delta\tau_6$=0.025 时，δT 高达 0.8℃。大气平均作用温度的估计误差为 2℃ 时，δT 约为 0.5℃。综合分析表明，在其基本参数的估计有上述适度误差时，该算法的地表温度反演平均误差约为 1.1℃，略小于各分量误差之和。

表 3.5　各种不同情况下该算法的地表温度反演绝对误差

水蒸汽含量 （$g \cdot cm^{-2}$）	地表温度 T_s （℃）	地表温度反演误差 $T'_s - T_s$（℃）				
		热带	亚热带 7月	亚热带 1月	中纬度 7月	中纬度 1月
1	20	0.024	0.028	0.018	0.019	0.027
	30	0.075	0.082	0.066	0.067	0.081
	40	0.105	0.114	0.094	0.095	0.112
	50	0.121	0.131	0.109	0.11	0.129
2	20	0.046	0.055	0.035	0.035	0.053
	30	0.137	0.151	0.12	0.121	0.149
	40	0.196	0.212	0.175	0.176	0.209
	50	0.232	0.251	0.209	0.210	0.248
3	20	0.075	0.09	0.057	0.058	0.088
	30	0.226	0.249	0.197	0.199	0.245
	40	0.315	0.342	0.282	0.284	0.338
	50	0.349	0.377	0.314	0.316	0.373

3.4　地表参数估计

地表对热红外遥感的影响，主要表现在地表并非黑体而具有完全的向外热辐射能力。实际上，从物质构成来看，地表很大程度上可以看作是接近于黑体，或者称为灰体。灰体的比辐射率小于单位 1，其精确估计，对于地表温度遥感反演有重要的作用。如何准确地估算地表比辐射率，已经有不同的学者提出了不同的方法。因此，根据像元尺度上地表主要是混合像元（即由不同组分构成）这一事实，按照混合像元热辐射构成原理，推导并提出了地表比辐射率混合像元估计法。

3.4.1　地表比辐射率的混合像元估计法

上述 3.2 节的反演方法表明，地表比辐射率是用 TM6/ETM6 数据来反演地表温度的关键参数。要想进行地表温度的反演，必须先确定地表比辐射率。研究表明，地表比辐射率主要取决于地表的物质结构和遥感器的波段区间。陆地卫星 TM6/ETM6 的波段区间为 $10.45 \sim 12.6 \mu m$。地球表面不同区域的地表结构虽然很复杂，但从卫星像元的尺度来看，绝大多数自然表面可以大体视作由水面、植被和裸土 3 种类型构成。根据这 3 种类型地表的不同构成，可以估计 TM6/ETM6 各像元的地表热辐射强度

$$B(T_s)\varepsilon_6 = P_w B(T_w)\varepsilon_{6w} + P_v B(T_v)\varepsilon_{6v} + (1-P_w-P_v)B(T_{bs})\varepsilon_{6s} + d\Delta \qquad （3.35）$$

式中，P_w 和 P_v 分别为水面和植被在该像元内的构成比例，ε_{6w}、ε_{6v} 和 ε_{6s} 分别为水面、植物和裸土在 TM6 波长区间内的辐射率，T_s 为像元的平均温度，T_w、T_v 和 T_{bs} 分别为水

面、植被和裸土的温度 (K)，$B(T_s)$ 表示温度为 T_s 的 TM6/ETM6 波段范围内的 Planck 函数。当然，也可以用 Stefan-Boltzmann 热辐射函数 σT^4 来替代上式中的 Planck 函数 $B(T_i)$ 进行估计，其中，σ 为 Stefan-Boltzmann 常量（$5.67 \times 10^{-8}\ \text{W} \cdot \text{m}^{-2} \cdot \text{K}^4$）。一般而言，Planck 函数比较适合于特定波长范围内的热辐射估计，而 Stefan-Boltzmann 函数则更加适合于全波长的热辐射估计。

值得指出的是，这一估计公式考虑了 3 种类型之间的热辐射相互作用 $d\Delta$。实际上，由于地表几何构成的复杂性，这 3 种类型之间或多或少地存在着一定程度的热辐射相互作用，尤其是在植被高低相差较大（森林）的情况下。但是，如果地表相对较平整，这一相互作用就很小，因而其对地表比辐射率的贡献 $d\varepsilon$ 可以忽略不计。

对于上述公式求解 ε_6，可得 TM6/ETM6 像元的地表辐射率估计公式。

所以，当一个像元为完全水体即 P_w=1 时，ε_6=ε_{6w}；当一个像元为完全裸土即 P_w=0 且 P_v=0 时，ε_6=ε_{6s}；当一个像元为茂密的植被覆盖即 P_v=1 时，ε_6=ε_{6v}。

由于水体像元很容易判别出来，所以，在大多数情况下，像元可以看成是由一定比例的植被叶冠和裸土组成。

$$\varepsilon_6 = P_v R_v \varepsilon_{6v} + (1-P_v) R_s \varepsilon_{6s} + d\varepsilon \qquad P_w=0 \qquad (3.36)$$

式中，R_v 和 R_s 分别为植被和裸土的温度比率，定义为

$$R_i = (B(T_i)/B(T_s))^4 \qquad (3.37)$$

式中，i 分别代表 v 和 s。由于我国人口稠密，村庄和城镇密度较大，因此，另一种地表类型为村镇类型。这种情况下，人造的建筑物表面有可能超过裸土表面而成为像元比辐射率的主要决定因素。考虑到这种情况，结合上述的推理过程，对于城镇像元的比辐射率，有

$$\varepsilon_6 = P_v R_v \varepsilon_{6v} + (1-P_v) R_m \varepsilon_{6m} + d\varepsilon \qquad P_w=0 \qquad (3.38)$$

式中，ε_{6m} 为建筑物表面的比辐射率，R_m 为建筑物表面的温度比率，由式 3.38 定义。

3.4.2 温度比率参数的确定

温度比率是利用上述混合像元方法估计地表比辐射率的关键参数。合理地确定温度比率，是正确估计像元尺度范围内地表比辐射率的重要环节。按照定义，温度比率参数的估计需要计算不同地表构成之间的 Planck 函数，但由于构成像元的各典型地表（植被和背景土壤）温度无法直接在像元尺度上预先知道，而是地表温度反演的直接目标，因此，需另寻途径进行这个参数的估计。

从温度比率的定义，可以根据这些典型地表的温度变化，通过简单的面积构成比例，合成像元的地表温度，然后再对不同温度条件下的地表温度与典型地表温度之间的真实情况进行精确计算，最后模拟出温度比率的变化及其关键控制因素。

植被、裸土和建筑物是遥感图像中陆地混合像元的重要组成部分，目前对这 3 种重要地表类型的地表温度如何协同变化还了解得很不够。因此，通过一些基本假设，进行数值

模拟，以便找出其内在的变化规律，再根据这些变化规律，建立温度比率的估计方法。

根据这植被、裸土和建筑物表面这 3 种地表类型的温度差异进行模拟，可得到如图 3.5 所示的 R_i 随植被覆盖度而变化的状况。在 5~45℃范围内，这 3 种地表类型的平均温度比率分别为 R_s=1.044 68，R_v=0.96 248 和 R_m=1.054 54。如果对估计要求程度较低精准，则可以用这一温度范围内的平均温度比率代入公式和进行像元的地表比辐射率估计。当然，对于精准的估计，需要看看这个温度比率是如何变化的。通过模拟发现，这个温度比率直接取决于像元的植被覆盖度。因此，可以通过植被覆盖度来建立如下方程来进行温度比率的精确估计

$$R_s=0.990\ 394+0.108\ 565P_v \tag{3.39a}$$
$$R_m=0.988\ 687+0.131\ 701P_v \tag{3.39b}$$
$$R_v=0.933\ 234+0.058\ 487P_v \tag{3.39c}$$

式中，P_v 为像元植被覆盖度。这一估计，需要根据植被指数计算出像元的植被覆盖度。这将在下文给出植被覆盖度的计算公式。

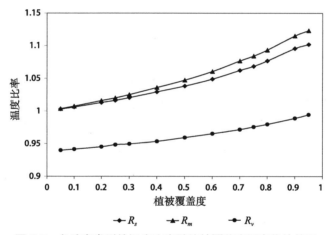

图 3.5　各地表类型的温度比率随植被覆盖度而变化的状况

3.4.3　相互作用项的估计

地表比辐射率估计中的相互作用项，主要是用来表示混合像元中不同地表类型（组分）由于存在热辐射差异（温度不相同）而客观上存在的热辐射相互影响而对地表比辐射率产生影响。在地表相对较平整情况下，一般取 dε=0。在地表高低相差较大情况下，dε 可以根据植被的构成比例简单估计（Sobrino et al., 2001）。由于热辐射相互作用在植被与裸土各占一半时达到最大，所以提出如下经验公式来估计 dε

当 P_v≤0.5 时，　　　　　　　　　　dε=0.003 796P_v

当 P_v>0.5 时，　　　　　　　　　　dε=0.003 796(1-P_v)

因此，当 P_v=0.5 时，dε 最大，为 dε=0.001 898。在地表构成比例相差较大情况下，dε 可用如下公式估计

$$d\varepsilon = (1-\varepsilon_{6s})(1-P_v)F\varepsilon_{6v} \qquad （3.40）$$

式中，F 为地表几何形状因素，一般可取值 $F=0.55$。值得指出的是，用公式（12）或（14）计算出的 ε_6 若大于 ε_{6v}，则取 $\varepsilon_6=\varepsilon_{6v}$。这样，估计 TM6/ETM6 的像元比辐射率关键就剩下确定各类型的构成比例和这些类型的地表辐射率。

3.4.4　典型地表的比辐射率

虽然水体的光学特征随水的纯度和颜色有一定变化，但普遍认为水体在热波段的比辐射率很高，非常接近于黑体。因此，可以用 $\varepsilon_{6w}=0.999$ 来进行估计。植被的比辐射率也很高，一般认为在 $0.98\sim0.99$（Becker 和 Li，1995）。根据 Labed 和 Stoll（1991）的研究，草地在热波段 $8\sim14\mu m$ 范围内的比辐射率为 $0.981\sim0.983$。Humes 等（1994）的测量结果表明，完全覆盖的灌木叶冠的热波段比辐射率为 0.986。由于地表物质的比热辐射率在 $10.5\sim12.5\mu m$ 范围内比在 $8\sim10\mu m$ 范围内高，因此，可以用灌木叶冠的辐射率值来作为植被的比辐射率估计值，即 $\varepsilon_{6v}=0.986$。

图 3.6 给出了一些典型土壤的比辐射率变化曲线，数据来源于遥感图像处理软件 ENVI 3.2 所附带的光谱图。根据这些曲线，可计算得到土壤在 TM6 区间范围内的平均比辐射率为棕壤沙土 $0.968\ 66$、黏质土 $0.979\ 53$、沙质土 $0.970\ 47$ 和沙壤土 $0.969\ 93$。虽然这些土壤的比辐射率有一定差异，但是如果没有研究地区详细的土壤比辐射率，一般情况下可用这些土壤的平均比辐射率来简单替代，即 $\varepsilon_{6s}=0.972\ 15$。对于城镇像元来说，其比辐射率主要取决于建筑物的比辐射率。在 TM6/ETM6 的波长范围内，建筑物表面的比辐射率可以大体上是在 $0.960\sim0.980$ 变动。为了简便起见，可取其中值作为 ε_{6m}，即取 $\varepsilon_{6m}=0.970$。这一取值略小于自然土壤的比辐射率。这样，如果知道像元的地表构成比例，就可以用式 3.36 或式 3.38 估计各像元的比辐射率，以便用来进行地表温度的演算。

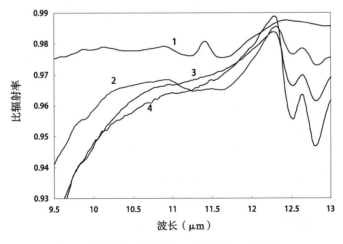

1.棕壤沙土；2.黏质土；3.沙质土；4.沙壤土

图 3.6　主要土壤的比辐射率随波长而变化的状况

3.4.5 地表构成比例的确定

综上，地表构成比例的确定是准确地估计 TM6/ETM6 范围内的地表比辐射率的关键所在。实际上，准确地确定像元的地表构成比例是较困难的。因此，提出一种比较简便的估计方法，就是利用 TM/ETM 图像的可见光和远红外波段来估计植被覆盖度。水体在可见光波段的吸收率很强，尤其是在红光和红外波段，水体的反射率一般低于 5%。因此，在 TM/ETM 图幅范围内，水体像元的 DN（digital number）值一般都比陆地低得多。如果图幅范围内有明显的水体，则可以取得水体的一定面积的 DN 值，并与陆地的 DN 值进行比较。小于水体最大 DN 值的像元均判作水体，并取 P_w=1。

对于陆地的像元，可以计算其归一化植被差系数 NDVI（Normalized Difference of Vegetation Index），即

$$NDVI=(B_4-B_3)/(B_4+B_3) \qquad (3.41)$$

式中，B_4 和 B_3 分别是 TM/ETM 图像波段 4（近红外）和波段 3（红光）的 DN 值。由于植被在近红外波段有强烈的反射率而在红光波段则存在较强的吸收率。因此，NDVI 值越大，地表越接近于完全的植被覆盖。同样，由于裸土在红光和红外波段没有明显的差异，NDVI 值越小，越接近于完全裸土。而 NDVI 介于茂密植被与完全裸土之间则表明有一定比例的植被覆盖和一定比例的裸土。因此，可以用如下公式确定各像元的植被覆盖度即植被构成比例 P_v(Humes et al., 1994)：

$$P_v=(NDVI-NDVI_s)/(NDVI_v-NDVI_s) \qquad (3.42)$$

式中，$NDVI_v$ 和 $NDVI_s$ 分别是植被和裸土的归一化植被差指数（NDVI）值。另一常用的植被构成比例 P_v 的估计方法为

$$P_v=[(NDVI-NDVI_s)/(NDVI_v-NDVI_s)]^2 \qquad (3.43)$$

如果图像范围内有明显的茂密植被区，则可取该植被区的平均 NDVI 值作为 $NDVI_v$ 值。同样，如果有明显的裸土区，则取该裸土区的平均 NDVI 值作为 $NDVI_s$ 进行估计。当像元的 $NDVI > NDVI_v$ 时，取 P_v=1；当 $NDVI<NDVI_s$ 时，取 P_v=0。

在大多数情况下，健康绿色植被的 NDVI 值可达 0.7~0.85。裸土的 NDVI 值一般只有 0.03~0.06，最大也不超过 0.1。因此，虽然不同地区的不同植被和不同土壤都有各自不同的光谱特征，从而使其 $NDVI_v$ 和 $NDVI_s$ 值表现出一定的区域差异。但是，如果没有详细的区域植被和土壤光谱和图幅上也没有明显的完全植被或裸土像元，则也可以用 $NDVI_v$=0.75 和 $NDVI_s$=0.05 来进行植被覆盖度的近似估计。在这种情况下，如果像元的 NDVI 值超过 0.75，则说明这一像元为茂密的植被覆盖，取 P_v=100%。相反，如果像元的 NDVI 太小，当 NDVI<0.05 时，则可视为完全裸土，没有一点植被覆盖，这时取 P_v=0%。

由于大气的反射和散射作用，在用 TM/ETM 第 3 和第 4 波段的 DN 值来计算 NDVI 之前一般应先进行大气校正（Carlson and Ripley, 1997）。但是，由于 NDVI 是经过归一化处理的植被指数，因此，大气的影响对于 NDVI 的计算结果影响不是很大。Sobrino 等用两

种大气校正方法进行校正之后计算 NDVI，并与没有进行校正的 NDVI 相比较（Sobrino et al.，2004），结果表明，两者平均仅相差 0.03。这一差距对于地表比辐射率的估计没有实质性的作用，因为它仅产生 <3% 的植被覆盖度误差，而这一误差仅能产生 0.000 4 的地表比辐射率估计误差，进而对地表温度的反演精度仅有 <0.05℃的影响，可以忽略不计。所以，对于地表温度的反演，可以直接用 TM/ETM 第 3 和 4 波段的 DN 值来计算植被覆盖度，而不必进行大气校正。

3.5 单通道算法

Jiménez-Muñoz 和 Sobrino（2003）提出了一个普适性单通道算法，也可用来从 Landsat 5 TM 6 数据中反演地表温度，其计算公式为：

$$T_s=[(\psi_1 I_6+\psi_2)/\varepsilon_6+\psi_3+I_6]/\beta-T_6 \tag{3.44}$$

式中，β，ψ_1，ψ_2 和 ψ_3 为中间变量，分别由下式计算

$$\beta=c_2 I_6(\lambda^5 I_6+c_1)/(T_6^2 c_1\lambda) \tag{3.45}$$

$$\psi_1=0.147\,14\,w^2-0.155\,83\,w+1.123\,4 \tag{3.46}$$

$$\psi_2=-1.183\,6\,w^2-0.376\,07\,w-0.528\,94 \tag{3.47}$$

$$\psi_3=-0.045\,54\,w^2+1.871\,9\,w-0.390\,71 \tag{3.48}$$

式中，c_1 和 c_2 是 Planck 函数的常量；λ 是 Landsat 5 TM6 的等效波长 (Effective Wavelength)；w 是大气剖面总水汽含量 (g·cm^{-2})。由此可见，这一单通道算法不仅需要星上亮度温度，而且还需要热辐射量作为输入，所以其计算过程略为复杂一些。

以下将详细介绍普适性单通道算法的推导及其大气参数的确定。

3.5.1 普适性单通道算法的推导

根据辐射传输方程，遥感器探测到的地表热辐射值，可以近似地表示为如下形式：

$$L_\lambda^{\text{at-sensor}}=[\varepsilon_\lambda B(\lambda,\,T_\lambda)+(1+\varepsilon_\lambda)L_\lambda^{\text{atm}\downarrow}]\tau_\lambda+I_\lambda^{\text{atm}\uparrow} \tag{3.49}$$

式中，λ 是遥感器的等效波长 (μm)，ε_λ 是地表比辐射率，$B(\lambda,\,T_s)$ 是温度为 T_s 的黑体发出的热辐射（在这里，T_s 是指地表温度 LST），$L_\lambda^{\text{atm}\downarrow}$ 是大气的向下热辐射，$I_\lambda^{\text{atm}\uparrow}$ 是大气的向上热辐射。所有这些参数均取决于遥感器探测的角度，而 $B(\lambda,\,T_s)$ 可以用 Planck 函数表示：

$$B(\lambda,\,T_s)=\frac{c_1\lambda^{-5}}{\exp(\dfrac{c_2}{\lambda T_s})-1} \tag{3.50}$$

式中，$c_1=1.191\,04\times10^8\ \text{W}\cdot\mu\text{m}^4\cdot\text{m}^{-2}\cdot\text{sr}^{-1}$，$c_2=1.438\,77\times10^4\ \mu\text{m K}$，$B(\lambda,\,T_s)$ 单位是 W·m^{-2}·sr^{-1}·μm^{-1}。一般地表，从式 3.49 和式 3.50 中直接求解地表温度 T_s 是极其困难的。但是，根据 Taylor 展开式，针对某个特定的温度 (T_0)，可将热辐射与温度之间的关系表示为如下线性函数：

$$B(\lambda, T_s)=B(\lambda, T_0)+\left[\frac{\partial B(\lambda,T_s)}{\partial T_s}\right]\lambda, T_s=T_0(T_s-T_0) \tag{3.51}$$

为了简化方程，进行如下简化表达：

$$\alpha(\lambda, T_0) \equiv B(\lambda, T_0)-\left[\frac{\partial B(\lambda,T_s)}{\partial T_s}\right]_{\lambda, T_s=T_0} = B(\lambda, T_0)\left[1-\frac{c_2}{T_0}\left(\frac{\lambda^4}{c_1}B(\lambda, T_0)+\frac{1}{\lambda}\right)\right] \tag{3.52}$$

$$\beta(\lambda, T_0)=\left[\frac{\partial B(\lambda,T_s)}{\partial T_s}\right]_{\lambda, T_s=T_0}=\frac{c_2 B(\lambda, T_0)}{T_0^2}\left[\frac{\lambda^4}{c_1}B(\lambda, T_0)+\frac{1}{\lambda}\right] \tag{3.53}$$

$$T_0=\beta(\lambda, T_0)\left[1-\frac{c_2}{T_0}\left(\frac{\lambda^4}{c_1}B(\lambda, T_0)+\frac{1}{\lambda}\right)\right] \tag{3.54}$$

根据这些简化表达式，可以得到 $B(\lambda, T_s)$ 的 Taylor 展开式

$$T_s-T_0 \equiv \alpha(\lambda, T_0)+\beta(\lambda, T_0)T_s \tag{3.55}$$

由于大气参数 $(\tau\lambda,\ L_\lambda^{atm\downarrow},\ I_\lambda^{atm\uparrow})$ 在热红外波段主要取决于大气水汽含量 w，因此，根据式 3.49 和式 3.55，求得地表温度反演算法

$$T_s=\gamma(\lambda, T_0)\{\varepsilon_\lambda^{-1}[\psi_1(\lambda, w)\ L_\lambda^{at\text{-}sensor}+\psi_2(\lambda, w)]+\psi_3(\lambda, w)\}+\delta(\lambda, T_0) \tag{3.56}$$

进一步对上式中的大气参数 δ 进行展开，得到式 3.44 的地表温度遥感反演单通道算法。式 3.56 中共有 5 个大气参数，其中，γ 和 δ 取决于 Planck 函数的线性近似表达式，即 Taylor 展开式，其他 3 个，即 ψ_1、ψ_2 和 ψ_3，是大气参数，主要取决于大气水汽含量 w，因而，可以称为大气函数，分别由下式确定

$$\gamma(\lambda, T_0)=\frac{1}{\beta(\lambda, T_0)} \tag{3.57}$$

$$\delta(\lambda, T_0)=\frac{\alpha(\lambda, T_0)}{\beta(\lambda, T_0)} \tag{3.58}$$

$$\psi_1(\lambda, T_0) \equiv \frac{1}{\tau(\lambda, T_0)} \tag{3.59}$$

$$\psi_2(\lambda, T_0) \equiv -\left[L^{atm\downarrow}(\lambda, w)+\frac{L^{atm\downarrow}(\lambda, w)}{\tau(\lambda, w)}\right] \tag{3.60}$$

$$\psi_3(\lambda, T_0) \equiv L^{atm\downarrow}(\lambda, w) \tag{3.61}$$

在上述公式中，热辐射的单位为 $W \cdot m^{-2} \cdot sr^{-1} \cdot \mu m^{-1}$，温度的单位是 K，波长的单位为 μm，大气水汽的单位为 $g \cdot cm^{-2}$。

把大气参数确定为大气水汽含量的函数，主要是因为在热红外范围内，水汽是热辐射的主要吸收因素。实际上，其他大气因素，例如大气平均温度、地表气压等，也对热辐射产生一定程度的吸收作用。为了估计上述地表温度反演算法中的大气参数，将综合考虑这些大气因素的作用进行大气模拟，以便确定上述 3 个大气参数与大气水汽含量之间的关系。在大气模拟中，将以标准大气为基础，利用标准大气中各参数之间的关系进行模拟，而仅仅改变标准大气中的水汽含量变化，以确定大气水汽含量变化如何影响上述 3 个大气

参数的变化，进而建立这 3 个大气参数的估计函数。

3.5.2　地表温度反演的参数输入

为了利用式 3.51 来进行地表温度反演，需要如下 5 个参数输入：

（1）地表比辐射率 (ε_λ)，可以通过已有的方法进行估计，如 Becker 和 Li 的日夜估计法（Becker and Li, 1995）、中波热辐射比率模型及日变化法（Goïta and Royer, 1997）、NDVI 阈值法（Sobrino and Raissouni, 2000）、温度 - 比辐射率分离法（Gillespie et al., 1998）、混合像元辐射构成法（覃志豪等，2004）、混合像元植被盖度法（Jiménez-Muñoz et al., 2009）等。如果利用混合像元植被盖度法，地表比辐射率可以估计为如下公式

$$\varepsilon_\lambda = \varepsilon_{\lambda s}(1-FVC)+\varepsilon_{\lambda v}FVC \tag{3.62}$$

式中，$\varepsilon_{\lambda s}$ 和 $\varepsilon_{\lambda v}$ 分别是裸土比辐射率和植被的比辐射率，FVC 是植被盖度，由下式给出

$$FVC=[(NDVI-NDVI_s)/(NDVI_v-NDVI_s)]^2 \tag{3.63}$$

式中，NDVI 是归一化植被指数，$NDVI_v$ 和 $NDVI_s$ 分别是植被和裸土的 NDVI，对于 Landsat 5，可分别取 $NDVI_s=0.18$ 和 $NDVI_v=0.85$。因此，对于 $NDVI<NDVI_s$，则有 FVC=0；对于 $NDVI>NDVI_v$，则有 FVC=1。

（2）星上热辐射 $(L_\lambda^{at-sensor})$，可以通过热红外波段的数值进行确定。在实际中，图像的热红外波段数值通常是用 ND 值表示，因此，还需要根据 ND 值与辐射之间的对应关系换算成辐射值。

（3）一个给定的温度 (T_0)，在数值上接近于地表温度，可以视作是地表温度的最初估计值。在大气影响不是很显著的情况下，即大气水汽含量较低，通常可以把 T_0 估计为星上亮度温度，即通过 $B(\lambda, T_0)=L_\lambda^{at-sensor}$ 求解出 T_0。在有条件的情况下，也可以通过分裂窗算法或者双角度算法来进行估计（Gu and Gillespie, 2000）。

（4）大气水汽含量 w，可以通过其他方法来估计。在有大气水汽波段的情况下，可以用大气水汽反演方法来确定（Gao and Goetz, 1990a, 1990b; Kaufman and Gao, 1992; Gao et al., 1993）。另一方法是，利用地面的太阳光度计 (如 Microtops Ⅱ、CIMEL318-2 太阳光度仪和 MFRSR 多滤器旋转阴影辐射仪) 的观测值进行估计（Prata, 2000）。

（5）热波段的波长 (λ)，必须根据热红外波段的响应函数估计为等效波长，公式如下

$$\lambda_{\text{eff}}=\frac{\int \lambda f(\lambda)d\lambda}{\int f(\lambda)d\lambda} \tag{3.64}$$

式中，$f(\lambda)$ 是热红外波段的响应函数。在没有响应函数的情况下，可以用中心波长值来替代。表 3.6 列出了一些现有的热红外遥感波段的中心波长和等效波长。对于某个特定的热红外波段数据来说，上述 5 个参数中的波长、星上亮度温度和给定的温度都是已知值，因此，对于地表温度反演来说，就仅仅只需要地表比辐射率和大气水汽含量这两个基本参数。

表 3.6　主要遥感系统热红外波段的波长和星下空间分辨率

遥感系统	热红外波段	波长区间 (μm)	中心波长 (μm)	等效波长 (μm)	星下空间分辨率 (m)
LANDSAT 4	TM 6	10.40~12.50	11.450	11.154	120
LANDSAT 5	TM 6	10.40~12.50	11.450	11.457	120
LANDSAT 7	ETM 6	10.40~12.50	11.450	11.269	60
LANDSAT 8	TIRS 10	10.60~11.19	10.895		100
	TIRS 11	11.50~12.51	12.005		100
NOAA-14	AVHRR 4	10.30~11.30	10.800	10.789	1 100
	AVHRR 5	11.50~12.50	12.000	12.004	1 100
ERS 2	ASTER 11			10.994	
	ASTER 12			12.065	
ENVISAT	AASTSR 11			10.857	
	AASTSR 11			12.051	
TERRA	ASTER 13	10.25~10.95	10.600	10.659	90
	ASTER 14	10.95~11.65	11.300	11.289	90
	MODIS 31	10.78~11.28	11.030	11.015	1 000
	MODIS 32	11.77~12.27	12.020	12.041	1 000
MOS	VTIR 1		11.000		
	VTIS 2		11.500		
NIMBUS 7	CZCS		11.500		
FY-3C	VIRR 4	10.30~11.30	10.800		1 000
	VIRR 5	11.50~12.50	12.000		1 000
	MERSI 5	11.25~12.50	11.875		250
FY-3D	MERSI-Ⅱ 24	10.30~11.30	10.800		250
	MERSI-Ⅱ 25	10.00~12.50	12.000		250
HJ-1B	IRS 8	10.50~12.50	11.000		300

3.5.3　大气参数的确定

利用大气模拟程序 MODTRAN 3.5，用标准大气模拟分析大气参数与大气水汽含量之间的关系，然后再建立大气参数的估计方程。为此，可以把 3 个大气参数 (ψ_1、ψ_2 和 ψ_3) 表示为如下形式

$$\psi_k = \eta_{k\lambda} w^3 + \xi_{k\lambda} w^2 + \chi_{k\lambda} w + \varphi_{k\lambda} \qquad (k=1,2,3) \qquad （3.65）$$

式中，$\eta_{k\lambda}$、$\xi_{k\lambda}$、$\chi_{k\lambda}$ 和 $\varphi_{k\lambda}$ 分别是取决于波长的三阶光谱函数，分别确定为

$$\eta_{k\lambda} = a_{k3}\lambda^3 + a_{k2}\lambda^2 + a_{k1}\lambda + a_{k0} \qquad （3.66）$$

$$\xi_{k\lambda} = b_{k3}\lambda^3 + ba_{k2}\lambda^2 + b_{k1}\lambda + b_{k0} \qquad （3.67）$$

$$\chi_{k\lambda} = c_{k3}\lambda^3 + c_{k2}\lambda^2 + c_{k1}\lambda + c_{k0} \qquad （3.68）$$

$$\varphi_{k\lambda} = d_{k3}\lambda^3 + d_{k2}\lambda^2 + d_{k1}\lambda + d_{k0} \qquad （3.69）$$

式中，λ 是各波段的等效波长或中心波长（表3.6），$a_{k3}\cdots a_{k0}$ 是上式三阶光谱函数的系数。对于等效波长在 $10\sim12\mu m$ 范围内的波段，根据 MODTRAN3.5 的大气影响模拟，可以建立得这些三阶光谱函数的系统值（表3.7）。根据这些光谱函数的系数，就可以通过大气水汽含量，估计得普适性单通道算法的大气参数，用于地表温度遥感反演。

表3.7　普适性单通道算法3个大气参数的三阶光谱函数确定

大气参数	三阶光谱函数	相关系数
ψ_1	$\eta_{1\lambda}=0.000\,9\lambda^3-0.016\,38\lambda^2+0.047\,45\lambda+0.274\,36$ $\xi_{1\lambda}=0.000\,32\lambda^3-0.061\,48\lambda^2+1.202\,1\lambda-6.205\,1$ $\chi_{1\lambda}=0.009\,86\lambda^3-0.236\,72\lambda^2+1.713\,3\lambda-3.219\,9$ $\varphi_{1\lambda}=-0.154\,31\lambda^3+5.275\,7\lambda^2-60.117\lambda-229.313\,9$	0.992
ψ_2	$\eta_{1\lambda}=-0.028\,83\lambda^3+0.871\,81\lambda^2+8.82\,712\lambda+29.909\,2$ $\xi_{1\lambda}=0.135\,15\lambda^3-4.117\,1\lambda^2+41.829\,5\lambda-142.278\,2$ $\chi_{1\lambda}=-0.227\,65\lambda^3+6.860\,6\lambda^2-69.257\,7\lambda-233.072\,2$ $\varphi_{1\lambda}=0.418\,68\lambda^3-14.329\,9\lambda^2+163.668\,1\lambda-623.53$	0.993
ψ_3	$\eta_{1\lambda}=0.001\,82\lambda^3-0.045\,19\lambda^2+0.326\,52\lambda-0.600\,30$ $\xi_{1\lambda}=-0.007\,44\lambda^3+0.114\,31\lambda^2+0.175\,6\lambda-5.458\,8$ $\chi_{1\lambda}=-0.002\,69\lambda^3+0.313\,95\lambda^2-5.591\,6\lambda+27.991\,3$ $\varphi_{1\lambda}=-0.079\,72\lambda^3+2.839\,6\lambda^2-33.684\,3\lambda-132.979\,8$	0.996

3.6　实例应用

3.6.1　以色列—埃及边境地区的地表温度差异

本章介绍的单窗算法已在研究以色列干旱地区温度变化的过程中（Qin et al. 2000）得到了具体的应用。在卫星图像上发现，以色列与埃及交界的沙丘地区存在一个非常有趣的现象，即由于边境两侧土地利用与保护的差异，植被覆盖在边境两侧形成鲜明对比。过度放牧等人为因素的作用使埃及一侧植被极少，地表基本呈裸露状态。相反，以色列一侧因封闭保护而使多年生灌丛、一年生植物和地衣苔藓类低等植物发育茂盛。在 Landsat TM 可见光波段上可清楚地看到边境两侧的这一强烈地表反差（图3.7）。以色列一侧地表反射弱而呈暗色，埃及一侧反射强而呈亮色。这是一个非常典型的干旱地区地表生态系统不同演化结果的实例，已得到较多研究（Otterman, 1974；Karnieli and Tsoar, 1995；Karnieli, 1997）。

一般植被多的地区应为低温，而裸土多的地区应为高温。然而，在这一边境地区则发现了相反现象。以色列一侧地表温度普遍比埃及一侧高 2~4℃。多年卫星观测数据清楚地表明，这不是一个暂时的现象，而是一个长年存在的事实。为了揭示该地区地表温度异常现象的发生、发展变化原因及其与地表水热平衡的关系，分别从遥感、土壤和微气象等多角度进行深入分析研究。运用单窗算法从现有的 Landsat TM 数据中演算实际地表温度，是这一分析研究的一部分。图 3.8 是这一演算的一个结果，它清楚地表示该地区地表温度空间差异状况。对于该演算所需要的大气平均作用温度和大气透射率两个参数，主要是用当地地面气象观测数据（气温、气压、温度等）来估计，地表热辐射率是用植被指数结合植被和裸土热辐射率进行内插。

(a) 以色列—埃及边境沙丘地区 Landsat TM 图像　(b) 中东地区以色列—西奈半岛的 NOAA-AVHRR 图像

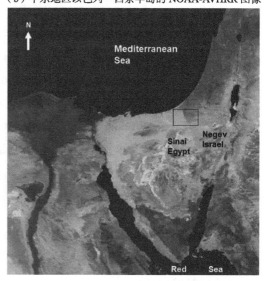

图 3.7

注：（b）中的矩形显示 TM 图像在中东地区的地理位置。

图 3.8 清楚地指出，以色列一侧地表温度普遍高于埃及一侧。就平均温度而言，以色列一侧为 37.96℃，埃及一侧为 35.79℃，相差 2.17℃。最高温度分布在该图右上部分以色列一侧，地表温度高达 38℃ 以上。低温区主要集中在埃及一侧中部，只有 35℃ 左右。该图下部低温部分主要是裸露的岩石低丘。源于埃及一侧，穿过边境线而蜿蜒于以色列一侧的干涸河流也可分辨出来，因为其地表温度相对较低。Landsat 飞过该地区上空时是上午 9:40 左右，当时太阳角度不高，地表还不是很热，因而该图所示地表温度并不是很高。实际观测表明，图中所示的温度水平与实际观测到的地温基本相同。当达到 14 时左右，该地区的以色列一侧地温一般达到 45℃ 以上。该地区属地中海气候，夏季无雨，该图摄于 9 月上旬，天气晴朗，大气状态比较稳定，水分含量不高。因此，根据当地地面气象观测数据对大气透射率和大气平均作用温度进行估计，不会有太大的误差。考虑所需参数

估计存在中度误差，灵敏度分析指出，该图幅地表温度演算的平均误差小于是 1.1℃。因此，可以认为，该图所示的地表温度反映了当时该地区地表热量的空间分布状况。

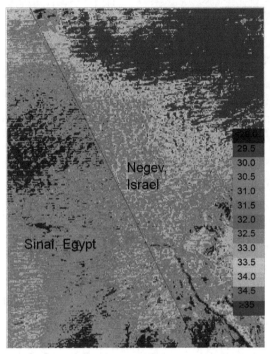

图 3.8　以色列—埃及边境地区地表温度空间差异

注：根据 Landsat TM6 数据演算，该卫星图像摄取于 1995 年 9 月 9 日上午 9:40。

3.6.2　山东陵县地区农田地表比辐射率和地表温度的反演

　　为了验证上述所提出的混合像元方法估计地表比辐射率的可用性，将它应用到山东省陵县地区来进行地表比辐射率和地表温度的反演。这一地区处于山东省西北部平原之上，人口稠密，村庄星罗棋布，农田错落有致。马颊河从西南到东北穿过这一地区。图 3.9 是由该地区的 Landsat TM 真彩色合成图（即由波段 321 合成 RGB 色彩）转换而成的灰度图。这一 TM 图像摄取于 1998 年 8 月 21 日，正值夏季作物生长期间。地表类型基本上可以确定为植被（以作物为主）、裸土、村镇（主要是房屋和路面）和水面。由于水面和村镇的光学特征明显，所以，首先用监督分类把图像分成水面、村镇和农田 3 类。农田是由不同覆盖密度的作物和裸土组成，村镇也可能夹杂有一定比例的绿化植被。其次，进行图像的植被覆盖度计算。得到的结果表明，农田的植被覆盖度大都在 50% 以上，乡间道路的路树覆盖度约为 40%~50%，水面为 0。村镇的植被覆盖度很低，大村庄几乎都为 0，只有一些小村庄有 10%~20% 的植被覆盖。值得指出的是，陵县县城绿化程度也极低，除北边和东北边之外，大多数城区的植被覆盖度都为 0。由于图像摄取于 8 月，这一植被覆盖度基本上代表了这一地区的最大植被叶冠密度。另一值得指出的是，马颊河在这一期间

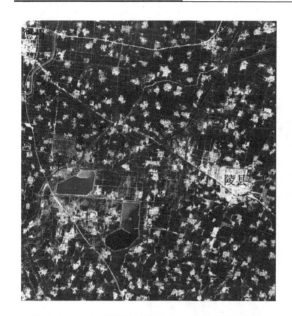

图 3.9　山东省陵县地区的 Landsat TM 图像
注：从波段 321 为 RGB 真彩色合成图中转换成的灰度图。
时间是 1998 年 8 月 21 日上午 10：25 am。

的植被覆盖度不是全部为 0，表明它基本上已是一条干涸的河流，大多数河段的河床上已经不同程度地生长着植被或者被农民开垦种植。由于这一地区是华北平原的一个非常典型的地区，并且与华北平原最大的河流黄河相距很近（<50km），马颊河的这一河段干涸现象与 90 年代以来黄河多次出现长时间断流和华北地区水资源严重短缺相互印证。

用混合像元方法估计得的地表比辐射率空间差异如图 3.10 所示，从中可以看出，两个水库的水面比辐射率都是 0.995，比辐射率最高的还有灌渠水面和县城边上的小池塘。农田由于作物叶冠密度不同而表现出不同的地表比辐射率，但基本上都大于 0.979。作物叶冠覆盖度较高的农田

的地表比辐射率高达 0.982~0.986，但大部分在 0.979~0.982。陵县县城由于植被较少和建筑较多，地表比辐射率相对较低，只有 0.970 左右，大多数村庄的地表比辐射率也是 0.970，表明村内植被相对较少。同时，还注意到，主要公路的地表比辐射率也较低，但不同路段不一样，有些地方有较高的地表比辐射率，主要是由于这些路段有较好的路旁绿化。

图 3.11 是用单窗算法反演这一地区的地表温度所得到的结果。在反演过程中，查找当地附近气象站点的气象观测数据，当日接近卫星飞过时刻的地面附近气温为 24℃ 左右，因此估计大气平均作用温度为 18.09℃。根据当地的空气温度，估计大气水分总含量约为 2.5g·cm⁻²。这样 TM6 波段范围内的大气透视率估计为 0.743。由于这一地区的区域范围较小，东西和南北的跨度均在 50km 范围内，并且地表起伏不大，地貌相对一致，可不考虑大气透视率和大气平均作用温度这两个参数的空间差异性，而假定它们在这一区域范围内相对一致。因此，地表温度的反演主要取决于地表比辐射率的空间差异。图 3.11 所示的反演结果指出，城市热岛效应非常明显。陵县县城的地表温度最高，在上午 10：25 左右（卫星飞过天空的时间）地表温度已经高于 33℃，好多城区达到 36~38℃，炎热天气已经形成。值得指出的是，县城内出现一些温度异常点，地表温度高达 39~40℃，估计是一些工厂。其次是遍布于农田之间的村庄，地表温度在 31~35℃。由于建筑密度远低于县城，这些村庄的地表温度也较县城低 2~5℃。农田的地表温度基本上是在 27~30℃，主要是作物的呼吸蒸腾作用使地表温度相对降低。在村镇与农田相交的地方，地表温度也略高一些，为 30~31℃。两个水库的水面温度最低，只有 24~25℃，主要是由于水的热传导较

强，水面不易积聚热量而使表面温度相对较低。另外，有许多农田也表现出较低的地表温度，可能是由于灌溉之后农田表面积水较多或者正处于灌溉期间。

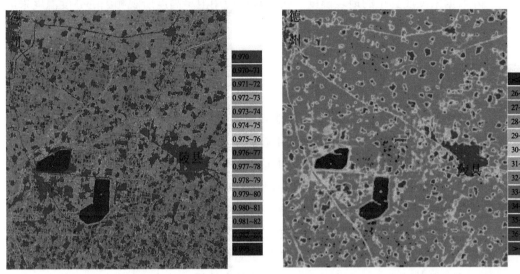

图 3.10　山东陵县地区的农田比辐射率空间差异　　图 3.11　山东陵县地区的农田地表温度空间差异

　　由于大气和地表热辐射能力的作用，真正的地表温度只能通过反演卫星高度所观测到的亮度温度而得。在卫星高度上遥感器所观测到的温度通常与真正意义上的地表温度相差较大。图 3.12 表示地表温度和亮度温度之间的差异。就这一地区而言，水面的表面温度与亮度温度相差一般较小，只有 2~3℃，平均为 2.51℃。农田地区的差异略大一些，在

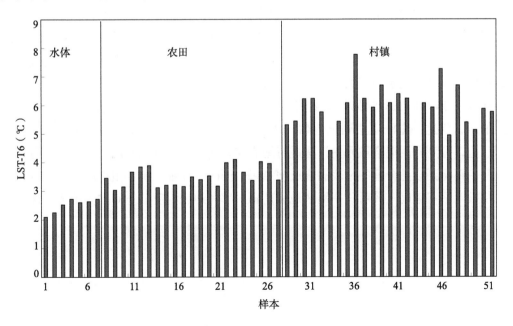

图 3.12　不同类型地表像元的真正地表温度（LST）与亮度温度（T6）之间的差异

3~4℃，平均为 3.52℃。村镇的这一差异较为明显，普遍大于 4.5℃，有时达 7.5℃以上，平均也有 5.10℃。因此，要想较为精确地分析一个地区的地表热量空间差异，必须通过卫星热红外数据来反演真正的地表温度。仅简单地使用卫星高度所观测到的亮度温度来进行分析，将会产生较大的误差。

3.7 小结

Landsat TM/ETM 的热红外波段数据的地表空间分辨率较高，适合于用来精确地分析区域地表热量空间差异。目前，从 TM/ETM 数据中反演地表温度，可以采用：大气校正法、单窗算法和单通道算法等 3 种方法。本章根据地表热辐射传导方程，通过一系列合理假设，推导了一个适用于从陆地卫星 TM6 数据中演算地表温度的单窗算法。同时也介绍了单通道算法的推导过程。单窗算法需要 3 个基本参数来进行地表温度的演算。在一般情况下，这 3 个参数可根据当地气象观测数据进行估计。运用大气模型进行检证的结果表明，该算法的地表温度演算精度很高。当基本参数的估计没有误差时，其演算的绝对精度为 <0.4℃；当参数估计存在一定误差时，其演算的平均误差约为 1.1℃；这一误差大大小于使用传统的大气校正法进行演算所导致的可能误差。该方法已在以色列南部干旱地区的地表温度异常现象的研究中得到了应用，从已有的 TM6 数据中演算得的地表温度图像真实地反映了当地地表热量空间差异状况。因此，这一算法可供有关用户在需要从 TM6 数据中演算地表温度时考虑应用。

在介绍单窗算法和单通道算法推导过程的基础上，进一步探讨了大气参数的估计和地表比辐射率参数的估计。对于地表比辐射率，提出了用地表主要类型构成比例来估计地表比辐射率的混合像元估计方法。TM/ETM 的第 3 和第 4 波段分别是红光波段和近红外波段，可用来估计像元尺度范围内的植被叶冠覆盖度。结合其他可见光波段，通过监督分类，可以较准确地确定地表的主要类型构成比例。然后通过地表热辐射构成方程，可以估计出地表在 TM6/ETM6 波段范围内的比辐射率，以便用来进行地表温度的反演。

最后，将这一方法应用到以色列—埃及边境干旱沙丘地区和山东省陵县地区去进行应用示范，分别利用混合像元估计法进行地表比辐射率的估计和利用单窗算法进行地表温度反演，可得到较为合理的地表温度反演结果。同时，详细分析了山东陵县地区的村镇分布、植被叶冠覆盖度及其对这一地区地表比辐射率和地表温度的空间差异形成的影响。

4 近地表气温遥感反演：关联算法

4.1 引言

4.1.1 研究背景

近地表气温，简称气温，是一个非常重要的气象参数，在气象学上定义为在开阔处距离地面约 1.5m 高度观测的百叶箱空气温度。近地表气温与人们生活密切相关，其时空变化对于全球变暖、城市热岛等重大环境的研究具有重要参考价值（Hansen et al., 1981；Prihodko and Goward, 1997；齐述华等, 2005）。此外，近地表气温是地表与大气之间的水分和能量交换的重要影响因素，控制着地表与大气的水分和能量交换（Sun, 2005），对于潜热、显热通量、水汽压、入射的长波和短波辐射、叶片气孔阻抗、水势等物理量都有决定作用（Lakshmi et al., 2001）。因此，气温是水文、气候和环境模型的重要输入参数（Colombi et al., 2007），掌握其详细时空分布对于有效的理解生态、水文、气候、农业以及陆地生物活动具有重要意义（Zhang et al., 2002; Green and Hay, 2002; Huld et al., 2006; Zaksek and Schroedter-Homscheidt, 2009）。

由于受到纬度、海拔、植被覆盖、土壤含水量等时空多变要素的影响，近地表气温的时空分布模式很复杂，使得获取宏观范围的气温资料很困难（Geiger, 1965; Oke, 1978）。目前气温资料主要来自气象站点的观测。站点观测能够提供点尺度上的准确数据，但是也存在一些缺陷：一是气象站点只能提供空间上离散的有限点观测数据，作为区域气温的粗略代表（Hartkamp et al., 1999; Jang et al., 2004）。二是在不同的地形和不同景观条件下，一个气象站观测的数据能够代表的范围有很大的差别（齐述华等, 2005）。三是气象站点的选址通常考虑的是便利性而非区域代表性（Prihodko and Goward, 1997）。四是由于种种条件限制，很多地方气象站点密度较小，尤其是人口稀少的地区和欠发达地区（Prihodko and Goward, 1997）。

地球系统模型往往需要空间上连续的面数据而非点数据。气象资料还需要通过回归模型、反距离权重插值、薄板样条函数插值、克里金插值等空间插值方法由点数据外推生成面数据（Boyer, 1984; De Beurs,1998; Ishida and Kawashima, 1993）。当站点足够多时，不同插值方法得到的结果很接近，插值的精度也比较高。但是在站点密度较低的情况下，不同的插值方法得到的结果差异会很大，这取决于插值方法和输入气象站点数据的分布特征（Sun et al.，2005），而有些时候站点的个数太少以至于任何插值方法都不适用，得需要其他途径来获取气温。在很多实际工作中，进行空间插值得不到满意的气温空间分布数据。随着全球变化研究的不断深入，常规气象站点观测已经无法满足地球系统科学研究的需要。气温时空分布资料的缺乏在一定程度上制约了地学模型的发展，从而影响对全球气候和环境的认识。近些年来，遥感技术的飞速发展为快速地获取大尺度的气温时空差异信息提供了新的途径。卫星遥感最突出的优势在于能够提供大范围的空间上连续的地表及大气信息，基于遥感影像反演得到的气温数据提供了比站点观测数据更理想的空间异质度信息（Spanner et al.，1990; Seguin，1991）。此外，遥感还可以根据历史存档数据提取过去时相的气温，这对于过去气候、生态和植物生理等研究具有重要意义。

4.1.2 相关研究进展

对于 10.5~12.5 μm 的热红外遥感而言，遥感传感器接收到的辐射能量主要是地球表面自身发射热辐射、大气上行辐射亮度与地表反射的大气下行辐射这 3 项之和，因此，传感器接收到的热红外信息主要来自地表和大气两部分，这是地表温度和气温的遥感反演基础。近 30 年来，Landsat/TM、EOS/ASTER、NOAA/AVHRR、EOS/MODIS、MSG/SEVIRI、FY3/MERSI 等不同时间和空间分辨率的热红外遥感数据不断出现，在很大程度上推动了热红外遥感的迅速发展。其中，地表温度的遥感反演成为遥感研究的一个热点问题。许多学者开展了对地表温度遥感反演方法的研究，提出了如分裂窗算法、单窗算法、温度比辐射率分离算法等一系列经典反演算法，研究成果得到了广泛应用（Price，1983；1984；Becker and Li，1990；Sobrino et al.，1991；Kerr et al.，1992；Kealy and Hook，1993；Franca and Cracknell，1994；Wan and Dozier，1996；Wan and Li，1997；Liang，2001；Qin et al.，2001a；2001b；Jimenez-Munoz and Sobrino，2003；覃志豪等，2001；覃志豪等，2005；毛克彪等，2005）。相对而言，气温的遥感研究工作还比较少，因为其反演难度要比地表温度反演高很多。一般情况下，热红外传感器接收到的能量中大约 80% 是地表发射的热辐射能量（Czajkowski et al.，2000），而大气辐射所占比重相对较低，遥感传感器对地表温度很敏感，对气温并不太敏感。另外，地表热辐射是面辐射，而大气热辐射是体辐射，其计算更加复杂。

尽管存在较大的困难，仍然有些学者尝试根据热红外遥感数据来反演近地表气温，并取得了一定的成果。对目前的气温遥感反演方法进行归纳，可以分为 4 类：温度—植被指数 TVX 法、经验统计方法、人工神经网络方法和能量平衡方法。

4.1.2.1 TVX 方法

TVX 方法，即温度—植被指数法（Temperature Vegetation Index, TVX），是一种利用地表温度和光谱植被指数之间的负相关性来从遥感数据中提取气温的空间邻域运算方法。TVX 方法的原理是假定浓密植被的地表温度即冠层表面温度等于冠层内的气温，基于这个前提通过某个像元邻域窗口的植被指数—地表温度空间计算出浓密植被冠层的温度，即可近似为该邻域的气温。

空间邻域窗口内未必一定存在高植被覆盖度像元，为了保证 TVX 方法的实用性，可根据 NDVI 和 T_s 之间的回归直线（式 4.1）推算出浓密植被 NDVI 值对应的地表温度，即浓密植被冠层温度。根据浓密植被冠层温度等于冠层内气温的前提假设，获得该窗口的气温值。

$$T_a = NDVI_{sat} \cdot S + I \qquad (4.1)$$

式中，S 和 I 为利用邻域窗口中的 NDVI 和 T_s 根据最小二乘法拟合得到的回归系数（回归直线的斜率和截距），$NDVI_{sat}$ 为浓密冠层的 NDVI（饱和 NDVI 值）。

图 4.1 给出了 TVX 计算思路的示意图，这是一个 7×7 像元尺寸窗口的 NDVI–T_s 特征空间。此处的饱和 NDVI 值为 0.65，虽然该窗口中没有浓密植被覆盖像元（NDVI $\geq$ 0.65），但是根据 NDVI 和 T_s 值拟合出 TVX 回归直线，根据该回归直线可计算出 0.65 的 NDVI 值对应的地表温度值为 37.6℃，即为该窗口的气温值。

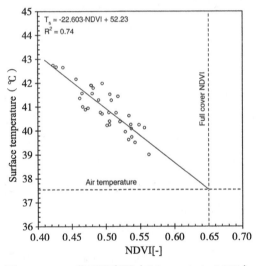

图 4.1 TVX 关系示意图（Stisen et al., 2007）

TVX 方法以几个重要假设为前提： 空间邻域窗口内植被指数 NDVI 和地表温度 T_s 呈负线性相关；浓密植被冠层的 T_s 与气温相等；一定空间范围内的大气条件和土壤湿度变化很小。局部区域内的白天地表温度和植被指数之间存在强烈的负相关关系，这个关系在前人的大量研究中得到证明（Goward et al., 1985, 1989; Nemani and Running, 1989; Smith and Choudhnry, 1991; Carlson et al., 1994; Prince et al., 1998; Boegh et al., 1999）。即使在植被覆盖度较低的情况下，这种 TVX 关系也比较显著。植被指数与地表温度之间的这种关系是由潜热通量、冠层透光率、土壤湿度等共同作用的结果（Prihodko and Goward, 1997）。TVX 关系简单地从理论上进行解释，即可理解为植被覆盖对地球表面热特征以及蒸散过程的影响（Goward et al., 1985；1989）。

在极端情况下，被太阳直照的单个叶片可能与气温差别较大，如在强太阳辐射、水汽压亏缺大并且干旱的条件下，其温度要比周边气温高 5~10℃（Hatfield, 1979; Seguin and Itier, 1983; Smith et al., 1985; Prihodko and Goward, 1997）。但是遥感像元尺度上的空间异质度以及冠层叶片群体遮蔽混合效应使得高密度植被的温度与周边环境气温相差很小（Stisen et al., 2007）。很多植被微气候的研究表明，浓密冠层的温度与气温非常接近，高植被覆盖度像元的 T_s 作为气温估计值的假设是可行的（Gardner et al., 1981; Nemani and Running, 1989; Carlson et al., 1994; Vanderwaal and Holbo, 1984）。

由于气温的空间变化不如地表温度剧烈，在一定的空间范围内，气温变化很小，可以认为在此范围内气温近似相等。Prihodko 和 Goward（1997）在 FIFE 试验区利用高密度的气象站点观测资料对气温进行了空间自相关分析，结果表明，气温在水平距离 6km 范围内变化通常小于 0.6℃，而超出这个距离后变化剧烈。由此可见，一定空间范围内的大气条件近似相等的假设是可行的，而窗口内土壤湿度均一的假设还有待商榷，这可能会导致气温估算的一些误差。

TVX 方法是目前应用比较广泛的近地表气温遥感估算方法。Goward 等（1994, 2002）、Saravanapavan（1995）、Prihodko（1997）、Prince 等（1998）、Czajkowski 等（1997, 2000）、Lakshm 等（2001）、齐述华等（2005）、Stisen 等（2007）、Vancutsem 等（2010）等先后使用 NOAA/AVHRR、MSG/SEVIRI、EOS/MODIS 等数据在不同研究区域利用该方法反演了近地表气温。TVX 方法估算气温的精度一般在 2~5℃左右，如 Prince 等（1998）利用 AVHRR 数据在美国 FIFE 试验场、西非 HAPEX-Sahel 试验场、加拿大 BOREAS 试验场和美国 Red-Arkansas 盆地这 4 个不同类型研究区通过 TVX 方法估算近地表气温，均方根误差 RMSE 分别为 3.48℃、1.72℃、2.21℃和 4.85℃。

利用 TVX 方法估算近地表气温的关键问题有两个：一是如何确定饱和植被 NDVI 值（$NDVI_{sat}$）。二是如何选择邻域窗口的尺寸。

气温估算精度与饱和植被 NDVI 值的选取密切相关。饱和 NDVI 取值通常根据经验选取。未经过大气校正的影像，由于大气散射的影响导致植被 NDVI 偏低，饱和 NDVI 取值比较低。Stisen 等（2007）在非洲地区利用未进行大气校正的 SEVIRI 数据估算气温时，根据气温估算结果，选用了 0.65 的 $NDVI_{sat}$ 值保证 RMSE 最低。Lakshmi 等（2001）在 Red-Arkansas 盆地利用辐射模型模拟 AVHRR 数据得到的是 0.7。Czajkowski 等（1997, 2000）在加拿大中部的 BOREAS 试验场对 AVHRR 数据用的是 0.7，在 Oklahoma 试验场用的是 0.65。经过大气校正的遥感影像饱和 NDVI 取值比较高。如 Goward 等（2002）在西非的 HAPEX 试验场利用 AVHRR 数据反演气温时 $NDVI_{sat}$ 取值 0.9。Prihodko 和 Goward（1997）根据 FIFE 研究区 10 种主要物种的波段实测 R 和 NIR 反射率，通过 Kubelka-Monk 辐射传输模型计算出这 10 种植被的 $NDVI_{sat}$ 值，然后取其平均值 0.86 作为研究区的饱和 NDVI 值。其他如齐述华等（2005）、Riddering 和 Queen（2006）也均采用了 0.86 作为研究区饱和 NDVI 值。

空间领域窗口尺寸的选取对气温估算也有很大影响。邻域窗口太小的话，样本数不足会影响回归分析的稳定性；而邻域窗口太大的话，多种地表类型的混合会加大 NDVI-T_s 散点图的离散程度，影响回归分析精度。因为不同植被类型的 VI 混合为线性变化，而 T_s 混合并非线性变化（Quattrochi and Goel, 1995）。此外，窗口内土壤湿度的不均一也会对离散程度有影响。对于 1km 分辨率的 AVHRR 数据，用 9×9 像元和 13×13 像元窗口尺寸（即 9km×9km 和 13km×13km）的较多。如 Czajkowski 等（1997）、Prince 等（1998）、Goward 等（2002）、Lakshm 等（2001）采用的是 9×9 的像元窗口。Prihodko 和 Goward（1997）根据 FIFE 的高密度气象站观测资料的空间自相关分析，发现气温在水平距离 6km 范围内变化小于 0.6℃，而在这个空间范围外变化剧烈。据此在 1km 分辨率的 AVHRR 影像中选择 13×13 的像元窗口（即 13km×13km）来进行 TVX 运算，齐述华等（2005）、Vancutsem 等（2010）用的也是 13km×13km 窗口，而 Stisen 等（2007）针对 3km 分辨率的 SEVIRI 数据，采用了 7×7 像元（即 21km×21km）的窗口尺寸。

TVX 方法需要的参数最少，只需要浓密冠层饱和 NDVI 值，就可以根据遥感影像导出的地表温度和 NDVI 来推算近地表气温，在估算过程中不需要对应的地表观测数据，容易实现，因此得到了较为广泛的应用。但是 TVX 方法也存在一些缺陷：一是 TVX 方法基于 NDVI 与 T_s 的负相关关系，因此不适用于积雪、水体等区域，使得即使在晴空条件下，TVX 方法得到的气温估算结果在空间上也有缺失值，需要通过空间插值来弥补数据缺失（Stisen et al., 2007）。二是 TVX 关系仅仅存在于白天的 T_s 与 NDVI 空间，夜间无法使用该方法。三是子像元内残余的云对 TVX 关系有很大影响，进而影响气温估算精度，因此该方法不适用于云量较多的区域。四是与常见的逐像元计算方法不同，TVX 是一种邻域运算方法。TVX 方法的邻域运算本质在一定程度上降低了空间分辨率。通过一个窗口计算出当前中心像元的 T_a，然后滑动到下一个像元对应的窗口，在一定距离内的像元 T_a 值必然存在空间自相关性（Prince et al., 1998）。这会导致一定的平滑效应，在一定程度上降低空间分辨率。考虑到气温与地温相比空间异质度较小，空间分辨率的降低也可以接受。五是 TVX 方法不能用于地表状况过于相近的区域，因为地表特征的均质性会导致 NDVI-T_s 空间中的值过于集中，不利于进行回归分析。六是 TVX 方法也不能用于地表类型过于复杂的区域，地表的空间异质度会加大 NDVI-T_s 散点图的离散程度，影响回归分析精度。七是 $NDVI_{sat}$ 值的选取大多依赖经验，受到个人主观性的干扰。

4.1.2.2　经验统计方法

经验统计方法通常基于地表温度和气温之间的强相关性，通过线性回归等统计方法建立气象站点观测气温与对应像元地表温度之间的经验方程，并将回归方程应用于整个研究区的地表温度，推算出近地表气温。

简单的经验统计方法将地表温度作为影响气温的唯一因子，直接建立气温与地表温度或者亮度温度的一元线性回归方程。Chen 等（1983）将静止卫星 Meteosat/VISSR 数据的亮度温度与 1.5m 处气温进行回归运算，在基础上估算了 1978—1981 年的 4 年期间佛罗里达州夜间的气温。两者的相关系数 R 为 0.87，气温估算的平均标准误差为 1.57℃。Davis 和 Tarpley（1983）利用 NOAA-6、7 的 TOVS 数据通过线性回归来估算日最高最低气温，晴空和少云条件下标准偏差 1.6~2.6℃。周红妹等（2001）根据市区城镇建筑区、市区工业区、市区城郊接合部和郊县农业区这 4 种不同下垫面类型分别建立了亮温与气温之间的经验关系，相关系数 0.87~0.99。Jones 等（2004）选择了 5 个无云时相的夜间 MODIS 数据，针对不同地貌类型（高原、山谷、平原和山地）分别建立了地表温度与夜间最低气温之间的回归方程，相关系数 R 在 0.57~0.81，均方根误差 RMSE 为 0.15~0.74℃。Colombi 等（2007）利用阿尔卑斯山地区 MODIS 数据反演得到的地表温度与卫星过境时的气温建立线性回归方程，回归方程分为白天和夜间两种情况，判定系数 R^2 分别为 0.86 和 0.80，均方根误差 RMSE 分别为 2.47℃和 3.36℃。Chen 等（2008）通过采样车实测数据建立了针对不同土地覆盖类型（如水田、水体、人工建筑及其他植被）的地表温度与气温的经验回归方程。人工建筑的判定系数 R^2 最高，为 0.9149，水体的判定系数 R^2 最低，为 0.5563。

除了直接将地表温度或者亮度温度与气温之间建立线性回归方程之外，有些学者考虑到地表特征、大气状况等因素对近地层热环境的影响，在回归方程中加入了植被指数 NDVI、太阳天顶角、海拔、经纬度、下行辐射等变量，以提高统计模型的估算精度。Cresswell（1999）在利用 Meteosat 地表温度数据来估算南非地区 1996 年 11 月和 1997 年 5—6 月的气温时，考虑了太阳天顶角的变化对地表入射太阳辐射以及温度的影响，将其加入统计过程，建立了基于地表温度和太阳天顶角的 2 阶多项式来估算气温。判定系数 R^2 为 0.844，估算误差在 0.09~1.69℃，有超过 1/4 的验证样本误差小于 1℃。Kawashima 等（2000）考虑到植被密度是影响近地表热环境的重要参数，利用 NDVI 来表征植被密度，依据 NDVI 和 Landsat TM 反演得到的地表温度建立了几种不同天气条件下的近地表气温回归方程，标准误差在 1.4~1.85℃。Green 和 Hay（2002）在利用 NOAA/AVHRR 月合成的地表温度估算月平均气温的研究中，考虑了植被和地表海拔这两个地表特征，分别将月合成地表温度、月合成地表温度加 NDVI、月合成地表温度加 NDVI 加 DEM 这 3 种组合与月平均气温进行逐月多元线性回归，建立月平均气温的经验方程。验证结果表明，月合成地表温度加 NDVI 的估算精度最高，欧洲地区 1992 年各月的判定系数 R^2 在 0.38~0.8，平均值为 0.64，均方根误差 RMSE 在 1.38~3.18℃，平均值为 2.38℃。Meteotest（2003）基于简单的边界层物理基础，建立了白天的近地表气温半经验方程，通过地表温度、地表反照率、下行辐射和风速来估算气温。Florio 等（2004）利用 2000 年 1—8 月的 AVHRR 数据来估算美国中南部区域的气温，在研究中将卫星与地表资料结合起来，除了 AVHRR 反演得到的地表温度，还在回归过程中考虑了经度、纬度和高程信息。回归方程的 RMSE 在 0.677~6.363℃，不太理想。然后在克里金空间插值方法中增加了卫星数据，其空间插值结果要好于单纯的回归方法或普通的克里金方法。Zaksek 等（2009）针对 Meteotest（2003）提出的半经验气温估算方程进行了修改，加入了 NDVI、高程差和坡度，并对原方程中下行辐射项的形式做了修正。风速的敏感性分析表明其对气温估算精度的影响可以忽略，因此在方程中去除了风速。验证结果表明：RMSE 约为 2℃，相关系数 R 为 0.95，41% 的样本绝对误差在 1℃ 以内，71% 低于 2℃，88% 小于 3℃，只有 2% 大于 5℃。祝善友等（2009）利用 NOAA 和 FY 等多源极轨气象卫星的热红外波段估算上海地区 2005 年的气温。考虑到气温与地表温度随时间变化的快慢不同，根据不同时刻的气温和亮温的分布特点，分季度、分时段建立了热红外波段亮温线性组合与气温之间的回归方程，相关系数 R 为 0.823~0.957，均方根误差 RMSE 为 1.4~2.7℃。另外还利用均值和方差对热红外波段亮温进行调整，修正不同站点之间以及同一站点不同时刻亮温的离散性。调整之后的模型精度有了一定程度的提高：相关系数 R^2 为 0.887~0.989，均方根误差 RMSE 为 0.8~1.3℃。

统计模型注重自变量与因变量之间的相关性，通常不涉及机理过程，形式简单，对参数要求较少，在建模的特定区域特定时间往往能取得较好的结果，在遥感的各个领域有着广泛的应用。但是统计方法也有着不容忽略的缺陷，其物理意义不明确，精度不稳定，区域性强而普适性差，难以推广到其他时间和地区。

4.1.2.3　人工神经网络法

人工神经网络方法利用大量的相互联系的"神经元"来逼近任意复杂的非线性关系，不需要已知气温与地表温度、亮度温度、地表特性等因素的相互作用机理就通过训练数据直接建立气温和输入参数之间的关系。

Jang 等（2004）通过多层前馈神经网络 MLF 来估算加拿大南魁北克省 2000 年 6—9 月的气温。首先将 NOAA/AVHRR 的 5 个波段数据（已转化为反射率和亮度温度）的不同波段组合作为输入参数来估算气温，神经网络隐层节点数设为 10，结果表明 5 个波段都用作输入参数时精度最高，相关系数 R^2 为 0.886，均方根误差 RMSE 为 2.18℃，有 92.9% 的样本误差在 3℃ 以内。然后将地表海拔、太阳天顶角和儒略日也作为输入参数一起输入神经网络，在隐层节点数等于 10 的条件下，相关系数 R^2 为 0.914，均方根误差 RMSE 为 1.91℃，有 93.9% 的样本误差在 3℃ 以内。此外，Jang 还分析了隐层节点数对于估算精度的影响，结果表明在隐层节点数为 22 时取得最好的结果：相关系数 R 为 0.926，均方根误差 RMSE 为 1.79℃，有 95% 的样本误差在 3℃ 以内。

Zhao 等（2007）利用 BP 神经网络反演中国汉江流域的日平均、最高和最低气温。利用 GIS 对气象观测站点的日平均、最高和最低气温进行空间插值作为因变量，根据 Landsat EMT+ 数据计算出的地表反照率、NDVI，加上 DEM 数据作为自变量来训练神经网络。日平均气温、最高气温和最低气温的平均相对误差为 3.02%、2.23% 和 8.31%，均方根误差 RMSE 在 0.90~0.93℃。

Mao 等（2008）利用辐射传输模型 MODTRAN 建立了包含不同大气状况和土地覆盖类型的模拟数据集，将该数据集随机分割为训练样本和验证样本两个部分，通过动态学神经网络 DL 来估算气温并对其进行验证，隐层的节点数为 30。当输入参数为 Aster 第

11~14 波段的亮度温度时，气温估算误差较大，平均误差和标准误差分别为 3℃和 3.5℃，说明卫星表观亮温对气温并不是非常敏感。为了改善估算精度，将从 ASTER 1B 中得到的地表温度（AST08）和比辐射率（AST05）作为先验知识也输入神经网络，气温估算的平均误差和标准误差均为 1℃。另外，考虑到 Aster 地表温度和比辐射率的反演也有一定的误差，在模拟数据集中考虑地表温度和比辐射率的估算误差分别为 ±3℃和 ±0.05，得到的气温估算平均误差和标准误差分别为 2℃和 2.3℃。

神经网络方法不依赖于物理正向模型，可以逼近任意复杂的非线性关系，而且精度比较高。但是其解决问题的过程不明确，"黑箱"操作的方法使其不利于解释气温估算的内在机理。神经网络没有一种系统构建网络结构的统一理论，只能由建模者通过试探性反复试验或者凭经验来确定。如果参数或算法选择不合适，容易出现训练时间过久、出现过度拟合现象等（徐小军等，2008）。

4.1.2.4 能量平衡方法

大气与地表之间存在能量和物质交换，能量交换可以用能量平衡方程来描述

$$R_n = LE + H + G \tag{4.2}$$

式中，R_n 为净辐射，H 为显热通量，LE 为潜热通量，G 为土壤热通量。在能量平衡方程的各个要素中，净辐射 R_n 由太阳入射角、地表反照率、地表比辐射率、地表温度和大气下行辐射等决定。土壤热通量 G 通常由 R_n 和下垫面特征参数如土壤湿度、叶面积指数、NDVI 等确定。其中，显热通量和潜热通量都可以表达为地气温差（即 $T_s - T_a$）的函数，这样可以将建立地表温度与气温之间的关系并用于反演气温。不过净辐射、显热通量、潜热通量和土壤热通量的计算都比较复杂，需要很多参数，如空气动力学阻抗、风速等。

Caselles（1991）在利用遥感数据估算橘子林内夜间气温时，根据地表与大气以及橘子树与大气之间的热对流交换，建立了气温与遥感温度之间的定量模型，该模型需要参数较多，如地表温度、橘子树侧面温度、橘子林结构参数（树冠半径、株间距、植被覆盖度等）、传感器观测角度等。如果这些参数都已知而且准确的话，橘子林内夜间气温估算精度在 0.8℃左右。

Pape 和 Loffler（2004）基于一维的地表能量平衡方程来同时反演挪威高山地区的地表温度和气温。模型需要遥感数据导出的地貌（海拔、坡度、坡向）、下垫面（矿物、有机质）和植被类型（高度、LAI 和反照率）信息，此外，还需要总辐射、风速、大气湿度等参数。通过迭代运算首先求解出地表温度的数值解，然后再计算出 2m 高度的气温。判定系数 R^2 为 0.833~0.985，均方根误差 RMSE 在 0.37~1.02℃。

Sun 等（2005）在利用 MODIS 数据估算中国华北平原近地表气温的研究中，将能量平衡方程中各个分量的计算公式通过一系列变换，联立地表能量平衡方程，将地气温差表达为地表比辐射率 ε、净辐射 R_n、空气动力学阻抗 r_a、作物缺水指数 CWSI 这几个物理量的函数，建立了地表温度与气温之间的定量关系。其中地表比辐射率通过 MODIS 的 NDVI

计算；净辐射则通过 MODIS 计算的地表反照率、比辐射率以及观测的太阳辐射及天空温度来计算；空气动力学阻抗利用 SEBAL 模型来模拟；作物缺水指数可根据净辐射、比辐射率以及 NDVI 计算出来。利用研究区 33 个站点两个时相的观测数据对模型反演结果进行验证，误差为 0.3~3.61℃，80% 的样本误差在 3℃以内。该模型的敏感性分析表明，输入参数的误差对反演结果影响不大。

能量平衡方法基于地表与大气之间的能量平衡方程，具有明确的物理意义，在数据充足的条件下具有较高的精度。但是该方法所需参数过多，而且有些参数（如空气动力学阻抗、风速等）无法通过遥感手段获取，只能依赖实地测量，限制了其在较大空间尺度上的应用。

4.1.3　研究目标和研究内容

4.1.3.1　研究目标

研究的主要目标是尝试通过 MODIS 两个热红外波段的辐射传输方程进行推导以建立具有物理意义的近地表气温分裂窗反演算法。该方法能够在没有地表观测资料的情况下，依据遥感数据提取的信息来反演近地表气温。将该算法与现有的 TVX 方法及经验统计方法的气温反演精度进行了比较分析，以探索近地表气温遥感定量反演的有效方法。并基于遥感反演结果对气温的时空变化规律进行了分析讨论。希望通过本研究丰富气温遥感反演方法，促进气温反演的业务化进程，为气候、水文、生态等地学模型提供更多的数据支持，推动遥感与全球变化研究的紧密结合。

4.1.3.2　研究内容

本章以长江三角洲地区为研究区，以 2005 年全年的 MODIS 遥感数据和气象观测资料为研究数据，首先采用现有的 TVX 方法、经验统计方法反演了近地表气温，然后基于热红外波段辐射传输方程的推导建立了气温反演分裂窗算法，并与 TVX 方法、经验统计方法的反演精度进行比较。最后基于遥感反演结果对研究区气温的时间变化特征以及空间分布差异进行了分析。研究内容主要包括以下几个方面。

➤ 基于 TVX 方法与经验统计方法的近地表气温反演

运用 TVX 方法估算气温的过程中，对 TVX 方法的适用范围和饱和 NDVI 取值做了适当改进，并对 TVX 方法改进前后的适用范围与反演精度进行了比较。

采用 5 种不同形式、不同自变量的经验回归方程估算了气温，对这些方程的精度进行了评价和对比，在此基础上选择了精度较高的 3 种方程针对城镇、水体、林地和农田这 4 种不同土地覆盖类型分别建立气温经验方程，并分析了不同空间尺度下气温与地表温度等自变量之间的关系。

➤ 基于热红外辐射传输方程的近地表气温反演

基于热红外波段辐射传输方程推导近地表气温的反演模型，通过引入大气有效平均作用温度来表征大气上行和下行热辐射、对热辐射亮度的 Planck 方程进行 Taylor 多项式展开、两个波段联立等一系列变换之后，建立具有物理意义的近地表气温热红外遥感反演分裂窗算法。基于理论推导出的分裂窗算法形式通过回归方法建立了简单的气温反演半经验分裂窗算法和针对不同水汽区间的分段半经验分裂窗算法。并将分段半经验分裂窗算法的精度与 TVX 方法、经验统计方法进行了比较。

➤ 基于 HANTS 变换的气温时间序列数据去云重建

研究区云量较多造成反演结果中存在大量的缺失值。在对反演得到的气温数据进行 8 天多时相合成的基础上，采用时间序列谐波分析方法 HANTS 对气温时间序列进行拟合，以拟合值替换无效值，完成气温时间序列数据的去云重建工作，改善数据的时空完整性。

➤ 气温的时空变化规律分析

基于重建的气温数据和 HANTS 变换的谐波组分对长江三角洲地区气温的时相变化特征和空间分布差异进行研究，揭示研究区气温的时空变化规律及其与下垫面的关系。最后运用时滞互相关方法变化对于太阳辐射变化的响应关系与滞后效应。

4.1.3.3 技术路线

图 4.2、图 4.3、图 4.4、图 4.5 分别给出了 TVX 方法反演气温、经验统计方法反演气温、基于辐射传输方程反演气温、气温去云重建与时空变化分析的技术路线示意图。

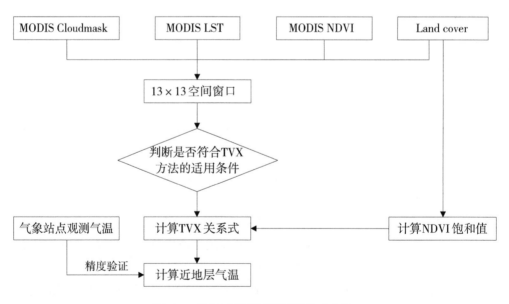

图 4.2 TVX 方法反演气温的技术路线

图 4.2 是利用 TVX 方法反演气温的技术路线。循环读取以各个像元为中心的 13×13 像元窗口的地表温度、NDVI 值、云掩膜和土地覆盖分类数据，依据云掩膜和土地覆盖分类数据去除所有的云像元和水体像元，利用剩下的样本数据拟合 NDVI-Ts 关系，如果相关关系为正或者样本数不足 30，则不满足 TVX 方法适用条件，直接进入下

一个窗口。如果相关关系为负并且样本数大于 30，计算出 NDVI 饱和值所对应的地表温度值，即为当前像元对应的近地表气温值。最后根据气象站点观测气温值对反演结果进行精度验证。

图 4.3 是经验统计方法反演气温的技术路线。读入所有气象站点观测气温资料及对应时相和地点的遥感数据，如地表温度、太阳天顶角、NDVI 等，随机将这些数据集按照 7∶3 的比例分为 2 组，70% 的样本用于建模，剩下 30% 的样本用于验证。以建模样本中的观测气温为因变量，地表温度、太阳天顶角、NDVI 等为自变量，建立经验统计方程。将经验统计方程应用于验证样本，得到气温估算值，与验证样本中的气温观测值对比进行精度验证。

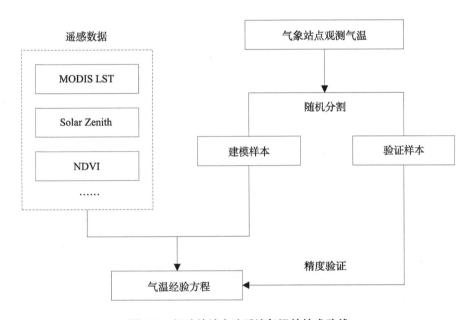

图 4.3 经验统计方法反演气温的技术路线

图 4.4 是基于辐射传输方程反演近地表气温的技术路线。首先引入大气有效平均作用温度来表征大气的上行和下行辐射，然后通过普朗克函数的 Taylor 多项式展开将辐射传输方程中辐射量转换为温度的函数，然后两个波段联立消去地表温度项，建立大气有效平均作用温度的气温反演分裂窗算法。根据不同大气模式下大气温度和湿度的垂直分布状况建立了大气有效平均作用温度与近地表气温之间的线性转换关系，与前面的大气有效平均作用温度反演模型相结合，最终得到了近地表气温的理论反演分裂窗算法。将水汽含量、观测天顶角、地表比辐射率、亮度温度等数据输入分裂窗算法，得到气温反演结果。最后根据气象站点观测气温值对反演结果进行精度验证。

图 4.5 是气温时间序列重建及时空变化分析的技术路线。将遥感反演气温结果首先进行 8 天多时相合成，然后基于 HANTS 时间序列谐波分析方法重建气温无云时间序列。基

于 HANTS 变换得到的谐波分量以及重建的无云数据集对研究区气温的时空变化规律进行分析讨论。最后运用时滞互相关分析方法定量研究气温变化与太阳辐射变化之间的响应关系与滞后效应。

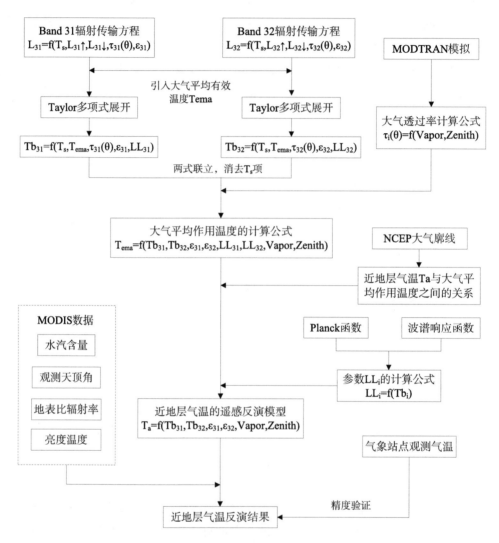

图 4.4　基于辐射传输方程反演近地表气温的技术路线

4.2　研究区及研究数据

4.2.1　研究区概况

长江三角洲是我国最大的河口三角洲，位于我国大陆海岸线中部、长江入海口处，地跨上海市、江苏省和浙江省 2 省 1 市。长江三角洲通常指东经 118.33°~122.95°，北纬

29.04°~33.41°的区域，以上海为中心，包括江苏的南京、镇江、扬州、泰州、南通、苏州、无锡、常州及浙江的杭州、嘉兴、湖州、宁波、绍兴、舟山等15个地级以上城市。

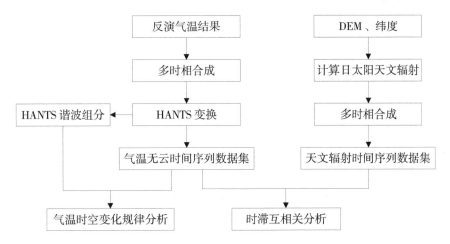

图4.5　气温时间序列重建及时空变化分析的技术路线

　　整个长江三角洲地区面积约为10.1万km²，人口约为7 600万。北以通扬运河—栟茶运河为界，与淮河水系相连；南至杭州市，与钱塘江水系相连；西至南京市，东至上海市，濒临东海、黄海。面积达2 250km²的太湖居于三角洲中心。长江三角洲地处亚热带中、北部，属亚热带湿润季风气候，气候温和，四季分明。年均日照时数1 800~2 200h，年平均气温14~17℃，≥10℃年积温在4 500~5 300℃，无霜期为220~230d，年降水量为1 000~1 800mm。

　　区内地貌以平原为主体，地势低平，西部和南部有一些山体不大的山地和丘陵，包括宁镇扬丘陵岗地和浙西中山丘陵等。土壤类型多样，平原地区主要发育在河流冲积物上，以水稻土和潮土为主；滨海潮滩发育有滨海盐土；山地则分布有黄棕壤、红壤和石灰岩等。主要河湖有长江、钱塘江、富春江、黄浦江和太湖、淀山湖、阳澄湖等。崇明岛是长江口主要岛屿，杭州湾外则多岩岛（图4.6）。

　　优越的自然条件和区域位置，使长江三角洲成为中国经济、科技、文化最发达的地区之一，也是中国最具活力与竞争力的经济区域之一。20世纪80年代改革开放以来，长江三角洲地区城市化速度不断加快，土地利用多元化发展，并表现出"高密度、高强度"特征。上海、南京、杭州等中心城市不断扩大，小城镇蓬

图4.6　长江三角洲地区三维遥感视图

勃发展，大片农田转化为现代化城市，出现了城市郊区化新的空间格局。

4.2.2 研究数据

本研究在研究过程中使用的遥感数据主要为 2005 年全年的 EOS/AQUA MODIS 数据（V005 版本），包括 L1B 数据、水汽产品、云掩膜产品、地表反射率产品、地表温度产品和反照率产品。其中 MODIS L1B 数据、水汽产品和云掩膜产品由美国宇航局 NASA 的 LAADS（MODIS L1 and Atmospheres Archive and Distribution System）提供，其余陆地产品由美国地质调查局 USGS 的 LP DAAC（Land Process Distributed Active Archive Center）提供。有关 MODIS 数据的基本情况见表 4.1。

表 4.1　本研究使用的 MODIS 数据基本情况

产品名称	数据表述	空间分辨率	时间分辨率	数据量
MYD021KM	5min Swath 格式 L1B 辐射数据	1km	DAY	624 景
MYD05_L2	5min Swath 格式水汽产品	1km	DAY	624 景
MYD35_L2	5min Swath 格式云掩膜产品	1km	DAY	624 景
MYD09GA	逐日 Grid 格式地表反射率产品	500m	DAY	1095 景
MYD11_L2	5min Swath 格式地表温度产品	1km	DAY	624 景
MCD43B3	16 天合成 Grid 格式反照率产品	1km	8 DAY	138 景

研究中使用到的近地表气温资料为 2005 年全年的地面自动站逐小时气温数据集，由中国气象局信息中心提供。气温数据为近地面 2m 处的气温，观测仪器为自动站铂电阻温度传感器，观测数据经过了气候学界限值检查、台站极值检查、时间—一致性检查和空间一致性检查，精度为 0.1℃。在研究区范围内的总共有 79 个站点。

研究使用的 NCEP/NCAR 再分析数据集由美国气象环境预报中心（NCEP）和美国国家大气研究中心（NCAR）联合制作，利用全球资料同化系统对各种来源（地面、船舶、无线电探空、测风气球、飞机、卫星等）的观测资料进行质量控制和同化处理，生成完整的再分析资料集。

在本研究中，主要使用了 NCEP/NCAR 的长周期月平均大气廓线数据和长周期月平均近地层数据。长周期大气廓线数据和近地层数据是 1968—1996 年的数据进行平均得到的，数据的空间分辨率为 2.5°×2.5°。大气温度和海拔的垂直廓线分为 17 个等压层（1 000、925、850、700、600、500、400、300、250、200、150、100、70、50、30、20、10hPa），而相对湿度廓线分为 8 个等压层（1 000、925、850、700、600、500、400、300hPa）。

4.2.3　数据预处理

4.2.3.1　遥感数据预处理

考虑到本研究所使用遥感数据量非常大，编程对所有 MODIS 数据进行几何校正自动批处理：Grid 格式数据调用 MRT 软件包（Land Processes DAAC, 2008）提供的 MRTMOSAIC 和 RESAMPLE 命令进行投影转换和镶嵌操作，然后通过 IDL 编程进行空间裁切。Swath 格式数据调用 MODIS Conversion Toolkit 软件包（White, 2009）提供的 convert_modis_data 命令进行投影转换，然后通过 IDL 编程进行镶嵌和空间裁切。经过几何校正处理后，数据统一转换为 Albers 正轴割圆锥等积投影，椭球体为 Krossovsky 椭球体，中央经线 105°，双标准纬线 25° 和 47°，空间分辨率为 1km。

MODIS 使用三参数双向反射率函数（BRDF）反演反照率，该算法要求 16d 合成周期内至少有 3 次以上的晴空观测。研究区的云量较多，导致很多像元无法满足 MODIS 的反照率反演要求，反照率数据中存在大量的缺失值，因此需要对缺失值进行修补。

修补的思路为：如果某当前时相的反照率为缺失值，那么利用前后两个时相反照率的平均值来进行替换；如果前后两个时相只有一个反照率有效值，那么用其直接替换；如果前后两个时相的反照率均为无效值，那么用前后 4 个时相反照率来进行替换……这样循环修补。如果某像元全年均无反照率有效值，那么不进行修正，如图 4.7 所示。经过处理之后还有极少数像元全年为无效值，利用周围的有效反照率值通过三角网进行空间插值。图 4.8 给出了 049 时相（第 49~64d）反照率数据修正前后的对比。

从图 4.8 可见，在 049 时相的反照率产品中，有大量的缺失值。经过前后时相的插值填补之后，大部分缺失值像元得到了修正，但是仍然有少量像元反照率值缺失，这些像元在全年 46 个时相中反照率值均为无效值，所以无法从时相上进行修正。这些像元多位于上海及苏锡常市区，应该是由于这些地区空气污染严重使得 MODIS 云检测得到晴空观测

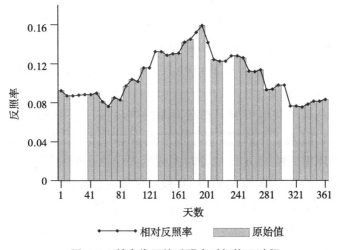

图 4.7　某个像元的反照率时相修正过程

次数太少，导致反照率值的缺失。不过这样的像元数目不多，经过三角网空间插值之后得到了满意的结果。

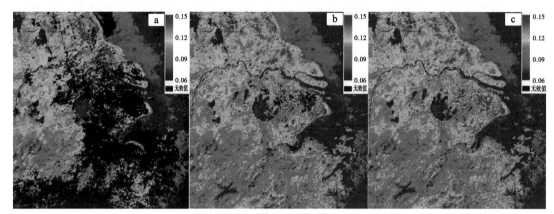

图 4.8　反照率数据修正前后比较

注：a. 原始的反照率数据；b. 基于前后时相插值填补的结果；c. 基于空间相邻数据插值填补的结果。

MODIS 的云掩膜产品最终的检测结果可信度分为四个等级（Ackerman et al., 1997）：可信度高的晴空（>0.99）、可信度差的晴空（>0.96）、不确定的晴空（>0.66）和云像元（小于 0.66）。云掩膜科学数据集用 6 个字节来存储，即 48 个 Bit。其中，Bit0 位表达云掩膜标记，如果为 1 表示确定，为 0 表示未确定。Bit1~2 这 2 位联合起来表达无云概率，00 表示云像元、01 表示不确定的晴空、10 表示可信度差的晴空、11 表示可信度高的晴空。本研究提取了可信度高（>0.99）的晴空数据作为晴空掩膜数据。

最终，从 MODIS L1B 数据（MYD021KM）中提取出第 31、32 波段的热辐射亮度、太阳天顶角和观测天顶角数据；从水汽产品（MYD05_L2）中提取出大气水汽含量数据；从云掩膜产品（MYD35_L2）中提取出可信度高的晴空掩膜数据；从地表反射率产品（MYD09GA）中提取出第 1、第 2 波段地表反射率并计算出归一化植被指数 NDVI 数据；从地表温度产品（MYD11_L2）中提取出地表温度、第 31 和第 32 波段的地表比辐射率以及成像时间数据；从反照率产品（MCD43B3）中提取出地表反照率数据。

4.2.3.2　气温资料预处理

由于气象站点观测的气温资料是整数时刻的气温值，而 MODIS 成像时间通常都不是整数时刻，两者在时间上不匹配。本研究依据 MODIS 成像时间来对气温观测资料进行修正：从前面处理得到的 MODIS 成像时间数据中读取出研究区 79 个气象站点的每日 MODIS 成像时间，然后从气温观测资料中提取出成像时前后两个整数时刻的气温观测值进行线性插值，将插值结果作为该站点成像时的观测气温值。

利用前面得到的晴空掩膜数据对气温观测资料进行掩膜，只保留 MODIS 在晴空条件下成像时的气温数据，最后得到的有效气温记录为 3 814 个。

4.2.3.3 NCEP 资料预处理

根据研究区的位置，选取了 NCEP 资料中 120E、32N 格点的海拔、气温和相对湿度的大气廓线作为研究区的大气廓线，并将 3—5 月数据进行平均作为春季廓线，6—8 月数据进行平均作为夏季廓线，9—11 月数据进行平均作为秋季廓线、将 1 月、2 月、12 月数据进行平均作为长三角的冬季廓线。处理后得到的长三角 4 个季节的温度和相对湿度廓线，见图 4.9 所示。

NCEP/NCAR 的相对湿度廓线只到 300 hPa 为止，缺失 300 hPa 以上的信息，为了与 17 层的温度廓线相一致，需要对 300 hPa 以上高度的湿度数据进行替补。大气水汽主要分布在近地层高度，以常用的热带大气和中纬度夏季大气廓线为例：整个大气水汽含量分别为 4.195 84 g·cm^{-2} 和 2.980 75 g·cm^{-2}，其中 300 hPa 以下约为 4.181 96 g·cm^{-2} 和 2.964 99 g·cm^{-2}，可见 300 hPa 以下的水汽含量占水汽总含量的 99% 以上。将 250~10 hPa 空缺的相对湿度用中纬度夏季的相对湿度数据来代替。由于这个高度范围的水汽含量占水汽总含量的比重极小，这样的取代不会对结果有多少影响。

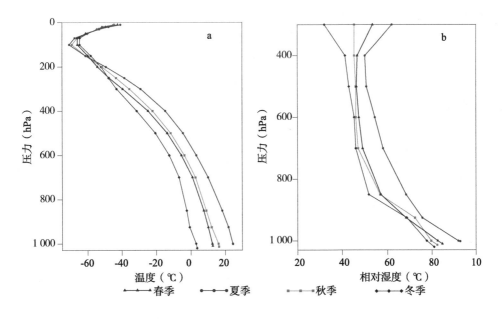

图 4.9　长三角平均大气廓线

注：a. 温度廓线；b. 相对湿度廓线。

4.2.4　土地覆盖分类

4.2.4.1　分类源数据及预处理

土地覆盖分类采用的数据主要是 MODIS 植被指数产品 MYD13Q1，该产品为 250 m 分辨率的 16 天合成植被指数数据，包括归一化植被指数 NDVI 和增强型植被指数 EVI。

NDVI 对于叶绿素含量比较敏感，而 EVI 能够更好地反映植被冠层结构（Huete，1999），本研究使用了从 2005 年 4 月至 2006 年 3 月共 23 个时相的 EVI 数据。为了弥补植被指数数据区分非植被覆盖地物能力的不足，引入 MODIS 反射率数据来提高分类的精度。反射率数据采用了 MODIS 的 MOD09Q1 产品和 MOD09A1 产品，MOD09Q1 为 250m 分辨率的 8 天合成反射率数据（MODIS 的 1 波段和 2 波段），MOD09A1 为 500m 分辨率的 8 天合成反射率数据（MODIS 的 3~7 波段）。经过比较采用了从 2006 年第 89 天至 2006 年第 96 天的反射率数据（以后文中将此数据简称为 Ref089 数据），这个时段云量极少而且数据质量较高。此外，分类过程中还使用了 NASA 提供的 3 弧秒分辨率 SRTM DEM 数据。辅助数据包括 Landsat ETM+ 遥感数据、1:100 万中国植被图集，用于选取感兴趣区 ROI，用作监督分类的训练样本和验证样本。

尽管 MODIS 的 EVI 产品已经用最大植被指数法（MVC）作了 16 天周期的多时相合成处理，消除了一部分由于云覆盖和噪声造成的影响，但数据中仍然存在一些噪声。图 4.10a 给出了以某城镇和水体坏值像元为例的 EVI 时序曲线，城市像元 EVI 值在第 9 个时相异常偏高，而水体像元 EVI 值在第 11 个时相异常偏高。对于植被并非主要土地覆盖类型的城市和水体像元来说，出现某时相 EVI 值异常偏高显然不是植被生物量突然提高的结果，而是数据噪声的影响。本研究采用 DeFries（1998）的方法对 23 个时相的 EVI 序列进行去噪处理，将各月的像元值独立取出来与剩余月份的均值进行比较，如果其差值大于 5 个标准差（剩余月份的标准差），则认为此月的该像元值为噪声数据。标识出坏值像元后利用 3 次 Lagrange 代数多项式方法进行插值，替换坏值，处理后的效果如图 4.10b 所示。

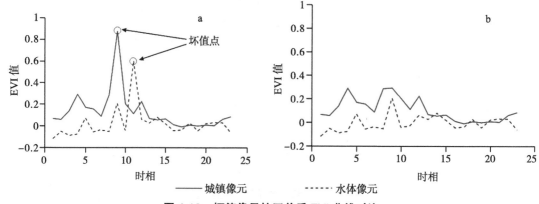

图 4.10 坏值像元校正前后 EVI 曲线对比

注：a. 校正前；b. 校正后。

考虑到 EVI 数据和 Ref089 数据波段较多，而且波段之间存在一定的相关性。对 23 个时相的 EVI 数据和 7 个波段的 Ref089 数据分别进行主成分变换实现数据压缩和波段间去相关。经主成分变换后，保留了 EVI 的前 9 个主分量和 Ref 的前 3 个主分量即可保留原数据中 90% 以上的信息量（图 4.11）。

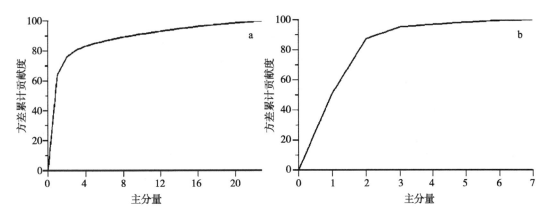

图 4.11　PCA 变换后的主分量贡献度

注：a. EVI；b. Ref089。

遥感图像除了光谱维信息和时间维信息之外，还有空间维信息可以利用。基于灰度共生矩阵方法对 Ref089 数据主成分变换的第 1 主分量进行纹理分析，计算得到第 1 主分量的均质度 Homogeneity，以此来表征研究区的空间纹理特征。

为了保持不同数据波段量级的一致性，对 EVI 的前 9 个主分量、Ref089 的前 3 个主分量、DEM 和均质度 Homogeneity 数据进行线性拉伸处理，使其值域均为 0~100 00。将经过标准化的这 14 个波段作为分类的输入数据，进行土地覆盖分类。

4.2.4.2　分类过程

根据研究区情况，参考 IGBP 等现有的土地覆盖分类系统，确立了由一年两熟旱作、一年水旱、双季稻、针叶林、阔叶林、灌丛、人工建筑、水体及滨海湿地等 9 种类型组成的土地覆盖分类系统。对于监督分类而言，训练区 ROI 的选择是否准确合理对分类精度有着很大的影响。对于大尺度的土地覆盖分类而言，通过实地考察选取训练区是非常困难的。在进行宏观土地覆盖分类研究时，通常采用从 TM 等高分辨率遥感影像提取训练区的方法（DeFries et al., 1998, 2000; Muchoney et al., 2000; Friedl et al., 2002）。

在长江三角洲地区，农田、水体、湿地和城镇等土地覆盖类型分布比较清晰，单一地块面积较大，便于区分，因此可以对照中国植被图、ETM+ 影像等辅助数据直接在 MODIS 影像上选取这些地物的训练区，农田和湿地 ROI 通过 EVI 数据的彩色合成图选取，水体和城镇 ROI 通过 Ref089 数据的彩色合成图选取。考虑到水体有一部分受到污染与清洁水体差异较大，而人工建筑中老建筑与新建筑的差异也比较大，在选择训练区时将水体分为清洁水体和浑浊水体，将人工建筑分为老建筑和新建筑，分别选取 ROI。分布于山区的林地景观异质性很高，地块小而破碎，直接在 250m 分辨率的 MODIS 影像上选取训练区比较困难。因此，对照 1：100 万中国植被图等辅助数据，在该地区的高分辨率的 ETM+ 影像上选取针叶林、阔叶林和灌丛的 ROI，选取原则是每个样本从至少 9 × 9 窗口大小的纯像元类型区域中心选取，再转化为 MODIS 对应的 ROI 文件，尽量避免尺度转换后的误差。

训练区的选取过程中不可避免地会出现漏选错选的情况，而且林地 ROI 在高分辨率的 ETM+ 影像上选取后转换为基于 MODIS 数据的 ROI，由于尺度效应的影响也会出现一些误差。因此，在进行分类之前，利用 ENVI 软件提供的 N 维可视化编辑器（N-Dimensional Visualizer）进行 ROI 交互式提纯，以提高训练区的准确性。经过上面的步骤之后得到了最终的分类训练样本 ROI，共 11 种地物类型，240 41 个像元。把 ROI 随机地分为两部分：70% 用作监督分类的训练样本，剩下的 30% 用作分类结果精度评价的验证样本。

基于随机取出的 70% 的训练样本，利用最大似然法对分类数据矩阵进行监督分类（分类数据矩阵由 EVI 主成分变换的前 9 个 PCA 分量、Ref089 前 3 个 PCA 分量、DEM 和纹理均质度 Homogeneity 这 14 个经过标准化处理的波段数据组成），得到初步分类结果。

对初步分类结果进行分析，总体上比较理想，但是有个比较明显的问题：在远离海岸线的地方仍然有些像元被识别为滨海湿地类型，如阳澄湖、淀山湖地区有水体、水田等地物被错分为滨海湿地（图 4.12a），图中的青色像元就是错分为滨海湿地的像元。出现这种错分现象的原因可能是这些地区地物类型破碎、水体和农田混杂的缘故导致的混合像元的影响，需要将这些错分像元进行重新分类，归属到正确的地物类型中去。

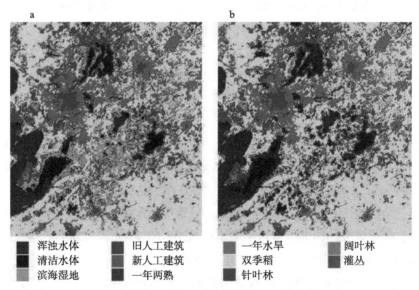

图 4.12 阳澄湖、淀山湖地区错分像元重分类前后对比

注：a. 重分类之前；b. 重分类之后。

滨海湿地分布于海岸带沿线，可以通过缓冲区分析将真正的滨海湿地与错分的滨海湿地区分出来。通过对长江三角洲地区滨海湿地的分析，选用 10km 距离对海岸线进行缓冲区分析，将研究区分为缓冲区内和缓冲区外两种情况，在缓冲区范围之内的滨海湿地像元认为是真正的滨海湿地，缓冲区之外的滨海湿地像元需要进行重分类处理。重分类时将训练样本中的滨海湿地 ROI 去掉，以剩下的 10 种地物 ROI 训练样本进行最大似然法分类，得到这些错分像元的重分类结果。然后将错分像元的重分类结果替换原来的这些像元的分类结果，得到经过修正后的土地覆盖分类结果，阳澄湖、淀山湖地区的重分类结果见图 4.12b。从图中可以看出，原来初步分类结果中的明显错分的滨海湿地像元已经被重新归属为双季稻、水体等地物类型，提高了分类结果的精度与可用性。

在利用计算机进行遥感监督分类或非监督分类时，会产生一些面积很小的图斑，无论从专题制图还是实际应用的角度，都有必要对这些小图斑进行剔除。中采用 3×3 窗口对分类后图像进行低通滤波处理，消除小图斑的影响。对经过滤波处理后的分类图进行类别归并和编码处理，将浑浊水体和清洁水体合并为"水体"一类，将旧人工建筑和新人工建筑合并为"人工建筑"一类，得到长江三角洲地区土地覆盖分类最终结果（图 4.13）。

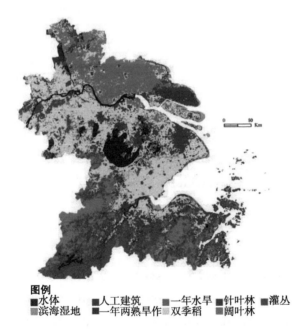

图例
■水体　　　■人工建筑　　■一年水旱　■针叶林　■灌丛
■滨海湿地　■一年两熟旱作　双季稻　　■阔叶林

图 4.13　长江三角洲地区土地覆盖分类最终结果图

4.2.4.3　分类精度评价

宏观土地覆盖分类的精度验证是个复杂的问题，一方面由于范围广，实地调查的成本较高，困难较多；另一方面由于低像元分辨率使得混合像元现象比较突出，从点样本到粗分辨率像元的尺度转换带来较大的不确定性。许多学者采用高分辨率影像的解译结果对宏观土地覆盖数据集进行精度验证（Kloditz et al., 1998; DeFries et al., 1998, 2000; Boles et al., 2004），Kloditz 等（1998）认为利用高分辨率遥感影像作为参照数据对粗分辨率数据的土地覆盖分类结果进行验证是一种高效而节省的方式。

基于上面的考虑，本研究利用较高分辨率的 ETM+ 影像解译得到的 ROI 数据来进行精度验证。将 ROI 数据随机取出 70% 训练样本后剩下的 30% 作为验证样本对分类结果进行精度评价，通过混淆矩阵分析得到总体分类精度为 95.98%，Kappa 系数为 0.954 1，表明分类精度比较高。

4.2.5　日天文辐射计算

天文辐射是指无大气存在时入射到地球表面的太阳辐射能量。本研究根据 DEM 以及纬度数据计算坡面天文辐射来表征太阳入射辐射量，采用了曾燕提出的天文辐射计算方法（曾燕等，2003，2005），在计算过程中只考虑了坡度坡向，而未考虑地形遮蔽效应的影响。在不考虑大气影响的情况下，坡面接收的太阳日辐照度由地理、地形特征和天文因子（太阳赤纬、时角）决定。计算公式为

$$W_s = \frac{T}{2\pi} I_0 E_0 [u\sin\delta(\omega_{ss}-\omega_{sr})+v\cos\delta(\sin\omega_{ss}-\sin\omega_{sr})+w\cos\delta(\cos\omega_{ss}-\cos\omega_{sr})] \tag{4.3}$$

式中，W_s 为太阳日辐照度（MJ/m²），T 为一天的时间长度（1 440 min），I_0 为太阳常数（0.082 MJ/m²min），E_0 为日地距离订正系数，u、v、w 为与地形有关的特征因子，δ 为太阳赤纬，ω 为时角（从真太阳时正午算起，向西为正，向东为负），ω_{sr}、ω_{ss} 分别为日出和日没时角。

地形特征因子 u、v 和 w 的计算公式分别如下

$$u=\sin\Phi\cos\alpha-\cos\Phi\sin\alpha\cos\beta$$
$$v=\sin\Phi\cos\alpha-\cos\Phi\cos\beta+\cos\alpha\cos\alpha$$
$$w=\sin\alpha\sin\beta\alpha \tag{4.4}$$

式中，Φ 为纬度，α 为坡度，β 为坡向。太阳赤纬 δ 和日地距离订正系数 E_0 的计算公式分别为

$$\delta=0.006\ 894-0.399\ 512\cos\tau+0.072\ 075\sin\tau-0.006\ 799\cos2\tau$$
$$+0.000\ 896\sin2\tau-0.002\ 689\cos\tau+0.001\ 516\sin3\tau \tag{4.5}$$
$$E0=1.000\ 109+0.0334\ 94\cos\tau+0.000\ 079\sin2\tau$$
$$+0.000\ 768\cos2\tau+0.000\ 079\sin2\tau \tag{4.6}$$

式中，日角 τ 用弧度表示，可用儒略日 D_n 来计算：

$$\tau=2\pi(D_n-1)/365 \tag{4.7}$$

日出时角 ω_{sr} 和日没时角 ω_{ss} 的计算公式为：

$$\omega_{ss}=\arccos(-\tan\varphi\tan\delta)$$
$$\omega_{sr}=\omega_{ss} \tag{4.8}$$

输入长江三角洲地区的纬度和 SRTM DEM 数据，根据式 4.3 计算得到该地区 2005 年全年 365 天的日天文辐射量，图 4.14 给出了春夏秋冬 4 个季节典型时相（第 1 天、第 91

天、第 181 天、第 271 天）的天文日辐射分布图。在研究区中部和北部的平原区域，太阳天文辐射空间分布比较均一，而在南部山区，由于坡度坡向的影响太阳天文辐射空间分布存在较大差异。

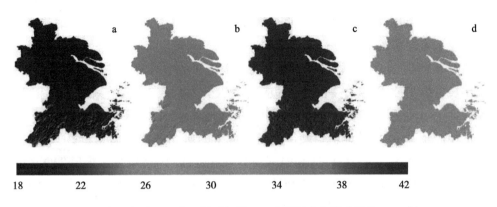

图 4.14　长三角地区 4 个不同时相的日天文辐射分布图（单位 MJ/m^2）

注：a. 第 1 天；b. 第 91 天；c. 第 181 天；d. 第 271 天。

4.3　近地表气温的 TVX 估算方法

太阳辐射首先加热陆地表面，然后由陆地表面对近地层大气加热。因此，从区域能量平衡的观点，地表温度与气温之间存在必然的联系，可以通过遥感反演的地表温度来推算近地表气温（Zaksek and Schroedter-Homscheidt, 2009）。现有的几种气温遥感反演算法主要是基于地表温度与气温之间的联系由地表温度推算近地表气温。TVX 方法基于一定尺寸空间窗口内地表温度与植被指数之间的负相关关系推算出浓密冠层温度近似为气温，仅仅依靠遥感数据就可以进行计算，不需要地表观测的气温数据。

采用 TVX 方法通过 MODIS 地表温度产品、植被指数产品等数据反演长江三角洲地区的近地表气温，并对算法作了适当改进，以气温观测资料为依据对这两种算法的精度进行了评价，以便与第五节中基于辐射传输方程建立的气温反演算法进行对比。

4.3.1　TVX 关系分析

地表温度 T_s 和植被指数 NDVI 之间的负相关关系是 TVX 方法反演气温的重要前提和依据。地表温度和 NDVI 之间存在显著的负相关性（TVX 关系），这已经在前人的大量研究中得到证明（Goward et al., 1985, 1989; Nemani and Running, 1989; Smith & Choudhnry, 1991; Carlson et al., 1994; Prince et al., 1998; Boegh et al., 1999）。本研究在利用 TVX 方法反演气温之前，对研究区的 TVX 关系进行了简单分析。由土地覆盖分类图可知，研究区主要有两大类植被类型：农田（包括一年两熟、一年水旱、双季稻）和林地（包括针叶林、阔叶林、灌丛）。分别选取了以站点 58264（江苏如东站，周围以农田为主）和站点 58544（浙江建德站，周围以林地为主）为中心的 13×13 像元窗口分析其 TVX 关系。

根据站点地理坐标从 MODIS 地表温度和 NDVI 数据中读取以这两个站点为中心的 13×13 邻域空间窗口，绘制了这两个空间窗口在春、夏、秋、冬 4 个季节典型时相的 TVX 关系散点图（图 4.15）。

从图 4.15 可以看出，这两个以植被为主要覆盖的空间窗口在春夏秋冬 4 个季节中均体现出显著的 TVX 负相关关系，这为应用 TVX 方法反演近地表气温提供了依据。此外，还反映出了不同的地表覆盖类型具有不同的 TVX 关系。除了冬季之外其他 3 个季节农田窗口的 TVX 斜率要比林地窗口陡，这与其他人的研究一致（Smith and Choudhury, 1990; Nemani et al., 1993; Goward et al., 1994; Czajkowski et al., 1997）。农田窗口 TVX 斜率高于林地窗口是因为农田冠层受到阴影遮蔽效应的影响要小于林地，而阴影效应导致了裸地和植被具有相似的温度，降低了两者之间的反差。不同植被类型具有不同 TVX 关系对 TVX 方法反演气温会造成一定的负面影响，具体分析见后面章节。

4.3.2 近地表气温 TVX 估计方法

TVX 方法基于 NDVI 和 T_s 之间的回归直线推算出饱和 NDVI 值所对应的地表温度，根据浓密植被冠层温度近似等于近地表气温的假设，就可以得到该窗口的气温。该方法在计算气温之前，需要确定两个重要参数：空间窗口尺寸与 NDVI 饱和值。

Prihodko 和 Goward（1997）在 FIFE 试验区利用高密度的气象站点观测资料对气温进行空间相关分析，结果表明，气温在水平距离 6km 范围内变化通常小于 0.6℃，而超出这个距离后变化剧烈。因此，本研究的 TVX 方法采用 6km 半径范围的空间窗口，对于 1km 分辨率的 MODIS 数据而言，即 13×13 像元。

MODIS 反射率数据已经经过了大气校正，在一定程度上消除了大气散射对于 NDVI 值的影响，根据前人的研究（Prihodko and Goward, 1997; 齐述华等, 2005; Riddering and Queen, 2006），NDVI 饱和值取 0.86。

TVX 方法计算近地表气温的流程描述如下。

（1）读入地表温度、NDVI、土地覆盖和云掩膜数据；

（2）循环读取 13×13 大小的窗口；

（3）去除窗口内的云和水体像元；

（4）统计剩下的像元数，如果低于 30 的话不再计算当前像元的气温值，跳出本循环，进入下一个 13×13 窗口；

（5）计算 T_s 和 NDVI 之间的线性关系，如果斜率小于 0 的话计算 NDVI=0.86 处的 T_s 作为当前像元的气温，如果斜率为正则跳出本循环，进入下一个 13×13 窗口。

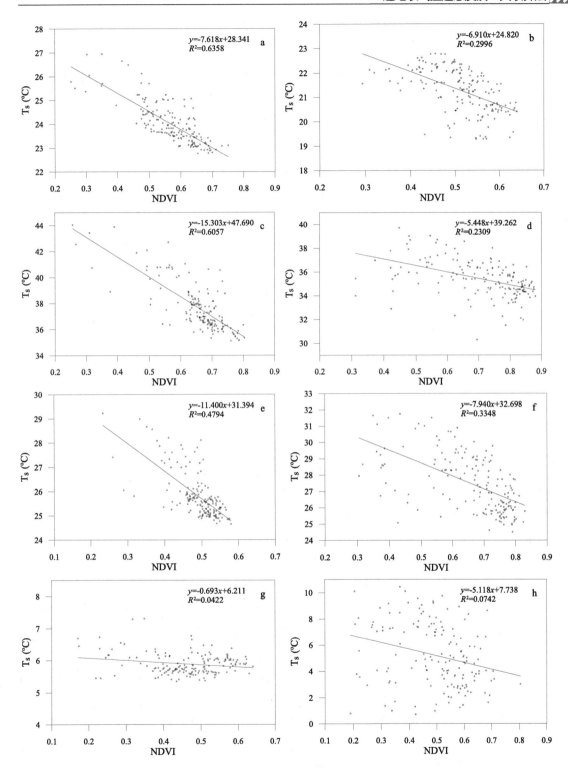

图 4.15 两个站点 4 个季节 TVX 散点图的比较

注：a. 站点 58264 春季；b. 站点 58544 春季；c. 站点 58264 夏季；d. 站点 58544 夏季；e. 站点 58264 秋季；f. 站点 58544 秋季；g. 站点 58264 冬季；h. 站点 58544 冬季。

4.3.3 TVX 估算方法改进

由 TVX 方法计算流程可知，TVX 方法并不适用于所有情况。当空间窗口内土地覆盖主要为水体或者云量较多时 TVX 负相关关系不成立，无法计算气温值。即使窗口中水体并非主要的土地覆盖类型，在有些情况下 TVX 斜率同样不为负值（Czajkowski et al., 1997; Prince et al., 1998），TVX 方法也无法计算近地表气温。

在有些情况下 TVX 方法虽然可以适用，但是精度却非常不理想。如果空间窗口内 NDVI 变化范围很窄，那么基于这些像元建立的 TVX 斜率有可能出现不合理的情况。例如在冬季及初春的某些区域，NDVI 值变化很小；由于林火等产生的烟霾也会降低 NDVI 的对比度。另外，在地貌突变或者多种地物混合的情况下，TVX 关系也会受到较大影响。因为 NDVI 可近似看作线性混合，而地表温度并不是线性变化的（Quattrochi and Goel, 1995）。如图 4.15 所示，农田和林地这两种不同的土地覆盖类型就具有不同的 NDVI–T_s 关系：农田像元具有更高的温度和更低的 NDVI 值，其 TVX 斜率比起林地要更为陡峭。两种土地覆盖类型的混合会导致像元在 TVX 空间内的离散分布而非线性分布。

基于上面的思考，设定下面几种 TVX 方法不适用的情况：

窗口内有效像元 NDVI 方差小于 0.000 4，说明 NDVI 值太集中；窗口内有效像元 NDVI 均值小于 0.3，说明该地区植被覆盖较低；窗口内有效像元 TVX 回归直线的拟合 RMSE 大于 1，说明由于不同地物混杂或不同地形造成的窗口异质度过高。

如果某个空间窗口符合上面 3 种情况中的任何一种，该窗口不进行 TVX 计算。

空间窗口中云或者水体的存在往往会导致 TVX 斜率为正的情况。虽然已经通过云掩膜数据和土地覆盖数据去除了云像元和水体像元，但是云掩膜和土地覆盖分类未必能检测出所有的云和水体，尤其是较小的亚像元尺度的云和水体。借鉴 Czajkowski 等（1997）的思路，进一步去除云和水体的"污染"，具体步骤如下：

如果某窗口的 TVX 斜率为正并且 TVX 回归直线的拟合 RMSE>1，那么首先去除那些 NDVI 或 T_s 值都比均值低 1 个标准差以上的像元，重新做 TVX 回归分析；如果斜率仍然为正并且 TVX 回归直线的拟合 RMSE>1，再次掩膜，去除 NDVI 或 T_s 值都比均值低 0.5 个标准差以上的像元……重复上面的步骤，直到斜率为负并且 TVX 回归直线的拟合 RMSE < 1；如果剩下像元数不足 30 个，该窗口不进行 TVX 计算。

上面的处理能够有效扩大 TVX 方法的适用范围。某些 TVX 方法原本不适用的空间窗口，经过上述处理之后能够满足 TVX 方法的条件。图 4.16 给出了改进前后某些 TVX 窗口的示意图。图 4.16a、图 4.16c、图 4.16e 3 个 TVX 窗口的斜率原本为正值，不适用 TVX 方法。经过处理去除了一部分像元之后，TVX 斜率变为正值（图 4.16b、图 4.16d、图 4.16f），满足了 TVX 方法的适用条件。有些情况下虽然经过修正之后 TVX 斜率为正，但是估算精度并不高，如图 4.16f。

TVX 方法估算气温需要确定浓密冠层 NDVI 饱和值，气温估算精度与该 NDVI 饱和值的选取密切相关。前人的研究工作中选了不同的值，通常是根据经验直接取某个值作为 NDVI 饱和值（Price, 1990; Czajkowski et al., 1997, 2000; Lakshmi et al., 2001; Gorward et al., 2002; Riddering and Queen, 2006）。Prihodko 和 Goward（1997）使用了辐射传输模型通过研究区 10 种主要植被的 R 和 NIR 波段反射率计算出 NDVI 饱和的平均值为 0.86。

考虑到不同植被类型的 NDVI 饱和值存在一定的差异，在一个较大范围内采用统一的 NDVI 饱和值不太合适。因此，分别计算几种主要植被类型的 NDVI 饱和值，然后按照窗口内各种植被的面积比例进行加权平均作为该窗口内的 NDVI 饱和值。

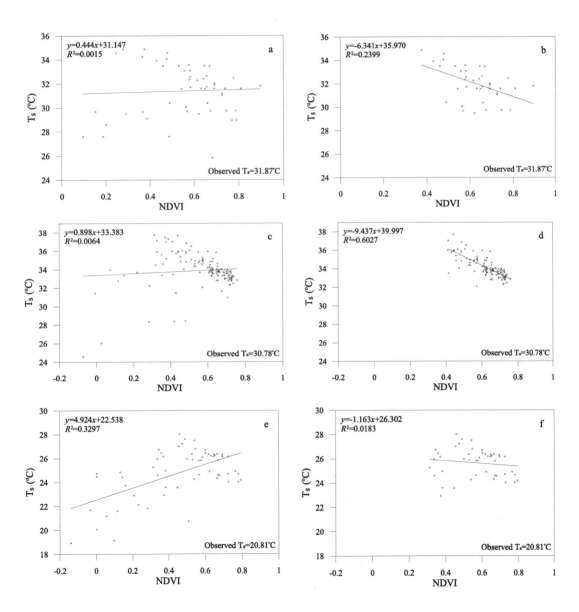

图 4.16　改进效果示意图

注：a. 情况 1 改进前；b. 情况 1 改进后；c. 情况 2 改进前；d. 情况 2 改进后；e. 情况 3 改进前；f. 情况 3 改进后。

要计算各种植被类型的 NDVI 饱和值，首先，需要计算出各种植被类型浓密冠层在 R 和 NIR 波段的反射率。浓密冠层的光谱反射率是叶片光学特性的函数，本研究使用 Kubelka–Monk 辐射传输模型来计算浓密冠层的反射率。Kubelka–Monk 模型是一个假定冠层各向同性散射的浑浊介质模型（Monteith and Unsworth, 1990），浓密冠层的反射率为

$$\rho_c = \frac{(1 - a_p^{0.5})}{(1 + a_p^{0.5})} \tag{4.9}$$

式中，ρ_c 为无限冠层的反射率，a_p 为叶片的吸收率（$a_p = 1 - t - r$），t 为叶片的透射率，r 为叶片的反射率。

研究区植被主要分为农作物、针叶林、阔叶林和灌丛 4 种，每种类型植被叶片在红波段和近红外波段的反射率和透射率取自 Myneni 等（1997）的研究，具体值见表 4.2。

表 4.2　叶片的光学特性（Myneni et al., 1997）

类别	红波段		近红外波段	
	反射率（%）	透射率（%）	反射率（%）	透射率（%）
宽叶农作物	9.23	8.1	44.72	46.63
针叶林	6.92	4.28	47.54	38.59
阔叶林	7.90	7.3	43.09	42.96
灌丛	17.16	8.7	50.0	37.16

将农作物、针叶林、阔叶林和灌丛叶片在红波段和近红外波段的反射率和透射率代入式 4.9，计算得到这 4 种类型植被的 NDVI 饱和值分别为 0.8397、0.8781、0.8343 和 0.7270。在 TVX 计算过程中，根据空间窗口内这 4 种植被的面积比重和 NDVI 饱和值按照线性加权的方式计算出当前窗口的 NDVI 饱和值。

4.3.4　TVX 估算方法精度验证

首先，采用常规的 TVX 方法对 2005 年全年长江三角洲地区的近地表气温进行计算：NDVI 饱和值取 0.86，去除了窗口内的云和水体像元，要求剩余有效像元个数不低于 30，并且 TVX 斜率为负。然后，对常规 TVX 方法适用范围进行改进：如果窗口内有效像元 NDVI 方差小于 0.000 4、有效像元 NDVI 均值小于 0.3 或者有效像元 TVX 回归直线的拟合 RMSE 大于 1 的情况，则不进行 TVX 计算，并通过逐次掩膜保证 TVX 斜率为负并且 TVX 回归直线的拟合 RMSE 小于 1。在对常规 TVX 方法适用范围进行改进的基础上，对 NDVI 饱和值的取值进行改进：根据窗口内几种植被类型的比重通过加权平均的方法来计算当前窗口的 NDVI 饱和值。

这 3 种方法分别记为 TVX 方法 a、TVX 方法 b、TVX 方法 c。采用均方根误差 *RMSE*、

平均绝对误差 MAE 和判定系数 R^2 这 3 种常用的统计指标评价这 3 种 TVX 方法的气温反演精度。均方根误差 RMSE 代表了反演值与真实值之间的偏离程度，计算公式为

$$RMSE = \sqrt{\dfrac{\sum\limits_{i=1}^{n}(y_i - \hat{y}_i)^2}{n}} \qquad (4.10)$$

平均绝对误差 MAE 表证反演值与真实值的平均偏离程度，其计算公式为

$$MAE = \dfrac{\sum\limits_{i=1}^{n}|y_i - \hat{y}_i|}{n} \qquad (4.11)$$

判定系数 R^2 用于判断模型的拟合程度，其计算公式为

$$R^2 = 1 - \dfrac{\sum\limits_{i=1}^{n}(y_i - \hat{y})^2}{\sum\limits_{i=1}^{n}(y_i - \overline{y})^2} \qquad (4.12)$$

式中，y_i 为实际值，$\hat{y}_i$ 为 y 的拟合值，$\overline{y}$ 为 y 的均值，n 为样本量。分别利用 3 种 TVX 方法计算近地表气温，并用观测气温值对结果进行验证。3 种方法的有效样本数和验证指标值见表 4.3，气温反演值与观测值的散点图见图 4.22。

表 4.3　不同 TVX 方法计算结果的精度

项目	有效点数目	RMSE	MAE	R^2
方法 a	2755	3.0477	2.3891	0.9245
方法 b	3057	3.1260	2.4385	0.9132
方法 c	3057	3.1048	2.4161	0.9122

从表 4.3 中可见，3 种 TVX 方法均未能适用于所有的 3814 个样本，其中方法 a 只针对 72.23% 的样本有效，方法 b 和 c 针对 80.15% 的样本有效。3 种方法反演误差相差不大，RMSE 为 3.04~3.12 ℃，MAE 为 2.38~2.43 ℃，R^2 为 0.912~0.924。其中方法 b 和 c 的整体精度还要低于方法 a，这是因为有些在原方法中不适用 TVX 方法的情况在对适用范围进行改进之后可以应用 TVX 方法，而这些原本不适用 TVX 方法的窗口其 TVX 关系往往不够明确，导致方法 b、c 整体精度有所下降，如前面的图 4.16e、图 4.16f 所示。但是有效样本数目从方法 a 的 275 5 个提高到了方法 b 和 c 的 305 7 个，可见改进后算法扩大了 TVX 方法的适用范围。方法 c 相比于方法 b 精度略有提高，说明对 NDVI 饱和值作的改进对精度有改善作用，但是效果不够显著。

从图 4.17 来看，3 种方法大部分样本都位于 1∶1 线附近，说明反演气温与真实气温

之间存在明显相关性。其中，方法 b 和方法 c 的散点图分布趋势非常接近，方法 c 的精度比方法 b 略高。从整体趋势来看，气温越低，观测值与反演值的差距就越大。说明 TVX 方法在较低温度的情况下误差较大，这可能是由于冬季植被信息减弱导致的结果。除了整体误差评价之外，还对气温估算误差的分布情况进行分析。统计了 3 种 TVX 方法计算结果中误差在 1℃、2℃、3℃、4℃、5℃ 以内样本的百分比 In1D、In2D、In3D、In4D、In5D（表 4.3），绘制了 3 种 TVX 方法反演误差的分布直方图（图 4.18）。从表 4.4 可以看到，方法 a 估算结果中，估算误差小于 1℃、2℃ 直至 5℃ 的样本比重均高于方法 b，估算误差小于 1℃、2℃ 的样本比重低于方法 c，而估算误差小于 3℃、4℃、5℃ 的样本比重要高于方法 c。从图 4.18 中可见，3 种 TVX 方法的误差分布趋势很相似，反演误差主要分布在偏高的区域，而很少有样本的反演误差低于 –2℃。其中，方法 a 反演误差高于 5℃ 的样本量要低于方法 b 和方法 c，这主要由于前面所分析的某些原本不适用 TVX 方法的窗口经过修正后能够使用 TVX 方法但是精度不高所导致的结果。反演气温值比观测值偏高，这也是 TVX 方法普遍存在的一个问题（Prihodko and Goward, 1997; Prince et al., 1998; Lakshm et al., 2001; Stisen et al., 2007）。

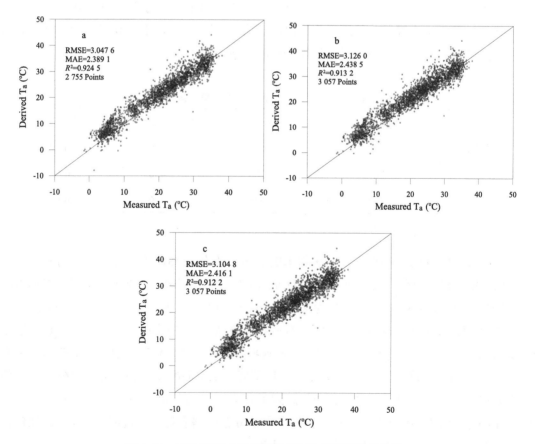

图 4.17　三种 TVX 方法的反演气温值与观测值的比较

注：a. 方法 a；b. 方法 b；c. 方法 c。

表 4.4　三种 TVX 方法反演误差分布情况

项目	In1D（%）	In2D（%）	In3D（%）	In4D（%）	In5D（%）
方法 a	27.44	50.60	69.18	81.89	90.45
方法 b	27.31	50.02	68.47	80.90	89.30
方法 c	27.54	50.61	68.86	81.13	89.40

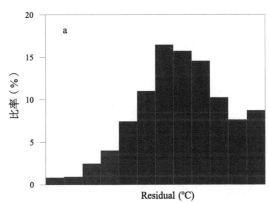

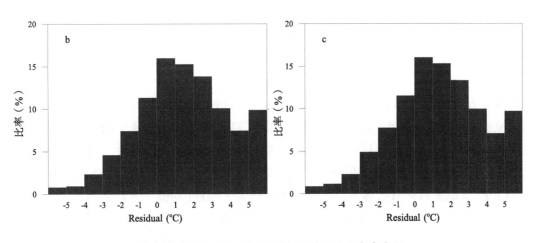

图 4.18　不同 TVX 方法反演结果的误差分布直方图

注：a. 方法 a；b. 方法 b；c. 方法 c。

为了分析 TVX 方法在不同季节的表现，统计了 12 个月近地表气温遥感反演值的 RMSE 和 MAE，并绘制了随时间的变化曲线（图 4.19）。3 种 TVX 方法的 RMSE 和 MAE 随时间的变化趋势相似，都是在 2—3 月最高，然后随着时间推移逐渐下降，到了 6—7 月又有一定程度的升高，然后再单调下降，11 月达到最低点。秋季（9—11 月）的估算误差总体上最低、夏季（6—8 月）次之，春季（3—5 月）和冬季（12、1、2 月）最高。秋季误差最低一方面是因为这段时期云量和降水相对较少，降低了像元中残余云以及短暂积水对 TVX 方法的影响，另一方面该时期 NDVI 值较高，而且分布较广，提高了 TVX 方程的拟合稳定性。夏季 NDVI 值普遍最高，造成 NDVI 值域过窄，影响了 TVX 方程的稳定性，而且该时期降水较多，残余云以及短暂积水在一定程度上影响了 TVX 关系。春季误差较高可能是由于这个季节长江三角洲地区气溶胶光学厚度最大（李成才，2002），影响了遥感影像 NDVI 值的准确性所导致的结果。冬季误差最高一方面是由于该时期 NDVI 值过低，NDVI 值域过窄，另一方面是降雪等天气对地温和气温的影响。

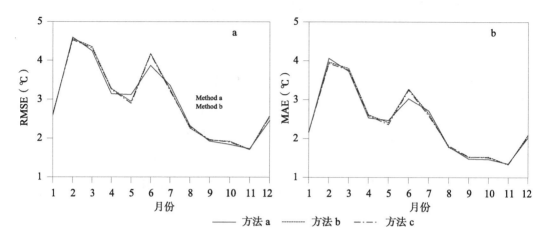

图 4.19　三种 TVX 方法反演误差随时间的变化

注：a. RMSE；b. MAE。

TVX 方法估算气温的关键在于地表温度 T_s 和植被指数 NDVI 的关系。如果空间窗口内植被覆盖较少，NDVI 值过低的话，会影响 TVX 关系；而如果空间窗口内地表状况过于均一，NDVI 值过于接近的话，也会影响 TVX 方程拟合的稳定性。可见，TVX 反演精度在一定程度上受到 NDVI 值分布状况的影响。本研究分析了 3 种 TVX 方法估算误差与 13 × 13 空间窗口内有效像元（非云、水体像元）NDVI 均值、方差之间的关系。计算以各站点为中心的 13 × 13 邻域窗口内的 NDVI 平均值，将其分为 10 个级别：<0.35、0.35~0.4、0.4~0.45、0.45~0.5、0.5~0.55、0.55~0.6、0.6~0.65、0.65~0.7、0.7~0.75、>0.75。统计各个 NDVI 值域区间 TVX 气温反演值的 RMSE 和 MAE，然后绘出误差随 NDVI 均值的变化曲线（图 4.20）。

从图 4.20 中可以看出，3 种 TVX 方法的 RMSE 和 MAE 总体上都呈现出随 NDVI 均值升高而逐渐下降的趋势，在 NDVI 均值在 0.65~0.75 时达到最低，在 NDVI 均值大于 0.75 的时候迅速反弹。气温估算误差随 NDVI 均值的升高而降低是因为当地表植被覆盖较多时，地表温度与植被指数的负相关关系比较显著。至于 NDVI 均值大于 0.75 时气温估算误差上升可能是因为这种情况下窗口 NDVI 普遍很高，值域过窄导致 TVX 方程拟合得不稳定。

计算以各站点为中心的 13 × 13 邻域窗口内的 NDVI 方差，将其分为 10 个级别：<0.004、0.004~0.006、0.006~0.008、0.008~0.010、0.010~0.012、0.012~0.014、

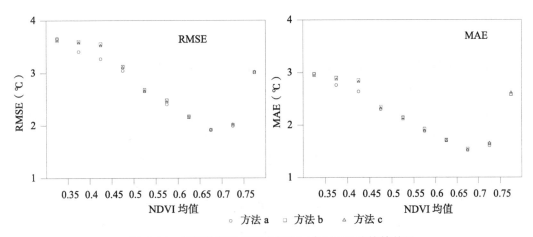

图 4.20　气温估算误差与空间窗口内 NDVI 均值的关系

0.014~0.016、0.016~0.0.018、0.018~0.020、＞0.020。统计各个方差区间内 TVX 气温反演值的 RMSE 和 MAE，然后绘出误差随 NDVI 方差的变化曲线（图 4.21）。

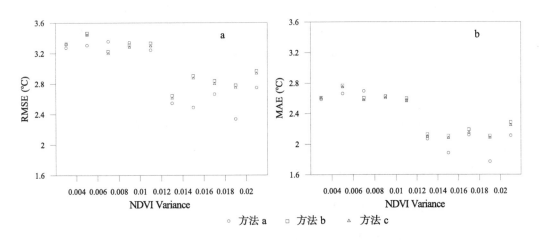

图 4.21　气温估算误差与空间窗口内 NDVI 方差的关系

注：a. RMSE；b. MAE。

从图 4.21 中可以看出，气温估算误差在 NDVI 方差小于 0.012 时处于较高水平，在 NDVI 方差大于 0.012 时有所降低，在大于 0.02 时又有所反弹。NDVI 方差反映了空间窗口内 NDVI 的离散程度。方差较低说明 NDVI 变化范围很小，会影响 TVX 方程拟合的稳定性从而增加了气温的反演误差，所以当空间窗口内 NDVI 方差升高时其误差会有所下降。而 NDVI 方差大于 0.020 时反演误差又开始回升可能是因为这种情况是由于空间窗口内多种土地覆盖类型混合造成的，不同土地覆盖类型的 TVX 关系并不相同，这样该窗口的总体 TVX 方程是多种不同 TVX 关系混合的结果，导致估算精度偏低。

4.3.5　小结

本节主要采用了 TVX 方法，通过 MODIS 的地表温度、植被指数等数据来反演长江三角洲地区的近地表气温，利用气象观测资料对这些算法的精度进行了验证。常规 TVX 方法反演气温的空间窗口尺寸设为 13×13，NDVI 饱和值取 0.86，计算出的气温 RMSE 为 3.04℃，与前人研究结果相近。但是该方法只适用于 72.23% 的样本，剩下的样本由于窗口内 NDVI–Ts 负相关关系不成立而无法计算气温。在对 TVX 方法的适用范围进行改进之后，适用样本由 72.23% 提高到了 80.15%，整体精度略有下降，RMSE 为 3.13℃。然后按照窗口内不同植被类型的面积比重对 NDVI 饱和值进行改进，反演 RMSE 提高到了 3.10℃，精度有改善，却不够显著。对 TVX 反演误差与空间窗口 NDVI 关系的分析表明，误差随着 NDVI 均值的增加而降低，但是如果 NDVI 均值过高的话，误差反而会上升。

4.4　近地表气温的统计估算方法

近地表气温是地气相互作用系统的一个重要参量与其他相关参量之间存在密切的关系。近地表气温的统计估算方法，就是利用这种统计关系建立近地表气温的估算模型。通常基于线性回归等数理统计手段建立气温与地表温度等之间的经验方程。自变量除了地表温度之外，还包括 NDVI、太阳天顶角、儒略日、海拔、经纬度、反照率、下行辐射等等。本节采用了不同的自变量组合来建立气温的经验统计模型并对其精度进行验证。

进行统计分析之前，首先将所有的样本（3814 条记录）按照 7∶3 的比例随机分为两组：70% 的样本（2670 条记录）用于建立气温的经验统计模型，剩下的 30%（1144 条记录）用于对建立的经验统计模型进行验证。

4.4.1　地表温度与气温的相关性

在气温的经验反演模型中最重要的自变量是地表温度，地表通过长波辐射、蒸散、湍流交换等形式与近地表气温进行能量交换，两者之间存在很强的相关性。对所有 3814 个有效样本的站点观测气温与遥感地表温度之间的关系进行分析，绘制两者的散点图（图 4.22）。

通过图 4.22 可以看出，地表温度和近地表气温之间存在较为显著的线性关系，这也是气温反演经验模型的基础。另外，虽然两者之间有很强的相关关系，但是在

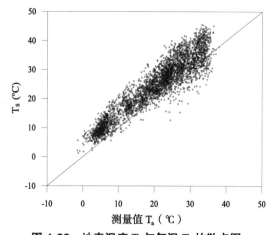

图 4.22　地表温度 T_s 与气温 T_a 的散点图

数值上还有一定的差别。总体上来说气温低于地表温度，并且地气温差随着温度的升高而变大，温度越高，地表温度与气温的差距就越大。也有少部分像元的地表温度低于气温，这部分像元并非冬天的低温像元，因为其观测气温高于20℃，而地表温度要比气温低10℃以上。可能是由于这些像元内因残余云未被检测出来，导致反演的地表温度偏低。

4.4.2　近地表气温统计估计模型

本研究中气温回归方程的自变量除了地表温度之外，还包括 NDVI、太阳天顶角、地表反照率、太阳辐射和高程等。在前人研究（Colombi et al., 2007; Kawashima et al., 2000; Cresswell, 1999; Zaksek and Schroedter-Homscheidt, 2009）的基础上，基于这些自变量的组合分别建立了 5 种不同形式的气温经验模型。

4.4.2.1　T_s 直接估算气温

将地表温度看作气温的唯一影响因子，采用一元线性回归方程来直接通过 T_s 估算气温 T_a

$$T_a = a \cdot T_s + b$$

基于建模样本通过回归分析得到气温反演经验方程 a

$$T_a = 0.924\,5 \cdot T_s - 2.442\,9 \tag{4.13}$$

式中，T_a 和 T_s 的单位均为℃，下面各个回归方程中 T_a 和 T_s 的单位也均为℃。回归方程的判定系数 $R^2 = 0.881\,6$，通过 0.01 显著度的 F 检验。

4.4.2.2　T_s 和 NDVI 估算气温

考虑到地表特征在很大程度上影响了地—气之间的能量和物质交换过程，因此在回归过程中加入植被指数 NDVI 来表征地表特性，这样回归方程的形式变为：

$$T_a = a \cdot T_s + b \cdot NDVI + c$$

基于建模样本通过回归分析得到气温反演经验方程 b

$$T_a = 0.888\,7 \cdot T_s + 6.328\,0 \cdot NDVI - 3.934\,2 \tag{4.14}$$

回归方程的判定系数 $R^2 = 0.890\,7$，通过 0.01 显著度的 F 检验。

4.4.2.3　T_s 和太阳天顶角估算气温

有学者在估算气温时，在回归方程中加入了自变量太阳天顶角（Cresswell et al., 1999; Jang et al., 2004），回归方程的形式变为：

$$T_a = a \cdot T_s + b \cdot \cos\theta + c$$

基于建模样本通过回归分析得到气温反演经验方程 c

$$T_a = 0.937\,6 \cdot T_s - 1.105\,5 \cdot \cos\theta - 1.899\,7 \tag{4.15}$$

式 4.15 的回归方程判定系数 R^2 为 0.881 7，通过 0.01 显著度的 F 检验。

4.4.2.4　T_s、NDVI 和太阳天顶角估算气温

综合上面的 NDVI 和太阳天顶角，建立包含地表温度、NDVI 以及太阳天顶角 3 个自变量的回归方程形式：

$$T_a = a \cdot T_s + b \cdot \text{NDVI} + c \cdot \cos\theta + d$$

基于建模样本通过回归分析得到气温反演经验方程 d

$$T_a = 0.907\,6 \cdot T_s + 6.381\,1 \cdot \text{NDVI} - 1.619\,7 \cdot \cos\theta - 3.150\,8 \tag{4.16}$$

式 4.16 的回归方程判定系数 R^2 为 0.890 9，通过 0.01 显著的 F 检验。

4.4.2.5 考虑边界层物理基础的复杂回归方程

有学者利用简单的边界层物理基础推导出了近地表气温与地表温度之间的关系（Meteotest, 2003），公式如下：

$$T_s - T_a = (0.015 \cdot (1 - AL) \cdot \text{DSSF} - 0.7) \cdot \exp^{-0.09u} \tag{4.17}$$

式中，AL 为地表反照率，DSSF 为日太阳下行辐射，u 为风速，几个参数值是通过设在瑞士的 5 个气象站点观测资料拟合得到的。式 4.17 除了地表温度之外，还考虑反照率、太阳总辐射和风速对气温的影响。反照率和太阳总辐射的结合反映了太阳在白天对边界层的加热作用，而风速则起了降温作用。

Zaksek 和 Schroedter-Homscheidt（2009）对式 4.17 进行了修正和补充，考虑到公式 4.17 存在随时间变化的误差，增加了太阳天顶角表征时间变化；引入 NDVI 表征地表植被覆盖的降温效应；对风速的分析表明风速的影响较小，而且该项无法通过遥感手段获取，所以舍去；考虑到公式 4.17 误差不对称（上午偏低、下午偏高），加入了太阳方位角；在太阳辐射一项中加入太阳辐射角、太阳天顶角和坡度，得到下面的方程（HRES-SEB 方程）

$$T_a = T_s + 1.82 - 10.66 \cdot \cos z \cdot (1 - \text{NDVI}) + 0.566\alpha$$
$$- 3.72 \cdot (1 - AL) \cdot (\cos i_s / \cos z + (\pi - s) / \pi) \cdot \text{DSSF} - 3.14 \cdot \Delta H \tag{4.18}$$

式中，z 为太阳天顶角，α 为太阳方位角，i_s 为太阳入射角，s 为坡度，ΔH 为高程差。

本研究在 HRES-SEB 方程基础上作了适当简化，建立了复杂形式的气温反演回归方程形式：

$$T_a = T_s + a \cdot \cos\theta \cdot (1 - \text{NDVI}) + b \cdot (1 - AL) \cdot W_s + c \cdot H + d \cdot \Phi + e$$

式中，θ、ϕ 分别为太阳天顶角和方位角（单位为弧度），其中方位角从正南方向起算（向西为正、向东为负），W_s 为日天文辐射（单位 MJ/m²），H 为海拔（单位 m）。上式是在 HRES-SEB 方程基础上简化得到的结果，与 HRES-SEB 方程相比，去除了太阳方位角，并在太阳下行辐射 DSSF 一项中去除了坡度、太阳辐射角与太阳天顶角，因为在计算日天文辐射 W_s 的过程中，已经考虑了坡度以及太阳入射角度的影响。另外，高程差改用绝对高程值来代替。基于建模样本，通过回归分析得到气温反演经验方程 e

$$T_a = LST - 5.9423 \cdot \cos\theta \cdot (1 - \text{NDVI}) + 0.0042 \cdot (1 - AL) \cdot \text{DSSF}$$
$$+ 0.0251 \cdot H - 1.2479 \cdot \phi - 1.3772 \tag{4.19}$$

公式 4.19 的回归方程判定系数 R^2 为 0.899 1，通过 0.01 显著的 F 检验。

4.4.3 统计模型精度验证

利用验证样本对 4.2 节中建立的 5 种气温回归模型进行精度验证，验证结果见表 4.5，验证样本的气温观测值与回归模型估算值的散点图见图 4.24。

表 4.5   五种经验方程计算结果的精度

项目	RMSE	MAE	R^2
方程 a	3.436 3	2.621 6	0.875 6
方程 b	3.563 5	2.743 8	0.866 7
方程 c	3.442 2	2.615 2	0.875 2
方程 d	3.413 3	2.494 9	0.877 3
方程 e	3.289 9	2.370 6	0.887 1

从表 4.5 可以看出，5 种气温回归方程的反演误差比较接近，RMSE 在 3.29~3.56℃ 之间，MAE 为 2.37~2.74℃，R^2 为 0.866~0.887。与 TVX 方法相比，精度稍差。在 5 种气温回归方程中，方程 e 的精度最高（RMSE=3.29℃），方程 d 次之（RMSE=3.41℃），方程 b 的精度最不理想（RMSE=3.56℃）

从图 4.23 可以看出，大部分样本都位于 1∶1 线附近，反演气温与真实气温之间存在明显相关性。估算气温与观测气温的散点图分布形态与之前计算得到的遥感地表温度与观测气温的散点图比较相似，可见经验统计方法反演结果在很大程度上受到地气温关系的影响。另外，图 4.23 中有部分气温较高样本的估算值偏低，这也可以从地表温度与气温的散点图中找到缘由。在图 4.23 中绝大部分像元的地表温度要高于气温，但是有部分气温较高样本的地表温度偏低。这部分误差是由地表温度反演过程中残余云导致的传递到了以地表温度为主要自变量的气温反演模型中。

4.4.4   基于不同土地覆盖类型的气温经验模型

不同下垫面的植被覆盖度、叶片类型、土壤湿度等特性的差异影响了地表与大气之间的能量交换，因此，地表温度与气温之间的关系存在差异。在前面的经验模型，直接把所有的建模样本一起进行回归建模，没有考虑不同类型下垫面与大气之间相互作用的差异。考虑到这一点，本研究针对不同土地覆盖类型分别建立回归方程反演近地表气温。

根据研究区的土地覆盖分类图进行类别归并，原先的一年两熟旱作、一年水旱和双季稻归并为农田，针叶林、阔叶林和灌丛归并为林地。土地覆盖图由原先的 9 种地物简化为 5 种：水体、滨海湿地、城镇（人造建筑）、农田和林地。其中，滨海湿地仅分布于沿海一带，而且面积有限，此处不对其进行讨论，针对水体、城镇、农田和林地 4 种主要土地

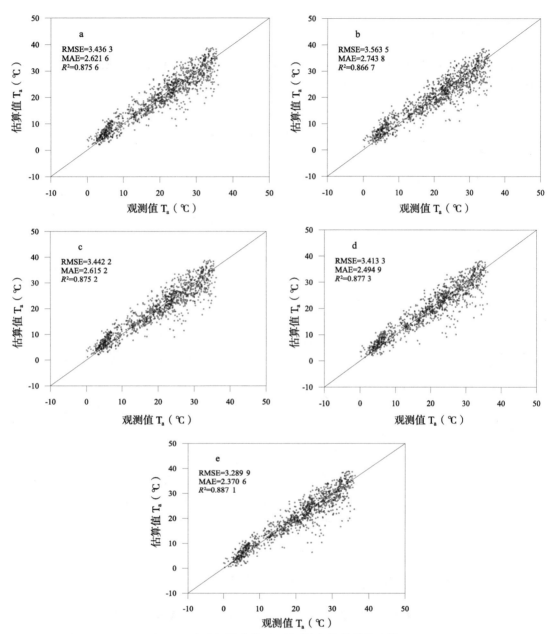

图 4.23　验证样本的 Ta 观测值与估算值的比较

注：a. 方程 a；b. 方程 b；c. 方程 c；d. 方程 d；e. 方程 e。

覆盖类型分别建立气温的经验方程。经验方程的形式采用了 4.4.2 节中的方程 a、方程 d 和方程 e。其中，方程 a 形式最为简单，方程 e 精度最高但是形式复杂，方程 d 精度较高而且形式也比较简单。

根据建模样本中属于这 4 种土地覆盖类型的样本分别进行回归分析，得到针对不同土地覆盖类型的气温反演经验方程 a′、d′ 和 e′（式 4.20，式 4.21，4.22）

$$T_a=\begin{cases}0.890\ 9T_s-2.794\ 3 & \text{城镇}\\ 1.144\ 2T_s-2.912\ 8 & \text{水体}\\ 0.980\ 5T_s-1.857\ 9 & \text{林地}\\ 0.970\ 6T_s-3.410\ 6 & \text{农田}\end{cases} \quad (4.20)$$

$$T_a=\begin{cases}0.920\ 4T_s+5.529\ 6\text{NDVI}-4.829\ 0\cos\theta-1.479\ 0 & \text{城镇}\\ 0.986\ 3T_s-0.885\ 9\text{NDVI}+11.771\ 5\cos\theta-8.522\ 7 & \text{水体}\\ 0.911\ 1T_s+6.007\ 2\text{NDVI}+2.801\ 53\cos\theta-5.030\ 1 & \text{林地}\\ 0.973\ 1T_s+7.587\ 8\text{NDVI}-5.063\ 8\cos\theta-2.723\ 3 & \text{农田}\end{cases} \quad (4.21)$$

$$T_a=\begin{cases}T_s-6.799\ 4\cos\theta(1-\text{NDVI})-0.045\ 1(1-AL)\text{DSSF}\\ +0.005\ 8H-2.003\ 1\varphi+0.389\ 0 & \text{城镇}\\ T_s-1.215\ 6\cos\theta(1-\text{NDVI})+0.389\ 9(1-AL)\text{DSSF}\\ +0.020\ 6H-3.551\ 9\varphi-10.177\ 5 & \text{水体}\\ T_s-4.543\ 4\cos\theta(1-\text{NDVI})-0.084\ 6(1-AL)\text{DSSF}\\ +0.024\ 8H-1.010\ 4\varphi-4.437\ 4 & \text{林地}\\ T_s-10.478\ 3\cos\theta(1-\text{NDVI})+0.037\ 1(1-AL)\text{DSSF}\\ +0.037\ 8H-1.558\ 5\varphi+0.139\ 7 & \text{农田}\end{cases} \quad (4.22)$$

式 4.20 中 4 种土地覆盖类型回归方程的判定系数 R^2 分别为 0.915 3、0.823 8、0.897 7、0.898 2；式 4.21 中 4 种土地覆盖类型回归方程的判定系数 R^2 分别为 0.920 5、0.846 9、0.912 8、0.907 6；式 4.22 中 4 种土地覆盖类型回归方程的判定系数 R^2 分别为 0.920 8、0.879 2、0.922 7、0.910 3，均通过 0.01 显著度的 F 检验。

利用验证样本对针对不同土地覆盖类型的 3 种气温回归模型进行精度验证，验证结果见表 4.6，验证样本的气温观测值与气温回归模型估算值的散点图见图 4.24。

表 4.6 3 种针对不同土地覆盖类型经验方程计算结果的精度

项目	RMSE	MAE	R^2
方程 a′	3.075 5	2.342 6	0.900 3
方程 d′	3.006 5	2.235 4	0.904 7
方程 e′	3.005 0	2.190 0	0.905 1

从表 4.6 可以看出，针对不同土地覆盖类型建立的气温回归方程在精度上相较于直接回归方程有了一定的改善，RMSE 为 3.00~3.07 ℃，MAE 为 2.19~2.34 ℃，R^2 为 0.900~0.905。其中，方程 d′ 与 e′ 的精度非常接近（RMSE=3.01 ℃），方程 a′ 的精度稍差一些（RMSE=3.08 ℃）。

与图 4.23 相比，图 4.24 中方程 a′ 和 d′ 的样本分布更趋向于 1∶1 线，体现出明显的改善效果，而方程 e′ 由于精度的提高幅度相对较小，在散点图上反映得不太明显。另外，

图 4.24 中散点的分布形态与地气温散点图（图 4.22）不再那么相似，尤其是图 4.24b 和图 4.24c，说明针对不同土地覆盖类型的经验方程其反演结果受到地气温关系的直接影响相对要小一些。

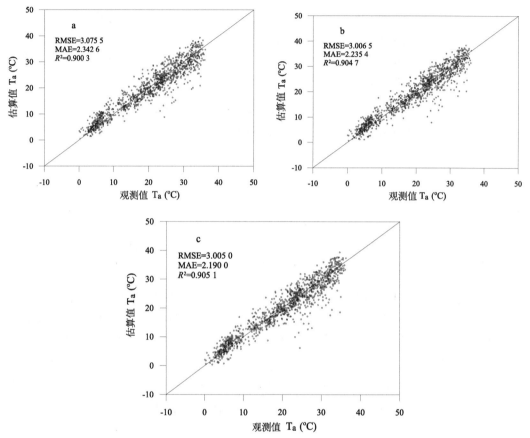

图 4.24   验证样本的 T_a 观测值与估算值的比较

注：a. 方程 a′；b. 方程 d′；c. 方程 e′。

4.4.5   气温反演经验模型的尺度效应分析

地表与大气的相互作用不仅仅局限于单个像元的范围，气温不仅仅受到该点地表温度的影响，还受到周围像元地表温度的影响。有学者研究了气温与周围一定范围内平均地温之间的关系，指出气温与空间平均地温的相关系数要高于气温与单点地温之间的相关系数（Kawashima et al., 2000; Nichol and Wong, 2008）。

考虑了以气象站点为中心的 1×1 像元、3×3 像元、5×5 像元、7×7 像元、9×9 像元、11×11 像元、13×13 像元空间窗口平均地物特性与气温之间的关系，分别统计了这 7 个不同尺寸空间窗口内地表温度、NDVI、太阳天顶角、太阳方位角、日天文辐射和海拔的平均值，并将窗口内最大比重土地覆盖类型作为该窗口的土地覆盖类型，然后以窗口的整体值代替原来的单个像元值与气象站点观测气温进行数理统计分析，建立气温的经验回归方程。经验方程的形式仍然采用了方程 a′、方程 d′ 和方程 e′。利用建模样本分别确定不同窗口尺寸下 4 种土地覆盖类型的经验方程系数，然后利用验证样本对经验方程估算精度进行检验。图 4.25 显示了气温经验方程反演误差随空间窗口尺寸的变化规律。从图中可以看出，3 种经验方程的反演误差均随着空间窗口尺寸的增加整体呈下降趋势，方程 d′ 和 e′ 的误差在窗口尺寸从 1km 增加到 5km 时下降较快，在其后变化平缓，而方程 a′ 的误差在窗口尺寸从 1km 增加到 5km 时下降相对稍慢，并在其后仍然保持逐渐下降的趋势，到了 11km 之外变化平缓。

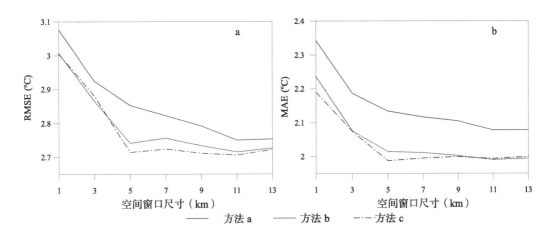

图 4.25　气温估算误差随空间窗口尺寸的变化

注：a. RMSE；b. MAE。

从气温估算误差随空间窗口尺寸变化图可以看出，气温经验方程的反演精度均随空间尺寸的增大而升高，近地表气温不仅仅受到当前像元的地表温度影响，还与周围一定范围内的地表温度及植被覆盖等因素都有着密切联系。本研究只是简单地采用了空间窗口平均值来估算气温，即对空间窗口内所有像元取平均值来与气温进行回归分析。如果有微气象观测资料的话，可以对不同距离范围内地表特征与气温之间的关系进行更加深入和细致的分析，针对不同距离的像元取不同的权重系数，利用其加权平均值来与气温进行回归分析，还可以进一步分析地表特征与气温之间空间相关性的内在机理。

根据气温估算的尺度效应分析，如果选择方程 a′ 估算气温，最好采用 11 × 11 像元的空间窗口，如果选择方程 d′ 和 e′ 估算气温，采用 5 × 5 像元的空间窗口，因为窗口尺寸继续增大的话精度并没有显著变化，而计算量会大大增加。

综合考虑各种情况，采用 5 × 5 空间窗口的方程 d′ 为最佳的气温估算经验方程。因为该方法的估算精度与方程 e′ 很接近，显著高于方程 a′。而其所需参数仅为地表温度、NDVI 和太阳天顶角 3 项，远少于方程 e' 的 8 项。5×5 窗口的估算误差与更大尺寸的窗口相比差异很小，而计算量则要小很多。采用 5×5 空间窗口的经验方程 d′ 的具体形式为

$$T_a = \begin{cases} 0.960\,0T_s + 6.637\,2\text{NDVI} - 7.120\,8\cos\theta - 0.903\,2 & \text{城镇} \\ 1.141\,5T_s - 5.588\,3\text{NDVI} + 5.877\,1\cos\theta - 6.347\,9 & \text{水体} \\ 0.957\,1T_s + 5.088\,2\text{NDVI} + 2.140\,2\cos\theta - 4.689\,5 & \text{林地} \\ 1.010\,0T_s + 10.981\,6\text{NDVI} - 8.386\,4\cos\theta - 2.377\,1 & \text{农田} \end{cases} \tag{4.23}$$

4 种土地覆盖类型回归方程的判定系数 R^2 分别为 0.929 0、0.905 5、0.924 9、0.931 5，均通过 0.01 显著度的 F 检验。

利用验证样本对公式进行验证，RMSE 为 2.742 1℃，MAE 为 2.014 5℃，R^2 为 0.920 8。验证样本的气温观测值与估算值的散点图见图 4.26。相对于前面的经验方程计算结果，采用 5×5 窗口平均值针对不同土地覆盖类型建立的气温经验方程的精度有显著提高。

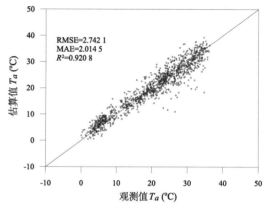

图 4.26　验证样本的 T_a 观测值与估算值的比较

4.4.6　小结

在使用经验统计方法反演近地表气温的过程中，先后采用了 5 种不同的回归方程形式，自变量除最常用的地表温度之外，还包括 NDVI、太阳天顶角、地表反照率、太阳辐射和高程等。基于观测气温的验证结果表明，基于边界层物理基础的复杂回归方程 e 精度最高，RMSE 为 3.29℃；以地表温度、NDVI 和太阳天顶角为自变量的回归方程 d 的 RMSE 为 3.41℃；只有地表温度为自变量的简单线性方程 a 的 RMSE 为 3.44℃。考虑到不同地表类型下大气与地表相互作用的不同，针对城镇、水体、林地和农田这 4 种不同土地覆盖类型分别建立气温经验方程后，精度有了明显改善，回归方程 a 和 d 的精度提高较多，RMSE 分别为 3.08℃和 3.01℃，回归方程 e 的 RMSE 也为 3.01℃。最后分析了不同空间尺度下气温与地表温度之间的关系，结果表明，气温经验方程的反演精度均随空间尺寸的增加而升高，采用 5×5 窗口是最合适的空间尺寸，因为窗口尺寸再增加的话估算精度并没有显著变化，而计算量会大大增加。此外，在研究过程中发现有些像元由于残余云等影响其地表温度值偏低，而地表温度的反演误差传递到了气温反演中，使得气温反演结果中也出现了这样估算值明显偏低的情况，可见气温反演经验方程的精度在很大程度上受到地表温度反演精度的制约。

4.5　近地表气温的辐射传输估算方法

由于大气透过率、地表比辐射率等大气与地表热性质的不同，辐射传输方程的参数会有一定的差异，而这个差异则是两个方程联立消除地表温度项，保留大气热辐射项的依据。从热红外辐射传输方程推导近地表气温反演理论模型的思路与地表温度分裂窗反演算法类似，不过在难度上要大很多。因为地表热辐射是面辐射，可以直接根据地表温度计算，而大气热辐射是体辐射，不能直接由近地表气温来计算。本研究通过引入大气有效平均作用温度为中间量来表征大气热辐射，首先通过一系列变换得到大气有效平均作用温度的分裂窗反演算法，再根据大气温度和湿度的垂直分布状况计算出近地表气温与大气有效平均作用温度的转换关系，最终建立近地表气温的分裂窗反演算法。

4.5.1　近地表气温反演算法推导

4.5.1.1　地表热红外波段辐射传输方程

遥感传感器接收到的热红外辐射由 4 个部分组成：①穿过大气直接到达传感器的地球表面热辐射；②大气上行热辐射；③经地球表面反射的大气下行热辐射；④经地球表面反射的太阳热辐射。对于 $8\sim14\,\mu m$ 的热红外遥感而言，传感器接收到的太阳热辐射能量很低，可以忽略不计。在晴朗的大气条件下，不考虑多次散射的话，遥感传感器接收到的总辐射可以表达为大气上行辐射与地球表面上行辐射（自身发射与反射的大气下行辐射）透过大气到达传感器的能量之和如图 4.27 所示。

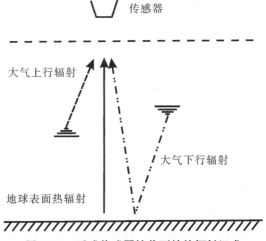

图 4.27　遥感传感器接收到的热辐射组成

根据上面的分析，一个星载遥感传感器热红外波段的辐射传输方程可表述为如下形式（Qin et al., 2001）：

$$L_i=\tau_i(\theta)[\varepsilon_i B_i(T_s)+(1-\varepsilon_i)L_i\!\downarrow]+L_i\!\uparrow \tag{4.24}$$

式中，L_i 为遥感传感器第 i 波段接收到的热辐射亮度，$\tau_i(\theta)$ 为第 i 波段的大气透过率，ε_i 为第 i 波段的地表比辐射率，$B_i(T_s)$ 为地表温度对应的黑体热辐射亮度（$B_i(T_s)=E_i(T_s)/\pi$），$L_i\uparrow$ 和 $L_i\downarrow$ 分别为大气的上行和下行热辐射。

4.5.1.2 大气上行和下行辐射

大气自身向上和向下发射热红外辐射，这是从热红外辐射传输方程推导气温的根本依据。由于大气上行和下行辐射为体辐射，在气温反演算法推导过程中需要将大气上行和下行辐射亮度表达为温度的形式进行简化计算。

大气的上行热辐射可利用公式进行计算（Franca and Cracknell, 1994; Cracknell, 1997），即

$$L_i\uparrow=\int_0^z B_i(T_z)\frac{\partial\tau_i(\theta,z,Z)}{\partial z}\mathrm{d}z \tag{4.25}$$

式中，T_z 为高程 z 处的气温，Z 为遥感传感器的高程，$\tau_i(\theta,z,Z)$ 为高程 z 处到遥感传感器高程 Z 之间的大气向上透过率。

根据 McMillin（1975）、Prata（1993）、Coll 等（1994）的研究，可采用中值定理将大气上行辐射表达为

$$B_i(T_{\mathrm{ema}})\uparrow=\frac{1}{1-\tau_i(\theta)}\int_0^z B_i(T_z)\frac{\partial\tau_i(\theta,z,Z)}{\partial z}\mathrm{d}z \tag{4.26}$$

式中，T_{ema} 为大气的有效平均作用温度，$B_i(T_{\mathrm{ema}})$ 为 T_{ema} 温度所对应的黑体热辐射亮度。由此可以将大气上行辐射表达为大气有效平均作用温度的函数：

$$L_i\uparrow=[1-\tau_i(\theta)]B_i(T_{\mathrm{ema}}) \tag{4.27}$$

大气有效平均作用温度 T_{ema} 主要取决于大气廓线，即温度和湿度的垂直分布状态。Sobrino 等（1991）的研究指出，大气有效平均作用温度可用大气各层温度和水汽含量来近似表达为

$$T_{\mathrm{ema}}=\frac{1}{w}\int_0^w T_z\mathrm{d}w(z,Z) \tag{4.28}$$

式中，w 是从地面到遥感器高度 Z 之间的大气水汽总含量，T_z 是高程为 z 处的大气温度，$w(z,Z)$ 为从高程 z 到传感器高度 Z 之间的水汽含量。

为了确定大气有效平均作用温度 T_{ema}，首先需要分析大气温度和湿度的垂直分布状况。表 4.7 和图 4.28a 给出了长江三角洲地区春、夏、秋、冬 4 个季节平均大气模式下 0~30km 各层水汽含量随高程的变化情况。

从图 4.28a 中可以看出，绝大部分水汽集中分布在 10km 以下的对流层，离地面越近，水汽含量越高。这 4 种平均大气廓线中各层水汽占水汽总含量的比重 R_w 统计结果见表 4.8 和图 4.28b。从图中可以看出，长三角地区 4 个季节平均大气廓线的各层水汽比重随高度的分布很相似，其中最低一层（0~1km）的比重均超过了 0.3。

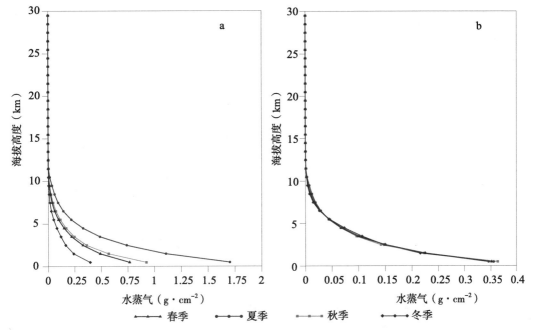

图4.28 长三角4个季节平均大气廓线的水汽分布特征

注：a. 各层水汽含量；b. 各层水汽占水汽总含量的比重。

表4.7 长三角地区4个季节平均大气廓线各层水汽含量 （单位：$g \cdot cm^{-2}$）

海拔（km）	春季	夏季	秋季	冬季
0	0.766 949	1.702 670	0.925 848	0.395 294
1	0.490 153	1.108 340	0.569 257	0.239 870
2	0.326 286	0.739 350	0.361 205	0.163 773
3	0.220 536	0.486 560	0.245 506	0.118 873
4	0.149 309	0.327 545	0.169 018	0.081 071
5	0.096 633	0.216 237	0.112 703	0.050 776
6	0.059 216	0.141 250	0.071 901	0.029 056
7	0.035 376	0.092 163	0.044 378	0.016 122
8	0.020 435	0.059 012	0.026 261	0.008 612
9	0.010 418	0.035 373	0.014 111	0.004 212
10	0.004 062	0.013 875	0.006 041	0.002 281
11	0.001 196	0.002 782	0.002 115	0.001 048
12	0.000 369	0.001 058	0.000 691	0.000 369
13	0.000 143	0.000 335	0.000 202	0.000 156
14	0.000 047	0.000 155	0.000 049	0.000 053
15	0.000 029	0.000 100	0.000 025	0.000 031
16	0.000 015	0.000 083	0.000 012	0.000 016
17	0.000 010	0.000 071	0.000 008	0.000 012
18	0.000 008	0.000 063	0.000 008	0.000 009

（续表）

海拔（km）	春季	夏季	秋季	冬季
19	0.000 007	0.000 051	0.000 007	0.000 008
20	0.000 007	0.000 038	0.000 007	0.000 007
21	0.000 007	0.000 028	0.000 007	0.000 007
22	0.000 007	0.000 021	0.000 007	0.000 007
23	0.000 008	0.000 015	0.000 007	0.000 007
24	0.000 008	0.000 011	0.000 008	0.000 007
25	0.000 009	0.000 012	0.000 008	0.000 007
26	0.000 009	0.000 012	0.000 008	0.000 007
27	0.000 008	0.000 012	0.000 008	0.000 007
28	0.000 007	0.000 010	0.000 007	0.000 006
29	0.000 006	0.000 008	0.000 005	0.000 005

表4.8　长三角地区4个季节平均大气廓线各层水汽含量占总含量的比重

海拔（km）	春季	夏季	秋季	冬季
0	0.351 606	0.345 563	0.363 160	0.355 573
1	0.224 709	0.224 941	0.223 289	0.215 767
2	0.149 585	0.150 054	0.141 681	0.147 316
3	0.101 104	0.098 749	0.096 299	0.106 928
4	0.068 450	0.066 476	0.066 297	0.072 924
5	0.044 301	0.043 886	0.044 207	0.045 674
6	0.027 148	0.028 667	0.028 203	0.026 136
7	0.016 218	0.018 705	0.017 407	0.014 502
8	0.009 368	0.011 977	0.010 301	0.007 747
9	0.004 776	0.007 179	0.005 535	0.003 789
10	0.001 862	0.002 816	0.002 370	0.002 052
11	0.000 548	0.000 565	0.000 830	0.000 943
12	0.000 169	0.000 215	0.000 271	0.000 332
13	0.000 066	0.000 068	0.000 079	0.000 140
14	0.000 021	0.000 032	0.000 019	0.000 048
15	0.000 013	0.000 020	0.000 010	0.000 028
16	0.000 007	0.000 017	0.000 005	0.000 015
17	0.000 005	0.000 014	0.000 003	0.000 010
18	0.000 004	0.000 013	0.000 003	0.000 008
19	0.000 003	0.000 010	0.000 003	0.000 007
20	0.000 003	0.000 008	0.000 003	0.000 007
21	0.000 003	0.000 006	0.000 003	0.000 006

（续表）

海拔（km）	春季	夏季	秋季	冬季
22	0.000 003	0.000 004	0.000 003	0.000 006
23	0.000 004	0.000 003	0.000 003	0.000 006
24	0.000 004	0.000 002	0.000 003	0.000 006
25	0.000 004	0.000 002	0.000 003	0.000 007
26	0.000 004	0.000 002	0.000 003	0.000 007
27	0.000 004	0.000 002	0.000 003	0.000 006
28	0.000 003	0.000 002	0.000 003	0.000 005
29	0.000 003	0.000 002	0.000 002	0.000 004

根据长三角地区 4 个季节平均大气的 R_w 垂直分布特点，可以根据水汽总含量和各层水汽比重反过来推算大气廓线各层的水汽含量

$$w(z)=wR_w(z) \tag{4.29}$$

式中，$w(z)$ 是高度为 z 处的大气水汽含量，$R_w(z)$ 为高度 z 处水汽含量占总水汽的比重，由表 4.8 给出。根据 Qin 等（2001）的研究，上面大气平均有效作用温度 T_{ema} 计算公式 4.28 中的微分项可以用该高度处的水汽含量近似表示，即 $dw(z, Z)=w(z)$。通过这一近似，T_{ema} 计算公式可改写为

$$T_{ema} = \frac{1}{w}\sum_{z=0}^{m} T_z w(z) \tag{4.30}$$

式中，m 为所考虑的大气廓线层数。根据公式 4.29 和 4.30，有

$$T_{ema} = \sum_{z=0}^{m} T_z w(z) / w = \sum_{z=0}^{m} T_z R_w(z) \tag{4.31}$$

可见，大气有效平均作用温度主要取决于大气各层的水分含量比重和气温。通过前面的分析可知大气上层水汽含量极低，因此，大气有效平均作用温度主要取决于低层大气气温 T_z 随高度的分布。

从图 4.29a 可以看出，虽然长三角地区 4 个季节平均大气低层气温有较大差别，但是随着高度增加，其差别在减小，在 14~15km 高度层其差别达到最小，春夏秋冬 4 个季节平均大气在该高度层的气温分别为 211.82 K、211.44 K、210.55 K 和 212.95K，可以取均值 211.7K 作为近似值。然后根据这一气温值计算平均大气的各层气温降低率 $R_t(z)$

$$R_t(z)=(T_a-T_z)/(T_a-211.7) \tag{4.32}$$

式中，$R_t(z)$ 为气温在高度 z 处的降低率，T_a 为近地表气温。图 4.29b 和表 4.9 给出了 $R_t(z)$ 随高度的变化情况。

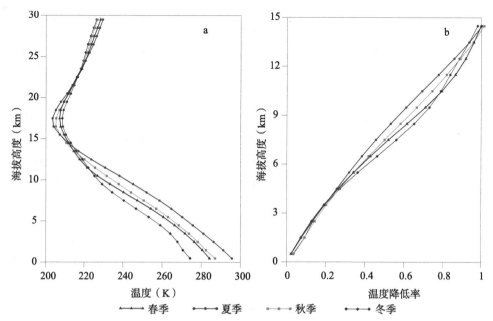

图 4.29 长三角地区 4 个季节平均大气廓线的温度分布特征

注：a. 各层气温；b. 各层气温随高度的降低率。

表 4.9 长三角地区 4 个季节平均大气廓线各层气温随高度降低的比率

海拔（km）	春季	夏季	秋季	冬季
0	0.022 736	0.023 005	0.032 261	0.035 847
1	0.072 146	0.075 102	0.091 492	0.092 333
2	0.127 031	0.133 28	0.144 094	0.135 099
3	0.189 792	0.193 702	0.201 962	0.193 14
4	0.262 289	0.256 049	0.269 178	0.272 006
5	0.341 123	0.318 332	0.341 074	0.362 485
6	0.426 95	0.384 08	0.418 081	0.4615 52
7	0.519 21	0.455 164	0.499 331	0.559 834
8	0.615 218	0.531 121	0.582 51	0.651 922
9	0.709 871	0.610 775	0.665 439	0.730 58
10	0.795 334	0.693 412	0.745 326	0.790 022
11	0.866 658	0.778 13	0.820 861	0.839 551
12	0.919 884	0.860 377	0.891 645	0.887 996
13	0.961 472	0.937 979	0.959 407	0.936 764
14	0.998 443	1.003 01	1.014 76	0.980 807

公式 4.32 可以换一种形式来表达

$$T_z = T_a - R_t(z) \cdot (T_a - 211.7) \qquad (4.33)$$

根据式 4.33，可通过近地表气温 T_a 来估算大气廓线垂直方向各层的气温。将其代入大气有效平均作用温度的计算公式 4.31，则

$$
\begin{aligned}
T_{ema} &= \sum_{z=0}^{m}[T_a - R_t(z)\cdot(T_a - 211.7)]R_w(z) \\
&= T_a \cdot \sum_{z=0}^{m} R_w(z)[1 - R_t(z)] + 211.7 \cdot \sum_{z=0}^{m} R_w(z) \cdot R_t(z)
\end{aligned}
\qquad (4.34)
$$

表 4.8 和表 4.9 中分别给出了长三角地区 4 个季节平均大气各层的 $R_w(z)$ 和 $R_t(z)$，可代入式 4.34 计算出春夏秋冬 4 个季节平均大气条件下近地表气温 T_a 与大气有效平均作用温度 T_{ema} 之间的关系

$$
T_{ema} = \begin{cases}
0.873\,11 \cdot T_a + 26.848\,7 & 春季 \\
0.871\,99 \cdot T_a + 27.077\,3 & 夏季 \\
0.862\,06 \cdot T_a + 29.189\,9 & 秋季 \\
0.859\,37 \cdot T_a + 29.743\,9 & 冬季
\end{cases}
\qquad (4.35)
$$

式中，近地表气温 T_a 与大气有效平均作用温度 T_{ema} 的单位均为 K。

这些关系式表明，在没有涡旋作用的晴空条件下，大气有效平均作用温度可看作近地表气温的线性函数。反过来，也可以根据大气有效平均作用温度来推算出近地表气温：

$$
T_a = \begin{cases}
1.14533 \cdot T_{ema} - 30.7507 & 春季 \\
1.14680 \cdot T_{ema} - 31.0524 & 夏季 \\
1.16001 \cdot T_{ema} - 33.8605 & 秋季 \\
1.16364 \cdot T_{ema} - 34.6114 & 冬季
\end{cases}
\qquad (4.36)
$$

为了对引入大气有效平均作用温度来表征大气上行辐射的合理性进行分析，基于 MODTRAN 大气辐射传输模型分别模拟了在不同条件下的热红外辐射传输过程。大气廓线选用长三角地区的春夏秋冬平均大气廓线，其他参数设定见表 4.10。

表 4.10　模拟过程的输入参数设定

大气模式	近地表气温 T_a（℃）	水汽含量 w（g·cm^{-2}）	观测天顶角 Zenith(°)
春季大气	0、10、20、30	1.2~4.0	0~60
夏季大气	10、20、30、40	2.2~5.0	0~60
秋季大气	0、10、20、30	1.2~4.0	0~60
冬季大气	−10、0、10、20	0.2~3.0	0~60

通过 MODTRAN 模拟可以得到各种不同条件下的大气透过率和大气上行辐射，由式 4.27 可推算出 T_{ema} 温度所对应的黑体热辐射亮度，进而由普朗克定律计算出大气有效平

均作用温度 T_{ema}。下面的图 4.30 给出了在长三角地区春季、夏季、秋季和冬季平均大气状况下，不同近地表气温和不同大气透过率条件下由公式 4.27 计算得到的大气有效平均作用温度（散点）以及由公式 4.35 计算得到的大气有效平均作用温度（虚线）。

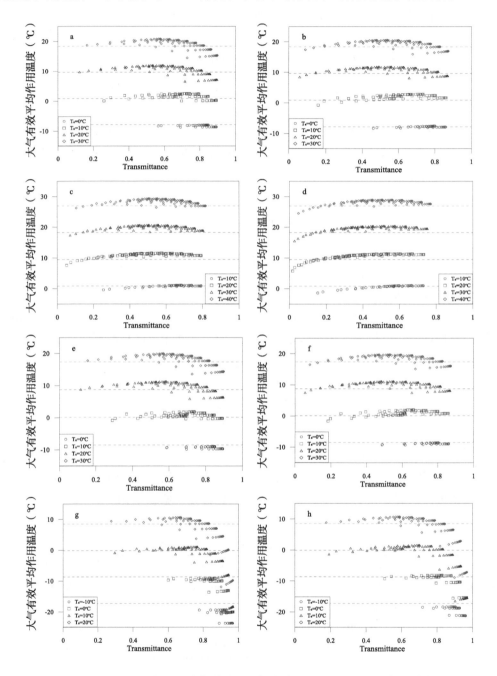

图 4.30 长三角春夏秋冬平均大气模式下大气有效平均作用温度与大气透过率的关系

注 a. 春季大气，第 31 波段；b. 春季大气，第 32 波段；c. 夏季大气，第 31 波段；d. 夏季大气，第 32 波段；e. 秋季大气，第 31 波段；f. 秋季大气，第 32 波段；g. 冬季大气，第 31 波段；h. 冬季大气，第 32 波段。

从图 4.30 可以看出，根据 MODTRAN 模拟结果由式 4.27 计算出的大气有效平均作用温度并不仅仅与大气温度湿度的垂直分布有关。在确定大气廓线和近地表气温之后，大气温度湿度的垂直分布是确定的，但是由其计算出的大气有效平均作用温度却仍然随着大气透过率的变化而变化，尤其是当大气透过率较高时。这说明大气有效平均作用温度的定义（式 4.28、式 4.34）存在一定的误差。因为按照定义，在确定的大气廓线和近地表气温条件下，大气有效平均作用温度应该是个定值，不会随着水汽总含量及观测天顶角的变化而变化。

在长三角地区春季、夏季和秋季大气模式下，根据式 4.27 计算出的大气有效平均作用温度与根据式 4.35 计算出的大气有效平均作用温度差异不大。但是在长三角地区冬季大气条件下，两者差异很大，尤其是在大气透过率比较大的时候（>0.8），大气有效平均作用温度随着水汽总含量及观测天顶角的变化波动很大。因此，在冬季模式下引入大气有效平均作用温度来表征大气上行辐射（式 4.27 和式 4.34）可能会导致较高的误差。

图 4.31 给出了在长三角地区冬季大气条件下，近地表气温为 0℃时，由式 4.27 计算得到的大气有效平均作用温度（散点）以及由式 4.35 计算得到的大气有效平均作用温度（虚线）随观测天顶角和水汽含量的变化趋势。

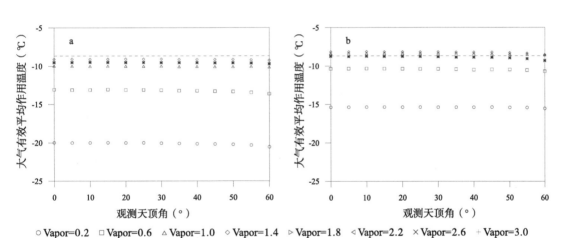

图 4.31　大气有效平均作用温度随观测天顶角和水汽含量的变化趋势

（a 第 31 波段；b 第 32 波段）

从图 4.31 可以看出，在水汽含量为 0.2g·cm⁻² 和 0.6g·cm⁻² 时，按照式 4.34 计算出的大气有效平均作用温度与按照式 4.27 计算出的大气有效平均作用温度相差很大，而在水汽含量高于 $1g \cdot cm^{-2}$ 时，两者比较接近。可见上面引入大气有效平均作用温度来表征大气上行辐射的设定在水汽含量较小时会有比较大的误差。

4.5.1.3　大气下行辐射

大气的下行辐射一般可以看作是来自半球方向的大气热辐射的积分，与观测天顶角无关（Franca and Cracknell, 1994; Sobrino et al., 1996）。根据 Sobrino 等（1996）的研究，大气下行辐射可以用 53° 天顶角观测条件下的大气上行热辐射来近似表达：

$$L_i\!\downarrow\,=(1-\tau_i(53))B_i(T_{\text{ema}}) \tag{4.37}$$

式中，$\tau_i(53)$ 表示第 i 波段在 53° 天顶角观测条件下的大气透过率。

为了研究大气上行和下行热辐射之间的关系，基于 MODTRAN 大气辐射传输模型分别模拟了在不同条件下的大气上行和下行热辐射之间的关系。大气廓线选用长三角地区的春夏秋冬平均大气廓线，其他参数设定见表 4.11。

表 4.11　模拟过程的输入参数设定

大气模式	近地表气温 Ta（℃）	水汽含量 w（g·cm^{-2}）	观测天顶角 Zenith(°)
春季大气	0、10、20、30	2.0	0~60
夏季大气	10、20、30、40	3.0	0~60
秋季大气	0、10、20、30	2.0	0~60
冬季大气	−10、0、10、20	1.0	0~60

图 4.32 显示了在长三角地区春季、夏季、秋季和冬季平均大气条件下，不同近地表气温对应的大气上行和下行辐射亮度随观测天顶角的变化趋势。

可以看出，随着观测天顶角增大，大气上行辐射也随之增大，因为观测天顶角增大会导致大气热辐射传输路径的增大。而大气下行辐射并不随观测天顶角变化，因为大气下行热辐射是半球方向大气热辐射的积分，与观测角度无关。

还可以看出，大气上行辐射曲线与下行辐射直线在观测天顶角为 50° 附近相交，即在 50° 左右的天顶角观测条件下大气上行辐射等于下行辐射。与前文提到 Sobrino 等（1996）的研究结论非常接近，因此可以用 50° 天顶角观测条件下的大气上行辐射来代替下行辐射：

$$L_i\!\downarrow\,=[1-\tau_i(50)]B_i(T_{\text{ema}}) \tag{4.38}$$

由于地表比辐射率值比较高（通常大于 0.95），而且被地表反射之后还要在传输过程中被大气中的水汽等物质吸收，由热红外辐射传输方程可知，在 MODIS 传感器接收到的热红外辐射中，大气下行辐射的比重远远低于上行辐射。图 4.33 给出了基于表 4.10 输入参数的模拟数据集计算得到的 MODIS 入瞳热红外辐射中大气下行辐射与上行辐射比值的直方图分布。

从图 4.33 可以看出，在 MODIS 传感器接收到的热红外辐射中大气下行辐射与上行辐射的比值很低，主要分布在 0~0.03 的区间。因此，用 50° 天顶角观测条件下的大气上行辐射来代替下行辐射的微小误差对整个辐射传输方程造成的影响可以忽略不计。

将前面得到的大气上行辐射 $L_i\!\uparrow$ 和下行辐射 $L_i\!\downarrow$ 的计算公式（公式 4.27 和公式 4.38）代入热辐射传输方程（公式 4.24），可得

$$L_i=\tau_i(\theta)\varepsilon_i B_i(T_s)+\big[(1-\varepsilon_i)\tau_i(\theta)\,[1-\tau_i(50)]+(1-\tau_i(\theta))\big]B_i(T_{\text{ema}}) \tag{4.39}$$

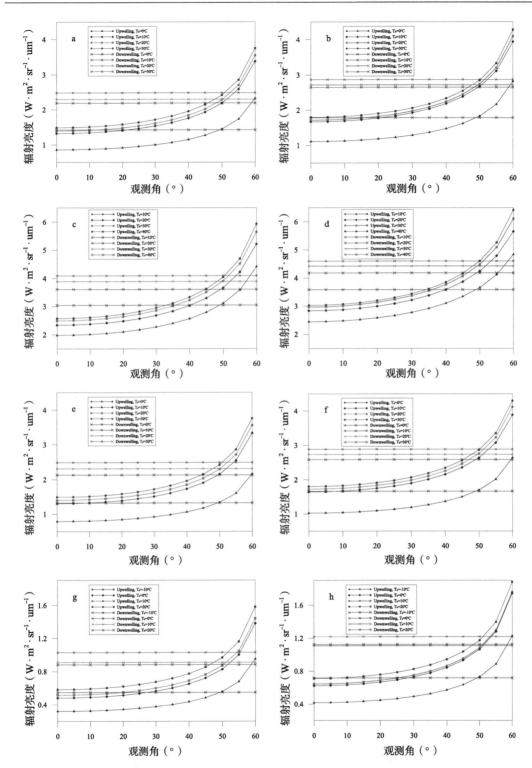

图 4.32 长三角地区春夏秋冬平均大气模式下大气上行与下行热辐射随观测天顶角的变化情况

注：a. 春季大气，第 31 波段；b. 春季大气，第 32 波段；c. 夏季大气，第 31 波段；d. 夏季大气，第 32 波段；e. 秋季大气，第 31 波段；f. 秋季大气，第 32 波段；g. 冬季大气，第 31 波段；h. 冬季大气，第 32 波段。

式中，第 1 项 $\tau_i(\theta)\varepsilon_i B_i(T_s)$ 为传感器接收到的热红外辐射中地表发射的部分，而第 2 项 $[(1-\varepsilon_i)\tau_i(\theta)(1-\tau_i(50))+(1-\tau_i(\theta)]B_i(T_{ema})$ 为大气自身发射的部分。

令 $C_i=\tau_i(\theta)\varepsilon_i$，$D_i=(1-\varepsilon_i)\tau_i(\theta)[1-\tau_i(50)]+[1-\tau_i(\theta)]$，上式可简化为

$$L_i=C_i B_i(T_s)+D_i(\theta)B_i T_{ema} \qquad （4.40）$$

4.5.1.4　Planck 方程的线性展开

Planck 方程是非线性函数，形式非常复杂，在辐射传输方程中展开会增加公式的复杂程度，不易求解。反演气温需要对 Planck 函数进行线性展开，利用 Taylor 多项式来近似表达其值。

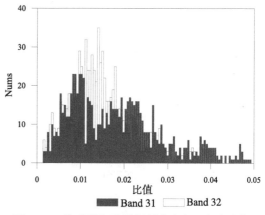

图 4.33　传感器入瞳热辐射中大气下行和上行辐射比值的直方图

根据 Planck 函数计算出不同温度的黑体在 MODIS 第 31、32 波段的热辐射亮度，并绘制热辐射亮度随温度的变化曲线图（图 4.34）。

从图 4.34 可以看出，在黑体温度为 –10℃ ~50℃时，热辐射亮度 L 随温度 T 的变化接近于线性关系。由于线性特征显著，只保留 Taylor 展开式的前两项即可保证足够的精度。因此，有

$$B_i(T_j)=B_i(T)+(T_j-T)\partial B_i(T)\partial T \qquad （4.41）$$

式中，i 表示 MODIS 的第 31 或第 32 波段。令 $LL_i=B_i(T)/[\partial B_i(T)/\partial T]$，则有

$$B_i(T_j)=(LL_i+T_j-T)\partial B_i(T)/\partial T \qquad （4.42）$$

式中，LL_i 为波段 i 的温度参数（K）。

研究表明，参数 LL_i 与温度有密切关系（Qin et al., 2001；覃志豪等，2001；高磊等，2007）。根据 Planck 函数计算出第 31 和 32 波段的 LL_i 与温度的关系见图 4.35 所示。

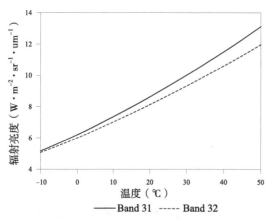

图 4.34　MODIS 第 31 和 32 波段热辐射亮度随温度的变化

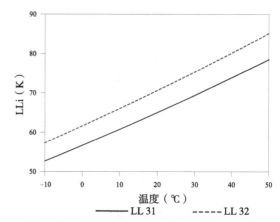

图 4.35　MODIS 第 31 和 32 波段参数 LL 随温度的变化

从图 4.35 中可见，LL_i 与温度 T 有着密切的线性关系。在 $-10℃ \sim 50℃$ 的温度区间可通过回归统计方法对 LL_i 与温度 T 的关系进行线性拟合

$$LL_{31}=0.431\ 537 \cdot T - 61.287\ 1$$

$$LL_{31}=0.464\ 591 \cdot T - 65.365\ 7 \qquad (4.43)$$

式中，参数 LL_i 和温度 T 的单位均为 K。

两个回归方程的判定系数 R^2 均为 0.999 5，RMSE 分别为 0.174 8 和 0.181 2，均通过 0.01 显著度检验。参数 LL_i 和温度 T 的线性关系极为显著，可将参数表达为 LL_i 下面的形式：

$$LL_i = a_i \cdot T + b_i \qquad (4.44)$$

式中，i 表示波段（31 或 32），$a_{31}=0.431537$，$b_{31}=-61.2871$，$a_{32}=0.464591$，$b_{32}=-65.3657$。如果想要更高精度，可以取更小的温度区间来建立 LL_i 的回归经验方程（表 4.12）。

表 4.12　不同温度区间的 LL_i 计算公式

温度 T 区间（℃）	LL_i 的经验方程（式中 T 单位为 K）	R^2	RMSE
$-10 \sim 10$	$LL_{31}=0.406\ 055T-54.2472$	0.999 92	0.021 5
	$LL_{32}=0.438\ 347T-58.1150$	0.999 93	0.021 9
$10 \sim 30$	$LL_{31}=0.431\ 542T-61.4612$	0.999 95	0.019 3
	$LL_{32}=0.464\ 782T-65.5993$	0.999 95	0.021 2
$30 \sim 50$	$LL_{31}=0.456\ 469T-69.0141$	0.999 93	0.023 5
	$LL_{32}=0.490\ 656T-73.4459$	0.999 89	0.031 5

对 Planck 函数进行线性化的实质意义是把 $B_i(T_j)$ 所代表的热辐射亮度与一个固定温度 T 联系起来，而这个固定温度 T 则是进一步推导的关键。考虑到在大多数情况下都是地表温度 T_s 高于亮温 Tb_i 高于大气有效平均作用温度 T_{ema}，分别选择 31、32 波段的表观亮度温度 Tb_{31}、Tb_{32} 作为固定温度 T，利用 Taylor 多项式将 $B_{31}(T_{ema})$、$B_{32}(T_{ema})$、L_{31}、L_{32}、$B_{31}(T_s)$ 和 $B_{32}(T_s)$ 展开，可得

$$B_{31}(T_{ema})=\left[LL_{31}(Tb_{31})+T_{ema}-Tb_{31})\partial B_{31}(Tb_{31})/\partial T \right.$$

$$B_{32}(T_{ema})=\left[LL_{32}(Tb_{32})+T_{ema}-Tb_{32})\partial B_{32}(Tb_{32})/\partial T \right.$$

$$L_{31}=B_{31}(Tb_{31})=LL_{31}\left[(Tb_{31})+Tb_{31}-Tb_{31} \right] \partial B_{31}(Tb_{31})/\partial T=LL_{31}(Tb_{31})\partial B_{31}(Tb_{31})/\partial T$$

$$L_{32}=B_{32}(Tb_{32})=LL_{32}\left[(Tb_{32})+Tb_{32}-Tb_{32} \right] \partial B_{32}(Tb_{32})/\partial T=LL_{32}(Tb_{32})\partial B_{32}(Tb_{32})/\partial T \qquad (4.45)$$

$$B_{31}(T_s)=(LL_{31}(Tb_{31})+T_s-Tb_{31})\partial B_{31}(Tb_{31})/\partial T$$

$$B_{32}(T_s)=(LL_{32}(Tb_{32})+T_s-Tb_{32})\partial B_{32}(Tb_{32})/\partial T$$

4.5.1.5　近地表气温反演算法推导

将利用 Taylor 多项式展开的 $B_{31}(T_{ema})$、$B_{32}(T_{ema})$、L_{31}、L_{32}、$B_{31}(T_s)$ 和 $B_{32}(T_s)$ 代入第 31、32 波段的热辐射传输方程（式 4.40），可得

$$LL_{31}\partial B_{31}(Tb_{31})/\partial T=C_{31}(LL_{31}+T_s-Tb_{31})\partial B_{31}(Tb_{31})/\partial T$$

$$+D_{31}(LL_{31}+T_{ema}-Tb_{31})\partial B_{31}(Tb_{31})/\partial T \tag{4.46}$$

$$LL_{32}\partial B_{32}(Tb_{32})/\partial T=C_{32}(LL_{32}+T_s-Tb_{32})\partial B_{32}(Tb_{32})/\partial T$$

$$+D_{32}(LL_{32}+T_{ema}-Tb_{32})\partial B_{32}(Tb_{32})/\partial T$$

在上式中等式两边约去 $\partial B_{31}(Tb_{31})/\partial T$ 和 $\partial B_{32}(Tb_{32})/\partial T$，$LL_i$ 以公式 4.44 代入，得

$$C_{31}T_s+D_{31}T_{ema}=[(1-C_{31}-D_{31})a_{31}+C_{31}+D_{31}]Tb_{31}+(1-C_{31}-D_{31})b_{31}$$

$$C_{32}T_s+D_{32}T_{ema}=[(1-C_{32}-D_{32})a_{32}+C_{32}+D_{32}]Tb_{32}+(1-C_{32}-D_{32})b_{32} \tag{4.47}$$

两式联立，消去 T_s 项，得

$$(C_{32}D_{31}-C_{31}D_{32})T_{ema}=C_{32}(1-C_{31}-D_{31})b_{31}-C_{31}(1-C_{32}-D_{32})b_{32}$$

$$+C_{32}[(1-C_{31}-D_{31})a_{31}+C_{31}+D_{31}]Tb_{31}$$

$$-C_{31}[(1-C_{32}-D_{32})a_{32}+C_{32}+D_{32}]Tb_{32} \tag{4.48}$$

重新组合上述方程，得到

$$T_{ema}=\frac{C_{32}(1-C_{31}-D_{31})b_{31}-C_{31}(1-C_{32}-D_{32})b_{32}+C_{32}[(1-C_{31}-D_{31})a_{31}+C_{31}+D_{31}]Tb_{31}-C_{31}[(1-C_{32}-D_{32})a_{32}+C_{32}+D_{32}]Tb_{32}}{C_{32}D_{31}-C_{31}D_{32}}$$

$$\tag{4.49}$$

$$令\begin{cases}B_0=\dfrac{C_{32}(1-C_{31}-D_{31})b_{31}-C_{31}(1-C_{32}-D_{32})b_{32}}{C_{32}D_{31}-C_{31}D_{32}}\\[3mm]B_1=\dfrac{C_{32}[(1-C_{31}-D_{31})a_{31}+C_{31}+D_{31}]}{C_{32}D_{31}-C_{31}D_{32}}\\[3mm]B_2=-\dfrac{C_{31}[(1-C_{32}-D_{32})a_{32}+C_{32}+D_{32}]}{C_{32}D_{31}-C_{31}D_{32}}\end{cases}$$

则式 4.49 可表示为 MODIS 第 31、32 波段亮温的组合形式（式 4.50），该公式与地表温度的分裂窗算法的形式相似，可称为大气有效平均作用温度的分裂窗算法。

$$T_{ema}=B_0+B_1\cdot Tb_{31}+B_2\cdot Tb_{32} \tag{4.50}$$

根据 4.5.1.2 节中计算得到的长三角地区春夏秋冬 4 个季节平均大气的近地表气温与大气有效平均作用温度之间的线性关系式 $T_a=a\cdot T_{ema}+b$，由式 4.50 可转换为近地表气温的反演方程

$$T_a=a\cdot(B_0+B_1\cdot Tb_{31}+B_2\cdot Tb_{32})+b=(a\cdot B_0+b)+a\cdot B_1\cdot Tb_{31}+a\cdot B_2\cdot Tb_{32} \tag{4.51}$$

令 $A_0=a\cdot B_0+b$、$A_1=a\cdot B_1$、$A_2=a\cdot B_2$，公式 4.51 可表达为

$$T_a=A_0+A_1\cdot Tb_{31}+A_2\cdot Tb_{32} \tag{4.52}$$

式 4.52 即近地表气温的遥感反演分裂窗算法，式中，Tb_{31}、Tb_{32} 为 MODIS 第 31、32 波段的亮度温度，其余各个参数具体计算如下：

$$
\begin{cases}
A_0 = a \cdot \dfrac{C_{32}(1 - C_{31} - D_{31})b_{31} - C_{31}(1 - C_{32} - D_{32})b_{32}}{C_{32}D_{31} - C_{31}D_{32}} + b \\[4mm]
A_1 = a \cdot \dfrac{C_{32}[(1 - C_{31} - D_{31})a_{31} + C_{31} + D_{31}]}{C_{32}D_{31} - C_{31}D_{32}} \\[4mm]
A_2 = -a \cdot \dfrac{C_{31}[(1 - C_{32} - D_{32})a_{32} + C_{32} + D_{32}]}{C_{32}D_{31} - C_{31}D_{32}}
\end{cases}
\tag{4.53}
$$

$$
\begin{cases}
C_i = \tau_i(\theta)\varepsilon_i \\
D_i = (1 - \varepsilon_i)\tau_i(\theta)[1 - \tau_i(50)] + [1 - \tau_i(\theta)]
\end{cases}
\tag{4.54}
$$

$a_{31} = 0.431\,537$，$b_{31} = -61.287\,1$，$a_{32} = 0.464\,591$，$b_{32} = -65.365\,7$，其中，长江三角洲地区春夏秋冬 4 个季节平均大气模式下的 a、b 值见表 4.13。

表 4.13　不同季节大气模式下的 a、b 值

季节	a	b
春季	1.145 33	-30.750 5
夏季	1.146 80	-31.052 4
秋季	1.160 01	-33.860 5
冬季	1.163 64	-34.611 4

4.5.2　相关参数计算

4.5.2.1　MODIS 亮温计算

普朗克定律给出了黑体的辐射出射度 M 与温度 T、波长 λ 之间的关系，黑体辐射出射度的计算公式为

$$
M_\lambda(T) = \frac{2\pi c^2 h}{\lambda^5}(e^{\frac{ch}{k\lambda T}} - 1)^{-1}
\tag{4.55}
$$

式中，$M_\lambda(T)$ 的单位为 $\mathrm{W \cdot m^{-2} \cdot \mu m^{-1}}$，$c$ 是光速，值为 $2.998 \times 10^8 \mathrm{m \cdot s^{-1}}$，$h$ 为普朗克常量，值为 $6.626 \times 10^{-34} \mathrm{J \cdot s}$，$k$ 为波尔兹曼常数，值为 $1.380\,6 \times 10^{-23} \mathrm{J \cdot K^{-1}}$。

将上式改写为温度 T 的函数表达式

$$
T = \frac{ch}{k\lambda \ln(1 + \dfrac{2\pi c^2 h}{\lambda^5 M})}
\tag{4.56}
$$

将辐射出射度 M 用辐射亮度 L 来表达，即 $M = \pi L$，并且令

$$
C_1 = 2c^2 h = 1.191\,043\,56 \times 10^{-16} W \cdot m^2
$$

$$
C_2 = ch/k = 1.438\,768\,5 \times 10^4 \mu m \cdot K
$$

则上式可简化为

$$T = \frac{C_2}{\lambda \ln(1 + \dfrac{C_1}{\lambda^5 L})}$$

（4.57）

值得指出的是，在计算中要注意 C_1、L 和 λ 之间的单位转换问题。

为了进一步简化计算，设 $K_1 = C_1/\lambda^5$，$K_2 = C_2/\lambda$，亮温计算公式则变为

$$T = K_2/\ln(1 + K_1/L)$$

（4.58）

对于 MODIS 数据，第 31 和 32 波段的波长区间分别为 $10.78 \sim 11.28\mu m$ 和 $11.77 \sim 12.27\mu m$，有效中心波长可分别取其中值 $\lambda_{31} = 11.03\mu m$ 和 $\lambda_{32} = 12.02\mu m$（覃志豪等，2005）。这样，对于第 31 波段，K_1 和 K_2 分别取值 $729.541\,636\mathrm{W} \cdot \mathrm{m}^{-2} \cdot \mathrm{sr}^{-1} \cdot \mu\mathrm{m}^{-1}$ 和 $1\,304.413\,871\mathrm{K}$；对于 32 波段，$K_1$ 和 K_2 分别取值 $474.684\,780\mathrm{W} \cdot \mathrm{m}^{-2} \cdot \mathrm{sr}^{-1} \cdot \mu\mathrm{m}^{-1}$ 和 $1\,196.978\,785\mathrm{K}$。

4.5.2.2 大气透过率计算

大气透过率描述了热红外辐射在大气传输过程中的衰减程度，是气温遥感反演的重要参数。影响热红外波段大气透过率的因素很多，水汽、气压、O_3、CO_2、NH_4 等成分对热红外辐射在大气中的传输均有不同程度的作用，其中，大气的水汽含量的影响最大。O_3、CO_2、NH_4 等因素因为时空变化较小或影响作用较小而对大气透过率的变化没有显著影响，水汽含量时空变化很大，而且其含量变化对大气透过率有很大的影响，所以在估算大气透过率时主要考虑水汽含量这个因素（Sobrino et al., 1991; Franca and Cracknell, 1994; Coll et al., 1994; Qin et al., 2001; 覃志豪等, 2001, 2003; 毛克彪等, 2005）。此外，由于 MODIS 传感器的视场角很宽，图像边缘处的观测天顶角可达 65°，与星下点相比大气的传播路径长了两倍多，因此，还需要考虑观测天顶角对大气透过率的影响。

目前，比较常用的大气透过率计算方法是利用 MODTRAN、LOWTRAN 等辐射传输模型通过标准大气廓线模拟计算。由于直接使用 MODTRAN 等辐射传输模型在线计算非常复杂，而且耗时很长，很难在实际研究中普遍使用。因此，本研究首先利用 MODTRAN 模拟了不同水汽含量和观测天顶角下的 MODIS 第 31、32 波段大气透过率，然后根据 MODTRAN 的模拟结果来建立基于水汽含量和观测天顶角的大气透过率估算经验模型。

本研究设定水汽含量从 $0.2 \sim 6.4\mathrm{g} \cdot \mathrm{cm}^{-2}$ 变化，观测天顶角从 $0 \sim 60°$ 变化，地表海拔为 0m，基于 MODTRAN 分别模拟了长江三角洲地区春、夏、秋、冬平均大气廓线下 MODIS 第 31、32 波段大气透过率，建立了不同大气条件下大气透过率与水汽含量及观测天顶角之间的关系。图 4.36 给出了天顶角为 0°、20°、40°、60° 时大气透过率随水汽含量的变化情况。

从图 4.36 中可见，MODIS 第 31、32 波段的大气透过率随水汽含量增加而逐渐减小，在同等水汽条件下，不同观测天顶角的大气透过率存在差异，观测天顶角越大，大气透过率越低。随着水汽含量增加，不同观测天顶角下大气透过率之间的差异越来越大。除了夏季平均大气模式外，其他 3 个季节的平均大气模式下在水汽含量达到一定数值后大气透过

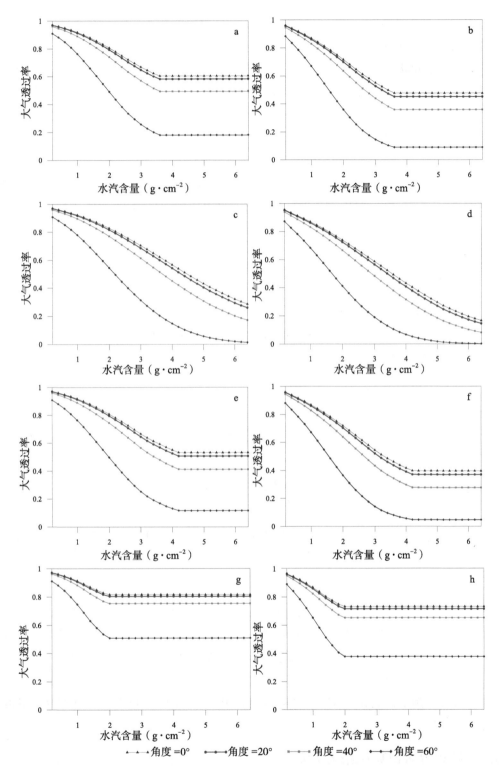

图 4.36　长三角地区春夏秋冬平均大气模式下大气透过率随水汽含量、天顶角的变化

注：a. 春季大气，第 31 波段；b. 春季大气，第 32 波段；c. 夏季大气，第 31 波段；d. 夏季大气，第 32 波段；e. 秋季大气，第 31 波段；f. 秋季大气，第 32 波段；g. 冬季大气，第 31 波段；h. 冬季大气，第 32 波段。

率保持不变（春季是 $3.6\text{g}\cdot\text{cm}^{-2}$，秋季是 $4.4\text{g}\cdot\text{cm}^{-2}$，冬季是 $2.0\text{g}\cdot\text{cm}^{-2}$），这是因为在这几种平均大气模式下，水汽含量达到这些数值以后相对湿度已经达到 100%，大气中的水汽已经达到饱和状态。

从大气透过率随水汽含量、天顶角的变化图来看，大气透过率随水汽变化曲线体现出抛物线特征，本研究参照 Franca 和 Cracknell（1994）提出的针对 AVHRR 数据的抛物线水汽计算函数形式来建立 MODIS 热红外波段大气透过率的计算模型：

$$\tau_i(\theta)=1-(a_0+a_1w+a_2w^2)/\cos\theta \tag{4.59}$$

利用上面 MODTRAN 模拟得到的大气透过率与水汽含量、天顶角的关系，分别建立 MODIS 第 31、第 32 波段在长三角地区春夏秋冬平均大气模式下的大气透过率计算公式（公式 4.60）。

春季平均大气为

$$\tau_{31}(\theta)=\begin{cases}1-(0.001\,609\,06+0.084\,672\,6w+0.007\,787\,44w^2)/\cos\theta & w<3.6\\1.021\,38-0.409\,470/\cos\theta & w\geqslant3.6\end{cases} \tag{4.60a}$$

$$\tau_{32}(\theta)=\begin{cases}1-(0.001\,348\,35+0.140\,509w+0.000\,632\,624w^2)/\cos\theta & w<3.6\\0.861\,282-0.385\,281/\cos\theta & w\geqslant3.6\end{cases} \tag{4.60b}$$

夏季平均大气为

$$\tau_{31}(\theta)=1-(-0.020\,006\,1+0.108\,129w+0.000\,041\,54w^2)/\cos\theta \tag{4.60c}$$

$$\tau_{32}(\theta)=1-(-0.012\,639\,8+0.157\,526w-0.006\,000\,03w^2)/\cos\theta \tag{4.60d}$$

秋季平均大气为

$$\tau_{31}(\theta)=\begin{cases}1-(-0.012\,511\,6+0.108\,156w+0.001\,144\,08w^2)/\cos\theta & w<4.4\\0.944\,590-0.409\,649/\cos\theta & w\geqslant4.4\end{cases} \tag{4.60e}$$

$$\tau_{32}(\theta)=\begin{cases}1-(-0.012\,016\,4+0.163\,845w-0.006\,039\,77w^2)/\cos\theta & w<4.4\\0.747\,570-0.355\,332/\cos\theta & w\geqslant4.4\end{cases} \tag{4.60f}$$

冬季平均大气为

$$\tau_{31}(\theta)=\begin{cases}1-(0.009\,983\,54+0.074\,466\,3w+0.010\,040\,7w^2)/\cos\theta & w<2.0\\1.110\,52-0.282\,884/\cos\theta & w\geqslant2.0\end{cases} \tag{4.60g}$$

$$\tau_{32}(\theta)=\begin{cases}1-(0.007\,413\,04+0.132\,743w+0.001\,533\,96w^2)/\cos\theta & w<2.0\\1.074\,31-0.331\,874/\cos\theta & w\geqslant2.0\end{cases} \tag{4.60h}$$

拟合方程的判定系数 R^2 分别为 0.983 6、0.990 2、0.970 9、0.940 4、0.984 9、0.982 1、0.952 6、0.9772。

4.5.3 理论分裂窗算法精度分析

4.5.3.1 精度验证

将近地表气温反演理论分裂窗算法（公式 4.52）应用于长江三角洲地区 2005 年全年

的 MODIS 数据，计算出近地表气温值，并利用气象站点观测数据对反演气温值进行精度验证。

1月、2月和12月的大气透过率计算以及大气有效平均作用温度向近地表气温的转换采用长三角地区冬季大气廓线的参数，3—5月采用长三角地区春季廓线的参数，6—8月采用长三角地区夏季廓线的参数，9—11月采用秋季廓线的参数，计算得到所有样本的近地表气温。利用气象站点观测资料对反演结果进行验证，均方根误差 RMSE 为 5.664 7℃，平均绝对误差 MAE 为 4.329 8℃，判定系数 R^2 为 0.667 7。气温反演值与观测值的散点图如图 4.37 所示。

从评价指标看，理论分裂窗算法的反演精度不够理想，RMSE 高达 5.66℃，R^2 只有 0.67。图 4.37 也反映了这一点，很多样本点偏离了 1:1 线，说明反演气温值与观测值差异较大。另外，从散点图还可以看出，低气温样本偏离观测值的程度要比高气温样本更严重一些。

除了整体误差评价之外，还对气温估算误差的分布情况进行分析。统计了计算结果中误差在 1℃、2℃、3℃、4℃、5℃ 以内样本的百分比 In1D、In2D、In3D、In4D、In5D（表 4.14），绘制了反演误差的分布直方图（图 4.38）。

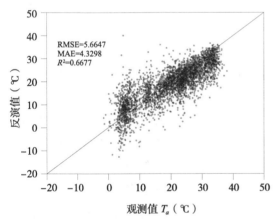

图 4.37　理论分裂窗算法反演值与气温观测值与之间的比较

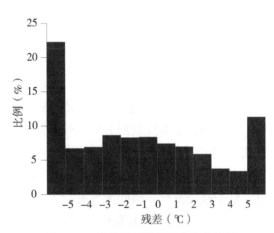

图 4.38　估算结果的误差分布直方图

表 4.14　理论分裂窗算法的估算误差分布情况　　　　　　　　　　（单位：%）

In1D	In2D	In3D	In4D	In5D
15.78	31.06	45.63	56.29	66.40

从表 4.14 可以看出，理论分裂窗算法估算结果中，只有 15.78% 的样本估算误差小于 1℃，而估算误差小于 3℃ 的样本比重也仅有 45.63%，不到样本总数的一半。从图 4.41 可以看出，误差小于 5℃ 的样本误差分布比较平均，而估算误差大于 5℃ 的样本中，

估算值偏低的样本更多一些。

为了更确切地分析样本的反演精度，统计了春夏秋冬4个季节的反演误差分布情况（图4.39）。从图可以看出，冬季的误差最大，秋季误差也相对较高，而春季和夏季的误差要相对低一些。冬季反演误差偏高的具体原因将在下一小节进行讨论分析。

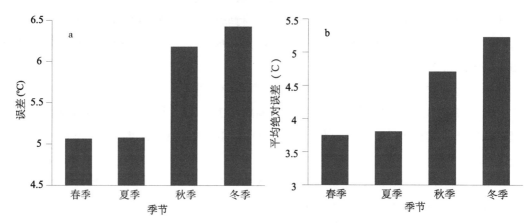

图4.39 反演误差随季节的变化

注：a. RMSE；b. MAE。

4.5.3.2 误差来源分析

从4.5.3.1节的验证结果来看，气温反演理论分裂窗算法的精度目前还很不理想，达不到实用化的要求。造成这种情况的原因可能有以下几个方面。

在遥感传感器接收到的热红外辐射能量中，地表热辐射的比重要远高于大气热辐射。在式4.40中，$C_iB_i(T_s)$ 为传感器接收到的热红外辐射中地表发射的部分，$D_i(\theta)B_i(T_{ema})$ 为大气自身发射的部分。大气有效平均作用温度通常要比近地表气温低10℃左右，而气温一般又低于地表温度，因此大气有效平均作用温度要比地表温度低很多，使得 $B_i(T_{ema})$ 远低于 $B_i(T_s)$。大气透过率通常高于0.7，使得 C_i 远高于 D_i。一般情况下，热红外传感器接收到的能量中大约80%是地表发射的热辐射能量（Czajkowski et al., 2000）。可见在热红外波段辐射传输方程中，地表辐射项的值要比大气辐射项高很多。因此遥感传感器对地表热辐射很敏感，对大气热辐射并不太敏感，导致了大气有效平均作用温度计算结果的不稳定，进而传递给近地表气温。

在大气透过率计算以及近地表气温与平均作用温度的转换过程中，可采用NCEP多年平均大气廓线来代替实时大气廓线。而多年平均NCEP大气廓线与实时大气廓线存在一定的差别，这会对大气透过率计算以及近地表气温与平均作用温度的转换精度造成一定影响，进而影响近地表气温的反演精度。

为了简化辐射传输方程，在利用Taylor多项式来对Planck函数作近似表达的过程中，以31、32波段的表观亮度温度 Tb_{31}、Tb_{32} 作为固定温度T对大气有效平均作用温度 T_{ema}、表观亮温 Tb 和地表温度 T_s 的黑体辐射项进行线性展开。地表温度 T_s 与亮度温度 Tb 比较接近，利用 Taylor 多项式展开近似误差不大，而大气有效平均作用温度 T_{ema} 要比亮度温度 Tb 低约 10℃，利用 Taylor 多项式展开会有一定的误差，这也是近地表气温反演误差的一个来源。

大气水汽含量及地表比辐射率数据直接来自 MODIS 的 MYD05 产品和 MYD11 产品，MODIS 产品反演值存在一定的误差。用于验证的气象自动站观测气温自身也存在一定的不确定性，这些因素都会对近地表气温的反演和验证造成影响。

最后，还要特别指出一点，理论分裂窗算法在冬季的反演精度要明显偏低。这可能是由于多种因素导致的结果：由于冬季大气系统更加复杂，经常出现逆温现象，大气实时廓线与 NCEP 多年平均大气廓线的差异会比较大，导致大气透过率计算及近地表气温与大气有效平均作用温度转换的较大误差；冬季积雪会在很大程度上改变地表的比辐射率，进而影响反演精度；在 4.5.1.2 节的分析中，通过 MODTRAN 模拟结果表明，引入大气有效平均作用温度表征大气上行辐射的公式（式 4.27 和式 4.35）并不完全准确，在冬季大气模式下以及水汽含量较低时根据式 4.35 计算出的大气有效平均作用温度代入式 4.27 计算出的大气上行热辐射会存在较高的误差。这些都是造成冬季低温情况下近地表气温反演精度偏低的原因，以后的研究中需要对冬季的特殊情况进行进一步研究和修正。

4.5.4 气温反演的半经验分裂窗算法

4.5.4.1 半经验分裂窗算法的建立

考虑到辐射传输模型推导出的气温反演分裂窗算法比较复杂，而且精度不够，基于理论分裂窗算法的形式，通过数理统计方法来建立一个半经验的气温分裂窗算法，方程中参数 A_0、A_1、A_2 不再通过大气透过率、地表比辐射率等参数求解，而是通过回归统计方法来取值。

由于半经验分裂窗算法的参数 A_0、A_1、A_2 需要通过回归方法计算，为了对其可靠性进行验证，采用 4.4 节中分割出的建模样本（2 670 条记录）进行回归分析，用验证样本（1 144 条记录）对其进行验证。

利用建模样本通过回归分析计算出参数 A_0、A_1、A_2 的值，回归方程的判定系数 R^2 为 0.907，通过 0.01 显著度的 F 检验。得到的半经验分裂窗算法如下

$$T_a = 76.368\ 3 + 5.346\ 5 \cdot Tb_{31} - 4.621\ 0 \cdot Tb_{32} \tag{4.61}$$

式中，Tb_{31} 和 Tb_{32} 分别为第 31 和 32 波段的亮度温度（K）。

4.5.4.2 精度验证

利用验证样本对半经验分裂窗算法的精度进行验证，均方根误差 RMSE 为 2.92℃，平均绝对误差 MAE 为 2.29℃，判定系数 R^2 为 0.909 9。气温反演值与观测值的散点图见图 4.40。

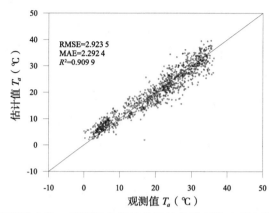

图 4.40 验证样本的 T_a 观测值与简单半经验分裂窗算法反演值之间的比较

与理论分裂窗算法相比，半经验分裂窗算法的反演精度有了很大的改善。RMSE 低于 3℃，R^2 高达 0.91。从图 4.40 来看，绝大部分样本都分布在 1∶1 线附近，只有少数样本误差较大。与前面理论分裂窗算法不同的是，半经验分裂窗算法的计算结果中，高气温样本的误差要高于低气温样本。

4.5.4.3 基于不同水汽区间的半经验分裂窗算法

从前面的辐射传输模型推导过程可知，气温反演的分裂窗算法中 3 个参数 A_0、A_1、A_2 与地表比辐射率以及大气透过率有关，其中，大气透过率 τ_i 变化幅度较大，对于气温反演的影响要超过地表比辐射率 ε_i。从式 4.39 分析可知，第一项为地表自身热辐射项，第二项为大气热辐射项。由于比辐射率 ε_i 接近 1，地表温度黑体辐射 $B_i(T_s)$ 和大气有效平均作用温度黑体辐射 $B_i(T_{ema})$ 前的系数在很大程度上由大气透过率 τ_i 决定，即传感器接收的辐射能量中地表发射辐射和大气发射辐射的比重主要取决于大气透过率。

大气透过率的主要影响因素是大气中的水汽含量，按照水汽含量分为 5 个区间，即 $<1\,g\cdot cm^{-2}$、$1\sim2\,g\cdot cm^{-2}$、$2\sim3\,g\cdot cm^{-2}$、$3\sim4\,g\cdot cm^{-2}$ 和 $>4\,g\cdot cm^{-2}$，针对每个水汽区间分别建立半经验分裂窗算法方程来估算近地表气温。

基于建模样本按照不同的水汽含量区间分别计算出分裂窗算法公式中的 A_0、A_1、A_2 参数值（表 4.15）。然后利用验证样本对分段半经验分裂窗算法气温反演精度进行验证，均方根误差 RMSE 为 2.61℃，平均绝对误差 MAE 为 2.00℃，判定系数 R^2 为 0.928 6。反演气温值与观测气温值的散点图见图 4.41。

表 4.15 分段半经验分裂窗算法的系数

水汽含量 $(g\cdot cm^{-2})$	A_0	A_1	A_2
<1	42.303 3	3.411 36	$-2.568\ 10$
$1\sim2$	98.899 3	4.837 91	$-4.184\ 97$
$2\sim3$	115.530	2.549 66	$-1.943\ 99$

（续表）

水汽含量 (g·cm^{-2})	A_0	A_1	A_2
3~4	173.944	2.021 49	-1.603 42
>4	200.104	1.977 53	-1.638 83

从估算气温结果与真实观测值的散点图来看，大部分样本都位于 1:1 线附近，说明估算气温与真实气温之间存在明显相关性。与直接建立的半经验分裂窗算法相比，基于不同水汽含量区间的分段半经验分裂窗算法反演得到的近地表气温值精度有了一定的改善，均方根误差从 2.92℃ 降低到了 2.60℃，绝对误差从 2.29℃ 降低到了 2.00℃。

除了整体误差评价之外，还对气温估算误差的分布情况进行分析。统计了直接

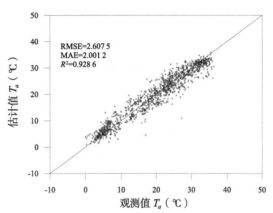

图 4.41　验证样本的 T_a 观测值与分段半经验分裂窗算法估算值之间的比较

半经验分裂窗算法和分段半经验分裂窗算法计算结果中误差在 1℃、2℃、3℃、4℃、5℃以内样本的百分比（表 4.16），绘制了 3 种 TVX 方法反演误差的分布直方图（图 4.42）。

表 4.16　两种半经验劈窗方法估算误差分布情况　　　　　　　　（单位：%）

	In1D	In2D	In3D	In4D	In5D
直接半经验分裂窗算法	27.29	52.52	72.57	84.37	92.24
分段半经验分裂窗算法	32.77	59.91	78.16	89.72	95.41

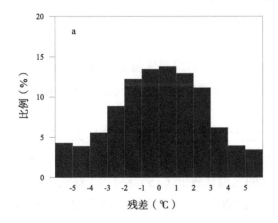
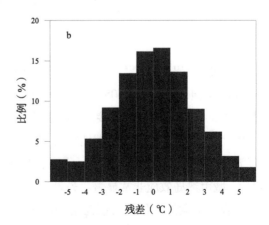

图 4.42　两种劈窗方法反演结果的误差分布直方图

注：a. 直接分裂窗算法；b. 分段分裂窗算法。

从表 4.16 和图 4.42 可以看出，分段半经验分裂窗算法反演误差小于 1℃、2℃直至 5℃的样本比重均高于直接半经验分裂窗算法。另外，两种半经验分裂窗算法误差分布直方图基本呈正态分布形状，说明这两种算法反演结果不存在整体偏高或者偏低的情况。

与理论分裂窗算法相比，半经验分裂窗算法的反演精度有显著提高。这可能是因为理论分裂窗算法推导过程中参数化及简化产生的误差以及各个输入参数的误差导致的结果。理论分裂窗算法由于对输入参数要求较高，在很多情况下往往得不到满意的结果。不过理论分裂窗算法物理意义明确，改进余地大，普适性强，是定量遥感的主要发展方向。经验分裂窗算法直接针对输入输出参数建立定量关系，精度往往比较理想，但是也具有普适性差的缺陷。

与 TVX 方法及经验统计方法相比，针对不同水汽区间的分段半经验分裂窗算法精度更高。另外，分段半经验分裂窗算法形式简单，计算量小，易于实现。因此，在比较了不同反演方法之后，采用分段半经验分裂窗算法来反演长江三角洲地区 2005 年全年的近地表气温。

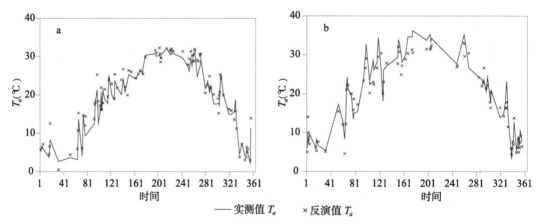

图 4.43　站点观测气温和反演气温的时间序列
注：a. 站点 58484；b. 站点 58448。

图 4.43 给出了两个气象站点（站点 58484 和 58448）的观测气温值与分段半经验分裂窗算法反演气温值的 2005 年时间序列。可以看出，观测气温与反演气温的时相变化趋势是一致的，绝对数值也很接近，两者吻合度很好。

图 4.44 给出了长江三角洲地区第 127 天的近地表气温空间分布图。研究区大部分地区的气温在 20~22℃，上海、苏州、无锡、常州、杭州、南京等城市市区的气温比较高（高于 24℃），城市热岛效应非常显著。另外，有些像元的气温比较低（15℃左右），这些像元通常分布在云区附近，原因可能是这些像元中有部分云的存在，从而降低了整个像元的平均温度。

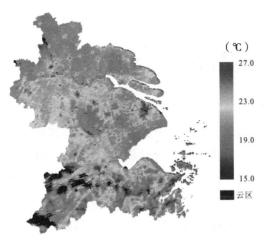

图 4.44 第 127 天近地表气温反演结果

4.5.5 小结

本节主要从热红外辐射传输方程出发，推导近地表气温反演的理论分裂窗算法，并基于理论分裂窗算法的形式，建立近地表气温反演的半经验分裂窗算法，根据气象观测资料对这些算法的精度进行了验证。

大气透过率是热红外辐射传输方程中的重要参数。由于 MODIS 视场角 FOV 很大，成像中心和边缘像元的大气辐射传播路径有很大差异，在计算大气透过率时，除考虑最重要的参数水汽含量之外，还需要考虑观测天顶角对大气透过率的影响。本节基于 MODTRAN 辐射传输模型对不同大气模式下的大气透过率进行模拟，建立了以水汽含量和观测天顶角为自变量的大气透过率计算模型。

从 MODIS 热红外波段的辐射传输方程出发，推导了具有物理意义的近地表气温反演模型。推导过程中最重要的是引入大气有效平均作用温度的概念来表征大气的上行和下行辐射，通过普朗克函数的 Taylor 多项式展开将辐射传输方程中辐射量转换为温度的函数，然后两个波段联立消去地表温度项，建立大气有效平均作用温度的气温反演分裂窗算法。根据不同大气模式下大气温度和湿度的垂直分布状况建立了大气有效平均作用温度与近地表气温之间的线性转换关系，与前面的大气有效平均作用温度反演模型相结合，最终得到了近地表气温的理论反演分裂窗算法。该算法的形式与地表温度的分裂窗算法接近，输入参数包括两个波段的亮度温度、大气透过率和地表比辐射率，其中，大气透过率可根据前面建立的计算模型用水汽含量和观测天顶角来表达。理论分裂窗算法利用长三角地区 2005 年观测气温验证得到的 RMSE 为 5.66℃，还达不到实用化要求，但是本研究为气温理论反演研究作出有益探索，为理论反演算法的进一步研究奠定了初步基础。根据理论分裂窗算法的形式，基于经验统计方法建立了气温反演的半经验分裂窗算法，验证 RMSE 达到 2.92℃，然后针对不同水汽含量区间建立了分段半经验分裂窗算法，精度得到进一步提高，RMSE 达 2.61℃。与现有的 TVX 方法和经验统计方法相比，分段半经验分裂窗算法精度更高，而且形式简单，计算量小，易于实现，是一种比较理想的气温遥感反演方法。

4.6 长三角地区气温时空变化分析

长三角地区是我国经济发达地区，并且地处我国地理南北分界线南边一侧，是南北气团相互作用最为激烈的地区，夏季尤其是 6—8 月，受到副热带高压的作用，梅雨季节和高温闷热气候相继登场，对当地经济社会影响相当大。气温是反映气候的一个重要因素。利用 MODIS 数据反演并分析长三角地区气温时空变化，有利于进一步认识气温在不同时期的时空动态变化规律，为区域经济社会发展提供参考。

长三角地区濒临我国东海，地势相对平坦，湖泊水体较多，气候上呈潮湿特征，天空云量相对较多，对光学遥感和热红外遥感有重要影响。在有云的情况下，无法从遥感影像中反演任何有用的地表和近地层大气信息，长江三角洲地区云量较多，造成了遥感观测的大量缺失值。遥感反演结果与地表观测相比，在时间连续性方面存在明显缺陷。为了提高遥感反演结果的实用价值，需要采取一些手段对缺失值进行有效插补，尽可能去除云的影响。本节引入时间序列谐波分析方法（HANTS）对长江三角洲地区 2005 年全年反演气温结果进行去云重建处理，重建气温无云时间序列。

气温受到太阳辐射、大气环流、降水等气候因素的影响，与地表各项物理和生物性质如地表反照率、比辐射率、植被覆盖、土壤湿度等密切相关。气温的空间分布和时间变化不仅反映了太阳辐射、降水等气候因素的变化，也揭示了下垫面本身的性质。气温的时空变化在一定程度上影响了水分、热量等条件的变化，进而对位于其中的人类生产、生活产生影响。掌握近地表气温这一重要地表物理参数的时空变化规律及其主要影响因子，对研究气候、植被、生态、水循环以及人地关系等诸多方面的研究都具有重要意义，有助于更好地理解陆地生态系统的动态变化特征。基于去云重建的 2005 年全年气温反演结果对长江三角洲地区气温的时间变化特征和空间分布差异进行了分析，并且利用时滞互相关分析方法定量研究了气温变化与太阳辐射之间的响应关系和时滞效应。

4.6.1 气温无云时间序列重建

4.6.1.1 气温数据完整性的时空分析

通过针对不同水汽区间的分段半经验分裂窗算法计算，得到了长江三角洲地区 2005 年全年的近地表气温。但是由于研究区气候湿润、云量较多，反演结果中存在很多的数据缺失值，数据的不完整给气温反演结果的应用造成了很大的困难。

为了定量揭示云覆盖对气温数据造成的影响，从时空维角对气温数据的完整性进行了分析。首先，统计全年每个时相的无效像元（即有云像元）占研究区像元总数的百分比，绘制出无效像元百分比的时间维变化曲线（图 4.45）。然后逐像元统计各个像元在所有时相中无效值所占比例，绘出数据缺失情况的空间分布图（图 4.46）。

从图 4.45 可见，研究区在大多数时相的无效像元比例都非常高，很多时相的无效像元比例甚至接近 1，只有极少数时相的无效像元比重低于 20%。从图 4.46 可见，除太湖、千岛湖、泰州、湖州、舟山及宁波象山地区外，其余大部分地物的无效值比例高于 75%。上海、苏州、无锡、常州、南京、杭州等重要城市市区的无效值比例尤其高，可达 90%以上，与这些地区空气污染严重、云雾阴霾天气出现次数较多有关系。

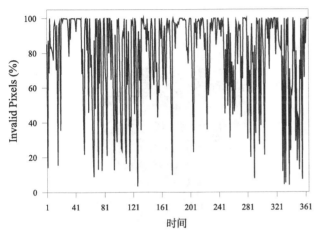

图 4.45　无效值比例的时间维变化曲线　　　　图 4.46　无效值比例的空间分布图

从气温完整性的时空分析结果看，云覆盖造成了非常严重的数据缺失问题，给反演结果在各个领域的应用带来了很大困难，必须采取一定的手段消除云的影响。

4.6.1.2　气温数据的多时相合成

遥感数据的多时相合成将若干天卫星观测的数据用合适的方法综合在一起，按照一定的周期间隔形成一幅综合图像。多时相合成是一种常见的遥感数据补缺思路，并以植被指数 NDVI 的多时相合成最为常见。植被指数通常采用最大植被指数合成法（MVC 方法）进行多时相合成，其思路是逐像元比较合成周期内各天的植被指数大小并选取最大的植被指数值作为该像元的合成值，目的在于减少云—太阳—目标—传感器几何角度所带来的影响，最大程度地获得全球信息（刘玉洁等，2001）。除植被指数产品外，其他的一些遥感专题数据也采用了多时相合成处理以消除云的影响，如 MODIS 的地表温度产品 MOD11采用了 8 天和月周期的多时相合成处理，不过合成方法并非 MVC 方法，而是取该像元在合成周期内有效值的平均值作为多时相合成值。

本研究参照 MODIS 地表温度产品的合成方案，对反演得到的气温数据进行 8 天周期的多时相合成，减小云覆盖带来的影响，提高数据的时间和空间覆盖度。气温多时相合成的工作思路如下：逐像元统计各个合成周期内无云时相气温的平均值，将平均值作为该像元在该周期的合成值。考虑到有些像元由于残余云的影响导致反演气温值严重偏低（甚至有极少数像元气温值低于 –40℃），在合成过程中低于 –10℃的像元值视为无效值，不参与多时相合成。

经过 8 天多时相合成处理之后，得到长三角地区 2005 年全年 46 个时相的气温时间序列数据。图 4.47 给出了第 105 天（实际为第 105~112 天，简称第 105 天）和第 209 天的合成结果。图 4.47a 中除上海等地区外，其余地区基本不存在无效像元，而图 4.47b 中只有北部的泰州、扬州等地区有值，研究区大部分区域为无效值。可见经过 8 天多时相合成之后，有些时相的数据缺失问题得到了很大的改善，而有些时相因为云覆盖时间过长，无效像元值仍然很多。

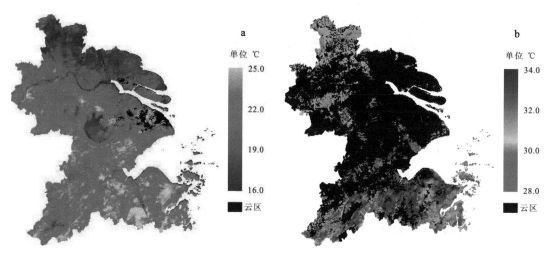

图 4.47　长三角 8 天合成气温分布图

注：a. 第 105 天；b. 第 209 天。

为了定量分析 8 天多时相合成处理的去云效果，对 8 天合成气温进行数据完整性时空分析，结果见图 4.48 和图 4.49。对比图 4.48 和图 4.45，可以发现 8 天合成气温数据在各个时相的无效值数目要比逐日气温数据少很多，如第 81 天附近几个时相中，无效值比重

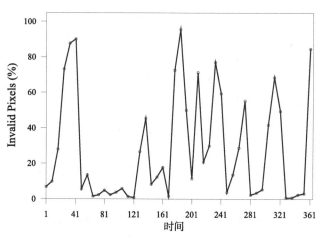

图 4.48　经过 8 天合成处理后无效像元比例的
时间维变化曲线

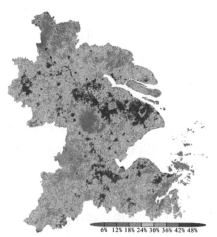

图 4.49　经过 8 天合成处理后无效像
元比例的空间分布图

均低于 20%。从季节上看，春季无效值的比例最低，说明该季节云量较小，对数据影响不大，而夏季的无效值比例最高，可能因为这个时期长江三角洲地区受梅雨影响，晴天天数不多。对比图 4.49 和图 4.47，可以发现这两张图上无效值比重的空间分布特征很相似，都是在上海、南京、苏锡常等地区具有较高的无效像元比例。不过在无效像元比例的绝对数值上，图 4.49 相比图 4.47 降低了很多：在图 4.47 中，各像元的无效比例基本在 70%~90%，而经过 8 天多时相合成之后，无效比例基本在 10%~50%。

从前面的分析可知，逐日气温经过 8 天多时相合成处理之后，数据的时空完整性有了很大的改善。但是在有些情况下数据缺失问题仍然比较严峻，因此还需要采取一种有效的方法进一步去除云的影响，对气温反演结果进行去云重建。

对于缺失数据的插补主要有时间维插值和空间维插值两种思路（Colditz，2007）。从图 4.48 中可以发现有几个时相无效像元的比重超过了 80%，如第 41、第 177、第 361 天等，这些时相的数据由于缺失值太多，进行空间维插值会有很大误差，得不到满意的结果。而且空间插值往往基于一个假设：空间位置越靠近的点，越可能具有相似的特征值。但实际中由于陆地地表的高空间异质度，该假设在很多情况不成立。基于以上考虑，对气温反演结果从时间维进行插值是更为合理的选择。

4.6.1.3　时间序列谐波分析方法

时间序列数据重建的主要目的是保持原时间序列周期性的同时恢复这些像元值的本来面目。近些年来遥感时间序列的重建工作尤其是 NDVI 序列的重建工作得到了很大的关注（顾娟等，2006；李杭燕等，2009；李儒等，2009；Julien et al.，2010）。目前已有时间序列谐波分析方法 HANTS（Verhoef，1996）、最佳指数斜率提取法 BISE（Viovy et al.，1992）、时间窗内的线性内插法 TWO（Park and Tateishi，1998）、均值迭代滤波法（Ma and Veroustraete，2006）、Savitzky–Golay 滤波法（Savitzky and Golay，1964）和非对称性高斯函数拟合法（Jonsson and Eklundh，2002）等多种时域和频域方法用于时间序列数据的去云重建。其中时间序列谐波分析法 HANTS 得到了比较广泛的应用。

时间序列谐波分析法（HANTS）由 Verhoef（1996）提出，是基于傅立叶分析（FFT）改进的一种频率域滤波方法。HANTS 方法不像 FFT 那样要求数据无缺失并且要求时间间隔相等，可以用来处理不规则间隔时间序列并且能够寻找和去除有云的观测值。同 FFT 相比，HANTS 算法在频率和时间系列长度上的选择具有更大的灵活性（Roerink et al.，2000）。

HANTS 的核心思路是将时间序列分解为平均值和有限个不同频率余弦函数（谐波）之和，其表达式为

$$y_i = a_0 + \sum_{j=1}^{m} a_j \cos(\omega_j t - \theta_j) \quad i = 0,1,\cdots,N \tag{4.62}$$

式中，y_i 为时间序列中的第 i 景图像；a_0 为谐波余项（即数据的平均值）；m 为拟合的谐波个数；a_j 表示各谐波的振幅；ω_j 表示各谐波的频率；θ_j 表示各谐波的相位；t 为第 i

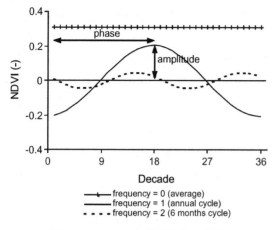

图 4.50　HANTS 拟合过程示意图
（Roerink et al., 2003）

景图像的获取时间；N 为时间序列的长度。图 4.50 给出了 HANTS 算法拟合过程的示意图。

HANTS 拟合过程的具体算法：首先利用所有数据进行最小二乘曲线拟合，利用迭代算法计算出每一个谐波（余弦函数）的振幅和相位。然后检查每一个数据点，那些与拟合曲线偏差较大的点被剔除，根据剩余数据再次进行拟合，重复迭代过程直到拟合误差可以被接受或者剩下来的点个数太少低于设定阈值（Roerink et al., 2000）。

HANTS 方法需要设置几个重要参数：频率个数 NOF、高 / 低抑制标志 SF、拟合容错误差 FET 和残余样本数阈值 DOD 等（Roeink et al., 2000）。

（1）频率个数 NOF　一条时间序列曲线由它的均值曲线和一系列具有不同频率的余弦函数组成。根据频率个数可以定义曲线分解的程度以及不同频率对应的周期长度。频率的数目决定了拟合曲线细节信息，频率越低，拟合的曲线越平滑，就有大量的细节信息丢失；频率越高，细节信息保留得越多，但是达不到去云重建的目的。通过这个参数定义有多少频率可用以及对应的周期（以时间采样单位为单位），每 1 个频率对应 1 个相位和振幅。

（2）高 / 低抑制标志 SF　决定在进行曲线拟合时是过高还是过低的值要被拒绝。

（3）拟合容错误差 FET　在曲线拟合过程中，在 SF 方向上与拟合曲线偏离太多的点要被剔除，在容错误差之内的点被保留下来，参与拟合。FET 过大的点被认为是噪声点，赋权重值为 0，不参与拟合。如果所有保留点的差值小于 EFT，那么迭代停止。FET 的值不能设得太小，不然剔除的点太多，忽略的细节信息太多，导致结果不可靠；FET 也不能太大，不然很多噪声点会被保留。

（4）残余像元数阈值 DOD　残余像元数的确定是为了避免剩余像元数少于曲线描述所需的参数个数。曲线拟合的必需参数个数为 $2 \times NOF-1$，残余像元数阈值 DOD 最起码应该不少于 $2 \times NOF-1$。

4.6.1.4　HANTS 方法的应用

HANTS 算法主要是针对 NDVI、EVI 等植被指数时间序列的数据重建，并已经得到了一定程度上的应用。Roerink 等（2000）利用 HANTS 算法重建了欧洲地区 1996 年的 10 天合成 NDVI 时间序列数据。Wit 和 Su（2004）利用 HANTS 算法对 1998—2002 年期间 SPOT-VGT10 天合成 NDVI 数据进行了平滑滤波，根据滤波后结果分析了荷兰等地的作物物候期特征。王丹等（2005）利用 HANTS 算法重建了中国地区的无云 NDVI 时间序列图像，利用连续 3 年某个时段的 60 天合成 NDVI 数据与重建的 NDVI 数据进行了验证，结果表明两者吻合度较好。于信芳和庄大方（2006）基于 HANTS 变换重建了 MODIS 的 8 天合成 NDVI 时间序列数据，利用重建后的图像对东北森林物候期进行了监测。赵伟等（2007）利用 HANTS 算法对四川地区 16 天合成 EVI 数据进行去云处理，根据处理后的结果分析了干旱对于该地区的影响。Vina 等（2008）利用 HANTS 变换对 MODIS 的周合成宽范围植被指数 WDRVI 时间序列数据进行了去云重建，用于进行生态位因子分析。Zhang 等（2006）利用 HANTS 算法对华北地区的 16 天合成 EVI 数据进行去噪处理后，利用修正后的 EVI 时间序列数据进行特征提取和决策树分类，得到较好的土地覆盖分类结果。左丽君等（2008）通过 HANTS 变换对 MODIS16 天合成 NDVI 和 EVI 数据进行去云重建，在此基础上提取了河西走廊绿洲中东部一系列耕地信息，包括耕地复种指数、作物种类等。

HANTS 算法主要用于植被指数时间序列的重建，但是其同样可以应用于其他具有季节性变化规律的时间序列数据（Zhong et al., 2010）。地表温度、气温等数据由于受到天气等影响较大，其时间维变化不如 NDVI 平滑，但是其主要影响因素太阳辐射具有显著的周期性平缓变化规律，而且经过了 8 天合成处理，相当于作了一定程度的平滑。因此，从理论上来说，地表温度、气温也可以通过一系列不同频率的谐波进行拟合，符合 HANTS 变换的基本要求。基于 HANTS 变换的地表温度序列重建工作已经在实践中得到了验证：Julien 等（2006）采用 HANTS 变换对欧洲地区 1982—1999 年的旬合成 AVHRR 地表温度数据进行了去云重建处理；徐永明等（2010）利用 HANTS 变换对长江三角洲地区的 8 天合成 MODIS 地表温度数据进行了去云重建处理，均取得了良好的效果。

4.6.1.5　气温时间序列重建过程

运用 HANTS 变换对 2005 年全年的 8 天合成气温时间序列数据进行去云重建。HANTS 变换的参数设置如下：频率个数 NOF 设为 2：第 1 谐波频率为 1，即周期为 365 天；第 2 谐波频率为 2，即周期为 182 天。高 / 低抑制标志 SF 设为"低"，因为云的存在会使得整个像元的反演气温值降低，所以抑制标志应该设为"低"，拒绝过低的值。拟合容错误差 FET 为 5℃，在拟合过程中与当前拟合曲线相差超过 5℃的像元值不参与拟合。残余像元数阈值 DOD 设为 7，如果参与拟合的点少于 7 个的话终止拟合。

4.6.1.6　气温去云重建结果

图 4.51 分别给出了两个像元气温时间序列重建的结果。图中白色数据表示参与 HANTS 拟合的数据，有些地方空缺是因为有云为无效值，灰色数据表示与拟合曲线的差值超过 5℃，不参与 HANTS 拟合过程，红色曲线表示 HANTS 拟合结果。其中，图 4.51a 为洪泽湖地区的一个水体像元，该像元全年数据缺失不多，质量较好；图 4.51b 为上海市一个城镇像元，该像元数据缺失情况比较严重。从图 4.51 可以看出无论是数据缺失较多还是较少，HANTS 变换都能够较好地拟合气温的时间序列。当然，由于气温受到诸多因素的影响，例如太阳入射辐射、大气环流、下垫面性质和降水等，其在时间维上的变化

不像植被指数 NDVI 数据平滑，因此，气温数据的 HANTS 拟合效果一般来说要比 NDVI 稍差。

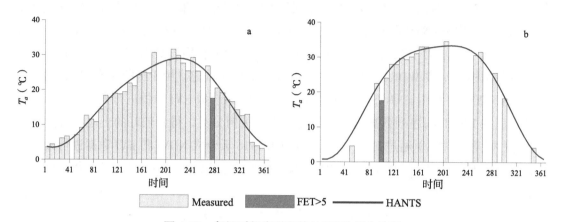

图 4.51　气温时间序列及其 HANTS 拟合结果

注：a. 东经 119.37°，北纬 32.82°；b. 东经 121.29°，北纬 31.16°。

　　HANTS 算法拟合的是原本数据中的缺失像元值，该部分数据没有可靠的真实值，因此无法利用该部分数据对 HANTS 算法拟合效果进行验证。将气温结果中的有效像元值作为验证数据集与 HANTS 拟合值进行对比，验证 HANTS 算法的可靠性。均方根误差 RMSE 为 2.68℃，判定系数 R^2 为 0.920 3。考虑到气温数据还存在突变现象，并非平滑变化，可见 HANTS 方法较好地拟合了原数据中的气温值。由于样本量过大，从中随机选择了 10 000 个有效样本绘制了散点图（图 4.52），图中可见气温原始值与 HANTS 拟合值主要集中在 1∶1 线附近，很好地体现了两者的相关性。原气温数据中有少部分值较低，与 HANTS 拟合值出入较大，这可能是由于寒流来袭气温突降的原因，不过更有可能是 MODIS 数据中有部分残余云像元未被识别出来，由于云的存在导致这部分像元的反演气温值偏低较多。

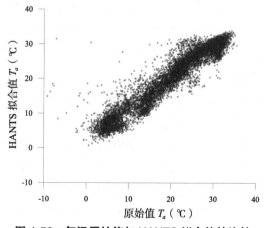

图 4.52　气温原始值与 HANTS 拟合值的比较

将 8 天合成气温时间序列数据中所有无效值用 HANTS 拟合值替代，得到重建的无云气温时间序列。图 4.53a、图 4.53b 分别给出了长江三角洲地区第 105 天和 209 天经过去云重建之后得到的气温空间分布图。与图 4.47 进行对比，可以看出原来图像中的缺值像元（云区）经过去云重建之后已经得到有效的填补修正。即使第 209 天的原数据有大量连续的无效值，经过 HANTS 重建之后的结果仍然是较为理想。对比结果表明，基于 HANTS 变换的时间维去云重建有效地补充了气温数据中的缺值部分，改善了数据时空完整性，提高了数据的实用价值。

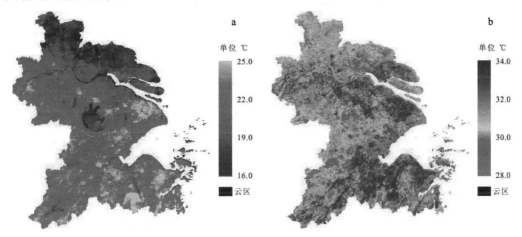

图 4.53　长三角洲地区无云重建 8 天合成气温分布图

注：a. 第 105 天；b. 第 209 天。

4.6.2　气温时空变化特征分析

4.6.2.1　MODIS 成像时气温与日最高气温之间的关系

随着地理位置和季节的不同，日最高气温出现的时间会有一定的差异，不过一般而言气温在地方时 14:30 左右达到峰值（Baker et al., 1988）。AQUA/MODIS 的白天成像时间为地方时 13:30 左右，此时的气温接近日最高值。本研究拟基于 MODIS 反演得到的长江三角洲地区气温分析其时空变化特征，分析了 MODIS 成像时气温与日最高气温之间的关系。

根据中国气象局信息中心提供的研究区 79 个站点的逐小时气温资料提取出每日最高气温，与 MODIS 成像时观测气温进行对比分析。图 4.54 和图 4.55 给出了 MODIS 成像时气温与日最高气温的直方图及散点图。从图 4.54 中可见，MODIS 成像时气温和日最高气温的直方图形状非常接近，不过 MODIS 成像时气温的值分布形状总体上比日最高气温偏左一些，说明 MODIS 成像时气温值略低于日最高气温。从图 4.55 中可见 MODIS 成像时气温与日最高气温的散点分布近似呈线性分布在 1:1 线及上方，相关系数高达 0.996 2，可见 MODIS 成像时的气温与日最高气温相关性极强，可以根据 MODIS 成像时气温的时空变化规律来表征日最高气温的时空变化规律。

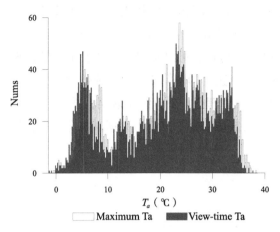

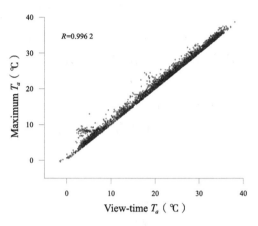

图 4.54　MODIS 成像时气温与日最高气温的
直方图

图 4.55　MODIS 成像时气温与日最高气温的
散点图

4.6.2.2　HANTS 谐波参数的物理意义

时间序列数据的 HANTS 变换结果是谐波的余项以及若干个谐波的振幅和相位，谐波的余项表示整个时间序列的平均值，振幅表示时间序列的波动范围，相位表示时间序列的时间特征（Roerink et al., 2000）。对于 NDVI 时间序列而言，谐波余项表示全年的平均 NDVI 值，谐波振幅表示 NDVI 的周期性波动幅度，谐波相位表示 NDVI 波动的时间特征（Wit and Su, 2004）。不同的植被类型具有不同的生长规律，其 NDVI 表现出不同的季节变化特征，基于 HANTS 变换得到的谐波参数也各不相同。因此，除用于时间序列数据的去云重建外，HANTS 还被广泛用于研究植被的物候特征（Roerink et al., 2003；Wit and Su, 2004；Julien et al., 2006；王丹和姜小光，2006；赵伟和李召良，2007；左丽君等，2008）。

不同地区由于气候条件和地表热特性的不同，表现出不同的气温时间变化特征。对于气温时间序列而言，其 HANTS 谐波分析结果的特征参数反映了气温的时相变化规律，谐波余项表示全年的平均气温值，谐波振幅表示气温基于平均值的周期性波动范围，谐波相位表示气温周期性极值出现的时间。

通过 4.6.1 节中对气温时间序列的 HANTS 变换，不仅得到了经过去云重建的气温数据，还得到了 HANTS 拟合出的谐波余项以及 2 个谐波的振幅和相位。图 4.56 给出了某个像元（东经 119.37°，北纬 32.82°）气温全年时间序列的 HANTS 拟合结果。图中气温原始数据、HANTS 拟合结果以及谐波余项（平均值）的纵坐标为左边坐标轴，第 1、第 2 谐波的纵坐标为右边坐标轴。HANTS 拟合曲线（红色曲线）为第 1、第 2 谐波和谐波余项三者累加所得。

第 1 谐波是以年为周期的余弦函数，表征了全年气温的整体变化规律，其振幅反映了气温的年内波动，振幅越大，表示气温季节变化越大，其相位反映了年内气温最高值出现的时间，相位越小，表示气温峰值出现得越早。第 2 谐波为半年周期的余弦函数，即年内有两个周期的波动。从图可以看出，HANTS 第 1 和第 2 谐波分别清楚地体现了以年和半年为周期的变化特征，而第 1 谐波的变化幅度远大于第 2 谐波，表明气温的年周期变化特征非常显著。

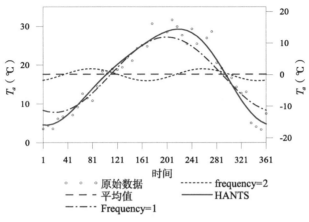

图 4.56　气温时间序列的 HANTS 拟合谐波

4.6.2.3　气温时间变化特征分析

对研究区内水体、城镇、农田和林地这 4 种主要地物类型的 HANTS 变换结果进行统计分析。表 4.17 给出了 4 种土地覆盖类型的 HANTS 谐波余项及第 1 谐波的特征参数统计结果。从谐波余项来看，城镇的年平均气温最高，达 21.23℃，其次为林地（20.46℃）和农田（20.31℃），而水体的气温均值最低，仅为 18.63℃，比城镇低 2.6℃。城镇和林地具有较高的谐波余项标准差，说明整个研究区内不同城镇和林地像元的年平均气温有较大差异。这可能是因为城镇和林地的三维结构复杂、景观多样性指数比较高，不同建筑或者不同树种的温度不均一导致的结果，而农田和水体的均质度都比较高。从第 1 谐波的振幅来看，同样是城镇最高，达到 13.1℃，其次为农田（12.83℃），林地（12.23℃）和水体（12.32℃）的振幅最低，表明城镇区域的气温在年内变化剧烈，冬季和夏季之间的温差最大，而林地和水体的季节变化最为和缓。城镇气温振幅高是由于蒸散作用小以及热容量较低的原因，农田振幅较高是因为其植被覆盖度年内变化很大，林地振幅低是由于植被冠层的遮挡作用，水体振幅低是由于水体具有较高热容量，升温和降温都比较缓慢。从第 1 谐波的相位来看，城镇、农田和林地相差不多，都是在 7 月 13—14 日（第 194~195 天）达到气温最高值，其中，城镇最早（第 194 天），林地略晚（第 195.79 天）。而水体的滞后特征比较明显，在 7 月 19 日（第 200 天）才达到温度最高值，比其他地物晚 4~5 天，水体温度的滞后效应源于其较高的热容量。此外，第 1 谐波的振幅和相位的标准差均属城镇最高（1.03℃和 5.02 天），这是由于城镇内不同建筑、屋顶、路面的热特征存在较大差异以及复杂的空间三维结构所导致的高空间异质度。

表 4.17　各种土地覆盖类型的谐波统计结果

土地覆盖	谐波余项	标准差	谐波1振幅	标准差	谐波1相位	标准差
水体	18.63	0.84	12.32	0.78	200.66	4.00
城镇	21.23	1.16	13.10	1.03	194.00	5.02
农田	20.31	0.84	12.83	0.58	194.44	2.65
林地	20.46	1.18	12.23	0.73	195.79	3.93

注：谐波余项、第1谐波振幅及其标准差单位为℃，第1谐波相位及其标准差的单位为天。

　　图 4.57 给出了整个研究区 4 种土地覆盖类型平均气温的时相变化规律，其中，图 4.57a 为经过重建的气温时间序列，图 4.57b 为 HANTS 拟合气温时间序列。因气温受到天气等多变要素的影响，经过重建的气温序列变化毛刺较多，而 HANTS 拟合气温保留了原气温数据中主要的信息，能够更直观地体现气温的时相变化规律。城镇、农田和林地的冬季气温相差不大，而夏季城镇气温明显要高于农田和林地这两种植被覆盖类型。另外，值得注意的是农田和林地在大部分时期内的气温都很接近，但在 5—7 月农田气温显著高于林地，温差可达 1℃，这段时期研究区大部分农作物收割，农田表面植被覆盖度急剧下降，接近于裸地，从而导致近地表气温上升，甚至与城镇气温相差无几。

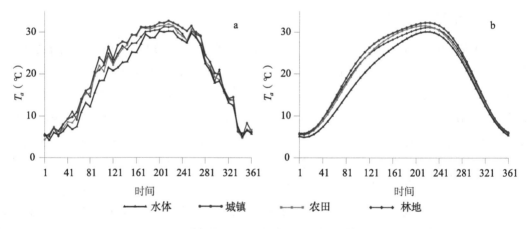

图 4.57　4 种土地覆盖类型的气温时相变化规律

注：a. 重建气温；b. HANTS 拟合气温。

4.6.2.4　气温空间变化特征

　　图 4.58 给出了长江三角洲地区气温序列 HANTS 第 1 谐波振幅和相位的空间分布图。图 4.58a 揭示了气温全年振幅的空间分布情况，振幅从小到大色彩变化依次为：蓝色—绿色—黄色—红色。上海、苏州、无锡、常州地区的振幅最大，南京、杭州、宁波等城市地区的振幅也比较大。除城市区域之外，南通市大部分地区的振幅较大，根据土地覆盖分类图可知为农田，更准确地说是一年两熟旱作地区，其温度的季节波动与其余地区的水田有明显差别。研究区北部的扬州、泰州与南部的千岛湖、舟山、宁波沿海地区的振幅比较

小，其中，舟山沿海地区的振幅最小。此外，上海、苏州、南京等城市市区均有小块区域振幅较低，尤其以上海最为明显。图 4.58b 揭示了 HANTS 变换第 1 谐波相位的空间分布情况，图中色彩的变化（红色—黄色—绿色—蓝色）表示气温峰值出现时间的早晚。整个研究区最高气温出现时间主要集中在第 187 天至第 208 天的时期，也就是七月中下旬。水域附近以及沿海地区气温峰值出现比较晚，太湖、千岛湖、长江、舟山群岛等水体和沿海区域最为显著。南京及周边地区最早出现气温峰值，因为该地区距离海洋最远而且没有大的湖泊水体，造成气温升温较快。

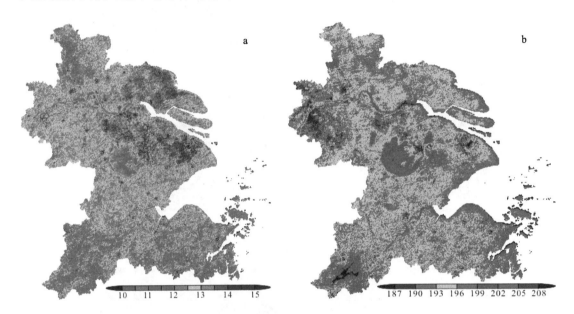

图 4.58　第 1 谐波振幅和相位的空间分布图

注：a. 振幅，℃；b. 相位，d。

　　将经过去云重建的全年气温数据分为春夏秋冬 4 个季节来进行分析：春季（3—5月）、夏季（6—8月）、秋季（9—11月）和冬季（1、2月和 12月）。图 4.59 给出了长江三角洲地区 2005 年 4 个季节平均气温的空间分布情况。春季大部分区域气温为 19~22℃，整个区域平均气温为 20.97℃。其中，太湖、千岛湖、浙西天目山以及北部的泰州、扬州、南通地区温度最低，大约为 18~19℃，上海、苏州、无锡、常州等城市区域的气温较高，高于 25℃。夏季气温普遍较高，为 28~31℃，平均气温约为 30.32℃。太湖、千岛湖、长江等水体以及浙西天目山温度较低，天目山海拔超过 100 0m 的地区夏季平均气温只有 25℃左右，重要城市市区的气温比周边地区要高一些，约为 32℃。秋季气温一般在 21~24℃，平均气温 22.08℃，比春季略高。不过秋季的气温空间分布特征与春季有较大差异，整个研究区呈现出北低南高的明显趋势，上海和浙江地区（湖州除外）温度较高（>23℃），而其余地区温度低于 22℃。冬季平均气温为 6.90℃，大部分地区气温在 5~8℃。其中，南部地区温度较高，北部偏低。

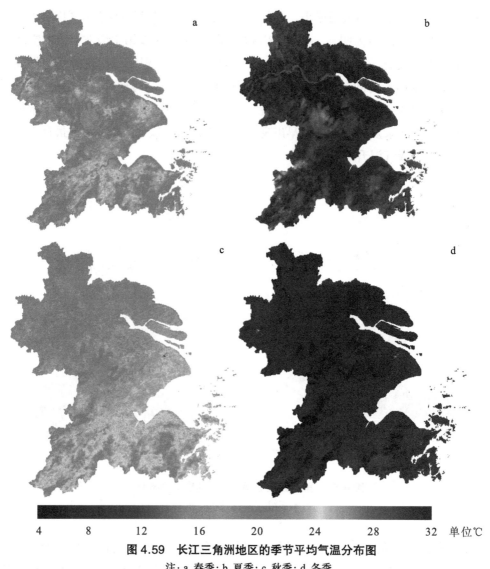

图 4.59　长江三角洲地区的季节平均气温分布图
注：a. 春季；b. 夏季；c. 秋季；d. 冬季。

从气温的季节分布图上来看，太湖、千岛湖、长江等水域在春季和夏季的温度显著低于其他地区，水体的降温作用很明显。海拔较高地区的温度也显著低于平原地区，例如浙西的天目山地区气温一年四季都比较低。春季和夏季气温的空间分布特征比较相似，而其中最明显的现象是城市市区气温要高于周边地区，体现出明显的城市热岛效应，尤其是南京、苏州、无锡、常州、上海、杭州、宁波等沿海沿江大城市所构成的"之"字形城市带，热岛特征非常显著。而秋季和冬季的气温分布特征相似，都呈现出南部高北部低的趋势，而且城市热岛效应不够明显。

值得注意的是，有几个小范围区域的气温全年一直较高，这些区域主要是上海、南京、苏州等大城市的繁华地带，其中，上海市中心区域最为显著（图 4.60），即使在冬季气温也高于 20℃。这些区域人口密集、商业活动较多，气温一直保持在较高的水准，季节波动远小于其他地区，这在上面的第 1 谐波振幅空间分布图（图 4.58a）中也得到了体现。

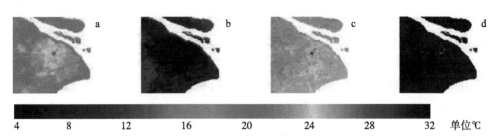

图 4.60　上海市区季节平均气温分布图
注：a. 春季；b. 夏季；c. 秋季；d. 冬季。

4.6.3　气温变化规律与太阳辐射的响应关系

4.6.3.1　时滞相关分析方法

时滞相关分析法用于有限离散时间序列之间的相关分析，考虑了不同时间序列要素之间相互作用的时滞性。假定地理系统的时间序列 x_t 和 y_t 对任何时滞 k 都彼此相关，则互相关系数的公式可表示为

$$r_k(x, y) = \frac{C_k(x, y+k)}{\sigma_x \sigma_{y+k}} \tag{4.63}$$

式中，协方差 $C_k(x, y+k)$ 和均方差 σ_x、σ_{y+k} 分别表示为

$$\begin{cases} C_k(x, y+k) = \dfrac{1}{n-k}\sum_{i=1}^{n-k}(x_i - \bar{x}_i)(y_{i+k} - \bar{y}_{i+k}) \\[2mm] \sigma_x = [\dfrac{1}{n-k}\sum_{i=1}^{n-k}(x_i - \bar{x}_i)^2]^{1/2} \\[2mm] \sigma_{y+k} = [\dfrac{1}{n-k}\sum_{i=1}^{n-k}(y_{i+k} - \bar{y}_{i+k})^2]^{1/2} \end{cases} \tag{4.64}$$

式中，均值计算如下

$$\begin{cases} \bar{x} = \dfrac{1}{n-k}\sum_{i=1}^{n-k}x_i \\[2mm] \bar{y} = \dfrac{1}{n-k}\sum_{i=1}^{n-k}y_{i+k} \end{cases} \tag{4.65}$$

时滞相关分析的思路是将某个时间序列向后推移一段时间后再与另外一个时间序列进行相关分析，用于研究彼此之间存在时滞效应的地理要素。当两个地理要素之间的相互作用存在时滞效应，即存在一个反应延迟过程时，就可以利用时滞相关分析方法分析两者之间的关系。

目前，有多位学者利用时滞相关分析方法研究了不同地区植被的季节变化及年际变化与气温、降水等气候因子之间的响应关系（Weiss et al., 2004; Nezlin et al., 2005; Prasad et al., 2005; 张学霞等，2005; Bao et al., 2007; Camberlin et al., 2007; 彭代亮等，2007; Bajgirana et al., 2008; Onema & Taigbenu, 2009; 渠翠平等，2009; 张永恒等，2009），也有学者用该方法研究了两个相邻城市之间的空间相互作用（陈彦光和刘继生，2002）。

4.6.3.2 气温与太阳辐射的响应关系

太阳辐射是地球系统能量的主要来源，其变化直接制约着气温的变化。太阳辐射首先加热地表，然后再由地表对近地层大气加热，而地表和大气的升温都需要一个过程。因此，气温变化对于太阳辐射的变化的响应存在一定的滞后性，滞后的时间与地表的热容量性质有着密切关系。

太阳辐射具有显著的年周期变化规律，其变化对气温的影响也呈现出以年为周期的特征。本研究采用时滞相关分析方法来定量研究气温年周期变化对太阳辐射的最大响应（通过气温时相变化与太阳辐射的最大相关系数来反映）在时间上是否出现滞后现象。

首先，根据相关分析法逐像元计算了重建后的8天合成气温数据与太阳天文辐照度（同样做了8天多时相合成处理）的时滞相关性，得到每个像元的时滞相关系数，以及相关系数最大时所对应的天数（即时滞天数）。根据经验，时滞 K 的绝对值 $\leq$ n/4 或者 n^{-10}（陈彦光和刘继生，2002）。此处设定时滞为0、1、2、…、6（一个时滞间隔为8天），当 $K=0$ 时，表示无时滞，即气温数据和太阳辐射数据的季节变化在时相上同步，$K=1$ 时，表示气温的变化相对于太阳辐射的变化滞后8天，$K=2$ 时，表示气温的变化相对于太阳辐射的变化滞后16天，依此类推。所有像元的平均时滞相关系数为0.968 3，均达到极显著水平（$P<0.01$），标准差为0.010 7，可见气温的时相变化与太阳辐射变化之间存在强烈的相关性。

重建气温序列受到多种因素影响，短期变化剧烈，存在较多的"毛刺"，这在一定程度上影响了相关性。考虑到太阳辐射的年周期变化特征，因此，采用表征气温序列年周期变化规律的 HANTS 第1谐波与太阳辐射进一步做时滞相关分析。此处设定时滞为0、1、2、…、50（一个时滞间隔为1天）。所有像元的平均时滞相关系数为0.9927，均达到极显著水平（$P<0.01$），标准差为0.002 0。气温第1谐波与太阳天文辐射之间的时滞相关性要比气温数据与太阳天文辐射之间的时滞相关性更强。所有像元的平均时滞天数为23.30天，标准差为3.91天。图4.61给出了时滞相关系数和时滞天数的直方图，从图中可见绝大部分像元的时滞相关系数为0.985~0.995，时滞天数为15~30天。

图4.62给出了长江三角洲地区气温第1谐波与太阳辐射之间时滞相关系数和时滞天数的空间分布。从图4.62a中可见整个研究区时滞相关系数普遍在0.98以上，说明气温年变化规律与太阳辐射变化规律的一致性非常高。北部和中部平原地区的时滞相关系数分布比较均一，通常为0.991~0.995，而且呈现出自南向北逐渐升高的规律。南部的山区的相关系数空间分布相对比较凌乱，高值地区相关系数在0.995以上，低值地区低于0.985。造成这种情况的原因是地形的影响，山地背阴坡受到太阳辐射较小，因而其气温与太阳辐

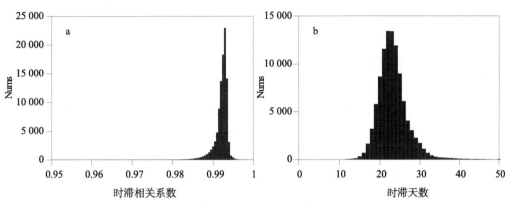

图4.61 时滞相关系数和时滞天数的直方图

注：a.时滞相关系数；b.时滞天数。

射相关性稍弱，而向阳坡接收太阳辐射较多，因而相关性较强。从图4.62b中可见气温的年周期变化相对于太阳辐射变化而言存在明显的时滞性，且不同地区时滞天数不同。大部分地区滞后约20~28天，太湖、千岛湖、长江等水体以及舟山等沿江沿海地区滞后的天数更长，可达1个月。这是由于水体的高热容量导致其升降温较慢，因而对近地层大气加热也比较慢的缘故。上海、苏州、南京、杭州等重要城市的市区滞后天数较少（<18天），因为城市地表主要为水泥、沥青等不透水材料，热容量低，升降温快，导致近地表气温变化也比较快。此外，南京整个周边地区的时滞天数均比较少，这应该是由于该地区距离海洋较远，受海洋降温作用影响较小的结果。

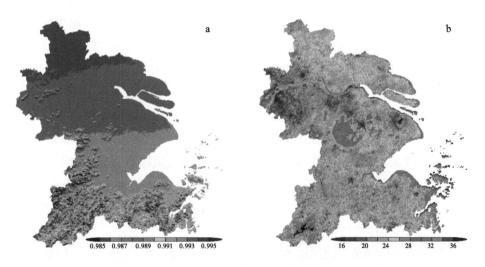

图4.62 气温第1谐波和太阳辐射的时滞相关分析结果

注：a.时滞相关系数；b.时滞天数。

表4.18给出了研究区4种主要土地覆盖类型的时滞相关分析统计结果。从表中可

以看出，4种土地覆盖类型的时滞相关系数相差不大，其中，林地略低（0.991 8），农田略高（0.993 4），可见各种下垫面类型近地表气温对太阳辐射变化的响应关系相似。4种土地覆盖类型的时滞相关系数标准差有很大差异，林地最高（0.002 7），城镇次之（0.001 3），水体和农田较低（均为0.000 7）。城镇标准差较高是由不同建筑材料的较大差异导致，而林地的标准差较高是因为林地主要分布在南部山区，因阴坡阳坡接收太阳辐射的不同导致其响应关系差异较大。就时滞天数而言，城镇气温的滞后效应最短（21.99天），农田和林地次之，水体最长（28.66天）。此外，城镇由于不同建筑材料热特征的差异使得其时滞天数的标准差也最高（4.92天），农田由于其空间均一性标准差最低（2.65天），水体可能由于地理分布位置以及水质的差异导致其时滞天数标准差也比较高（3.98天），林地的高标准差（3.93天）则是由地形坡度坡向的影响导致。

表4.18　各种土地覆盖类型的时滞相关分析统计结果

土地覆盖	时滞相关系数	标准差	时滞天数	标准差
水体	0.993 1	0.000 7	28.66	3.98
城镇	0.992 9	0.001 3	21.99	4.92
农田	0.993 4	0.000 7	22.44	2.65
林地	0.991 8	0.002 7	23.82	3.93

注：时滞相关系数及其标准差无单位，时滞天数及其标准差的单位为天。

此外，还利用气象站点观测气温与太阳天文辐射进行了时滞相关分析，以与遥感反演数据的分析结果进行对照验证。对研究区79个站点的MODIS成像时气温进行HANTS谐波变换，并将变换得到的HANTS第1谐波与太阳天文辐照度进行时滞相关分析，结果见表4.19。从表中可以看出，79个气象站点观测气温的HANTS第1谐波与太阳辐射的平均时滞相关系数为0.993 2、时滞天数为23.29天。就时滞相关系数而言，最大值0.995 3出现在站点58 543处（淳安站），最小值0.989 6出现在站点58 446处（安吉站）。根据DEM数据计算得到的坡向数据分析，站点58 543的坡向为149°，站点58 446的坡向为321°，可见阴坡由于接收太阳辐射较少的原因其近地表气温与太阳辐射之间的时滞相关性稍弱。就时滞天数而言，最小值17天出现在站点58 333处（江宁站），最大值33天出现在站点58 565处（奉化站），此外，站点58 464处（平湖）的时滞天数也较大，为32天。站点58 565和站点58 464均为浙江沿海地区的气象站，受到海洋影响较大，其气温变化相对于太阳辐射变化而言滞后明显，而站点58 333距离海洋较远，站点附近没有大的水体，近地层大气升温降温都比较快，相对于太阳辐射的响应时间较短。从气象站点观测气温与太阳天文辐射之间的时滞相关分析结果看，与利用遥感反演气温第1谐波的时滞相关分析结果很接近，也说明了利用遥感反演气温分析气温与太阳辐射之间响应关系可行。

表 4.19　站点观测气温第 1 谐波和太阳辐射的时滞相关分析结果

79 个站点统计值	时滞相关系数	时滞天数 (d)
平均值	0.993 2	23.29
最大值	0.995 3	33
最小值	0.989 6	17
标准差	0.000 8	3.39

4.6.4　小结

基于 HANTS 变换对反演气温结果进行无云时间序列重建，分析了长江三角洲地区 2005 年气温的时空变化规律，以及气温变化与太阳辐射之间的响应关系。

对反演得到的气温数据的时空完整性分析表明，云覆盖造成反演结果中的大量缺失值，必须进行去云处理以提高数据的可用性。8 天多时相合成处理在一定程度上改善了数据的完整性，但是在有些情况下数据缺失仍然较多。基于时间序列谐波分析 HANTS 方法对 8 天合成气温数据进行时间维去云重建，结果表明，该方法可以有效填补数据中的缺值部分，提高了数据的实用价值。HANTS 变换不仅仅适用于 NDVI、EVI 等植被指数数据，也同样适用于气温这样具有周期性变化规律的数据。

HANTS 谐波分析结果的特征参数（均值、谐波振幅、谐波相位）反映了气温的时相变化规律，基于 HANTS 变换结果对研究区气温的时空变化规律进行了分析。基于不同土地覆盖类型的气温谐波统计分析表明，城镇的年均气温最高，农田、林地次之，水体最低。就年内变化规律看，城镇年周期波动幅度最大，其次是农田，水体和林地较小。城镇、农田和林地的气温峰值出现时间非常接近，在 7 月 13—14 日达到最高值，而水体 7 月 19 日才达到温度最高值。从气温的空间分布看，上海、苏州、无锡、常州地区的气温年波动幅度最大，北部的扬州、泰州与南部的千岛湖、舟山、宁波沿海地区的振幅比较小。水域附近以及沿海地区气温峰值出现比较晚，以太湖、千岛湖、长江、舟山群岛等地最为显著，最早出现气温峰值的是南京及周边地区。在春季和夏季，长江三角洲地区主要城市的热岛效应显著，尤其是沿海沿江地的"之"字形城市带，而秋季和冬季的热岛效应不够显著，气温体现出南部高北部低的趋势。HANTS 变换不仅仅体现了在重建无云时间序列数据方面的优势，而且其变换得到的谐波分量体现了气温的年内变化规律，是分析气温动态变化特征的一种有效方法。

长三角地区气温第 1 谐波和太阳天文辐射之间的时滞相关系数高达 0.9927，体现了两者之间显著的响应关系，太阳辐射的变化是气温年周期变化的主导因素。平原地区的时滞相关系数分布比较均一，山区分布相对比较凌乱，造成这种情况的原因是山地阳坡和阴坡接收太阳辐射不同。气温变化相对太阳辐射变化的平均时滞约为 23.3 天左右，太湖、千岛湖、长江等水体以及舟山群岛等沿江沿海地区时滞天数明显较多，上海、苏州、南京、杭州等城市区域由于地表热容量小而时滞天数较少。

4.7 结论与展望

4.7.1 结论

本研究以长江三角洲地区为研究区，围绕近地表气温遥感反演这一前沿方向展开研究。基于热红外波段辐射传输方程推导了气温反演劈窗算法，与现有的 TVX 方法、经验统计方法的反演精度进行了比较。运用时间序列谐波分析方法对反演得到的气温数据进行了去云重建处理，并在此基础上分析了研究区气温的时空变化规律及其与太阳辐射之间的关系。

（1）TVX 方法在适用范围上存在较大限制，经过改进后可以适当提高适用范围，但是精度略有下降 常规 TVX 方法的气温反演精度与前人的研究结果相近，均方根误差 RMSE 为 3.04℃。但是只有 72.23% 的样本能应用该方法反演气温，剩下的样本由于空间窗口内 NDVI–Ts 负相关关系不成立而无法计算气温。在对 TVX 方法的适用范围进行改进之后，适用样本由 72.23% 提高到了 80.15%，但是整体精度略有下降，RMSE 为 3.13℃。按照窗口内不同植被类型的面积比重对 NDVI 饱和值进行改进，反演 RMSE 提高到了 3.1℃，精度有改善，却不够显著。对 TVX 反演误差与空间窗口 NDVI 关系的分析表明，随着 NDVI 均值的增加，误差降低，但是如果 NDVI 均值过高的话，误差反而会上升。

（2）针对不同土地覆盖类型的气温估算经验方程的精度要高于直接的经验方程，5×5 窗口是最合适气温经验方程的空间尺寸 对 5 种不同形式气温估算经验方程进行了比较，并利用观测气温资料进行了验证。其中，基于边界层物理基础的复杂回归方程 e 精度最高，RMSE 为 3.29℃；以地表温度、NDVI 和太阳天顶角为自变量的回归方程 d 的 RMSE 为 3.41℃；只有地表温度为自变量的简单线性方程 a 的 RMSE 为 3.44℃。针对城镇、水体、林地和农田这 4 种不同土地覆盖类型分别建立气温经验方程，精度有了明显改善，回归方程 a 和 d 的精度提高较多，RMSE 分别为 3.08℃和 3.01℃，回归方程 e 的 RMSE 也为 3.01℃。气温反演经验模型的尺度分析表明，气温经验方程的反演精度均随空间尺寸的增加而升高，采用 5×5 窗口是最合适的空间尺寸。此外，地表温度的反演误差对气温反演经验方程的精度有显著影响。

（3）MODIS 热红外波段大气透过率计算不仅要考虑水汽含量，还必须考虑观测天顶角的影响 MODIS 的宽视场角 FOV 导致星下点和图像边缘像元的大气辐射传播路径有很大差异。MODTRAN 模拟分析表明，在同等水汽条件下，不同观测天顶角的大气透过率存在差异，观测天顶角越大，大气透过率越低。随着水汽含量增加，不同观测天顶角的大气透过率之间的差异越来越大。在计算大气透过率时，除考虑最重要的参数水汽含量外，还必须考虑观测天顶角的影响。

（4）基于辐射传输方程推导的理论劈窗算法精度还有待进一步改善，半经验劈窗算法精度较高，是一种比较理想的气温反演方法　基于 MODIS 两个热红外波段的辐射传输方程推导建立了近地表气温理论劈窗算法，通过引入大气有效平均作用温度来表征大气上行和下行热辐射、对热辐射亮度的 Planck 方程进行 Taylor 多项式展开、两个波段联立等一系列变换之后，建立具有物理意义的近地表气温热红外遥感反演劈窗算法。利用长三角地区 2005 年观测气温验证 RMSE 为 5.66℃，精度还达不到实用化要求。根据理论劈窗算法的形式，基于经验统计方法建立了气温反演的半经验劈窗算法，验证 RMSE 达到 2.92℃，然后针对不同水汽含量区间建立了分段半经验劈窗算法，精度得到进一步提高，RMSE 达 2.61℃。

与现有的 TVX 方法和经验统计方法相比，分段半经验劈窗算法精度更高，而且形式简单，计算量小，易于实现，是一种比较理想的气温反演方法。理论劈窗算法有明确的物理意义，普适性强，改进余地大，如果能够有效提高其反演精度的话，将会大大推动近地表气温遥感反演的业务化进程。TVX 方法不需要地表观测资料就可以直接反演气温，在气象资料匮乏的地区具有很强的使用价值。经验统计方法误差较其他两种气温反演方法没有特别突出的优势。

（5）　云覆盖对气温反演结果的时空完整性造成了很大影响，时间序列谐波分析方法 HANTS 可以有效填补缺失值，重建气温的无云时间序列　对反演得到的气温数据的时空完整性分析表明，云覆盖造成了反演结果中的大量缺失值，必须进行处理以提高数据的可用性。8 天多时相合成处理在一定程度上改善了数据的完整性，但是在有些情况下数据缺失仍然较多。基于时间序列谐波分析 HANTS 方法对 8 天合成气温数据进行时间维的去云重建可以有效填补数据中的缺值部分，提高数据的可用性。HANTS 变换不仅仅适用于 NDVI、EVI 等植被指数数据，也同样适用于气温这样的具有周期性变化规律的数据。

（6）　对研究区气温时空变化规律及主要影响因素进行分析　HANTS 谐波分析结果的特征参数（均值、谐波振幅、谐波相位）反映了气温的时相变化规律，基于 HANTS 变换结果对研究区气温的时空变化规律进行了分析。城镇的年均气温最高，农田、林地次之，水体最低；城镇年周期波动幅度最大，其次是农田，水体和林地较小。城镇、农田和林地的气温峰值出现时间非常接近，在 7 月 13—14 日达到最高值，而水体要晚一些，在 7 月 19 日才达到温度最高值。从气温的空间分布来看，上海、苏州、无锡、常州地区的气温年波动幅度最大，北部的扬州、泰州与南部的千岛湖、舟山群岛、宁波沿海地区的振幅比较小；水域附近以及沿海地区气温峰值出现比较晚，最早出现气温峰值的是南京及周边地区。春季和夏季长江三角洲地区主要城市的热岛效应显著，而秋季和冬季的热岛效应不够显著。HANTS 变换不仅仅体现了在重建无云时间序列数据方面的优势，而且是分析气温动态变化特征的一种有效方法。

长三角地区气温第 1 谐波和太阳天文辐射之间的时滞相关系数高达 0.9927，可见太阳辐射的变化是气温年周期变化的主导因素。气温变化相对于太阳辐射变化的平均滞后约 23.3 天左右，太湖、千岛湖、长江等水体以及舟山等沿江沿海地区时滞天数明显较多，上海、苏州、南京、杭州等城市区域由于地表热容量小因而时滞天数较少。

4.7.2 展望

在遥感传感器接收到的热红外遥辐射能量中，地表热辐射所占比重一般要远大于大气热辐射，而且大气热辐射是体辐射，本身就是一个很复杂的问题，这使得从热红外遥感数据中反演大气温度的难度要比反演地表温度大得多。探索热红外辐射传输方程推导出气温反演理论劈窗算法，取得了一定的进展。进一步提高气温反演方法的精度和实用性，可以从以下几个方面着手进行研究：

本研究使用的两个热红外波段是 MODIS 的第 31、32 波段，位于 $10.5\sim12.5\,\mu m$，属于热红外大气窗区，大气对地表热辐射影响较小，是地表温度反演的常用波段。对于气温反演而言，可以考虑采用针对 MODIS 非大气窗区的热红外波段来进行气温反演，因为对于气温反演而言，地表热辐射属于干扰项，大气热辐射才是需要关注的物理量，非大气窗区大气透过率低，传感器接收到的热红外能量中大气热辐射所占比重较大，或许能够在一定程度上改善气温反演精度。

通过星地一体实验的观测数据深入分析地表和大气特性如土地覆盖类型、地表比辐射率、大气水汽含量、NCEP 大气廓线等误差对于反演精度的影响。此外，冬季由于地表积雪及复杂大气系统导致误差明显偏高，需要对低温情况下的气温反演进行针对性的研究和修正。

目前，主要是利用 EOS/AQUA 的白天遥感数据进行气温反演研究，在未来的工作中，可以将晚上的 MODIS 遥感数据也考虑进来，分析该方法对于夜间气温反演的适用性。对于验证区而言，除了长江三角洲地区之外，可以再选择几个不同气候条件和地表类型的研究区对算法的适用性进行验证。

5 近地表气温遥感反演：物理算法

5.1 引言

5.1.1 研究背景与意义

近地表气温（Near-Surface Air Temperature，NSAT）是一个非常重要的气象和环境重要指标（Hansen et al., 1981；Prihodko and Goward, 1997；齐述华等，2005；IPCC, 2007；Zakšek and Schroedter-Homscheidt, 2009；Hou et al., 2013；Niclos et al., 2014），不仅与日常生活有密切关系，也对绝大部分陆地表面过程（如光合作用、呼吸作用及陆地表面蒸散过程等）（Lakshmi et al., 2001；Sun et al., 2005；齐述华等，2005）有重要作用，因而是地球系统能量循环、水循环和碳循环的关键参数，成为众多陆面数据同化系统中模型的重要输入参数，在气候和数值天气预报中扮演着越来越重要的角色（Colombi et al., 2007；侯英雨等，2010；梁顺林等，2013）。同时，近地表气温异常，是气候异常的重要指标，可导致干旱、低温冷冻害、高温热害以及森林火灾等农林业气象灾害，影响农作物、病虫害和流行病菌的衍生和传播，进而对粮食及公共卫生安全构成威胁（张丽文等，2014）。因此，近地表气温是生态、水文、气象、环境、农业等科学极其关注的一个重要近地表气象参数，获取其精确的时空分布对于更好地理解陆地表面过程（动量、能量和水分输送和交换）和研究全球变化等具有重要意义（Zhang et al., 2002；齐述华等，2005；Huld et al., 2006；Zakšek and Schroedter-Homscheidt, 2009；韩秀珍等，2012；Niclos et al., 2014）。

对近地表气温的测定，主要有站点观测法和遥感反演法两类。站点观测虽能获取长时间序列的精确值，但区域水平代表性差。利用空间插值在一定程度上虽弥补了该缺陷，但当站点密度稀疏时，插值精度难以满足区域尺度研究的需求（潘耀忠等，2004；Wloczyk et al., 2011）。相较于站点观测点数据，利用遥感技术为区域近地表气温获取提供了一个新的重要手段（Green and Hay, 2002；Vancutsem et al., 2010；Benali et al., 2012）。当前基于遥感的近地表气温估算方法主要有 3 种（Benali et al., 2012）：一是直接从遥感反演的地表温度与近地表气温的局地统计关系来推算，如经验法、人工神经网络法、大气廓线外推法。二是依据 NDVI 与 LST 的特征空间关系和浓密植被 LST 与近地表气温相等的假定来推算，如温度植被指数（Temperature-Vegetation Index，TVX）法。三是基于地表能量平衡方程来推算。但至当前,这些反演算法获取的近地表气温在精度上均很难满足实际应用需求(Wan et al., 2004;侯英雨等,2010;梁顺林等,2013),其主要原因是:方法一对近地表气温训练数据集的依赖,方法二需研究区域存在算法假定条件,方法三对输入参数的过多需求难以满足(徐永明等,2011a)。

可见,用于近地表气温估计的现有两类方法(站点观测法和遥感反演法)都有其自身固有缺陷,在一定程度上限制了其应用和推广,这也部分解释了至今近地表气温遥感反演研究进展缓慢的原因。因此,构建一种仅利用遥感数据本身来反演近地表气温的物理算法,将对近地表遥感反演具有重要的现实意义和科学价值,同时也是众多近地表气温相关应用研究的迫切需要,集中体现在以下几个方面。

5.1.1.1 近地表气温遥感反演的需要

近地表气温常规由地面气象站点测得,但因其受纬度、海拔、植被覆盖、土壤含水量等时空多变要素的影响,使得近地表气温时空分布模式很复杂,故仅依据气象站点很难获取区域尺度上的近地表气温资料,尤其是在那些偏远、欠发达地区,气象站点密度低且离散,甚至根本无观测站点,另外,又因受城市规模扩大和土地利用类型变化等一系列影响使城市气象站点数据质量可信度降低,进一步削弱了近地表气温资料的可获得性和代表性,因此,如何获取连续区域尺度上的近地表气温分布一直是学者的研究热点之一(Oke, 1987;Geiger et al., 2009;邵全琴等,2009;Vancutsem et al., 2010;徐永明等,2011a;韩秀珍等,2012;Williamson et al., 2014)。

热红外遥感是区域尺度上近地表气温获取的最佳手段。但至当前,尚无直接依据地表热辐射传输方程构建的近地表气温反演算法,热红外遥感数据或以亮度温度或以地表温度方式间接估计近地表气温(张丽文等,2014)。已发展的现有近地表气温反演算法主要有经验统计法、TVX 法、能量平衡法、人工神经网络法和大气温度廓线外推法 5 种(徐永明等,2011a;祝善友和张桂欣,2011;Benali et al., 2012;张丽文等,2014),但这些方法都有其算法自身缺陷,对参与算法构建的数据质量依赖性很强,且算法的可移植性不强,很大程度上限制了其局地性应用,因此,构建基于热红外遥感数据自身,即基于地表热红外辐射传输方程的近地表气温反演算法是近地表气温遥感反演的迫切需求。

5.1.1.2 陆面过程研究的需要

陆面过程研究指发生在陆地下垫面一侧并且与大气圈运动密切相关的所有过程的研究(孙淑芬,2005)。陆面过程(又称地气相互作用)是气候系统中的重要过程,它受气候变化的影响,并通过陆地表面与大气的速度、物质(水汽、CO_2 等)及能量交换过程影响气候(Bhatt et al., 2003;邹靖和谢正辉,2012)。且已有研究表明,只有在大气环流模式(Global Cycle Model, GCM)中融入陆面过程,才能准确地模拟当地天气、气候状况以及它们的发生、发展和演变(周亚军等,1994;王介民,1999;Marcella and Eltahir, 2012)。此外,陆地是人类栖息和活动的主要场所,人类活动对地球陆面状况的改变将进一步加剧陆面过程的复杂性(王介民,1999)。

近地表气温作为大气的重要状态参量之一，其强度大小决定着能量方程中的感热项，从而影响着陆面过程中能量的分配和交换，另外，它作为一种热量资源（温度环境要素），直接影响人类及生物的生存空间（于贵瑞等，2004；孙菽芬，2005；王连喜等，2010）。而陆面过程机理和模式发展研究就是为了决定动量方程中的风速、能量方程中的大气温度和水汽方程中的大气湿度，动量、能量和水汽联系着整个陆面过程，相辅相成，但只有厘清陆面过程机理，才能不断改进和发展陆面过程模式，才能使模式预报值更加接近真实值（孙淑芬，2005；Smerdon et al.，2009）。因此，开展近地表气温研究是改进陆面过程参数化方案和发展陆面过程模式的基础性工作，对理解陆面过程至关重要。

5.1.1.3 全球气候变化研究的需要

全球气候变暖已成为全球关注和讨论的重点，是当今面临的重大环境问题之一。自1979年第一次世界气候大会（First World Climate Conference，FWCC）召开以来，对气候变暖的研究一直在延续和深入，并且突破了科学研究领域，由世界气象组织、联合国环境规划署等机构联合成立了政府间气候变化专门委员会（IPCC），站在全球化的高度应对全球气候变化（叶笃正等，2007；邵全琴等，2009）。事实上，对全球气候变暖的报道是基于历史近地表气温的变化分析提出，IPCC报告历来将近地表气温作为全球气候变化分析研究的重要参量，因此，近地表气温是全球变化研究中的一个重要研究对象（Jones et al.，1999；齐述华等，2005；IPCC，2007；范泽孟等，2012）。

气候系统变暖已是毋庸置疑的事实，从全球平均近地表气温和海温升高、大范围雪冰融化和全球平均海平面上升的观测中可以看出，气候系统变暖明显，气象专家根据气候模式预测，未来100年全球还将升温1.4~5.8℃，全球将继续变暖，增暖的速率将比过去100年更快（IPCC，2007）。近地表气温的升高，已对与积雪、冰和冻土相关的自然系统、水文系统、陆地生物系统、海洋和淡水生物系统产生强烈的影响，且这种影响是多尺度、全方位、多层次的，正面和负面并存，但负面影响将更多地受科学界和社会的普遍关注（秦大河，2003；IPCC，2007；周义等，2011）。可见，近地表气温在全球气候变化研究中扮演着重要的角色，对其进行精确的定量反演将具有重要的科学价值，同时也是全球气候变化及全球变化研究的迫切需要（曲培青等，2011）。

5.1.2 相关研究进展

自20世纪60年代初期人类发射TIROS-Ⅱ以来，学者们就用卫星遥感数据反演地表温度，已取得重大进展，形成了较成熟的地表温度热红外定量遥感反演算法，如单窗算法、分裂窗算法、多通道算法、温度—比辐射率分离算法、多时相协同算法、多角度算法和人工神经网络算法等，其中，单窗算法和分裂窗算法最为成熟，因而也得到了最广泛的应用。

与地表温度相比，近地表气温遥感反演研究还不多，因其反演要比地表温度反演困难很多，原因是热红外传感器接收到的能量中约80%来自地表热辐射，而大气辐射所占比重相对较低，且传感器对近地表气温不太敏感（Czajkowski et al.，2000；徐永明等，2011a）。尽管近地表气温遥感反演存在一定难度，但仍有些学者尝试根据热红外遥感数据来反演近地表气温，并取得了一定的成果。在这些遥感反演模型中，依据估计方法不同，大体可以分为经验统计法、TVX 法、能量平衡法、人工神经网络法和大气廓线外推法等五大类（徐永明，2010；徐永明等，2011a；祝善友和张桂欣，2011；张丽文等，2014）。

经验统计法，即依据近地表气温与地表温度间的高度相关，以此建立单变量或多变量的一元或多元回归模型；TVX 法，即依据 NDVI 与 LST 间的负相关关系和浓密植被 LST 与近地表气温相等的假定来估计近地表气温；能量平衡法，即依据地表与大气之间的能量平衡方程，将能量平衡方程中的显热通量和潜热通量表达为地气温差（NSAT-LST）的函数，以此建立地表温度与近地表气温之间的关系；人工神经网络法，即利用大量相互联系的"神经元"来逼近任意复杂非线性关系的特性，在无须已知近地表气温与地表温度、亮度温度、地表特性等因素的相互作用机理情况下，通过训练数据直接建立近地表气温和输入参数之间的关系；大气廓线外推法，即依据大气温度在对流层内具有随海拔增加而垂直递减的特性，以此建立地表温度或大气廓线温度与近地表气温之间的关系（有上推和下推之分，上推为由地表温度至近地表气温，下推为由一定气压高度层的大气温度至近地表气温）（徐永明等，2011a；祝善友和张桂欣，2011；张丽文等，2014）。值得一提的是，徐永明（2010）基于地表热辐射传输方程构建了用于近地表气温反演的理论分裂窗算法，但算法反演精度不够理想，算法太依赖于大气平均作用温度与近地表气温间的准确函数关系。

5.1.2.1　国外研究进展

国外开展近地表气温遥感反演研究始于 20 世纪 80 年代（1983），截至目前，已取得一定的研究进展，但主要是利用经验统计法和 TVX 法反演近地表气温，而对利用能量平衡法、人工神经网络法和大气廓线外推法反演近地表气温还处于试验阶段，研究不多。

在经验统计法方面，Chen 等（1983）研究发现利用 GOES 静止气象卫星热红外数据（地表温度）与地面观测近地表气温的线性回归系数 R^2 为 0.76；Davis 和 Tarpley（1983）基于 NOAA 和地面同步观测近地表气温数据线性统计反演了日最高和最低近地表气温；Horiguchi 等（1992）利用 GMS 静止气象卫星红外资料（地表温度）与地面同步观测近地表气温数据统计反演了日本北海道地区的近地表气温；Cresswell 等（1999）基于 Meteosat LST 数据利用太阳天顶角经验模型统计反演了近地表气温；Kawashima 等（2000）基于 Landsat TM 和地面同步观测数据研究了冬季夜间 Kanto 平原主体及其周边山区地表温度和近地表气温之间的相关性；Green 和 Hay（2002）基于 AVHRR LST 与地面台站观测的月平均近地表气温研究发现两者在非洲和欧洲大陆存在连续显著的相关性；Florio 等（2004）基于 AVHRR 和地面观测数据统计反演了 30°~38°N、87°~99°W 地区的近地表气温；Jones 等（2004）利用 MODIS LST 数据统计反演了 Huntsville 地区夜间最低近地表气温；Mostovoy 等（2006）基于 MODIS LST 数据统计反演了密西西比州日最高和最低近地表气温；Colombi 等（2007）利用 MODIS LST 数据统计反演了阿尔卑斯山地区的日平均近地表气温；Benali 等（2012）基于 MODIS 和相关辅助数据利用经验统计法反演了葡萄牙日最高、日最低和平均近地表气温；Kim 和 Han（2013）基于 MODIS（LST、亮度温度、归一化差值水体指数）和地面台站观测数据分不同地气湿度类型统计反演了韩国 2006 年午时的近地表气温；Niclos 等（2014）基于 MODIS 数据（LST，NDVI）和多地表相关物理参数统计法反演了 37.5° ~41.5° N、1.3° E~2.2° W 周边地区的近地表气温。

在 TVX 法方面，Prihodko 和 Goward（1997）基于 AVHRR 数据利用 TVX 法反演了美国堪萨斯州东北部 1987 年生长季中 31 天的近地表气温；Czajkowski 等（1997）基于 AVHRR 利用 TVX 法反演了加拿大 BOREAS 试验场 1994 年 4—9 月的近地表气温；Prince 等（1998）基于 AVHRR 数据对美国 FIFE 试验场、西非 HAPEX-Sahel 试验场、加拿大 BOREAS 试验场和美国 Red-Arkansas 流域利用 TVX 法反演了其近地表气温；Czajkowski 等（2000）基于 AVHRR 数据利用 TVX 法反演了美国俄克拉何马州 1994 年 8 月的近地表气温；Lakshmi 等（2001）基于 TOVS 和 AVHRR 数据利用 TVX 法反演了 Red-Arkansas 流域 1987 年 5—7 月近地表气温；Goward 等（2002）在 HAPEX-Mobilhy 试验场对生长季 TVX 法反演近地表气温的适用性进行了探讨和分析；Riddering and Queen 基于 AVHRR 数据利用 TVX 法反演了复杂地表的近地表气温（2006）；Stisen 等（2007）基于 MSG-SEVIRI 数据利用 TVX 法反演了西非的近地表气温；Vancutsem 等（2010）基于 MODIS LST 数据利用 TVX 法反演了非洲不同生态系统下的近地表气温；Nieto 等（2011）基于 MSG-SEVIRI 数据利用改进型 TVX 法（对 NDVI 饱和值修正后构建）反演了利比里亚半岛近地表气温；Wloczyk 等（2011）基于 Landsat7 ETM+ 数据利用 TVX 法反演了德国北部近地表气温。

在能量平衡法方面，Caselles 和 Sobrino（1991）基于热红外遥感数据利用能量平衡法反演了夜间橘林（orange groves）的近地表气温；Pape 和 Löffler（2004）利用能量平衡法反演了高山地区小时分辨率的近地表气温。

在人工神经网络法方面，Jang 等（2004）基于 AVHRR 数据利用多层前向神经网络法反演了加拿大魁北克南部 2000 年 6—9 月生长季的近地表气温。

在大气廓线外推法方面，Méndez（2004）利用 MODIS 大气温度垂直廓线产品 MOD07 和地面实测绝热温度梯度反演了 Limpopo 河流域的近地表气温；Bisht 等（2005）利用 MOD07 1000pHa 处的气温替代近地表气温参数化研究了美国南部大平原的地表净辐射，随后，Bisht 和 Bras（2010）基于大气静力平衡和大气温度递减率利用 MOD07 最贴近地表气压层气温估计了近地表气温；Flores 和 Lillo（2010）、Ayres-Sampaio 等（2012）考虑到气压/海拔高度比对气温递减率的影响，利用 MOD07 和 SRTM DEM 数据分别反演了智利比奥比奥和葡萄牙大陆地区的近地表气温。

5.1.2.2 国内研究进展

在国内，开展近地表气温遥感反演研究几乎与国外同步（始于 1987 年），但至当前，发表的相关论文还不多，主要聚集在利用经验统计法和 TVX 法反演近地表气温方面，而对利用能量平衡法、人工神经网络法和大气廓线外推法反演近地表气温则涉及较少，与国外研究势态十分一致。

在经验统计法方面，吴可军等（1993）利用 NOAA 卫星资料采用 9 点平滑法将 LST 转换为近地表气温，研究发现该法能合理分析城市热岛效应；周红妹等（2001）利用 NOAA 卫星资料（亮度温度）和地面同步观测近地表气温数据分不同地表类型简单线性统计反演了上海地区近地表气温；Cheng 等（2008）利用 NOAA 卫星资料和地表观测近地表气温数据统计反演了台湾北部的平均近地表气温；祝善友等（2009）利用多源极轨气象卫星热红外数据（亮度温度）与同步近地表气温数据分季度、分时段简单线性统计反演了上海地区近地表气温；侯英雨等（2010）利用 NOAA-AVHRR 资料（地表温度）与地面观测的近地表气温间的相关关系，研究了稀疏植被区域不同高程范围上的近地表气温遥感统计反演；曲培青等（2011）利用 MODIS 数据的 LST、反照率、NDVI 和地理数据中的高程、纬度，通过主成分分析研究了不同气象台站与这些地表参数间的多元线性关系；姚永慧等（2011；2013）基于 MODIS LST 和近地表气温间的线性相关关系研究了横断山区的近地表气温反演和其时空分布规律；周曙光等（2011）利用 MODIS LST 和气象站实测近地表气温分不同草地类型简单线性统计反演了黄河源区近地表气温；韩秀珍等（2012）利用 NOAA-AVHRR 资料（旬最高地表温度）和旬平均最高近地表气温观测数据，通过考虑植被指数、土地覆盖类型、季节、风速、气压和降水等各类影响因子，简单线性统计反演了中国旬平均最高近地表气温；Xu 等（2012）基于 MODIS 数据利用多种经验统计法反演了长江三角洲 2005 年全年的近地表气温。

在 TVX 法方面，齐述华等（2005）利用 NDVI-LST 空间法反演了 MODIS 数据覆盖的中国范围近地表气温，研究发现 NDVI-LST 空间法与 Prihodko 和 Goward（1997）提出的 TVX 法精度相当，但其能克服 TVX 算法的不足，还能提高算法运算效率；侯英雨等（2010）基于 NOAA-AVHRR 资料的 NDVI-LST 梯形空间特征关系，研究了中、高植被覆盖区域上的近地表气温遥感反演；徐永明等（2011）基于 MODIS 数据利用改进型 TVX 法反演了长江三角洲地区 2005 年全年的近地表气温，且改进型 TVX 法因剔除了常规 TVX 空间窗口的残余云和水体信息而扩大了该法的适用范围；徐剑波等（2013）利用 HJ-1B 数据运用 TVX 法反演了西北地区近地表气温；Zhu 等（2013）基于 MODIS 数据利用 TVX 法中改进的 LST 与 NDVI 负相关性阈值反演了日最高和最低近地表气温。

在能量平衡法方面，Sun 等（2005）基于 MODIS 数据利用地表能量平衡方程反演了中国东北平原近地表气温；Hou 等（2013）基于 Landsat TM 数据利用波文比能量平衡法反演了北京市近地表气温。

在人工神经网络法方面，Zhao 等（2007）基于 Landsat ETM+ 数据利用 BP 神经网络反演了汉江流域上游近地表气温；Mao 等（2008）基于 ASTER 数据利用 MODTRAN 和动态学习神经网络反演了北京小汤山近地表气温。

在大气廓线外推法方面，张凤英（1987）基于 NOAA-TOVS 资料利用多重线性回归技术反演了大气温度轮廓线后再外推估算近地表气温；彭光雄等（2007）利用 MODIS 大气廓线产品 MOD07 中最贴近地表气压层的气温作为近地表气温估计了马来西亚半岛空气湿度。

5.1.2.3 现有研究中存在的问题

总体来说，现有近地表气温遥感反演算法都有其自身固有缺陷：经验统计法简单易操作，但受样本数量和质量（代表性）制约，模型构建依赖局地条件，可移植性差；TVX 法虽仅只需遥感参数作为算法输入，但受算法假定条件限制，不能反演夜间、非高植被覆盖区和非植被生长季的近地表气温，且其反演精度受算法窗口尺度和 NDVI 饱和值（$NDVI_{max}$）影响；地表能量平衡法虽有明确的物理意义，模型普适性强，但需众多遥感技术难以直接或准确获取的地表参数；人工神经网络法虽具有分布并行处理、非线性映射、自适应学习和容错等特性，但其解决问题的过程不明，不利于近地表气温反演机理的解释，且若参数或算法选取不当，容易出现训练时间冗长或过度拟合等现象；大气廓线外推法虽易于操作，但反演精度受限于大气廓线反演精度（徐永明等，2011a；祝善友和张桂欣，2011；张丽文等，2014）。

5.1.2.4 本研究的切入点

近地表气温作为下垫面辐射交换和热量平衡的综合反映，涉及蒸腾、蒸发、光合作用等众多生物物理过程，因此，掌握近地表气温连续时空分布将有助于理解陆面过程模式和认知地球系统变化，近地表气温遥感反演自然成为区域尺度上的最佳获取手段。

现有近地表气温遥感反演算法，都未能根据地表热辐射传输方程直接反演近地表气温，热红外遥感数据，或以亮度温度，或以地表温度间接参与现有算法反演近地表气温，因此，开展热红外遥感数据直接反演近地表气温算法研究具有积极的意义和价值。

利用晴空 MODIS 数据反演近地表气温，优势在于仅利用 MODIS 数据自身就足以满足算法构建和算法输入参数估计的需求，而无须其他数据的辅助支撑；且 MODIS 提供长期免费观测资料，为近地表气温长期、系统研究和应用提供了保障。

5.1.3 研究目标与方法

5.1.3.1 研究目标

本研究的目标是以晴空区 MODIS 数据为对象，构建可直接依据地表热辐射传输方程反演近地表气温的物理算法，以解决现有算法不能直接以此反演近地表气温的问题。

5.1.3.2 研究方法

本研究基于遥感物理原理和数学方法相结合的思想，从物理数学推导到地面验证，整个过程以地表热辐射传输方程为基础，采用理论推导、数据反演、地面验证相结合的研究方法进行。

5.1.3.3 研究内容

根据研究目标，研究内容分为以下 4 个方面。

（1）近地表气温反演算法构建　基于地表热红外辐射传输方程，利用 Taylor 展开式将地表热红外辐射传输方程中的地表热辐射、大气辐射与近地表气温代表的辐射亮度关联起来；根据方程中未知量的个数增加热红外波段数，当方程个数与未知量等同时，即可构建近地表气温反演算式。根据波段的参与数目，分三通道和两通道反演算法，并在此基础上，对两算法进行算法外延。

（2）近地表气温反演算法相关参数估计　反演算法相关参数的估计必须针对某具体传感器给出相应的估计方法。针对 MODIS/Terra 传感器特性，对构建反演算法中所涉及的各相关参数——地表比辐射率 ε_i、大气透过率 τ_i、温度参数 L_i 和亮度温度 T_i（i=29，31，32）进行详细估计。

（3）近地表气温反演算法参数敏感性分析　在实际应用中，由于算法参数估计不可能准确无误，因此，对反演算法进行参数敏感性分析，确定参数估计误差对近地表气温反演算法精度的影响。

（4）近地表气温反演算法验证与效果评价　构建算法精度评价指标体系，利用地面台站观测数据对晴空 MODIS 数据反演的近地表气温进行验证与精度评价，并对算法的性能表现作出评判，同时，将反演结果与 MODIS 大气廓线产品 MOD07 推算得到的近地表气温做比对。

5.1.3.4 技术路线

本研究按照"算法构建→参数估计→效果评价"的技术路线（图 5.1），利用晴空 MODIS 数据反演近地表气温。首先，利用云掩模数据判别晴空和非晴空像元；其次，利用晴空 MODIS 热红外通道的地表热辐射传输方程构建近地表气温反演算法，根据参数化方案的不同和最佳通道数的数目，有三通道、三通道外延、两通道和两通道外延近地表气温反演算法；再次，利用晴空 MODIS 可见光和近红外通道，结合温度比率、典型地物比辐射率和地表比辐射率间的线性关系估计热红外波段地表比辐射率，并利用晴空 MODIS 大气水汽和大气吸收通道估计平均大气水分含量，借助 MODTRAN 数值模拟估计热红外波段大气透过率，并对此两参数进行算法灵敏度分析；最后，利用地面观测数据验证和评价算法反演效果。

5.2　近地表气温遥感反演算法构建

地表热红外辐射传输方程是算法构建的基础。依据反演算法采用的通道数，构建了近地表气温反演三通道算法和两通道算法，并对两算法进行了算法外延。这些算法全为物理算法，无须其他辅助数据支撑，在地表比辐射率和大气透过率已知或可估计情况下，仅利用遥感器多波段数据即可实现近地表气温遥感定量反演。

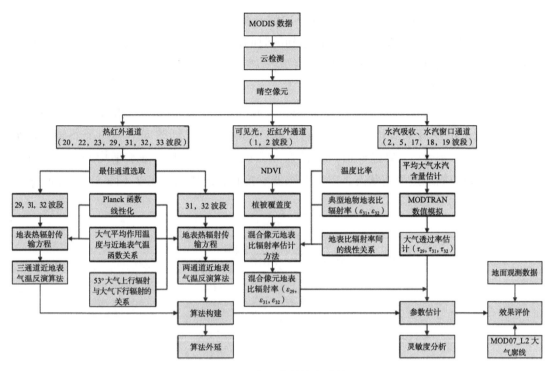

图 5.1　本研究的技术路线

5.2.1　算法构建基础

5.2.1.1　局地热力学平衡

在大气辐射学中，热力学平衡常用来描述一个温度不变的腔体内部物质和辐射的状态。热力学平衡是指一个孤立系统经过足够长时间达到的系统各种宏观性质在长时间内不发生变化的状态。

但在实际地球大气中，由于地球大气系统不是孤立的，要受太阳辐射和其他微粒流的作用，同时大气内还存在温度梯度，严格意义上的热力学平衡状态并不存在（石广玉，2007；李万彪，2010）。另外，由于热辐射的基本定律均建在热力学平衡的基础上，所以，如果实际大气中不存在热力学平衡状态的话，将使大气辐射的计算十分困难。

庆幸的是，学者们研究发现，利用局地热力学平衡可以克服该困难。局地热力学平衡指，如果温度 T 的介质中每一个小介质元的发射和吸收与处于平衡状态的温度 T 的介质的发射和吸收相同的话，就不必要求介质整体必须是等温的；换句话说，介质中各点的温度可以不同，但各个介质元的行为必须与处于该点温度的热力学平衡状态的行为相同（石广玉，2007）。

实际地球大气中，在 60km 以下，即在对流层和平流层内，由于空气分子的密度大，分子间频繁碰撞使能量迅速重新分布，并达到局地热平衡（李万彪，2010）。在某一段时间与某一有限的体积元内，可以用一个态函数（温度）来指定大气的热力学状态，并将这种近似满足热力学平衡的大气称为局地热力学平衡大气（石广玉，2007）。当辐射在局地热力平衡大气中传输时，局地热力平衡达到的时间远小于辐射衰减的生命时间，大气的发射辐射可以用普朗克定律和基尔霍夫定律描述（李万彪，2010）。

5.2.1.2 热红外辐射传输方程

热红外辐射传输方程是热红外定量遥感研究的基础。它阐明了卫星遥感所观测到的总辐射亮度，不仅有来自地表的热辐射成分，还有来自大气的向上和向下热辐射成分（Chandrasekhar，1960）。热红外窗口区，在无云的条件下，大气是水平均一、各向同性的，且大气处于局地热平衡状态，卫星遥感器所接收到的热辐射亮度（图5.2）可表述为

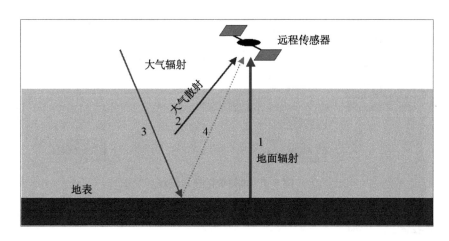

图5.2　热红外遥感地—气辐射传输示意

$$B_i(T_i) = \tau_i[\varepsilon_i B_i(T_S) + (1 - \varepsilon_i)I_i^{\downarrow}] + I_i^{\uparrow} \tag{5.1}$$

式中，T_S 为地表温度（K），T_i 为 i 波段亮度温度（K），τ_i 为 i 波段大气透过率（无量纲量），ε_i 为 i 波段地表比辐射率（无量纲量）。$B_i(T_i)$ 为遥感器在波段区间内所接收到的热辐射亮度，$\varepsilon_i B_i(T_S)$ 为地表实际热辐射亮度（$W \cdot m^{-2} \cdot \mu m^{-1}$），$I_i^{\uparrow}$ 和 $I_i^{\downarrow}$ 分别为大气在 i 波段区间内的向上和向下热辐射，又称大气上行辐射和大气下行辐射（$W \cdot m^{-2} \cdot sr^{-1} \cdot \mu m^{-1}$），$(1 - \varepsilon_i)I_i^{\downarrow}$ 为经地表反射的大气向下热辐射（$W \cdot m^{-2} \cdot sr^{-1} \cdot \mu m^{-1}$）；且地表热辐射和经地表反射的大气向下热辐射在抵达遥感器的过程中还受大气层的吸收（τ_i）作用而衰减。

大气的向上热辐射 $I_i^{\uparrow}$ 通常表示为（Franc and Cracknell，1994）

$$I_i^{\uparrow} = \int_0^Z B(T_z) \frac{\partial \tau_i(z, Z)}{\partial z} dz \tag{5.2a}$$

式中，T_z 为高程 z 处的气温（K），Z 为遥感器高度（km），$\tau_i(z, Z)$ 为高程 z 至 Z 之间的大气向上透过率（无量纲量）。利用积分中值定理对其近似求解（Franc and Cracknell，1994；Qin et al.，2001b；覃志豪等，2001）

$$B_i(T_a) = \frac{1}{1 - \tau_i} \int_0^Z B(T_z) \frac{\partial \tau_i(z, Z)}{\partial z} dz \tag{5.2b}$$

式中，T_a 为大气的向上平均作用温度（又称大气平均作用温度，K），$B_i(T_a)$ 为大气向上平均作用温度为 T_a 时的大气热辐射亮度（W·m^{-2}·sr^{-1}·μm^{-1}）。因此，得近似解（Qin et al., 2001b；覃志豪等，2001）

$$I_i^{\downarrow}=(1-\tau_i)B_i(T_a) \qquad (5.2c)$$

大气的向下热辐射 $I_i^{\downarrow}$，一般可视作为一个半球状方向的大气热辐射之积分，与观测天顶角无关，通常可表示为（França and Cracknell, 1994；Qin et al., 2001b；覃志豪等，2001）

$$I_i^{\downarrow} = 2 \int_0^{\pi/2} \int_{\infty}^0 B_i(T_z) \frac{\partial \tau_i^{'}(\theta',z,0)}{\partial z} \cos\theta' \sin\theta' dz d\theta' \qquad (5.3a)$$

式中，θ 为大气向下辐射的方向角（rad），∞ 表示地球大气顶端高程（km），$\tau_i'(\theta',z,0)$ 代表从高程 z 至地表的大气向下透过率（无量纲量）。根据 França 等（1994）研究，当天空晴朗时，对于整个大气的每一薄层（如 1km）而言，一般可合理假定 $\partial\tau_i(z,Z)$ 约等于 $\partial\tau_i'(\theta,z,0)$，即每大气薄层的向上和向下透过率相等（França and Cracknell, 1994）。依据此假定，对式 5.3a 利用积分中值定理，可得（Qin et al., 2001b；覃志豪等，2001）

$$I_i^{\downarrow} = 2 \int_0^{\pi/2} (1-\tau_i)B_i(T_a^{\downarrow}) \cos\theta' \sin\theta' d\theta' \qquad (5.3b)$$

式中，$T_a^{\downarrow}$ 为大气的向下平均作用温度（K），$B_i(T_a^{\downarrow})$ 为大气向下平均作用温度为 $T_a^{\downarrow}$ 时的大气热辐射亮度（W·m^{-2}·sr^{-1}·μm^{-1}）。对式 5.3b 积分项进行求解，可得

$$2 \int_0^{\pi/2} \cos\theta' \sin\theta' d\theta' =1 \qquad (5.3c)$$

因此，大气的向下热辐射可近似表示为（Qin et al., 2001b；覃志豪等，2001）

$$I_i^{\downarrow}=(1-\tau_i)B_i(T_a^{\downarrow}) \qquad (5.3d)$$

将式 5.2c 和式 5.3d 代入热红外辐射传输方程式 5.1 中，可将卫星遥感器所接收到的热辐射简化为

$$B_i(T_a^{\downarrow})=\tau_i[\varepsilon_i B_i(T_s)+(1-\varepsilon_i)(1-\tau_i)B_i(T_a^{\downarrow})]+(1-\tau_i)B_i(T_a) \qquad (5.4)$$

5.2.1.3 泰勒（Taylor）中值定理

泰勒中值定理指出，如果函数 $f(x)$ 在含有 x_0 的某个开区间 (a, b) 内具有直到 $(n+1)$ 阶的导数，则对任一 $x \in (a, b)$，有

$$f(x) = f(x_0) + f'(x_0)(x-x_0) + \frac{f''(x_0)}{2!}(x-x_0)^2 + \cdots + \frac{f^{(n)}(x_0)}{n!}(x-x_0)^n + R_n(x) \qquad (5.5a)$$

其中

$$R_n(x) = \frac{f^{(n+1)}(\xi)}{(n+1)!}(x-x)^{(n+1)} \qquad (5.5b)$$

式中，$f(x_0)$、$f'(x_0)$、$f'(x_0)$、…、$f^{(n)}(x_0)$ 分别为函数 $f(x)$ 在 x_0 处的函数值、一阶导

数、二阶导数、…、n 阶导数；ξ 是 x_0 与 x 之间的某个值，$f^{(n+1)}(\xi)$ 为函数 $f(x)$ 在 ξ 处的 $n+1$ 阶导数；式 5.5b 称为 $f(x)$ 按 $(x-x_0)$ 的幂展开的带有拉格朗日型余项的 n 阶 Taylor 公式，$R_n(x)$ 的表达式 5.5b 称为拉格朗日型余项，而式 5.5a 去除拉格朗日型余项 $R_n(x)$ 称为 $f(x)$ 按 $(x-x_0)$ 的幂展开的 n 次近似多项式。

Taylor 公式提出的用意在于，对于一些较复杂的函数，为了便于研究，可利用多项式来近似表达函数，因为用多项式表示的函数，只要对自变量进行有限次加、减、乘三种算术运算便能求出它的函数值来。在 5.2.1.4 节和后续算法推导中，将利用 Taylor 展开式对 Planck 辐射函数进行参数化。

5.2.1.4　Planck 辐射函数的线性特征

Planck 辐射函数为波长 λ 和温度 T 的函数，用于度量黑体的辐射亮度，其计算式为

$$B_\lambda(T) = \frac{c_1}{\lambda^5(e^{c_2/\lambda T}-1)} \tag{5.6}$$

式中，$c_1=2c^2h=1.19104356 \times 10^{-16}(\text{W} \cdot \text{m}^2)$，$c_2=ch/k=1.4387685 \times 10^4(\mu\text{m} \cdot \text{K})$，$\lambda$ 为波长（μm），T 为温度（K）。其中，c 为光速，值为 $2.9979246 \times 10^8\text{m} \cdot \text{s}^{-1}$，h 为普朗克常量，值为 $6.6260755 \times 10^{-34}\text{J} \cdot \text{s}$，$k$ 为玻尔兹曼常数，值为 $1.380658 \times 10^{-23}\text{J} \cdot \text{K}^{-1}$。当波长 λ 给定时，Planck 辐射函数则转化为温度 T 的函数。如对 $\lambda=8.5$、10.5 和 12.5μm，T 在温度区间〔0~70℃〕变化时，绘制其 Planck 辐射函数曲线，如图 5.3 所示。

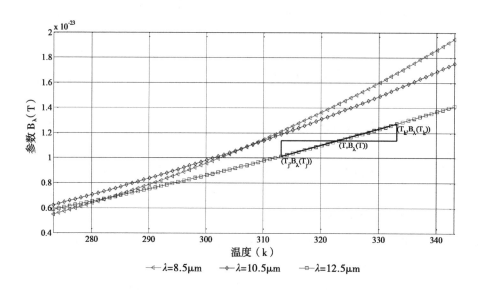

图 5.3　辐射亮度 $B_\lambda(T)$ 随温度 T 的变化

从图 5.3 中很容易看出，$B_\lambda(T)$ 随温度 T 的变化近似线性，且这种特征在窄温度区间上表现更加明显，如 <15℃温度区间。当下，对 Planck 辐射函数的这种线性特征，一般利用线性拟合和 Taylor 展开式前两项两种参数化法对其进行线性化（Qin et al., 2001b；Mao et al., 2005a），即线性拟合参数化法为

$$B_\lambda(T)=a_\lambda+b_\lambda T \tag{5.7a}$$

Taylor 展开式前两项参数化法为

$$B_\lambda(T)=B_\lambda(T_k)+(T-T_k)\partial B_\lambda(T_k)/\partial T \tag{5.7b}$$

式中，a_λ、b_λ 为拟合系数，$B_\lambda(T)$ 为温度 T 时的辐射亮度（$W \cdot m^{-2} \cdot sr^{-1} \cdot \mu m^{-1}$），$B_\lambda(T_k)$ 为温度 T_k 时的辐射亮度（$W \cdot m^{-2} sr^{-1} \mu m^{-1}$），$\partial B_\lambda(T_k)/\partial T$ 为 Planck 辐射函数在 T_k 处的导数（$W \cdot m^{-2} \cdot sr^{-1} \cdot \mu m^{-1} \cdot K^{-1}$）。其中，利用 Taylor 展开式前两项参数化法受到业内学者的普遍推崇，另外，利用 Taylor 展开式前两项参数化法的另一优势在于，它能将 $B_\lambda(T)$ 的辐射亮度用 $B_\lambda(T_k)(T_k \neq T)$ 的辐射亮度来参数化表示，图 5.3 中由 $[T, B_\lambda(T)]$、$[T_k, B_\lambda(T)]$ 和 $[T_k, B_\lambda(T_k)]$ 三点构成的三角形几何关系很好地证实了这点，且该特征在后续算法推导中扮演着重要的角色。

5.2.2 三通道算法构建

5.2.2.1 三通道算法构建思想

三通道算法是一种直接反演近地表气温的方法，其构建思想为：一是在热红外遥感大气窗口（$8\sim14\mu m$）中，基于地表热红外辐射传输方程（式 5.4），利用 Taylor 展开式将波段 i 的热红外辐射传输方程中的变量 $B_i(T_i)$、$B_i(T_S)$、$B_i(T_a^\downarrow)$ 和 $B_i(T_a)$ 与近地表气温 T_0 代表的辐射亮度 $B_i(T_0)$ 关联起来，从而将初始热红外辐射传输方程转化为含 T_0 目标参量的方程。二是在地表比辐射率和大气透过率可估计或已知的情况下，并利用 T_a 与 T_0 间的函数关系，该方程进一步转化为含 T_S、$T_a^\downarrow$ 和 T_0 3 未知量的方程。三是增加热红外波段数（如 $i+1$，$i+2$ 波段），即增加方程的个数，当有 3 个方程 3 个未知量时，即可联立求算出近地表气温 T_0。该算法思想适用于热红外波段数 $\geqslant 3$ 的传感器，如 MODIS、ASTER 和 SEVIRI 等。

5.2.2.2 三通道算法的辐射传输方程

因近地表气温反演三通道算法为普适性算法，不针对某一具体传感器而提出，故在算法推导中采用 3 热红外波段 m、n 和 p 来替代某一具体传感器的波段数，从而使这种推导更具有一般性。

地表热红外辐射传输方程可表示为

$$B_i(T_i)=\tau_i[\varepsilon_i B_i(T_S)+(1-\varepsilon_i)(1-\tau_i)B_i(T_a^\downarrow)]+(1-\tau_i)B_i(T_a) \tag{5.8}$$

式中，T_S 为地表温度（K），$T_a^\downarrow$ 为大气的向下平均作用温度（K），T_a 为大气（向上）平均作用温度（K），T_i 为 i 波段亮度温度（K）；τ_i 为 i 波段大气透过率（无量纲量），ε_i 为 i 波段地表比辐射率（无量纲量）；$B_i(T_i)$ 为传感器在波段的星上热辐射亮度（$W \cdot m^{-2} \cdot sr^{-1} \cdot \mu m^{-1}$），$\varepsilon_i B_i(T_S)$ 为地表实际热辐射亮度（$W \cdot m^{-2} \cdot \mu m^{-1}$），$B_i(T_a^\downarrow)$ 为大气向下平均作用温度为 $T_a^\downarrow$ 时的大气热辐射亮度（$W \cdot m^{-2} \cdot sr^{-1} \cdot \mu m^{-1}$），$B_i(T_a)$ 为大气（向上）平均作用温度为 T_a 时的大气热辐射亮度（$W \cdot m^{-2} \cdot sr^{-1} \cdot \mu m^{-1}$）。

针对热红外波段数 $\geqslant 3$ 的某一传感器，对其热红外波段 m、n 和 p 利用式（5.8），则有

$$B_m(T_m)=\tau_m[\varepsilon_m B_m(T_S)+(1-\varepsilon_i)(1-\tau_m)B_m(T_a^\downarrow)]+(1-\tau_m)B_m(T_a) \tag{5.9a}$$

$$B_n(T_n)=\tau_n[\varepsilon_n B_n(T_S)+(1-\varepsilon_n)(1-\tau_n)B_n(T_a^\downarrow)]+(1-\tau_n)B_n(T_a) \tag{5.9b}$$

$$B_p(T_p)=\tau_p[\varepsilon_p B_p(T_S)+(1-\varepsilon_p)(1-\tau_p)B_p(T_a^\downarrow)]+(1-\tau_p)B_p(T_a) \tag{5.9c}$$

为了将方程组（式 5.9a 至式 5.9c）转化为含有近地表气温 T_0 参量的方程，需对 Planck 辐射函数进行线性化展开。由于 Planck 辐射函数随温度变化接近线性，且这种线性特征在较窄的温度区间（如 <15℃）内表现更为明显。因此，运用 Taylor 展开式对 Planck 辐射函数进行线性展开较合适。由于 Planck 辐射函数线性特征显著，保留 Taylor 展开式的前两项一般即可保证足够的精度（覃志豪等，2001）。因此，则有

$$B_i(T_j)=B_i(T)+(T_j-T)\partial B_i(T)/\partial T=(L_i+T_j-T)\partial B_i(T)/\partial T \tag{5.10a}$$

式中，T_j 可为亮度温度（$j=m, n, p$）、地表温度（$j=S$）、大气平均作用温度（$j=a$）和大气向下平均作用温度（$j=a^\downarrow$）。参数 L_i 定义为

$$L_i=B_i(T)/\left[\partial B_i(T)/\partial T\right] \tag{5.10b}$$

式中，L_i（详见下节有关温度参数 L_i 的估计）为温度参量（K）。

5.2.2.3　Planck 辐射函数线性化

为了推导一个近地表气温的三通道算法，需要对 Planck 辐射函数进行线性化估计。由于 Planck 辐射函数的辐射强度与温度之间在相对较小的温度区间里接近于线性，因此，可以通过温度对 Planck 辐射函数进行线性化。这一线性化的实质意义是把 $B_i(T_j)$ 所代表的热辐射亮度与一固定温度 T 的 $B_i(T)$ 关联起来，而这一固定温度 T 则是进一步推导的关键。考虑到大多数情况下，通常有 $T_S>T_0>T_i>T_a>T_a^\downarrow$（Qin et al., 2001b；徐永明，2010），即 T_0 介于开区间（$T_a^\downarrow$, T_S）内（满足 Taylor 展开式的条件需求），可以定义这一固定温度 T 为 T_0，这样，地表热辐射参数方程就转变为含 T_0 目标变量的方程。因此，对于热红外波段 $i(i=m, n, p)$ 而言，T_i、T_S、$T_a^\downarrow$ 和 T_a 所对应的 Planck 辐射函数 $B_i(T_i)$、$B_i(T_S)$、$B_i(T_a^\downarrow)$ 和 $B_i(T_a)$ 可进一步展开为

$$B_i(T_i)=(L_i+T_i-T_0)\partial B_i(T_0)/\partial T \tag{5.10c}$$

$$B_i(T_S)=(L_i+T_S-T_0)\partial B_i(T_0)/\partial T \tag{5.10d}$$

$$B_i(T_a^\downarrow)=(L_i+T_a^\downarrow-T_0)\partial B_i(T_0)/\partial T \tag{5.10e}$$

$$B_i(T_a)=(L_i+T_a-T_0)\partial B_i(T_0)/\partial T \tag{5.10f}$$

其中，$L_i(i=m, n, p)$ 为

$$L_i=B_i(T_0)/\left[\partial B_i(T_0)/\partial T\right] \tag{5.11}$$

5.2.2.4　三通道算法推导

将式 5.10c 至式 5.10f 中的展开式代入 m、n 和 p 波段对应的热红外辐射传输方程式 5.9a 至式 5.9c 中，则有

$$
\begin{aligned}
(L_m+T_m-T_0)\partial B_m(T_0)/\partial T=\tau_i[\varepsilon_m(L_m+T_S-T_0)\partial B_m(T_0)/\partial T \\
+(1-\varepsilon_m)(1-\tau_m)(L_m+T_a^\downarrow-T_0)\partial B_m(T_0)/\partial T] \\
+(1-\tau_m)(L_m+T_a-T_0)\partial B_m(T_0)/\partial T
\end{aligned} \tag{5.12a}
$$

$$(L_n+T_n-T_0)\partial B_n(T_0)/\partial T=\tau_n[\varepsilon_n(L_n+T_S-T_0)\partial B_n(T_0)/\partial T$$
$$+(1-\varepsilon_n)(1-\tau_n)(L_n+T_a^\downarrow-T_0)\partial B_n(T_0)/\partial T] \qquad (5.12\mathrm{b})$$
$$+(1-\tau_n)(L_n+T_a-T_0)\partial B_n(T_0)/\partial T$$

$$(L_p+T_p-T_0)\partial B_p(T_0)/\partial T=\tau_p[\varepsilon_p(L_p+T_S-T_0)\partial B_p(T_0)/\partial T$$
$$+(1-\varepsilon_p)(1-\tau_p)(L_p+T_a^\downarrow-T_0)\partial B_p(T_0)/\partial T] \qquad (5.12\mathrm{c})$$
$$+(1-\tau_p)(L_p+T_a-T_0)\partial B_p(T_0)/\partial T$$

定义参数 C_i、D_i 和 E_i（$i=m$，n，p），则

$$C_i=\tau_i\varepsilon_i \qquad (5.13\mathrm{a})$$

$$D_i=\tau_i(1-\varepsilon_i)(1-\tau_i) \qquad (5.13\mathrm{b})$$

$$E_i=(1-\tau_i) \qquad (5.13\mathrm{c})$$

将 C_i、D_i 和 E_i 代入式 5.12a 至式 5.12c 中，并消除方程两边的 $\partial B_i(T_0)/\partial T$，则

$$L_m+T_m-T_0=C_m(L_m+T_S-T_0)+D_m(L_m+T_a^\downarrow-T_0)+E_m(L_m+T_a-T_0) \qquad (5.14\mathrm{a})$$

$$L_n+T_n-T_0=C_n(L_n+T_S-T_0)+D_n(L_n+T_a^\downarrow-T_0)+E_n(L_n+T_a-T_0) \qquad (5.14\mathrm{b})$$

$$L_p+T_p-T_0=C_p(L_p+T_S-T_0)+D_p(L_p+T_a^\downarrow-T_0)+E_p(L_p+T_a-T_0) \qquad (5.14\mathrm{c})$$

对式 5.14a 至式 5.14c 进行因式分解和同类项合并，则有

$$C_mT_S+C_mT_a^\downarrow+E_mT_a+[1-(C_m+D_m+E_m)]T_0=[1-(C_m+D_m+E_m)]L_m+T_m \qquad (5.15\mathrm{a})$$

$$C_nT_S+C_nT_a^\downarrow+E_nT_a+[1-(C_n+D_n+E_n)]T_0=[1-(C_n+D_n+E_n)]L_n+T_n \qquad (5.15\mathrm{b})$$

$$C_pT_S+C_pT_a^\downarrow+E_pT_a+[1-(C_p+D_p+E_p)]T_0=[1-(C_p+D_p+E_p)]L_p+T_p \qquad (5.15\mathrm{c})$$

定义参数 F_i（$i=m$，n，p），则

$$F_i=1-(C_i+D_i+E_i) \qquad (5.16)$$

对于参数 L_i（$i=m$，n，p），研究发现 L_i 的数值与温度有密切的关系。根据这一特性，可以用函数拟合来估计 L_i

$$L_i=a_i+b_iT_0 \qquad (5.17)$$

式中，a_i 和 b_i 为拟合系数（详见 5.3.3 节温度参数 L_i 的估计）。将式 5.16 至式 5.17 代入式 5.15a 至式 5.15c，则有

$$C_mT_S+D_mT_a^\downarrow+E_mT_a+F_mT_0=F_m(a_m+b_mT_0)+T_m \qquad (5.18\mathrm{a})$$

$$C_nT_S+D_nT_a^\downarrow+E_nT_a+F_nT_0=F_n(a_n+b_nT_0)+T_n \qquad (5.18\mathrm{b})$$

$$C_pT_S+D_pT_a^\downarrow+E_pT_a+F_pT_0=F_p(a_p+b_pT_0)+T_p \qquad (5.18\mathrm{c})$$

对式 5.18a 至式 5.18c 进行因式分解和同类项合并，则有

$$C_mT_S+D_mT_a^\downarrow+E_mT_a+F_m(1-b_m)T_0=F_ma_m+T_m \qquad (5.19\mathrm{a})$$

$$C_nT_S+D_nT_a^\downarrow+E_nT_a+F_n(1-b_n)T_0=F_na_n+T_n \qquad (5.19\mathrm{b})$$

$$C_pT_S+D_pT_a^\downarrow+E_pT_a+F_p(1-b_p)T_0=F_pa_p+T_p \qquad (5.19\mathrm{a})$$

定义参数 G_i 和 H_i（$i=m$，n，p），则

$$G_i=F_i(1-b_i) \qquad (5.20\mathrm{a})$$

$$H_i=F_ia_i+T_i \qquad (5.20\mathrm{b})$$

将式 5.20a 至式 5.20b 代入式 5.18a 至式 5.18c，则有

$$C_mT_S+D_mT_a^{\downarrow}+E_mT_a+G_mT_0=H_m \tag{5.21a}$$

$$C_nT_S+D_nT_a^{\downarrow}+E_nT_a+G_nT_0=H_n \tag{5.21b}$$

$$C_pT_S+D_pT_a^{\downarrow}+E_pT_a+G_pT_0=H_p \tag{5.21c}$$

研究表明，T_0 与 T_a 之间存在如下函数关系

$$T_a=a'+b'T_0 \tag{5.22}$$

式中，a'、b' 为拟合系数，详见表 5.1。值得指出的是，在这里引入 T_0 与 T_a 函数关系的实质性意义是将 Taylor 展开式 5.10c 至式 5.10f 中的固定温度 T_0（名义上的近地表气温）真正意义上实质化为近地表气温 T_0。这里有一个很大的误区，在数理上可假定 Taylor 展开式 5.10c 至式 5.10f 中的固定温度 T_0 为大气层任一高度上的温度（名义上），通过联立四通道地表热辐射传输方程（T_S，T_0，T_a 和 $T_a^{\downarrow}$ 4 个参量）可以求算出任一大气高度上的温度，但事实并非如此，这也解释了通过此四通道算法求算近地表气温是不可行的，原因是：虽然可基于不同大气高度上的温度 T_0（名义上）为固定温度进行 Taylor 展开式展开，并且以此构建的地表热辐射传输方程都成立，例如式 5.12a 至式 5.12c，但它们（不同大气高度上）所有的公式推导和解都完全相同，从而使这种名义上的固定温度 T_0 无任何意义。因此，需通过一定的法则将名义上的固定温度 T_0 与真正意义上的固定温度 T_0 关联起来，从而使这种名义上的固定温度 T_0 实质化。

表 5.1　T_0 与 T_a 函数关系系数（Qin et al., 2001b）

大气廓线	美国 1976 大气	热带大气	中纬度夏季	中纬度冬季
a'	25.939 6	17.976 9	16.011 0	19.270 4
b'	0.880 45	0.917 15	0.926 21	0.911 18

将式 5.22 代入式 5.21a 至式 5.21c 中，合并同类项，则有

$$C_mT_S+D_mT_a^{\downarrow}+(b'E_m+G_m)T_0=H_m-a'E_m \tag{5.23a}$$

$$C_nT_S+D_nT_a^{\downarrow}+(b'E_n+G_n)T_0=H_n-a'E_n \tag{5.23b}$$

$$C_pT_S+D_pT_a^{\downarrow}+(b'E_p+G_p)T_0=H_p-a'E_p \tag{5.23c}$$

定义参数 I_i 和 J_i（$i=m$, n, p），则

$$I_i=b'E_i+G_i \tag{5.24a}$$

$$J_i=H_i-a'E_i \tag{5.24b}$$

将式 5.24a 至式 5.24b 代入式 5.23a 至式 5.23c，则有

$$C_mT_S+D_mT_a^{\downarrow}+I_mT_0=J_m \tag{5.25a}$$

$$C_nT_S+D_nT_a^{\downarrow}+I_nT_0=J_n \tag{5.25b}$$

$$C_pT_S+D_pT_a^{\downarrow}+I_pT_0=J_p \tag{5.25c}$$

定义矩阵 U、X 和 Y，则

$$U = \begin{pmatrix} C_m & D_m & I_m \\ C_n & D_n & I_n \\ C_p & D_p & I_p \end{pmatrix} \quad (5.26a)$$

$$X = \begin{pmatrix} T_S \\ T_a^{\downarrow} \\ T_0 \end{pmatrix} \quad (5.26b)$$

$$Y = \begin{pmatrix} J_m \\ J_n \\ J_p \end{pmatrix} \quad (5.26c)$$

将式 5.25a 至式 5.25c 写成矩阵形式，则有

$$UX=Y \quad (5.27a)$$

当 U 为可逆矩阵时〔$\det(U) \neq 0$〕，式 5.26d 的解为 U 左除 Y（如 MATLAB、IDL、R 软件等），得方程组式 5.25a 至式 5.25c 的解，即

$$X=U/Y \quad (5.27b)$$

利用式 5.27b 求出的解 X 含 T_S、$T_a^{\downarrow}$ 和 T_0 3 个参量。若只单一求解 T_0，只需构建另一矩阵 V 式 5.27c，利用式 5.28 即可直接求算。

$$V = \begin{pmatrix} C_m & D_m & J_m \\ C_n & D_n & J_n \\ C_p & D_p & J_p \end{pmatrix} \quad (5.27c)$$

$$T_0 = \frac{\det(V)}{\det(U)} = \frac{C_m(D_nJ_p - D_pJ_n) + C_n(D_pJ_m - D_mJ_p) + C_p(D_mJ_n - D_nJ_m)}{C_m(D_nI_p - D_pI_n) + C_n(D_pI_m - D_mI_p) + C_p(D_mI_n - D_nI_m)} \quad (5.28)$$

式中，$\det(U)$ 和 $\det(V)$ 分别为矩阵 U 和 V 的秩（如 MATLAB、IDL、R 软件等）；C_i、D_i、I_i 和 J_i（$i=m$，n，p）各参数同上。

式 5.28 即为三通道近地表气温反演算法的计算式。当然，这一算法需假定 3 热红外通道的 ε_i 和 τ_i（$i=m$，n，p）已知或可估计，才能进行近地表气温反演。在一般情况下，这些参数都可以较容易确定。在 5.3 节中，将针对 MODIS/Terra 传感器详细探讨算法涉及参数的估计。

5.2.2.5　三通道算法外延法

从上述算法的推导过程中，可以知道，当地表温度 T_S 已知时，三通道算法可进一步转化为两通道算法（在这里称为三通道算法外延法，以免与下节的两通道算法命名冲突），即热红外辐射传输方程变换为含 $T_a^{\downarrow}$ 和 T_0 2 未知参量的方程。

定义参数 K_i（$i=m$，n，p），则

$$K_i=J_i-C_iT_S \quad (5.29)$$

将式 5.29 代入式 5.25a 至式 5.25c，则有

$$D_m T_a^\downarrow + I_m T_0 = K_m \tag{5.30a}$$

$$D_n T_a^\downarrow + I_n T_0 = K_n \tag{5.30b}$$

$$D_p T_a^\downarrow + I_p T_0 = K_p \tag{5.30c}$$

至此，热红外辐射传输方程已转化为仅含有 $T_a^\downarrow$ 和 T_0 2 个参量的方程，因此，只需联立 2 个方程等式即可求算 T_0。定义矩阵 U 和 V，则

$$U = \begin{pmatrix} D_m & I_m \\ D_n & I_n \end{pmatrix} \tag{5.31a}$$

$$V = \begin{pmatrix} D_m & K_m \\ D_n & K_n \end{pmatrix} \tag{5.31b}$$

三通道算法经算法外延后，得三通道算法外延法 T_0 的求算式为

$$T_0 = \frac{\det(V)}{\det(U)} = \frac{D_m K_n - D_n K_m}{D_m I_n - D_n I_m} \tag{5.32}$$

式中，$\det(U)$ 和 $\det(V)$ 分别为矩阵 U 和 V 的秩（如 MATLAB、IDL、R 软件等）；D_i、I_i 和 K_i（$i=m, n$）各参数同上。

值得指出的是：经三通道算法外延得到的三通道算法外延法（实为两通道算法），只适用于参量 T_S 经高精准估算已知的情况，且是为了仅含两热红外通道遥感器用于近地表气温反演的应用推广，另外，在该情况下，此算法外延描述了近地表气温和地表温度之间的函数关系；当 T_S 参量估计质量不高时，不建议采用此三通道算法外延法反演近地表气温，因为 T_S 的不确定性无疑将进一步影响 T_0 的估计精度。

5.2.3 两通道算法构建

5.2.3.1 两通道算法构建思想

两通道算法是另一种直接反演近地表气温的方法，它与三通道算法有着一致的算法思想，但使用两通道数。算法思想为：

（1）在热红外遥感大气窗口（8~14μm）中，基于地表热红外辐射传输方程（式 5.4），利用 53° 天顶角观测条件下的大气上行热辐射来近似替代大气下行辐射 $B_i(T_a^\downarrow)$，从而将方程的未知数个数减 1，即消去了 $B_i(T_a^\downarrow)$ 项。

（2）利用 Taylor 展开式将波段 i 的热红外辐射传输方程中的参量 $B_i(T_i)$、$B_i(T_S)$ 和 $B_i(T_a)$ 与近地表气温 T_0 代表的辐射亮度 $B_i(T_0)$ 关联起来，从而将初始的热红外辐射传输方程转化为含 T_0 目标参量的方程。

（3）在地表比辐射率和大气透过率可估计或已知的情况下，并利用 T_a 与 T_0 间的函数关系，该方程进一步转化为含 T_S 和 T_0 2 个未知量的方程。

（4）增加热红外波段数（如 $i+1$ 波段），即增加方程的个数，当有 2 个方程 2 个未知量时，即可联立求算出近地表气温 T_0。该算法思想适用于热红外波段数 ≥ 2 的传感器，如 MODIS、ASTER、SEVIRI、AVHRR、Landsat8-TIRS 等。

与近地表气温反演三通道算法类似，近地表气温反演两通道算法仍为一普适性算法，不针对某一具体传感器而提出，故在算法推导中采用 2 热红外波段 m 和 n 来替代某一具体传感器的波段数，从而使这种推导更具有一般性。

值得一提的是，虽然近地表气温反演的两通道算法推导与地表气温反演的三通道算法推导存在公式重叠，但为使各算法推导具有独立性和增强各算法的逻辑推理性，不免前文出现过的公式和论述下文会再次出现。

5.2.3.2 两通道算法的热红外辐射传输方程

地表的热红外辐射传输方程可表示为

$$B_i(T_i)=\tau_i[\varepsilon_iB_i(T_S)+(1-\varepsilon_i)(1-\tau_i)B_i(T_a^{\downarrow})]+(1-\tau_i)B_i(T_a) \tag{5.33a}$$

式中，T_S 为地表温度（K），$T_a^{\downarrow}$ 为大气的向下平均作用温度（K），T_a 为大气（向上）平均作用温度（K），T_i 为 i 波段亮度温度（K）；τ_i 为 i 波段大气透过率（无量纲量），ε_i 为 i 波段地表比辐射率（无量纲量）；$B_i(T_i)$ 为传感器在波段的星上热辐射亮度（W·m^{-2}·sr^{-1}·μm^{-1}），$\varepsilon_iB_i(T_S)$ 为地表实际热辐射亮度（W·m^{-2}·μm^{-1}），$B_i(T_a^{\downarrow})$ 为大气向下平均作用温度为 $T_a^{\downarrow}$ 时的大气热辐射亮度（W·m^{-2}·sr^{-1}·μm^{-1}），$B_i(T_a)$ 为大气（向上）平均作用温度为 T_a 时的大气热辐射亮度（W·m^{-2}sr^{-1}μm^{-1}）。

根据 Sobrino 等（1996）研究，大气下行辐射 $B_i(T_a^{\downarrow})$ 可用 53° 天顶角观测条件下的大气上行热辐射来近似替代 (Sobrino et al., 1996)，即

$$B_i(T_a^{\downarrow})=(1-\tau_i(53°))B_i(T_a) \tag{5.33b}$$

式中，$\tau_i(53°)$ 为 i 波段在 53° 天顶角观测条件下的大气透过率（无量纲量）。

将式 5.33b 代入热红外辐射传输方程（式 5.33a）中，则有

$$B_i(T_i)=\tau_i\{\varepsilon_iB_i(T_S)+(1-\varepsilon_i)(1-\tau_i)[1-\tau_i(53°)]B_i(T_a)\}+(1-\tau_m)B_i(T_a) \tag{5.33c}$$

针对热红外波段数 ≥ 2 的某一传感器，对其热红外波段 m 和 n 利用式（5.33c），则有

$$B_m(T_m)=\tau_m\{\varepsilon_mB_m(T_S)+(1-\varepsilon_m)(1-\tau_m)[1-\tau_m(53°)]B_m(T_a)\}+(1-\tau_m)B_m(T_a) \tag{5.34a}$$

$$B_n(T_n)=\tau_n\{\varepsilon_nB_n(T_S)+(1-\varepsilon_n)(1-\tau_n)[1-\tau_n(53°)]B_n(T_a)\}+(1-\tau_n)B_n(T_a) \tag{5.34b}$$

5.2.3.3 Planck 辐射函数线性化

为了将方程组（式 5.34a，式 5.34b）转化为含有近地表气温 T_0 参量的方程，需对 Planck 辐射函数进行线性化展开。由 5.2.1.4 节知，Planck 辐射函数随温度变化接近线性，且这种线性特征在较窄的温度区间（如 <15℃）内表现更为明显。因此，运用 Taylor 展开式对 Planck 辐射函数进行线性展开较合适。由于 Planck 辐射函数线性特征显著，保留 Taylor 展开式的前两项一般即可保证足够的精度 (覃志豪等，2001)。因此，则有

$$B_i(T_j)=B_i(T)+(T_j-T)\partial B_i(T)/\partial T=(L_i+T_j-T)\partial B_i(T)/\partial T \tag{5.35a}$$

式中，T_j 可为亮度温度（$j=m$，n）、地表温度（$j=S$）和大气平均作用温度（$j=a$）。

参数 L_i 定义为

$$L_i=B_i(T)/(\partial B_i(T)/\partial T) \tag{5.35b}$$

式中，L_i 为温度参量（K）。在这里，对 Planck 辐射函数进行线性化的实质意义是把 $B_i(T_i)$ 所代表的热辐射亮度与一固定温度 T 的 $B_i(T)$ 关联起来，而这一固定温度 T 则是进一步推导的关键。考虑到在大多数情况下，通常有 $T_S>T_0>T_i>T_a$(Qin et al., 2001b；徐永明，2010)，即 T_0 介于开区间（T_a，T_S）内（满足 Taylor 展开式的条件需求），因此，可以定义固定温度 T 为 T_0，这样，地表热辐射参数方程就转变为含 T_0 目标参量的方程。因此，对于热红外波段 i（$i=m$，n）而言，T_i、T_S 和 T_a 所对应的 Planck 辐射函数 $B_i(T_i)$、$B_i(T_S)$ 和 $B_i(T_a)$ 可进一步展开为

$$B_i(T_i)=(L_i+T_i-T_0)\partial B_i(T_0)/\partial T \tag{5.35c}$$

$$B_i(T_S)=(L_i+T_S-T_0)\partial B_i(T_0)/\partial T \tag{5.35d}$$

$$B_i(T_a)=(L_i+T_a-T_0)\partial B_i(T_0)/\partial T \tag{5.35e}$$

其中，L_i（$i=m$，n）为

$$L_i=B_i(T_0)/(\partial B_i(T_0)/\partial T) \tag{5.36}$$

5.2.3.4　两通道算法的推导

将式 5.35c 至式 5.35e 中的展开式代入 m 和 n 波段对应的热红外辐射传输方程（式 5.34a，式 5.34b）中，则有

$$(L_m+T_m-T_0)\partial B_m(T_0)/\partial T=\tau_m[\varepsilon_m(L_m+T_S-T_0)\partial B_m(T_0)/\partial T$$
$$+(1-\varepsilon_m)(1-\tau_m)(1-\tau_m(53°))(L_m+T_a-T_0)\partial B_m(T_0)/\partial T] \tag{5.37a}$$
$$+(1-\tau_m)(L_m+T_a-T_0)\partial B_m(T_0)/\partial T$$

$$(L_n+T_n-T_0)\partial B_n(T_0)/\partial T=\tau_n[\varepsilon_n(L_n+T_S-T_0)\partial B_n(T_0)/\partial T$$
$$+(1-\varepsilon_n)(1-\tau_n)(1-\tau_n(53°))(L_n+T_a-T_0)\partial B_n(T_0)/\partial T] \tag{5.37b}$$
$$+(1-\tau_n)(L_n+T_a-T_0)\partial B_n(T_0)/\partial T$$

定义参数 C_i、D_i 和 E_i（$i=m$，n），则

$$C_i=\tau_i\varepsilon_i \tag{5.38a}$$

$$D_i=\tau_i(1-\varepsilon_i)(1-\tau_i)(1-\tau_i(53°)) \tag{5.38b}$$

$$E_i=(1-\tau_i) \tag{5.38c}$$

将 C_i、D_i 和 E_i 代入式 5.37a 和式 5.37b 中，并消除方程两边的 $\partial B_i(T_0)/\partial T$，则得

$$L_m+T_m-T_0=C_m(L_m+T_S-T_0)+D_m(L_m+T_a-T_0)+E_m(L_m+T_a-T_0) \tag{5.39a}$$

$$L_n+T_n-T_0=C_n(L_n+T_S-T_0)+D_n(L_n+T_a-T_0)+E_n(L_n+T_a-T_0) \tag{5.39b}$$

对式 5.39a，式 5.39b 进行因式分解和同类项合并，则有

$$C_mT_S+(D_m+E_m)T_a+[1-(C_m+D_m+E_m)]T_0=[1-(C_m+D_m+E_m)]L_m+T_m \tag{5.40a}$$

$$C_nT_S+(D_n+E_n)T_a+[1-(C_n+D_n+E_n)]T_0=[1-(C_n+D_n+E_n)]L_n+T_n \tag{5.40b}$$

定义参数 F_i 和 G_i（$i=m$，n），则

$$F_i=D_i+E_i \tag{5.41a}$$

$$G_i=1-(C_i+D_i+E_i) \tag{5.41b}$$

对于参数 L_i（$i=m$，n），研究发现 L_i 的数值与温度有密切的关系。根据这一特性，可以用函数拟合来估计 L_i

$$L_i=a_i+b_iT_0 \tag{5.42}$$

式中，a_i 和 b_i 为拟合系数。将式 5.41a 至 5.41b 代入式 5.40a，式 5.40b，则有

$$C_mT_S+F_mT_a+G_mT_0=G_m(a_m+b_mT_0)+T_m \tag{5.43a}$$

$$C_nT_S+F_nT_a+G_nT_0=G_n(a_n+b_nT_0)+T_n \tag{5.43b}$$

对式 5.43a，式 5.43b 进行因式分解和同类项合并，则有

$$C_mT_S+F_mT_a+G_m(1-b_m)T_0=G_ma_m+T_m \tag{5.44a}$$

$$C_nT_S+F_nT_a+G_n(1-b_n)T_0=G_na_n+T_n \tag{5.44b}$$

定义参数 H_i 和 I_i（$i=m$，n），则

$$H_i=G_i(1-b_i) \tag{5.45a}$$

$$I_i=C_ia_i+T_i \tag{5.45b}$$

将式 5.45a，式 5.45b 代入式 5.44a，式 5.44b，则有

$$C_mT_S+F_mT_a+H_mT_0=I_m \tag{5.46a}$$

$$C_nT_S+F_nT_a+H_nT_0=I_n \tag{5.46b}$$

研究表明，T_0 与 T_a 之间存在如下函数关系

$$T_a=a'+b'T_0 \tag{5.47}$$

式中，a'、b' 为拟合系数，详见表 5.1。值得指出的是，在这里引入 T_0 与 T_a 函数关系的实质性意义是将 Taylor 展开式 5.35c 至式 5.35e 中的固定温度 T_0（名义上的近地表气温）真正意义上实质化为近地表气温 T_0。这里有一个很大的误区，在数理上可假定 Taylor 展开式 5.35c 至式 5.35e 中的固定温度 T_0 为大气层任一高度上的温度（名义上），通过联立三通道地表热辐射传输方程（T_S、T_0、T_a 3 参量）从而可以求算出任一大气高度上的温度，但事实并非如此，这也解释了通过此三通道算法求算近地表气温的不可行性，原因是：虽然可基于不同大气高度上的温度 T_0（名义上）为固定温度进行 Taylor 展开式展开，并且以此构建的地表热辐射传输方程都成立（如式 5.37a 至式 5.37b），但它们（不同大气高度上）所有的公式推导和解都完全相同，从而使这种名义上的固定温度 T_0 无任何意义。因此，需通过一定的法则将名义上的固定温度 T_0 与真正意义上的固定温度 T_0 关联起来，从而使这种名义上的固定温度 T_0 实质化。

将式 5.47 代入式 5.46a，式 5.46b，合并同类项，则有

$$C_mT_S+(a'F_m+H_m)T_0=I_m-a'F_m \tag{5.48a}$$

$$C_nT_S+(b'F_n+H_n)T_0=I_n-a'F_n \tag{5.48b}$$

定义参数 J_i 和 K_i（$i=m$，n）

$$J_i=b'F_i+H_i \tag{5.49a}$$

$$K_i=I_i+a'F_i \tag{5.49a}$$

将式 5.49a，式 5.49b 代入式 5.48a，式 5.48b，则有

$$C_m T_S + J_m T_0 = K_m \qquad (5.50\mathrm{a})$$

$$C_n T_S + J_n T_0 = K_n \qquad (5.50\mathrm{b})$$

定义矩阵 U、X 和 Y

$$U = \begin{pmatrix} C_m & J_m \\ C_n & J_n \end{pmatrix} \qquad (5.51\mathrm{a})$$

$$X = \begin{pmatrix} T_S \\ T_0 \end{pmatrix} \qquad (5.51\mathrm{b})$$

$$Y = \begin{pmatrix} K_m \\ K_n \end{pmatrix} \qquad (5.51\mathrm{c})$$

将式 5.50a，式 5.50b 写成矩阵形式，则有

$$UX = Y \qquad (5.51\mathrm{d})$$

当 U 为可逆矩阵时（$\det U \neq 0$），式 5.51d 的解为 U 左除 Y（如 MATLAB、IDL、R 软件等），得方程组式 5.50a，式 5.50b 的解，即

$$X = U/Y \qquad (5.51\mathrm{e})$$

利用式 5.51e 求出的解 X 含 T_S 和 T_0 两个参量。若只单一求解 T_0，只需构建另一矩阵 V 式 5.52，利用式 5.53 即可直接求算。

$$V = \begin{pmatrix} C_m & K_m \\ C_n & K_n \end{pmatrix} \qquad (5.52)$$

$$T_0 = \frac{\det(V)}{\det(U)} = \frac{C_m K_n - C_n K_m}{C_m J_n - C_n J_m} \qquad (5.53)$$

式中，$\det(U)$ 和 $\det(V)$ 分别为矩阵 U 和 V 的秩（如 MATLAB、IDL、R 软件等）；C_i、J_i 和 K_i（$i=m$, n）各参数同上。

式 5.53 即为两通道近地表气温反演算法的计算式。当然，这一算法需假定两通道的 ε_i 和 τ_i（$i=m$, n）已知或可估计，才能进行近地表气温反演。在一般情况下，这些参数都可以较容易确定。在 5.3 节中，将针对 MODIS/Terra 传感器详细探讨算法涉及参数的估计。

5.2.3.5　两通道算法外延法

与三通道算法一样，当地表温度 T_S 为已知时，两通道算法可进一步转化为单通道算法（此处称为两通道算法外延法，与三通道算法外延法称法保持一致性），即热红外辐射传输方程仅含有 T_0 未知参量的方程。

定义参数 M_i（$i=m$, n）

$$M_i = K_i - C_i T_S \qquad (5.54)$$

将式 5.54 代入式 5.50a，式 5.50b，则有

$$J_m T_0 = M_m \qquad (5.55\mathrm{a})$$

$$J_n T_0 = M_n \qquad (5.55\text{b})$$

至此，热红外辐射传输方程已转化为仅含有 T_0 参量的方程，因此，只需 1 个方程等式即可求算 T_0。则两通道算法经算法外延后，得两通道算法外延法 T_0 的求算式为

$$T_0 = \frac{M_i}{J_i} \qquad (5.56)$$

式中，J_i 和 M_i（$i=m$，n）各参数同上。

值得指出的是，经两通道算法外延得到的两通道算法外延法（实为单通道算法），只适用于参量 T_S 经高精准估算已知的情况，且是为了仅含一个热红外通道遥感器用于近地表气温反演的应用推广，另外，在该情况下，此算法外延描述了近地表气温和地表温度之间的函数关系；当 T_S 参量估计质量不高时，不建议采用此两通道算法外延法反演近地表气温，因为 T_S 的不确定性无疑将进一步影响 T_0 的估计精度。

5.2.4 算法通道选取

从上述算法构建的过程中，可以知道，三通道算法和两通道算法具有一定的普适性，但算法在具体应用研究中，需对某具体传感器选取适宜的热红外波段。一般来讲，遥感器波谱选取应遵循以下两个基本原则：一是预期探测目标在此波谱段上有最强的信号特征，由维恩位移定律可简便计算获知。二是所探测的遥感信息能最大限度地透过大气到达传感器，常用的红外波谱段大气窗口为 3~5 μm 和 8~14 μm（田国良等，2006）。

针对 MODIS 传感器，波段（即通道）20、22、23、29、31、32 和 33 均可用于地表热红外辐射传输方程的构建（Wan and Li, 1997），但因波段 20、22 和 23 位于中红外波段区，此 4 波段在白天反射等自身热辐射数量级的太阳辐射，所以在计算传感器信号时，需考虑太阳辐射的贡献，故增加了地表热红外辐射传射方程的复杂性（田国良等著，2006），另外，又因波段 33 处在热红外窗口边缘，相对于波段 29、31 和 32 的大气透过率较低且数据质量具有一定的不稳定性（Mao et al., 2005b），因此，在白天仅采用 29 波段、31 波段和 32 波段用于构建三通道反演算法，而 31 波段和 32 波段又位于地表最强信号特征波谱段，因此，在白天采用 31 波段和 32 波段用于构建两通道反演算法，而并非 29 波段、31 波段、32 波段和 33 波段中的任意 3 波段和 2 波段的组合。另外，两反演算法外延波段选取规则同上，即三通道算法外延波段选取 31 波段和 32 波段，两通道算法外延通道选取 31 波段。

值得一提的是，在夜间，由于无太阳辐射，MODIS 传感器的 20 波段、22 波段、23 波段、29 波段、31 波段和 32 波段均可用于构建三通道和两通道反演算法，只需对应波段的地表比辐射率和大气透过率可估计或已知，从而使两反演算法在夜间的普适性更高，该特性同样可移植于其他热红外传感器。

5.2.5 小结

本节构建了近地表气温热红外遥感定量反演的三通道算法和两通道算法，并给出了

详细的算法推导过程。两算法均基于地表热红外辐射传输方程，在地表比辐射率和大气透过率可估计或已知的情况下，利用 Taylor 展开式将地表热辐射传输方程各组分与近地表气温 T_0 关联起来，再依据热辐射传输方程中未知数的个数，选用传感器对等数量的热红外波段数即可实现近地表气温 T_0 遥感定量反演。在本质上，三通道算法与两通道算法的算法思想一致，两算法最大的区别在于两通道算法利用 53° 天顶角观测条件下的大气上行热辐射来近似替代大气下行辐射，减少了方程中 1 个未知数，实现了对方程中未知数的降维，从而将三通道算法降为两通道算法；另外，在假定 T_S 已知情况下，对两反演算法进行了算法外延和公式推导，即三通道算法外延法和两通道算法外延法。最后，针对 MODIS 传感器，分析给出了两算法构建及两算法外延最适宜的热红外通道选取。

5.3　近地表气温反演算法参数估计

针对 MODIS/Terra 传感器，对 5.2 节算法构建中所涉及的相关参数进行估计，这些参数包括地表比辐射率 ε_i、大气透过率 τ_i、温度参数 L_i 和亮度温度 T_i（ i=29，31，32）。只有当这些参数可估计或已知时，构建的反演算法才可真正应用。

5.3.1　地表比辐射率 ε_i 的估计

5.3.1.1　地表比辐射率的估计方法

地表比辐射率主要取决于地表的物质结构和遥感器的波段光谱范围（Becker and Li，1995；覃志豪等，2004；Li et al.，2013b）。地球表面不同区域的地表结构虽然很复杂，但从卫星像元的尺度来看，大体可视作由水面、城镇和自然表面 3 种类型构成（覃志豪等，2004）。水面结构简单；城镇像元可视为不同比例的建筑和植被组成，包括城市和村庄，主要为道路、各种建筑和房屋组成；自然表面可视为由不同比例的植被和裸土组成，包括天然陆地表面、林地和农田等。这样，即有 4 种典型地物类型，即植被、裸土、建筑和水体（覃志豪等，2004）。值得一提的是，地表以自然表面为主体，且自然表面通常占遥感图像比例最大。

因 MODIS 传感器的热红外波段像元尺度大小为 1km，通常很难有 100% 的单一地表类型像元（纯像元），故混合像元普遍存在。因此，在确定 MODIS 像元尺度自然地表比辐射率时，一般可估计其混合像元的地表比辐射率 ε，即

$$\varepsilon\sigma T^4 = P_v\varepsilon_v\sigma T_v^4 + (1-P_v)\varepsilon_s\sigma T_s^4 + \Delta \tag{5.57a}$$

$$\varepsilon = P_v\varepsilon_v R_v + (1-P_v)\varepsilon_s R_s + \mathrm{d}\varepsilon \tag{5.57b}$$

其中，R_v 和 R_s 定义为

$$R_v = \left(\frac{T_v}{T}\right)^4 \tag{5.57c}$$

$$R_s = \left(\frac{T_s}{T}\right)^4 \tag{5.57d}$$

式中，P_v 为植被占混合像元的比例（无量纲量）；σ 为 Stenfan-Boltzmann 常量（5.6697×10^{-8} W·m^{-2}·K^{-4}）；ε_v 和 ε_s 分别为植被和裸土在 MODIS 波段 i（i=29，31，32）区间上的地表比辐射率（无量纲量）；T 为混合像元的平均温度（K），T_v 和 T_s 分别为植被和裸土的温度（K）；R_v 和 R_s 分别为植被和裸土的温度比率（无量纲量）；Δ 为植被和裸土之间的热辐射相互作用，在地表相对较平整情况下，dε 一般可取 0，在地表高程起伏相差较大情况下，dε 可以根据植被的构成比例简单估计（Sobrino et al.，2004）。由于热辐射相互作用在植被与裸土各占一半时达到最大，利用覃志豪等（2004）提出的如下经验公式来估计 dε（覃志豪等，2004）

当 $P_v \leqslant 0.5$ 时，$\qquad$ dε=0.003 8P_v $\tag{5.58a}$

当 $P_v > 0.5$ 时，$\qquad$ dε=0.003 8$(1-P_v)$ $\tag{5.58b}$

当 P_v=0.5 时，dε 最大，$\qquad$ dε=0.001 9 $\tag{5.58c}$

值得指出的是，用式 5.57b 计算出的 ε 若大于 ε_v，则取 $\varepsilon=\varepsilon_v$。对于面积较大的 100% 植被、裸土表面或水面时，可直接用这 3 种类型的地表比辐射率来表示其像元的比辐射率。因此，当 P_v=1 时，$\varepsilon=\varepsilon_v$；当 P_v=0 时，$\varepsilon=\varepsilon_s$ 或 $\varepsilon=\varepsilon_w$。

5.3.1.2 城镇地表比辐射率的估计方法

一般来说，城镇像元的地表比辐射率估计可类似地用上述方法来确定。城镇可看成由各种建筑物表面和分布其中的绿化植被所组成，因此，则有

$$\varepsilon = P_v\varepsilon_vR_v + (1-P_v)\varepsilon_mR_m + d\varepsilon \tag{5.59}$$

式中，R_m 为建筑表面的温度比率（无量纲量），ε_m 为建筑表面的比辐射率（无量纲量），其他参数同式 5.57b。

5.3.1.3 典型地物温度比率的估计

准确的地表比辐射率估计需要对典型地物的温度比率进行估计。为了确定典型地物的温度比率，在本研究中，利用覃志豪等（2004）构建的温度比率随植被覆盖度变化的关系式（覃志豪等，2004），来估计植被、裸土和建筑表面的温度比率，即

$$R_v=0.933\ 2+0.058\ 5P_v \tag{5.60a}$$

$$R_s=0.990\ 2+0.106\ 8P_v \tag{5.60b}$$

$$R_m=0.988\ 6+0.128\ 7P_v \tag{5.60c}$$

值得指出的是，这一估计虽然没有考虑温度变化的影响（图 5.4），但基本上能较准确地对地表比辐射率进行估计。

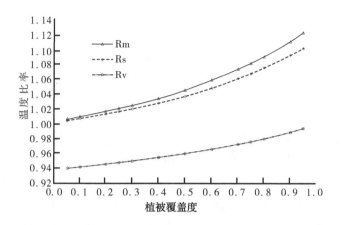

图 5.4　典型地物温度比率随植被覆盖度的变化（覃志豪等，2004）

5.3.1.4　地表构成比例的确定

地表构成比例又称植被覆盖度、植土比（P_v）是 MODIS 混合像元地表比辐射率估计的必要输入参数，一般可利用像元的归一化差值植被指数 NDVI 来计算获取，其计算式为

$$P_v = \frac{\text{NDVI} - \text{NDVI}_s}{\text{NDVI}_v - \text{NDVI}_s} \tag{5.61a}$$

其中，NDVI 定义为

$$\text{NDVI} = \frac{B_2 - B_1}{B_2 + B_1} \tag{5.61b}$$

式中，NDVI 为某混合像元的 NDVI（无量纲量）；NDVI_v 和 NDVI_s 分别为植被和裸土的 NDVI（无量纲量）；B_1 和 B_2 分别为 MODIS 第 1 波段（红）和第 2 波段（近红外）的反射率或 DN 值。值得指出的是，研究表明，大气影响对 NDVI 的计算误差很小，故可直接利用 MODIS B1 和 B2 波段的 DN 值或星上反射率来计算 NDVI，而无须进行大气校正（Sobrino et al., 2004；覃志豪等，2004）。

对 NDVI_v 和 NDVI_s 的赋值：如果遥感图像范围内有明显的茂密植被区，则取该植被区的平均 NDVI 值作为 NDVI_v 值；同样，如果有明显的裸土区，则取该裸土区的平均 NDVI 值为 NDVI_s 进行估计；但是，如果遥感图像范围内没有明显的完全植被或裸土像元，则一般用 NDVI_v=0.65 和 NDVI_s=0.05 来进行植被覆盖度的近似估计（Kerr et al., 1992）。当 NDVI>NDVI_v 时，视这一像元为完全植被覆盖，取 P_v=1；当 NDVI<NDVI_s 时，视这一像元为完全裸土覆盖，取 P_v=0；当 NDVI<0 时，视这一像元为完全水体覆盖。

5.3.1.5　典型地物的比辐射率

地表常见 4 种典型地物（水体、植被、裸土和建筑）的比辐射率是求算自然表面和城镇表面混合像元地表比辐射率的基本输入参数，它们可估计或已知是混合像元地表比辐射率估计方法得以实用的前提。

在这里，首先利用毛克彪等（2005）研究给出的3种典型地物（水体、植被和裸土）在 MODIS 31 和 32 波段上的平均比辐射率（表5.2）用于 MODIS 混合像元地表比辐射率的估计（Mao et al., 2005a）；同时，基于约翰霍普金斯（Johns Hopkins）大学的地物光谱数据库（ENVI Spectral Library，2009），计算了建筑表面在 MODIS 31 和 32 波段上的平均比辐射率（图5.5）。

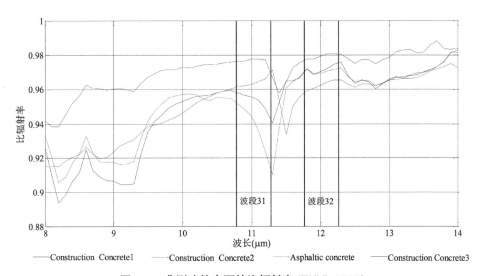

图 5.5　典型建筑表面的比辐射率 (ENVI, 2009)

表 5.2　典型地物平均比辐射率

地表比辐射率	水体	植被	裸土	建筑
$\varepsilon 31$	0.992	0.972	0.986	0.957
$\varepsilon 32$	0.988	0.976	0.991	0.971

5.3.1.6　地表比辐射率间的线性化关系

地表比辐射率为波长的函数，随波长变化而变化。但研究表明，大多数地物比辐射率在 MODIS 热红外波段（29，31，32，33）光谱区间（8.55~13.4μm）上变化很小，一般都大于0.97；且在该光谱区间上，MODIS 热红外波段（29，31，32，33）间的地表比辐射可利用线性方程近似估计 (Mao et al., 2005b)。在本研究中，利用毛克彪等（2005）构建的 MODIS 热红外波段地表比辐射率间的线性化关系来推算 MODIS 29 波段的地表比辐射率 ε_{29}，其关系式为：

对非水体和非雪盖表面，有 $\varepsilon_{31}=0.175\,34+0.023\,08\varepsilon_{29}+0.791\,55\varepsilon_{33}$ （5.62a）

$$\varepsilon_{32}=0.166\,71-0.035\,98\varepsilon_{29}+0.863\,52\varepsilon_{33}$$ （5.62b）

对水体和雪盖表面，有 $\varepsilon_{31}=0.826\,56-0.053\,93\varepsilon_{29}+0.222\,85\varepsilon_{33}$ （5.63a）

$$\varepsilon_{32}=0.532\ 13-0.319\ 46\varepsilon_{29}+0.786\ 18\varepsilon_{33} \qquad (5.63b)$$

将式 5.62a 至式 5.63b 转化为 29 波段地表比辐射率 ε_{29} 的计算式，即

对非水体和非雪盖表面，有

$$\varepsilon_{29}=17.837\ 63\varepsilon_{31}-16.350\ 96\varepsilon_{32}-0.401\ 78 \qquad (5.64)$$

对水体和雪盖表面，有

$$\varepsilon_{29}=27.304\ 58\varepsilon_{31}-7.739\ 74\varepsilon_{32}-18.450\ 33 \qquad (5.65)$$

利用 5.3.1 节方法可计算 MODIS 31 和 32 波段的地表比辐射率 ε_{31} 和 ε_{32}，再利用式 5.64，式 5.65 可计算 MODIS 29 波段的地表比辐射率 ε_{29}，至此，即已实现对 MODIS 热红外波段 i（i=29，31，32）地表比辐射率 ε_i 的全部估计。

5.3.2 大气透过率 τ_i 的估计

5.3.2.1 大气透过率与大气水分含量的关系

地表热辐射经大气传导后方能抵达遥感器。由于大气对辐射能的削弱作用，往往只有部分辐射能被遥感器接受。这种削弱作用一般用大气透过率（τ）来定量描述。大气透过率对地表热辐射在大气中的传导有非常重要的影响，是热辐射传输方程的基本构成参数。同时，大气本身还发射一定强度的热辐射能，与地表热辐射能一起抵达遥感器。

影响大气透过率的因素较多，气压、气温、气溶胶含量、大气水分含量、O_3、CO_2、CO、NH_4 等对热辐射传导均有不同程度的作用，从而使地表热辐射在大气中传导时产生衰减（Qin et al., 2001a；覃志豪等，2003）。但研究表明，大气透过率的变化主要取决于大气水分含量的动态变化，其他因素因其动态变化不大而对大气透过率的变化没有显著影响，因此，大气水分含量就成为大气透过率估计的主要考虑因素（Sobrino et al., 1991；Franc and Cracknell, 1994；Qin et al., 2001a；覃志豪等，2003）。

5.3.2.2 大气水分含量的遥感反演算法

现有的大气水分含量遥感反演方法，按使用通道的不同，可划分为近红外法、热红外法和微波法，其中，以近红外法应用最为广泛，其算法主要有两通道比值法和三通道比值法（王伟民等，2005；姜立鹏等，2006)。

针对 MODIS 传感器，近红外波段有 5 个，分别为波段 2、5、17、18 和 19（表 5.3），其中，波段 17、18 和 19 为水汽吸收波段，而波段 2 和 5 为水汽窗口波段。这种设计，为利用 MODIS 某些波段来反演大气中的水分含量提供了可能。

表 5.3 用于 MODIS 大气水分含量反演的近红外 5 通道的有效中心波长和带宽 （单位：μm）

波段	2	5	17	18	19
有效中心波长	0.865	1.240	0.905	9.36	0.940
带宽	0.040	0.020	0.030	0.010	0.050

5.3.2.3 近红外大气水分含量遥感反演

近红外通道的大气辐射传输方程是近红外大气水分含量遥感反演的基础。近红外通道的大气辐射传输方程一般可表示为（Hansen and Travis, 1974; Fraser and Kaufman, 1985）

$$L_{sensor}(\lambda)=L_{sun}(\lambda)\tau(\lambda)\rho(\lambda)+L_{path}(\lambda) \tag{5.66}$$

式中，$L_{sensor}(\lambda)$ 为遥感器接收到的辐射（$W \cdot m^{-2} sr^{-1} \mu m^{-1}$）；$L_{sun}(\lambda)$ 为大气上界的太阳辐射（$W \cdot m^{-2} \cdot sr^{-1} \cdot \mu m^{-1}$）；$\tau(\lambda)$ 为大气总透过率（无量纲量），即从太阳到地球表面，再从地球表面到遥感器的大气路径上的透过率；$\rho(\lambda)$ 为下垫面反射率（无量纲量）；$L_{path}(\lambda)$ 为大气路径辐射（又称程辐射，单位 $W \cdot m^{-2} \cdot sr^{-1} \cdot \mu m^{-1}$），在近红外通道主要为散射辐射。

由于在近红外光谱区，气溶胶光学厚度很小，因此，大气路径辐射 $L_{path}(\lambda)$ 也非常小，仅相当地表反射辐射的百分之几，故可以忽略不计，这样，式 5.66 可简化为

$$L_{sensor}(\lambda)=L_{sun}(\lambda)\tau(\lambda)\rho(\lambda) \tag{5.67}$$

定义星上反射率 $\rho^*(\lambda)$（无量纲量），即

$$\rho^*(\lambda)=\frac{L_{sensor}(\lambda)}{L_{sun}(\lambda)} \tag{5.68}$$

因此，针对 MODIS 传感器，其近红外波段 i（$i=2$，5，17，18，19）的大气辐射传输方程可表示为

$$\tau(\lambda_i)=\frac{\rho^*(\lambda_i)}{\rho(\lambda_i)} \tag{5.69}$$

式中，λ_i 为 MODIS 近红外波段 i（$i=2$，5，17，18，19）的有效中心波长（μm），$\rho^*(\lambda_i)$ 为波段 i 的星上反射率（无量纲量），$\rho(\lambda_i)$ 为波段 i 的下垫面反射率（无量纲量）。

5.3.2.4 通道比值算法的推导

虽然地表反射率受多种因素控制，但波长也是一个重要的因素。可以说，地表反射率是波长的函数，对于相同的地点，其反射率在不同的波长区间是不相同的。这就为遥感利用不同波段来探测地表反射信息提供了基础。

从图 5.6 和图 5.7 可以看出，对于不同的下垫面（主要为土壤、植被和水体），给定波长的反射率将不同。由近红外通道的大气辐射传输方程易知，仅从单一水汽吸收通道的辐射亮度〔$L_{sensor}(\lambda)$〕获取该通道的大气透过率是不可能的，因未知 $\tau(\lambda)$、$\rho(\lambda)$ 多于方程数。但对 $1\mu m$ 波长附近的地表反射率研究发现，利用比值法求大气水汽含量是可行的（Gao and Goetz, 1990；Kaufman and Gao, 1992；毛克彪和覃志豪，2004；毛克彪等，2005）。两通道比值算法认为，假定地面反射率为一常数时，利用一个水汽窗口通道和一个水汽吸收通道即可求算出水汽吸收通道的大气透过率。如对 MODIS 第 2 和 19 通道利用式 5.69，则有

$$\tau(\lambda_2)=\frac{\rho^*(\lambda_2)}{\rho(\lambda_2)} \tag{5.70a}$$

$$\tau(\lambda_{19})=\frac{\rho^*(\lambda_{19})}{\rho(\lambda_{19})} \tag{5.70b}$$

假定 $\rho(\lambda_2) = \rho(\lambda_{19})$，且假定 MODIS 水汽窗口通道 2 的大气透过率 $\tau(\lambda_2)$ 为 1（从图 5.7 可看出，近似为 1），则基于通道 2 和 19 的两通道比值法算式可表示为

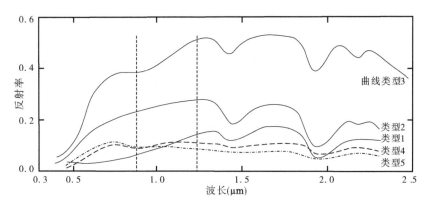

图 5.6　地表 5 种主要土壤类型的典型反射率曲线 (Gao and Kaufman, 1998)

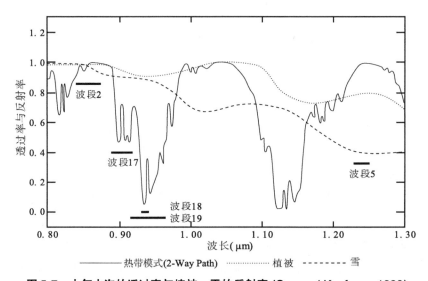

图 5.7　大气水汽的透过率与植被、雪的反射率 (Gao and Kaufman, 1998)

$$\tau(\lambda_{19}) = \frac{\rho^*(\lambda_{19})}{\rho^*(\lambda_2)} \tag{5.71}$$

式中，各参数同式 5.69。另外，Gao 和 Kaufman（1992）研究发现，对 $0.85 \sim 1.25\,\mu m$ 波长之间的各种地物反射率与波长基本满足线性关系。基于此，利用两个水汽窗口通道和一个水汽吸收通道即可估算出水汽吸收通道的大气透过率，即所谓的三通道比值算法。如对 MODIS 第 2、5 和 19 通道利用式 5.69，则有

$$\tau(\lambda_2) = \frac{\rho^*(\lambda_2)}{\rho(\lambda_2)} \tag{5.72a}$$

$$\tau(\lambda_5) = \frac{\rho^*(\lambda_5)}{\rho(\lambda_5)} \qquad (5.72b)$$

$$\tau(\lambda_{19}) = \frac{\rho^*(\lambda_{19})}{\rho(\lambda_{19})} \qquad (5.72c)$$

同时又有

$$\rho(\lambda_2) = a + b\lambda_2 \qquad (5.72d)$$

$$\rho(\lambda_5) = a + b\lambda_5 \qquad (5.72e)$$

$$\rho(\lambda_{19}) = a + b\lambda_{19} \qquad (5.72f)$$

式中，a 和 b 为拟合系数，其他参数同式 5.69。

假定 MODIS 水汽窗口通道 2 和 5 的大气透过率 $\tau(\lambda_2)$ 和 $\tau(\lambda_5)$ 为 1（从图 5.7 可看出，近似为 1），联立式 5.72a 至式 5.72f，则有

$$\tau(\lambda_{19}) = \frac{\rho^*(\lambda_{19})}{[\frac{\lambda_5 - \lambda_{19}}{\lambda_5 - \lambda_2} \rho^*(\lambda_2) + \frac{\lambda_{19} - \lambda_2}{\lambda_5 - \lambda_2} \rho^*(\lambda_5)]} \qquad (5.73a)$$

令

$$C_1 = \frac{\lambda_5 - \lambda_{19}}{\lambda_5 - \lambda_2} \qquad (5.73b)$$

$$C_2 = \frac{\lambda_{19} - \lambda_2}{\lambda_5 - \lambda_2} \qquad (5.73c)$$

式 5.73a 可写成

$$\tau(\lambda_{19}) = \frac{\rho^*(\lambda_{19})}{[C_1 \rho^*(\lambda_2) + C_2 \rho^*(\lambda_5)]} \qquad (5.73d)$$

利用表 5.3 中 MODIS 近红外波段的参数，计算出 $C_1 = 0.8$，$C_2 = 0.2$。

研究发现，水汽吸收波段的大气透过率与大气水分含量呈指数函数关系（Kaufman and Gao，1992）或抛物线函数关系，如图 5.8 所示。对于水汽吸收通道的透过率与大气水分含量的关系表达式，可以通过 MODTRAN、LOWTRAN 和 6S 等大气辐射传输模型模拟得到。Kaufman 和 Gao（1992）给出了由 MODIS 第 19 和第 2 通道求算的大气透过率与大气水分含量的关系表达式，即

$$\tau(\lambda_{19/2}) = \exp(\alpha - \beta w^{1/2}), \quad R^2 = 0.999 \qquad (5.74)$$

式中，$\tau(\lambda_{19/2})$ 为利用通道 19 和 2 计算出的 19 通道大气透过率（无量纲量）；w 为大气水分含量（cm）；参数 α 和 β 的取值详见表 5.4。

将式 5.74 转化为大气水分含量的表达式，则有

$$w = (\alpha - \frac{\ln \tau(\lambda_{19/2})}{\beta})^2 \qquad (5.75)$$

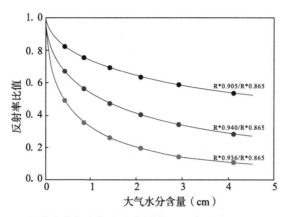

图 5.8　MODIS 两通道比值与大气水分含量关系示意图（Kaufman and Gao, 1992）

表 5.4　α 和 β 参数取值查找表（Kaufman and Gao, 1992）

地表类型	混合地表	植被	土壤	非选择性频谱地表
α	0.020	0.012	−0.040	0
β	0.651	0.651	0.651	0.651

简而言之，两通道比值算法和三通道比值算法都假定水汽窗口通道的大气透过率为1，把水汽吸收通道的大气透过率表示为两通道或三通道星上反射率比值的形式，进而利用水汽吸收通道的大气透过率与大气水分含量之间的关系来确定大气水分含量（姜立鹏等，2006）。

5.3.2.5　通道比值算法的改进

由于 MODIS 第 17、18 和 19 通道对水汽有不同的吸收系数，因而，在相同大气环境下，3 个通道对水汽吸收有不同的敏感度。第 18 通道位于水汽强吸收带，在干旱条件下对水汽最敏感；而第 17 通道位于水汽弱吸收带，在湿润条件下对水汽最敏感（图 5.7）。根据 5.3.2.4 节提出的通道比值水分含量反演算法，每一水汽吸收通道反演出的水分含量各不相同，并且每一水汽吸收通道的适用范围也不相同（17 通道适用于湿润地区，而 18 通道则适用于干旱地区）。因此，需综合利用 3 个水汽吸收通道的特性，达到取长补短的目的，故采用对 3 个通道求加权平均值的改进方法，即

$$W = f_{17}w_{17} + f_{18}w_{18} + f_{19}w_{19} \tag{5.76}$$

式中，W 为平均大气水分含量（cm），w_i（i=17，18，19）分别为 MODIS 第 i 通道反演出的大气水分含量（cm），f_i 为 MODIS 第 i（i=17，18，19）通道的权重函数（无量纲量）。权重函数 f_i 表示为

$$f_i = \frac{\eta_i}{\eta_{17} + \eta_{18} + \eta_{19}} \tag{5.77a}$$

$$\eta_i = \left| \frac{\Delta \tau_i}{\Delta W} \right| \tag{5.77b}$$

式中，$\frac{\Delta \tau_i}{\Delta W}$ 为第 i（i=17，18，19）Δ 通道大气透过率随大气水分含量的变化率，可以反映出对水汽吸收的敏感程度。其实，$\Delta \tau / \Delta W$ 是大气水分含量的函数，在实际计算中，可对用大气水分含量表示的大气透过率求一阶导数得到（Gao and Kaufman, 1998；姜立鹏等，2006）。

5.3.2.6　改进型三通道比值综合算法

改进型三通道比值综合算法是指对初始三通道算法的改进和平均大气水分含量求算的两者叠加。通常在实际情况中，MODIS 第 2 和 5 水汽窗口通道的大气透过率并不等于 1（图 5.7），因此，对通道比值算法可做进一步的改进。针对三通道比值算法，假定 1 μm 波长附近的各种地物反射率与波长基本满足线性关系，对 MODIS 水汽吸收通道 i（i=17，18，19），则有

$$\tau(\lambda_2) = \frac{\rho^*(\lambda_2)}{\rho(\lambda_2)} \tag{5.78a}$$

$$\tau(\lambda_5) = \frac{\rho^*(\lambda_5)}{\rho(\lambda_5)} \tag{5.78b}$$

$$\tau(\lambda_i) = \frac{\rho^*(\lambda_i)}{\rho(\lambda_i)} \tag{5.78c}$$

$$\rho(\lambda_2) = a + b\lambda_2 \tag{5.78d}$$

$$\rho(\lambda_5) = a + b\lambda_5 \tag{5.78e}$$

$$\rho(\lambda_i) = a + b\lambda_i \tag{5.78f}$$

联立式 5.78a 至式 5.78f，对 $\tau(\lambda_i)$，则有

$$\tau(\lambda_i) = \frac{\rho^*(\lambda_i) \cdot \tau(\lambda_2) \cdot \tau(\lambda_5)}{[\frac{\lambda_5 - \lambda_i}{\lambda_5 - \lambda_2} \rho^*(\lambda_2) \cdot \tau(\lambda_5) + \frac{\lambda_i - \lambda_2}{\lambda_5 - \lambda_2} \rho^*(\lambda_5) \cdot \tau(\lambda_2)]} \tag{5.79a}$$

定义参数 P_i 和 Q_i（i=17，18，19，无量纲量），则

$$P_i = \frac{\lambda_5 - \lambda_i}{\lambda_5 - \lambda_2} \tag{5.79b}$$

$$Q_i = \frac{\lambda_5 - \lambda_i}{\lambda_5 - \lambda_2} \tag{5.79c}$$

利用表 5.4 中 MODIS 近红外波段的参数，构建参数 P_i 和 Q_i（i=17，18，19）查找表，如表 5.5 所示。

表 5.5　参数 P_i 和 Q_i（i=17，18，19）查找表

波段	P_i	Q_i
17	0.893333	0.2
18	0.810667	0.233553
19	0.8	0.2

为了从式 5.79a 中求算通道 i（i=17，18，19））的大气透过率，需通道 2 和通道 5 的大气透过率已知或可估计。姜立鹏等（2006）利用 MODTRAN 中晴空无云中纬度夏季大气（大气边界层温度为 300K；CO_2 体积混合比为 0.036%；气溶胶类型为乡村气溶胶模式，缺省 VIS=23km；其他参数采用 MODTRAN 中纬度夏季大气缺省值）模拟了通道 2 和通道 5 在不同大气水分含量（0.1~5.3cm 范围，步长为 0.1）和不同视角条件下（0~55°，步长为 1）的大气透过率变化。研究表明，大气透过率随传感器视角的增大而减小，当传感器视角较小时，大气透过率减小速率较慢；当传感器视角较大时，透过率减小的速率较快。这种特性，即视角的增大延长了电磁波在大气中的传播路径，从而加强了大气的散射、吸收等作用，直接影响到大气透过率的大小（高懋芳等，2007b）。因通道 2 和通道 5 的大气透过率基本上不随大气水分含量的变化而变化，所以通道 2 和通道 5 的大气透过率仅参数化为视角的函数，详见表 5.6。

表 5.6 不同视角条件下 MODIS 第 2 和第 5 通道的大气透过率（姜立鹏等，2006）

视角 θ	$0° < \theta \leq 15°$	$15° < \theta \leq 25°$	$25° < \theta \leq 35°$	$35° < \theta \leq 41°$	$41° < \theta \leq 47°$	$47° < \theta \leq 51°$	$51° < \theta \leq 53°$	$\theta > 53°$
$\tau 2$	0.820 16	0.810 22	0.791 09	0.765 42	0.735 83	0.699 18	0.668 19	0.641 46
$\tau 5$	0.905 42	0.899 33	0.887 54	0.871 53	0.852 79	0.829 15	0.808 74	0.790 81

利用表 5.6 中通道 2 和通道 5 的大气透过率（初始算法假定为 1），即可估计 MODIS 水汽吸收通道 i（i=17，18，19）的大气透过率，从而可模拟统计获取水汽吸收通道 i 的大气透过率和大气水分含量的关系，实现对大气水分含量的反演。姜立鹏等（2006）针对晴空无云中纬度夏季大气（大气边界层温度为 300K；CO_2 体积混合比为 0.036%；气溶胶类型为乡村气溶胶模式，缺省值 VIS=23km；其他参数采用 MODTRAN 中纬度夏季大气缺省值），基于 MODTRAN 模拟构建了不同视角条件下 MODIS 水汽吸收通道（i=17，18，19）的大气透过率与大气水分含量的统计关系式（表 5.7），用于估计像元尺度上的大气水分含量。值得指出的是，该关系式由中纬度夏季大气模式建立，在应用推广时需注意应用条件的限制和相似性。

基于表 5.7 构建的大气透过率与大气水分含量统计关系式和式 5.79a 计算出的大气透过率，即可求算出大气水分含量。为了充分利用 3 个水汽吸收通道（17、18 和 19）的特性，对 3 个水汽吸收通道反演的大气水分含量求加权平均，计算方法同上节，其中权重函数 f_i（i=17, 18, 19）的参量 η_i 计算详见表 5.8。

5.3.2.7 大气透过率 τ_i 的模拟估计

由于实时大气剖面资料通常难以获取，所以对大气透过率的求算目前普遍使用 MODTRAN、LOWTRAN 和 6S 等大气模拟软件，用标准大气替代来模拟计算获取（覃志豪等，2003），又因大气透过率主要为大气水分含量的函数，所以一般只需建立大气水分含量与大气透过率之间的关系表达式（高懋芳等，2007a）。根据这一特征，可运用大气模

表 5.7 不同视角条件下 MODIS 水汽吸收通道（17、18 和 19）的大气透过率与大气水分含量的关系（姜立鹏等，2006）

视角 θ(°)	通道 17	通道 18	通道 19
$0<\theta\leq15$	$w=-243.37\tau^3+589.15\tau^2-484.83\tau+135.61$	$w=147.54\tau^4-308.67\tau^3+246.42\tau^2-92.575\tau+14.625$	$w=-72.244\tau^3+143.98\tau^2-99.464\tau+24.179$
$15<\theta\leq25$	$w=-238.66\tau^3+569.45\tau^2-462.12\tau+127.54$	$w=160.73\tau^4-327.09\tau^3+253.36\tau^2-92.161\tau+14.111$	$w=-74.273\tau^3+144.78\tau^2-97.795\tau+23.267$
$25<\theta\leq35$	$w=-232.38\tau^3+539.01\tau^2-425.61\tau+114.42$	$w=190.43\tau^4-367.81\tau^3+269.06\tau^2-92.039\tau+13.267$	$w=-78.818\tau^3+147.28\tau^2-95.283\tau+21.749$
$35<\theta\leq41$	$w=-228.58\tau^3+509.96\tau^2-387.75\tau+100.53$	$w=241.19\tau^4-435\tau^3+295.18\tau^2-93.073\tau+12.369$	$w=-86.286\tau^3+152.41\tau^2-93.066\tau+20.085$
$41<\theta\leq47$	$w=-229.41\tau^3+488.67\tau^2-355.18\tau+88.17$	$w=320.17\tau^4-534.53\tau^3+333.22\tau^2-95.746\tau+11.579$	$w=-97.014\tau^3+160.65\tau^2-91.767\tau+18.553$
$47<\theta\leq51$	$w=-236.94\tau^3+475.52\tau^2-326.07\tau+76.51$	$w=461.42\tau^4-701.29\tau^3+394.3\tau^2-101.09\tau+10.861$	$w=-113.99\tau^3+174.26\tau^2-91.594\tau+17.056$
$51<\theta\leq53$	$w=-248.55\tau^3+473.31\tau^2-308.26\tau+68.808$	$w=636.13\tau^4-893.74\tau^3+461.01\tau^2-107.39\tau+10.424$	$w=-132.26\tau^3+188.89\tau^2-92.462\tau+16.037$
$\theta>53$	$w=-262.58\tau^3+477.06\tau^2-296.65\tau+63.305$	$w=846.76\tau^4-1111.9\tau^3+532.65\tau^2-114.25\tau+10.147$	$w=-151.65\tau^3+204.1\tau^2-93.87\tau+15.294$

表 5.8 不同视角条件下 MODIS 水汽吸收通道（17、18 和 19）的 η_i 计算（姜立鹏等，2006）

视角 θ(°)	η_{17}	η_{18}	η_{19}
$0<\theta\leq15$	$\eta_{17}=\lvert-0.004\,5w^2+0.037\,6w-0.1042\rvert$	$\eta_{18}=\lvert0.010\,8w^3-0.109\,5w^2+0.369\,2w-0.459\,1\rvert$	$\eta_{19}=\lvert-0.013\,8w^2+0.108\,5w-0.245\,5\rvert$
$15<\theta\leq25$	$\eta_{17}=\lvert-0.004\,5w^2+0.038\,8w-0.1066\rvert$	$\eta_{18}=\lvert0.011\,2w^3-0.111\,6w^2+0.375w-0.463\,1\rvert$	$\eta_{19}=\lvert-0.014\,1w^2+0.110\,2w-0.248\,4\rvert$
$25<\theta\leq35$	$\eta_{17}=\lvert-0.004\,8w^2+0.041w-0.1107\rvert$	$\eta_{18}=\lvert0.011\,6w^3-0.114\,9w^2+0.384\,8w-0.469\,2\rvert$	$\eta_{19}=\lvert-0.014\,4w^2+0.113\,8w-0.252\,9\rvert$
$35<\theta\leq41$	$\eta_{17}=\lvert-0.005\,1w^2+0.043\,4w-0.1153\rvert$	$\eta_{18}=\lvert0.011\,6w^3-0.118\,5w^2+0.395\,4w-0.474\,1\rvert$	$\eta_{19}=\lvert-0.015w^2+0.117\,6w-0.257\,2\rvert$
$41<\theta\leq47$	$\eta_{17}=\lvert-0.005\,4w^2+0.046w-0.1195\rvert$	$\eta_{18}=\lvert0.012w^3-0.121\,5w^2+0.403\,8w-0.476\rvert$	$\eta_{19}=\lvert-0.015\,6w^2+0.121w-0.259\,9\rvert$
$47<\theta\leq51$	$\eta_{17}=\lvert-0.006w^2+0.048\,4w-0.1232\rvert$	$\eta_{18}=\lvert0.012\,4w^3-0.123\,9w^2+0.409\,8w-0.473\,3\rvert$	$\eta_{19}=\lvert-0.016\,2w^2+0.123\,8w-0.260\,5\rvert$
$51<\theta\leq53$	$\eta_{17}=\lvert-0.006\,2w^2+0.049\,8w-0.1252\rvert$	$\eta_{18}=\lvert0.012\,4w^3-0.125\,1w^2+0.411\,4w-0.467\,5\rvert$	$\eta_{19}=\lvert-0.016\,5w^2+0.125w-0.259\,1\rvert$
$\theta>53$	$\eta_{17}=\lvert-0.006\,3w^2+0.050\,8w-0.1262\rvert$	$\eta_{18}=\lvert0.012\,4w^3-0.125\,4w^2+0.410\,4w-0.460\,3\rvert$	$\eta_{19}=\lvert-0.016\,5w^2+0.125\,4w-0.256\,5\rvert$

拟程序 MODTRAN 模拟大气水分含量变化与大气透过率变化之间的关系，建立相关方程，以便用来进行大气透过率的近似估计。另外，当前对热红外波段大气透过率的估计，大多数都未考虑观测天顶角的影响，仅给出了一种通用计算式（未包含观测天顶角参数），为此，将对不同观测天顶角下的大气透过率估计进行模拟研究。

本研究中考虑大气水分含量在 $0.4\sim6.4\,g\cdot cm^{-2}$ 区间上变动（步长 0.2）、观测天顶角在 $0\sim70°$（步长 $5°$）中纬度大气透过率的模拟估计，以建立大气透过率与大气水分含量及观测天顶角三者之间的函数关系式。大气水分含量选取 $0.4\sim6.4\,g\cdot cm^{-2}$，是因为这一区间基本上代表了天空晴朗条件下大气水分含量的变化幅度，如在沙漠干燥气候区，大气水分含量一般较低，只有 $0.5\sim1.5\,g\cdot cm^{-2}$ 左右，而在较为湿润的地区，大气水分含量一般较高，可达 $2\sim3.5\,g\cdot cm^{-2}$（覃志豪等，2003）。观测天顶角选取 $0\sim70°$，是因为 MODIS 传感器过境时很少有发生观测天顶角大于 $70°$ 的情况，同时为减少模拟次数这角度之外情况就暂未考虑。另外，大气模拟还需假定一个地面附近的气温所对应的大气剖面温度分布，为此，考虑两种情形，中纬度夏季（7月）和冬季（1月）；此外，CO_2 体积混合比为 0.036%；气溶胶类型为乡村气溶胶模式，缺省值为 VIS=23km；其他参数（如 O_3、CO、CH_4 等）采用 MODTRAN 中纬度大气廓线的缺省值剖面数据（吴北婴等，1998；Berk et al., 1999）。

大气模拟结果（图 5.9）表明：（1）MODIS/Terra 热红外波段（29，31，32）的大气透射率随大气水分含量的增加而降低；（2）在同等大气水分含量条件下，不同观测天顶角的大气透过率存在差异，观测天顶角越大，大气透过率越低；（3）随着大气水分含量的增加，不同观测天顶角下大气透过率之间的差异越来越大，且这种差异随着观测天顶角的增大而增大；（4）夏季和冬季大气剖面的大气透过率有很大差异，且在大气水分含量达到一定数值后大气透过率保持不变（夏季为 $5.4\,g\cdot cm^{-2}$，冬季为 $1.4\,g\cdot cm^{-2}$），这是因为在此大气模式下，水汽含量达到此临界值后相对湿度已达到 100%，即大气中的水汽已达到饱和状态。

从大气透过率随大气水分含量、观测天顶角的变化来看，大气透过率随大气水分含量变化曲线总体上呈抛物线特征，但局部线性特征也非常明显，即可对不同观测天顶角下的大气水分含量分段进行局部估计。虽然此法不能同时综合观测天顶角参量，但从图 5.9 中可发现，两相邻天顶角观测角度（$5°$ 步长，$53°$ 左右两节点除外）间的大气透过率差异很小（表 5.9），尤其是在夏季观测天顶角小于 $35°$ 和冬季观测天顶角小于 $53°$ 的情况下，在此观测天顶角范围内，同等大气水分含量下两相邻观测天顶角大气透过率之间的差异最大值不超过 0.025，即夏季最大值为 0.021、冬季最大值为 0.022；在此观测天顶角之外，两相邻观测天顶角间的大气透过率差值将有所增大，但两相邻角度大气透过率的差值夏季最大不超过 0.093、冬季最大不超过 0.078，绝大部分（约 77%）的差值平均值都小于 0.025。因此，利用两相邻观测天顶角的大气透过率信息和线性插值法可实现 $0\sim70°$ 间任意观测天顶角大气透过率的近似估计。

鉴于分段估计任务量的巨大和繁琐，在本研究中，同时考虑大气水分含量和观测天顶

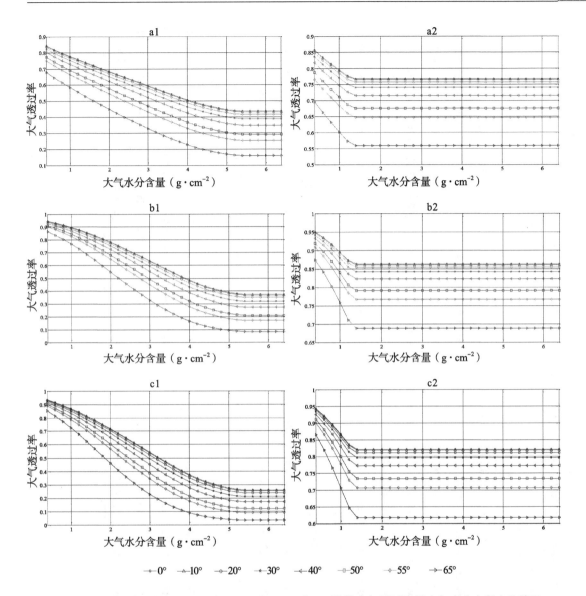

图 5.9 不同观测天顶角下 MODIS/Terra 29、31 和 32 波段大气透过率随大气水分含量变化情况

注：a1. 中纬度夏季大气，第 29 波段；a2. 中纬度冬季大气，第 29 波段；b1. 中纬度夏季大气，第 31 波段；b2. 中纬度冬季大气，第 31 波段；c1. 中纬度夏季大气，第 32 波段；c2. 中纬度冬季大气，第 32 波段。

角对大气透过率估计的协同作用，利用二元四次多项式来建立大气透过率的估计模型，其计算式为

$$\tau_\lambda(w, \theta) = f(w, \cos\theta)$$
$$= p_{00} + p_{10}w + p_{20}w^2 + p_{30}w^3 + p_{40}w^4 + (p_{01} + p_{11}w + p_{21}w^2 + p_{31}w^3)\cos\theta$$
$$+ (p_{02} + p_{12}w + p_{22}w^2)(\cos\theta)^2 + (p_{03} + p_{13}w)(\cos\theta)^3 + p_{04}(\cos\theta)^4 \qquad (5.80)$$

式中，f 为拟合函数，p_{ij} 为拟合系数（$i=j=0, 1, 2, 3, 4$），w 为大气水分含量（g·cm^{-2}），θ 为观测天顶角（°），$\cos\theta$ 为观测天顶角余弦，$\tau_\lambda(w, \theta)$ 为波长 λ 在大气水分含量 w 和观测

表 5.9 同等大气水分含量下两相邻观测天顶角大气透过率之间的差异特征

观测天顶角(°)	中纬度夏季大气									中纬度冬季大气								
	29波段			31波段			32波段			29波段			31波段			32波段		
	最大值	平均值	最小值	最大值	平均值	最小值	最大值	平均值	最小值	最大值	平均值	最小值	最大值	平均值	最小值	最大值	平均值	最小值
0~5°	0.001 215	0.000 985	0.000 516	0.001 456	0.001 052	0.000 226	0.001 409	0.001 086	0.000 24	0.000 694	0.000 677	0.000 504	0.000 516	0.000 487	0.000 208	0.000 633	0.000 594	0.000 222
5~10°	0.003 67	0.002 978	0.001 564	0.004 389	0.003 179	0.000 682	0.004 246	0.003 275	0.000 724	0.002 102	0.002 051	0.001 529	0.001 567	0.001 478	0.000 633	0.001 92	0.001 803	0.000 675
10~15°	0.006 198	0.005 044	0.002 666	0.007 393	0.005 383	0.001 172	0.007 148	0.005 525	0.001 241	0.003 576	0.003 49	0.002 606	0.002 675	0.002 523	0.001 083	0.003 272	0.003 074	0.001 154
15~20°	0.008 851	0.007 236	0.003 862	0.010 509	0.007 708	0.001 704	0.010 167	0.007 87	0.001 8	0.005 166	0.005 042	0.003 775	0.003 882	0.003 663	0.001 578	0.004 738	0.004 452	0.001 678
20~25°	0.011 686	0.009 614	0.005 198	0.013 786	0.010 219	0.002 309	0.013 352	0.010 357	0.002 429	0.006 926	0.006 763	0.005 085	0.005 243	0.004 948	0.002 141	0.006 374	0.005 989	0.002 266
25~30°	0.014 77	0.012 257	0.006 742	0.017 275	0.012 985	0.003 02	0.016 783	0.013 038	0.003 17	0.008 94	0.008 732	0.006 604	0.006 82	0.006 438	0.002 797	0.008 27	0.007 775	0.002 967
30~35°	0.018 179	0.015 254	0.008 573	0.021 123	0.016 096	0.003 894	0.020 545	0.015 964	0.004 058	0.011 304	0.011 047	0.008 405	0.008 725	0.008 239	0.003 612	0.010 517	0.009 891	0.003 807
35~40°	0.022 003	0.018 728	0.010 812	0.025 458	0.019 65	0.004 985	0.024 802	0.019 197	0.005 154	0.014 157	0.013 842	0.010 613	0.011 077	0.010 465	0.004 629	0.013 279	0.012 496	0.004 866
40~45°	0.026 357	0.022 853	0.013 648	0.030 478	0.023 788	0.006 401	0.029 707	0.022 816	0.006 569	0.017 709	0.017 327	0.013 405	0.014 103	0.013 332	0.005 958	0.016 775	0.015 797	0.006 235
45~50°	0.031 487	0.027 867	0.017 361	0.036 537	0.028 698	0.008 324	0.035 577	0.026 916	0.008 476	0.022 281	0.021 817	0.017 055	0.018 137	0.017 157	0.007 767	0.021 39	0.020 161	0.008 093
50~53°	0.021 869	0.019 625	0.012 735	0.025 438	0.019 989	0.006 239	0.024 757	0.018 36	0.006 313	0.016 189	0.015 865	0.012 525	0.013 448	0.012 731	0.005 83	0.015 724	0.014 832	0.006 041
53~55°	0.016 043	0.014 503	0.009 705	0.018 699	0.014 646	0.004 834	0.018 207	0.013 25	0.004 859	0.012 242	0.012 004	0.009 543	0.010 33	0.009 784	0.004 523	0.012 014	0.011 341	0.004 679
55~60°	0.046 338	0.042 21	0.029 808	0.054 191	0.041 965	0.015 262	0.052 725	0.037 053	0.015 21	0.037 146	0.036 458	0.029 333	0.032 179	0.030 509	0.014 328	0.037 037	0.035 003	0.014 741
60~65°	0.058 438	0.053 105	0.041 406	0.068 775	0.051 283	0.022 27	0.066 859	0.043 56	0.021 922	0.050 473	0.049 629	0.040 804	0.045 772	0.043 477	0.021 016	0.051 778	0.049 046	0.021 455
65~70°	0.078 31	0.068 776	0.059 225	0.092 881	0.063 819	0.035 946	0.090 183	0.051 995	0.021 824	0.073 424	0.072 401	0.061 482	0.070 981	0.067 629	0.034 205	0.078 317	0.074 473	0.034 586

天顶角 θ 下的大气透过率。

基于 MODTRAN 模拟得到的中纬度大气透过率与大气水分含量、观测天顶角之间的关系（图 5.8），利用式 5.80 对 MODIS/Terra 29、31 和 32 波段的大气透过率进行拟合。鉴于大气透过率在大气水分含量达到一定临界值后为一定值的特性，以此临界值为分段节点，如夏季大气为 5.4 g·cm^{-2}、冬季大气为 1.4 g·cm^{-2}，对此临界值节点的前后段分别进行函数拟合。为了使函数拟合更具有物理意义，将观测天顶角转化为观测天顶角的余弦值（基于天顶角本身拟合效果也很好），拟合结果表明（表 5.10），利用二元四次多项式能较好呈现大气透过率随大气水分含量和观测天顶角变化的关系，其拟合效果十分理想（决定系数 R^2 几乎为 1，均方根误差接近于 0）。

5.3.3　温度参数 L_i 的估计

5.3.3.1　参数 L_i 的定义

温度参数 L_i 定义为

$$L_i = B_i(T) / \left[\partial B_i(T) / \partial T \right] \tag{5.81}$$

式中，$B_i(T)$ 为波段 i 对应的黑体辐射函数（辐射亮度的测定，W·m^{-2}·sr^{-1}·μm^{-1}），$\partial B_i(T)/\partial T$ 为波段 i 对应的黑体辐射函数的导数（W·m^{-2}·sr^{-1}·μm^{-1}·K^{-1}）。对于一个黑体（它所吸收的能量等于它所发射的能量，发射率为 1），其辐射亮度与温度和波长有直接关系，可用 Planck 辐射函数来表达

$$B_\lambda(T) = \frac{c_1}{\lambda^5 (e^{c_2/\lambda T} - 1)} \tag{5.82}$$

式中，$c_1 = 2c^2 h = 1.19104356 \times 10^{-16}$（W·m^2），$c_2 = ch/k = 1.4387685 \times 10^4$（μm·K），$\lambda$ 为波长（μm），T 为温度（K）。其中，c 为光速，值为 2.9979246×10^8 m·s^{-1}，h 为普朗克常量，值为 $6.6260755 \times 10^{-34}$ J·s，k 为玻尔兹曼常数，值为 1.380658×10^{-23} J·K^{-1}。

对式 5.82 求导，则有

$$\partial B_\lambda(T)/\partial T = \frac{c_1}{\lambda^5}(-1)(e^{c_2/\lambda T}-1)^{-2} \cdot e^{c_2/\lambda T} \cdot \frac{c_2}{\lambda}(-1)T^{-2} = \frac{c_1 c_2}{\lambda^6}(e^{c_2/\lambda T}-1)^{-2} e^{c_2/\lambda T} T^{-2} \tag{5.83}$$

将式 5.82 与式 5.83 相除，则有

$$B_\lambda(T)/\left[\partial B_\lambda(T)/\partial T\right] = \frac{\lambda(e^{c_2/\lambda T}-1)T^2}{c_2 e^{c_2/\lambda T}} \tag{5.84}$$

因此，式 5.81 可写成

$$L_i = B_i(T)/\left[\partial B_i(T)/\partial T\right] = \frac{\lambda_i(e^{c_2/\lambda_i T}-1)T^2}{c_2 e^{c_2/\lambda_i T}} \tag{5.85}$$

易知，当波段 i 波长 λ_i 已知时，L_i 仅为温度 T 的函数。

在 $B_\lambda(T)$ 的具体应用研究中，因传感器通道都有一定的带宽，而非单色光（单一频率或波长的光），因此，常需计算某一传感器不同宽通道的 $B_i(T)$。从理论上讲，$B_i(T)$ 是根据

表 5.10 中纬度大气不同观测天顶角、大气水分含量的 MODIS/Terra 29、31 和 32 波段大气透过率的二元四次多项式拟合统计参数

大气波段	大气水分含量 (g·cm^{-2})	拟合系数															R^2	$RMSE$
		p_{00}	p_{10}	p_{01}	p_{20}	p_{11}	p_{02}	p_{30}	p_{21}	p_{12}	p_{03}	p_{40}	p_{31}	p_{22}	p_{13}	p_{04}		
夏季 29	0.4~5.4	0.1198	-0.2499	2.775	0.04776	0.08905	-4.085	-0.007551	-0.04263	0.1488	2.779	0.0008026	-0.0001365	0.02211	-0.1217	-0.6946	1	0.001095
	5.4~6.4	-0.2303	-1.783e-11	1.165	4.521e-12	-7.538e-13	-0.6162	-5.091e-13	1.33e-13	-9.328e-14	0.07969	2.149e-14	-8.215e-15	1.42e-14	-4.014e-14	0.03763	1	0.000001
31	0.4~5.4	0.5012	-0.3366	2.174	-0.006119	0.4987	-3.709	0.00775	-0.1177	0.03749	2.53	8.578e-05	-0.00213	0.07164	-0.202	-0.5459	0.9997	0.003927
	5.4~6.4	-0.03947	-5.345e-11	-0.2339	1.328e-11	2.945e-12	1.953	-1.463e-12	-5.598e-13	6.011e-13	-1.947	6.031e-14	3.515e-14	-5.466e-14	3.223e-14	0.641	1	0.000021
32	0.4~5.4	0.5399	-0.4191	2.027	0.01342	0.4806	-3.289	0.01189	-0.1764	0.2251	1.993	-0.0005965	0.003002	0.07338	-0.2675	-0.3375	0.9996	0.005307
	5.4~6.4	0.07324	-2.517e-11	-0.7507	6.195e-12	2.897e-12	2.252	-6.75e-13	-5.42e-13	5.307e-13	-1.87	2.746e-14	3.387e-14	-5.25e-14	5.523e-14	0.5553	1	0.000011
冬季 29	0.4~1.4	0.1546	-0.4889	3.002	0.4573	0.3145	-4.926	-0.4033	0.0611	-0.2911	3.923	0.1367	-0.0485	0.03172	0.07511	-1.203	1	0.000471
	1.4~6.4	-0.2141	-2.083e-14	3.431	9.969e-15	-4.541e-15	-5.291	-1.985e-15	2.351e-15	-5.312e-15	4.059	1.474e-16	-5.781e-16	3.985e-15	-1.427e-14	-1.217	1	0.000358
31	0.4~1.4	0.5851	-0.5328	1.973	0.3733	0.8731	-3.83	-0.5622	0.4106	-1.229	3.507	0.2301	-0.1835	0.05018	0.4206	-1.189	0.9999	0.000821
	1.4~6.4	-0.1235	-2.352e-14	3.765	1.138e-14	-5.375e-15	-6.151	-2.268e-15	2.584e-15	-5.657e-15	4.848	1.678e-16	-6.349e-16	4.406e-15	-1.582e-14	-1.476	1	0.000461
32	0.4~1.4	0.6331	-0.7456	1.926	0.5351	1.141	-3.859	-0.7248	0.4133	-1.464	3.595	0.2938	-0.22	0.1015	0.4669	-1.224	0.9999	0.000925
	1.4~6.4	-0.2518	-2.245e-14	3.968	1.13e-14	-9.551e-15	-6.355	-2.284e-15	3.02e-15	-1.188e-15	4.961	1.706e-16	-6.764e-16	4.458e-15	-1.844e-14	-1.501	1	0.000456

普朗克黑体辐射公式和传感器的波谱响应函数或滤波函数积分求算获取（式5.86a），但通常采用波段平均值来近似替代，即利用单一有效中心波长（也有称为有效波长）来求算 $B_i(T)$（式5.86b），其计算式分别为

$$B_i(T) = \frac{\int f_i(\lambda)B_\lambda(T)\mathrm{d}\lambda}{\int f_i(\lambda)\mathrm{d}\lambda} \tag{5.86a}$$

$$B_i(T) = B_{\lambda_{i\_\text{effective}}}(T), \quad \lambda_{i\_\text{effective}} = \frac{\int \lambda f_i(\lambda)\mathrm{d}\lambda}{\int f_i(\lambda)\mathrm{d}\lambda} \tag{5.86b}$$

式5.86a、式5.86b中，$f_i(\lambda)$ 为某一传感器通道 i 的波谱响应函数或滤波函数；$\lambda_{i\text{-effective}}$ 为某一传感器通道 i 的有效中心波长。

5.3.3.2 参数 L_i 的求算

针对 MODIS/Terra 传感器，其波谱响应函数和热红外波段（29，31，32）的有效中心波长分别如图5.10和表5.11所示。

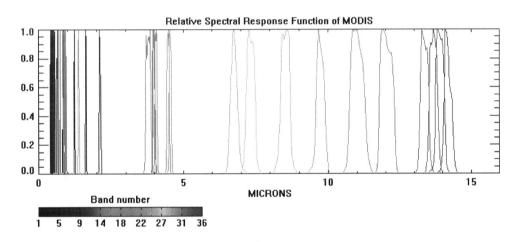

图 5.10 MODIS 传感器的波谱响应函数

注：引自 http://www.star.nesdis.noaa.gov/star/index.php。

表 5.11 MODIS/Terra 传感器热红外波段 i（i=29，31，32）的有效中心波长

(https://svn.ssec.wisc.edu/repos/polar2awips/vendor/ms2gt/ms2gt0.5/src/idl/level1b_read/)

波段	第 29 波段	第 31 波段	第 32 波段
波长 / 光谱范围	8.400~8.700 μm	10.780~11.280 μm	11.770~12.270 μm
有效中心波长	1.173 190E+03 cm⁻¹	9.080 884E+02 cm⁻¹	8.315 399E+02 cm⁻¹
	8.523 769 μm	11.012 144 μm	12.025 881 μm

将 MODIS/Terra 传感器热红外波段 i（$i=29$，31，32）的有效中心波长（表 5.11）代入式（5.85），数值模拟 -30~70℃温度区间上 L_i 的变化，其变化曲线如图 5.11 所示。从图 5.11 可以看出，L_i 与温度 T 呈明显的线性特征，故可用函数拟合来估计 L_i：

$$L_i=a_i+b_iT \tag{5.87a}$$

式中，a_i 和 b_i 为拟合系数。实质上，L_i 与温度 T 的这种明显线性特征是永恒的，至于究竟用哪个温度 T（地表温度 T_S、亮度温度 T_i、近地表气温 T_0 等）来表示 L_i，这与 Planck 线性展开所选取的固定温度 T 相关，因本研究中选取固定温度 T 为 T_0，因此，式 5.87a 可改写成

$$L_i=a_i+b_iT_0 \tag{5.87b}$$

对 L_i 进行局部气温区间拟合，拟合程度和拟合系数详见表 5.12，从拟合效果来看，L_i 与气温 T_0 之间的相关性极高，R^2 均大于 0.999。对大多数研究来说，-30℃~70℃气温区间基本上可满足绝对大数的应用需求，因此，表 5.12 构建的拟合系数查找表具有普适性。由于温度区间分段拟合对 L_i 的拟合程度和拟合系数影响不大，故可对 -30℃~70℃气温区间分为 0℃以下和 0℃以上两部分，一般使用 [-30℃，0℃] 和 [0℃，70℃] 上的拟合系数即可满足应用精度需求。

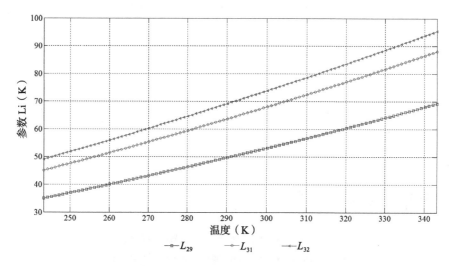

图 5.11　MODIS 传感器的温度参数 L_i（$i=29$，31，32）随温度 T 的变化

表 5.12　不同温度区间温度参数 L_i（$i=29$，31，32）的拟合系数（95% 置信区间）

温度区间（℃）	L_i	a_i	b_i	R^2	SSE	RMSE
	L_{29}	-39	0.304	0.999 8	0.050 97	0.041 92
-30~0	L_{31}	-48.98	0.386 3	0.999 8	0.071 83	0.049 77
	L_{32}	-52.58	0.417 6	0.999 8	0.078 17	0.051 92
	L_{29}	-41.97	0.315 3	0.999 8	0.050 1	0.041 57
-20~10	L_{31}	-52.49	0.399 6	0.999 8	0.069 21	0.048 85
	L_{32}	-56.24	0.431 5	0.999 8	0.074 69	0.050 75

（续表）

温度区间（℃）	L_i	a_i	b_i	R^2	SSE	RMSE
	L_{29}	−45.03	0.326 5	0.999 8	0.049 16	0.041 17
−10~20	L_{31}	−56.07	0.412 7	0.999 8	0.066 55	0.047 91
	L_{32}	−59.95	0.445 1	0.999 8	0.071 24	0.049 56
	L_{29}	−48.17	0.337 6	0.999 8	0.048 16	0.040 75
0~30	L_{31}	−59.71	0.425 6	0.999 9	0.063 88	0.046 93
	L_{32}	−63.7	0.458 3	0.999 9	0.067 83	0.048 36
	L_{29}	−51.39	0.348 5	0.999 8	0.047 11	0.040 3
10~40	L_{31}	−63.39	0.438 1	0.999 9	0.061 22	0.045 95
	L_{32}	−67.49	0.471 2	0.999 9	0.064 48	0.047 15
	L_{29}	−54.68	0.359 4	0.999 9	0.046	0.039 83
20~50	L_{31}	−67.12	0.450 4	0.999 9	0.058 58	0.044 94
	L_{32}	−71.31	0.483 8	0.999 9	0.061 22	0.045 95
	L_{29}	−58.04	0.370 1	0.999 9	0.044 86	0.039 33
30~60	L_{31}	−70.89	0.462 5	0.999 9	0.055 98	0.043 93
	L_{32}	−75.16	0.496 1	0.999 9	0.058 06	0.044 74
	L_{29}	−61.45	0.380 7	0.999 9	0.043 68	0.038 81
40~70	L_{31}	−74.69	0.474 2	0.999 9	0.053 42	0.042 92
	L_{32}	−79.02	0.508 1	0.999 9	0.055	0.043 55
	L_{29}	−54.46	0.359 2	0.999 2	2.909	0.205 3
0~70	L_{31}	−66.83	0.450 2	0.999 4	3.707	0.231 8
	L_{32}	−71	0.483 5	0.999 4	3.876	0.237

5.3.4 亮度温度 T_i 的估计

5.3.4.1 T_i 的求算

由 Planck 辐射函数易知，一旦传感器波段 i 的光谱辐射亮度 $B_i(T)$ 已求算出，那么卫星高度上的亮度温度 T_i 便可直接利用反 Planck 辐射函数求出（Sospedra et al., 1998）。Planck 辐射函数如式 5.82 所示，将其转化为温度 T 的函数算式为

$$T = \frac{c_2}{\lambda \ln(1 + \frac{c_1}{\lambda B_\lambda(T)})} \tag{5.88a}$$

式中，$c_1 = 1.191\,043\,56 \times 10^{-16}$（$W \cdot m^2$），$c_2 = 1.438\,768\,5 \times 10^4$（$\mu m \cdot K$），$\lambda$ 为波长（μm），$B_\lambda(T)$ 为已知辐射亮度（$W \cdot m^{-2} \cdot sr^{-1} \cdot \mu m^{-1}$）。

定义参数 K_1（$W \cdot m^{-2} \cdot sr^{-1} \cdot \mu m^{-1}$）和 K_2（K）：

$$K_1 = \frac{c_1}{\lambda^5} \qquad (5.88b)$$

$$K_2 = \frac{c_2}{\lambda} \qquad (5.88c)$$

将式 5.88b 和式 5.88c 代入式 5.88a，温度 T 的计算式进一步转化为

$$T = \frac{K_2}{\ln(1 + \dfrac{K_1}{B_\lambda(T)})} \qquad (5.88d)$$

在求算 MODIS/Terra T_i 前，需将表征热红外波段 i（i=29，31，32）像元 DN 值的比例整数（Scaled Integer，SI）转换为辐射亮度 L (Toller et al., 2003)，其计算式为

$$L_{i,T,FS} = \text{radiance\_scale}_i \ (SI_{i,T,FS} - \text{radiance\_offset}_i) \qquad (5.89)$$

式中 $SI_{i,T,FS}$、radiance_scale$_i$ 和 radiance_offset$_i$ 分别为 MOD021KM 数据中热红外波段 i 对应的比例整数、比例系数和增益偏移。

针对 MODIS/Terra 传感器，将热红外波段 i（i=29，31，32）的有效中心波长 λ（表 5.11）代入式 5.88b，式 5.88c，构建 K_1 和 K_2 查找表，如表 5.13 所示。

表 5.13   MODIS/Terra 传感器波段 i（i=29，31，32）的 K_1 和 K_2 参数

波段	29	31	32
K_1（$W \cdot m^{-2} \cdot sr^{-1} \cdot \mu m^{-1}$）	2 647.093 536	735.475 544	473.525 242
K_2（K）	1 687.948 723	1 306.528 956	1 196.393 428

将式 5.89 计算的辐射亮度 L 和表 5.13 计算得到的 K_1 和 K_2 参数代入式 5.88d，则可求算 MODIS/Terra 传感器热红外波段 i（i=29，31，32）的亮度温度 T_i，即

$$T_i = \frac{K_2}{\ln(1 + \dfrac{K_1}{L_{i,T,FS}})} \qquad (5.90)$$

5.3.4.2 T_i 的校正

对于求算出的亮度温度 T_i，还需对其做进一步校正，才能得到最真实的亮度温度 T_i 其校正算式为

$$T_i^c = T_i - \frac{tci_i}{tcs_i} \qquad (5.91)$$

式中，T_i 为初始计算的 MODIS/Terra 传感器波段 i（i=29，31，32）的亮度温度（K），tci_i 和 tcs_i 分别为对初始热红外波段 i 亮度温度 T_i 校正的截距和斜率，两系数详见表 5.14。

表 5.14 MODIS/Terra 传感器波段 i（i=29，31，32）亮度温度 T_i 的校正系数

波段	29	31	32
tci（K）	1.599 191E-01	1.302 699E-01	7.181 833E-02
tcs（无量纲量）	9.995 495E-01	9.995 608E-01	9.997 256E-01
tci/tcs（K）	0.159 991	0.130 327	0.071 838

值得一提的是，由于 MODIS/Terra 传感器波段 i（i=29，31，32）亮度温度 T_i 的校正项 tct_i/tcs_i 均较小，值大小范围为 0.071 838~0.159 991K，最大值不超过 0.2K，相对于自身亮度温度 T_i 值（一般可为 243.15~343.15K），0.2K 的亮度温度误差产生的相对误差基本上可以忽略，因此，对大多数研究来说，也可直接采用经反 Planck 辐射函数求算出的亮度温度 T_i，但严格地讲，应使用经校正后的亮度温度 T_i，尽量减小或避免误差产生的误差累计效应。

5.4 近地表气温反演算法敏感性分析

在实际应用中，由于算法参数估计不可能准确无误，需对反演算法进行参数的敏感性分析，确定参数估计误差对近地表气温反演算法精度的影响。鉴于亮度温度 T_i 由遥感数据质量本身决定和温度参数 L_i 的高度线性拟合特征（R^2>0.999，RMSE<0.06），因此，仅对反演算法中地表比辐射率 ε_i 和大气透过率 τ_i 两参数进行敏感性分析（i=29，31，32）。

5.4.1 敏感性分析方法

算法参数的敏感性分析通常是先假定算法中某一参数有一微小误差，在其他参量不变或在指定的范围内变化时，分析不同情况下由这一误差带来的最终结果变化，为表达方便用下式来计算可能产生的近地表气温反演算法误差 δT_0 (Qin et al., 2001; 高懋芳等, 2005)，即

$$\delta T_0 = |T_0(x+\delta x) - T_0(x)| \tag{5.92}$$

式中，x 为敏感性分析变量（地表比辐射率和大气透过率），δT_0 为该变量可能产生的误差，$T_0(x+\delta x)$ 和 $T_0(x)$ 分别为分析变量为 $x+\delta x$ 和 x 时由算法演算得到的近地表气温。

5.4.2 大气透过率敏感性分析

尽管利用已建立的方法可高精度地估计大气透过率，但一些忽略的因子效应，如大气廓线中其他气体成分的变动，或大气水汽含量自身测定的精确度，均会造成大气透过率估计误差。为了评价这种估计误差对近地表气温反演精度的影响，有必要对反演算法进行大气透过率敏感性分析。

大气透过率敏感性分析需基于以下几个条件执行。首先，需假定 29、31 和 32 三通道的地表比辐射率和亮度温度。对于地表比辐射率，假定地表平均比辐射率为 0.97，利

用 Sobrino 和 Caselles（1991）方法求算出 $\varepsilon_{31}=0.967$、$\varepsilon_{32}=0.971$（AVHRR 4、5 波段与 MODIS 31、32 波段的相似性），并结合地表比辐射率间的线性化关系求算出 $\varepsilon_{29}=0.970\ 4$。对于亮度温度，可假定 T_{31} 大于 T_{29} 和 T_{32}，且它们的差值 $T_{31}-T_{32}=2.2$、$T_{31}-T_{29}=3$。由于自然表面的地表比辐射率大多介于 0.95~0.98，因此，对地表比辐射率的假定具有合理性；同时，如图 5.12 所示，假定 $T_{31}-T_{32}=2.2$ 和 $T_{31}-T_{29}=3$ 在大多数情况下是合理的。其次，要假定一个温度变化范围。考虑到近地表气温的可能值，选取 −30℃~70℃（步长为 1）作为亮度温度 T_{31} 的变化区间。最后，选取中纬度夏季大气透过率模拟值（大气水汽含量 0.4~5.4g·cm^{-2}，步长为 0.2）作为敏感性分析的数据源。

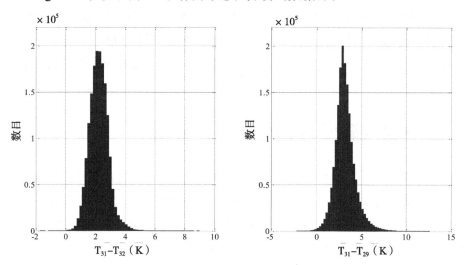

图 5.12　亮度温度差值直方图（左：$T_{31}-T_{32}$；右：$T_{31}-T_{29}$），
注：由 2006 年 7 月 24 日 17:35(UTC) MODIS 过境时刻的美国南部大平原周边地区影像计算。

5.4.2.1　三通道算法

大气透过率敏感性计算结果表明，三通道算法近地表气温估计误差几乎不受温度变化约束，如在 −30℃~70℃温度变化区间上，$\delta\tau_{29}=0.05$、$\delta\tau_{31}=0.05$、$\delta\tau_{32}=0.05$ 的估计误差仅造成 δT_0 0.065 1℃、0.12℃、0.036 3℃的微小变化，而此微小变化在实际应用中常可以忽略不计，因此，在采用 −30℃~70℃温度变化区间上的平均 δT_0 来进行后续算法敏感性分析。

三通道算法中含有三个通道的大气透过率参量，故通道间的大气透过率可能误差组合就有 7 种，图 5.13 绘制了这 7 种组合在大气透过率不同误差条件下可能引起的三通道算法近地表气温反演误差（在这里，将算法敏感性误差大于 5℃以上者都视为 5℃高敏感性处理，后续图示中同该处理方法）。根据图 5.13，可以得到如下几点结果：

（1）三通道算法对大气透过率估计误差很灵敏（图 5.13h），且随着大气透过率估计误差的增大而增大，0.005 的大气透过率估计误差就产生 2℃以上的算法反演平均误差（大气透过率 >0.7 对应的 δT_0 平均值）。

（2）在单一通道大气透过率估计误差下（图 5.13a 至图 5.13c），三通道算法反演误差在大气透过率的低值区和高值区的敏感性要比大气透过率中值区的低，尤其在大气透过率低值区表现更加明显，其中，以32波段的大气透过率估计误差引起的算法反演误差最小，

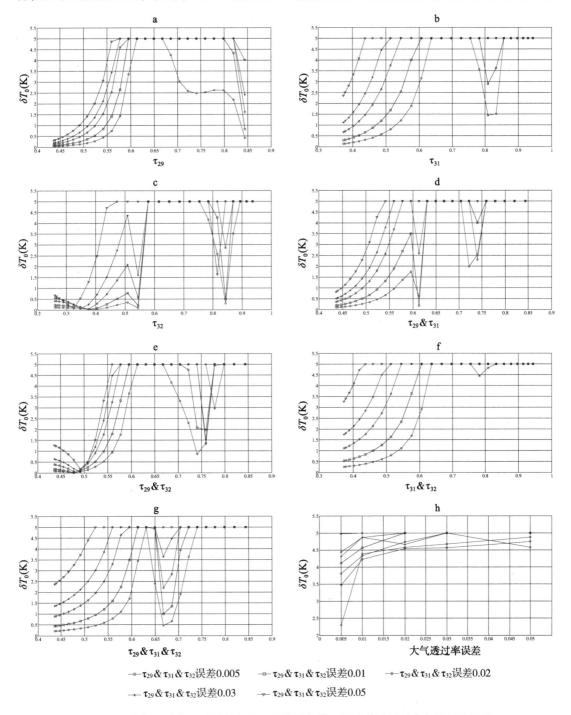

图 5.13　大气透过率不同误差条件下可能引起的三通道算法近地表气温反演误差

注：a. 29波段大气透过率；b. 31波段大气透过率；c. 32波段大气透过率；d. 29和31波段大气透过率；e. 29和32波段大气透过率；f. 31和32波段大气透过率；g. 29、31和32波段大气透过率；h. 算法反演平均误差。

但大体上都在1℃以上，其次为29波段。

（3）在两通道大气透过率估计误差下（图5.13d至图5.13f），29和31、29和32波段大气透过率估计误差的算法误差敏感性曲线与单一通道大气透过率估计误差的算法误差敏感性曲线特征相似，而31和32波段的大气透过率估计误差在大气透过率中值区后均为高敏感性。

（4）在三通道大气透过率估计误差下（图5.13g）（由大气水汽含量估计误差同时引起，不可能仅对单一通道引起误差），相较于单一通道、两通道大气透过率估计误差，算法敏感性反而稍降低了，该特征与覃志豪等（2001）对AVHRR数据地表温度分裂窗算法大气透过率敏感性分析研究相一致。

（5）在大气透过率有0.005微小误差估计和大气透过率小于0.6情况下，三通道算法反演误差可小于2℃。

5.4.2.2　三通道算法外延法

三通道算法外延法中含有两个通道的大气透过率参量，故通道间的大气透过率可能误差组合仅有3种，图5.14绘制了这3种组合在大气透过率不同误差条件下可能引起的三通道算法外延法反演误差。根据图5.14，可以得到如下几点结果：

（1）相较于三通道算法，融入地表温度信息后的三通道算法外延法对大气透过率估计误差仍然很灵敏（图5.14d），且随着大气透过率估计误差的增大而增大，0.005的大气透过率估计误差就产生2.5℃以上的算法反演平均误差。

（2）在单一通道和两通道大气透过率估计误差下（图5.14a至图5.14c），算法反演误

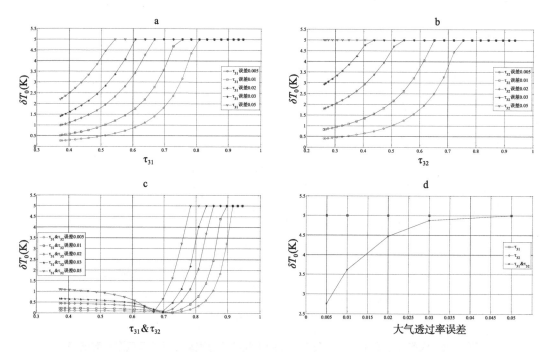

图5.14　大气透过率不同误差条件下可能引起的三通道算法外延法近地表气温反演误差

注：a. 31波段大气透过率；b. 32波段大气透过率；c. 31和32波段大气透过率；d. 算法反演平均误差。

差敏感性曲线大体呈"S"形分布，且算法反演误差随大气透过率和大气透过率误差的增大而越来越灵敏。

（3）相较于单一通道，当两通道均有大气透过率估计误差时（由大气水汽含量估计误差同时引起，不可能仅对单一通道引起误差），算法敏感性反而稍降低了，且在大气透过率低于0.7情况下，三通道算法外延法对透过率自身不灵敏，而对透过率误差灵敏。

（4）在大气透过率有0.005微小误差估计和大气透过率小于0.85情况下，三通道算法外延法反演误差可小于1℃。

5.4.2.3　两通道算法

两通道算法同三通道算法外延法波段设置。根据图5.15，可以得到如下结果。

（1）两通道算法对大气透过率估计误差仍然较灵敏（图5.15d），但相较于三通道算法、三通道算法外延法敏感性稍有降低，且随着大气透过率估计误差的增大而增大，0.005的大气透过率估计误差即产生1℃以上的算法反演平均误差。

（2）在单一通道大气透过率估计误差下（图5.15a至图5.15b），两通道算法误差敏感性曲线大体呈"S"形分布，且算法误差随大气透过率和大气透过率误差的增大而越来越灵敏。

（3）相较于单一通道，当两通道均有大气透过率估计误差时（由大气水汽含量估计误差同时引起，不可能仅对单一通道引起误差），算法敏感性反而稍降低了，算法表现出对大气透过率（图5.15c）自身不灵敏而对大气透过率估计误差灵敏特征，且算法误差敏感

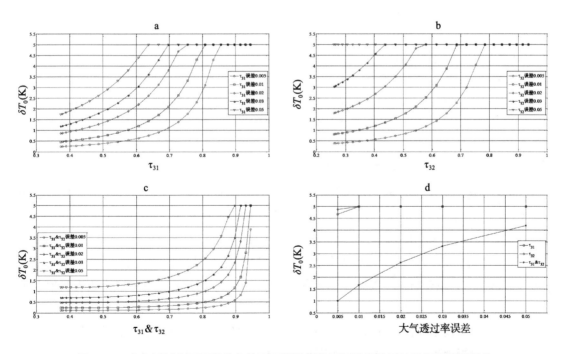

图5.15　大气透过率不同误差条件下可能引起的两通道算法近地表气温反演误差

注：a. 31波段大气透过率；b. 32波段大气透过率；c. 31和32波段大气透过率；d. 算法反演平均误差。

性曲线在大气透过率低于 0.9 情况下近似呈平行直线状。

（4）在大气透过率有 0.005 微小误差估计和大气透过率小于 0.9 情况下，两通道算法反演误差可小于 0.5℃。

5.4.2.4 两通道算法外延法

两通道算法外延法实为单通道算法，因此算法反演中仅含 31 波段大气透过率参量。根据图 5.16，可以得到如下几点结果：

（1）两通道算法外延法对大气透过率估计误差仍然很灵敏（图 5.16b），且随着大气透过率估计误差的增大而增大，0.005 的大气透过率估计误差就产生 3℃以上的算法反演平均误差。

（2）算法表现出对大气透过率（图 5.16a）自身不灵敏而对大气透过率估计误差灵敏，且算法误差敏感性曲线在大气透过率低于 0.6 情况下近似呈平行直线状。

（3）在大气透过率有 0.005 微小误差估计和大气透过率小于 0.8 情况下，两通道算法外延法反演误差可小于 1℃。

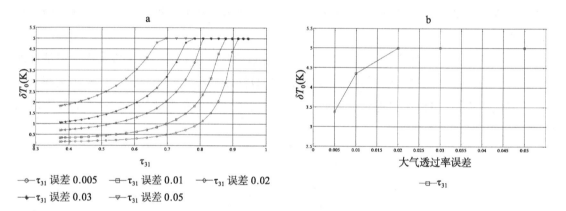

图 5.16　大气透过率不同误差条件下可能引起的两通道算法外延法近地表气温反演误差

注: a. 31 波段大气透过率; b. 算法反演平均误差。

5.4.3　地表比辐射率敏感性分析

地表比辐射率是地表热辐射传输方程中一个很重要的参数，也往往是一个比较敏感的参数。在地表温度反演中，很多学者对其做了专门的研究 (Becker, 1987; Li and Becker, 1993; Coll et al., 1994; Qin et al., 2001; Mao et al., 2005; 毛克彪等, 2005; 高懋芳等, 2005)，一致研究发现精确的地表比辐射率估计对地表温度反演精度非常重要，如 Li 和 Becker（1993）基于 AVHRR/NOAA 数据在比辐射率误差为 0.01 时可引起 1.6℃的地表温度反演误差。

同地表温度反演，地表比辐射率同样作为近地表气温反演算法中的参数，因此，分析其估计误差对近地表气温反演算法精度影响非常有必要。在本研究中，假定地表平均比辐射率在 0.899~0.989 间变动（步长为 0.01），选取 −30℃ ~70℃（步长为 1）作为亮度温度

T_{31} 的变化区间，T_{31} 与 T_{29} 和 T_{32} 的差值关系以及对 ε_{29}、ε_{31}、ε_{32} 的求算同 5.4.2 节方法。另外，由 5.4.2 节算法大气透过率敏感性分析获知，构建的反演算法在低大气透过率情况下对大气透过率估计误差不敏感，在低大气透过率情况下进行算法地表比辐射率敏感性分析最佳，因为在该情况下反映了算法受地表比辐射率估计误差产生的最小误差，即，随着大气透过率的增加，地表比辐射率估计误差产生的算法反演误差都会大于该最小误差，因此，选取中纬度夏季大气在大气水分含量 5.4g · cm^{-2} 上代表的低大气透过率情形对算法进行地表比辐射率敏感性分析。

5.4.3.1 三通道算法

同大气透过率敏感性分析，三通道算法中含有 3 个通道的地表比辐射率参量，故通道间的地表比辐射率可能误差组合也有 7 种，图 5.17 绘制了这 7 种组合在地表比辐射率不同误差条件下可能引起的三通道算法近地表气温反演误差。且三通道算法地表比辐射率敏感性计算结果表明，三通道算法近地表气温估计误差不受温度变化约束，即在 −30℃ ~70℃ 温度变化区间上算法误差在不同表比辐射率估计误差下产生的误差几乎不变。从图 5.17 可以看出：

（1）三通道算法对地表比辐射率估计误差不同组合的敏感性不同（图 5.17h），但算法总体上表现为随地表比辐射率估计误差增大而增大的线性特征，0.001 的地表比辐射率估计误差就产生约 1.5℃ 以上（除三通道地表比辐射率估计误差算法反演误差外）的算法反演平均误差（地表比辐射率 >0.95 对应的 δT_0 平均值）。

（2）在单一通道地表比辐射率估计误差下（图 5.17a 至图 5.17c），算法反演误差大致呈钟形曲线分布，且随着地表比辐射率估计误差的增大而增大，另外，29 波段、31 波段和 32 波段分别在高地表比辐射率区、低地表比辐射率区和中地表比辐射率区表现出对地表比辐射率估计误差的不太灵敏特征，它们有着各自的优势。

（3）在两通道地表比辐射率估计误差下（图 5.17d 至图 5.17f），算法反演误差与单一通道地表比辐射率估计误差有着相似的钟形曲线特征，且在地表比辐射率区上有着各自的不灵敏优势区。

（4）在三通道大气透过率估计误差下（图 5.17g），相较于单一通道、两通道地表比辐射率估计误差，算法表现出对地表比辐射率估计误差敏感性响应最低，在地表比辐射率有 0.001 估计误差下产生的算法误差小于 1℃，当地表比辐射率有 0.005 估计误差时，算法在地表比辐射率小于 0.936 和大于 0.966 区间上产生的误差小于 1.5℃。

（5）在地表比辐射率有 0.001 微小误差估计下，三通道算法反演精度误差不超过 2.5℃（图 5.17g），因此，三通道算法反演精度非常依赖于地表比辐射率的准确估计。

5.4.3.2 三通道算法外延法

三通道算法外延法中含有两个通道的地表比辐射率参量，故通道间的地表比辐射率可能误差组合仅有 3 种，图 5.18 绘制了这 3 种组合在地表比辐射率不同误差条件下可能引起的三通道算法外延法近地表气温反演误差。

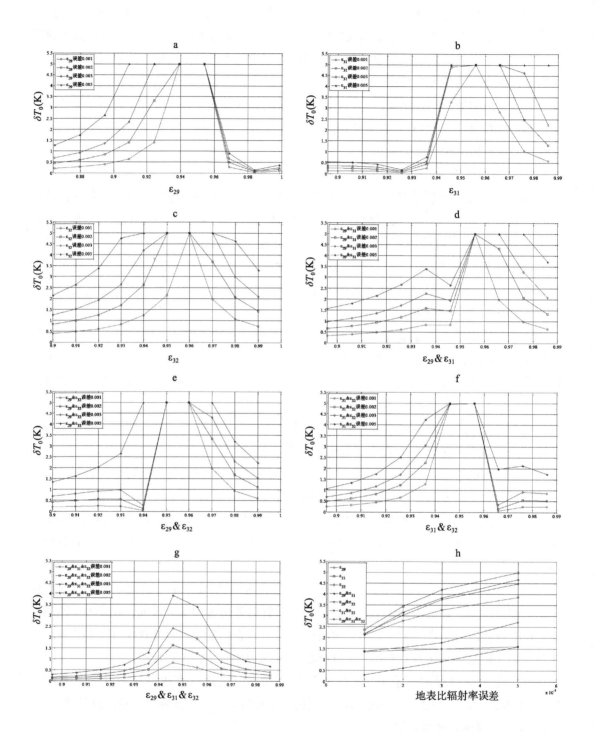

图 5.17 地表比辐射率不同误差条件下可能引起的三通道算法近地表气温反演误差

注：a. 29 波段地表比辐射率；b. 31 波段地表比辐射率；c. 32 波段地表比辐射率；d. 29 和 31 波段地表比辐射率；e. 29 和 32 波段地表比辐射率；f. 31 和 32 波段地表比辐射率；g. 29、31 和 32 波段地表比辐射率；h. 算法反演平均误差。

（1）相较于三通道算法，融入地表温度信息后的三通道算法外延法对地表比辐射率估计误差不敏感（图 5.18d），但算法误差随着地表比辐射率估计误差的增大而近似线性增大，0.005 的地表比辐射率估计误差仅产生 0.6℃以下的算法反演平均误差。

（2）在单一通道地表比辐射率估计误差下（图 5.18a₁、图 5.18b₁），三通道算法外延

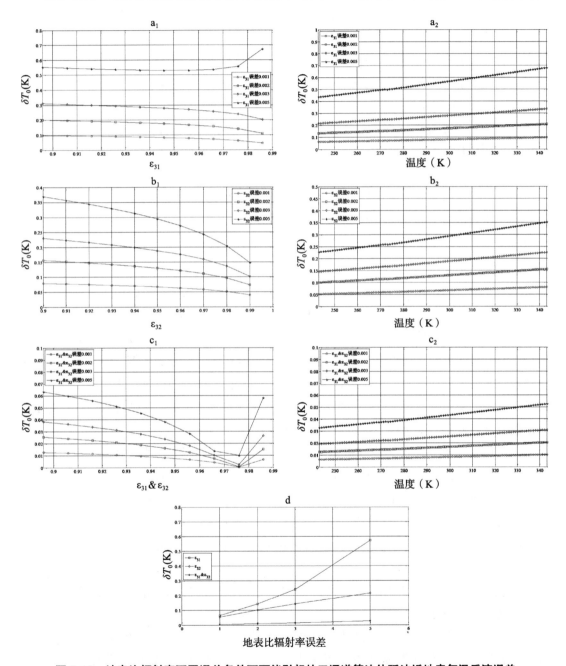

图 5.18 地表比辐射率不同误差条件下可能引起的三通道算法外延法近地表气温反演误差

注：a₁. 31 波段地表比辐射率，a₂. 温度；b₁. 32 波段地表比辐射率，b₂. 温度；c₁. 31 和 32 波段地表比辐射率，c₂. 温度；d. 算法反演平均误差。

法误差随地表比辐射率大小变化并不明显，且随着地表比辐射率增加其误差呈线性缓慢减小，但是，当地表比辐射率估计误差增大时其算法反演误差增长很快，例如0.005的地表比辐射率估计误差引起的可能算法误差是0.001的地表比辐射率估计误差的5倍；此外，当单一通道地表比辐射率估计误差一定时，算法反演误差随着亮温增加而线性增大，变化速率比较慢且算法反演误差值也比较小，当有0.005的地表比辐射率估计误差时，算法反演误差明显增大。

（3）相较于单一通道，当两通道均有地表比辐射率估计误差时，三通道算法外延法几乎对地表比辐射率自身和地表比辐射率估计误差不敏感，0.005的地表比辐射率估计误差仅产生小于0.1℃的误差；此外，在两通道均有地表比辐射率估计误差情况下，三通道算法外延法估计误差随着亮温增加而线性增大，但变化速率非常慢且算法反演误差值小于0.06℃，值得指出的是，在实际中，波段间的地表比辐射率估计误差总是同时存在。

5.4.3.3　两通道算法

两通道算法同三通道算法外延法波段设置，从图5.19可以看出：

（1）两通道算法对地表比辐射率估计误差不敏感（图5.19d），但算法误差随着地表比辐射率估计误差的增大而线性增大，0.005的地表比辐射率估计误差仅产生0.3℃以下的算法反演平均误差。

（2）在单一通道地表比辐射率估计误差下（图5.19a_1、图5.19b_1），两通道算法误差随地表比辐射率大小变化并不明显，且随着地表比辐射率增加其误差呈线性缓慢减小，但是，当地表比辐射率估计误差增大时其算法反演误差增长很快，如0.005的地表比辐射率估计误差引起的可能算法误差是0.001的地表比辐射率估计误差的5倍；此外，当单一通道地表比辐射率估计误差一定时，算法反演误差随着亮温增加而线性增大，但变化速率比较慢且算法反演误差值也比较小，但同样当有0.005的地表比辐射率估计误差时，算法反演误差明显增大，但算法最大误差值不超过0.35℃。

（3）相较于单一通道，当两通道均有地表比辐射率估计误差时，两通道算法对地表比辐射率自身和地表比辐射率估计误差几乎完全不敏感，0.005的地表比辐射率估计误差仅产生小于0.04℃的算法误差；此外，在两通道均有地表比辐射率估计误差情况下，算法反演误差随着亮温增加而线性增大，但变化速率非常慢且算法反演误差值小于0.05℃，完全可以忽略不计，可见，两通道算法几乎不受亮度温度变化的影响。

5.4.3.4　两通道算法外延法

两通道算法外延法实为单通道算法，因此算法反演中仅含31波段地表比辐射率参量。从图5.20可以看出：

（1）两通道算法外延法对地表比辐射率估计误差不敏感（图5.20b），但算法误差随着地表比辐射率估计误差的增大而线性增大，0.005的地表比辐射率估计误差仅产生0.2℃以下的算法反演平均误差。

（2）在地表比辐射率估计误差一定情况下（图5.20a_1），两通道算法外延法误差随地

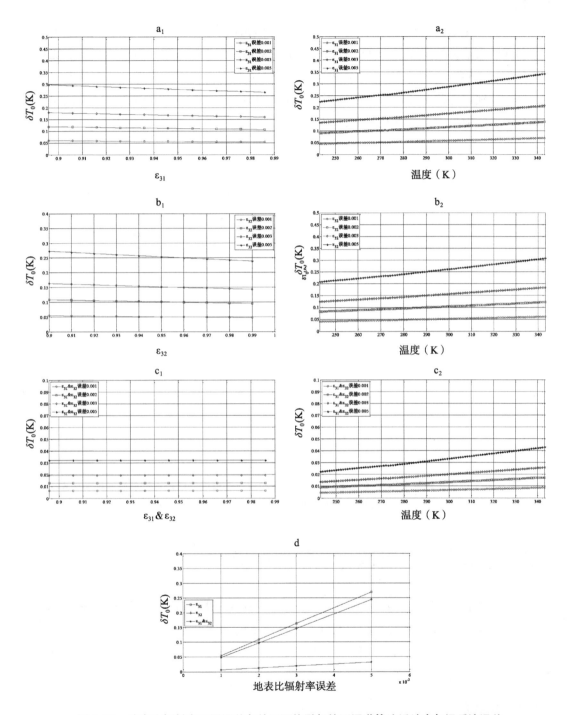

图 5.19　地表比辐射率不同误差条件下可能引起的两通道算法近地表气温反演误差

注：a₁. 31 波段地表比辐射率，a₂. 温度；b₁. 32 波段地表比辐射率，b₂. 温度；c₁. 31 和 32 波段地表比辐射率，c₂. 温度；d. 算法反演平均误差。

表比辐射率大小变化并不明显，且随着地表比辐射率增加其误差呈线性缓慢减小，但是，当地表比辐射率估计误差增大时其算法反演误差增长很快，如 0.005 的地表比辐射率估计误差引起的可能算法误差是 0.001 的地表比辐射率估计误差的 5 倍；此外，在地表比辐射率估计误差一定时（图 5.20a$_2$），算法反演误差随着亮温增加而线性增大，变化速率比较慢且算法反演误差值也比较小，同样当有 0.005 的地表比辐射率估计误差时，算法反演误差明显增大，但最大误差不超过 0.25℃。

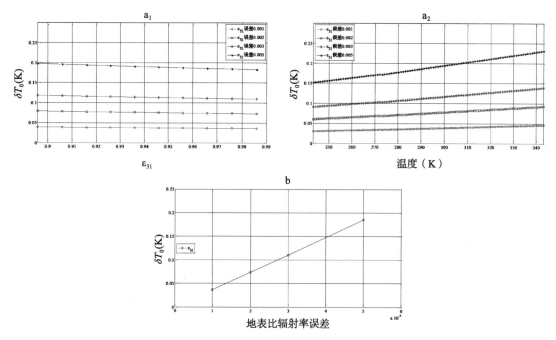

图 5.20　地表比辐射率不同误差条件下可能引起的两通道算法外延法近地表气温反演误差

注：a$_1$. 31 波段地表比辐射率，a$_2$. 温度；b. 算法反演平均误差。

5.5　近地表气温反演算法精度评价

按照"算法构建—参数估计—效果评价"的研究思路，在利用上述算法相关参数估计方法获取算法必要输入参数的基础上，将对本研究建立的近地表气温反演算法进行 MODIS/Terra 数据反演（算法应用），并与地面观测数据相比拟，以评判反演算法的精度和分析反演算法的性能表现。

5.5.1　试验区

因卫星遥感获取的是其瞬时过境时的探测数据，所以在选取试验区时，需考虑遥感数据和地面观测数据之间的时间匹配。基于数据易获取性原则，同时考虑遥感数据反演对地面观测数据时间分辨率的要求，以及顾虑地表相对平坦等特征——剔除地形效应对地表热辐射传输方程的影响，选取了美国南部大平原（Southern Great Plains，SGP）作为反演算法示例应用研究的试验区。SGP 试验区是美国能源部（United States Department of Energy，USDE）实施大气辐射测量（Atmospheric Radiation Measurement，ARM）气候研究设施（Climate Research Facility）项目建立的第一个野外实验站点，也是当前世界上最大和最广泛用于气候研究的试验区，且在该试验区上分布着多种不同研究目的的地面观测站点（近地表气温是地面气象观测最重要的指标之一），数据采样间隔（时间分辨率）为 1min 且免费发布（http://www.arm.gov/），故能满足算法反演地面验证的精度需求。值得指出的是，在国内，能获取的地面观测数据最高时间分辨率为小时分辨率，不少学者通过线性插值以获取卫星过境时刻对应的观测数据，在某种程度上已造成了验证数据本身的测定误差。

美国南部大平原 SGP 位于北纬 34.5°~38.5°、西经 99.5°~95.5°，包括堪萨斯州的南部和俄克拉何马州的大部（图 5.21）。该地区地表覆盖类型多样（图 5.22，数据源为 MCD12Q1 数据，国际地圈生物圈计划 IGBP 全球植被分类数据集，此数据集为当前应用最广泛和最权威的分类体系），但其又相对均质，其中，草地占 71.82%，农用地占 18.57%，木本热带稀疏草原占 6.67%，仅此三大地表类型已占 97.06%，基本上构成了该地区的全部，此外，城镇、林地和水体等地表类型零星分布于其中；该地区四季分明，且地势相对平坦，最高海拔为 739m，最低海拔为 153m，平均海拔为 390m，自东南向西北呈逐渐递增的分布规律（图 5.21，数据源为 Global 30 Arc-Second Elevation（GTOPO30），https://lta.cr.usgs.gov/GTOPO30）(Jiang and Islam, 2001; Batra et al., 2006; Bisht and Bras, 2010; Tsai et al., 2012)。

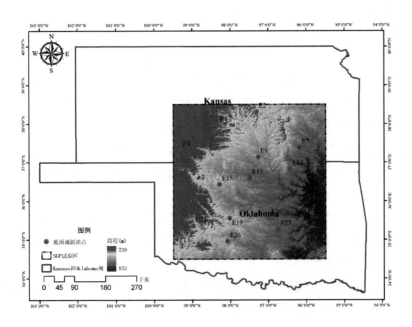

图 5.21　试验区地理位置和地面观测点分布

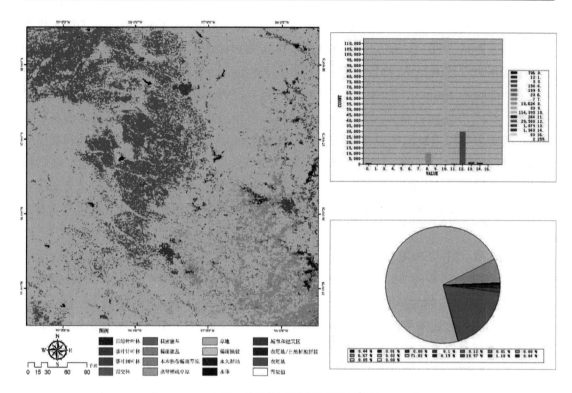

图 5.22　试验区地表覆盖类型及其数量特征（2006 年）

5.5.2　试验数据

5.5.2.1　遥感数据

　　用于近地表气温反演算法示例应用研究的数据均来自 MODIS 传感器自身，由 NASA 戈达德空间飞行中心（Goddard Space Flight Center，GSFC）(http://ladsWeb.nascom.nasa.gov/) 提供，均为 HDF 格式，使用的数据详见表 5.15。然而，即使在晴空天气条件下，云也普遍大量存在，占地表近 50%，该不利影响尤其对大视场角（Field of View，FOV）热红外遥感成像系统干扰更加频繁显著（如 MODIS）（FallahAdl et al., 1996；Wentz et al., 2000；Aires et al., 2004；毛克彪等，2006；周义等，2014）。由于新构建的近地表气温反演算法仅针对晴空天气条件提出，因此，首先需对使用的数据是否为晴空或云覆盖进行判定。本研究使用 MOD11_L2 地表温度产品而非 MOD/MYD35_L2 云掩模产品作为判别晴空或云覆盖天气条件的依据：（1）像元位置上 MOD11_L2 地表温度产品中有"有效地表温度值"时判别为晴空天气条件；（2）像元位置上 MOD11_L2 地表温度产品中无"有效地表温度值"时判别为云覆盖天气条件。

　　MOD11_L2 地表温度产品由辐射数据产品 MOD021KM、地理坐标产品 MOD03、云掩模产品 MOD35_L2、土地覆盖产品 MCD12Q1 和雪产品 MOD10_L2 综合反演生成，其已充分利用 MOD35_L2 产品中云标识特征信息（云覆盖像元无有效 LST），故利用 MOD11_L2

作为判别晴空或云覆盖天气条件的依据简单易行。值得一提的是，已有学者对 MOD11_L2 产品质量进行分析时发现其存在云标识错判 / 误判 (Wang et al., 2008; Ostby et al., 2014)，这使基于 MOD11_L2 产品中有无有效 LST 作为云标识不能完全对晴空和云覆盖天气条件做出正确判别，但这种不足源于 MOD35_L2 产品质量自身，故使用 MOD11_L2 或 MOD35_L2 进行晴空 / 云覆盖判定效果完全相同。

表 5.15 用于算法反演的 MODIS 数据

MODIS 数据	版本	时间分辨率	时相	空间分辨率	使用参数
MOD021KM	6				大气顶反射率、辐射值
MOD03	6				经度、纬度、卫星观测天顶角
MO05_L2	5.1	5min	2006 年 1 月（冬季） 2006 年 7 月（夏季）	1km	大气水分含量
MOD07_L2	6				地表气压、最贴近地表气压层气温
MOD11_L2	5				地表温度
MCD12Q1	5	yearly	2006	500m	地表覆盖类型

5.5.2.2 地面实测数据

为了评判基于 MODIS/Terra 数据反演近地表气温的算法精度，需 MODIS/Terra 过境时刻的近地表气温同步观测数据作为参照，以此来比拟真实值和估计值两者之间的差异。尽管两者之间存在空间尺度上的差异，但在地表相对均质情况下，这种点尺度上的真值可有效代表像元尺度上的真值 (张仁华等 , 2010)。本研究中使用的地面观测数据为试验区能量平衡波文比（Energy Balance BoWen Ratio，EBBR）观测站（表 5.16 和图 5.21）5min 近地表气温平均观测值数据集（http://www.arm.gov/data/datastreams/5ebbr，数据精度为 0.01℃)。

表 5.16 试验区地面观测站点

站点编号	纬度 (N)	经度 (W)	站点编号	纬度 (N)	经度 (W)
E2	38.306°	97.301°	E15	36.431°	98.284°
E4	37.953°	98.329°	E18	35.687°	95.856°
E7	37.383°	96.180°	E19	35.557°	98.017°
E8	37.333°	99.309°	E20	35.564°	96.988°
E9	37.133°	97.266°	E22	35.354°	98.977°
E12	36.841°	96.427°	E26	34.957°	98.076°
E13	36.605°	97.485°	E27	35.269°	96.740°

5.5.3 精度评价方法

5.5.3.1 评价指标体系

在本研究中，为定序测量评价近地表气温新构建反演算法的估计效果，选用相关系数

（R）、偏差（$BIAS$）、平均绝对误差（MAE）和均方根误差（$RMSE$）统计指标用于与实测数据的定量比较分析。

$$R = \frac{n\sum_{i=1}^{n}G_iM_i - \sum_{i=1}^{n}G_iM_i}{\sqrt{(n\sum_{i=1}^{n}G_i^2 - (\sum_{i=1}^{n}G_i)^2)(n\sum_{i=1}^{n}M_i^2 - (\sum_{i=1}^{n}M_i)^2)}}$$ （5.93）

$$BIAS = \frac{\sum_{i=1}^{n}(M_i - G_i)}{n} = \overline{M} - \overline{G}$$ （5.94）

$$MAE = \frac{\sum_{i=1}^{n}|M_i - G_i|}{n} = |\overline{M} - \overline{G}|$$ （5.95）

$$RMSE = \left[\sum_{i=1}^{n}(M_i - G_i)^2 / n\right]^{1/2}$$ （5.96）

式中，G 为 EBBR 观测站实测的近地表气温"真实值"（K），M 为反演算法演算的近地表气温估计值（K），n 为试验区 EBBR 观测站的数目。相关系数 R 反映了算法反演值与真实值之间的相关程度，独立于偏差；而其变化形式——决定系数 R^2 则反映了判断模型的拟合程度。偏差 $BIAS$ 的正负反映了反演算法的过高或过低估计；而平均绝对误差 MAE 则反映了算法反演值与真实值的平均偏离程度。均方根误差 $RMSE$ 也是对误差均值的一种度量，其反映了算法反演值偏离真实值的程度。

算法精度是算法性能和算法实用性的有力指示，只有满足一定的精度，算法才有实用性价值。因此，算法精度评价是新算法提出过程中一项不可缺少的工作。本研究中利用卫星过境时刻的实时地面测量（时间上：5min 均值，空间上：1 个像元距离）的近地表气温来验证评价新构建的近地表气温反演算法精度，并同时将反演结果与 MOD07 大气廓线下推法反演的近地表气温做比较。

5.5.3.2 MOD07 大气廓线下推法

MODIS 提供有大气廓线产品 MOD07_L2。因此，在晴空天气条件下，基于气体理想静力方程，可以利用这一大气廓线产品来估计近地表气温，其计算系列公式为

$$\frac{\mathrm{d}p}{\mathrm{d}z} = -\rho g$$ （5.97）

$$\frac{p^{\mathrm{L}} - p^{\mathrm{S}}}{\Delta z} = -\rho g$$ （5.98）

$$\frac{\mathrm{d}T}{\mathrm{d}z} = -6.5\mathrm{K} \cdot \mathrm{km}^{-1}$$ （5.99）

$$\frac{T_{a}^{L}-T_{0}}{\Delta z'}=-6.5\mathrm{K}\cdot\mathrm{km}^{-1} \tag{5.100}$$

$$T_{0}=T_{a}^{L}+\frac{6.5}{\rho g}(P^{L}-P^{S}) \tag{5.101}$$

式 5.97 和式 5.98 是气体理想静力方程，式 5.99 和式 5.100 是气温垂直递减率，式 5.101 是近地表气温估算式；其中，ρ、g 分别为空气密度（$\mathrm{kg}\cdot\mathrm{m}^{-3}$）和重力加速度（$\mathrm{m}\cdot\mathrm{s}^{-2}$），$p^{S}$ 为地表气压（hPa），p^{L} 为贴地表最低气压层（hPa），Δz 为地表高程与贴地表最低气压层高程差（km），T_{a}^{L} 为贴地表最低气压层对应的气温（K），T_{0} 为近地表气温（K），$\Delta z'$ 为近地表高程与贴地表最低层气压高程差（km），它与 Δz 相差 1.5~2m，在推导式 5.101 时考虑该差值影响较小，用 Δz 替代了 $\Delta z'$。

5.5.4　精度评价结果

5.5.4.1　与试验区地面观测值的比较结果

对试验区数据进行近地表气温反演，并与试验区的地面气温观测值进行对比，分析近地表气温的反演精度，结果如图 5.23 和表 5.17 所示。进一步分析图 5.23 和表 5.17，可以得到如下结论。

（1）在新构建的近地表气温反演算法中，两通道算法外延法反演效果最佳（图 5.23d），其 R、$BIAS$、MAE 和 $RMSE$ 分别为 0.959 4、−1.06℃、2.61℃ 和 3.51℃，可见其精度能满足一定的实际应用需求，且其算法反演值基本上都位于 1∶1 直线附近，尤其以 7 月（夏季）反演结果更佳，位于 1∶1 直线附近的散点更加聚集性。

（2）在新构建的近地表气温反演算法中，两通道算法外延法在 1 月（冬季）和 7 月（冬季）均能高精度反演，而三通道算法、三通道算法外延法和两通道法仅在 7 月（夏季）有较高精度反演，而在 1 月（冬季）基本上不能有效反演，此三算法反演值的散点离散分布充分揭示了该特性，另外，三通道算法和三通道算法外延法的 P 值 0.5664 和 0.1178 均大于 0.05，说明此两算法的反演值与近地表气温实测值不成显著性相关，即进一步证明此两算法在 1 月（冬季）不能有效反演近地表气温。

（3）从相关系数 R 来看，在当前研究中，MOD07 大气廓线下推法反演获取的近地表气温与地面实测近地表气温相关性最高，其次为两通道算法外延法，但这种特性在 7 月（夏季）却表现稍有异同，而三通道算法、三通道算法外延法和两通道算法的相关系数 R 在 1 月（冬季）和 7 月（夏季）差异较大，尤其是在 1 月（冬季）表现为负相关（分别为 −0.070 2、−0.155 8 和 −0.386 7），这又再一次证实此三算法不适宜在 1 月（冬季）用于近地表气温反演。

（4）从偏差 $BIAS$ 来看，在当前研究中，两通道算法外延法的偏差最小，1 月和 7 月偏差分别为 −0.99℃ 和 −1.11℃，这表明该算法存在一定的系统低估，且算法具有季节稳定性特征（两不同季节相差不到 0.15℃，可以忽略不计）；MOD07 大气廓线下推法的偏差

BIAS 表现次之，1月和7月偏差 *BIAS* 分别为 −1.38℃和 −5.93℃，这表明该算法同样存在系统低估，且在不同季节这种系统低估程度有差异；三通道算法、三通道算法外延法和两通道算法的偏差 *BIAS* 总体上表现为在1月大于7℃，而在7月小于 −5.5℃，即此三算法在1月（冬季）存在明显的高估和7月（夏季）存在明显的低估特征。

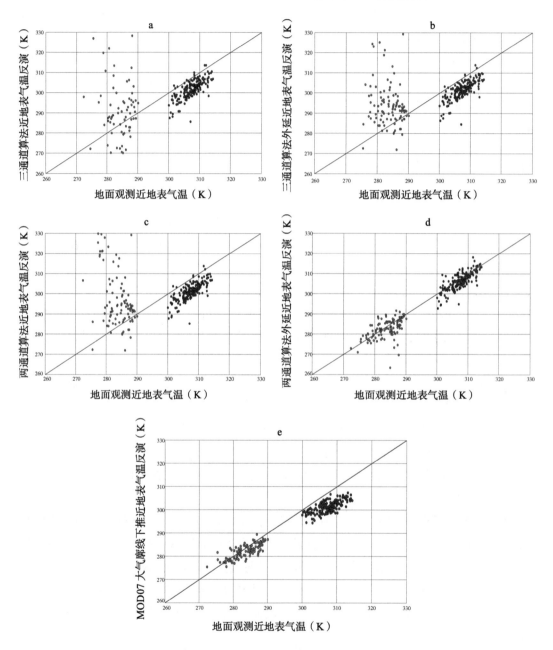

• 反演值 vs 观测值（冬季）　• 反演值 vs 观测值（夏季）　— 1∶1直线

图5.23　试验区近地表气温算法反演值与近地表气温观测值散点图

注：a.三通道算法；b.三通道算法外延法；c.两通道算法；d.两通道算法外延法；e.MOD07大气廓线下推法。

表 5.17 试验区近地表气温算法反演值与地面观测值的统计分析（95% 置信区间）

时间	统计参数		三通道算法	三通道算法外延法	两通道算法	两通道算法外延法	MOD07 大气廓线下推法
1月（冬季）	$y=ax+b$	a	-0.24	-0.443	-1.361	0.659	0.6328
		b	359.3	419.6	683	96.74	102.8
		P	$0.566\,4$	0.1178	$9.139\,8e{-}05$	$4.408\,5e{-}09$	$1.227\,6e{-}23$
		R	$-0.070\,2$	$-0.155\,8$	$-0.386\,7$	$0.525\,6$	$0.785\,5$
		$BIAS$	7.05	10.06	12.98	-0.99	-1.38
		MAE	11.32	11.22	14.22	3.01	2.25
		$RMSE$	13.29	10.40	12.32	4.18	1.92
7月（夏季）	$y=ax+b$	a	1.033	1.033	1.009	$0.989\,7$	$0.555\,8$
		b	-15.62	-15.92	-9.006	2.05	130.6
		P	$3.627\,8e{-}29$	$5.944\,1e{-}30$	$5.835\,4e{-}31$	$2.369\,5e{-}33$	$3.692\,5e{-}27$
		R	$0.730\,8$	$0.737\,7$	$0.746\,2$	$0.765\,0$	$0.718\,3$
		$BIAS$	-5.57	-5.79	-6.11	-1.11	-5.93
		MAE	5.68	5.87	6.18	2.34	5.93
		$RMSE$	3.29	3.22	3.07	2.84	1.85
1月和7月	$y=ax+b$	a	$0.469\,8$	$0.334\,6$	$0.171\,9$	$0.981\,2$	$0.788\,8$
		b	157.5	198.8	248.3	4.544	58.03
		P	$3.163\,2e{-}20$	$5.483\,9e{-}17$	$2.262\,3e{-}04$	$1.110\,9e{-}152$	$5.049\,2e{-}188$
		R	$0.552\,1$	$0.481\,1$	$0.225\,1$	$0.959\,4$	$0.978\,6$
		$BIAS$	-1.88	0.22	0.91	-1.06	-4.15
		MAE	7.33	7.90	9.13	2.61	4.49
		$RMSE$	7.94	7.32	8.86	3.51	2.01

5.5.4.2 地表温度与近地表气温之间的差值对反演精度的影响

为了进一步验证算法精度，且对算法的适用范围给出一定的使用边界条件，分析了地表温度与近地表气温之间的差值关系对算法反演精度的影响。根据算法反演误差与地面温度和观测近地表气温差值散点图（图 5.24），可以看出：

（1）在 7 月（夏季）两通道算法外延法的反演精度最高，约 66% 样点位于 ±2.5℃误差范围内，而三通道算法、三通道算法外延法、两通道算法和 MOD07 大气廓线下推法反演误差占 ±2.5℃误差的百分比分别仅为 14.37%、11.98%、10.18% 和 8.98%（表 5.18）；各反演算法的反演误差直方图如图 5.25 所示，从图中可以很直观地看出各反演算法都存在低估现象，只是各算法的低估强度不同，其中，两通道算法外延法反演误差近似以 -1℃为中心呈正态曲线分布（图 5.25d₁），而三通道算法、三通道算法外延法、两通道算法和 MOD07 大气廓线下推法反演误差近似以 -6℃为中心呈正态曲线分布（图 5.25a₁、图 5.25b₁、图 5.25c₁ 和图 5.25e₁），各反演算法对应的系统低估值详见表中 7 月（夏季）的偏差项 $BIAS$；

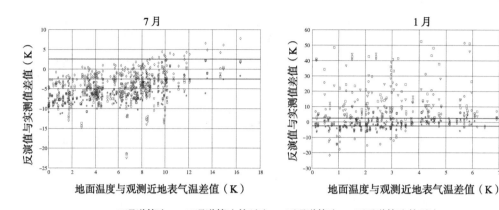

○ 三通道算法　▽ 三通道算法外延法　□ 两通道算法　◇ 两通道算法外延法
☆ MOD07 大气廓线下推法　── y=2.5 直线　── y=−2.5

图 5.24　试验区算法反演误差与地面温度和观测近地表气温差值散点图

（2）在 1 月（冬季）两通道算法外延法和 MOD07 大气廓线下推法反演误差占 ±2.5℃ 误差的百分比大致相当——均为 57.8%，但两算法的误差直方图有一定的差异，两通道算法外延法反演误差近似以 0℃ 为中心呈正态曲线分布（图 5.25 d_2），而 MOD07 大气廓线下推法反演误差近似以 −2℃ 为中心呈正态曲线分布（图 5.25 e_2）；另外，三通道算法、三通道算法外延和两通道算法反演误差占 ±2.5℃ 误差的百分比与 7 月（夏季）百分比大致类同——分别为 10.09%、15.60% 和 12.84%，且算法反演结果较发散，不确定性较大，且此三算法均表现为反演高估特征，高估大小详见表中 1 月（冬季）的偏差项 *BIAS*。

（3）两通道算法外延法在地面温度和近地表气温差值较大时（如大于 10℃）其算法反演误差较大，而此情况下三通道算法、三通道算法外延法和两通道算法反演精度却较高，因此，在进行近地表气温反演时，可以利用两通道算法外延法和其他三算法进行组合使用，可进一步提高近地表气温反演精度，即利用两通道算法的初步结果与地表温度差值进行判定是否改用三通道算法或三通道算法外延法或两通道算法进行二次反演。

表 5.18　试验区各算法反演误差占 ±2.5℃ 的比例　　　　　　（单位：%）

季节	三通道算法	三通道算法外延法	两通道算法	两通道算法外延法	MOD07 大气廓线下推法
7 月	14.37	11.98	10.18	65.87	8.98
1 月	10.09	15.60	12.84	57.80	57.80

5.5.4.3　各反演算法之间的性能比较

从上述反演精度评价结果来看，基于地表热辐射传输方程构建的两通道算法外延法反演精度最高，其 *R*、*BIAS*、*MAE* 和 *RMSE* 分别为 0.9594、−1.06℃、2.61℃ 和 3.51℃，能满足一定的实际应用需求，但同样基于地表热辐射传输方程构建的三通道算法、三通道

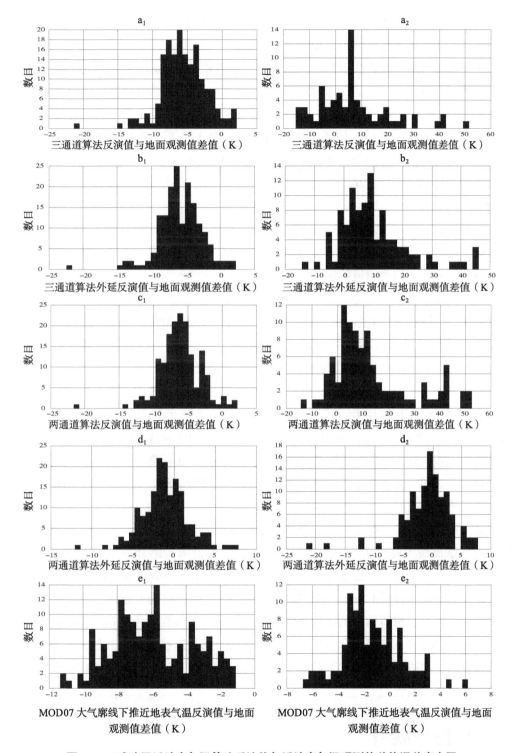

图5.25 试验区近地表气温算法反演值与近地表气温观测值差值误差直方图

注：（a_1）和（a_2）分别为夏季和冬季三通道算法；（b_1）和（b_2）分别为夏季和冬季三通道算法外延法；（c_1）和（c_1）分别为夏季和冬季两通道算法；（d_1）和（d_2）分别为夏季和冬季两通道算法外延法；（e_1）和（e_2）分别为夏季和冬季 MOD07 大气廓线下推法。

算法外延法和两通道算法反演精度却不够理想，这种特性尤其在 1 月（冬季）表现更加明显。下面对这些算法的性能进行简要的比拟分析。

两通道算法与两通道算法外延法的区别在于后者将地表热辐射传输方程中的地表温度 T_S 参量视为已知量，可见，两通道算法对 MODIS/Terra 32 通道的地表比辐射率 ε_{32}、大气透过率 τ_{32} 和亮度温度 T_{32} 比较敏感，这从两算法在 1 月（冬季）和 7 月（夏季）的数据反演效果中可以很容易看出，因为在两通道算法中融入 T_S 后，两通道算法外延法使两通道算法反演精度有很大的提升，即在 1 月（冬季）和 7 月（夏季）的反演值与实测值的相关系数 R 由 $-0.386\ 7$ 和 0.7462 转化为 $0.526\ 7$、0.765、偏差 BIAS 由 12.98℃ 和 -6.11℃ 转化为 -0.99℃ 和 -1.12℃、均方根误差 RMSE 由 12.32℃、3.07℃ 和转化为 3.01℃ 和 2.84℃，因此，对 MODIS/Terra 32 通道地表比辐射率 ε_{32}、大气透过率 τ_{32} 和亮度温度 T_{32} 的不准确计算都将影响到两通道算法的反演精度。值得指出的是，两通道算法外延法对大气季相特征不敏感，但两通道算法却很敏感。

同上，三通道算法与三通道算法外延法的区别在于后者将地表热辐射传输方程中的地表温度 T_S 参量视为已知量，可见，三通道算法外延法对 MODIS/Terra 29 通道的地表比辐射率 ε_{29}、大气透过率 τ_{29} 和亮度温度 T_{29} 不敏感，因为在三通道算法中融入 T_S 后，三通道算法外延法的反演精度仅有细微的变化，即在 1 月（冬季）和 7 月（夏季）的反演值与实测值的相关系数 R 由 $-0.070\ 2$ 和 $0.730\ 8$ 转化为 $-0.155\ 8$ 和 $0.737\ 7$、偏差 BIAS 由 7.05℃ 和 -5.57℃ 转化为 10.06℃ 和 -5.79℃、均方根误差 RMSE 由 13.29℃、3.29℃ 和转化为 10.4℃ 和 3.22℃，因此，对 MODIS/Terra 29 通道地表比辐射率 ε_{29}、大气透过率 τ_{29} 和亮度温度 T_{29} 的不准确计算一定程度上对三通道算法的反演精度影响较微弱。值得指出的是，三通道算法和三通道算法外延法对大气季相特征都很敏感，这也解释了两算法性能表现在大气季相上具有同步性。

需要特别指出的是，在构建地表热辐射传输方程演算过程中采取的一些近似计算和假定均会对算法反演精度产生一定的影响，如地表比辐射率 ε_i 的计算、大气透过率 τ_i 的模拟关系计算、大气平均作用温度 T_a 与近地表气温 T_0 之间的函数关系、温度参数 L_i 的近似计算和普朗克函数 $B_i(T)$ 的 Taylor 线性展开等，此外，遥感数据本身的误差也会对反演结果产生误差。因此，对新构建的反演算法进行全面的误差源揭示（包括数据源的、算法本身的、验证数据的等）和模拟分析有着重要的意义，探讨这些算法在其他大气条件下的估算效果和算法使用边界条件（大气状况、地表特征等）的确定，这部分工作将在后续研究中继续来开展和再完善。

5.6 结论与展望

本研究基于地表热辐射传输方程，构建了近地表气温遥感反演的三通道算法和两通道算法，同时给出了两算法的算法外延，即三通道算法外延法和两通道算法外延法。其次，针对 MODIS/Terra 传感器，给出了反演算法各相关参数的详细估计方法，同时也对算法参数进行了敏感性分析。最后，选取了美国南部大平原（SGP）作为试验区对新构建的反演算法进行数据反演（算法应用），并与地面观测数据相比较，评价了反演算法的精度和分析了算法的性能表现。

5.6.1　结论

5.6.1.1　基于地表热辐射传输方程构建推导的三通道算法和两通道算法，为近地表气温反演提供了新的手段

基于地表热红外辐射传输方程，利用 Taylor 展开式和大气平均作用温度与近地表气温间的函数关系将地表热辐射传输方程中各组分与近地表气温 T_0 关联起来，再依据热辐射传输方程中未知量的个数，选用对等数量的热红外波段数即可构建近地表气温反演三通道算法和两通道算法。本质上，两算法思想一致，但两算法最大的区别在于两通道算法利用 53° 天顶角观测条件下的大气上行热辐射来近似替代大气下行辐射，减少了方程中 1 个未知数，实现了对方程中未知数降维，从而将三通道算法降为两通道算法。三通道算法和两通道算法仅需地表比辐射率和大气透过率两因素来进行近地表气温反演。

5.6.1.2　在地表温度已知情况下，对近地表气温反演三通道算法和两通道算法做进一步改进，发展出了近地表气温反演的三通道算法外延法和两通道算法外延法

在三通道算法和两通道算法推导的基础上，将地表温度参量视为已知时，可对三通道算法和两通道算法做进一步改进——方程中未知数降维，发展出了三通道算法外延法和两通道算法外延法，两算法实为两通道算法和单通道算法。相较于三通道算法和两通道算法，三通道算法外延法和两通道算法外延法揭示了地表温度和近地表气温之间的函数关系，为两者间的关系研究提供了一种新的手段。三通道算法外延法和两通道算法外延法也仅需地表比辐射率和大气透过率两因素来进行近地表气温反演，其地表温度可由两因素分裂窗算法和普适性单窗算法反演获得。

5.6.1.3　MODIS 热红外波段大气透过率估计需考虑大气水分含量和观测天顶角间的协同作用，利用二元四次多项式可准确刻画三者之间的函数关系

MODIS 宽视场角 FOV（最大达 55°）导致天顶底和图像边缘像元的大气辐射传播路径有很大差异。对中纬度大气透过率的 MODTRAN 数值模拟分析表明，在同等大气水分含量条件下，不同观测天顶角的大气透过率存在差异，观测天顶角越大，大气透过率越低，且随着大气水分含量的增加，不同观测天顶角大气透过率之间的差异越来越大，因此，在估计 MODIS 热红外波段大气透过率时，不仅需考虑大气水分含量，还必须考虑观测天顶角的影响。通过本研究发现，利用二元四次多项式能非常好地刻画 MODIS 热红外波段大气透过率随大气水分含量和观测天顶角变化的协同作用函数关系，其拟合效果十分理想（ R^2 均大于 0.999 6、*RMSE* 均小于 0.005 ）。

5.6.1.4 三通道算法、三通道算法外延法、两通道算法和两通道算法外延法四算法均对大气透过率因素敏感，而对地表比辐射率因素相对不太敏感

对四算法中大气透过率和地表比辐射率进行敏感性分析发现，四算法表现出对大气透过率估计误差很敏感而对地表比辐射率估计误差相对不敏感特性。0.005 的大气透过率误差对三通道算法产生 2℃以上误差、对三通道算法外延法产生 2.5℃以上误差、对两通道算法产生 1℃以上误差、对两通道算法外延法产生 3℃以上误差，且算法反演误差随大气透过率误差增大而增大；而 0.005 的地表比辐射率估计误差仅对三通道算法产生 1.5℃以下误差、对三通道算法外延法产生 0.6℃以下误差、对两通道算法产生 0.3℃以下误差、对两通道算法外延法产生 0.2℃以下误差，但算法反演误差随地表比辐射率估计误差和大气透过率增大而增大。

5.6.1.5 针对 MODIS/Terra 数据，在三通道算法、三通道算法外延法、两通道算法和两通道算法外延法四算法反演性能表现中，以两通道算法外延法反演精度最高、算法最稳定

针对 MODIS/Terra 传感器，验证结果表明，两通道算法外延法的反演精度最高、算法最稳定，其 R、$BIAS$、MAE 和 $RMSE$ 分别为 0.959 4、–1.06℃、2.61℃和 3.51℃，这也揭示了 MODIS/Terra 31 波段最适宜近地表气温反演（与实测近地表气温比对的斜率为 0.9812、截距为 4.544），而三通道算法、三通道算法外延法和两通道算法的反演精度却不够理想，三算法的 R、$BIAS$、MAE 和 $RMSE$ 分别为 0.552 1、–1.88℃、7.33℃和 7.94℃，0.481 1、0.22℃、7.90℃和 7.32℃，0.225 1、0.91℃、9.13℃和 8.86℃，且三算法对大气季相特征很敏感，致使此三算法在 7 月（夏季）和 1 月（冬季）分别表现为系统低估和高估特征。

5.6.1.6 MOD07 大气廓线下推法反演的近地表气温存在系统性低估特征

基于 MOD07 最贴近地表气压层的大气廓线温度，利用温度垂直递减率下推反演的近地表气温存在系统性低估，其算法性能的 R、$BIAS$、MAE 和 $RMSE$ 分别为 0.978 6、–4.15℃、4.49℃和 2.01℃，算法表现出对大气季相特征较敏感，算法在 7 月（夏季）低估的强度要明显高于 1 月（冬季），即 7 月（夏季）和 1 月（冬季）的 $BIAS$ 分别为 –5.93℃和 –1.38℃，但算法偏离 1∶1 直线的季相强度却相反，即与实测近地表气温比对的斜率在 7 月（夏季）和 1 月（冬季）分别为 0.555 8 和 0.622 8。

5.6.2 展望

本研究以地表热辐射传输方程为基础，提出了用于近地表气温遥感反演的三通道算法和两通道算法，以及两算法的算法外延法——三通道算法外延法和两通道算法外延法。利用地面实测数据对四算法进行精度验证发现两通道算法外延法反演精度最高、算法稳定性最好，但同样基于地表热辐射传输方程构建的三通道算法、三通道算法外延法和两通道算法反演精度却不够理想，尤其在 1 月（冬季）表现更加明显，因此，导致此三算法反演精度低的误差产生机理和算法反演的边界条件有待进一步的分析和揭示；另外，在地表温

度和近地表气温温差相差较大时，两通道算法外延法的反演精度降低了，但该情况下三通道算法、三通道算法外延法和两通道算法反演精度却较高，因此，对地表温度和近地表气温温差的边界条件进行有效判定，分区采用两通道算法外延法和其他三算法组合反演，可进一步提高仅采用单一两通道算法外延法反演近地表气温的精度。

相较于 MODIS 数据的瞬时近地表气温反演，基于 MODIS 数据的近地表气温日变化、最大值、最小值和平均值估计有着更为广泛的应用和重要的意义，如数值天气预报需时空连续的近地表气温、日蒸散发和动植物生命活动等，且 MODIS 传感器的特性设计（较高的时空分辨率、辐射辐射率和光谱分辨率）为开展这些方面的研究提供了可能和潜力。当前，本研究仅针对 MODIS/Terra 白天遥感数据进行了近地表气温反演，在后续研究中应考虑使用夜间数据、MODIS/Aqua 数据和其他多源卫星遥感数据（如 NOAA AVHRR、ENVISAT AATSR、Landsat8 TIRS、FY-3C VIRR、HJ-1B IRS 等），通过综合集成多时相瞬时近地表气温反演和气温日变化模型，以提高近地表气温反演的时相拓展能力，实现对近地表气温日变化、最大值、最小值和平均值的进一步有效估计，从而为陆面过程和全球气候变化等研究提供更加精准的、时空持续的模型必需驱动数据。

6 云对地表温度影响与反演

6.1 引言

6.1.1 研究背景与意义

地表温度是表征地表能量平衡和反映地表特征的重要指标。农业旱情监测、农作物长势监测、土壤水分估算以及生态分析、全球气候变化等不同地学应用研究需要全面掌握监测范围内的地表温度空间变化。热红外遥感通过探测地表热辐射实现了地表温度的反演，弥补了传统地面台站无法实现大区域连续获取地表温度的缺陷，是快捷获取区域或全球尺度地表温度的最佳手段之一。

云经常是监测区域范围内地表温度遥感反演的重要障碍。在有云情况下，由于云层中水汽的强烈的吸收作用，地表向上的热辐射几乎全部被云层吸收。卫星搭载的热红外传感器所观测的热辐射主要来自云层顶部，而不是云层下面的地表热辐射。因此，在有云情况下，可以从热红外遥感图像中直接反演得到云层顶部的表面温度，无法直接获取云下的地表温度。目前，卫星遥感数据（如 MODIS）反演得到的地表温度产品都只是简单把云像元检测出来，标出该像元为有云像元，而没有估算出有云像元的地表温度，从而形成有云像元的地表温度数据缺失。因此，如何估算热红外遥感图像中有云像元的地表温度是热红外遥感应用研究的前沿难题。

虽然微波可以穿透云层而使微波遥感可以不受云遮挡的影响，但被动微波遥感是基于地表反射的微波来进行地表探测，地表反射的微波主要受地表粗糙度、地表物质和地表温湿度等因素的影响。虽然有研究表明，微波遥感可以用来反演地表温度，但因数据获取较少、空间分辨率极低（>5 km）和反演精度等问题，用微波遥感反演地表温度基本多停留在理论探讨阶段，在目前实际中应用极少。目前，农业遥感、生态遥感等应用研究主要还是根据热红外遥感数据来进行地表温度反演。因此，如何估算热红外遥感图像中有云像元的地表温度，就构成了热红外遥感、农业遥感等遥感应用的迫切需要。

云对地表温度的影响是一个复杂的过程。在遥感图像中，有云像元可以分为两大类：云遮挡和云覆盖。云遮挡是由于遥感视角和太阳高度角不一致而产生，而云覆盖则可定义为不仅遮挡，而且还阻挡了相当比例的太阳到达地表面的直接辐射（图 6.1）。因此，在云遮挡的情况下，地表面实际上是受到太阳直接辐射的，只不过由于观测视角的原因，在遥感图像上的地表因云遮挡而成为不可视。在此情况下，云遮挡像元的地表温度应该不受云或已经受过整片云的影响，而与其他可视性像元相似。一般情况下，小块云的云遮挡和云覆盖区域是分开或重合部分较少（图 6.1），通常在像元尺度较小、空间分辨率较高的遥感图像（如 ASTER，Landsat 系列等）中较为常见。考虑到地表温度空间变化的连续性和过渡性，对于小块云遮挡的像元，其地表温度可以用邻近像元法和空间插值法以及植被指数—地表温度关系法进行快速估算。其中，空间插值法和植被指数—地表温度关系法在云遮挡像元地表温度估算中已有一些应用，并且空间插值方法本身已比较成熟，植被指数—地表温度关系法也只是一个回归统计技术问题，因此将不作为本章的研究重点。

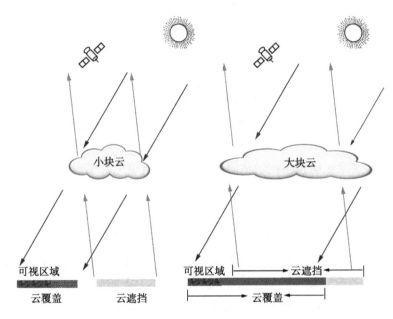

图 6.1 热红外遥感图像中有云像元的两种类型：云遮挡和云覆盖

热红外遥感图像中大块云覆盖时，云覆盖区域和云遮挡区域通常有较大范围的重合（图 6.1 右图所示），边缘处存在云遮挡和云覆盖的现象，在云覆盖情况下，云层不仅遮挡了遥感观测的地表面，还阻挡了太阳对地表面的直接辐射，从而使云覆盖区域的地表温度往往略低于周边无云地区相同地表类型的地表温度，形成所谓的"洼地效应"，云覆盖地区地表温度的变化情况是本文的研究重点。

地表温度的变化主要取决于到达地表总的辐射强度和下垫面地表物理特征。云覆盖现象对地表温度变化的影响主要表现为云层在白天时减少了到达地表面的大气辐射能量，但云覆盖像元的地表温度变化，还因地表类型、云覆盖类型、云覆盖大小、云覆盖时间、云覆盖厚薄、地理纬度等不同而变得复杂。因此，估算云覆盖像元处总的辐射强度，掌握典型地表类型的地表温度在不同立地条件和不同大气状态条件下随辐射强度的变化规律，就可以根据地表类型的构成比例，运用地表温度随辐射强度的变化规律，通过估算云覆盖像元的总的辐射强度，来建立一套云覆盖像元的地表温度估算方法。因此，模拟地表能量平衡的交换过程，分析白天时云下地表温度的时空变化规律，构建云层传输模型，揭示云覆盖对地表温度变化的影响机制，结合野外观测数据和遥感数据，建立1套切实可行的白天时云覆盖像元地表温度估算方法，为云下地表温度遥感定量反演提供技术支持。

6.1.2 相关研究进展

目前，国内外对热红外遥感的研究，主要集中在热红外遥感机理、地表温度遥感定量反演及其参数确定、热红外遥感应用等方面，对云覆盖像元的地表温度估算的研究还较少，相关的论文发表也不多。国内常用的热红外遥感有云像元表温度的估算方法主要是空间插值方法和植被指数关系法（周义等，2012；张军等，2011；涂丽丽等，2011；刘梅等，2013；苏洁等，2013）；周义等（2012）、张军等（2011）和涂丽丽等（2011）分别从不同角度探讨并评价了空间插值法在云遮挡像元地表温度估计中的可用性。刘梅等（2013）和苏洁等（2013）研究了植被指数—地表温度关系法，进而估算云遮挡像元的可用性和精度问题。周义等（2013）总结了目前国内热红外遥感图像中有云像元地表温度估算研究的进展。

国外对云覆盖像元地表温度的估算虽然较早，但相关论文也不多（Minis & Harrison，1984；Aires et al.，2004；Jin & Dickinson，2004；Jin，2004；Lu et al.，2011；Gallo et al.，2011），主要也是利用时空插值法、气温关系法和地表热平衡模拟等方法来进行云覆盖像元地表温度估算。早在20世纪80年代中期，Minis and Harrison（1984）利用地表温度日循环变化规律，通过时空插值法，对静止气象卫星数据中云覆盖像元的地表温度进行估算。但由于地表异质性较大，时空插值法精度较差，在实际中应用极少。虽然20年后Aires等（2004）也用相同的时空插值法来分析研究全球地表温度的变化，但他们主要是为了获得更多时间序列的全球地表温度而进行时空插值估算，而不是针对云覆盖像元的地表温度估算。

为了估算云覆盖像元的地表温度，Jin and Dickinson（2004）根据地表热平衡原理，提出了一个通用的云像元地表温度估算方法，即邻近像元法，利用邻近无云像元的同质性特征，通过地表热平衡模型估算云覆盖像元的地表温度。但这一方法计算过程繁杂，需要针对每个云覆盖像元进行复杂的地表热量平衡模型运算，并且模型运行需要大量实时气象数据和土壤特征数据，而这些数据通常极难针对每个像元获得，同时邻近像元的同质性也极难保证。Lu等（2011）把邻近像元法思想应用到静止卫星MSG/SEVIRI的云覆盖像元地表温度估算上，并从空间邻近、时相邻近和综合邻近等3个方面比较了邻近像元法的估算精度，发现时相邻近的估算精度相对较高。Gallo等（2011）则利用地表温度与气温之间的局地相关关系，提出了利用气象观测数据中的气温来估算云覆盖像元的地表温度，但需要每个云覆盖像元的气温为已知，从而限制了其通用性。

从地表温度变化机理上分析，地表温度发生变化主要是地表能量交换过程中，入射能量和发射能量之间的能量差引起的。当入射能量高于地表的发射能量时，地表温度就会不断升高，当入射能量低于地表的发射能量时，地表温度就会不断下降。大气中云层的出现，往往会打破其影响的下垫面地表能量交换过程。例如当一块云在白天覆盖在某处下垫面时，导致到达该下垫面的太阳辐射减少，地表温度的上升趋势就会减弱甚至转为下降，而当一块云在夜晚出现在某块下垫面上时，则对该下垫面往往起到一定的保温作用。因此，云对地表温度的影响可以拆解为两部分：地表能量平衡模型的构建和云对太阳辐射传输过程的影响。如何构建云覆盖像元的地表能量平衡模型，并且估算云覆盖像元到达地表面的大气辐射强度，对模拟研究云下地表温度的变化有着直接的影响。

6.1.2.1　地表能量平衡模型

地表能量平衡模型主要是构建地表与近地表大气之间的能量流的相互交换模型，能量流上主要包括显热通量 (H)、潜热通量 (λE)、土壤热通量 (G) 和到达地表的净辐射 (R_n)，能量收支过程中往往伴随着水汽的蒸散。因此，地表能量平衡模型广泛应用于气象预报、植被缺水监测、农作物长势监测以及各种生态模型中 (Kustas et al., 2004; Consoli et al., 2006; Liou et al., 1999)。

地表能量平衡模型主要呈现出从观测点上所观测的气象要素建立单点的气象模型，发展为利用遥感数据建立的区域估算模型的发展方向。利用近地表气象观测设备所观测的气象数据建立的地表能量模型，可以准确地估算近地表水热交换的情况，是对实际地表情况的最佳模拟。但是该方法的缺陷是观测实验的时间和金钱上的成本都较高，且模型需要的输入参数较多，向区域上推广时往往需要进一步的改进。

关于地表能量交换的气象模型一般可以根据其研究的下垫面类型进行分类，陆面上的下垫面大致可以分为水体、裸地或沙地、植被和人工建筑用地 4 大类。关于植被的能量交换气象模型多是基于 Deardorff（1978）提出的模型，该模型假设植被由冠层植被和冠层下土壤组成，并考虑了冠层、土壤和近地表大气层之间的水热传输过程。针对道路等人工建筑等不透水层的性质，Rayer（1987）给出了一种预测道路表面温度变化的模型，Qin 等（2001）给出了裸地上气象模型的构建方法，并对模型整体的求解过程进行了详尽的介绍，Su 等（2002）结合实际实验场观测值，给出了不同地表类型的辐射通量的估算方法。

遥感作为一种大范围、高效率的监测手段在许多地学研究中得到了越来越多的重视，如何利用遥感数据结合地表能量平衡模型来进行区域水热情况监测，是许多地学研究应用的需要。Penman-Monteith 大叶模型给出了利用遥感数据建模的基础（Penmon, 2010）；在大叶模型的基础上，不同学者根据研究对象的不同又发展出了多层冠层模型等（Vogel, 1995; Sellers et al., 1996）；针对不同的研究目标，模型的构建者会在保证一定精度的条件下，对不同的参数进行一定的简化，Liou 和 Kar（2014）对常用的遥感地表能量平衡模型进行了综合的整理，并对各个模型的优缺点进行了分析（表 6.1），为不同的研究提供了一定参考。

6.1 遥感反演中常用的地表能量平衡模型

算法	输入参数	优点	缺点
SEBI（Choudhury and Menenti, 1993）	$T_{pbb}, h_{pbb}, v, Ts, Rn, G$	建立了潜热通量 (λE) 与地表温度 (T_s) 和近地表空气阻抗 (r_a) 之间的关系	需要地面气象观测参数作为模型输入数据源
SEBS（Su, 2002）	Ta, ha, v, Ts, Rn, G	地表温度和气象观测数据的输入量有所减少，热传输的粗糙度高度可以动态模拟	输入数据繁多，模型递归过程复杂
S-SEBI（Roerink et al., 2000）	Ts, as, Rn, G	不需要地面气象观测参数作为模型输入数据源	干点或湿点的极限值湿给定的
SEBAL（Bastiaanssen et al., 1998）	v, ha, Ts, VI, Rn, G	需要较少的地面观测数据，且可以自行对结果进行校正，排除了大气辐射的影响	主要应用于平坦地区，且作为基准点的像元选取上存在不确定性
METRIC（Allen et al., 2007）	v, ha, Ts, VI, Rn, G	与 SEBAL 相似，但考虑了地表坡度和朝向	基准点的像元选取上存在不确定性
TSM（Norman & Becker, 1995）	$v, ha, Ts, Tair, LAI$ 或者 Fr, Rn, G	考虑了地形因素对模型的影响，去除了一些模型中的经验系数	需要地面气象观测参数作为模型输入数据源

注：边界层平均温度 (T_{pbb})；边界层高度 (h_{pbb})；风速 (v)；地表温度 (T_s)；地表净辐射 (R_n)；土壤热通量 (G)；观测的边界层高度 (h_a)；植被指数 (VI)；叶面积指数 (LAI)；植被覆盖比例 (F_r)；地表短波波段反射率 (a_s)；参考高度上气温的观测值 (T_{air})。

6.1.2.2 云层辐射传输模型

遥感图像中云覆盖像元地表温度的估算首先需要把有云像元检测出来。云检测已经成为一个重要的遥感图像处理技术，这方面的研究已经较多（王伟等，2011；李微和李德仁，2011；李微等，2005；侯岳等，2008）。云检测一般主要根据云在可见光波段所具有的较高反射率特性，利用不同组合的可见光波段特征提取出云的边界信息。王伟等（2011）利用聚类与光谱阈值相结合的方法开展了 MODIS 图像云检测算法研究，李徽等（2011）提出了基于 HSV 色彩空间和光谱分析技术的 MODIS 云检测算法，侯岳等（2008）利用云的热红外波段性质，给出了 MODIS 图像的夜间云检测方法。

在云检测基础上，进一步提取云特征信息，包括云顶高度、云的光学厚度、云内粒子的有效半径和云的热力学性质等，是云遥感研究的重要内容。根据云的光谱性质，微波遥感最适合反演云的微物理性质，但由于传感器搭载不同平台的原因，因此，本研究主要就如何利用可见光 / 近红外波段的多光谱数据来提取云的特征进行简要的综述。叶晶等根据 MODIS 图像的多波段特征建立了白天多层云检测技术，有效地识别了云的层次结构。Delgado 等（2007）利用 Meteosat 图像深入研究了欧洲低气压的云系发展过程，提取了云面积、厚度、频度等特征信息。Brückner 等（2014）指出，云对太阳辐射的影响主要是由云的光学厚度和云内粒子的有效半径和分布共同决定的。为了得到云的不同特征，搭载不同传感器平台的遥感都进行了许多相应的实验研究，主要包括卫星平台（Curran et al., 1981；Rossow et al., 1989；Platnick et al., 2003）、飞机航空拍摄（Twomey & Cocks, 1982；Foot, 1988；Nakajima, 1990）和地面观测实验（包括船载观测平台）（Kikuchi et al., 2006；LeBlanc et al., 2014；McBride et al., 2011）。不同学者的研究（Nakajima & Nakajima, 1995；Han et al., 1994；Platnick et al., 1994）指出，在云的非吸收波段，云的光学厚度与云的反射率有着明显的关系，同时，在云的吸收波段，云的有效粒子半径与反射率有着明显的关系，例如搭载在 AVHRR 的 $3.7\mu m$ 波段。Twomey & Cocks（1982）提出了一种统计的方法，利用近红外波段附近多个波段的反射率来计算云的光学厚度和有效粒子半径。

在云辐射传输模型建模上，假设云是水平均一且平行于地面的一层覆盖物时，Van De Hulst（1980）给出了不同角度、单次散射反射率与云的反射和透射之间的关系。由于云辐射传输过程中包含着光的透射、单次散射和多次散射，模型计算过程比较复杂，Stamnes 等（1988）提出了一种离散坐标法，大大减少了计算的复杂程度。King（1987）基于数值渐进模拟的原理，从理论上阐述了云层的反射率与云特征的关系，并且将该方法应用于 MODIS 云产品的生产过程中（Platnick et al., 2003）。

在相同条件下，到达地表面的太阳辐射强度，直接决定着地表温度的变化。因此，估算到达地表面的太阳辐射强度，是估计云覆盖像元地表温度的需要。有关太阳辐射强度的估算，已经较多研究（Martin et al., 2008；王欣等，2012；孙洋等，2011）。Martin et al.,（2008）深入地分析了云覆盖指数对模拟估算太阳辐射强度的影响。孙娴和姜创业（2012）根据宽广谱太阳辐射机理，以估算精度较高的 METSTAT 模型为基础，提出了一个改进的太阳辐射强度估算方法。童成立等（2005）在分析国内外太阳辐射估算方法的基础上，建立了一种简单实用、易操作的模拟逐日太阳辐射的方法。肖晶晶等（2012）和王建源等（2006）分别估算并分析了浙江省和山东省太阳辐射强度及分布。

利用遥感图像数据开展太阳辐射强度估算，已经成为遥感应用研究的一个重要方向（肖建设等，2012；王欣等，2012；孙洋等，2011）。肖建设等（2012）考虑了高程、气溶胶、云和水汽的变化对晴天地表太阳辐射的影响，利用风云气象卫星数据估算并分析了三江源地区太阳辐射资源时空动态变化。王欣等（2012）利用我国风云气象卫星数据，结合地面气象数据，根据地表太阳辐射平衡原理，估算并分析了黄河源地区大气净辐射强度变化特征。孙洋等（2011）利用极轨卫星 MODIS 和静止气象卫星 MTSAT 数据，通过大气辐射传输模型 MODTRAN 模拟并建立了查找表，估算并分析了黑河流域地表太阳辐射强度时空动态变化。

在热红外遥感应用方面，国内外的研究也较多，研究重点主要集中在城市热岛屿效应（覃志豪等，2005；杨沈斌等，2010；王伟武等，2009；周纪等，2008）、土壤水分与干旱监测（Han et al., 2010；Hulley et al., 2010；Karnieli et al., 2010；Szilagyi et al., 2009）等方面。虽然云覆盖像元地表温度估算研究较少，但晴空无云条件下地表温度遥感定量反演研究已经很多。自80年代中期 Price（1984）提出陆表温度遥感反演的分裂窗算法以来，地表温度遥感定量反演研究已经取得了重大进展，形成了较成熟的地表温度遥感反演算法，如单通道算法、多通道算法、多角度和多时项的反演算法（Becker and Li, 1990；Wan and Dozier, 1996；Gillespie et al., 1998；Qin et al., 2001；Jiménez-Muñoz et al., 2003；Sobrino et al., 2005），这些算法的优缺点如表6.2所示。

综上所述，云已经成为热红外遥感应用的重要障碍，云不仅遮挡了遥感对地面的观测，而且也削弱了到达地面的太阳辐射。虽然国内外热红外遥感和地表温度遥感反演已经得到了较深入的研究，但云覆盖像元地表温度估算，仍然是热红外遥感研究的一个薄弱环节。

表 6.2　常用地表温度遥感反演算法

算法分类	典型算法	优点	缺点
单通道算法	单窗算法（Qin et al., 2001；Wang et al., 2015）	仅仅需要近地表空气温度和水汽含量，而不需要大气廓线数据	高精度的地表发射率在实际应用中较难获
	通用型单通道算法（Jiménez-Muñoz et al., 2003）	适用于任何波段半高全宽约1 μm 的热红外通道数据	高精度的地表发射率在实际应用中较难获
多通道算法	分裂窗算法（Becker & Li, 1990；Wan & Dozier, 1996）	可以消除大气的影响，无须大气廓线数据	增加一个通道也会随之带来与测量仪器噪声和其他不确定性有关的误差，最终影响地表温度的反演精度
	温度发射率分离法（Gillespie et al., 1998）	适用于任何类型的自然下垫面，特别是类似于岩石和土壤的具有较大光谱反差的发射率的下垫面，并且不需要考虑发射率中的光谱差异	当通道数减少时，地表温度和反射率反演的不确定性会增大
多角度算法	双角度算法（Sobrino et al., 2005）	可以有效减少大气水汽含量对地表温度反演结果的影响	无法解决地表发射率的角度相关性
多时相算法	两温法（Watson, 1992）	可以减少地表发射率的输入	对传感器噪声和大气校正要求严格，同时，需要精准的几何配准

6.1.3　研究目标与研究内容

6.1.3.1　研究目标

通过模拟典型地表类型云下地表温度的时空变化规律，建立地表能量平衡模型，并基于 Landsat 8 遥感图像中多光谱反射数据反演出云参数信息，估算到达云覆盖像元地表面的辐射强度，提出一种热红外遥感图像有云像元的地表温度估算方法。首先，通过野外观测试验和地表能量平衡模拟，分析典型地表类型在不同热力学性质条件下（热传导系数、热容量、密度、表面热对流系数等）地表温度随大气辐射强度的变化规律。然后，以Landsat 8图像数据为对象，分析云与地表温度之间的关系，揭示云覆盖对地表温度变化的影响机制；最后，根据像元尺度上地表类型的构成比例关系，建立一套切实可行的云覆盖像元地表温度估算方法，以破解有云像元不能直接反演地表温度这一热红外遥感前沿领域难题。

较高时空分辨率的Landsat卫星系列在农业干旱监测、城市热岛演变等地学研究中有着广泛的应用，其中，Landsat 8卫星数据中有2个热红外波段可用于地表温度遥感反演，重访周期为16天。本研究将以Landsat 8数据为重点，提出一种基于Landsat 8的热红外遥感图像有云像元地表温度的估算方法，以实现每隔16天就可以获得一个研究区的地表温度空间分布的实时遥感监测数据，为农业遥感、生态遥感应用提供坚实的技术方法支撑。

6.1.3.2 研究内容

（1）利用地表能量平衡模型分析云覆盖对地表温度变化的作用过程和影响机制。根据野外实地观测数据，构建四种典型地表类型（裸地、植被、人工建筑用地、水体）的地表能量平衡模型，模拟典型地表类型在不同的热力学性质条件下（热传导系数、热容量、密度、表面热对流系数等）地表温度的变化与到达地表总的辐射强度的变化的关系。建立不同立地条件下（地表类型、土壤类型、土壤湿度等）和大气状态条件下（气温、湿度等），地表温度随大气辐射强度变化的估算函数，形成查找表，为构建云覆盖地表温度估算方法提供基础。

（2）估算到达云覆盖像元总的大气辐射强度。云覆盖通过减弱达到地表的大气辐射强度来影响地表温度的变化，因此，估算云覆盖像元的大气辐射强度，是估算地表温度的前提。因此，将根据野外观测试验和图像分析，运用大气辐射传输模型和大气散射模型，模拟在不同云覆盖条件下（形状、大小范围、厚薄、时间等）到达地表面的大气辐射强度。在此基础上，根据云覆盖特征信息，建立云覆盖像元的大气辐射强度估计方法，作为构建云覆盖像元地表温度估算方法的重要组成部分。

（3）云覆盖像元地表温度估算方法构建与验证。把Landsat 8像元尺度的地表划分为四种基本类型：植被、裸地、水体、人工建筑物；运用Landsat多波段特征和多时相特征，识别云覆盖像元的地表类型，并确定其地表构成比例，即上述这几种基本类型在各个云覆盖像元中的组合比例；根据像元尺度地表类型构成的热辐射原理，通过内容（1）和内容（2）分别确定大气辐射强度和地表温度随大气辐射强度变化的规律，从而建立云覆盖像元的地表温度估算方法；利用卫星观测角和太阳高度角的差异，可以观测出部分云覆盖像元的实际温度值，结合野外观测试验的精度验证数据集，分析并验证云覆盖像元地表温度估算方法的精度，评价其可用性和适用性。

6.1.4　研究思路与技术路线

考虑到云对地表温度变化的影响较为复杂，把 Landsat 像元尺度的地表划分为 4 种类型：植被、裸地、水体和人工建筑物。每个像元都是由这四个典型地表类型的不同比例组合而成，因此，只要能够了解这四种典型地表类型的地表温度变化与云下大气总的辐射强度变化的关系，就可以按其组合比例建立云覆盖像元的地表温度估计方法。

首先，开展云覆盖、大气辐射和地表温度变化等关键要素的定点自动连续野外观测试验，确定这四种典型地表类型的地表温度在不同气象条件下随辐射强度的变化规律。根据地表热量平衡原理，运用野外站观测试验数据和相关气象数据，模拟这四种典型地表类型的地表温度在云覆盖情况下随总的大气辐射强度的变化规律。

然后，运用 Landsat 系列卫星多波段特征和多时相特征，确定云覆盖特征（形状、小大范围、厚薄程度和时间长短等），根据大气辐射和散射原理，估算云覆盖像元的大气辐射强度。根据邻近时相遥感数据，确定遥感影像四种典型地表类型：植被、裸土、水体和建筑物。按照像元尺度地表类型的构成比例，利用典型地表类型的地表温度在云覆盖情况下随总的大气辐射强度的变化规律，构建云覆盖像元的地表温度估计方法。

最后，结合热红外遥感影像中国可以观测出的部分云覆盖像元的实际温度值和野外观测数据验证云覆盖像元地表温度的估算精度，并进行相应的改进，从而，提出一套切实可行的云覆盖像元地表温度估计方法，为热红外遥感应用和地表温度遥感定量反演提供基础理论方法。

本项研究的关键技术主要包括：开展野外试验站点的观测试验，模拟分析典型地表类型的地表温度随大气辐射强度的变化规律，估算云覆盖像元的大气辐射强度，构建云覆盖像元地表温度估算方法 4 个方面。技术路线如图 6.2 所示。

6.2　野外观测与数据处理

6.2.1　观测地点与观测时间

为了模拟地表温度的时空变化规律，为模型的建模提供充足的数据支持，分别在华北、长江中下游以及华南地区选取相应的野外实验观测地点。考虑到云出现的频率，实验观测时间定为夏季到秋季之间。这段时间天气以多云或晴天为主，极端气象事件发生频率较小，有利于野外观测实验的进行。

综合相关合作单位的时间安排，自北向南先后选择在北京顺义（2015 年 7 月 2—8 日）、南京六合（2015 年 8 月 1—5 日）、内蒙古锡林郭勒盟（2015 年 8 月 29 日至 9 月 3 日）、湖南永州（2015 年 10 月 22—27 日）以及广东江门（2015 年 10 月 29 日至 11 月 2 日）5 个合作单位进行野外观测实验（图 6.3）。

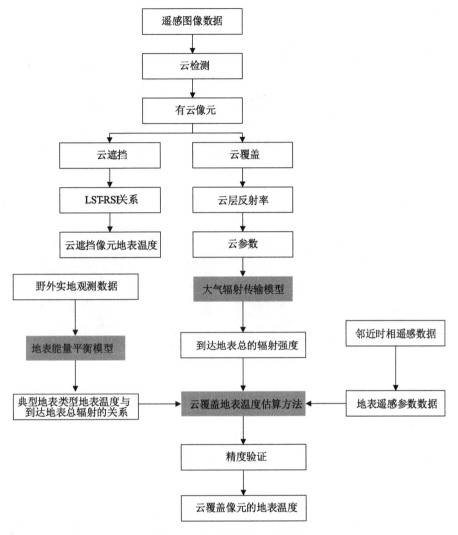

图 6.2 本研究的技术路线图

6.2.2 云下地表温度观测实验设计

在进行野外实验观测时，每个观测地点利用两套自动记录的气象观测站（图6.4）和2套地表温度连续观测记录仪（Raytek MI3 热红外探头和数据记录仪）进行为期一周的野外观测实验。观测地表类型包括草地、水稻田、玉米田和裸地。其中，北京顺义选择的观测地表类型为玉米田和裸地，南京六合观测地表类型为水稻田和裸地，内蒙古锡林郭勒盟观测地表类型为草地和裸地，湖南永州观测地表类型为水稻田和裸地，广东江门观测地表为水稻田和裸地。由于土壤温度传感器和土壤湿度传感器需要挖土埋设到不同深度，因此每个观测地点分别在植被和裸地上设立一套观测站，人工建筑区域采用热辐射仪（Raytek ST60 XB）定时进行采样。观测数据主要包括近地表气象数据、地表温度数据和土壤温湿度数据（表6.3）。

锡林郭勒盟　　　　　　　　　南京

永州　　　　　　　　　江门

图6.3　野外观测实验地点分布图

表6.3　野外观测实验具体观测项目

观测项目	观测参数	具体数据
近地表气象参数	太阳辐射（W/m²）	太阳直接辐射 (Rd)；地表反射辐射 (Rr)
	风速（m/s）	2m 高度风速 (ws)
	空气温度（℃）	近地表 1m，2m 高度空气温度 (T_{a1}, T_{a2})
	空气湿度（%）	近地表 1m，2m 高度空气湿度 (H_{a1}, H_{a2})
	地表温度（℃）	地表温度 (Ts)
土壤参数	土壤湿度（%）	地表 10cm，20cm，30cm 土壤湿度 (H_{s1}, H_{s2}, H_{s3}, H_{s4})
	土壤温度（℃）	地表 10cm，20cm，30cm 土壤温度 (T_{s1}, T_{s2}, T_{s3}, T_{s4})

　　根据实验设计，主要包括 2 套仪器设备的安装，气象数据和土壤水热数据观测系统和地表温度观测记录系统。仪器的安装应小心谨慎，严格按照操作步骤进行，设备的正常运行过程中要注意观测，主要包括以下注意事项。

　　1. 传感器观测架在组装过程中注意安装顺序，结合部位固定用的螺丝确认拧牢，底座主要摆放到平坦的地面。

　　2. 挖坑埋设土壤温湿度传感器时，传感器的探针横向插入土坑的侧壁，用于观测未被人工破坏的土壤，同时，回填土时尽量做到按挖出的顺序将土回填入坑。

3. 设备组装完毕后，检查辐射仪遮光盖是否打开，电线正负极接线是否正确，确认无误后通电调试各个参数是否能正常显示并记录。

4. 确认观测传感器正常工作且数据记录正常后，整套观测设备应用防风绳固定好，防止风速过大吹到仪器，记录仪电池等用雨布覆盖压牢，防止大风或雨水损坏仪器设备。

5. 及时监测蓄电池电量，更换观测仪器所需蓄电池，保证仪器连续多天正常工作。

6. 勤观测仪器记录是否正常，发现异常及时记录。

7. 由于气象观测仪器记录系统和地表温度观测系统记录仪器不同，两个仪器观测时间应设置一致，保证后期数据处理时间的一致性。

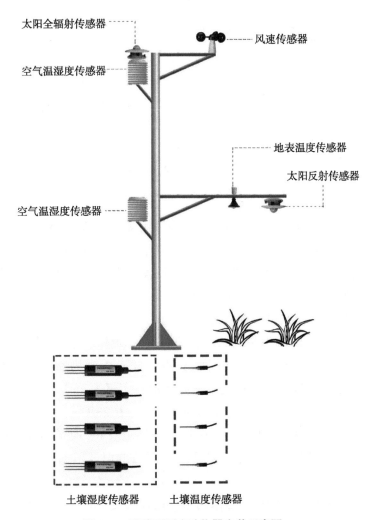

图6.4 野外观测实验仪器安装示意图

地表温度观测记录仪主要包括热红外温度观测探头和数据采集仪两个仪器，热红外温度观测探头的光谱响应波段为 $8\sim14\,\mu m$，探头的观测视场角约为 $53°$，探头到观测目标的距离与观测目标的直径比值为 $2:1$，探头的光学原理图如图 6.5 所示，探头的温度观测范围在 $-40℃\sim600℃$，准确度为 $\pm1℃$，观测温度的分辨率为 $\pm0.1℃$。由于观测实验需要多个热红外探头，热红外探头由于自身的准确度原因，不同探头在观测时存在着一定的误差，因此，在观测设备组装之前，需要对热红外探头观测的温度值进行校正。

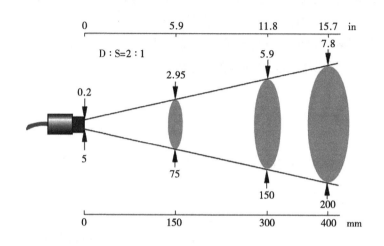

图 6.5　热红外探头测温光路图

在热红外探头观测温度的校正方面，一般采用多探头同时观测同一温度变化不大的物体进行校正。在野外观测实验时，多采用一个直径 1m 左右的水盆中注满水，待盆中水面静止后，将探头置于水面上方 50cm 处观测盆中水体，此时，探头观测区域为直径 25cm 的圆形水面，观测大约半小时后，对探头的观测误差进行校正。如图 6.6 所示，图中 3 条曲线分别为 3 个热红外探头进行校正时观测的温度曲线，3 个探头中，其中一个是标定的参考探头，该探头观测的温度值最接近物体真实值，且变化幅度小。例如图 6.6 中探头 A 所观测的蓝色曲线所示，此时，探头 A 观测物体的平均温度为 25℃，方差为 0.13℃，于是可以认为，此时观测物体的真实值为 25℃，而探头 B 和探头 C 半小时内观测温度的平均值和方差值分别为 25.1℃、0.23℃和 25.3℃、0.23℃，此时，可以认为探头 B 的平均观测温度高了 0.1℃，探头 C 的平均观测温度高了 0.3℃，因此，在后期进行数据处理时，探头 B 和探头 C 观测的温度数据应该分别减去对应的偏移量。

在参考探头的选取上，同样也是采用与校正方法相似的方法，只是观测物体的选取上，应选取已知温度的观测物体进行定标，例如在观测常压下 0℃的冰水混合物时，选取一个观测结果接近于真实值且观测值稳定的探头作为以后实验的参考探头。

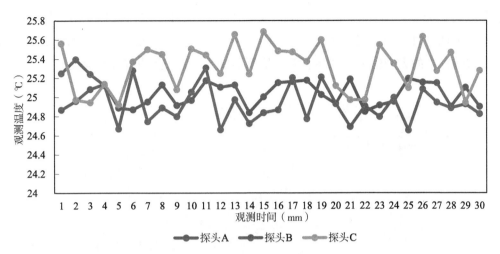

图 6.6 热红外探头测温校正实例

6.2.3 云下地表温度观测结果

云下地表温度的变化特征根据观测结果可以分为白天和夜晚两种类型。白天有太阳辐射时，云层一般会减少到达地面的太阳辐射，从而进一步导致地表温度的降低或减缓增加趋势。夜晚时，云层的覆盖则增加大气向下辐射，使得地表向外的热辐射减少，起到一定的保温甚至增温效应。

白天云层对地表温度的影响，首先利用太阳辐射记录仪观测得到到达地面的瞬时太阳辐射值，从而根据太阳辐射值来判断云层覆盖观测地点的时间。

图 6.7 中红色曲线为 2015 年 8 月 31 日在内蒙古锡林郭勒盟观测的草地一天内太阳辐射的变化曲线，该曲线与一般情况下观测的一天内呈正弦变化形态的太阳辐射值是有所差异的，这是因为观测地点的云层多为小块散状云，云块的边缘界限清晰，云块之间可以清

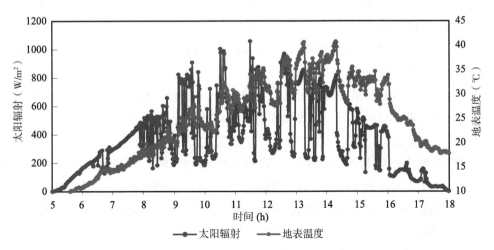

图 6.7 地表温度与太阳辐射之间的变化规律（内蒙古锡林郭勒盟，2015 年 8 月 31 日）

晰观测到蓝色天空（图 6.8）。这种情况下就会导致云层覆盖时太阳辐射值较低，而云层不覆盖观测地点时，到达观测地点的太阳辐射会迅速升高。观测地点当天的散云覆盖情况导致了观测地点的太阳辐射值忽高忽低，从而形成图 6.7 红色曲线分布情况。

图 6.8　观测地点云覆盖情况（内蒙古锡林郭勒盟，2015 年 8 月 31 日）

随着到达地表的太阳辐射不断地波动，地表温度也发生了相应波动，地表温度随太阳辐射值变化的情况如图 6.7 中蓝色曲线所示。对比图 6.7 中的两条曲线，可以看出，地表温度的整体变化趋势与到达地表的太阳辐射值的变化趋势基本一致，当云层导致到达地表的太阳辐射减少时，地表温度值也会相应降低，同时，在太阳辐射减少幅度差不多的情况下，地表温度在云覆盖之前的值越高，受到的影响也就会越高一点。例如，图 6.7 中 9—10 时。14—15 时 2 个区间中，云层太阳辐射值都出现了由 800 W·m^{-2} 降到 200 W·m^{-2} 的情况，然而，对应的地表温度变化情况却不尽相同，9—10 时区间受云层影响的地表温度大约由 31℃ 下降到 26℃，温度降幅为 5℃，而 14—15 时的时间段内，地表温度则由 40℃ 下降到 28℃，温度降幅达到了 12℃。

白天时段内，当太阳辐射发生变化时，同一地表类型的地表温度变化也不尽相同，不同地区、不同地表类型情况下，地表温度受云影响的情况也不尽相同。如图 6.9 所示，该图为 2015 年 10 月 25 日在湖南永州的一处水稻田的观测情况，该日 12—13 时的时间段内，云层导致的太阳辐射由 700 W·m^{-2} 降到 300 W·m^{-2} 时，地表温度也仅从 42℃ 降到 39℃，降温幅度最大仅为 3℃。同时该观测点的 8—10 时的时间段内，太阳辐射出现 4 次突然降低的情况，但影响时间都很短，此时，地表温度并没有随着太阳辐射的剧烈变化而发生明显的变化。

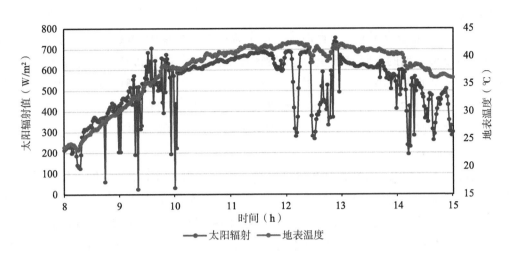

图 6.9 地表温度与太阳辐射之间的变化规律（湖南永州，2015 年 10 月 25 日）

白天情况下，云对地表温度产生的直接影响就是减少到达地表的太阳辐射，进而造成地表温度不同程度地降低。到了夜晚，云对地表温度的影响过程与白天就会有所区别，晚上由于云的热力学性质，云层会减少地表向外的热辐射，对地表温度起到一定的保温作用。如图 6.10 所示，该图为 2015 年 10 月 28 日广东江门一处裸地上地表温度在晚间随云层变化的关系。由于夜晚是没有太阳辐射的，在夜晚云层的实时监测上，采取将一个热红外探头垂直于地表向上观测，这样就可以观测到大气向下辐射的等效温度。一般情况下，在空气温度在 20℃左右时，在无云条件下，大气向下辐射的等效温度一般在 0℃左右，在有云条件下，大气向下辐射的等效温度一般在 15℃左右。

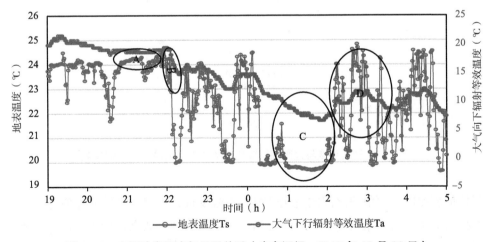

图 6.10 夜间地表温度与云层关系（广东江门，2015 年 10 月 28 日）

从图 6.10 中可以看出，图 6.10 蓝色曲线为地表温度在夜间从 19 时到第 2 天凌晨

5点期间的变化情况，橙色曲线为大气向下辐射等效温度的变化情况。图中椭圆 A 处为 21—22 时，在云覆盖观测地点，此时大气向下辐射等效温度为 16℃左右，地表温度在该时间段内由云覆盖前的下降趋势变为稳定趋势，基本稳定在 24.5℃；当椭圆 A 处的云层影响过后，进入图中椭圆 B 处时，由于没有云层的影响，地表温度发生了明显的下降，由 24.5℃下降到了 23.6℃；椭圆 C 处也为无云处，地表温度不断下降到了 21.8℃，然而，此后观测地点不断有云层覆盖，地表温度则随着云层的覆盖出现了上升后又下降的趋势，如图中椭圆 D 处所示。

经过对云下地表温度观测结果的初步分析，可以看出，云下地表温度不仅受透过云层到达地表的太阳辐射值大小的影响，同时还受云覆盖前地表温度值大小的影响，不同区域、不同地表类型由于热力学性质的不同，地表温度随辐射变化而变化的值也不尽相同。白天时段，云对地表温度的影响可以概括为，当地表温度处于上升阶段时（上午），云层的出现会导致地表温度上升趋势变缓或下降，当地表温度处于下降阶段时（下午），云层的出现会导致地表温度明显下降；夜晚时段，云层的出现会使地表温度的下降趋势变缓或趋于平稳，甚至出现地表温度小幅上升的情况，这也是云层晚上对地表的保温作用。云层对地表温度定性的影响可以简单地描述如此，但具体的云层所导致的到达地表的辐射值大小的差异和辐射导致地表温度变化的定量研究，需要进一步建立模型并结合观测数据进行定量的分析。

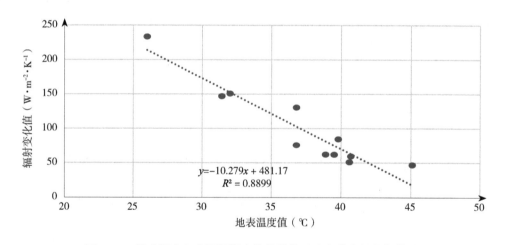

$y = -10.279x + 481.17$
$R^2 = 0.8899$

图 6.11 地表温度与太阳辐射变化值的关系（内蒙古锡林郭勒盟）

根据地表温度与辐射值之间的变化规律，不难发现，地表温度的变化值与辐射变化值有着直接的关系。对内蒙古锡林郭勒盟观测点一天内的观测数据进行了统计，主要包括云覆盖时间，云覆盖导致的辐射变化量和地表温度变化量进行了统计，如图 6.11 所示。单位时间内，将不同地表温度变化 1 度所需要的辐射值的变化量进行统计，结果可以发现，不同地表温度在单位时间内发生的温度值的单位变化量与辐射值的变化量呈线性变化的趋势，当地表温度为 45℃时，地表温度在单位时间（1分钟）内降到 44℃所需要的辐射变化值为 50 W/m² 左右，而当地表温度为 25℃时，地表温度在单位时间（1分钟）内降到 24℃所需要的辐射变化值则达到 250 W/m² 左右。该规律可以简单理解为，当地表温度值越高，地表温度值减少 1℃所需的辐射值越少，或者相同的辐射变化值条件下，辐射变化前的初始地表温度值越高，地表温度值变化越剧烈。因此，可以得到以下公式

$$f(T, \Delta T/\Delta t) = a\Delta R + b \tag{6.1}$$

式 6.1 中，$f(T, \Delta T/\Delta t)$ 为初始地表温度值 T 下一定时间 Δt 内温度变化量 ΔT，ΔR 为到达地表的辐射值的变化量，a 和 b 为常数。

公式 6.1 表示了地表温度与太阳辐射值之间的关系，其中，参数 a，b 如何进一步确定，以及在不同地表类型条件下的变化规律，则需要进一步建立地表能量平衡模型，对云下地表温度的时空变化规律进行进一步的探究。

6.3 云下地表温度时空变化模拟

地表温度由于地表不断与覆盖其表面的大气层进行着动态的物质和能量的交换而不断变化，地表能量流主要分为 4 大方面：到达地表的净辐射（太阳辐射和大气向下辐射与地表的反射和吸收），潜热通量（地表水汽含量的变化所消耗的能量，主要是地表的水汽蒸发），显热通量（近地表气温与地表温度的温差导致的热扩散）和土壤热通量（不同土壤层温度的变化引起的热量的存储或释放）。云层的出现对地表能量传输过程的影响主要表现在到达地表的净辐射上，因此，地表能量平衡模型的构建是研究云下地表温度时空变化的基础。

6.3.1 地表能量平衡模型构建

云下地表温度的估算需要建立典型地表类型的地表能量平衡模型。近年来，针对不同气象、遥感应用领域的地表能量平衡模型得到了越来越多研究人员的重视。这些模型多基于 Penman-Monteith 公式，针对不同的应用领域，进一步提高不同的参数估算精度，从而获得更加符合实际的模拟结果（Best，1998）。

Deardorff（1978）将地表分为两层：植被冠层和其下面覆盖的土壤，对冠层、冠层到土壤以及土壤的能量传输过程进行了参数化。该模型模拟了植被到土壤之间整个水热交换过程。并且作为典型的地表能量平衡模型也成了以后许多模型改进的基础（Vogel et al，1995；Herb et al.，2008；Sellers et al.，1997；Masson，2000）。根据这一模型，植被能量平衡模型（图 3.1 图右）可以用以下公式表示

$$\frac{\mathrm{d}T_s}{\mathrm{d}t} = \frac{1}{c_c\Delta z}[(R_n - \beta L_{\uparrow s} - (1-\beta)L_{\uparrow g} - H - \lambda E) - ((1-\beta)R_n + \beta L_{\uparrow s} - L_{\uparrow g})] \tag{6.2}$$

式中，T_s 为地表温度，$\mathrm{d}T_s$ 表示地表温度变化量，t 为时间，$\mathrm{d}t$ 表示时间变化量，$\mathrm{d}T_s/\mathrm{d}t$

表示地表温度随时间的变化量，R_n 是到达地表的太阳净辐射通量，$L_{\uparrow g}$ 是大气向上辐射通量，λE 是潜热通量，β 是植被冠层吸收的太阳辐射量，其中

$$R_n=S_\downarrow-S_\uparrow+L_\downarrow-L_\downarrow^{ref} \qquad (6.3)$$

式中，$S_\downarrow$ 为到达地表的短波辐射，$S_\uparrow$ 为到达地表的短波辐射的反射量，$L_\downarrow$ 为到达地表的长波辐射，$L_\downarrow^{ref}$ 为到达地表的长波辐射的反射量，β 为植被的遮光系数，$(1-\beta)$ 则为到达植被覆盖下土壤的辐射比例。考虑到植被的热容相对较小，在忽略植被热容的基础上，植被覆盖下土壤的能量平衡模型可以表达为

$$G=(1-\beta)R_n+\beta L_{\uparrow s}-L_{\uparrow g} \qquad (6.4)$$

式中，G 代表了植被覆盖下土壤热通量。

考虑到模型建立的可操作性，模型需要的参数越多，则模型的实用性就会受到更多的限制，在准确性得到一定的保障前提下，可以将能量界面当作为一张大叶，从而得到一种简单而有效的近似模拟，此时地表能量平衡模型可以表达为

$$R_n-H-\lambda E-G=0 \qquad (6.5)$$

式中，地表净辐射 R_n，地表显热通量 H，地表潜热通量 λE 和土壤热通量 G 都与地表温度有着直接的关系。因此，该式也成为估算地表温度的关键。地表净辐射、地表显热通量、地表潜热通量和土壤热通量将在如下各节中分别进行阐述。

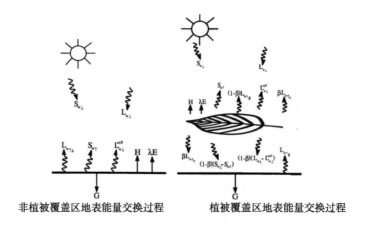

非植被覆盖区地表能量交换过程　　　　植被覆盖区地表能量交换过程

图 6.12　地表能量交换过程示意图

6.3.2　地表净辐射

太阳辐射经过大气层后，经过大气层的反射、散射和吸收后到达地面。到达地面的太阳辐射被地表反射一部分回空中，同时，地表也会发射一部分热辐射到空中，大气层向下的长波辐射也会经地表反射部分回空中。因此，地表净辐射可以表达为

$$R_n=R_s(1-\rho)+\varepsilon_a\sigma T_s^4-\varepsilon_s\sigma T_s^4-(1-\varepsilon_s)\varepsilon_a T_a^4 \qquad (6.6)$$

式中，R_n 为地表净辐射（$W\cdot m^{-2}$），R_s 为到达地面的太阳辐射（$W\cdot m^{-2}$），ρ 为地表反

射率，T_s 为地表温度，T_a 为近地表气温，ε_s 和 ε_a 分别为地表比辐射率和近地表空气等效比辐射率，σ 为 Stefan-Boltzmann 常数 5.67×10^{-8} W·m^{-2}·K^{-4}。

晴空状态下，近地表空气的等效比辐射率可以根据 Idso（1980）的研究结果获得

$$\varepsilon_{a\text{-clear}}=0.65+5.95 \times 10^{-5}e_a\exp(1500/T_a) \tag{6.7}$$

在有云状况下，近地表空气的等效比辐射率可根据 Arnfield（1979）确定

$$\varepsilon_{a\text{-cloudy}}=\varepsilon_{a\text{-clear}}\left[1+CF_T(0.21CF_L+0/18CF_M+0.06CF_H)\right] \tag{6.8}$$

式中，CF_T 为云的整体比例，CF_L 为低空云所占比例，CF_M 为中层云所占比例，CF_H 为高层云所占比例。

地表反射率 ρ 是指地表宽波段的整体反射率，与遥感观测的窄波段反射率有所不同却有一定联系。Liang 等（1998）通过模拟和实际观测给出了 MODIS、TM 等传感器的窄波段反射率转化到宽波段反射率的方法。

$$\rho=\sum_i w_i\rho_i \tag{6.9}$$

式中，ρ 为地表宽波段的整体反射率，ρ_i 为窄波段光谱反射率，w_i 窄波段光谱反射率与宽波段反射率直接转化系数，可以从表 6.4 和表 6.5 中获取。

表 6.4 MODIS 窄波段光谱反射率与宽波段反射率直接转化系数（w_i）

波段	波段范围（μm）	可见光波段反射率	近红外波段反射率	远红外波段反射率
蓝光波段	0.459~0.479	0.436 4	0.000 0	0.348 9
绿光波段	0.545~0.565	0.236 6	0.000 0	−0.265 5
红光波段	0.620~0.670	0.326 5	0.000 0	0.397 3
近红外波段	0.841~0.876	0.000 0	0.544 7	0.238 2
1.2	1.230~1.250	0.000 0	0.136 3	0.160 4
1.6	1.628~1.652	0.000 0	0.046 9	−0.013 8
2.1	2.105~2.155	0.000 0	0.253 6	0.068 2
Intercept		−0.001 9	−0.006 8	0.003 6

表 6.5 AVHRR，Landsat 窄波段光谱反射率与宽波段反射率直接转化系数（w_i）

波段	波段范围（μm）	宽波段反射率
红光波段	0.580~0.680	0.525
近红外波段	0.725~1.100	植被覆盖区：0.418
近红外波段	0.725~1.100	非植被覆盖区：0.474
近红外波段	0.725~1.100	雪面和冰面：0.321

6.3.3 地表显热通量

准确估算地表显热通量是地表能量平衡模型的一个基础（Lhomme et al., 1994），同时

也是准确预测地表温度随气象条件变化的前提，地表显热通量的大小主要取决于地表温度与近地表气温的温度差和地表热传导的阻抗（r_a）（Verma & Barfield, 1979）。

$$H= \rho_a c_a(T_s{-}T_a)/r_a \tag{6.10}$$

式中，H 为地表显热通量，ρ_a 为空气密度（当 $T_a{=}20℃$ 时，$\rho_a = 1.205 \text{ kg} \cdot \text{m}^{-3}$），$c_a$ 为空气的比热（$c_a{=}1005 \text{ J} \cdot \text{kg}^{-1} \cdot \text{K}^{-1}$），其中，$r_a(\text{s} \cdot \text{m}^{-1})$ 可以通过以下公式来进行估算：

$$r_a = \frac{\ln(z/z_0) - \varphi_h}{kU} \tag{6.11}$$

$$U = \frac{w_z k}{\ln(z/z_0) - \varphi_m} \tag{6.12}$$

式中，w_z 为基准高度 z（$z{=}2\text{m}$）下的风速（$\text{m} \cdot \text{s}^{-1}$），$k$ 为卡曼（Karman）常数（$k{=}0.4$），$z_0(\text{m})$ 为地表粗糙度，φ_h 和 φ_m 分别是地表热量和动量传输的调整参数，可以通过基准高度与莫宁－奥布霍夫理论长度（Monin-Obhukov length）（L_m）的比值进行估算（Courault et al., 1996）：

$$z/L_m = \frac{-kzgH}{\rho_a c_a U^3} \tag{6.13}$$

式中，g 为地球重力加速度，φ_h 和 φ_m 计算方法如下

$$\begin{cases} \text{当} z/L_m < 0 \text{时} \begin{cases} \varphi_h = 2\ln((1+X)/2) + \ln((1+X^2)/2) - 2\arctan(X) + \pi/2, \\ \varphi_m = 2\ln((1+X^2)/2), \\ \text{其中：} X = (1-16z/L_m)^{1/4}, \end{cases} \\ \text{当} 0 < z/L_m < \ln(z/z_0) \text{时} \begin{cases} \varphi_h = -5z/L_m, \\ \varphi_m = -5z/L_m, \end{cases} \\ \text{当} z/L_m \geq \ln(z/z_0) \text{时} \begin{cases} \varphi_h = -5\ln(z/z_0), \\ \varphi_m = -5\ln(z/z_0), \end{cases} \end{cases} \tag{6.14}$$

综合式 6.10 至式 6.14 可以看出，求取显热通量是一个递归计算的过程（Qin et al., 2001）。

（1）假设 $\varphi_n{=}\varphi_m{=}0$，$z/L_m{=}0$，$H_1{=}0$；

（2）利用公式（6.11）计算地表热传导的阻抗（r_a）；

（3）利用公式（6.10）计算地表显热通量（H）；

（4）利用公式（6.13）计算基准高度与 Monin-Obhukov 长度（L_m）的比值（z/L_m）；

（5）对比 H_1 和 H，如果（$H_1{-}H$）的值足够小，达到要求的精度，就可以停止递归，返回 H 值为显热通量值；如果（$H_1{-}H$）的值过大，则令 $H_1{=}H$，对比（z/L_m）和 $\ln(z/z_0)$ 的大小，利用公式（6.14）重新确定 φ_n 和 φ_m 的新值；

（6）重复（2）至（5）步，直到（$H_1{-}H$）的值达到要求的精度。

6.3.4 地表潜热通量

地表潜热通量实际上是由于地表蒸散的水分引起的地表与空气层之间的能量交换，地表蒸散一般主要包括土壤蒸发和植被的蒸腾作用。蒸散的过程中伴随水分的平衡和能量的吸收与释放，与地表的粗糙度高度、风速、空气阻力等因素有着直接的关系。地表的潜热通量（λE）一般可以表达为（Best，1998）

$$\lambda E = \frac{\rho_a \lambda \left[q_{sat}(T_s) - q_a \right]}{r_a + r_s} \tag{6.15}$$

式中，λ 为蒸发的潜热量（如表6.6所示），$q_{sat}(T_s)$ 为 T_s 温度下饱和水蒸汽的比湿，q_a 为近地表空气的比湿，r_s 为地表热传导阻抗。

$$q = \frac{\rho_v}{\rho_v + \rho_d} = \frac{0.622e}{P_a - 0.378e} \tag{6.16}$$

式中，e 为空气的水汽压（kPa），P_a 为近地表空气压强（$P_a = 101.325$ kPa）。

$$e_s = h e_s(T_a) \tag{6.17}$$

式中，h 为空气的相对湿度，$e_s(T_a)$ 为温度 T_a 状况下的饱和水汽压，可以通过表6.6利用 T_a 所在的温度区间插值得到。

表6.6　水的一些常量

气温 T_a （℃）	蒸发的潜热量 λ（10^6 J·kg^{-1}）	饱和水汽压 es（kPa）
−20	2.549	0.125 4
−10	2.525	0.286 3
0	2.501	0.610 8
5	2.489	0.871 9
10	2.477	1.227 2
15	2.466	1.704 4
20	2.453	2.337 3
25	2.442	3.167 1
30	2.430	4.243 0
35	2.418	5.623 6
40	2.406	7.377 7

地表热传导阻抗（r_s）是地表结构对水汽蒸发造成的影响，不同地表类型对热传导的影响大小不一样。一般情况下，当地表存在液态水的时候或地表覆盖一层水膜状态下时，如降雨后的路面或植被叶子表面，表面水足够参与一定时间蒸散过程时，地表热传导阻抗为零。一般情况下，地表热传导阻抗可以分为水体、人工建筑、裸地和植被4种类型去估算。

（1）水体：由于水体表面有充足的水分参与蒸发过程，故 $r_s=0$。

（2）人工建筑：主要包括住房和道路，多由水泥等不透水层构成，$r_s=1\,000$。

（3）裸地：

$$r_s=1\,000(0.413\theta_s/\theta)^{1.5} \tag{6.18}$$

式中，θ 为土壤表层含水量（$kg \cdot m^{-3}$），θ_s 为土壤表层饱和状态下的含水量（$kg \cdot m^{-3}$）。

（4）植被：

$$r_s=\min\{r_{smin}/(f_s(S_\downarrow) \times f_e(\Delta e_a) \times f_T(T_a) \times f_M(SMC)), 1.0 \times 10^{12})\} \tag{6.19}$$

式中，r_{smin} 为植被最小的气孔通达度阻抗（通常可以取 $r_{smin}=60\ s \cdot m^{-1}$），$f_s$，$f_e$，$f_T$，$f_M$ 分别是太阳辐射水汽压，近地表空气温度和土壤含水量对植被气孔通达度的影响函数。这些函数取值范围为 0~1，因此，引进一个最大值（$1 \times 10^{12}\ s \cdot m^{-1}$）用来防止这些影响函数趋近于 0 时出现 r_s 过大的情况，出现这种情况时，意味实际中气孔已经关闭，植被蒸发量可以忽略。

太阳辐射对气孔通达度的影响可以表达为（Dolman et al., 1991）

$$f_s=(\frac{S_\downarrow}{S_\downarrow+a_1})(\frac{1}{1+0.001a_1})^{-1} \tag{6.20}$$

式中，$a_1=250\ W \cdot m^{-2}$。

Dickinson 等（1991）给出了水汽压和近地表气温对气孔通达度的影响

$$f_e=1-\frac{e_s-e_a}{a_2} \tag{6.21}$$

$$f_T=\frac{(T_a-T_{lower})(T_{upper}-T_a)}{(T_{upper}-T_{lower})^2/4}, T_{lower} \leq T_a \leq T_{upper} \tag{6.22}$$

式中，$a_2=4\ kPa$，$T_{upper}=50℃$，$T_{lower}=0℃$。当 T_a 不在 $[T_{lower}, T_{upper}]$ 这个温度区间时，$f_T=0$。

Best（1998）将土壤含水量对植被气孔通达度的影响定义为：

$$f_M=\begin{cases} 1.0, SMC \geq 0.5 \\ 2\,SMC, SMC < 0.5 \end{cases} \tag{6.23}$$

式中，SMC 为土壤湿度（水分含量）。

实际中，在没有降雨、灌溉等水分增加的情况下，地表蒸散发所损失的水分应与土壤不同层所损失的水分和相一致。

$$\lambda E_c - \lambda E_c = 0 \tag{6.24}$$

式中，λE_c（$W \cdot m^{-2}$）是指土壤水分变化引起的能量的传递交换。土壤里之间的水分运动情况一般是三维方向的，为了建模的需要，在一些土壤中，没有明显径流水的前提下，有研究指出土壤水分水平方向上运动和能量交换较小，可以忽略（Brutsaert，2013；Rose，2013）。在这一假设条件下，在时间间隔 ∂t 条件下，土壤水分变化角度引起的土壤潜热通量可以表达为：

$$\lambda E_c = \lambda \int_0^z \frac{\partial \theta}{\partial t} dz \tag{6.25}$$

式中，t 为时间（s），z 为土壤深度（m），$\partial\theta/\partial t$ 是不同层土壤水分变化率，当水平方向上土壤水分运动可以忽略时，垂直方向上水分运动可以表达为（Berliner，1988）

$$\partial\theta/\partial t=\partial(K_c\partial\psi/\partial z)/\partial z+\partial(gK_c)/\partial z+\partial(hsD_v\partial T/\partial z)/\partial z+\partial(e_vD_v\partial h/\partial z)/\partial z \tag{6.26}$$

式中，K_c 为土壤的渗透系数（$kg\cdot s\cdot m^{-3}$），h 为土壤气孔中空气的相对湿度，ψ 为土壤的水势，e_v 为饱和水汽压，s 为饱和水汽压相对于温度的变化率（$kPa\cdot K^{-1}$），D_v 为水蒸气表面的扩散系数（$kg\cdot m^{-1}\cdot s^{-1}\cdot kPa^{-1}$）。这些参数的计算方法详见下面第 3.6 节土壤参数化。土壤水势可以表达为土壤中水汽压和温度的函数

$$\psi=C_gT\ln(e/e_v) \tag{6.27}$$

6.3.5　土壤热通量

土壤热通量单位时间内土壤层温度的变化所需的能量，可以通过土壤温度变化和土壤的热传导性质来估算。一般来说，在忽略水平方向的热传导的假设条件下，垂直方向上土壤热通量可以表达为（Hares & Novak，1992）

$$G = \int_0^z C_s \frac{\partial T}{\partial t} dz \tag{6.28}$$

式中，C_s 为土壤的热容性质，可以表达为土壤中不同成分的密度与比热的组合（Brutsaert 2013；Hares & Novak，1992）

$$C_s=\rho_w c_w V_w+\rho_q c_q V_q+\rho_m c_m V_m+\rho_o c_o V_o+\rho_a c_a V_a \tag{6.29}$$

式中，ρ 为土壤组成成分的密度，c 为不同成分的比热，V 为不同成分所占体积的比例，下标 w，q，m，o，a 分别对应水分，石英，矿物质，有机物和空气。

在实际的监测实验中，需要将土壤层整体水热的变化转化到不同的观测层上，利用不同层上的观测的水热数据可以将单位时间间隔内土壤层的热传导表达为（Hares & Novak，1992）：

$$C_s\partial T/\partial t=\partial(K_s\partial T/\partial z)/\partial z+\partial(hsD_v\partial T/\partial z)/\partial z+\partial(e_v\lambda D_v\partial h/\partial z)/\partial z \tag{6.30}$$

式中，K_s 为土壤的热传导系数（$W\cdot m^{-1}\cdot K^{-1}$），右边第一项用来表达不同土壤层间的温差引起的能量传递，第二项表达的是不同层之间由于温差导致的水汽运动引起的能量传递，第三项为不同层之间水汽含量差引起的能量的传输。

6.3.6　土壤的参数化

地表能量平衡模型的构建需要计算获得土壤参数，例如式 6.26 和式 6.30，这些土壤参数多取决于土壤的构造、土壤组成成分的比例、土壤颗粒大小等性质。

土壤的热传导系数（K_s）决定着不同土壤层间的温差引起的能量传递的大小，土壤热传导系数与土壤的热容性质相似，都可以表达为其组成成分的函数，但由于土壤内导热性良好

的矿物质与低导热性的水体和几乎绝缘的空气等杂糅在一起，因此，各种物质在土壤中所占的比例通常在土壤的热传导系数的计算中予以考虑（Yakirevich et al., 1997；Qin et al., 2001）：

$$K_s = \frac{F_w V_w K_w + F_q V_q K_q + F_m V_m K_m + F_o V_o K_o + F_a V_a K_g}{F_w V_w + F_q V_q + F_m V_m + F_o V_o + F_a V_a} \quad (6.31)$$

式中，K 为不同成分的热传导性，F 为形状因素，下标 w，q，m，o，a 分别对应水分、石英、矿物质、有机物和空气。其中土壤中气孔的热传导性（K_g）包括气孔中空气（K_a）和水汽表面传导性（K_v）两项可以通过以下公式计算

$$\begin{cases} K_g = K_a + K_v, K_v = 0.075e/P; \\ F_w = V_s C_w / C, F_q = V_s C_q / C, F_m = V_s C_m / C, F_o = V_s C_o / C, F_a = V_a; \\ V_s = 1 - V_a; \end{cases} \quad (6.32)$$

式中，e 为土壤气孔中水汽压，P 为土壤气孔中的气压，V_s 为土壤中固态物质的比例，C_w、C_q、C_m、C_o 和 C 为常数，$C_w = 1$，$C_q = 0.051$，$C_m = 0.104$，$C_o = 1.298$ 和 $C = C_w + C_q + C_m + C_o = 2.543$。

当土壤的含水量比较低时，土壤的空气含量成为土壤热传导性的决定性因素，而当土壤水分含量较高时，土壤中的成块的固态物质成为土壤热传导性的决定性因素，根据土壤的特性提出了一个计算土壤含水量的经验公式（Tarnawski and Leong, 2000）

$$\begin{cases} K_s = C_1 + 2.8 V_s (\theta/\beta_w)^2 + (C_1 - C_2) \exp(-(C_3 \theta/\beta_w)^4), \\ C_1 = (0.57 + 1.73 V_q + 0.93 V_m)/(1 - 0.74 V_q - 0.49 V_m) - 2.8 V_s (1 - V_s), \\ C_2 = 0.03 + 0.7 V_s^2, \\ C_3 = 1 + 2.6/\sqrt{V_c}, \end{cases} \quad (6.33)$$

土壤的渗透系数是与土壤不同层的含水量有着直接的关系，但是，许多研究表明，相同的土壤含水量也会有不同的土壤渗透系数（Campbell, 1985），对于某一种土壤，土壤渗透系数与土壤含水量的关系为

$$K_c = K_h (\theta/\theta_s)^m \quad (6.34)$$

式中，K_h 为土壤水分在饱和情况下的渗透系数，m 为土壤构造的参数。Campbell（1985）根据土壤不同成分的质量比例，给出了土壤构造参数的估算方法

$$\begin{cases} m = 2 + 3/b; \\ b = d_g^{-1/2} + 0.2\sigma_g; \\ d_g = \exp(M_c \ln D_c + M_s \ln D_s + M_d \ln D_d); \\ \sigma_g = \exp\{[M_c(\ln D_c - d_g)^2 + M_s(\ln D_s - d_g)^2 + M_d(\ln D_d - d_g)^2]^{1/2}\} \end{cases} \quad (6.35)$$

式中，D_c、D_s、D_d 分别为黏土、粉土和沙粒的平均直径。一般来说，$D_c < 0.002\,\text{mm}$，$0.002\,\text{mm} \leq D_s < 0.05\,\text{mm}$，$0.05\,\text{mm} \leq D_d < 2.0\,\text{mm}$，$M_c$，$M_s$，$M_d$ 分别为黏土、粉土和沙粒在土壤中的质量比例

$$K_h = 0.002 \exp\left[-4.26(M_s + M_c)\right] \quad (6.36)$$

Troeh 等（1982）给出了土壤内水蒸气表面的扩散系数（D_v）的估算方法

$$\begin{cases} D_v = D_a(0.622\rho_a/P)[(V_a - 0.05)/0.95]^{1.5} \\ D_a = (2.22 + 0.158T_c)/10^5 \end{cases} \quad (6.37)$$

式中，D_a 为空气中水汽的扩散系数，T_c 为气孔内空气温度（℃）。

饱和水汽压作为温度（T，单位 K）的函数可以表达为

$$e_v = \exp(26.690\,4 - 6\,109.74/T - 0.009\,162\,T)/10 \quad (6.38)$$

饱和水汽压相对于温度的变化率可以表达为

$$s = s_t e_v/T^2 \quad (6.39)$$

式中，s_t 为温度常数（$s_t = 530\,7\,\mathrm{K}$）。

6.3.7 晴空条件下地表能量平衡模拟

完成对地表能量平衡模型的编程建模后，首先对观测地点的土壤参数初始化，然后选取湖南永州 2015 年 10 月 24 日观测的气象数据进行输入，模型的运行结果如图 6.13。

图 6.13（a）为当日太阳总辐射、地表净辐射和显热通量在一天内的变化曲线，从图中可以看出，太阳总辐射和地表净辐射曲线在 12 时左右达到最高值，其中，太阳总辐射达到 750 W·m⁻² 左右，地表净辐射有 450 W·m⁻² 左右，而显热通量的最高值相比前两项要相对延迟，一般在 13—14 时达到高峰。图 6.13（b）为土壤潜热通量和土壤热通量在

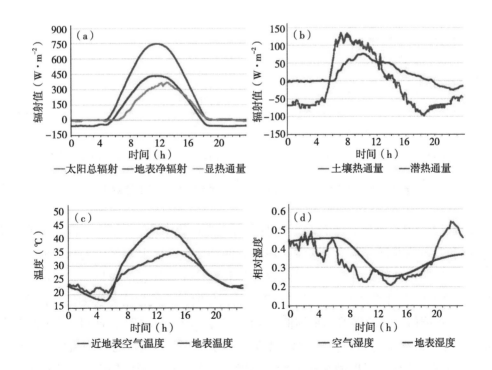

图 6.13 地表能量平衡模型的模拟结果（湖南永州，2015 年 10 月 25 日）

注：（a）太阳总辐射、地表净辐射和显热通量一天内的变化曲线；（b）土壤热通量和潜热通量一天内的变化曲线；（c）近地表气温和地表温度一天内的变化曲线；（d）空气湿度和地表湿度一天内的变化曲线。

一天内的变化曲线，从图中可以看出，土壤的潜热通量白天的值明显高于夜晚，夜晚潜热通量基本可以忽略不计，土壤的热通量一天内变化较大，晴天状况下，一般为白天土壤热通量多为正值，而夜晚多为负值。图 6.13（c）为近地表气温和地表温度在一天范围内的变化曲线，近地表气温和地表温度的最高值都出现在中午 12 时之后，且地表温度与近地表气温的温差最大处接近 10℃；图 6.13（d）为近地表空气湿度和地表湿度在一天范围内的变化曲线，近地表空气湿度和地表湿度变化曲线相似，夜晚相对稳定，上午空气湿度和地表湿度都是不断下降而下午而有所上升。

为了验证模型在地表温度预测的准确性，将模拟得到的地表温度和土壤层的温度值与实际观测值进行对比，图 6.14 为湖南永州 2015 年 10 月 24 日裸地观测点所观测的地表温度值和 10cm 深度的土壤温度值与模拟值的对比。

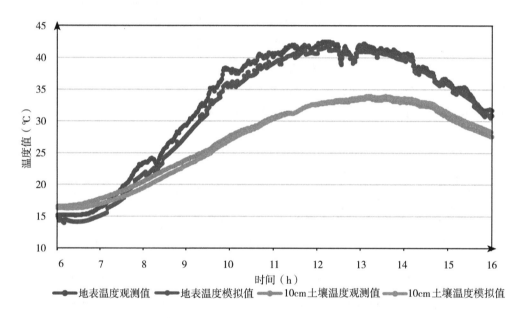

图 6.14　地表温度与 10cm 土壤温度的观测值与模拟值对比图

从图 6.14 中可以发现，橙色和黄色曲线分别为地表温度和 10cm 土壤温度值的模拟值，灰色和蓝色曲线则分别为对应的观测值。两条曲线整体上与对应的观测值曲线都非常接近，对比蓝色曲线代表的地表温度观测值和橙色曲线代表的模拟值，可以发现地表温度的模拟值在 12 时前整体稍低于实际值，而下午时段，模拟值与实际值非常接近，模拟值与实际观测值之间的误差的平均值为 –1.17℃，方差为 0.6℃；而对比灰色曲线代表 10cm 土壤深度观测值与黄色曲线的模拟值可以得出，两者误差的平均值仅为 –0.16℃，方差为 0.63℃，这证明了模型在模拟地表温度上，有着较高的可信度，为进行云下地表温度变化的模拟提供了模型基础。

6.3.8 有云条件下地表能量平衡模拟

基于地表能量平衡模型，在云覆盖情况下，分别模拟了裸地、植被、水体和人工建筑物四种典型地表类型的地表温度变化规律，以期获得云下地表温度与云覆盖时间、辐射变化量之间的变化关系。

6.3.8.1 裸地地表温度在云覆盖下的变化

裸地地表温度在云覆盖情况下的变化与云层导致的辐射变化量、裸地的热力学性质和云覆盖前裸地的温度场分布都有着直接的关系，在地表垂直方向上，由于土壤层温度 1d 发生变化的深度（称为土壤的阻尼深度 D）一般为 80~100cm（Shuttleworth，2012），且在遥感影像中，很难获取土壤剖面温度垂直分布，因此，在模型的初始化上，假定垂直方向上土壤的热力学性质一致，模型模拟起始时间为日出之前，地表温度和土壤层的温度分布的初始化可以用正弦函数表达为：

$$T_{soil}^{t,z} = T_{avg} + T_{amp} \exp(-z/D)\sin\left[2\pi(t-t_0)/P - z/D\right] \tag{6.40}$$

式中，T_{avg} 为地表温度一天变化时间范围内的平均值，T_{amp} 为地表温度 1d 的变化幅度，t 为以秒为单位的时间，P 和 t_0 为以秒为单位的土壤层周期变化的时间和正弦周期偏移时间，其中阻尼深度 D 的计算方法如下式所示：

$$D = \sqrt{Pk_s / \pi\rho_s C_s} \tag{6.41}$$

表 6.7　土壤、空气和水的热力学性质和密度

类型	饱和状况	密度 ρ_s （kg·m^{-3} × 10^3）	比热容 C_s （kg·m^{-3} × 10^3）	热传导系数 k_s （W·m^{-1}·k^{-1}）
粉砂土	干	1.60	0.80	0.30
（40% 孔隙度）	饱和	2.00	1.48	2.20
黏土	干	1.60	0.89	0.25
（40% 孔隙度）	饱和	2.00	1.55	1.58
黏土	干	0.30	1.92	0.06
（40% 孔隙度）	饱和	1.10	3.65	0.50
空气	20℃	0.001 2	1.00	0.026
水	20℃	1.00	4.19	0.58

表 6.7 给出了一些典型土壤的热力学性质，以表中粉砂土为例，土壤层的阻尼深度可以计算为 0.14m，在遥感建模过程中，很难从空间上获取每个像元的地表温度在一天的变化情况，仅能结合观测区域气象站点观测的气温的平均值和波动范围，根据实际经验，给出一个较合理的模拟初始值。

在给定了初始的土壤温度垂直分布状况后，将图 6.15 中白天时裸地表面的太阳辐射和近地表气温数据输入模型，为了模拟地表温度随辐射变化而变化的情况，假设云覆盖某个地区时，该地区的太阳辐射被完全遮挡，辐射突变为 0，云覆盖时间为从上午 6 时开始，每间隔 100min 云覆盖 1 次，直到 16 时前，云层覆盖 5 次，每次覆盖时间为 10min，得到地表温度和不同深度土壤层的温度变化情况（图 6.16）。

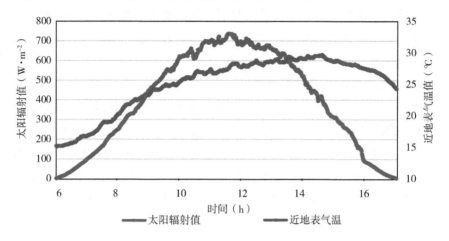

图 6.15　裸地表面太阳辐射和近地表气温一天的变化情况

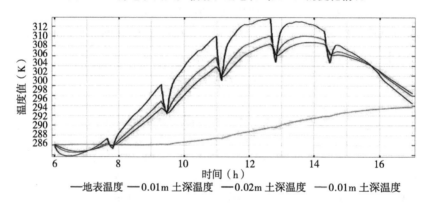

图 6.16　裸地表面云覆盖后地表温度及不同层土壤温度的变化情况

　　图 6.16 为裸土表面在云覆盖时，地表温度和不同层土壤温度随时间的变化情况。从图中可以看出，随着云层的覆盖，地表温度出现不同程度的下降，地表温度的变化程度也比土壤层的土壤温度变化更加剧烈，随着土深的不断增加，土壤温度受辐射变化的影响也不断衰减，大约在土深 0.1m 的深度，地表温度的变化已经在这个深度看不出影响。同时，也可以从图中初步看出，当云覆盖前地表温度越高，云覆盖后地表温度的变化幅度就越大，13 时和 14 时处辐射变化量基本相同，而温度变化则是 13 时变化更加剧烈。于是，对云覆盖处地表温度的变化幅度、变化时间和云层对辐射的影响量和影响时间进行了定量的统计，试图找出地表温度与太阳辐射变化的关系。

　　图 6.17 为不同地表温度条件下，云覆盖后，地表温度在 1min 时间内变化 1℃ 与辐射变化值的关系，如图所示，当地表温度越高时，地表温度为单位时间内变化 1℃ 所需的辐射量越少，这与 2.3 节实际观测的结果是一致的，如图 6.17 所示，当云覆盖前，地表初

始温度为 40℃时，地表温度降低 1℃需要的辐射减少量为 73Wm^{-2} 左右，假如此时云层导致的太阳辐射较云覆盖前减少 219 Wm^{-2}，云层覆盖 10 分钟后，则此时地表温度降低 3℃，云覆盖后的地表温度为 37℃，图中表示地表温度与辐射的关系可以表达为公式（6.42），然而，当云层覆盖 50 分钟后，地表温度应该降到 25℃，此时，地表温度是否合理，需要利用模型做进一步验证分析。

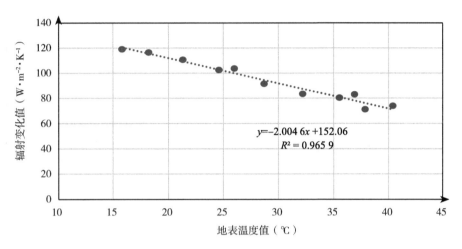

6.17 地表温度与太阳辐射变化值的关系

$$\Delta R = k(T, \frac{\Delta T}{\Delta t}) + b \tag{6.42}$$

为了模拟地表温度与云覆盖时间的关系，模拟了云层分别覆盖某一区域 10 分钟、20分钟，一直到 70 分钟，间隔 10 分钟进行了 7 次地表温度的模拟，且假定云层覆盖时，到达地表的辐射值为 0，分别在上午 10 时左右（云覆盖前地表温度为 27℃）和下午 13 时左右（云覆盖前地表温度为 40℃）覆盖该裸地区域，得出该裸地的地表温度变化曲线如图

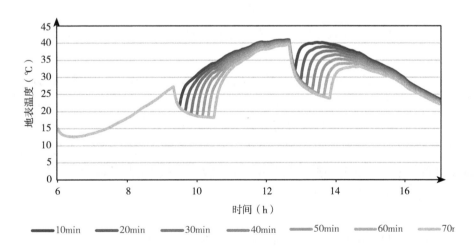

图 6.18 地表温度与云覆盖时间变化的关系

6.18 所示，随着云覆盖时间的不断增加，地表温度不断降低，然而，地表温度的下降速度随着云覆盖时间的增加而不断放缓，在上午 10 时左右时，云覆盖超过 40min 时，地表温度趋于平缓，当下午 13 时云层覆盖时，地表温度由 40℃逐渐降低到 25℃，云覆盖 70分钟后，地表温度的下降速度也开始趋于平缓。

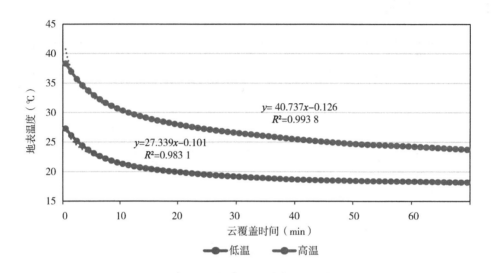

图 6.19　地表温度与云覆盖时间拟合关系

对图 6.18 中云覆盖 70min 时的地表温度进行了拟合分析，结果发现，地表温度的变化情况可以用幂函数来很好地拟合，如图 6.19 所示，将上午 10 时左右，地表温度由相对较低的 27℃以幂函数的形式下降，拟合度 R^2 达到了 0.98，且幂函数的系数与云覆盖前初始温度相同；与此同时，下午 13 时相对较高的地表温度在云覆盖 70min 后也出现了相似的规律，由拟合关系可以初步得出云下地表温度随云覆盖时间变化的函数为：

$$T=T_1 t^a \tag{6.43}$$

式中，T 为云覆盖后地表温度，T_1 和 a 为拟合的幂函数的系数，t 为云覆盖时间（单位为分钟）。

观察拟合系数 T_1 和云覆盖前地表温度 T_{ini}，可以发现，高温时，云覆盖前地表温度为 39.1℃，而拟合系数 T_1 为 40.7，低温时，云覆盖前地表温度为 27.5℃，而拟合系数 T_1 为 27.3，无论高温还是低温，拟合系数与云覆盖前地表温度值都非常接近，由于遥感中解决云下地表温度的需要，需要尽可能减少表达云下地表温度变化的参数，于是，可以大胆假设，以云覆盖前地表温度的初始值代替拟合系数 T_1 来减少模型参数的未知量，这样云下地表温度随时间变化的规律可以表达为

$$T=T_{ini} t^a \tag{6.44}$$

下文将对这种假设在不同情况下带来的误差进行系统的分析。

云覆盖后地表温度的变化不仅受云层导致的辐射变化和云层覆盖时间的影响，同时也

裸地土壤的热力学性质对云下地表温度的变化也有着直接的影响，土壤对热传导影响的主要物理参数有土壤的热传导系数（k）、土壤的热容量（C）以及土壤的密度（ρ）三大物理性质，在研究某一因素对土壤热传导的影响时，首先设置另外两个物理参数保持不变。如图 6.20 所示，模拟了土壤热传导系数对云下地表温度的影响，土壤热传导系数变化范围为 0.5~2 W·m⁻¹·K⁻¹，变化步长为 0.5 W·m⁻¹·K⁻¹，土壤的热容量和密度分别设定为 1 500 J·kg⁻¹·K⁻¹ 和 1 500 kg·m⁻³，4 组不同热传导系数的土壤在相同的气象条件下，在云覆盖之前达到不同的地表温度初始值，当 k=0.5 时，地表温度达到 41℃左右，而随着土壤热传导系数的不断增大，地表温度初始值不断减少，当 k=2 时，地表温度则下降到 34℃左右；图中 4 种土壤热传导系数导致的不同云下地表温度变化情况可以明显地以幂函数的形式拟合，拟合结果如表 6.8 所示，从表 6.8 中可以看出，当以云覆盖前地表温度的初始值代替拟合系数 T_1 后，拟合精度只发生了轻微下降。

表 6.8　云下地表温度随时间变化情况的拟合函数对比

	拟合函数	R^2	修改后拟合函数	R^2
k=0.5	$y=44.127x^{-0.134}$	0.993	$y=40.909x^{-0.099}$	0.971
k=1.0	$y=39.964x^{-0.11}$	0.992	$y=37.158x^{-0.078}$	0.984
k=1.5	$y=37.501x^{-0.098}$	0.99	$y=34.944x^{-0.066}$	0.989
k=2.0	$y=35.522x^{-0.089}$	0.989	$y=33.091x^{-0.056}$	0.988

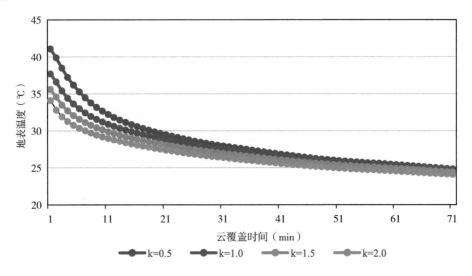

图 6.20　土壤热传导系数对云下地表温度的影响

如图 6.21 所示，模拟土壤热容量对云下地表温度的影响，土壤热传导系数变化范围为 1 000~4 000 J·kg⁻¹·K⁻¹，变化步长为 1 000 J·kg⁻¹·K⁻¹，土壤的热传导系数和密度分别设定为 0.5 W·m⁻¹·K⁻¹ 和 1 500 kg·m⁻³，4 组不同热容量的土壤在相同的气象条件下，在云覆盖之前达到不同的地表温度初始值，当 C=1 000 时，地表温度达到 43℃左右，而随着土壤热容量的不断增大，地表温度初始值不断减少，当 C=4 000 时，地表温度则下降到 36℃左右；图中 4 种土壤热容量导致不同云下地表温度变化情况可以明显以幂函数的形式拟合。

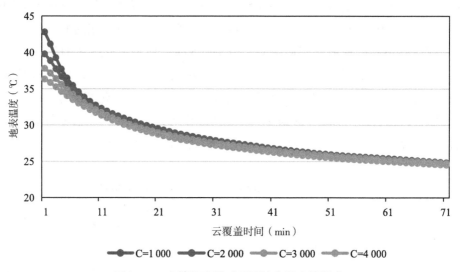

图 6.21　土壤热容量对云下地表温度的影响

同理，如图 6.22 所示，模拟了土壤密度对云下地表温度的影响，土壤密度变化范围为 1 000~4 000 kg·m⁻³，变化步长为 1 000 kg·m⁻³，土壤的热传导系数和热容量分别设定为 0.5 W·m⁻¹·K⁻¹ 和 1 500 J·kg⁻¹·K⁻¹，四组不同密度的土壤在相同的气象条件下，在云覆盖之前达到不同的地表温度初始值，当 ρ=1 000 时，地表温度达到 43℃左右，而随着土壤热容量的不断增大，地表温度初始值不断减少，当 ρ=4 000 时，地表温度则下降到 36℃左右；图中四种土壤密度导致的不同云下地表温度变化情况可以明显地以幂函数的形式拟合。

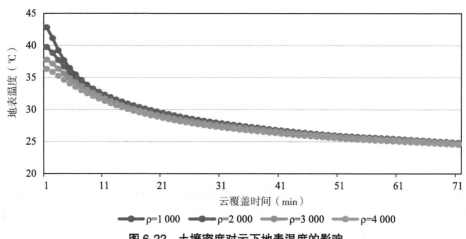

图 6.22　土壤密度对云下地表温度的影响

对比图 6.21 和 6.22 可以发现，两张图的地表温度变化情况是一致的，这主要是由于，在两个模拟过程中，不变因素的值和可变因素的变化步长值设置成一样的导致的。由于这两个模拟的地表温度变化情况是一致的，对其中一个的函数拟合情况进行了统计，拟合结果如表 6.9 所示，从表 6.9 中可以看出，当以云覆盖前地表温度的初始值代替拟合系数 T_1 后，拟合精度也只发生了轻微下降，这也说明，以云覆盖前地表温度的初始值代替拟合系数 T_1 是一种切实可行的方法。

表 6.9 云下地表温度随时间变化情况的拟合函数对比

	拟合函数	R^2	修改后拟合函数	R^2
C=1 000	$y=45.245x^{-0.142}$	0.996	$y=40.157x^{-0.099}$	0.985
C=2 000	$y=43.142x^{-0.128}$	0.990	$y=38.839x^{-0.087}$	0.965
C=3 000	$y=41.546x^{-0.12}$	0.982	$y=37.459x^{-0.077}$	0.950
C=4 000	$y=40.291x^{-0.115}$	0.974	$y=36.248x^{-0.067}$	0.939

6.3.8.2 植被在云覆盖下的地表温度变化情况

植被地表温度变化模型与裸地的区别在于植被表面蒸发量比较大，而土壤热通量比较小，植被地表上方主要是叶面、茎枝和空气组成，也就是植被相对于裸地，植被的热存储量较小，太阳辐射透过植被，到达植被覆盖下的土壤的辐射值一般小于太阳辐射的 10%，因此，根据地表能量平衡公式，短时间内到达植被表面的地表净辐射主要以潜热和显热的形式释放到大气中。利用观测点的气象参数估算出潜热和显热传输的阻抗后，就可以计算出植被地表温度随辐射的变化情况。

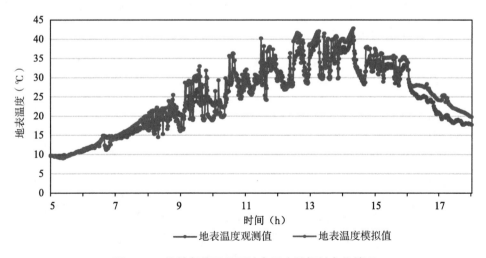

图 6.23 植被条件下云下地表温度随辐射变化情况

图 6.23 为草地的地表温度模拟值与实际观测值之间的对比，观测的气象条件如图 6.7

中所示，从图中可以看出，草地地表温度的模拟值总体变化趋势上与实际观测值非常接近，对两组曲线的差值进行统计得出，地表温度模拟值与观测值的误差均值为 0.98℃，方差为 2.41℃。经过对裸地的模拟和观测，得出短时间内（小于 10 分钟），地表温度单位变化量所需的辐射变化值与地表温度的大小有一定的线性关系。那么，植被条件下，该规律是否依然存在呢，于是，模拟了不同地表温度下，地表温度变化随辐射变化量的关系，统计了地表温度单位变化量所需的辐射变化值与地表温度的大小（图 6.24）。从图 6.24 中可以看出，单位时间内地表温度单位变化所需的辐射变化值与地表温度的高低呈线性关系，与裸地有着相似的变化性质。

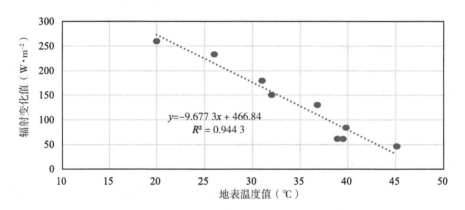

图 6.24　植被条件下地表温度与太阳辐射变化值的关系

在云层长时间覆盖时，植被云下地表温度的变化情况如图 6.25 所示，从图中可以看出，当云层导致辐射值由 800 W·m⁻² 下降到 100 W·m⁻² 左右，覆盖植被大约 50 min 时，地表温度由 44℃很快下降到 27℃左右，并在云覆盖 30 min 后一致保持在 27℃。这同样与裸地有着相似的变化规律。

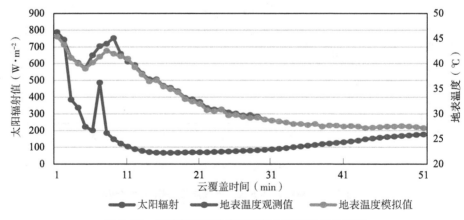

图 6.25　植被条件下地表温度与云覆盖时间的关系

6.3.8.3 人工建筑和水体在云覆盖下的地表温度变化情况

人工建筑地表相对于裸地，该地表类型的潜热通量可以忽略不计，地表能量平衡模型中，地表的净辐射值等于地表的显热通量和热通量之和。人工建筑的地表温度整体变化趋势与裸地非常相似，由于人工建筑的导热系数相对裸地更低一些（水泥：$0.3\,W \cdot m^{-1} \cdot K^{-1}$，混凝土：$0.78\,W \cdot m^{-1} \cdot K^{-1}$），所以人工建筑的地表温度会出现升温快，降温也快的情况。水体相对其他 3 种地物，由于水体时液态的，水体内部的自然对流和水体表面有足够的水分用于蒸发，使得水体的升温过程和降温过程都非常缓慢。

图 6.26 为水体和人工建筑地表类型条件下，云层在短时间覆盖时，地表温度在单位时间内变化单位温度值所需的辐射变化量的关系，从图中可以看出，水体和人工建筑都呈现良好的线性关系，与植被和裸地的模拟关系相一致。对比水体和人工建筑的拟合曲线可以发现，水体变化 1℃ 所需的辐射变化量在 $500\sim600\,W \cdot m^{-2}$，而人工建筑则仅需要不到 $100\,W \cdot m^{-2}$。

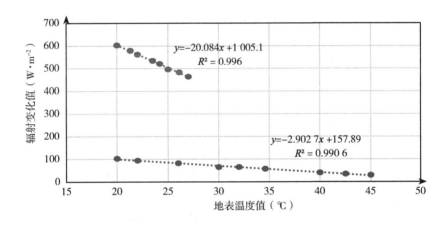

图 6.26　水体和人工建筑地表条件下地表温度与太阳辐射变化值的关系

图 6.27 为水体和人工建筑地表类型在云层在长时间覆盖时，地表温度随云覆盖时间变化的情况，从图中可以看出，水体和人工建筑的地表温度总体上呈现不断下降的趋势，且下降幅度越来越小，最后趋于稳定，变化趋势与植被和裸地地表相同，不同之处在于，在相同的辐射变化量和云覆盖时间的情况下，水体的整体变化幅度非常小，水体表面温度整体由 26.2℃ 降低到 25.5℃，在近一个小时的云覆盖时间内，仅仅降温 0.7℃，而人工建筑的地表温度则下降的快得多，其地表温度由 45℃ 下降到 25℃ 左右，降幅达到了 20℃。

通过对裸地、植被、人工建筑物和水体在云覆盖情况下地表温度的变化模拟发现，在短时间云覆盖情况下，地表温度随着云覆盖时间的增加而不断下降，当云覆盖前地表温度越高，云覆盖后地表温度的变化幅度也越大。单位时间内地表温度单位变化所需的辐射变化值与地表温度的大小呈线性关系。在长时间云覆盖情况下，地表温度的下降速度随着云覆盖时间的增加而不断放缓，最终趋于一个稳定值。

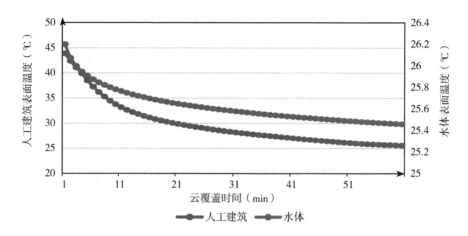

图 6.27　人工建筑和水体条件下地表温度与云覆盖时间的关系

6.3.9　有云条件下地表温度时空变化模拟

根据模拟结果和实地观测结果，可以得出，当云长时间覆盖某个地区时，该地区地表温度会趋近一个相对稳定的地表温度（T_c），该温度可以表示如下

$$T_c=T_a+(R_n-G-\lambda E)r_d/\rho_a c_a \tag{6.45}$$

当地表温度不断趋于稳定时，根据表 6.10 所示，可以根据地表净辐射来估算土壤热通量，此时，地表的潜热通量也可以根据式 6.15 表达为地表温度的关系，式 6.5 就变成了只有一个未知数 T_c 的方程，因此，就可以根据气象数据计算出地表温度值。

表 6.10　不同农作物地表类型的土壤热通量与地表净辐射的比值（G/R_n）

地表类型	G/R_n	用途说明
壤质土（Loam soil）	0.22~0.51	G/R_n 的值随土壤湿度减少而增加[100]
黄土（Loess soil）	0.34	G/R_n 的值不受土壤湿度的影响[101]
粉砂土（Silty clay soil）	0.14	白天时的参考值[102]
苜蓿（Alfalfa）	0.10	中午时的参考值[103]
大麦（barley）	0.12	白天参考值，且地表覆盖度 <50%[102]
青草（Grass）	0.04	R_n >0，且草地灌溉状况良好[104]
玉米（Maize）	0.06	白天，冠层高度为 2.5m[105]
果园（Orchard）	0.04	白天时的参考值[106]
松树林（Pine forest）	0.01~0.04	白天，冠层高度为 7.5m[107]
高粱（Sorghum）	0.11	白天时的参考值[107]
小麦（Wheat）	0.07	白天，冠层高度为 0.32~0.55m[107]

假设一块裸地在云覆盖之前的地表温度为 30℃，在空气温度分别在 20~30℃，空气

湿度在 30%~80% 时，当透过云层到达地表的净辐射为 200 W·m⁻² 时，云覆盖下裸地的地表温度变化如表 6.11 所示，根据表 6.11 可以得出，当空气湿度和空气温度不断增加时，云覆盖的地表温度也不断增加；云覆盖后地表温度与空气温度相比，温度最高可以升高 2.59℃。

表 6.11　裸地地表温度变化表（R_n=200 W·m⁻²）

空气温度	空气湿度（%）					
（℃）	30	40	50	60	70	80
20	20.33	20.78	21.23	21.67	22.12	22.57
21	21.34	21.78	22.23	22.68	23.13	23.57
22	22.35	22.79	23.24	23.68	24.13	24.57
23	23.35	23.80	24.24	24.69	25.13	25.58
24	24.36	24.81	25.25	25.69	26.14	26.58
25	25.37	25.81	26.25	26.70	27.14	27.58
26	26.38	26.82	27.26	27.70	28.14	28.58
27	27.39	27.83	28.27	28.71	29.15	29.59
28	28.39	28.83	29.27	29.71	30.15	30.59
29	29.40	29.84	30.28	30.71	31.15	31.59
30	30.41	30.85	31.28	31.72	32.16	32.59

然而，当透过云层到达地表的净辐射为 100 W·m⁻² 时，云覆盖下裸地的地表温度变化如表 6.12 所示。对比表 6.11 和表 6.12，可以发现，当空气湿度和空气温度不断增加时，云覆盖的地表温度也不断增加。然而表 6.11 与表 6.12 有个明显的不同，表 6.12 在空气湿度为 30%~50% 时，云覆盖后的地表温度低于空气温度。造成这种情况出现的主要原因是，表 6.11 中到达地表的净辐射是大于地表的潜热通量和土壤热通量之和，而表 6.12 中到达地表的净辐射则小于地表的潜热通量和土壤热通量之和。

表 6.12　裸地地表温度变化表（R_n=100 W·m⁻²）

空气温度	空气湿度（%）					
（℃）	30	40	50	60	70	80
20	18.84	19.29	19.74	20.19	20.64	21.08
21	19.85	20.30	20.75	21.19	21.64	22.09
22	20.86	21.31	21.75	22.20	22.64	23.09
23	21.87	22.31	22.76	23.20	23.65	24.09
24	22.88	23.32	23.76	24.21	24.65	25.09
25	23.89	24.33	24.77	25.21	25.65	26.10
26	24.89	25.33	25.78	26.22	26.66	27.10
27	25.90	26.34	26.78	27.22	27.66	28.10

（续表）

空气温度	空气湿度（%）					
（℃）	30	40	50	60	70	80
28	26.91	27.35	27.79	28.23	28.66	29.10
29	27.92	28.35	28.79	29.23	29.67	30.10
30	28.92	29.36	29.80	30.23	30.67	31.11

表 6.13　植被地表温度变化表（R_n=200 W · m^{-2}）

空气温度	空气湿度（%）					
（℃）	30	40	50	60	70	80
20	19.30	19.90	20.49	21.09	21.68	22.28
21	20.31	20.91	21.50	22.09	22.69	23.28
22	21.32	21.91	22.51	23.10	23.69	24.28
23	22.33	22.92	23.51	24.10	24.69	25.28
24	23.34	23.93	24.52	25.11	25.70	26.29
25	24.35	24.94	25.53	26.12	26.70	27.29
26	25.37	25.95	26.54	27.12	27.71	28.29
27	26.38	26.96	27.54	28.13	28.71	29.30
28	27.39	27.97	28.55	29.13	29.72	30.30
29	28.40	28.98	29.56	30.14	30.72	31.30
30	29.41	29.99	30.57	31.15	31.73	32.31

与此同时，也分别模拟了植被和不透水层在云覆盖稳定时，地表的变化情况，对比表 6.13 和表 6.11，植被和裸地的地表温度都随空气温度和空气湿度的增加而增加，然而，在同为 200 W · m^{-2} 的净辐射条件下，植被的整体要比裸地的温度低。不透水层的温度变化情况如表 6.14 所示，与裸地和植被不同的是，不透水层的能量传输过程中，潜热通量是可以忽略不计的，因此，空气湿度就不作为其影响因素，对比不透水层与植被和裸地的温度变化可以发现，不透水层的地表温度与空气温度的温差相较前两种地表类型是最大的，不透水层与空气温度的温差一般为 3~5℃。

表 6.14　不透水层地表温度变化表（R_n=200 W · m^{-2}）

空气温度（℃）	空气热传输阻抗			
	30	35	40	45
20	22.97	23.47	23.96	24.46
22	24.97	25.47	25.96	26.46
24	26.97	27.47	27.96	28.46
26	26.30	26.35	26.40	26.45
28	30.97	31.47	31.96	32.46
30	32.97	33.47	33.96	34.46

当知道云覆盖稳定后，地表温度的变化趋势后，需要估算云下地表温度由云覆盖之前的地表温度（T_{sini}）到云覆盖后地表的温度（T_c）所需的时间（ΔT），为了估算这个时间，取土壤的热容为典型值 $2 \times 10^6 \, \text{J} \cdot \text{m}^{-3} \cdot \text{K}^{-1}$，热传导系数为 $1.5 \, \text{J} \cdot \text{s}^{-1} \cdot \text{m}^{-1} \cdot \text{K}^{-1}$，土壤层的第一层为 $0.01\,\text{m}$ 厚，土壤第二层的温度为 T_{sini}；此时，就可以求取该土壤状况下 ΔT 的最大取值情况。如表 6.15 所示，裸地的地表温度在达到表 6.11 所示的稳定状态时所需的时间，由表可以看出，T_{sini} 和 T_c 温差越大，所需的时间也就越长，裸地状态下，地表温度达到稳定时，最长时间达到 $12\,\text{min}$ 左右。

表 6.15　裸地在云覆盖地表温度达到稳定时间　　　　　　（单位：min）

空气温度	空气湿度（%）					
（℃）	30	40	50	60	70	80
21	8.07	8.62	9.26	10.00	10.87	11.91
22	7.18	7.67	8.24	8.90	9.67	10.59
23	6.29	6.72	7.22	7.79	8.47	9.27
24	5.40	5.77	6.19	6.69	7.26	7.95
25	4.50	4.81	5.17	5.58	6.06	6.63
26	3.61	3.85	4.14	4.46	4.85	5.31
27	2.71	2.89	3.11	3.35	3.64	3.98
28	1.81	1.93	2.07	2.24	2.43	2.66
29	0.90	0.97	1.04	1.12	1.21	1.33
30	0.36	0.39	0.42	0.45	0.49	0.53

可以估算出云覆盖后地表温度达到稳定的时间后，假定从当时温度变化为线性的，以此根据云覆盖时间来给出云下不同位置的地表温度。例如当有一块长 $1\,\text{km}$、宽 $0.5\,\text{km}$ 的云覆盖一块地表均一的裸地（表 6.11 假设情况）时，云覆盖前的地表温度为 30℃，此时空气的温度为 23℃，空气湿度为 50%，云层以 $0.5\,\text{m/s}$ 的速度沿某一方向运动时，云覆盖地表温度的空间分布如图 6.28 所示，可以看出，沿着云运动方向，云头（刚覆盖）的地区地表温度最高，呈现向云尾和云中地区地表温度不断下降的趋势，云尾和云中的地表温度则会趋于稳定，地表温度约为 24℃。

通过对长时间云覆盖情况下地表温度变化的模拟，可发现当云覆盖时间较长时地表温度的变化则会趋于稳定，当空气湿度和空气温度不断增加时，云覆盖的稳定地表温度也不断增加。当地表温度不断趋于稳定时，通过估算云下地表温度由云覆盖之前的地表温度初始值（T_{sini}），到云覆盖后地表温度稳定值（T_c）之间所需要的时间，T_{sini} 和 T_c 之间的温差越大，所需的时间也就越长，沿着云运动方向，云头（刚覆盖）的地区地表温度最高，云尾和云中的地表温度则会趋于稳定。

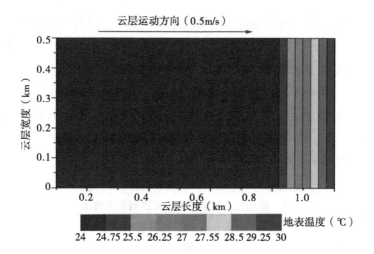

图 6.28 理想的云覆盖条件下地表温度空间差异

6.3.10 小结

为了预测地表能量交换过程中地表温度与到达地表总辐射之间的关系，通过估算地表净辐射，地表显热通量，地表潜热通量和土壤热通量等参数，构建了地表能量平衡模型，并通过构建上述参数与地表温度之间的函数关系，实现了地表能量平衡模型的运行。

基于地表能量平衡模型，通过对裸地、植被、人工建筑物和水体在云覆盖情况下地表温度的变化模拟，发现在短时间云覆盖情况下，地表温度随着云覆盖时间的增加而不断下降，当云覆盖前地表温度越高，云覆盖后地表温度的变化幅度也越大。单位时间内地表温度单位变化所需的辐射变化值与地表温度的大小呈线性关系，即当初始地表温度越高时，在云覆盖后，地表温度在一分钟时间内变化 1℃，所需的辐射变化量则越小。

在长时间云覆盖情况下，地表温度的下降速度随着云覆盖时间的增加而不断放缓，最终趋于一个稳定值。当地表温度不断趋于稳定时，裸地、植被和不透水层的地表温度都随空气温度和空气湿度的增加而增加，其中，不透水层的地表温度与空气温度之间的温差是最大的，一般为 3~5℃。通过估算云下地表温度由云覆盖之前的地表温度初始值，到云覆盖后地表温度稳定值之间所需要的时间，可以看出，沿着云运动方向，云头（刚覆盖）的地区地表温度最高，云尾和云中的地表温度则会趋于稳定。

6.4 有云像元大气辐射强度估计

云不仅对地球水汽运输循环中起着重要的作用，更对地球每天的能量平衡有着直接的影响。太阳光通过云层时，经过云的反射、吸收和散射，到达地面的太阳辐射会有明显的减弱，由于不同云在水平和垂直方向上的大小千差万别，云中水滴或冰晶的大小及分布也不尽相同，云的热力学性质等都对透过云层太阳辐射强度有着直接的影响（Nakajina and King，1990）。为了模拟不同云对辐射传输的影响，需要对云的辐射传输过程进行建模分析。

6.4.1 辐射传输的基本过程

当一束光沿一定的方向穿过一定厚度（ds）的媒介时，由于光与媒介内部不同物质之间的相互作用，光的辐射强度（I_λ）沿辐射方向上会有一定程度的减弱为（$I_\lambda + dI_\lambda$），整个过程可以表达为（Kokhanovsky，2006）

$$dI_\lambda = -k_\lambda \rho I_\lambda ds \tag{6.46}$$

式中，ρ 为媒介内物质的密度，k_λ 为该物质的对于辐射在波长 λ 的消光系数，消光系数的大小主要取决于该物质的对光的吸收和散射。

与此同时，由于媒介中物质自身的辐射和来自其他方向上多次散射，在一定方向上，光的辐射强度还会有一定程度的增强，定义这部分的辐射强度为 J_λ：

$$dI_\lambda = j_\lambda \rho ds \tag{6.47}$$

式中，j_λ 为该物质的对辐射在波长 λ 的增光系数，与消光系数有着相同的物理含义，都是由于散射导致的光强在辐射上的变化。

综合式 6.46 和式 6.47，在不考虑坐标系的情况下，基本的辐射传输方程可以表达为：

$$\frac{dI_\lambda}{k_\lambda \rho ds} = -I_\lambda + J_\lambda \tag{6.48}$$

许多辐射模型建模都是将大气层看作一层层的与地面平行的物质层组成，每层中不含着不同的大气气体及不同的温湿度，这种模型方便平面坐标来表示，因此，云辐射传输模型也可以借用这种思想。如图6.29 所示，这种与地面平行的多层模型可以表达为（Mayer，2009）：

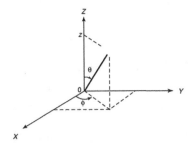

图 6.29 地面平行云层模型的几何角度定义

$$\cos\theta \frac{dI(z;\theta,\phi)}{k\rho dz} = -I(z;\theta,\phi) + J(z;\theta,\phi) \tag{6.49}$$

式中，θ 为天顶角，ϕ 为方位角。

辐射传输过程中经常用到的光学厚度可以定义为

$$\tau = \int_z^\infty k\rho dz \tag{6.50}$$

透过一定的光学厚度，穿过大气层的层层媒介后，到达地面的辐射可以表达为：

$$\mu \frac{dI(\tau;\mu,\phi)}{d\tau} = -I(\tau;\mu,\phi) + J(\tau;\mu,\phi) \tag{6.51}$$

入射到云层顶的太阳辐射，不仅必须考虑云在不同波段的太阳辐射的吸收、反射和透射的影响，而且还应考虑水体谱或冰晶对辐射传输的影响。一般对云中太阳辐射的传输过程建模时，通常假设云是平行于地面的，且水平方向上是均一的（Nakajina and Tanaka, 1986），如图 6.30 所示，散射光从云底穿过平行与地面的理想云层时，辐射可以表达为图 6.30 中的 4 个分量（Liou, 2002）：

直线传输过程中消光后的辐射量、未被散射的太阳光的单次散射辐射量、多次散射的太阳光的初次散射辐射量和云层的热辐射量。

一般云中 4 个分量的辐射传输过程可以表达为

$$\mu \frac{\mathrm{d}I(\tau;\mu,\phi)}{\mathrm{d}\tau} = -I(\tau;\mu,\phi) + \frac{\varpi_0}{4\pi} S_0 P(\mu,\phi;-\mu_0,\phi_0)e^{-\tau/\mu_0}$$
$$+ \frac{\varpi_0}{4\pi} \int_0^{2\pi} \int_{-1}^1 I(\tau;\mu',\phi')P(\mu,\phi;\mu',\phi')d\mu'd\phi' + (1-\varpi_0)\mathrm{B}\left[T(\tau)\right] \quad (6.52)$$

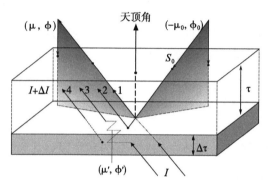

图 6.30 散射光云中辐射传输的四个分量过程

从式 6.52 可以看出，云影响辐射传输的基本参数包括云的光学厚度 τ、单次散射反射率 ϖ_0 和散射相函数 P。一般讨论太阳辐射的传输过程时，地球表面在波长小于 $3.5\mu\mathrm{m}$ 范围内所发射的辐射相对太阳辐射在这个波段范围内是可以忽略的，所以，一般在模拟太阳辐射传输过程中，式 6.52 中第 4 项是可以忽略的。

散射相函数代表了分子、气溶胶、云中颗粒等导致的散射的能量值在不同角度上的分布，对于球面分布的几何形态，散射角取决于电磁波的入射方向和出射方向，散射的入射光与出射光之间的几何关系参见附录二附图（Stephens, 1984），

$$\cos\Theta = \mu\mu' + (1-\mu^2)^{1/2}(1-\mu'^2)^{1/2}\cos(\phi'-\phi) \quad (6.53)$$

为求解式 6.52 中的积分，需要借助数值分析的勒让德多项式展开的方法来求取。利用勒让德多项式的节点 P_1，King（1983）把散射相函数表达为

$$P(\cos\Theta) = \sum_{\ell=0}^N \omega_\ell P_\ell(\cos\Theta) \quad (6.54)$$

由于勒让德多项式的正交性，这些节点的多项式对应的系数为

$$\omega_\ell = \frac{2\ell+1}{2} \int_{-1}^1 P(\cos\Theta)P_\ell(\cos\Theta)d\cos\Theta, \quad \ell = 0,1,...,N. \quad (6.55)$$

当 $\ell = 1$ 时，

$$g = \frac{\omega_1}{3} = \frac{1}{2}\int_{-1}^1 P(\cos\Theta)P_\ell(\cos\Theta)\mathrm{d}\cos\Theta \quad (6.56)$$

式中，g 为不对称性参数，当 $g = -1$ 时，表示完全的后向散射；当 $g = 0$ 时，表示散射的各个方向上是一致的；当 $g = 1$ 时，表示完全的前向散射。

散射中的天顶角、方位角的几何关系如图 6.30 所示。根据球面谐波定理，球面谐波

函数需要转换到平面谐波函数,(King, 1983)把散射相函数进一步表达为

$$P(\mu,\phi;\mu',\phi')=\sum_{m=0}^{N}\sum_{\ell=0}^{N}\omega_\ell^m P_\ell^m(\mu)P_\ell^m(\mu')\cos m(\phi-\phi') \tag{6.57}$$

$$\begin{cases} \omega_\ell^m = (2-\delta_{0,m})\omega_\ell\dfrac{(\ell-\mathrm{m})!}{(\ell+\mathrm{m})!}, & (\ell=\mathrm{m},\cdots,\mathrm{N},\ 0\leqslant\mathrm{m}\leqslant\mathrm{N}) \\[2mm] \delta_{0,m} = \begin{cases} 1, & \text{当}\ m=0, \\ 0, & \text{其他,} \end{cases} \end{cases} \tag{6.58}$$

鉴于散射相函数的勒让德多项式展开,也可以将辐射强度的表达函数扩展为相同的形式

$$I(\tau;\mu,\phi)=\sum_{m=0}^{N}I^m(\tau,\mu)\cos m(\phi_0-\phi) \tag{6.59}$$

将式 6.50 和式 6.52 分别代入式 6.46 中,可得

$$\mu\frac{\mathrm{d}I^m(\tau,\mu)}{\mathrm{d}\tau}=-I^m(\tau,\mu)+(1+\delta_{0,m})\frac{\varpi_0}{4}\sum_{\ell=m}^{N}\omega_\ell^m P_\ell^m(\mu)\int_{-1}^{1}P_\ell^m(\mu')I^m(\tau,\mu')\mathrm{d}\mu'$$
$$+\frac{\varpi_0}{4\pi}\sum_{\ell=m}^{N}\omega_\ell^m P_\ell^m(\mu)P_\ell^m(-\mu_0)S_0 e^{-\tau/\mu_0} \qquad (m=0,1,\cdots,N) \tag{6.60}$$

当 $m=0$ 时,意味着散射在各个方向是一致的,这也是许多模型求解辐射传输的一个基本假设,此时,辐射传输方程可以表达为

$$\mu\frac{\mathrm{d}I(\tau,\mu)}{\mathrm{d}\tau}=-I(\tau,\mu)+\frac{\varpi_0}{2}\sum_{\ell=0}^{N}\omega_\ell P_\ell(\mu)\int_{-1}^{1}P_\ell(\mu')I(\tau,\mu')\mathrm{d}\mu'$$
$$+\frac{\varpi_0}{4\pi}\sum_{\ell=0}^{N}\omega_\ell P_\ell(\mu)P_\ell(-\mu_0)S_0 e^{-\tau/\mu_0} \tag{6.61}$$

直接求解式 6.61 是非常复杂且运算的复杂度非常高,为了减少求解的复杂性,一些气象模型中,常使用双流求解法(Stamnes et al., 1988)来解决辐射传输方程。利用数值分析中的高斯求积公式来求解,在区间(-1,1)上可以找到一定的正交点,满足高斯求积公式

$$\int_{-1}^{1}f(\mu)\mathrm{d}\mu=\sum_{i=-n}^{n}a_i f(\mu_i) \tag{6.62}$$

式中,构造的高斯 – 勒让德求积公式的权重 (a_i) 为

$$a_i=\frac{1}{P_{2n}'(\mu_i)}\int_{-1}^{1}\frac{P_{2n}(\mu)}{\mu-\mu_i}\mathrm{d}\mu \tag{6.63}$$

μ_j 是勒让德多项式偶次项 $P_{2n}(\mu)$ 的零点,其中

$$a_{-i}=a_i, \qquad\qquad \mu_{-j}=-\mu_j, \qquad\qquad \sum_{i=-n}^{n}a_i=2 \tag{6.64}$$

表 6.16 给出了高斯求积的前四项正交点和对应的权重。

表 6.16　高斯求积点和权重

n	2n	$\pm \mu_n$	a_n
1	2	$\mu_1=0.577\ 350\ 3$	$a_1=1$
2	4	$\mu_1=0.339\ 981\ 0$	$a_1=0.652\ 145\ 2$
		$\mu_2=0.861\ 136\ 3$	$a_2=0.347\ 854\ 8$
3	6	$\mu_1=0.238\ 619\ 2$	$a_1=0.467\ 913\ 9$
		$\mu_2=0.661\ 209\ 4$	$a_2=0.360\ 761\ 6$
		$\mu_3=0.932\ 469\ 5$	$a_3=0.171\ 324\ 5$
4	8	$\mu_1=0.183\ 434\ 6$	$a_1=0.362\ 683\ 8$
		$\mu_2=0.525\ 532\ 4$	$a_2=0.313\ 706\ 6$
		$\mu_3=0.796\ 666\ 5$	$a_3=0.222\ 381\ 0$
		$\mu_4=0.960\ 289\ 9$	$a_4=0.101\ 228\ 5$

利用高斯公式，式 6.61 可以表达为

$$\mu_i \frac{\mathrm{d}I(\tau,\mu_i)}{\mathrm{d}\tau} = -I(\tau,\mu_i) + \frac{\varpi_0}{2}\sum_{\ell=0}^{N}\omega_\ell P_\ell(\mu_i)\sum_{j=-n}^{n}a_j P_\ell(\mu_j)I(\tau,\mu_j)$$
$$+ \frac{\varpi_0}{4\pi}\sum_{\ell=0}^{N}(-1)^\ell \omega_\ell P_\ell(\mu_i)P_\ell(\mu_0)S_0 e^{-\tau/\mu_0} \tag{6.65}$$

式中，$\mu_i(-n, n)$ 代表不同方向上辐射流，在双流求解法中，$j=-1$ 和 1，$N=1$。当 $\mu_1=\sqrt{3}/3$，$a_1=a_{-1}=1$ 时，且 $I^\uparrow=I(\tau,\mu_1)$ $I^\downarrow=I(\tau,-\mu_1)$，此时，可以得到两个相似的等式

$$\begin{cases} \mu_1\dfrac{\mathrm{d}I^\uparrow}{\mathrm{d}\tau} = I^\uparrow - \omega_0(1-b)I^\uparrow - \omega_0 bI^\downarrow - S^- e^{-\tau/\mu_0} \\ -\mu_1\dfrac{\mathrm{d}I^\downarrow}{\mathrm{d}\tau} = I^\downarrow - \omega_0(1-b)I^\downarrow - \omega_0 bI^\uparrow - S^+ e^{-\tau/\mu_0} \end{cases} \tag{6.66}$$

其中

$$\begin{cases} g = \dfrac{\omega_1}{3} = \dfrac{1}{2}\int_{-1}^{1}P(\cos\Theta)\cos\Theta\,\mathrm{d}\cos\Theta \\ b = \dfrac{1-g}{2} = \dfrac{1}{2}\int_{-1}^{1}P(\cos\Theta)\dfrac{1-\cos\Theta}{2}\mathrm{d}\cos\Theta \\ S^{\pm} = \dfrac{S_0\varpi_0}{4\pi}(1\pm 3g\mu_1\mu_0) \end{cases} \tag{6.67}$$

式中，参数 b 和（$1-b$）分别代表后向和前向散射的能量占总散射量的比例。因此，在用双流法计算多次散射时，向上辐射和向下辐射分别为散射相函数在（0~90°）和（90~180°）加权求和。

为了解决公式（6.60）中两个方向的一阶微分方程，我们令 $M=I^\uparrow+I^\downarrow$、$N=I^\uparrow-I^\downarrow$，进行相应的系数加减后，公式（6.60）可以变为：

$$
\begin{cases}
\mu_1 \dfrac{\mathrm{d}M}{\mathrm{d}\tau} = (1 - g\omega_0)N - (S^- - S^+)e^{-\tau/\mu_0} \\[2mm]
\mu_1 \dfrac{\mathrm{d}N}{\mathrm{d}\tau} = (1 - \omega_0)M - (S^- + S^+)e^{-\tau/\mu_0}
\end{cases}
\tag{6.68}
$$

然后对式 6.62 进一步求导

$$
\begin{cases}
\mu_1 \dfrac{\mathrm{d}^2 M}{\mathrm{d}\tau^2} = (1 - g\omega_0)\dfrac{\mathrm{d}N}{\mathrm{d}\tau} + \dfrac{(S^- - S^+)}{\mu_0}e^{-\tau/\mu_0} \\[3mm]
\mu_1 \dfrac{\mathrm{d}^2 N}{\mathrm{d}\tau^2} = (1 - \omega_0)\dfrac{\mathrm{d}M}{\mathrm{d}\tau} + \dfrac{(S^- + S^+)}{\mu_0}e^{-\tau/\mu_0}
\end{cases}
\tag{6.69}
$$

将式 6.62 分别代入式 6.63 对应的一阶求导项, 可得

$$
\begin{cases}
\dfrac{\mathrm{d}^2 M}{\mathrm{d}\tau^2} = k^2 M + Z_1 e^{-\tau/\mu_0} \\[3mm]
\dfrac{\mathrm{d}^2 N}{\mathrm{d}\tau^2} = k^2 N + Z_2 e^{-\tau/\mu_0}
\end{cases}
\tag{6.70}
$$

其中:

$$
k^2 = (1 - \varpi_0)(1 - g\varpi_0)/\mu_1^2,
\tag{6.71}
$$

$$
\begin{cases}
Z_1 = -\dfrac{(1 - g\varpi_0)(S^- + S^+)}{\mu_1^2} + \dfrac{S^- - S^+}{\mu_1\mu_0} \\[3mm]
Z_2 = -\dfrac{(1 - \varpi_0)(S^- - S^+)}{\mu_1^2} + \dfrac{S^- + S^+}{\mu_1\mu_0}
\end{cases}
\tag{6.72}
$$

根据式 6.64 中两个二阶微分方程, 可以先分别确定其齐次方程的通解形式, 然后加上一个特解形式。通解部分还需满足式 6.62, 于是就产生两个未知的常数 (K, H), 直接求取后可以得到:

$$
\begin{cases}
I^{\uparrow} = I(\tau, \mu_1) = Kve^{k\tau} + Hue^{-k\tau} + \varepsilon e^{-\tau/\mu_0} \\[2mm]
I^{\downarrow} = I(\tau, -\mu_1) = Kue^{k\tau} + Hve^{-k\tau} + \gamma e^{-\tau/\mu_0}
\end{cases}
\tag{6.73}
$$

其中

$$
\begin{cases}
v = (1 + a)/2, u = (1 - a)/2, \\
a^2 = (1 - \omega_0)/(1 - g\omega_0), \\
\varepsilon = (\alpha + \beta)/2, \gamma = (\alpha - \beta)/2, \\
\alpha = Z_1 \mu_0^2 /(1 - \mu_0^2 k^2), \\
\beta = Z_2 \mu_0^2 /(1 - \mu_0^2 k^2).
\end{cases}
\tag{6.74}
$$

常数 K 和 H 取决于云层顶部和底部边界层散射量, 假设云层的边界层上没有散射发生, 可以得出:

$$\begin{cases} K = -(\varepsilon v e^{\tau_1/\mu_0} - \gamma u e^{-k\tau_1})/(v^2 e^{k\tau_1} - u^2 e^{-k\tau_1}), \\ H = -(\varepsilon u e^{-\tau_1/\mu_0} - \gamma v e^{-k\tau_1})/(v^2 e^{k\tau_1} - u^2 e^{-k\tau_1}). \end{cases} \tag{6.75}$$

当向上和向下的辐射得到估算后，向上和向下的辐射通量就可以简单地表达为

$$F^{\uparrow}(\tau) = 2\pi\mu_1 I^{\uparrow}, \qquad F^{\downarrow}(\tau) = 2\pi\mu_1 I^{\downarrow} \tag{6.76}$$

以上过程就是辐射传输的双流求解法的基本过程，公式 6.20 中的 $\pm K$ 是不同等式系数的特征值，u、v 和 a 代表着特征函数。

6.4.2 薄云层辐射传输模型

云的形状、大小、厚度、结构特征都不尽相同，但在研究云对辐射的影响时，一般会将云分为薄云和厚云两种大类来处理 Kokhanovsky（2006），这是由两种云在辐射传输模型的构建中，多次散射的影响程度不同，而造成云辐射传输表现出的不同规律所决定的。

Kokhanovsky（2006）的研究表明，薄云的辐射传输计算过程中，多次散射过程可以忽略，因此，辐射传输的基本方程 6.7 中积分部分就可以忽略，薄云的辐射传输方程可以简化为：

$$\frac{\mathrm{d}I(x)}{\mathrm{d}x} = -I(x) + \frac{\omega_0}{4\pi} S_0 \hat{P}(x) e^{-sx} \tag{6.77}$$

式中，$x=\mu$，$s=\mu/\mu_0$ 为了方程的简便性，观测角等参数可以省略，$\hat{P}$ 代表散射相函数的矩阵表达式，等式两边乘以参数 e^x 可得

$$\frac{\mathrm{d}[I(x)e^x]}{\mathrm{d}x} = \frac{\omega_0}{4\pi} S_0 \hat{P}(x) e^{-(s-1)x} \tag{6.78}$$

求解可以得到

$$I(x) = \frac{\omega_0 e^{-x}}{4\pi} \int_a^x S_0 \hat{P}(x') e^{-(s-1)x'} \tag{6.79}$$

利用边界条件：

$$\begin{cases} I^{\uparrow}(x=0) = 0, \mu > 0 \\ I^{\downarrow}(x=x_0) = 0, \mu < 0 \end{cases} \tag{6.80}$$

边界条件意味着当云层下垫面为黑体时，云层的顶端和底端都没有散射光进入云层内部，式中，$x_0 = \tau_0/\mu$，τ_0 为云层的光学厚度，于是，薄云中向上和向下的辐射可以表达为：

$$I^{\downarrow}(x) = \frac{\omega_0 e^{-x}}{4\pi} \int_0^x S_0 \hat{P}(x') e^{-(s-1)x'} \tag{6.81}$$

$$I^{\uparrow}(x) = \frac{\omega_0 e^{-x}}{4\pi} \int_x^{x_0} S_0 \hat{P}(x') e^{-(s-1)x'} \tag{6.82}$$

直接求解式 6.81 和式 6.82 可得

$$I^{\downarrow}(x) = \frac{\omega_0 \hat{P} S_0}{4\pi(s-1)} (e^{-x} - e^{-sx}) \tag{6.83}$$

$$I^{\uparrow}(x) = \frac{\omega_0 \hat{P} S_0}{4\pi(s-1)} \left(e^{-x-(s-1)x_0} - e^{-sx}\right) \tag{6.84}$$

由式 6.83 和式 6.84，可以求出薄云对辐射的反射率（R）和透过率（Γ）

$$R = \frac{\omega_0 P(\Theta)}{4(\mu_0 + \mu)} \left[1 - e^{-\tau(1/\mu_0 + 1/\mu)}\right] \tag{6.85}$$

$$\Gamma = \frac{\omega_0 P(\Theta)}{4(\mu_0 - \mu)} \left(e^{\tau/\mu_0} - e^{-\tau/\mu}\right) \tag{6.86}$$

6.4.3 厚云的辐射传输模型

Van de Hulst（2012）指出，当云层的光学厚度足够大时，云层的辐射传输过程可以通过渐进拟合的方法进行建模，对于不同的单次散射反射率（ω_0），云层的反射率和透过率可以表达为

当 $\omega_0 = 1$ 时，

$$R(\tau; \mu, \mu_0, \phi) = R_\infty(\mu, \mu_0, \phi) - \frac{4K(\mu)K(\mu_0)}{3(1-g)(\tau + 2q_0)} \tag{6.87}$$

$$\Gamma(\tau; \mu, \mu_0, \phi) = \frac{4K(\mu)K(\mu_0)}{3(1-g)(\tau + 2q_0)} \tag{6.88}$$

当 $\omega_0 < 1$ 时，

$$R(\tau; \mu, \mu_0, \phi) = R_\infty(\mu, \mu_0, \phi) - \frac{ml}{1 - l^2 e^{-2k\tau}} K(\mu)K(\mu_0) e^{-2k\tau} \tag{6.89}$$

$$\Gamma(\tau; \mu, \mu_0, \phi) = \frac{ml}{1 - l^2 e^{-2k\tau}} K(\mu)K(\mu_0) e^{-2k\tau} \tag{6.90}$$

式中，$R_\infty(\mu, \mu_0, \phi)$ 为大气半球反射率的分布函数，$K(\mu)$ 为逃逸函数，q_0 为保守散射的外推长度 q'（$0.706 \leqslant q' \leqslant 0.715$）计算所得（$q' = (1-g)q_0$），$k$ 为辐射的消散指数，m 和 l 为单次散射反射率和不对称因子决定的系数（King, 1987）。

$$m = \frac{8}{3(1-g)} k + O(k^3) \tag{6.91}$$

$$l = 1 - 2q_0 k + 2q_0^2 k^2 + O(k^3) \tag{6.92}$$

$$k = [3(1-\omega_0)(1-g\omega_0)]^{1/2} + O(1-\overline{\omega}_0) \tag{6.93}$$

$$K(\mu) = (1 - q_0 k) K(1; \mu) + O(k^2) \tag{6.94}$$

$$R_\infty(\mu, \mu_0, \phi) = R_\infty(1; \mu, \mu_0, \phi) - \frac{4k}{3(1-g)} K(1; \mu) K(1; \mu_0) + O(k^2) \tag{6.95}$$

式中，k 为扩散系数，可以表达为单次散射反照率和不对称因子的函数，$O(k^2)$ 指高于 k^2 的多项式余项，$K(1; \mu)$ 和 $R_\infty(1; \mu, \mu_0, \phi)$ 分别为半无穷大气层的逃逸函数和反射函数，计算过程参见附表四。

为了将散射相函数参数化，利用渐进拟合的方法，引进参数不对称因子 g，可以很好地

模拟厚云（$\tau>5$）的散射相函数，且许多研究证明，大多数云的厚度是大于5的。

$$g = \frac{1}{2}\int_{-1}^{1} P(\tau,\mu,\mu')\mu d\mu \qquad (6.96)$$

当 $g=-1$ 时，表示完全的后向散射；当 $g=0$ 时，表示散射的各个方向上是一致的；当 $g=1$ 时，表示完全的前向散射。（$1-\omega_0$）表示云对太阳辐射的吸收作用；对于一般陆地上面的云，不对称因子的取值范围为 $0.75<g<0.9$。

6.4.4 透过云层的辐射光谱模拟

在理解云层辐射传输基本原理的基础上，利用开源的 LibRadtran 软件模拟云层对太阳辐射的影响。该软件运行在 Linux 系统中，软件为开源且免费，软件交互界面友好，包含了辐射传输模型常用的多流 DISORT 计算方法和 SBDART 模型中不同大气成分的吸收作用。软件的下载地址为：http://www.libradtran.org。

太阳辐射透过云层到达地面的辐射可以分为直射和散射两部分，主要受云层的光学厚度、云层中粒子的有效粒子半径以及太阳天顶角这3种因素的影响。分别模拟了透过云层的太阳辐射值随以上3种因素变化而变化的量，其中，云层的光学厚度取值范围为5~80，模拟的步长为5；云层中粒子的有效半径值为5~40μm，步长为5μm；太阳天顶角为0~80°，步长为10°。

如图 6.31 所示模拟了太阳天顶角为 30° 且云中粒子的有效粒子半径为 10μm 时，不同波段长度下太阳辐射透过率随云层光学厚度变化的关系图。首先，我们可以发现，太阳辐射的透过率的曲线存在明显的波峰和波谷，这主要是由于云层中水汽以及大气中不同大气成分的吸收所致；然后，随着云层光学厚度的不断增加，太阳辐射的整体的透过率是不断下降的，当云层的光学厚度以步长由5不断增加至45时，太阳辐射的透过率曲线由浅绿色变为深绿色并且不断降低，最后，在波段范围 1 500~1 700nm 和 2 100~2 500nm，云层的光学厚度对太阳辐射透过率有着明显的影响。

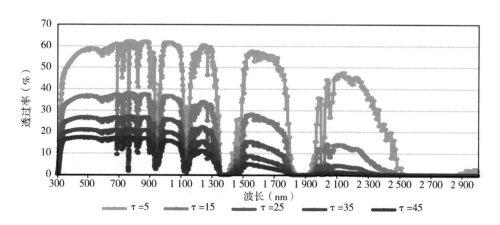

图 6.31　300~3 000nm 波段太阳辐射透过率随云层光学厚度变化关系图

太阳透过率的计算包含了透过云层的太阳辐射直射值和散射值之和与云层顶端的总太阳辐射的比值。图 6.32 和图 6.33 分别反映了透过云层的太阳辐射中直射值和散射值的变化规律。图 6.32 为太阳天顶角为 30°、云层中粒子的有效粒子半径为 $10\mu m$ 时，不同波段太阳散射值随云层光学厚度变化的关系图，图 6.32 中最上面的湖蓝色曲线为 300~3 000nm 波段范围内太阳常数光谱曲线，湖蓝色曲线下面的墨蓝色曲线分别是光学厚度为 5~45 的云层散射光谱曲线，散射光谱曲线也存在明显的波峰与波谷。图 6.33 为不同波段太阳直射值随云层光学厚度变化的关系图，当云层的光学厚度为 5 时，太阳辐射直射值最大值出现在 500nm 处，大约为 $5\ m\cdot W\cdot m^{-2}\cdot nm^{-1}$，而当云的光学厚度为 45 时，太阳辐射直射值

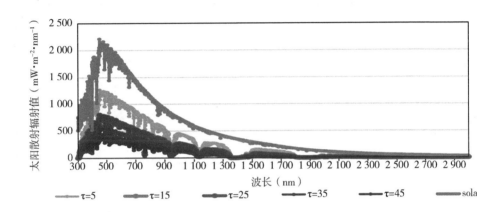

图 6.32　300~3 000nm 波段太阳辐射散射值随云层光学厚度变化关系图

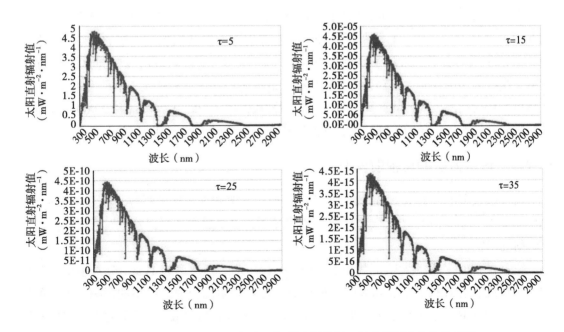

图 6.33　300~3 000nm 波段太阳辐射直射值随云层光学厚度变化关系图

的最大值在500nm处，仅为4.5E-15 m·W·m⁻²·nm⁻¹。对比图6.32和图6.33可以发现，透过云层的太阳直射和散射光谱曲线有着相似的形状，但对比图中的直射值和散射值大小，散射值的大小要远大于直射值，太阳直射值在太阳总辐射的整体贡献则不足1%。

透过云层的太阳辐射不仅受云层的光学厚度影响，太阳天顶角（solar zenith angle-sza）也是计算透过云层太阳的辐射的一个重要因素。图6.34为不同波段太阳辐射值随太阳天顶角变化关系图，随着太阳天顶角由0°不断增大到80°，太阳辐射的光谱曲线由橘黄色不断变浅，并且逐渐降低，这说明透过云层的太阳辐射随着太阳天顶角的增大而不断减少。

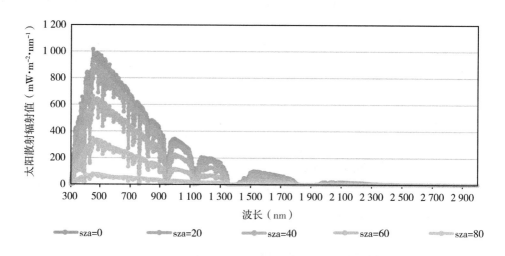

图6.34　300~3 000nm波段太阳辐射值随太阳天顶角变化关系图

图6.35为云层中粒子的有效粒子半径对太阳辐射传输的影响，四张图分别表示在不同光学厚度状况的云中，有效粒子半径对太阳辐射在不同波段的透过率的影响。四张图中，蓝色曲线均表示有效粒子半径为10μm时太阳辐射的传输情况，红色曲线均表示有效粒子半径为20μm时太阳辐射的传输情况，绿色曲线均表示有效粒子半径为40μm时太阳辐射的传输情况。对比4张图可以发现，在波段范围1 500~1 700nm和2 000~2 400nm内，随着有效粒子半径的不断增大，该波段范围内的辐射透过率明显下降。

6.4.5　透过云层的总辐射模拟

在气象数据中，太阳总辐射这一数据项一般由太阳辐射仪观测所得，辐射仪测量光谱范围为0.3~3μm，在已知云层物理参数的情况下，需要建立不同云参数对透过云层的太阳辐射的影响。

模型模拟时采用的太阳常数为1 325W·m⁻²，光谱分辨率为1nm，分别模拟了云层的光学厚度、有效粒子半径和太阳天顶角的变化对太阳总辐射透过率的影响。模拟的过程中，分别选取云层中粒子的有效半径为10μm、20μm和40μm，云层的光学厚度分别为5、10、20、30、40、50、60和80，太阳天顶角分别为0°、20°、40°、60°和80°，表

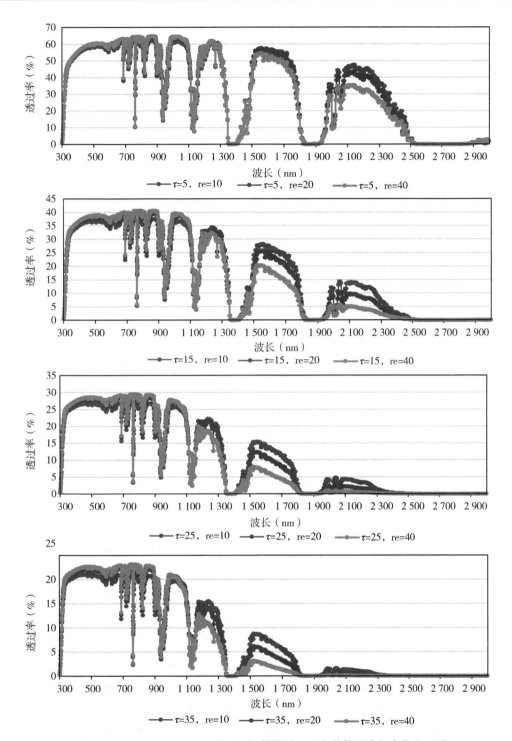

图 6.35 300~3 000nm 波段太阳辐射值随云层有效粒子半径变化关系图

6.17 主要是云层中有效粒子半径对太阳总辐射透过率的影响结果，分析表 6.17 可以得出，在相同的云层光学厚度和太阳天顶角的状况下，当有效粒子半径由 10μm 逐步增大到

40μm 时，太阳总辐射透过率变化较小，有效粒子半径变化所引起的太阳总辐射透过率的变化小于 1%，因此，有效粒子半径对太阳总辐射透过率的影响较小。

同时，分析表 6.17 可得，在太阳天顶角为 0° 和有效粒子半径为 10μm 情况下，当云层光学厚度由 5 增大到 80 时，太阳总辐射透过率由 63.96% 降低到 9.9%；在云层光学厚度为 5 和有效粒子半径为 10μm 情况下，当太阳天顶角由 0° 增大到 80° 时，太阳总辐射透过率由 63.96% 降低到 4.61%；在相同的有效粒子半径情况下，太阳总辐射透过率与云层的光学厚度和太阳天顶角有着更为密切的关系，图 6.36 也较好地反映了这一规律。从图 6.36 中，还可以发现一个有意思的现象，当云层的光学厚度较小（小于 25）时，云层光学厚度对太阳总辐射透过率有着较大的影响，随着云层光学厚度的增大，太阳总辐射透过率下降剧烈，而云层光学厚度较大时，云层光学厚度对太阳总辐射透过率有着较小的影响，随着云层光学厚度的增大，太阳总辐射透过率下降平缓。

表 6.17　太阳总辐射透过率（%）与云层有效粒子半径关系表

太阳天顶角	有效粒子半径	云层光学厚度							
		$\tau=5$	$\tau=10$	$\tau=20$	$\tau=30$	$\tau=40$	$\tau=50$	$\tau=60$	$\tau=80$
sza=0	10μm	63.96	49.06	32.39	23.90	18.82	15.46	13.07	9.90
	20μm	63.75	48.81	32.21	23.76	18.70	15.35	12.98	9.85
	40μm	62.68	47.52	31.18	22.95	18.04	14.79	12.50	9.47
标准差		0.69	0.83	0.65	0.51	0.42	0.36	0.31	0.23
sza=20	10μm	56.96	42.94	28.17	20.74	16.30	13.37	11.29	8.56
	20μm	57.98	44.09	29.09	21.47	16.90	13.87	11.73	8.90
	40μm	58.17	44.31	29.24	21.59	17.01	13.97	11.81	8.95
标准差		0.65	0.73	0.58	0.46	0.38	0.32	0.28	0.21
sza=40	10μm	41.52	30.92	20.29	14.94	11.75	9.64	8.14	6.17
	20μm	42.30	31.72	20.93	15.46	12.18	10.00	8.45	6.41
	40μm	42.44	31.83	21.02	15.54	12.25	10.06	8.51	6.45
标准差		0.50	0.50	0.40	0.33	0.27	0.23	0.20	0.15
sza=60	10μm	21.47	15.90	10.44	7.70	6.06	4.97	4.20	3.18
	20μm	21.87	16.28	10.76	7.96	6.27	5.15	4.36	3.31
	40μm	21.90	16.30	10.80	8.00	6.31	5.18	4.38	3.33
标准差		0.24	0.23	0.20	0.16	0.14	0.12	0.10	0.08
sza=80	10μm	4.61	3.43	2.26	1.66	1.31	1.08	0.91	0.69
	20μm	4.68	3.50	2.32	1.72	1.36	1.11	0.94	0.72
	40μm	4.67	3.50	2.32	1.72	1.36	1.12	0.95	0.72
标准差		0.04	0.04	0.04	0.03	0.03	0.02	0.02	0.02

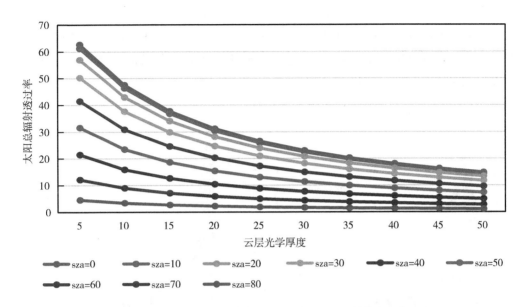

图 6.36　太阳总辐射透过率与太阳天顶角及云层光学厚度关系图

6.4.6　云下辐射的洼地效应

云下辐射的洼地效应是指水平均一云下辐射值由云的中心到云的边缘不断增大的现象，这是由于云下像元的散射视场角由中心向两侧不断增大导致的，如图 6.37 所示，a 点为大块云的中心，b 表示云下中心到边缘的像元，c 为云下边缘的像元，b 点到 a 点的距离为 l，云的半径为 r，云顶高度为 h，在没有其他云层的干扰下，假设散射视场角范围内太阳辐射散射值是一致的条件下，到达云下像元的太阳辐射强度 (R_c) 可以表达为：

$$R_c = R_t + \left[\arctan(\frac{h}{r-l}) + \arctan(\frac{h}{2r-l}) \right] R_s \tag{6.97}$$

式中，R_t 为经过云层反射、吸收和散射后透过云层到达地面的太阳辐射强度值，R_s 为云散射视场角内太阳辐射散射值。分析式 6.97 可以得出，函数 R_c 为云下像元距中心距离 l 在其取值区间 $[0, r]$ 的增函数。

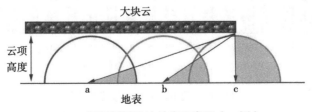

6.37　云下辐射洼地效应示意图（一侧）

假设大块云散射视场角内没有其他云层影响（图6.37中黄色区域内），则该视场角内的太阳辐射散射值我们可以用MODTRAN模拟求取，如图6.38所示，分别模拟在两种气溶胶状况下（分别是田园型的可视距离为23km和可是距离为5km），太阳辐射的总散射值分别为41.6 W·m^{-2}·sr^{-1}和20.5 W·m^{-2}·sr^{-1}。

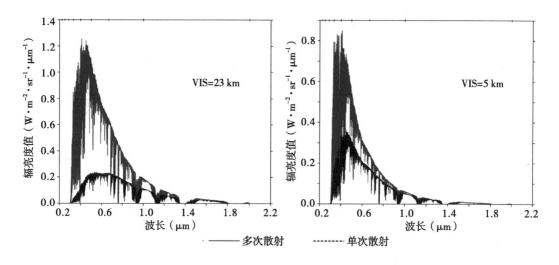

图6.38　MODTRAN模拟不同气溶胶条件下太阳辐射的散射情况

假设云高4km，云为直径100km的圆形云，大气中气溶胶的可见距离为23km，到达云顶的太阳辐射值为1 000 W·m^{-2}，云的透过率为0.2，则云下太阳辐射如图6.39所示，我们可以发现，云周边的太阳辐射值最大，可以达到接近350 W·m^{-2}，而云层中心的辐射值仅为210 W·m^{-2}左右。云边缘相对于云中心的辐射值高了接近75%。

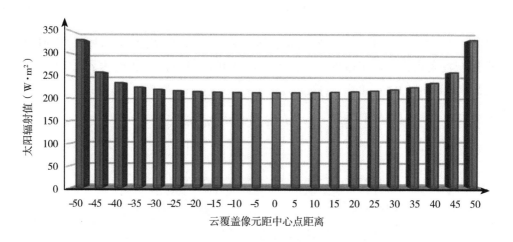

图6.39　云下辐射洼地效应示意图

6.4.7 云下辐射的动态模拟

假如云层是静止不动，就可以用云下辐射的洼地分布来模拟其空间分布，然而，实际中，云层是不断运动的。在假定云层结构在短时间内是不变的条件下，利用邻近时相的遥感影像来估算云的运动轨迹，进而模拟云层在运动馆轨迹上对所覆盖过的地区造成的辐射影响进行模拟。

在一景遥感影像中，成像时拍摄的云为云的瞬时位置，在确定云的运动方向和运动速度后，估算该像元处的总的净辐射从云覆盖之前到影像成像的时间内，所受到的云覆盖的总体影响。

$$\Delta R_n = \sum_{i=1}^{m} R_{n-i} / m \tag{6.98}$$

式中，ΔR_n 为像元处的总的净辐射的平均变化，m 为沿云运动方向上从云头到像元处所经过的像元数，R_{n-1} 在运动方向上经过的像元的净辐射值。

如图 6.40 所示，假设云层厚度导致的地表净辐射值为 50~300，随机生成了一景

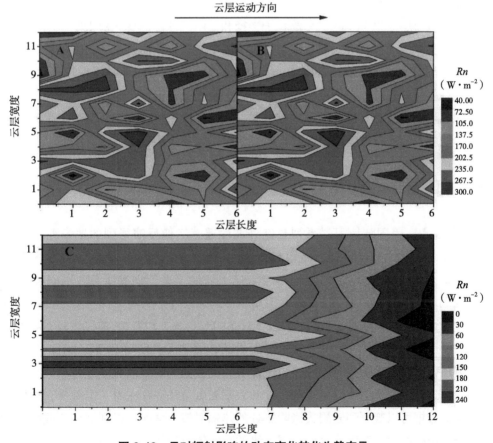

图6.40 云对辐射影响的动态变化转化为静态云

（A）云的初始位置，（B）云运动后的位置，（C）云运动后的等效静止云效果图

12×6 范围的云，可以看出整个范围内云导致的净辐射值高低不定，空间上随机分布，在假设云短时间内不发生结构变化的前提下，云从 A 图位置运动到了 B 图的位置，就可以根据等式 6.98 得出从 A 图到 B 图范围内等效的静止云覆盖效果图（图 C），称图 C 处构造的云层为等效静止云。如图 C 所示，云在刚覆盖的区域在整个等效静止云中是最低的，云下的净辐射值从云头到云尾是不断上升的。

6.4.8　小结

为了模拟不同云对辐射传输过程的影响，估算太阳辐射透过云层到达地面的辐射值，通过模拟云层辐射传输的基本过程，分别构建了薄云和厚云的辐射传输模型，实现了对云层的光学厚度、有效粒子半径和太阳天顶角等不同云参数对云层辐射影响的估算。

基于云层辐射传输模型，通过模拟云层的光学厚度、有效粒子半径和太阳天顶角 3 个云参数对透过云层的太阳辐射透过率和总辐射透过率的关系，可以发现，在波段范围 1 500~1 700nm 和 2 100~2 500nm 内，云层的光学厚度、有效粒子半径和太阳天顶角 3 个云参数对透过云层的太阳辐射透过率有着明显的影响，随着 3 个云参数的增大，透过云层的太阳辐射透过率不断下降。

通过模拟云层的光学厚度、有效粒子半径和太阳天顶角的变化对太阳总辐射透过率的影响，发现有效粒子半径对太阳总辐射透过率的影响较小，而云层的光学厚度和太阳天顶角与太阳总辐射透过率有着更为密切的关系。其中，当云层的光学厚度较小（≤25）时，云层光学厚度对太阳总辐射透过率有着较大的影响，随着云层光学厚度的增大，太阳总辐射透过率下降剧烈，而云层光学厚度较大时，云层光学厚度对太阳总辐射透过率有着较小的影响，随着云层光学厚度的增大，太阳总辐射透过率下降平缓。

6.5　有云像元地表温度反演

利用 Landsat 美国陆地卫星系列热红外波段遥感影像反演得到的地表温度数据已经广泛应用于地表能量收支平衡、城市热岛监测、地汽水热交换、数值天气预报等地表过程研究中。作为美国国家航空航天局（NASA）陆地卫星计划的延续，Landsat 8 卫星于2013 年 2 月 11 日成功发射。Landsat 8 卫星携带的热红外传感器（Thermal Infrared Sensor，TIRS）包含两个热红外波段：第 10 波段（10.6~11.2μm）和第 11 波段（11.5~12.5μm）。然而 Landsat 卫星影像中的云覆盖导致了大量的数据缺失，使得利用 Landsat 卫星数据进行地学热现象时空演变研究时，往往由于地表温度数据的缺失而无法进行。

在同一景影像中，由于卫星观测角度和太阳高度角往往存在着一定差异，这样可以使得卫星观测数据可以观测到云层边缘阴影处的热辐射值，从而可以利用地表温度反演算法反演出云阴影处的地表温度，这些云层边缘的真实值也为解决云下地表温度提供了建模的依据和验证依据。

图 6.41 分别给出了试验区和遥感影像数据。如图 6.41 所示，选取的试验影像覆盖了中国锡林郭勒盟东乌珠穆沁旗，图 A 为该地区 2015 年 8 月 29 日的一景影像，该地区影像过境时间为北京时间上午的 10:57，太阳高度角为 50.1°，方位角为 150.5°，影像的云覆盖面积达到了 53.85%，图 B 为该地区 2015 年 9 月 14 日的一景影像，该景影像的云覆盖面积仅为 0.46%，含云量极少，为获取研究区的地表参数提供了数据支持。实验地区选择在中国的北部主要是由于该地区太阳高度角相对南方较小，同样高度大小的云层产生的云层阴影的在影像上偏移量大，这样就可以获取更多的云下地表温度的真实值；在该地区同时进行了相应的野外观测实验，地表观测数据翔实，通过的观测可以发现，如图 C 所示，该地区的云层边界特别清晰，云块周边没有薄云层的干扰，从而不影响云层周边阴影处地表温度的反演。图 D 云覆盖区域对应的地表类型，主要的地表类型为牧场草地和打草后的裸地。

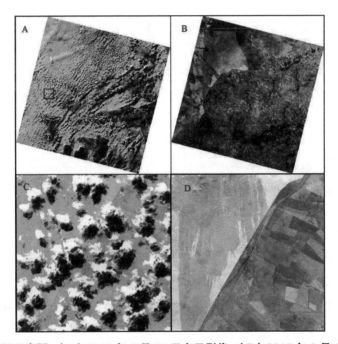

图 6.41　研究区示意图。（A）2015 年 8 月 29 日有云影像，（B）2015 年 9 月 14 日无云影像，（C）有云影像局部彩色合成图，（D）无云影像局部彩色合成图

6.5.1　Landsat 8 云参数反演

通过我们对不同云参数条件下，太阳辐射传输过程的模拟，在波段范围 1 500~1 700 nm 和 2 000~2 400 nm 内，云对辐射的透过和反射与云层的有效粒子半径和光学厚度有着密切的关系，而 Landsat 8 影像的第 6、7 波段则恰好在这两个波段范围内，为解决 Landsat 8 影像中云参数的反演提供了有力支持。

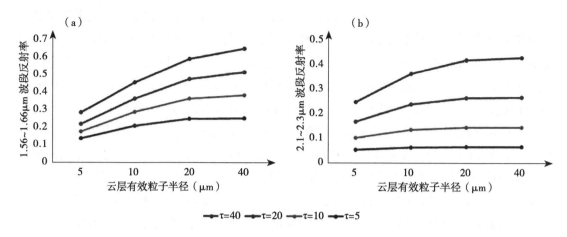

图 6.42　Landsat8 不同波段云的反射率与云参数关系（a）第 6 波段（b）第 7 波段

如图 6.42 所示，给出了在太阳高度角为 0° 的情况下，不同云参数条件下（云层的有效粒子半径变化范围为 5~40 μm；云层的 10 光学厚度的变化范围为 5~40），云的反射率在 Landsat 8 第 6、第 7 波段变化，从图中可以看出在 Landsat 8 的第 7 波段，波段的反射率在小于 0.2 时基本不受云层有效粒子半径大小的影响，此时云层的光学厚度 (τ) 可以用以下等式求取。

$$\tau = 89.7\rho_7 - 0.843 \; ; \; R^2 = 0.994 \tag{6.99}$$

式中，ρ_7 为第 7 波段的反射率。

因此，可以根据求取的光学厚度，代入 Landsat 8 第 6 波段的反射率的查找表中进行求取，从而获得 Landsat 8 云参数的反演结果（图 6.43）。

如图 6.43 所示，图 6.43（A）和（B）分别为 Landsat 8 第 6 波段和第 7 波段的反射率数据，从图中可以看出，整个影像的下半部分基本都被云层覆盖。图 6.43（C）和（D）为反演得到的云参数的空间分布图，从图 6.43（C）反演的云层光学厚度可以看出，反演的云层的光学厚度大小为 0~50，该景影像云覆盖区的中间区域云层的光学厚度较大。图 6.43（D）为云层的有效粒子半径的空间分布，图（D）中有效粒子半径的大小为 0~4.8μm，云层中粒子半径较高的区域分布在图像的右下部分。对比图（C）和图（D），可发现，云层的光学厚度和有效粒子半径的空间分布是有一定的差异的。

6.5.2　Landsat 8 地表温度反演

Landsat 8 卫星搭载了两个波段的的热红外传感器（第 10 波段和第 11 波段），但由于 Landsat 8 第 11 波段的热红外数据稳定性较差（USGS，2013），采用 Wang 等（2015）提出的利用 Landsat 8 第 10 波段热红外数据反演地表温度的改进的单窗算法，有

$$T_s = \left[a_{10}(1-C_{10}-D_{10}) + (b_{10}(1-C_{10}-D_{10}) + C_{10} + D_{10})T_{10} - D_{10}T_a \right] / C_{10}$$

$$C_{10} = \tau_{10}\varepsilon_{10}, \quad D_{10} = (1-\tau_{10}) \left[1 + \tau_{10}(1-\varepsilon_{10}) \right] \tag{6.100}$$

式中，T_s 为基于 Landsat 8 TIRS 第 10 波段的地表温度（K），T_{10} 为第 10 波段像元的亮度温度（K），T_a 为大气平均作用温度（K），τ_{10} 为第 10 波段大气透过率，ε_{10} 为第 10 波段地表比辐射率，a_{10}，b_{10} 为第 10 波段 Planck 回归系数（见表 6.18），计算过程见参考文献（Qin et al., 2001）。

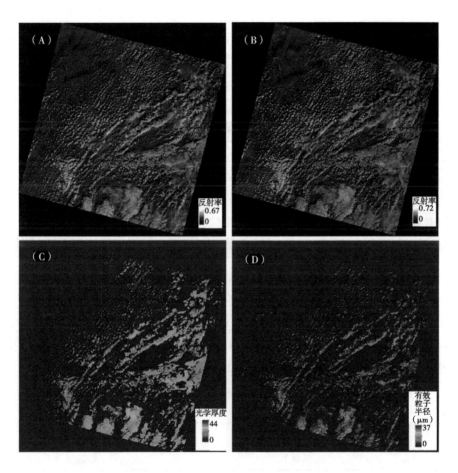

图 6.43　Landsat 8 云参数反演结果。（A）波段 6 反射率数据，（B）波段 7 反射率数据，
（C）云层反演的光学厚度分布图，（D）云层有效粒子半径分布图

表 6.18　Landsat 8 TIRS 第 10 波段 a_{10}，b_{10} 系数的选取

温度范围	a_{10}	b_{10}
20~70℃（293.15~343.15K）	−70.177 5	0.458 1
0~50℃（273.15~323.15K）	−62.718 2	0.433 9
−20~30℃（253.15~303.15K）	−55.427 6	0.408 6

基于 Landsat 8 热红外传感器（TIRS）第 10 波段数据的地表温度反演过程图如图 6.44

所示。从图（6.44）中可以看出，辐亮度、星上亮温、大气透过率、大气平均作用温度以及比辐射率是反演地表温度的基本参数。

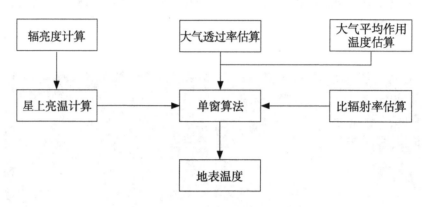

图 6.44　Landsat 8 地表温度反演过程图

6.5.3　星上亮温计算

对于 Landsat 8 卫星，热红外传感器（TIRS）第 10 波段的中心波长为 10.9 μm。根据发射前已预设第 10 波段的常量，热辐射与灰度值之间的关系可进一步简化为

$$L(\lambda)=MQ_{dn}+A-O \qquad (6.101)$$

式中，$L(\lambda)$ 为图像像元的热辐射强度值（$W \cdot m^{-2} \cdot sr^{-1} \cdot \mu m^{-1}$），M 为第 10 波段的缩放值，A 为第 10 波段的增益值，O 为 USGS 给出的 Landsat 8 热辐射偏移量，Q_{dn} 为图像像元灰度值，相关参数的具体取值参照表 6.19。

表 6.19　Landsat 8 TIRS 第 10 波段热辐射计算常数

M	A	O（$W \cdot m^{-2} \cdot sr^{-1} \cdot \mu m^{-1}$）
0.000 334 2	0.1	0.29

一旦求得热辐射 $L(\lambda)$，Landsat 8 热红外传感器（TIRS）第 10 波段遥感影像的像元热辐射值对应的星上亮度温度可用如下近似式求算，即

$$T_{10}=K_2/\ln\left[1+K_1/L(\lambda)\right] \qquad (6.102)$$

式中，T_{10} 为 Landsat 8 TIRS 第 10 波段的像元亮度温度（K）；K_1 和 K_2 为发射前预设的常量（对于 Landsat 8 TIRS 第 10 波段数据，$K_1=774.89\ W \cdot m^{-2} \cdot sr^{-1} \cdot mm^{-1}$，$K_2=1\ 321.08\ K$）。

6.5.4　大气透过率估算

大气透过率的变化主要取决于大气水汽含量的动态变化，利用这一特征，基于大气辐射传输模型 MODTRAN 4.0 模拟大气水汽含量变化与大气透过率之间的关系。根据

MODTRAN 中标准大气模型的设置，分别模拟了中纬度地区夏季大气模型、热带地区大气模型和中纬度地区冬季大气模型中 Landsat 8 TIRS 第 10 波段大气透过率 (τ_{10}) 与大气水汽含量 (w) 的关系，见表 6.20。

表 6.20 Landsat 8 TIRS 第 10 波段大气透过率与大气水汽含量关系估算

大气模型	大气水汽含量 $(\mathrm{g \cdot cm^{-2}})$	大气透过率与水汽含量关系	R^2
中纬度夏季大气	0.2~1.6	$\tau_{10}=0.918\,4-0.072\,5w$	0.983
	1.6~4.4	$\tau_{10}=1.016\,3-0.133\,0w$	0.999
	4.4~5.4	$\tau_{10}=0.702\,9-0.062\,0w$	0.966
热带大气	0.2~2.0	$\tau_{10}=0.922\,0-0.078\,0w$	0.983
	2.0~5.6	$\tau_{10}=1.022\,2-0.131\,0w$	0.999
	5.6~6.8	$\tau_{10}=0.542\,2-0.044\,0w$	0.991
中纬度冬季大气	0.2~1.4	$\tau_{10}=0.922\,8-0.073\,5w$	0.988

从表 6.20 中可以看出，中纬度夏季大气、热带大气、中纬度冬季大气等标准大气模型中，大气透过率与大气水汽含量之间的相关关系尤为显著，R^2 值均大于 0.96。因此，如何估算大气水汽含量是计算大气透过率的关键。

Qin 等（2001）通过分析大气水汽含量在大气剖面各层中的比率分布，提出了一种通过近地表水汽含量来估算整个大气层水汽含量的方法：

$$w=w(0)/R \tag{6.103}$$

式中，$w(0)$ 是近地表水汽含量（$\mathrm{g \cdot cm^{-2}}$），一般通过邻近气象观测站点的气象数据资料查询，R 为近地表水汽含量占大气水汽总含量的比率，在没有当地探空资料时，可以根据表 6.21 给出的标准大气比率来代替。

表 6.21 近地表水汽含量占大气水汽总含量的比率

大气模型	中纬度夏季大气	热带大气	中纬度冬季大气	平均
比率（R）	0.438	0.425	0.400	0.416

6.5.5 大气平均作用温度估算

大气平均作用温度主要取决于实时的大气剖面气温分布数据。由于热红外遥感图像很难获取每景影像对应的数据，利用 Qin 等（2001）提出的通过近地表气温（T_0）来估算大气平均作用温度（T_a）的方法（表 6.22）。

表 6.22　近地表气温（T_0）和大气平均作用温度（T_a）的关系

大气模型	近地表气温（T_0）和大气平均作用温度（T_a）的关系
中纬度夏季大气	$T_a=16.011\,0+0.926\,2T_0$
热带大气	$T_a=17.976\,9+0.917\,2T_0$
中纬度冬季大气	$T_a=19.270\,4+0.911\,2T_0$

由表 6.22 可知，中纬度夏季大气、热带大气、中纬度冬季大气等标准大气模型中，通过模拟近地表气温（T_0）和大气平均作用温度（T_a）的线性关系，使得通过获得近地表气温（T_0）数据估算大气平均作用温度（T_a）成为可能。

由于一景 Landsat 8 影像覆盖范围大约为 185 km × 185 km，这个范围内的近地表气温空间上存在着一定差异，为了获取影像每个像元对应的过境时间的近地表气温，需要解决以下两方面问题：一是利用影像覆盖区的数字高程模型数据（DEM）对气象站点观测的近地表气温数据进行空间化，二是解决气象观测中常见的数据的缺失问题（Henn et al., 2013）。一般情况下，获取的共享的气象数据主要包含平均气温、温度的最高值、最低值、日照时数，平均风速等数据，利用近地表温度一天的变化曲线与太阳辐射变化曲线相类似的规律（Campbell & Norman, 2012），可以用以下公式来推断一天中不同时段的近地表温度（Leuning et al., 1995）

$$T_{0,t}=T_{\min}+(T_{\max}-T_{\min})\sin\left[\pi(t+t_{dl}/2-12)/(t_{dl}+2t_{T\max})\right] \tag{6.104}$$

式中，$T_{0,t}$ 为在时间节点 t 上的近地表气温，$T_{\min}$ 和 $T_{\max}$ 分别为一天的最高气温和最低气温，t_{dl} 为一天的白昼时间为多少小时，$t_{T\max}$ 为近地表气温出现最高值时偏离正午的时间。

通过公式（6.104）就可以确定气象站点在一天中不同时刻的近地表气温，然后利用 MicroMet method（Liston and Elder, 2006）对站点数据进行空间化，首先利用站点的海拔数据将站点估算的近地表气温数据等效到一个参考高度上，计算方法如下，

$$T_r=T_{stn}-\Gamma(z_0-z_{stn}) \tag{6.105}$$

式 6.105 中，T_{stn} 为气象站点气温的观测值（K），z_{stn} 为气象站点的海拔（m），T_r 为参考高度 z_0 上的气温值，一般 取 $z_0=0$m。表 5.6 给出了不同月份气温随海拔升高而降低的比率，可以将参考高度上的气温进行空间插值，最后，利用以下等式结合地形数据完成近地表气温某个时间的空间化，

$$T_0=T_r-\Gamma(z-z_0) \tag{6.106}$$

式中，T_0 为要获取的每个像元在某一时刻的气温值，z 为像元对应的地形数据上的海拔高度值。Γ 为气温随海拔的降低速率（K/km）（表 6.23）。

表 6.23　北半球气温在不同月份随海拔的降温速率

	1月	2月	3月	4月	5月	6月	7月	8月	9月	10月	11月	12月
Γ	4.4	5.9	7.1	7.8	8.1	8.2	8.1	7.7	7.7	6.8	5.5	4.7

6.5.6 比辐射率的估算

比辐射率在不同的地表类型是变化多样的，估算地表比辐射率也是精确反演地表温度的一个重要前提（Li et al., 2013），根据覃志豪等（2004）提出的陆地卫星 TM 6 波段地物比辐射率的估计方法。从 Landsat 8 卫星像元的尺度来看，地表可以大体视作由三种类型构成：水体、建筑用地和自然表面。对于地表温度反演来说，自然表面通常是影像中比例最大的部分，其中地表类型的像元可以简单地看作是由不同比例的植被和裸土所组成的混合像元。自然表面和建筑用地的比辐射率估算见式 6.107 和式 6.108。

自然表面： $\varepsilon=P_vR_v\varepsilon_v+(1-P_v)R_s\varepsilon_s$ （6.107）

建筑用地： $\varepsilon=P_vR_v\varepsilon_v+(1-P_v)R_m\varepsilon_m$ （6.108）

式中，P_v 为像元中植被所占的比例（式 5.14）；R_v、R_s 和 R_m 分别为典型地物之间的温度比率，可以通过式 6.109 至式 6.111 计算

$$R_v=0.933\,2+0.058\,5P_v$$ （6.109）

$$R_s=0.990\,2+0.106\,8P_v$$ （6.110）

$$R_m=0.988\,6+0.128\,7P_v$$ （6.111）

在确定一个像元中植被所占比例的方法上，首先，根据像元的归一化植被指数（NDVI）大小来确定不同的地表类型。当 NDVI 大于植被分类阈值（$NDVI_v$）时，为完全植被覆盖区，$P_v=1$；当 NDVI 小于裸地分类阈值（$NDVI_s$）时，为无植被覆盖区（水体和建筑用地），$P_v=0$；当 NDVI 介于 $NDVI_s$ 和 $NDVI_v$ 之间时，即为植被和裸地或建筑用地的混合像元，可用公式（6.112）来估算其植被所占比例

$$P_v=[\frac{NDVI-NDVI_b}{NDVI_v-NDVI_b}]^2$$ （6.112）

然后，通过 ASTER 光谱数据库（URL:http://speclib.jpl.nasa.gov）中查找不同地表类型对应 Landsat 8 TIRS 第 10 波段的比辐射率（表 6.24）。

表 6.24 不同地表类型的比辐射率估计

地表类型	水体	植被	裸土	建筑用地
比辐射率	0.991	0.973	0.966	0.962

最后，基于不同地表类型的比辐射率数据，综合式 6.107 至式 6.112 计算得到 Landsat 8 TIRS 第 10 波段遥感影像中每一个混合像元比辐射率估算值。

6.5.7 云下地表温度空间分布

通过对地表能量平衡模型和云层辐射传输模型的建模分析，可以定性地认为云下地表温度的空间分布上呈现云层边缘处温度较高而云层中心处温度较低的洼地效应。然而，实

际情况中洼地效应是否存在以及洼地效应的强度可以通过云下阴影处观测的真实值进行分析。

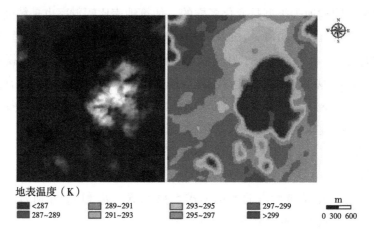

地表温度（K）

■ <287	■ 289~291	■ 293~295	■ 297~299
■ 287~289	■ 291~293	■ 295~297	■ >299

m
0 300 600

**图 6.45　小块云地表温度空间分布图，小块云影像假彩色合成图（左），
小块云地表温度反演结果图（右）。**

如图 6.45 所示，选取影像中一小块云及其阴影所在的区域，利用 6.5.2 节的单窗算法进行了地表温度反演，得到了小块云覆盖下的地表温度空间分布图。图 6.45（左）图中的白色部分为影像中的云层，每个云层西北处会出现一块黑色的阴影区域，该区域即为云层影像的地表，由于卫星观测角与太阳的高度角之间的关系，通过 Landsat 8 的热红外波段观测到图 6.45（左）图区域阴影部分的热辐射值，同时利用该区域时相相近的 Landsat 8 影像计算出对应的地表参数，反演该处区域的地表温度。从图 6.45（右）中可以看出，图中蓝色区域温度较低，反演的温度为左右云层的云顶温度。此时，对比左图中最大片黑色阴影处对应的右图的地表温度，对比温度由云阴影的边缘处到中心处不但减小，阴影边缘处的地表温度为图中橙色区域，温度在 295K 左右，而阴影中心区域的温度则降低为图中淡蓝色的小板块对应的 290K 左右。

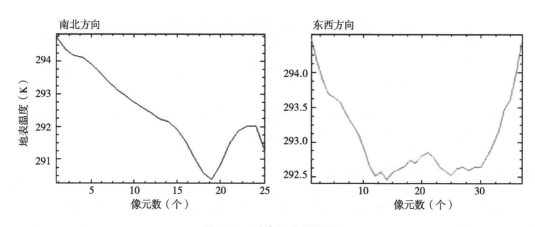

图 6.46　地表温度剖面图

对图 6.45 中最大的一块云阴影处对应的地表温度进行了剖面线分析，得到图 6.46 中地表温度分别沿南北和东西方向的剖面分布。图 6.45（左）为地表温度在南北方向上的温度分布，地表温度在此方向上的变化趋势为先降低然后升高，南北方向上可以观测的像元数大约为 25 个左右；图 6.46（右）为地表温度在东西方向上的温度分布，地表温度在此方向上的变化趋势整体上也为先降低然后升高，东西方向上可以观测的像元数大约为 35 个左右。结合图 6.45 和图 6.46 可以看出，小块云覆盖的云阴影下的地表温度的空间分布整体上呈现从周边到中心不断降低的洼地分布结果。

如图 6.47 所示，选取了影像中一大块云及其阴影所在的区域，由于云层较大，影像能观测的云下地表温度为云层边缘处的阴影处的真实值，图 6.47 左图中右下角处已基本被云层全部覆盖，该云层对应的云阴影区为其西北方向上的黑色阴影带，宽度大约有 1km，该阴影带对应区域的地表温度反演结果如右图中所示，阴影带对应区域的地表温度从边缘往内由橙色不断过渡到淡蓝色，地表温度大约下降 6K 左右。

如图 6.48 所示，沿云层边缘的法线方向对云层边缘的阴影带的地表温度进行了剖面线分析，阴影带法线方向上大约有 30 多个像元。如图中红色曲线所示，地表温度沿着法线方向上整体不断下降。云层边缘处的地表温度是不断降低的，这符合云下地表温度洼地分布的边缘条件，那么，云层覆盖导致的中心区域地表温度的分布情况如何呢，如图 6.47（右）所示的、a、b、c 和 d4 个小区域对应的大块云层的空隙中，因此，该 4 处的地表可以通过温度反演算法反演得出，同时，这些区域比边缘更加靠近云层的中心，统计这 4 个区域的地表温度可以发现，这 4 个区域的地表温度值在 285~286K，其中，a 处的平均温度为 285.7K，方差为 0.52K，距离云层边缘最短距离大约 1.5km，b 处的平均温度为 285.8K，方差为 0.32K，距离云层边缘最短距离大约 3km，c 处的平均温度为 285.1K，方差为 0.12K，距离云层边缘最短距离大约 2km，d 处的平均温度为 285.6K，方差为 0.44K，距离云层边缘最短距离大约 1.5km，根据气象观测数据，影像过境时刻，

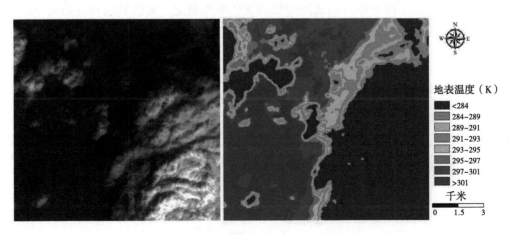

图 6.47　大块云地表温度空间分布图，大块云影像假彩色合成图（左），大块云边缘地表温度反演结果图（右）

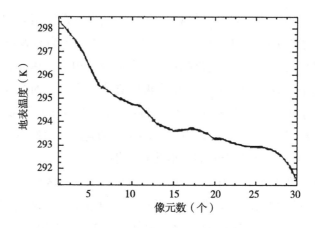

图 6.48　大块云边缘法线方向地表温度剖面图

该区域观测站点的气温大约为 21℃，由于在距离云层边缘处不同距离的地表温度都稳定在 285~286K，且该地表温度与近地表气温也非常接近，可以认为，此时，地表温度进入了相对平稳的阶段，云下地表温度可以取离云阴影边缘最远的 b 处的地表温度值作为云下地表温度的稳定值。

云下地表温度的影响因素很多，遥感影像中，观测的信息往往是瞬时信息，而地表温度的变化往往是随时间变化，实际在遥感影像中，很难获取云层在 1 景影像的运动方向和速度，进而确定影像中云层对地表的影响时间。从观测的遥感影像阴影处的地表温度分布可以看出，云下地表温度的洼地分布形式是确实存在的，因此，提出一种"梯形算法"来模拟云下地表温度的方法，如图 6.49 所示，云下地表温度可以拆分为两个部分，一是云覆盖后稳定温度（T_c），该温度的确定是通过透过云层到达地表的辐射量和近地表气温以及近地表参数共同确定的，一般与近地表气温值差距不大，可以利用第 6.3.9 节的方法获得，二是云层边缘地区地表温度的下降过程，该过程假定云层由云覆盖前初始温度下降到云覆盖稳定温度，下降速率可以云层边缘的云阴影中确定，云覆盖前初始温度（T_{sini}）可以通过未被云层覆盖的相似像元处的地表温度来确定。

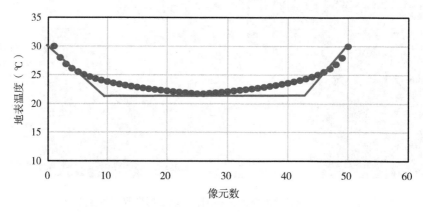

图 6.49　遥感影像中云下地表温度估算方法

$$T_s = \begin{cases} T_{\text{sini}} - k\Delta T, k \leqslant \dfrac{T_{\text{sini}} - T_c}{\Delta T} \\ T_c, k > \dfrac{T_{\text{sini}} - T_c}{T_{\text{sini}} - T} l \end{cases} \qquad (6.113)$$

式 6.113 中，ΔT 为与云阴影中两个相同地表类型单位距离的温度变化量，可以距云层边缘不同距离的两个相似像元求出，k 为像元距云阴影边缘的最短距离。

6.5.8 云下地表温度反演结果

遥感图像中，云下地表温度可以分为云遮挡和云覆盖两种类型，以下将以图 6.45 遥感影像为例进行说明，如图 6.45 左图中白色云层覆盖的像元即为云遮挡像元，该处像元对应的地表温度值，可以借助遥感指数与地表温度的关系（通常为 NDVI–LST、NDBI–LST）（Kustas et al., 2003；Wang et al., 2015；宋彩英等，2015；Norman & Becker, 1995），利用无云处地表温度与遥感指数处拟合的规律，代入云下地表遥感参数获取（云下地表遥感参数通过邻近时相的无云影像获取）。云覆盖区域的地表温度则通过上节提出的梯形估算方法进行估算。对于两者重合的区域，云覆盖计算的结果应作为结果保留。

如图 6.50 所示，对图 6.45 和图 6.47 对应的小块云和大块云影像区域进行了数据填补，图 6.50（左）为对应的 6.45 的小块云的数据填补结果。从图 6.50（左）中可以得出，云遮挡区域的地表温度值明显高于云阴影地区，这是由于该地区实际上并不受云层导致的太阳辐射的影响，云覆盖区域呈现明显的周边到中心不断降低的洼地分布。大块云的边缘地区的地表温度的模拟值也是由边缘向中心不断降低并趋于一个稳定值。因此，从地表温度空间分布上，模拟得出的云下地表温度的空间分布趋势是非常的合理的。

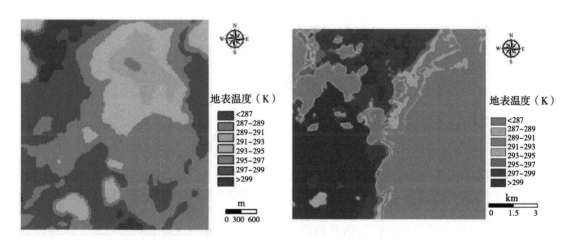

图 6.50　云下地表温度空间分布图，小块云地表温度估算图（左），大块云地表温度估算图（右）

　　将云阴影处反演得到的观测值与估算值进行了统计分析，小块云的地表温度观测值与估算值的对比散点图如图 6.51 所示。从图 6.51 可以看出，小块云的地表温度观测值与估算值之间的散点多集中在 1：1 线的两侧，拟合曲线的斜率达到 0.89，两者的相关系数 R^2 达到了 0.72，证明小块云的地表温度观测值与估算值两者的相关性还是比较高的。

　　对图 6.51 两组数据进行差值统计，计算得到小块云的地表温度观测值与估算值之间的统计结果（图 6.52）。从图 6.52 可以看出，小块云地表温度估算值与观测值之间的误差值主要分布在 −1~1K，两组数据差值的平均值为 −0.37K，方差为 0.68K。

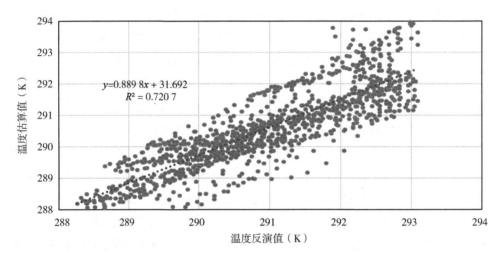

图 6.51　小块云地表温度估算值与观测值之间的散点图

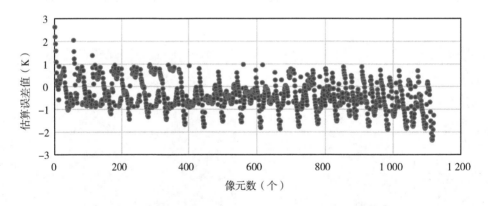

图 6.52　小块云地表温度估算值与观测值之间的误差统计图

　　大块云的地表温度观测值与估算值的对比散点图如图 6.53 所示，从图 6.53 中我们可以看出，大块云地表温度估算值与观测值之间的散点也多集中在 1：1 线的两侧，拟合曲线的斜率达到 1.03，两者的相关系数 R^2 达到了 0.77，证明两者的相关性还是比较高的。

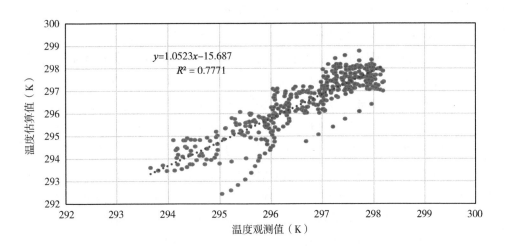

图 6.53 大块云地表温度估算值与观测值之间的散点图

通过对图 6.51 两组数据进行差值统计,计算得到大块云地表温度估算值与观测值之间的误差统计结果(图 6.54)。从图 6.54 中可以看出,大块云地表温度估算值与观测值之间的差值主要分布在 -1~1K,两组数据差值的平均值为 0.19K,方差为 0.63K。

因此,根据小块云和大块云的地表温度估算值与观测值之间的统计结果可以看出,本研究提出的"梯形算法"可以很好地模拟云下地表温度的空间分布状况。

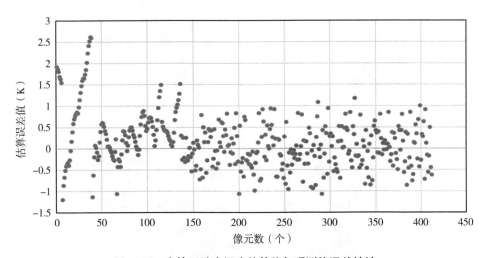

图 6.54 大块云地表温度估算值与观测值误差统计

6.5.9 不同云下地表温度反演方法比较

为了验证方法的适用性,选取了河北(衡水市、邢台市)、山东(德州市)交界处的一景有云的 Landsat 8 影像进行了云下地表温度的估算,该景影像的成像时间为 2015 年 7 月 5 日,行列号分别为 123 和 34,同时,为了获取云覆盖下像元的地表类型,选取了该地区 5 月 18 日的一景影像，该景影像的云含量小于 1%，以这两景影像为基础，将对比不同的云下地表温度估算方法的估算结果，平均不同方法的优劣势。

由于针对云下地表温度的反演问题成熟的方法较少，空间插值方法和基于遥感指数的方法是两种可行的方法，因此，将对比本研究提出的梯形算法与这两种算法。如图 6.55 所示，图 A 是实验影像的假彩色合成图，从图中可以清晰地看出白色的云层覆盖的区域，主要集中在影像的左下部分；图 B 梯形算法反演得到的云下地表温度；图 C 为空间插值方法得到的云下地表温度；图 D 为基于遥感指数方法得到的云下地表温度；对比图 A、B、C、D 4 张图，可以看出，在云覆盖区域，空间插值方法得到的云下地表温度的空间变化较小，而梯形算法和基于遥感指数算法得到的云下地表温度的空间变化较大。将反演得到的云下地表温度与云阴影处的地表温度进行对比，得出不同云下地表温度反演算法的精度对比如表 6.25 所示，分别对反演结果的平均误差（ME）、标准差（STD）和均方根误差（RMSE）进行了统计，结果发现，在高空间异质性区域（地表覆盖类型多样）和低空间异质性区域（地表覆盖类型相对均一），梯形算法的总体精度均高于空间插值方法和基于遥感指数的方法，特别是在高空间异质性的区域，梯形算法的平均误差仅为 −0.96K，远小于空间插值方法的

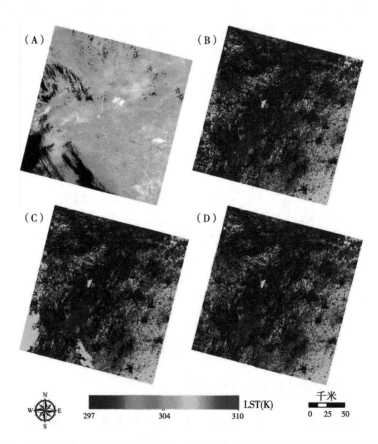

图 6.55　云下地表温度反演方法对比图，（A）假彩色合成图，（B）梯形算法结果图，（C）空间插值方法，（D）基于遥感指数方法。

6.13K 和基于遥感指数方法的 −1.82K，造成这种误差的原因主要是空间插值的方法仅仅考虑了云下像元距已知温度像元的距离，而基于遥感指数的方法，一方面由于遥感指数的获取时间与云覆盖时间上存在差异，另一方面对云层导致的温度变化缺乏考虑。

表 6.25　不同云下地表温度反演算法精度对比（单位：K）

空间异质性	梯形算法			空间插值方法			遥感指数方法		
	ME	STD	RMSE	ME	STD	RMSE	ME	STD	RMSE
高空间异质性区域	−0.96	2.94	2.12	6.13	3.34	2.48	−1.82	3.20	3.09
低空间异质性区域	−0.64	1.12	0.31	1.02	0.94	1.04	−1.12	1.42	2.19

6.5.10　小结

本节以 Landsat 8 遥感影像为数据源，基于云层辐射传输模型，通过模拟 Landsat 8 第 6 波段和第 7 波段范围内辐射透过率和反射率与云参数（云层的光学厚度、有效粒子半径和太阳天顶角）之间的关系，反演得到 Landsat 8 影像的云参数。基于 Landsat 8 遥感影像的单窗算法，利用 Landsat 8 第 10 波段热红外数据反演得到地表温度。

由于 Landsat 系列卫星数据的观测角和观测时的太阳高度角之间上存在一定的差异，因此，可以根据 Landsat 8 过境时云阴影处的地表温度值来反演出云层边缘的地表温度，进一步推算云下地表温度的空间分布。

针对云下地表温度的洼地空间分布，找出端元的云覆盖前初始的地表温度 T_{ini}，结合影像周边的气象站点观测的气象数据和影像的 DEM 数据，可以利用本研究提出一种梯形算法估算出云覆盖区域的地表温度值。本研究分别模拟了小块云和大块云的云下地表温度的空间分布，并与影像中观测的云阴影处的云下地表温度真实值进行对比，小块云的误差平均值为 −0.37K，方差为 0.68K，大块云边缘处的误差平均值为 0.19K，方差为 0.63K。同时，通过对比提出的梯形算法与传统的空间插值方法和基于遥感指数的方法，梯形算法的总体精度均高于空间插值方法和基于遥感指数的方法，特别是在高空间异质性的区域，梯形算法的平均误差仅为 −0.96K。因此，本章节提出的"梯形算法"适用于模拟云下地表温度的空间分布状况。

6.6　结论与展望

6.6.1　主要结论

6.6.1.1　地表能量平衡模型构建

本章对地表能量交换的整个流程进行了详尽的描述，该模型模拟了土壤层中的水热运动交换、土壤热通量、潜热通量和显热通量在不同的气象条件的动态变化。基于地表能量平衡模型，分别模拟了晴空和云覆盖情况下地表温度的变化规律，统计了云下地表温度与云覆盖时间、辐射变化量之间的变化关系。在晴空情况下，太阳总辐射和地表净辐射在中午 12 时左右达到最高值，地表温度的最高值都出现在中午 12 时之后，地表温度的模拟值与实际观测值之间的误差平均值为 –1.17℃，方差为 0.6℃，从而证明了该模型在地表温度的模拟上有着较高的可信度，为云下地表温度变化的模拟提供了模型基础。

在云覆盖情况下，通过对裸地、植被、人工建筑物和水体云下地表温度的变化模拟，发现在短时间云覆盖情况下，地表的净辐射随着云覆盖时间的增加而大大衰减，地表温度也而不断下降，当云覆盖前地表温度越高，云覆盖后地表温度的变化幅度也越大。单位时间内地表温度单位变化所需的辐射变化值与地表温度的大小呈线性关系，即当初始地表温度越高时，在云覆盖后，地表温度在一分钟时间内变化 1℃，所需的辐射变化量则越小。

在长时间云覆盖情况下，地表温度的下降速度随着云覆盖时间的增加而不断放缓，当云层覆盖一定时间（10~20 min），地表温度最终趋于一个稳定值。通过估算云下地表温度由云覆盖之前的地表温度初始值，到云覆盖后地表温度稳定值之间所需要的时间，形成了查找表。通过模拟一块均一云覆盖下的均一地表的地表温度空间分布，发现沿着云运动方向，云头（刚覆盖）的地区地表温度最高，云尾和云中的地表温度则会趋于稳定。

6.6.1.2　云覆盖像元大气辐射强度模拟

云层的物理参数描述包括云层的有效粒子半径、光学厚度和云层的热力学性质，在实际应用中云层在时间上和空间上千差万别。因此，在云层辐射传输模型的构建上，假设云层在水平方向上是均一的前提下，构建了云层的辐射传输模型。

利用构建好的云层辐射传输模型，分别模拟了不同的光学厚度和有效粒子半径情况下的云在不同的太阳天顶角的情况下，透过云层的太阳辐射透过率和总辐射透过率与这些因素的关系。通过模拟，可以得出，透过云层到达地面的太阳散射值远大于直射值，光学厚度和太阳天顶角的增大，都会导致到达地面的太阳辐射的减少，云层的有效粒子半径在波段范围 1 500~1 700nm 和 2 100~2 500nm 内对太阳辐射有着明显影响，同时，透过云层到达地面的太阳总辐射（与气象数据观测相对应）主要受云层的光学厚度和太阳天顶角影响。

通过模拟云层的光学厚度、有效粒子半径和太阳天顶角的变化对太阳总辐射透过率的影响，发现有效粒子半径对太阳总辐射透过率的影响较小，而云层的光学厚度和太阳天顶角与太阳总辐射透过率有着更为密切的关系。其中，当云层的光学厚度较小（≤ 25）时，云层光学厚度对太阳总辐射透过率有着较大的影响，随着云层光学厚度的增大，太阳总辐射透过率下降剧烈，而云层光学厚度较大时，云层光学厚度对太阳总辐射透过率有着较小的影响，随着云层光学厚度的增大，太阳总辐射透过率下降平缓。

利用云层的辐射传输结果与云层参数的规律，模拟云下辐射分布的洼地效应现象，在一块厚度均一的云层覆盖下，云层覆盖边缘处像元的太阳辐射值要大于云层中心覆盖的像元的太阳辐射值。

同时，在模拟处云层覆盖下像元的太阳辐射值的洼地效应的情况下，提出了一种将动态运动的云转化为等效静止云的方法，在等效静止云中，云在刚覆盖的区域在整个等效静止云中是最低的，云下的净辐射值从云头到云尾是不断上升的，这为解决云下地表温度提供了基础。

6.6.1.3 遥感影像中云下地表温度反演

由于 Landsat 系列卫星数据的观测角和观测时的太阳高度角之间上存在一定的差异，因此，可以根据 Landsat 8 过境时云阴影处的地表温度值来反演出云层边缘的地表温度，进一步推算云下地表温度的空间分布。

以 Landsat 8 遥感影像为数据源，提出一种利用 Landsat 8 有云像元的第 6 波段和第 7 波段的反射率数据来估算云层的有效粒子半径和光学厚度的方法，利用反演得到的云层参数估算出了透过云层到达地表的辐射的变化量。

基于 Landsat 8 遥感影像的单窗算法，反演得到地表温度数据。基于相近时相影像计算的遥感参数，找出端元的云覆盖前初始的地表温度，结合影像周边的气象站点观测的气象数据和影像的 DEM 数据，利用"梯形算法"估算出了云覆盖区域的地表温度值。

分别模拟了小块云和大块云的云下地表温度的空间分布，Landsat 8 反演得到的有云区地表温度整体上低于无云区，云下地表温度的空间分布上存在着明显地从边缘到中心不断降低的洼地分布情况，当云层不断增大的时候，云层中心的地表温度下降趋势趋于平缓，达到一个相对的稳定值。通过与影像中观测的云阴影处的云下地表温度真实值进行对比，小块云的误差平均值为 –0.37K，方差为 0.68K，大块云边缘处的误差平均值为 0.19K，方差为 0.63K。结果表明，"梯形算法"适用于模拟云下地表温度的空间分布状况。

6.6.2 研究展望

基于地表能量平衡模型模拟了典型地表类型的地表温度时空变化规律；利用云层辐射传输模型进行了透过云层辐射的光谱模拟，估算了云覆盖像元的大气辐射强度。在此基础上，提出了云下地表温度反常的梯形算法，利用云层阴影处反演的地表温度实现了 Landsat 8 地表温度的反演，取得了较为理想的效果，同时也存在一些问题，有待进一步深入研究，这些问题主要包括：

（1）地表能量平衡模型构建时，模型输入的参数过多，会增加模型的不稳定性，土壤层参数的初始化偏差较大时，会造成模型无法正常求解。

（2）云层辐射传输模型建模时，仅仅考虑了云层中的粒子时水滴的情况，对云层中含有冰晶的情况还需进一步研究。同时，模型的假设云是水平均一的，同时云内部粒子是规则分布的，云层内部粒子分布结构对云层辐射传输的影响也需要进一步研究。

（3）由于反演得到云参数是垂直方向的总和，云层的垂直结构会对云层在地表产生的阴影大小和透过云层到达地表的总辐射有所影响，云层垂直方向的结构分布还需进一步研究。

参考文献

陈述彭，1990. 遥感大辞典 [M]. 北京：科学出版社.

陈彦光，刘继生，2002. 基于引力模型的城市空间互相关和功率谱分析——引力模型的理论证明、函数推广及应用实例 [J]. 地理研究，21（6）：742-752.

范泽孟，岳天祥，陈传法，2012. 全球平均气温未来情景的降尺度分析 [J]. 地理科学进展，31（3）：262.

高磊，覃志豪，2007. 分裂窗算法中 Planck 方程展开式参数模型的拟合研究 [J]. 地理与地理信息科学，23（4）：9-12.

高懋芳，覃志豪，高明文，等，2007. MODIS 数据反演地表温度的传感器视角校正研究 [J]. 遥感技术与应用，22（3）：433-37.

高懋芳，覃志豪，刘三超，2005. MODIS 数据反演地表温度的参数敏感性分析 [J]. 遥感信息（6）：3-6.

高懋芳，覃志豪，徐斌，2007. 用 MODIS 数据反演地表温度的基本参数估计方法 [J]. 干旱区研究，24（1）：113-119.

顾娟，李新，黄春林，2006. NDVI 时间序列数据集重建方法述评 [J]. 遥感技术与应用，21（4）：391-395.

韩秀珍，李三妹，窦芳丽，2012. 气象卫星遥感地表温度推算近地表气温方法研究 [J]. 气象学报，70（5）：1 107-1 118.

洪烨，1990. 红外仪器的光谱响应定标 [J]. 红外研究（2）：151-155.

侯英雨，张佳华，延昊，等，2010. 利用卫星遥感资料估算区域尺度空气温度 [J]. 气象，36（4）：75-79.

侯岳，刘培洵，陈顺云，等，2018. 基于 MODIS 影像的夜间云检测算法研究 [J]. 国土资源遥感（1）：34-37.

姜立鹏，覃志豪，谢雯，2006. 针对 MODIS 近红外数据反演大气水汽含量研究 [J]. 国土资源遥感（3）：5-9.

李杭燕，颉耀文，马明国，2009. 时序 NDVI 数据集重建方法评价与实例研究 [J]. 遥感技术与应用，24（5）：596-602.

李万彪，2010. 大气物理：热力学与辐射基础 [M]. 北京：北京大学出版社.

李微，方圣辉，佃袁勇，等，2005. 基于光谱分析的 MODIS 云检测算法研究 [J]. 武汉大学学报（信息科学版），30（5）：435-438，443.

李微，李德仁，2011. 基于 HSV 色彩空间的 MODIS 云检测算法研究 [J]. 中国图像图形学报，16（9）：1 696-1 701.

李召良，Petitcolin F，张仁华，2000. 一种从中红外和热红外数据中反演地表比辐射率的物理算法 [J]. 中国科学（E 辑），8（30）：18-26.

梁顺林，李新，谢先红，2013. 陆面观测、模拟与数据同化 [M]. 北京：高等教育出版社.

刘梅，覃志豪，涂丽丽，等，2011. 利用 NDVI 估算云覆盖地区的植被表面温度研究 [J]. 遥感技术与应用，26（5）：689-697.

刘三超，柳钦火，高懋芳，等，2007. 波谱响应函数和波宽对地表温度反演的影响 [J]. 遥感信息（5）: 3-6.

刘勇洪，牛铮，2004. 基于 MODIS 遥感数据的宏观土地覆盖特征分类方法与精度分析研究 [J]. 遥感技术与应用，19（4）: 217-224.

刘玉洁，杨忠东，2001. MODIS 遥感信息处理原理与算法 [M]. 北京: 科学出版社.

毛克彪，施建成，李召良，等，2006. 一个针对被动微波 AMSR-E 数据反演地表温度的物理统计算法 [J]. 中国科学（D 辑）: 地球科学，36（12）: 1 170-1 176.

毛克彪，覃志豪，宫鹏，等，2005. 分裂窗算法 LST 精度评价和参数敏感性分析 [J]. 中国矿业大学学报，34（3）: 318-322.

毛克彪，覃志豪，施建成，等，2005. 针对 MODIS 影像的分裂窗算法研究 [J]. 武汉大学学报（信息科学版），30（8）: 703-707.

毛克彪，覃志豪，王建明，等，2005. 针对 MODIS 数据的大气水汽含量反演及 31 和 32 波段透过率计算 [J]. 国土资源遥感（1）: 26-29.

毛克彪，覃志豪，2004. 用 MODIS 影像反演环渤海地区的大气水汽含量 [J]. 遥感信息（4）: 47-49.

潘耀忠，龚道溢，邓磊，等，2004. 基于 DEM 的中国陆地多年平均温度插值方法 [J]. 地理学报，59（3）: 366-374.

彭代亮，黄敬峰，王秀珍，2007. 基于 MODIS-EVI 区域植被季节变化与气象因子的关系 [J]. 应用生态学报，18（5）: 983-991.

彭光雄，李京，陈云浩，等. 2007. 利用 MODIS 大气廓线产品计算空气相对湿度的方法研究 [J]. 热带气象学报，23（6）: 611-616.

齐述华，王军邦，张庆员，等，2005. 利用 MODIS 遥感影像获取近地层气温的方法研究 [J]. 遥感学报，9（5）: 570-575.

秦大河，2003. 气候变化的事实与影响及对策 [J]. 中国科学基金，17（1）: 1-3.

渠翠平，关德兴，王安志，等，2009. 科尔沁草甸草地归一化植被指数与气象因子的关系 [J]. 应用生态学报，20（1）: 58-64.

曲培青，施润和，刘朝顺，等，2011. 基于 MODIS 地表参数产品和地理数据的近地层气温估算方法评价——以安徽省为例 [J]. 国土资源遥感，23（4）: 78-82.

邵全琴，孙朝阳，刘纪远，等，2009. 中国城市扩展对气温观测的影响及其高估程度 [J]. 地理学报，64（11）: 1 292-1 302.

石广玉，2007. 大气辐射学 [M]. 北京: 科学出版社.

宋彩英，覃志豪，王斐，2015. 基于线性光谱混合模型的地表温度像元分解方法 [J]. 红外与毫米波学报，34（4）: 497-504.

苏洁，徐军，刘丽强，等，2013. 利用 NDVI 估算云覆盖区的地表温度 [J]. 地理空间信息，11（5）: 25-28.

孙家炳，2003. 遥感原理与应用 [M]. 武汉: 武汉大学出版社.

孙菽芬，2005. 陆面过程的物理、生化机理和参数化模型 [M]. 北京: 气象出版社.

孙娴，姜创业，程路，等，2012. 一个改进的理想大气太阳辐射计算模型 [J]. 气象，38（9）: 1 053-1 059.

孙洋，黄广辉，郝晓华，等，2011. 结合极轨卫星 MODIS 和静止气象卫星 MTSAT 估算黑河流域地表太阳辐射 [J]. 遥感技术与应用，26（6）: 728-734.

覃志豪，Li W J，Zhang M H，等，2003. 单窗算法的基本大气参数估计方法 [J]. 国土资源遥感（2）：37-43.

覃志豪，Zhang M H，Karnieli A，等，2001. 用陆地卫星 TM6 数据演算地表温度的单窗算法 [J]. 地理学报，56（4）：456-466.

覃志豪，李文娟，徐斌，等，2004. 陆地卫星 TM6 波段范围内地表比辐射率的估计 [J]. 国土资源遥感（3）：28-32.

覃志豪，高懋芳，秦晓敏，等，2005，农业旱灾监测中的地表温度遥感反演方法：以 MODIS 数据为例 [J]. 自然灾害学报，14（4）：64-71.

唐伯惠，2007. MODIS 数据地表短波净辐射与中红外通道地表双向反射率提取方法研究 [D]. 北京：中国科学院地理科学与资源研究所.

田国良，2006. 热红外遥感 [M]. 北京：电子工业出版社.

童成立，张文菊，汤阳，等，2005. 逐日太阳辐射的模拟计算 [J]. 中国农业气象，26（3）：165-169.

涂丽丽，覃志豪，张军，等，2011. 基于空间内插的云下地表温度估计及精度分析 [J]. 遥感信息（4）：59-63.

王丹，姜小光，唐伶俐，等，2005. 利用时间序列傅立叶分析重建无云 NDVI 图像 [J]. 国土资源遥感（64）：29-32.

王建源，冯建设，袁爱民，等，2006. 山东省太阳辐射的计算及其分布 [J]. 气象科技，34（1）：98-101.

王介民，1999. 陆面过程实验和地气相互作用研究：从 HEIFE 到 IMGRASS 和 GAME-Tibet/TIPEX[J]. 高原气象，18（3）：280-294.

王连喜，毛留喜，李琪，等，2010. 生态气象学导论 [M]. 北京：气象出版社.

王伟，宋卫国，刘士兴，等，2011. Kmeans 聚类与多光谱阈值相结合的 MODIS 云检测算法 [J]. 光谱学与光谱分析，31（4）：1 061-1 064.

王伟民，孙晓敏，张仁华，等，2005. 地物反射光谱对 MODIS 近红外波段水汽反演影响的模拟分析 [J]. 遥感学报，9（1）：8-15.

王伟武，李国梁，薛瑾，2009. 杭州城市热岛空间分布及缓减对策 [J]. 自然灾害学报，18（6）：14-20.

王欣，文军，张宇，等，2012. 利用我国气象卫星遥感资料估算黄河源区净辐射辐照度的研究 [J]. 太阳能学报，33（2）：313-320.

吴北婴，李卫，陈洪滨，等，1998. 大气辐射传输实用算法 [M]. 北京：气象出版社.

吴可军，王兴荣，王善型，等，1993. 利用 NOAA 卫星资料分析气温的城市热岛效应 [J]. 气象学报，51（2）：203-208.

吴文斌，杨鹏，唐华俊，等，2009. 基于 NDVI 数据的华北地区耕地物候空间格局 [J]. 中国农业科学，42（2）：552-560.

肖建设，颜亮东，校瑞香，等，2012. 基于 RS/GIS 的三江源地区太阳能资源遥感估算方法研究 [J]. 资源科学，34（11）：2 080-2 086.

肖晶晶，金志凤，李娜，等，2012. 浙江省太阳辐射计算及分布特征 [J]. 浙江气象，33（3）：13-17.

徐剑波，赵凯，赵之重，等，2013. 利用 HJ-1B 遥感数据反演西北地区近地表气温 [J]. 农业工程学报，29（22）：145-153.

徐小军，杜华强，周国模，等，2008. 基于遥感植被生物量估算模型自变量相关性分析综述 [J]. 遥感技术与应用，23（2）：239-247.

徐永明，2010. 基于热红外遥感的近地层气温反演研究 [D]. 南京：南京大学.

徐永明，覃志豪，沈艳，2010. 长江三角洲地区地表温度年内变化规律与气候因子的关系分析 [J]. 国土资源遥感（83）：1-5.

徐永明，覃志豪，沈艳，2011. 基于 MODIS 数据的长江三角洲地区近地表气温遥感反演 [J]. 农业工程学报，27（9）：63-68.

徐永明，覃志豪，万洪秀，2011. 热红外遥感反演近地层气温的研究进展 [J]. 国土资源遥感，23（1）：9-14.

杨沈斌，赵小艳，申双和，等，2010. 基于 Landsat TM/ETM+ 数据的北京城市热岛季节特征研究 [J]. 大气科学学报，33（4）：427-435.

姚永慧，张百平，2013. 基于 MODIS 数据的青藏高原气温与增温效应估算 [J]. 地理学报，68（1）：95-107.

姚永慧，张百平，韩芳，2011. 基于 MODIS 地表温度的横断山区气温估算及其时空规律分析 [J]. 地理学报，66（7）：917-927.

叶笃正，严中伟，黄刚，2007. 我们应该如何应对气候变化 [J]. 中国科学院院刊，22（4）：327-329.

叶晶，严卫，曹巍，等，2007. 基于 MODIS 数据的白天多层云检测算法 [J]. 遥感技术与应用，22（4）：570-574.

于贵瑞，孙晓敏，2006. 陆地生态系统通量观测的原理与方法 [M]. 北京：高等教育出版社.

于贵瑞，何洪林，刘新安，2004. 中国陆地生态系统空间化信息研究图集：气候要素分卷 [M]. 北京：气象出版社.

于信芳，庄大方，2006. 基于 MODIS/NDVI 数据的东北森林物候期监测 [J]. 资源科学，28（4）：111-117.

曾燕，邱新法，刘昌明，等，2003. 基于 DEM 的黄河流域天文辐射空间分布 [J]. 地理学报，58（6）：810-816.

曾燕，邱新法，刘绍民，2005. 起伏地形下天文辐射分布式估算模型 [J]. 地球物理学报，48（5）：1 028-1 033.

张凤英，1987. 利用 NOAA-9 垂直探测资料反演地面气温的初步试验 [J]. 气象，13（11）：23-27.

张军，覃志豪，刘梅，等，2011. 利用空间插值法估算云覆盖像元地表温度的可行性研究 [J]. 地理与地理信息科学，27（6）：45-49.

张丽文，黄敬峰，王秀珍，2014. 气温遥感估算方法研究综述 [J]. 自然资源学报，29（3）：540-542.

张仁华，1999. 对于定量热红外遥感的一些思考 [J]. 国土资源遥感，39（1）：1-6.

张仁华，田静，李召良，等，2010. 定量遥感产品真实性检验的基础与方法 [J]. 中国科学：地球科学，40（2）：211-222.

张霞，张兵，郑兰芬，等，2000. 航空热红外多光谱数据的地物发射率谱信息提取模型及其应用研究 [J]. 红外与毫米波学报，19（5）：361-365.

张学霞，葛全胜，郑景云，2005. 近 50 年北京植被对全球变暖的响应及其时效：基于遥感数据和物候资料的分析 [J]. 生态学杂志，24（2）：123-130.

张永恒，范广洲，李腊平，等，2009. 西南地区植被变化与气温及降水关系的初步分析 [J]. 高原山地气象研究，29（1）：6-13.

赵伟,李召良,2007. 利用 MODIS/EVI 时间序列数据分析干旱对植被的影响 [J]. 地理科学进展, 26（6）: 40-47.

赵英时,2003. 遥感应用分析原理与方法 [M]. 北京: 科学出版社.

郑兰芬,赵德刚,童庆禧,等,1998. 航空热红外多光谱扫描仪（ATIMS）数据发射率信息分析和提取 [J]. 红外与毫米波学报, 17（3）: 166-170.

周红妹,周成虎,葛伟强,等,2001. 基于遥感和 GIS 的城市热场分布规律研究 [J]. 地理学报, 56（2）: 189-197.

周纪,陈云浩,李京,等,2008. 基于遥感影像的城市热岛容量模型及其应用——以北京地区为例 [J]. 遥感学报, 12（5）: 734-742.

周淑贞,1997. 气象学与气候学 [M]. 北京: 高等教育出版社.

周曙光,张耀生,赵新全,等,2011. 基于 MODIS 数据的黄河源区近地表气温遥感反演 [J]. 草业科学, 28（7）: 1 229-1 233.

周亚军,陈葆德,孙国武,1994. 陆面过程研究综述 [J]. 地球科学进展, 9（5）: 26-31.

周义,覃志豪,包刚,2011. 气候变化对农业的影响及应对 [J]. 中国农学通报, 27（32）: 299-303.

周义,覃志豪,包刚,2014. 热红外遥感图像中云覆盖像元地表温度估算研究进展 [J]. 光谱学与光谱分析, 34（2）: 364-369.

周义,覃志豪,包刚,2013. 热红外遥感图像中云覆盖像元地表温度估算初论 [J]. 地理科学, 33（3）: 329-334

周义,覃志豪,包刚,等,2012. GIDS 空间插值法估算云下地表温度 [J]. 遥感学报, 16（3）: 492-504.

祝善友,张桂欣,尹球,等,2009. 基于多源极轨气象卫星热红外数据的近地表气温反演研究 [J]. 遥感技术与应用, 24（1）: 27-31.

祝善友,张桂欣,2011. 近地表气温遥感反演研究进展 [J]. 地球科学进展, 26（7）: 724-30.

邹靖,谢正辉,2012. RegCM4 中陆面过程参数化方案对东亚区域气候模拟的影响 [J]. 气象学报, 70（6）: 1 312-1 326.

左丽君,张增祥,董婷婷,2008. MODIS/NDVI 和 MODIS/EVI 在耕地信息提取中的应用及对比分析 [J]. 农业工程学报, 24（3）: 167-172.

AIRES F, PRIGENT C, ROSSOW W B, 2004. Temporal interpolation of global surface skin temperature diurnal cycle over land under clear and cloudy conditions[J]. Journal of Geophysical Research-Atmospheres, 109(D4): 4 313.

AIRES F, PRIGENT C, ROSSOW W B, et al., 2001. A new neural network approach including first guess for retrieval of atmospheric water vapor, cloud liquid water path, surface temperature, and emissivities over land from satellite microwave observations[J]. Journal of Geophysical Research-Atmospheres, 106(14): 14 887-14 907.

AIRES F, ROSSOW W B, SCOTT N A, et al., 2002. Remote Sensing from the Infrared Atmospheric Sounding Interferometer Instrument 2. Simultaneous Retrieval of Temperature, Water Vapor, and Ozone Atmospheric Profiles[J]. Journal of Geophysical Research: Atmospheres (1984–2012), 107(22): 17-12.

ALLEN R G, TASUMI M, TREZZA R, 2007. Satellite-based energy balance for mapping evapotranspiration with internalized calibration (METRIC)—Applications[J]. Journal of Irrigation & Drainage Engineering,

133(4): 380-394.

ANDING D, KAUTH R, 1970. Estimation of sea surface temperature from space[J]. Remote Sensing Environment, 1: 217-220.

ARNFIELD A J, 1979. Evaluation of empirical expressions for the estimation of hourly and daily totals of atmospheric longwave emission under all sky conditions[J]. Quarterly Journal of the Royal Meteorological Society, 105(446): 1 041-1 052.

AYRES-SAMPAIO D, TEODORO A C, FREITAS A, et al., 2012. The use of remotely sensed environmental data in the study of asthma disease[J]. SPIE Remote Sensing, International Society for Optics and Photonics, 853124: 24-13.

BAJGIRANA P R, DARVISHSEFAT A A, KHALILIC A, et al., 2008. Using AVHRR-based vegetation indices for drought monitoring in the Northwest of Iran[J]. Journal of Arid Environments, 72: 1 086-1 096.

BAKER J M, REICOSKY D C, BAKER D G, 1988. Estimating the time dependence of air temperature using daily maxima and minima: A comparison of three methods[J]. Journal of Atmospheric and Oceanic Technology, 5: 736-742.

BAO Y, SONG G, LI Z, et al., 2007. Study on the spatial differences and its time lag effect on climatic factors of the vegetation in the Longitudinal Range-Gorge Region[J]. Chinese Science Bulletin, 402: 42-49.

BARNES W L, PAGANO T S, SALOMONSON V V, 1998. Prelaunch Characteristics of the Moderate Resolution Imaging Spectroradiometer (MODIS) on EOS-AM1[J]. IEEE Transactions on Geoscience and Remote Sensing, 36(4): 1 088-1 100.

BARTON I J, 1983. Dual channel satellite measurements of sea surface temperature[J]. Quart J Roy Meteorol Soc, 1: 217-220.

BARTON I J, ZAVODY A M, BRIEN D M O, et al., 1989. Theoretical algorithms for satellite-derived sea surface temperatures[J] J Geographys Res, 94: 3 365-3 375.

BASTIAANSSEN W G M, MENENTI M, FEDDES R A, et al., 1998.A remote sensing surface energy balance algorithm for land (SEBAL). 1. Formulation[J]. Journal of Hydrology (1-4): 213-229.

BATRA N, ISLAM S, VENTURINI V, et al., 2006. Estimation and Comparison of Evapotranspiration from MODIS and AVHRR Sensors for Clear Sky Days over the Southern Great Plains[J]. Remote Sensing of Environment, 103(1): 1-15.

BECKER F, LI Z, 1990. Towards a local split window method over land surfaces[J]. International Journal of Remote Sensing, 11(3): 369-393.

BECKER F, 1987. The Impact of Spectral Emissivity on the Measurement of Land Surface Temperature from a Satellite[J]. International Journal of Remote Sensing, 8(10): 1 509-1 522.

BECKER F, LI Z, 1995. Surface Temperature and Emissivity at Various Scales: Definition, Measurement and Related Problems[J]. Remote Sensing Reviews, 12(3-4): 225-253.

BENALI A, CARVALHO A C, NUNES J P, et al., 2012. Estimating Air Surface Temperature in Portugal Using MODIS LST Data[J]. Remote Sensing of Environment, 124: 108-121.

BEST M J, 1998. A model to predict surface temperatures[J]. Boundary-Layer Meteorology, 88(2): 279-306.

BHATT U S, SCHNEIDER E K, DEWITT D G, 2003. Influence of North American Land Processes on North

Atlantic Ocean Variability[J]. Global and Planetary Change, 37(1-2): 33-56.

BISHT G, BRAS R L, 2010. Estimation of Net Radiation from the MODIS Data under All Sky Conditions: Southern Great Plains Case Study.[J]. Remote Sensing of Environment, 114(7): 1 522-1 534.

BISHT G, VENTURINI V, ISLAM S, et al., 2005. Estimation of the Net Radiation Using MODIS (Moderate Resolution Imaging Spectroradiometer) Data for Clear Sky Days[J]. Remote Sensing of Environment, 97(1): 52-67.

BOEGH E, SOEGAARD H, HANAN N, et al., 1999.A remote sensing study of the NDVT-Ts relationship and the transpiration from sparse vegetation in the Sahel based on high-resolution satellite data[J]. Remote Sensing of Environment, 69: 224-240.

BOLES S H, XIAO X, LIU J, et al., 2004.Land cover characterization of Temperate East Asia using multi-temporal VEGETATION sensor data[J]. Remote Sensing of Environment, 90(4): 477-489.

BOYER D G, 1984. Estimation of daily temperature means using elevation and latitude in mountainous terrain[J]. Water Resources Bulletin, 4: 583-588.

BROWN K W, COVEY W, 1966. The energy-budget evaluation of the micrometeorological transfer processes within a cornfield[J]. Agricultural Meteorology, 3(1-2): 73-96.

BRÜCKNER M, POSPICHAL B, MACKE A, et al., 2014. A new multi–spectral cloud retrieval method for ship–based solar transmissivity measurements[J]. Journal of Geophysical Research Atmospheres, 119(19): 11 338-11 354.

CAMBERLIN P, MARTINY N, PHILIPPON N, et al., 2007.Determinants of the interannual relationships between remote sensed photosynthetic activity and rainfall in tropical Africa[J]. Remote Sensing of Environment, 106: 199-216.

CARLSON T N, GILLIES R R, PERRY E M, 1994. A method to make use of thermal infrared temperature and NDVI measurements to infer surface soil water content and fractional vegetation cover[J]. Remote Sensing Review, 52: 161-173.

CARLSON T N, RIPLEY D A, 1997. On the relation between NDVI, fractional vegetation cover, and leaf area index[J]. Remote Sensing of Environment, 62: 241-252.

CASELLES V, SOBRINO J A, 1989. Determination of frosts in orange groves from NOAA-9 AVHRR data[J]. Remote Sens Environ, 29: 135-146.

CASELLES V, SOBRINO J A, 1991. Shelter and Remotely Sensed Night Temperatures in Orange Groves[J]. Theoretical and Applied Climatology, 44(2): 113-122.

CASTAGNE N, LE BORGNE P, LE VOURCH J, et al., 1985. Operational measurement of sea surface temperature at CMS Lannion from NOAA-7 AVHRR data[J]. Remote Sens, 7: 953-984.

CHÉDIN A, SCOT N AT, HUSSON N, et al.,1988. Satellite meteorology and atmospheric spectroscopy: recent progress in Earth remote sensing from the satellites of the TIROS-N series[J]. Transfer, 3: 257-273.

CHEN E, ALLEN J L H, BARTHOLIC J F, et al., 1983. Comparison of winter nocturnal geostationary satellite infrared-surface temperature with shelter-height temperature in Florida[J]. Remote Sensing of Environment, 13(4): 313-327.

CHEN J, JONSSON P, TAMURA M, et al., 2004A simple method for reconstructing a high-quality NDVI Time-series dataset based on the Savitzky-Golay Filter[J]. Remote sensing of Environment, 91(3-4): 332-344.

CHENDIN A, SCOTT N, BERROIR A, 1982. A single channel, double viewing angle method for sea surface temperature determination from coincident Meteosat and Tiros-N radiometric measurements[J]. Journal of Applied Meteorology, 21: 613-618.

CHENG K S, SU Y F, KUO F T, et al., 2008. Assessing the Effect of Landcover Changes on Air Temperature Using Remote Sensing Images—a Pilot Study in Northern Taiwan[J]. Landscape and Urban Planning, 85(2): 85-96.

CLOTHIER B E, CLAWSON K L, PINTER P J, et al., 1986. Estimation of soil heat flux from net radiation during the growth of alfalfa[J]. Agricultural and forest meteorology, 37(4): 319-329.

COLL C, CASELLES V, SOBRINO J A, et al., 1994. On the Atmospheric Dependence of the Split-Window Equation for Land Surface Temperature[J]. International Journal of Remote Sensing, 15(1): 105-122.

COLOMBI A, DE MICHELE C, PEPE M, et al., 2007. Estimation of Daily Mean Air Temperature from MODIS LST in Alpine Areas[J]. EARSeL eProceedings, 6(1): 38-46.

CONSOLI S D, URSO G, TOSCANO A, 2006. Remote sensing to estimate ET-fluxes and the performance of an irrigation district in southern Italy[J]. Agricultural Water Management, 81(3): 295-314.

COOPER D I, ASRAR G, 1989. Evaluating atmospheric correction models for retrieving surface temperatures from the AVHRR over a tall-grass prairies [J]. Remote Sens Environ, 27: 93-102.

COURAULT D, LAGOUARDE J P, ALOUI B, 1996. Evaporation for maritime catchment combining a meteorological model with vegetation information and airborne surface temperatures[J]. Agricultural and forest meteorology, 82(1): 93-117.

CRESSWELL M P, MORSE A P, THOMSON M C, et al., 1999. Estimating Surface Air Temperatures, from Meteosat Land Surface Temperatures, Using an Empirical Solar Zenith Angle Model[J]. International Journal of Remote Sensing, 20(6): 1 125-1 132.

CRISTÓBAL J, NINYEROLA M, PONS X, 2008. Modeling air temperature through a combination of remote sensing and GIS data[J]. Journal of Geophysical Research Atmospheres, 113(D13): 1 395-1 400.

CURRAN R J, KYLE H L, BLAINE L R, et al., 1981 Multichannel scanning radiometer for remote sensing cloud physical parameters[J]. Review of Scientific Instruments, 52(10): 1 546-1 555.

CZAJKOWSKI K P, GOWARD S N, STADLER S, et al., 2000 Thermal remote sensing of near surface environmental variables: Application over the Oklahoma Mesonet[J]. The Professional Geographer, 52(2): 345-357.

CZAJKOWSKI K P, MULHERN T, GOWARD S N, et al., 1997. Biospheric Environmental Monitoring at BOREAS with AVHRR Observations[J]. Journal of Geophysical Research: Atmospheres (1984–2012), 102(24): 29 651-29 662.

DASH P, GÖTTSCHE F M, OLESEN F S, et al., 2002. Land Surface Temperature and Emissivity Estimation from Passive Sensor Data: Theory and Practice-Current Trends[J]. International Journal of Remote Sensing, 23(13): 2 563-2 594.

DAVIS F A, TARPLEY J D, 1983. Estimation of shelter temperatures from operational satellite sounder data[J]. Journal of Applied Meteorology, 22(3): 369-376.

DEARDORFF J W, 1978. Efficient prediction of ground surface temperature and moisture, with inclusion of a layer of vegetation[J]. Journal of Geophysical Research Atmospheres, 83(NC4): 1 889-1 903.

DEFRIES R S, CHANG J C, 2000. Multiple criteria for evaluating machine learning algorithms for land cover classification from satellite data[J]. Remote Sensing of Environment, 74(3): 503-515.

DEFRIES R S, HANSEN M, TOWNSHEND J R G, et al., 1998. Global land cover classifications at 8 km spatial resolution: the use of training data derived from Landsat imagery in decision tree classifiers[J]. International Journal of Remote Sensing, 19(16): 3 141-3 168.

DELGADO G, REDAÑO A, LORENTE J, et al., 2007. Cloud cover analysis associated to cut-off low-pressure systems over Europe using Meteosat Imagery[J]. Meteorological and Atmospheric Physics, 96: 141-157.

DENMEAD O T, 1969. Comparative micrometeorology of a wheat field and a forest of Pinus radiate[J]. Agricultural Meteorology, 6(5): 357-371.

DESCHAMPS P Y, PHULPIN, 1980. Atmospheric correction of infrared measurements of sea surface temperature using channels at 3.7, 11 and 12 m[J]. Boundary Layer Meteorol, 18: 131-143.

DIAK G R, MECIKALSKI J R, ANDERSON M C, et al., 2004. Estimating land surface energy budgets from space: Review and current efforts at the University of Wisconsin-Madison and USDA-ARS[J]. Bulletin of the American Meteorological Society, 85: 65-78.

DICKINSON R E, HENDERSON-SELLERS A, ROSENZWEIG C, et al., 1991. Evapotranspiration models with canopy resistance for use in climate models, a review[J]. Agricultural and Forest Meteorology, 54(2-4): 373-388.

DOLMAN A J, GASH J H C, ROBERTS J, et al., 1991. Stomatal and surface conductance of tropical rainforest[J]. Agricultural and Forest Meteorology, 54(2-4): 303-318.

FALLAHADL H, JAJA J, LIANG S L, et al., 1996. Fast Algorithms for Removing Atmospheric Effects from Satellite Images[J]. IEEE Computational Science & Engineering, 3(2): 66-77.

FLORES F, LILLO M, 2010. Simple Air Temperature Estimation Method from MODIS Satellite Images on a Regional Scale[J]. Chilean Journal of Agricultural Research, 70(3): 436-445.

FLORIO E N, LELE S R, CHANG Y C, et al., 2004. Integrating AVHRR satellite data and NOAA ground observations to predict surface air temperature: a statistical approach[J]. International Journal of Remote Sensing, 25(15): 2 979-2 994.

FOOT J S, 1988. Some observations of the optical properties of clouds[J]. Quarterly Journal of the Royal Meteorological Society, 114(479): 145-164.

FRANÇA G B, CRACKNELL A P, 1994. Retrieval of land and sea surface temperature using NOAA-11 AVHRR data in north-eastern Brazil[J]. International Journal of Remote Sensing, 15: 1 695-1 712.

FRASER R S, KAUFMAN Y J, 1985. The Relative Importance of Aerosol Scattering and Absorption in Remote Sensing[J]. IEEE Transactions on Geoscience and Remote Sensing (5): 625-633.

FRIEDL M A, MCIVER D K, HODGES J C F, et al., 2002 Global land cover mapping from MODIS: algorithms and early results[J]. Remote Sensing of Environment, 83(1-2): 287-302.

FUCHS M, HADAS A, 1972. The heat flux density in a non-homogeneous bare loessial soil[J]. Boundary-layer meteorology, 3(2): 191-200.

GALLO K, HALE R, TARPLEY D, et al., 2011. Evaluation of the Relationship between Air and Land Surface Temperature under Clear- and Cloudy-Sky Conditions[J]. Journal of Applied Meteorology and Climatology, 50(3): 767-775.

GAO B C, GOETZ A F, 1990. Column Atmospheric Water Vapor and Vegetation Liquid Water Retrievals from Airborne Imaging Spectrometer Data[J]. Journal of Geophysical Research: Atmospheres (1984–2012), 95(4): 3 549-3 564.

GARDNER B R, BLAD B L, WATTS D G, 1981. Plant and air temperature in differentially irrigated corn[J]. Agricultural Meteorology, 25: 207-217.

GEIGER R, 1965. Climate near the ground[J]. Cambridge: Harvard University Press.

GILLESPIE A, ROKUGAWA S, MATSUNAGA T, et al., 1998. A temperature and emissivity separation algorithm for Advanced Spaceborne Thermal Emission and Reflection Radiometer (ASTER) images[J]. IEEE transactions on geoscience and remote sensing, 36(4): 1 113-1 126.

GOETZ S J, HALTHORE R N, HALL F G, et al., 1995. Surface temperature retrieval in a temperate grassland with multiresolution sensors[J]. Journal of Geophysical Research, 100: 25 397-25 410.

GOWARD S N, CRUICKSHANKS G D, HOPE A S, 1985. Observed relation between thermal emission and reflected spectral radiance of a complex vegetated landscape[J]. Remote Sensing of Environment, 18: 137-146.

GOWARD S N, HOPE A S, 1989. Evapotranspiration from combined reflected solar and emitted terrestrial radiation: Preliminary FIFE results from AVHRR data[J]. Advances in Space Research, 9: 239-249.

GOWARD S N, WARING R H, DYE D G, et al., 1994. Ecological remote sensing at OTTER: satellite macroscale observations[J]. Ecological Applications. 4(2): 322-343.

GOWARD S N, XUE Y K, CZAJKOWSKI K P, 2002. Evaluating land surface moisture conditions from the remotely sensed temperature/vegetation index measurements—An exploration with the simplified simple biosphere model[J]. Remote Sensing of Environment, 79: 225-242.

GREEN R M, HAY S I, 2002. The potential of Pathfinder AVHRR data for providing surrogate climatic variables across Africa and Europe for epidemiological applications[J]. Remote Sensing of Environment, 79: 166-175.

HAN Q, ROSSOW W B, LACIS A A, 1994. Near-global survey of effective droplet radii in liquid water clouds using ISCCP data[J]. Journal of Climate, 7(4): 465-497.

HAN Y, WANG Y, ZHAO Y, 2010. Estimating soil moisture conditions of the greater Changbai Mountains by land surface temperature and NDVI[J]. IEEE Transactions on Geoscience and Remote Sensing, 48(6): 2 509-2 515.

HANSEN J E, TRAVIS L D,1974. Light Scattering in Planetary Atmospheres[J]. Space Science Reviews, 16(4): 527-610.

HANSEN J, JOHNSON D, LAEIS A, et al., 1981. Climatic impact of increasing atmospheric carbon dioxide[J]. Science, 213(4511): 957-966.

HARES M A,NOVAK M D, 1992. Simulation of surface energy balance and soil temperature under strip tillage: I. model description[J]. Soil Science Society of America Journal, 56(1): 22-29.

HATFIELD J L, 1979. Canopy Temperatures: the Usefulness and Reliability of Remote Measurements[J].

Agronomy Journal, 71(5): 889-892.

HENN B, RALEIGH M S, FISHER A, et al., 2013. A comparison of methods for filling gaps in hourly near-surface air temperature data[J]. Journal of Hydrometeorology, 14(3): 929-945.

HERB W R, JANKE B, MOHSENI O, et al., 2008. Ground surface temperature simulation for different land covers[J]. Journal of Hydrology, 356(3): 327-343.

HO D, ASEM A, DESCHAMPS P Y, 1986. Atmospheric correction for sea surface temperature using NOAA-7 AVHRR and METEOSAT-2 infrared data[J]. Remote Sens, 7(10): 1 323-1 333.

HOU P,CHEN Y H, QIAO W, et al., 2013. Near-Surface Air Temperature Retrieval from Satellite Images and Influence by Wetlands in Urban Region[J]. Theoretical and Applied Climatology, 111(1-2): 109-118.

HULD T A, ŠÚRI M,DUNLOP E D, et al., 2006. Estimating Average Daytime and Daily Temperature Profiles within Europe[J]. Environmental Modelling & Software, 21(12): 1 650-1 661.

HULLEY G C, HOOK S J, BALDRIDGE A M, 2010. Investigating the effects of soil moisture on thermal infrared land surface temperature and emissivity using satellite retrievals and laboratory measurements[J]. Remote Sensing of Environment, 114(7): 1480-1493.

HUMES K S, KUSTAS W P, MORAN M S, et al., 1994. Variability of emissivity and surface temperature over a sparsely vegetated surface[J]. Water Resources Research, 30(5): 1 299-1 310.

HURTADO E, VIDAL A, CASELLES V, 1996. Comparison of two atmospheric correction methods for Landsat TM thermal band[J]. International Journal of Remote Sensing, 17(2): 237-247.

IDSO S B, 1980. On the apparent incompatibility of different atmospheric thermal radiation datasets[J]. Quarterly Journal of the Royal Meteorological Society, 106(448): 375-376.

IDSO S B, AASE J K, JACKSON R D, 1975. Net radiation—soil heat flux relations as influenced by soil water content variations[J]. Boundary-layer meteorology, 9(1): 113-122.

IMBAULT D, SCOTT N A, CHEDIN A, 1981. Multichannel radiometric determination of sea surface temperature: parameterization of atmospheric correction[J]. Jarhal of Applied Meteorology, 20(5): 556-564.

ISHIDA T, KAWASHIMA S, 1993. Use of cokriging to estimate surface air temperature from elevation[J]. Theoretical and Applied Climatology, 47: 147-157.

JANG J D, VIAU A A, ANCTIL F, 2004. Neural network estimation of air temperature from AVHRR data[J]. International Journal of Remote Sensing , 25 (21): 4 541-4 554.

JEDLOVEC G J, 1990. Precipitable water estimation from high-resolution split-window radiance measurements[J]. Journal of Applied Meteorology, 29: 863-876.

JENSEN J R, 陈晓玲, 龚威, 等, 2007. 遥感数字影像处理导论 [M]. 北京 : 机械工业出版社 .

JIANG L, ISLAM S, 2001. Estimation of Surface Evaporation Map over Southern Great Plains Using Remote Sensing Data[J]. Water Resources Research, 37(2): 329-340.

JIMÉNEZ-MUÑOZ J C, CRISTÓBAL J, SOBRINO J A, et al., 2009. Revision of the single-channel algorithm for land surface temperature retrieval from Landsat thermal-infrared data[J]. IEEE Transactions on Geoscience and Remote Sensing, 47(1): 339-349.

JIMENEZ-MUNOZ J C, SOBRINO J A, 2003. A generalized single-channel method for retrieving land surface temperature from remote sensing data[J]. Journal of Geophysical Research,108(22): 4 688-4 695.

JIN M L, 2000. Interpolation of surface radiative temperature measured from polar orbiting satellites to a diurnal cycle 2. Cloudy-pixel treatment[J]. Journal of Geophysical Research-Atmospheres, 105(3): 4 061-4 076.

JIN M, DICKINSON R E, 2000. A generalized algorithm for retrieving cloudy sky skin temperature from satellite thermal infrared radiances[J]. Journal of Geophysical Research-Atmospheres, 105(22): 27 037-27 047.

JONES P D, NEW M, PARKER D E, et al., 1999. Surface Air Temperature and Its Changes over the Past 150 Years[J]. Reviews of Geophysics, 37(2): 173-199.

JONSSON P, EKLUNDH L, 2002. Seasonality extraction by function fitting to time-series of satellite sensor data[J]. IEEE Transactions on Geoscience and Remote Sensing, 40(8): 1 824-1 932.

JULIEN Y, SOBRINO J A, 2010. Comparison of cloud-reconstruction methods for time series of composite NDVI data[J]. Remote Sensing of Environment, 114(3): 618-625.

JULIEN Y, SOBRINO J A, VERHOEF W, 2006. Changes in land surface temperatures and NDVI values over Europe between 1982 and 1999[J]. Remote Sensing of Environment, 103(1): 43-55.

KARNIELI A, 1997. Development and implementation of spectral crust index over dune sands[J]. International Journal of Remote Sensing, 18(6): 1 207-1 220.

KARNIELI A, AGAM N, PINKER R T, et al., 2010. Use of NDVI and land surface temperature for drought assessment: Merits and limitations[J]. Journal of Climate, 23(3): 618-633.

KARNIELI A, TSOAR H, 1995. Spectral reflectance of biogenic crust developed on desert dune sand along the Israel-Egypt border[J]. International Journal of Remote Sensing, 16(2): 369-374.

KAUFMAN Y J, GAO B C, 1992. Remote Sensing of Water Vapor in the near IR from EOS/MODIS[J]. IEEE Transactions on Geoscience and Remote Sensing, 30(5): 871-884.

KAWASHIMA S, ISHIDA T, MINOMURA M, et al., 2000. Relations between Surface Temperature and Air Temperature on a Local Scale during Winter Nights[J]. Journal of Applied Meteorology, 39(9): 1 570-1 579.

KEALY P S, HOOK S, 1993. Separating temperature and emissivity in thermal infrared multispectral scanner data: Implication for recovering land surface temperatures[J]. IEEE Transactions on Geoscience and Remote Sensing, 31(6): 1155-1164.

KERR Y H, LAGOUARDE J P, IMBERNON J, 1992. Accurate Land Surface Temperature Retrieval from AVHRR Data with Use of an Improved Split Window Algorithm[J]. Remote Sensing of Environment, 41(2-3): 197-209.

KIM D Y, HAN K S, 2013. Remotely Sensed Retrieval of Midday Air Temperature Considering Atmospheric and Surface Moisture Conditions[J]. International Journal of Remote Sensing, 34(1): 247-263.

KING M D, 1983. Number of terms required in the Fourier expansion of the reflection function for optically thick atmospheres[J]. Journal of Quantitative Spectroscopy and Radiative Transfer, 30(2): 143-161.

KING M D, 1987. Determination of the scaled optical thickness of clouds from reflected solar radiation measurements[J]. Journal of the Atmospheric Sciences, 44(13): 1 734-1 751.

KLODITZ C, VAN BOXTEL A, CARFAGNA E, et al., 1998. Estimating the accuracy of coarse scale classification using high scale Information[J]. Photogrammetric Engineering Remote Sensing, 64(2): 127-133.

KOCH S E, DES JARDINS M, KOCIN P J, 1983. An interactive Barnes objective map analysis scheme for use with satellite and conventional data[J]. Journal of Climate and Applied Meteorology, 22(9): 1 487-1 503.

KOKHANOVSKY A A, 2006. Cloud optics [M]. Dordrecht: Springer.

KUNKEL K E, 1989. Simple procedures for extrapolation of humidity variables in the mountainous western United States[J]. Journal of Climate, 2(7): 656-669.

KUSTAS W P, LI F, JACKSON T J, et al., 2004. Effects of remote sensing pixel resolution on modeled energy flux variability of croplands in Iowa[J]. Remote Sensing of Environment, 92(4): 535-547.

KUSTAS W P, NORMAN J M, Anderson M C, et al., 2003. Estimating subpixel surface temperatures and energy fluxes from the vegetation index–radiometric temperature relationship[J]. Remote Sensing of Environment, 85(4): 429-440.

KUSTAS W, ANDERSON M, 2009. Advances in thermal infrared remote sensing for land surface modeling[J]. Agricultural and Forest Meteorology, 149(12): 2 071-2 081.

LAKSHMI V, CZAJKOWSKI K, DUBAYAH R, et al., 2001. Land surface air temperature mapping using TOV and AVHRR[J]. International Journal of Remote Sensing, 22(4): 643-662.

LEBLANC S E, PILEWSKIE P, SCHMIDT K S, et al., 2014. A generalized method for discriminating thermodynamic phase and retrieving cloud optical thickness and effective radius using transmitted shortwave radiance spectra[J]. Atmospheric Neasurement Technique Discussions, 7(6): 5 293-5 346.

LEBLANC S E, PILEWSKIE P, SCHMIDT K S, et al., 2015. A spectral method for discriminating thermodynamic phase and retrieving cloud optical thickness and effective radius using transmitted solar radiance spectra[J]. Atmospheric Measurement Techniques, 8(3): 1 361-1 383.

LEUNING R, KELLIHER F M, PURY D G G, et al., 1995. Leaf nitrogen, photosynthesis, conductance and transpiration: scaling from leaves to canopies[J]. Plant, Cell & Environment, 18(10): 1 183-1 200.

LHOMME J P, MONTENY B, AMADOU M, 1994. Estimating sensible heat flux from radiometric temperature over sparse millet[J]. Agricultural and Forest Meteorology, 68(1-2): 77-91.

LI Z L, BECKER F, 1993. Feasibility of Land Surface-Temperature and Emissivity Determination from AVHRR Data[J]. Remote Sensing of Environment, 43(1): 67-85.

LI Z L, TANG B H, WU H, et al., 2013. Satellite-Derived Land Surface Temperature: Current Status and Perspectives[J]. Remote Sensing of Environment, 131: 14-37.

LI Z L, WU H, WANG N, et al., 2013. Land Surface Emissivity Retrieval from Satellite Data[J]. International Journal of Remote Sensing, 34(9-10): 3 084-3 127.

LI Z R, MCDONNELL M L, 1998. Atmospheric correction of thermal infrared images[J]. International Journal of Remote Sensing, 9: 107-121.

LIANG S, 2001. An optimization algorithm for separating land surface temperature and emissivity from multispectral thermal infrared imagery[J]. IEEE Transactions on Geoscience and Remote Sensing, 39: 264-274.

LIANG S, STRAHLER A H, WALTHALL C, 1999. Retrieval of land surface albedo from satellite observations: A simulation study[J]. Journal of Applied Meteorology, 38(6): 712-725.

LIOU K N, 郭彩丽, 周诗健, 2004. 大气辐射导论 [M]. 北京：气象出版社 .

LIOU K N, 2002. An introduction to atmospheric radiation [M]. New York: Academic press.

LIOU Y A, GALANTOWICZ J F, ENGLAND A W, 1999. A land surface process/radiobrightness model with coupled heat and moisture transport for prairie grassland[J]. Geoscience & Remote Sensing IEEE Transactions on, 37(4): 1 848-1 859.

LIOU Y A, KAR S K, 2014. Evapotranspiration Estimation with Remote Sensing and Various Surface Energy Balance Algorithms—A Review[J]. Energies, 7(7): 2 821-2 849.

LISTON G E, ELDER K, 2006. A meteorological distribution system for high-resolution terrestrial modeling (MicroMet) [J]. Journal of Hydrometeorology, 7(2): 217-234.

LLEWELLYN-JONES D T, Minnett P J, Saunders R W, et al., 1985. Satellite multichannel infrared measurements of sea surface temperature of N.E. Atlantic Ocean using AVHRR-2[J]. Quartenly Jourhal of the Royal Meteorological Society, 110: 613-631.

LOVELL J L, GRAETZ R D, 2001. Filtering Pathfinder AVHRR Land NDVI Data for Australia[J]. International Journal of Remote Sensing, 22(13): 2 649-2 654.

LU L, VENUS V, SKIDMORE A, et al., 2011. Estimating land-surface temperature under clouds using MSG/SEVIRI observations[J]. International Journal of Applied Earth Observation and Geoinformation, 13(2): 265-276.

MA M, VEROUSTRAETE F, et al., 2006. Reconstructing pathfinder AVHRR land NDVI time-series data for the Northwest of China[J]. Advances in Space Research, 37(4): 835-840.

MAO K B, QIN Z H, SHI J C, et al., 2005. A Practical Split-Window Algorithm for Retrieving Land-Surface Temperature from MODIS Data[J]. International Journal of Remote Sensing, 26(15): 3 181-3 204.

MAO K B, SHI J C, TANG H J, et al., 2008. A Neural Network Technique for Separating Land Surface Emissivity and Temperature from ASTER Imagery[J]. IEEE Transactions on Geoscience and Remote Sensing, 46(1): 200-208.

MAO K B, TANG H J, WANG X F, et al., 2008. Near-surface air temperature estimation from ASTER data based on neural network algorithm[J]. International Journal of Remote Sensing, 29(20): 6 021-6 028.

MARCELLA M P, ELTAHIR E A B, 2012. Modeling the Summertime Climate of Southwest Asia: The Role of Land Surface Processes in Shaping the Climate of Semiarid Regions[J]. Journal of Climate, 25(2): 704-719.

MARTINS F R, SILVA S A B, Pereira E B, et al., 2008. The influence of cloud cover index on the accuracy of solar irradiance model estimates[J]. Meteorology and Atmospheric Physics, 99(3-4): 169-180.

MASSON V, 2000. A physically-based scheme for the urban energy budget in atmospheric models[J]. Boundary-layer meteorology, 94(3): 357-397.

MASUDA K, TAKASHIMA T, TAKAYAMA Y, 1988. Emissivity of pure and sea waters for the model sea surface in the infrared window regions[J]. Remote Sens. Environ., 24: 313-329.

MAUL G, SIDRAN M, 1973. Atmospheric effects on ocean surface temperature sensing from the NOAA satellite scanning radiometer[J]. J. Geographys Res, 12: 1 909-1 916.

MAYER B, 2009. Radiative transfer in the cloudy atmosphere[C]//EPJ Web of Conferences. EDP Sciences(1): 75-99.

MCBRIDE P J, SCHMIDT K S, PILEWSKIE P, et al., 2011. A spectral method for retrieving cloud optical thickness and effective radius from surface-based transmittance measurements[J]. Atmospheric Chemistry and

Physics, 11(14): 7 235-7 252.

MCCLAIN E P, PICHEL W G, WALTON C C, 1985. Comparative performance of AVHRR-based multichannel sea surface temperatures[J]. Journal of Geophysical. Research: Oceans, 90(6): 11 587-11 601.

MCCLAIN E P, PICHEL W G, WALTON C C,1983. Multi-channel improvements to satellite-derived global seasurface temperatures[J]. Advances in Space Research, 2(6): 43-47.

MCMILLIN L M, 1975, Estimation of sea surface temperatures from two infrared window measurements with different absorption[J]. Journal of Geophysical Research, 86(36): 5 113-5 117.

MINNIS P, HARRISON E F, 1984. Diurnal variability of regional cloud and clear-sky radiative parameters derived from GOES data. Part I: Analysis method[J]. J Climate Appl Meteor, 23(7): 993-1 011.

MONTEITH J L, UNSWORTH M H, 1990. Principles of Environmental Physics[M]. New York: Edward Arnold.

MOSTOVOY G V, KING R L, REDDY K R, et al., 2006. Statistical Estimation of Daily Maximum and Minimum Air Temperatures from MODIS LST Data over the State of Mississippi[J]. Giscience & Remote Sensing, 43(1): 78-110.

MUCHONEY D, BORAK J, CHI H, et al., 2000. Application of the MODIS global supervised classification model to vegetation and land cover mapping of Central America [J]. International Journal of Remote Sensing, 21(6-7): 1 115-1 138.

MYNENI R B, RAMAKRISHNA R, NEMANI R, et al., 1997. Estimation of global leaf area index and absorbed par using radiative transfer models[J]. IEEE Transactions on Geoscience and Remote Sensing, 35(6): 1 380-1 393.

NAKAJIMA T Y, NAKAJIMA T, 1995. Wide-area determination of cloud microphysical properties from NOAA AVHRR measurements for FIRE and ASTEX regions[J]. Journal of the Atmospheric Sciences, 52(23): 4 043-4 059.

NAKAJIMA T, KING M D, 1990. Determination of the optical thickness and effective particle radius of clouds from reflected solar radiation measurements. Part I: Theory[J]. Journal of the atmospheric sciences, 47(15): 1 878-1 893.

NAKAJIMA T, TANAKA M, 1986. Matrix formulations for the transfer of solar radiation in a plane-parallel scattering atmosphere[J]. Journal of Quantitative Spectroscopy and Radiative Transfer, 35(1): 13-21.

NEMANI R R, PIERCE L, RUNNING S W, 1993. Developing satellite-derived estimates of soil moisture status[J]. Journal of Applied Meteorology, 32(3): 548-557.

NEMANI R R, RUNNING S W, 1989. Estimation of Regional Surface Resistance to Evapotranspiration from NDVI and Thermal-IR AVHRR Data[J]. Journal of Applied Meteorology, 28(4): 276–284.

NERRY F, LABED J, STOLL M P, 1988. Emissivity signatures in the thermal IR band for remote sensing: Calibration procedure and method of measurement[J]. Applied Optics, 2714: 758-764.

NEZLIN N P, KOSTIANOY A G, LI B, 2005. Inter-annual variability and interaction of remote-sensed vegetation index and atmospheric precipitation in the Aral Sea region[J]. Journal of Arid Environments, 62(4): 677-700.

NICHOL J E, WONG M S, 2008. Spatial variability of air temperature and appropriate resolution for satellite-derived air temperature estimation[J]. International Journal of Remote Sensing, 29(23-24): 7 213-7 223.

NICLOS R, VALIENTE J A, BARBERA M J, et al., 2014. Land Surface Air Temperature Retrieval from EOS-MODIS Images[J]. IEEE Geoscience and Remote Sensing Letters, 11(8): 1 380-1 384.

NIETO H, SANDHOLT I, AGUADO I, et al., 2011. Air Temperature Estimation with MSG-SEVIRI Data: Calibration and Validation of the TVX Algorithm for the Iberian Peninsula [J]. Remote Sensing of Environment, 115(1): 107-116.

NORMAN J M, BECKER F, 1995. Terminology in thermal infrared remote sensing of natural surface[J]. Agricultural and Forest Meteorology, 77(3): 153-166.

OLIVER S A, OLIVER H R, WALLACE J S, et al., 1987. Soil heat flux and temperature variation with vegetation, soil type and climate[J]. Agricultural and Forest Meteorology, 39(2-3): 257-269.

ONEMA J K, TAIGBENU A, 2009. NDVI–rainfall relationship in the Semliki watershed of the equatorial Nile[J]. Physics and Chemistry of the Earth, 34(13-16): 711-721.

OSTBY T I,SCHULER T V,WESTERMANN S, 2014. Severe Cloud Contamination of MODIS Land Surface Temperatures over an Arctic Ice Cap, Svalbard[J]. Remote Sensing of Environment, 142: 95-102.

OTTERMAN J, 1974. Baring high-albedo soils by overgrazing: a hypothesized desertification mechanism[J]. Science, 186(4163): 531-533.

OTTLÉ C,STOLL M, 1993. Effect of atmospheric absorption and surface emissivity on the determination of land surface temperature from infrared satellite data[J]. International Journal of Remote Sensing, 14(10): 2 025-2 037.

OTTLÉ C,VIDAL-MADJAR D, 1992. Estimation of land surface temperature with NOAA-9 Data[J]. Remote Sensing of Environ., 40(1): 27-41.

PAPE R, LÖFFLER J, 2004. Modelling Spatio-Temporal near-Surface Temperature Variation in High Mountain Landscapes[J]. Ecological Modelling, 178(3): 483-501.

PENMON H L, 1948. Natural evaporation from open water, bare soil, and grass[J]. Proceedings of the Royal Society of London, 193(1032): 120-145.

PLATNICK S, KING M D, ACKERMAN S A, et al., 2003. The MODIS cloud products: Algorithms and examples from Terra[J]. IEEE Transactions on Geoscience and Remote Sensing, 41(2): 459-473.

PLATNICK S, TWOMEY S, 1994. Determining the susceptibility of cloud albedo to changes in droplet concentration with the Advanced Very High Resolution Radiometer[J]. Journal of Applied Meteorology, 33(3): 334-347.

PRABHAKARA C, DALU G, KUNDE V G, 1974. Estimation of sea surface temperature from remote sensing in the 11-13μm window region[J]. Jourhal of Geophysical Researoh, 79(33): 5 039-5 044.

PRASAD K V, ANURADHA E, BADARINATH K V S, 2005. Climatic controls of vegetation vigor in four contrasting forest types of India—evaluation from National Oceanic and Atmospheric Administration's Advanced Very High Resolution Radiometer datasets (1990–2000) [J]. International Journal of Biometeorol, 50(1): 6-16.

PRATA A J, 1993. Land surface temperature derived from the advanced very high resolution radiometer and the along-track scanning radiometer, 1. Theory[J]. Jourhal of Geographical Researoh, 98(D9): 16 689-16 702.

PRATA A J, 1994. Land surface temperature from the advanced very high resolution radiometer and the along-track scanning radiometer. 2. Experimental results and validation of AVHRR algorithms[J]. Jourhal of Geographical Researoh, 99(D6): 13 025-13 058.

PRATA A J, CASELLES V, COLL C, et al., 1995. Thermal Remote Sensing of Land Surface Temperature from Satellites: Current Status and Future Prospects[J]. Remote Sensing Reviews, 12(3-4): 175-224.

PRICE J C, 1983. Estimating surface temperatures from satellite thermal infrared data - a simple formulation for the atmospheric effect[J]. Remote Sensing of Environment, 13(4): 353-361.

PRICE J C, 1984. Land surface temperature measurements from the split window channels of the NOAA 7 Advanced Very High Resolution Radiometer[J]. Journal of Geophysical Researoh, 89(D5): 7 231-7 237.

PRICE J C, 1990. Using spatial context in satellite data to infer regional scale evapotranspiration[J]. IEEE Transactions on Geoscience and Remote Sensing, 28(5): 940-948.

PRIHODKO L, GOWARD S N, 1997. Estimation of air temperature from remotely sensed surface observations[J]. Remote Sensing of Environment, 60: 335-346.

PRINCE S D, GOETZ S J, DUBAYAH R O, et al., 1998. Inference of surface and air temperature, atmospheric precipitable water and vapor pressure deficit using Advanced Very High-Resolution Radiometer satellite observations: Comparison with field observations[J]. Journal of Hydrology, 212-213: 230-249.

QIN Z, BERLINER P, KARNIELI A, 2002. Numerical solution of a complete surface energy balance model for simulation of heat fluxes and surface temperature under bare soil environment[J]. Applied mathematics and computation, 130(1): 171-200.

QIN Z, DALL'OLMO G, KARNIELI A, et al., 2001. Derivation of split window algorithm and its sensitivity analysis for retrieving land surface temperature from NOAA-advanced very high resolution radiometer data[J]. Journal of Geophysical Research, 106(19): 655-670.

QIN Z, KARNIELI A, 1999. Progress in the remote sensing of land surface temperature and ground emissivity using NOAA-AVHRR data[J]. International Journal of Remote Sensing, 20(12): 2 367-2 393.

QIN Z, KARNIELI A, BERLINER P, 2001. A mono-window algorithm for retrieving land surface temperature from Landsat TM data and its application to the Israel-Egypt border region[J]. International Journal of Remote Sensing, 22(18): 3 719-3 746.

QIN Z, KARNIELI A, BERLINER P, 2001. Thermal variation in the Israel-Sinai (Egypt) peninsula region[J]. Remote Sens, 22(6): 915-919.

QIN Z H, LI W, ZHANG M, et al., 2003, Estimating the essential atmospheric parameters of mono-window algorithm for land surface temperature retrieval from Landsat TM6[J]. Remote Sensing for Land Resources, 56(2): 37-43.

QIN Z H, KARNIELI A, BERLINER P, 2002. Remote sensing analysis of the land surface temperature anomaly in the sand dune region across the Israel-Egypt border[J]. Remote Sens.,23(19): 3 991-4 018.

QIN Z H, ZHANG M, KARNIELI A, 2001. Split window algorithms for retrieving land surface temperature from AVHRR data[J]. Remote Sensing for Land Resources, 48(2): 33-42.

QIN Z H, ZHANG M, KARNIELI A, et al., 2001. A Mono-window algorithm for retrieving land surface temperature from Landsat TM6 data[J]. ACTA Geographia Sinica, 56(4): 456-466.

QUATTROCHI D A, GOEL N S, 1995. Spatial and temporal scaling of thermal infrared remote sensing data[J]. Remote Sensing Reviews, 12(13-14): 255-286.

RAYER P J, 1987. The Meteorological Office forecast road surface temperature model[J]. Meteorological Magazine, 116: 180-191.

REUTTER H, OLESEN F S, FISCHER H, 1994. Distribution of the brightness temperature of land surfaces determined from AVHRR data[J]. International Journal of Remote Sensing., 15(1): 95-104.

RIDDERING J P, QUEEN L P, 2006. Estimating near-surface air temperature with NOAA AVHRR[J]. Canada Journal of Remote Sensing, 32(1): 33-43.

RITTER B, GELEYN J F, 1992. A comprehensive radiation scheme for numerical weather prediction models with potential applications in climate simulations[J]. Monthly Weather Review, 120(2): 303-325.

ROERINK G J, MENENTI M, SOEPBOER W, et al., 2002. Assessment of climate impact on vegetation dynamics by using remote sensing[J]. Physics and Chemistry of the Earth, 28(1): 103-109.

ROERINK G J, MENENTI M, VERHOEF W, 2000. Reconstructing cloud free NDVI composites using Fourier analysis of time series.[J]. International Journal of Remote Sensing, 21(9): 1 911-1 917.

ROERINK G J, SU Z, MENENTI M, 2000. S-SEBI: A simple remote sensing algorithm to estimate the surface energy balance[J]. Physics & Chemistry of the Earth Part B Hydrology Oceans & Atmosphere, 25(2): 147-157.

ROSENBERG N J, BLAD B L, VERMA S B, 1983. Microclimate: The biological environment[M]. New York: John Wiley & Sons.

ROSSOW W B, GARDER L C, LACIS A A, 1989. Global, Seasonal Cloud Variations from Satellite Radiance Measurements. Part I: Sensitivity of Analysis[J]. Journal of Climate, 2(5): 419-458.

SALISBURY J W, MILTON N M, 1988. Thermal infrared (2.5 to 13.5μm) directional hemspherical reflectance of leaves[J]. Photogrammetic. Enghlering and Remote Sensing, 54(9): 1 301-1 304.

SAUNDERS P M, 1967. Aerial measurements of sea surface temperature in the infrared[J]. J. Geographys Res, 16: 4 109-4 117.

SAVITZKY A, GOLAY M J E, 1964. Smoothing and Differentiation of Data by Simplified Least Squares Procedures[J]. Analytical Chemistry, 36(8): 1627- 1639.

SCHAAF C B, GAO F, STRAHLER A H, et al., 2002. First operational BRDF, albedo nadir reflectance products from MODIS[J]. Remote Sensing of Environment, 83(1-2): 135-148.

SCHNEIDER K, MAUSER W, 1996. Processing and accuracy of Landsat Thematic Mapper data for lake surface temperature measurement[J]. International Journal of Remote Sensing, 17(1): 2 027-2 041.

SCHOTT J R, VOLCHOK W J, 1985. Thematic Mapper thermal infrared calibration[J]. Photogrammetric Engineering and Remote Sensing, 51(9): 1 351-1 357.

SEGUIN B, 1989. Use of surface temperature in agrometeorology. In: Toselli F,(leds) Applications of Remote Sensing to Agrometeorology[M]. Dordrecht: Sprihger.

SEGUIN B, ITIER B, 1983. Using midday surface temperature to estimate daily evaporation from satellite thermal infrared data[J]. International Journal of Remote Sensing, 4(2): 371-383.

SELLERS P J, DICKINSON R E, RANDALL D A, et al., 1997. Modeling the exchanges of energy, water, and carbon between continents and the atmosphere[J]. Science, 275(5299): 502-509.

SELLERS P J, RANDALL D A, COLLATZ G J, et al., 1996. A Revised Land Surface Parameterization (SiB2) for Atmospheric GCMS. Part I: Model Formulation[J]. Journal of Climate, 9(4): 676-705.

SHARRATT B S, GLENN D M, 1988. Orchard floor management utilizing soil-applied coal dust for frost protection Part II. Seasonal microclimate effect[J]. Agricultural and forest meteorology, 43(2): 147-154.

SMITH G A, RANSON K L, NGUYEN D, et al., 1985. Thermal vegetation canopy model studies[J]. Remote Sensing of Environment, 11: 311-326.

SMITH G D, 1985. Numerical solution of partial differential equations: finite difference methods[M]. Oxford: clarendon press.

SMITH R C G, CHOUDHNRY B J, 1990. On the correlation of indices of vegetation and surface temperature over southeastern Australia[J]. International Journal of Remote Sensing, 11(11): 2 113-2 120.

SMITH R C G, CHOUDHNRY B J, 1991. Analysis of normalized difference and surface temperature observations over southeastern Australia[J]. International Journal of Remote Sensing, 12(10): 2 021-2 044.

SOBRINO J A, RAISSOUNI N, LI Z L, 2001. A comparative study of land surface emissivity retrieval from NOAA data [J]. Remote Sens. Environ,75(2): 256-266.

SOBRINO J A, CASELLES V, 1990b. Thermal infrared radiance model for interpreting the directional radiometric temperature of a vegetative surface[J]. Remote Sens Environ, 33: 193-199.

SOBRINO J A, CASELLES V, 1991. A Methodology for Obtaining the Crop Temperature from NOAA-9 AVHRR Data[J]. International Journal of Remote Sensing, 12(12): 2 461-2 475.

SOBRINO J A, COLL C, CASELLES V, 1991. Atmospheric correction for land surface temperature using NOAA-11 AVHRR channels 4 and 5[J]. Remote Sens Environ, 38: 19-34.

SOBRINO J A, JIMENEZ-MUNOZ J C, PAOLINI L, 2004. Land Surface Temperature Retrieval from Landsat TM 5[J]. Remote Sensing of Environment, 90(4): 434-440.

SOBRINO J A, LI Z L, STOLL M P, et al., 1994. Improvements in the Split-Window Technique for Land Surface Temperature Determination[J]. IEEE Transactions on Geoscience and Remote Sensing, 32(2): 243-253.

SOBRINO J A, LI Z L, STOLL M P, et al., 1996. Multi-Channel and Multi-Angle Algorithms for Estimating Sea and Land Surface Temperature with ATSR Data[J]. International Journal of Remote Sensing, 17(11): 2 089-2 114.

SOBRINO J A, RAISSOUNI N, LI Z L, 2001. A comparative study of land surface emissivity retrieval from NOAA data[J]. Remote Sensing of Environment, 75(2): 256-266.

SÒRIA G, SOBRINO J A, 2007. Envisat/Aatsr Derived Land Surface Temperature over a Heterogeneous Region[J]. Remote Sensing of Environment, 111(4): 409-422.

SOSPEDRA F, CASELLES V, VALOR E, 1998. Effective wavenumber for thermal infrared bands application to Landsat TM[J]. International Journal of Remote Sensing, 19(11): 2 105-2 117.

SPANNER M A, PIERCE L L, RUNNING S W, et al., 1990. The seasonality of AVHRR data of temperate coniferous forests: Relationship with leaf area index[J]. Remote Sensing of Environment, 33: 97-112.

STAMNES K, TSAY S C, WISCOMBE W, et al., 1988. Numerically stable algorithm for discrete-ordinate-method radiative transfer in multiple scattering and emitting layered media[J]. Applied optics, 27(12):

2 502-2 509.

STEPHENS G L, 1984. The parameterization of radiation for numerical weather prediction and climate models[J]. Monthly Weather Review, 112(4): 826-867.

STISEN S, SANDHOLT I, NØRGAARD A, et al., 2007. Estimation of Diurnal Air Temperature Using MSG SEVIRI Data in West Africa[J]. Remote Sensing of Environment, 110(2): 262-274.

STRONG A E, MCCLAIN E P, 1984. Improved ocean surface temperatures from space comparisons with drifting buoys[J]. Bulletion of the Anerican Meteorological Society, 65(2): 138-142.

SU Z, 2002. The Surface Energy Balance System (SEBS) for estimation of turbulent heat fluxes[J]. Hydrology and Earth System Sciences, 6(1): 85-99.

SUGITA M, BRUTSAERT W, 1993. Comparison of land surface temperatures derived from satellite observations with ground truth during FIFE[J]. International Jourhal of Remote Sensing, 14(9): 1 659-1 676.

SUN Y J, WANG J F, ZHANG R H, et al., 2005. Air Temperature Retrieval from Remote Sensing Data Based on Thermodynamics[J]. Theoretical and Applied Climatology, 80(1): 37-48.

SZILAGYI J, JOZSA J, 2009. Estimating spatially distributed monthly evapotranspiration rates by linear transformations of MODIS daytime land surface temperature data[J]. Hydrology and Earth System Sciences, 13(5): 629-637.

TARNAWSKI V R, LEONG W H, 2000. Thermal conductivity of soils at very low moisture content and moderate temperatures[J]. Transport in Porous Media, 41(2): 137-147.

TSAI J S, VENNE L S, SMITH L M, et al., 2012. Influence of Local and Landscape Characteristics on Avian Richness and Density in Wet Playas of the Southern Great Plains, USA[J]. Wetlands, 32(4): 605-618.

TWOMEY S, COCKS T, 1982. Spectral reflectance of clouds in the near-infrared: Comparison of measurements and calculations[J]. Journal of Meteorological Society of Japan. 60(1): 583-592.

ULIVIERI C, CASTRONUOVO M M, Francioni R, et al., 1994. A split window algorithm for estimating land surface temperature from satellites[J]. Advancesia Space Researoh, 14(3): 1 279-1 292.

VAN DE HULST H C, 2012. Multiple light scattering: tables, formulas, and applications [M]. New York: Acaclemic Press.

VAN DE RWAAL J A, HOLBO N R, 1984. Needle-air temperature differences of Douglas fir seedlings and relation to climate[J]. Forest Science, 30(3): 643-653.

VANCUTSEM C, CECCATO P, DINKU T, et al., 2010. Evaluation of MODIS Land Surface Temperature Data to Estimate Air Temperature in Different Ecosystems over Africa[J]. Remote Sensing of Environment, 114(2): 449-465.

VÁZQUEZ D P, OLMO F J, ARBOLEDAS L A, 1997. A Comparative Study of algorithms for estimating land surface temperature from AVHRR Data[J]. Remote Sens Environ, 62(3): 215-222.

VERMOTE E F, TANRE D, DEUZE J L, et al., 1997. Second simulation of the satellite signal in the solar spectrum, 6S: An overview[J]. IEEE Transaction on geoscience and remote sensing, 35(3): 675-686.

VIDAL A, 1991. Atmospheric and emissivity correction of land surface temperature measured from satellite using ground measurements or satellite data[J]. Remote Sens., 12(2): 2 449-2 460.

VINA A, BEARER S, ZHANG H, et al., 2008. Evaluating MODIS data for mapping wildlife habitat distribution[J]. Remote Sensing of Environment, 112(15): 2 160-2 169.

VIOVY N, ARINO O, BELWARD A S, 1992. The best index slope extraction (BISE): a method for reducing noise in NDVI time series[J]. International Journal of Remote Sensing, 13(8): 1 585-1 590.

VOGEL C A, BALDOCCHI D D, LUHAR A K, et al., 1995. A Comparison of a Hierarchy of Models for Determining Energy Balance Components over Vegetation Canopies[J]. Journal of Applied Meteorology, 34(10): 2 182-2 196.

WAN Z M, ZHANG Y, ZHANG Q, et al., 2004. Quality Assessment and Validation of the MODIS Global Land Surface Temperature[J]. International Journal of Remote Sensing, 25(1): 261-274.

WAN Z, 2008. New refinements and validation of the MODIS Land-Surface Temperature/Emissivity products[J]. Remote Sensing of Environment, 112(1): 59-74.

WAN Z, DOZIER J, 1996. A generalized split-window algorithm for retrieving land-surface temperature from space[J]. IEEE Transactions on geoscience and remote sensing, 34(4): 892-905.

WAN Z, LI Z, 1997. A physics-based algorithm for retrieving land-surface emissivity and temperature from EOS/ MODIS data[J]. IEEE Transactions on Geoscience and Remote Sensing, 35(4): 980-996.

WANG F, QIN Z, LI W, et al., 2014. An efficient approach for pixel decomposition to increase the spatial resolution of land surface temperature images from MODIS thermal infrared band data[J]. Sensors, 15(1): 304.

WANG F, QIN Z, SONG C, et al., 2015. An improved mono-window algorithm for land surface temperature retrieval from Landsat 8 thermal infrared sensor data[J]. Remote Sensing, 7(4): 4 268-4 289.

WANG N, LI Z L, TANG B H, et al., 2013. Retrieval of Atmospheric and Land Surface Parameters from Satellite-Based Thermal Infrared Hyperspectral Data Using a Neural Network Technique[J]. International Journal of Remote Sensing, 34(9-10): 3 485-3 502.

WANG W H, LIANG S L, MEYERS T, 2008. Validating MODIS Land Surface Temperature Products Using Long-Term Nighttime Ground Measurements[J]. Remote Sensing of Environment, 112(3): 623-635.

WATSON K, 1992. Spectral ratio method for measuring emissivity[J]. Remote Sensing of Environment, 42(2): 113-116.

WEISS J L, GUTZLER D S, GOONROD J E A, et al., 2004. Seasonal and inter-annual relationships between vegetation and climate in central New Mexico, USA[J]. Journal of Arid Environments, 57(4): 507-534.

WENTZ F J, GENTEMANN C, SMITH D, et al., 2000. Satellite Measurements of Sea Surface Temperature through Clouds[J]. Science, 288(5467): 847-850.

WILLIAMSON S N, HIK D S, GAMON J A, et al., 2014. Estimating Temperature Fields from MODIS Land Surface Temperature and Air Temperature Observations in a Sub-Arctic Alpine Environment[J]. Remote Sensing, 6(2): 946-963.

WLOCZYK C, BORG E, RICHTER R, et al., 2011. Estimation of Instantaneous Air Temperature above Vegetation and Soil Surfaces from Landsat 7 ETM+ Data in Northern Germany[J]. International Journal of Remote Sensing, 32(24): 9 119-9 136.

WUKELIC G E, GIBBONS D E, MARTUCCI L M, et al., 1989. Radiometric calibration of Landsat Thermatic Mapper Thermal Band[J]. Remote Sensing of Environment, 28: 339-347.

XU Y M, QIN Z H, SHEN Y, 2012. Study on the Estimation of near-Surface Air Temperature from MODIS Data by Statistical Methods[J]. International Journal of Remote Sensing, 33(24): 7 629-7 643.

YAKIREVICH A, BERLINER P, SOREK S, 1997. A model for numerical simulating of evaporation from bare saline soil[J]. Water Resources Research, 33(5): 1 021-1 033.

ZAKSEK K, SCHROEDTER-HOMSCHEIDT M, 2009. Parameterization of air temperature in high temporal and spatial resolution from a combination of the SEVIRI and MODIS instruments.[J]. ISPRS Journal of Photogrammetry and Remote Sensing, 64(4): 414-421.

ZHANG X, SUN R, ZHANG B, et al., 2008. Land cover classification of the North China Plain using MODIS EVI time series[J]. ISPRS Journal of Photogrammetry & Remote Sensing, 63(4): 476-484.

ZHANG Y, LI C, ZHOU X, et al., 2002. A Simulation Model Linking Crop Growth and Soil Biogeochemistry for Sustainable Agriculture[J]. Ecological Modelling, 151(1): 75-108.

ZHU W B, LU A F, JIA S F, 2013. Estimation of Daily Maximum and Minimum Air Temperature Using MODIS Land Surface Temperature Products[J]. Remote Sensing of Environment, 130: 62-73.